国家出版基金项目
NATIONAL PUBLICATION FOUNDATION

脑计划出版工程：
类脑计算与类脑智能研究前沿系列
总主编：张 钹

自然语言处理研究前沿

孙茂松　李涓子 等　编著

上海交通大学出版社
SHANGHAI JIAO TONG UNIVERSITY PRESS

内容提要

本分册以类脑模式的深度学习为基础,对自然语言处理的不同层面及其应用进行介绍。本分册共分为 10 章,第 1 章介绍了自然语言中不同语言单元(包括词、句子和篇章)的表示,并介绍了深度神经网络的注意力计算模型;第 2 章和第 3 章分别介绍了自然语言词法和句子的经典分析算法和深度学习模型;第 4 章介绍了知识图谱和从大规模文本中获取知识的主要技术;第 5 章和第 6 章重点介绍了文本挖掘技术,包括文本分类和摘要以及文本情感分析;第 7 章至第 10 章分别介绍了自然语言处理在信息检索、自动问答、机器翻译和社会计算中的应用技术。

图书在版编目(CIP)数据

自然语言处理研究前沿/ 孙茂松等编著. 一上海:
上海交通大学出版社, 2019(2021 重印)
(脑计划出版工程: 类脑计算与类脑智能研究前沿
系列)
ISBN 978 - 7 - 313 - 22223 - 7

Ⅰ. ①自… Ⅱ. ①孙… Ⅲ. ①自然语言处理-研究
Ⅳ. ①TP391

中国版本图书馆 CIP 数据核字(2020)第 017210 号

自然语言处理研究前沿
ZIRAN YUYAN CHULI YANJIU QIANYAN

编　　著: 孙茂松　李涓子　等
出版发行: 上海交通大学出版社　　　　　　　　地　　址: 上海市番禺路 951 号
邮政编码: 200030　　　　　　　　　　　　　　电　　话: 021 - 64071208
印　　制: 苏州市越洋印刷有限公司　　　　　　经　　销: 全国新华书店
开　　本: 710 mm×1000 mm　1/16　　　　　　印　　张: 31.25
字　　数: 555 千字
版　　次: 2019 年 12 月第 1 版　　　　　　　　印　　次: 2021 年 5 月第 2 次印刷
书　　号: ISBN 978 - 7 - 313 - 22223 - 7
定　　价: 228.00 元

类脑计算与类脑智能研究前沿系列
丛书编委会

总主编
张 钹
（清华大学,院士）

编 委
（按拼音排序）
丛书编委（按拼音排序）

党建武	天津大学,教授
高家红	北京大学,教授
高上凯	清华大学,教授
黄铁军	北京大学,教授
蒋田仔	中国科学院自动化研究所,研究员
李朝义	中国科学院上海生命科学研究院,院士
刘成林	中国科学院自动化研究所,研究员
吕宝粮	上海交通大学,教授
施路平	清华大学,教授
孙茂松	清华大学,教授
王 钧	香港城市大学,教授
吴 思	北京大学,教授
徐 波	中国科学院自动化研究所,研究员
徐宗本	西安交通大学,院士
姚 新	南方科技大学,教授
查红彬	北京大学,教授
张丽清	上海交通大学,教授

丛书执行策划
吕宝粮　上海交通大学,教授

序

    人工智能(artificial intelligence，AI)自 1956 年诞生以来,其 60 多年的发展历史可划分为两代,即第一代的符号主义与第二代的连接主义(或称亚符号主义)。两代人工智能几乎同时起步,符号主义到 20 世纪 80 年代之前一直主导着人工智能的发展,而连接主义从 20 世纪 90 年代开始才逐步发展起来,到 21 世纪初进入高潮。两代人工智能的发展都深受脑科学的影响,第一代人工智能基于知识驱动的方法,以美国认知心理学家 A. 纽厄尔(A. Newell)和 H. A. 西蒙(H. A. Simon)等人提出的模拟人类大脑的符号模型为基础,即基于物理符号系统假设。这种系统包括:① 一组任意的符号集,一组操作符号的规则集;② 这些操作是纯语法(syntax)的,即只涉及符号的形式,而不涉及语义,操作的内容包括符号的组合和重组;③ 这些语法具有系统性的语义解释,即其所指向的对象和所描述的事态。第二代人工智能基于数据驱动的方法,以 1958 年 F. 罗森布拉特(F. Rosenblatt)按照连接主义的思路建立的人工神经网络(ANN)的雏形——感知机(perceptron)为基础。而感知机的灵感来自两个方面,一是1943 年美国神经学家 W. S. 麦卡洛克(W. S. McCulloch)和数学家 W. H. 皮茨(W. H. Pitts)提出的神经元数学模型——"阈值逻辑"线路,它将神经元的输入转换成离散值,通常称为 M－P 模型;二是 1949 年美国神经学家 D. O. 赫布(D. O. Hebb)提出的 Hebb 学习律,即"同时发放的神经元连接在一起"。可见,人工智能的发展与不同学科的相互交叉融合密不可分,特别是与认知心理学、神经科学与数学的结合。这两种方法如今都遇到了发展的瓶颈:第一代基于知识驱动的人工智能,遇到不确定知识与常识表示以及不确定性推理的困难,导致其应用范围受到极大的限制;第二代人工智能基于深度学习的数据驱动方法,虽然在模式识别和大数据处理上取得了显著的成效,但也存在不可解释和鲁棒性差等诸多缺陷。为了克服第一、二代人工智能存在的问题,亟须建立新的可解释和鲁棒性好的第三代人工智能理论,发展安全、可信、可靠和可扩展的人工智能方法,以推动人工智能的创新应用。如何发展第三代人工智能,其中一个重要的方向是从学科交叉,特别是与脑科学结合的角度去思考。"脑计划出版工程:类脑计算与类脑智能研究前沿系列"丛书从跨学科的角度总结与分析了人工智能的发展历程以及所取得的成果,这套丛书不仅可以帮助读者了解人工智能和脑科学发展的最新进展,还可以从中看清人工智能今后的发展道路。

人工智能一直沿着脑启发(brain-inspired)的道路发展至今,今后随着脑科学研究的深入,两者的结合将会向更深和更广的方向进一步发展。本套丛书共7卷,《脑影像与脑图谱研究前沿》一书对脑科学研究的最新进展做了详细介绍,其中既包含单个神经元和脑神经网络的研究成果,还涉及这些研究成果对人工智能的可能启发与影响;《脑-计算机交互研究前沿》主要介绍了如何通过读取特定脑神经活动,构建认知模型获取用户逻辑意图与精神状态,从而建立脑与外部设备间的直接通路,搭建闭环神经反馈系统。这两卷图书均以介绍脑科学研究成果及其应用为主要内容;《自然语言处理研究前沿》《视觉信息处理研究前沿》《听觉信息处理研究前沿》分别介绍了在脑启发下人工智能在自然语言处理、视觉与听觉信息处理上取得的进展。《自然语言处理研究前沿》主要介绍了知识驱动和数据驱动两种方法在自然语言处理研究中取得的进展以及这两种方法各自存在的优缺点,从中可以看出今后的发展方向是这两种方法的相互融合,也就是我们倡导的第三代人工智能的发展方向;视觉信息和听觉信息处理受第二代数据驱动方法的影响很深,深度学习方法的提出最初是基于神经科学的启发。在其发展过程中,它一方面引入新的数学工具,如概率统计、变分法以及各种优化方法等,不断提高其计算效率;另一方面也不断借鉴大脑的工作机理,改进深度学习的性能。比如,加拿大计算机科学家 G. 欣顿(G. Hinton)提出在神经网络训练中使用的 Dropout 方法,与大脑信息传递过程中存在的大量随机失效现象完全一致。在视觉信息和听觉信息处理中,在原前向人工神经网络的基础上,将脑神经网络的某些特性,如反馈连接、横向连接、稀疏发放、多模态处理、注意机制与记忆等机制引入,用以提高网络学习的性能,有关这方面的工作也在努力探索之中;《数据智能研究前沿》一书介绍了除深度学习以外的其他机器学习方法,如深度生成模型、生成对抗网络、自步-课程学习、强化学习、迁移学习和演化智能等。事实表明,在人工智能的发展道路上,不仅要尽可能地借鉴大脑的工作机制,还需要充分发挥计算机算法与算力的优势,两者相互配合,共同推动人工智能的发展。

《类脑计算研究前沿》一书讨论了类脑(brain-like)计算及其硬件实现。脑启发下的计算强调智能行为(外部表现)上的相似性,而类脑计算强调与大脑在工作机理和结构上的一致性。这两种研究范式体现了两种不同的哲学观,前者为心灵主义(mentalism),后者为行为主义(behaviorism)。心灵主义者认为只有具有相同结构与工作机理的系统才可能产生相同的行为,主张全面而细致地模拟大脑神经网络的工作机理,比如脉冲神经网络、计算与存储一体化的结构等。这种主张有一定的根据,但它的困难在于,由于我们对大脑的结构和工作机理了解得很少,这条道路自然存在许多不确定性,需要进一步去探索。行为主义者认为,从行为上模拟人类智能的优点是:"行为"是可观察和可测量的,模拟的结果完全可以验证。但是,由于计算机与大脑在硬件结构和工作原理上均存在巨大的差别,表面行为的模拟是否可行? 能实现到何种程度? 这都存在很大的不确定性。总之,这两条道路都需要深入探索,我们最后达到的人工智能也许与人类的智能不完全相同,其中某些功能可能超过人类,而另一些功能却不如人类,这恰恰是我们所期望的结果,即人类的智能与人工智能做到了互补,从而可以建立起"人机和谐,共同合作"的社会。

"脑计划出版工程:类脑计算与类脑智能前沿系列"丛书是一套高质量的学术专著,作者都是各个相关领域的一线专家。丛书的内容反映了人工智能在脑科学、计算机科学与数学结合和交叉发展中取得的最新成果,其中大部分是作者本人及其团队所做的贡献。本丛书可以作为人工智能及其相关领域的专家、工程技术人员、教师和学生的参考图书。

张 钹

清华大学人工智能研究院

前　言

　　语言是人类知识、思维和文明的载体，让计算机理解人类语言，实现人和计算机之间的自然语言交互是实现机器智能的重要目标。自然语言处理主要研究用计算机来理解和生成人类语言（又称为自然语言）的理论和方法，是人工智能领域中的一个十分重要的核心任务，也是一门涉及计算机科学、人工智能、语言学心理认知学等领域的交叉学科。1950 年，计算机科学之父图灵发表了堪称"划时代之作"的《机器能思考吗?》(*Can Machine Think?*)，图灵在该文章中提出了著名的"图灵测试"，即以语言问答为表现形式，机器要通过测试必须以对语言的深度计算为前提，这也被认为是自然语言处理思想的开端。

　　早期的自然语言处理主要在乔姆斯基体系及其转换生成文法的基本框架下，采用基于理性主义的规则方法，通过专家总结的小规模符号逻辑知识处理通用的自然语言现象。然而，由于自然语言的极端复杂性，这一研究范式在处理实际应用场景中的问题时往往力不从心。自 20 世纪 90 年代开始，以"香农信息论"为基本框架的大规模统计方法快速成为自然语言处理研究的主流，并取得了显著进展，自然语言处理的研究范式从理性主义演进到了经验主义。不过，该方法仍然严重依赖人工设计的特征工程。2012 年之后，基于大数据的经验主义范式又实现了一次以深度学习为基本框架的大跃迁，可以直接端到端地学习各种自然语言处理真实任务而不再依赖特征工程，收获了巨大进步。

　　本书以深度学习为基础，针对自然语言的不同处理层次及其应用介绍相关技术。自然语言处理的研究领域极为广泛，本书的结构与内容按照自然语言处理的基础技术和应用技术进行了编排，并邀请国内在各个方向的优秀学者分别撰写了各章内容。第 1 章介绍了自然语言中不同语言单元（包括词、句子和篇章）的表示，并介绍了深度神经网络的注意力计算模型；第 2 章和第 3 章分别介绍了自然语言词法和句子的经典分析算法和深度学习模型；第 4 章介绍了知识图谱和从大规模文本中获取知识的主要技术；第 5 章和第 6 章重点介绍了文本挖掘技术，包括文本分类和摘要以及文本情感分析；第 7 章至第 10 章分别介绍了自然语言处理在信息检索、自动问答、机器翻译和社会计算中的应用技术。每一章内容均从任务定义、发展历程、意义和挑战、数据集与评测和典型模型与方法这几方面分别进行了阐述,通过结合各个实例为读者展示各部分技术的经典算法和相关问题的技术演化路径。

自然语言处理技术发展迅速,新的技术不断涌现,但仍有不少固有缺陷有待解决。预期未来 10 年,自然语言处理的发展前景将孕育于大数据与富知识双轮驱动的全新研究范式。期待本书能为广大自然语言处理领域的广大科研人员、青年学者等提供有价值的参考与启发,推动该领域的发展迈向新的高度。

编　者

目　　录

1　语言认知与表示模型/邱锡鹏 ………………………………………………… 1

1.1　语言认知与语言表示的定义 ……………………………………… 3

1.2　研究语言认知与表示的意义与挑战 ……………………………… 3

1.3　语言表示的模型与方法 …………………………………………… 3

　　1.3.1　词的表示 ……………………………………………………… 4

　　1.3.2　句子表示 ……………………………………………………… 6

　　1.3.3　篇章表示 …………………………………………………… 10

　　1.3.4　注意力 ……………………………………………………… 10

1.4　基于预训练模型的语言表示 …………………………………… 11

参考文献 ……………………………………………………………… 12

2　词法分析/赵海　孙栩　张倬胜　张晓东 ………………………………… 15

2.1　引言 ……………………………………………………………… 17

　　2.1.1　词法分析的任务定义 ……………………………………… 17

　　2.1.2　词法分析的发展历程 ……………………………………… 19

　　2.1.3　词法分析的数据集和公开评测 …………………………… 21

　　2.1.4　分词的意义与挑战 ………………………………………… 24

2.2　中文分词 ………………………………………………………… 27

　　2.2.1　传统方法 …………………………………………………… 27

　　2.2.2　深度学习方法 ……………………………………………… 30

　　2.2.3　实验结果 …………………………………………………… 34

2.3　命名实体识别 …………………………………………………… 38

　　2.3.1　传统方法 …………………………………………………… 38

　　2.3.2　深度学习方法 ……………………………………………… 39

　　2.3.3　实验结果 …………………………………………………… 42

2.4　词性标注 ………………………………………………………… 42

    2.4.1 传统方法 ･････････････････････････････ 42

    2.4.2 深度学习方法 ･････････････････････････ 46

    2.4.3 实验结果 ･････････････････････････････ 48

2.5 应用 ･････････････････････････････････････ 49

2.6 小结 ･････････････････････････････････････ 50

参考文献 ･････････････････････････････････････ 50

3 句法语义分析/车万翔 李正华 ･･･････････････ 65

3.1 引言 ･････････････････････････････････････ 67

3.2 任务定义 ･･･････････････････････････････････ 67

    3.2.1 依存句法分析(树) ･･･････････････････････ 67

    3.2.2 语义角色标注 ･････････････････････････ 71

    3.2.3 语义依存分析(图) ･･･････････････････････ 72

    3.2.4 其他语义表示方法 ･････････････････････ 74

    3.2.5 数据集 ･････････････････････････････ 74

    3.2.6 相关评测 ･･･････････････････････････ 79

3.3 序列标注 ･･･････････････････････････････････ 81

    3.3.1 条件随机场 ･･･････････････････････････ 81

    3.3.2 深度序列标注 ･････････････････････････ 82

    3.3.3 语义角色标注 ･････････････････････････ 83

3.4 基于图的方法 ･･･････････････････････････････ 84

    3.4.1 基于图的依存句法分析方法 ･･･････････････ 84

    3.4.2 基于图的语义依存分析方法 ･･･････････････ 88

3.5 基于转移的方法 ･････････････････････････････ 89

    3.5.1 基于转移的依存句法分析方法 ･････････････ 89

    3.5.2 基于转移的语义依存分析方法 ･････････････ 91

3.6 句法语义分析的进展与挑战 ･･･････････････････ 92

    3.6.1 半监督学习 ･･･････････････････････････ 92

    3.6.2 主动学习 ･････････････････････････････ 93

    3.6.3 句法数据标注现状 ･････････････････････ 95

    3.6.4 迁移学习 ･････････････････････････････ 100

3.7 句法语义分析的应用 ･････････････････････････ 102

    3.7.1 作为抽取规则 ･････････････････････････ 102

3.7.2 作为输入特征 …………………………………………… 103

3.7.3 作为输入/输出结构 …………………………………… 104

3.7.4 转换任务模式 …………………………………………… 104

3.8 小结 ……………………………………………………………… 106

参考文献 …………………………………………………………… 106

4 知识图谱/刘知远 韩先培 ……………………………………… 119

4.1 引言 ……………………………………………………………… 121

4.1.1 知识图谱技术 …………………………………………… 121

4.1.2 知识图谱发展历程 ……………………………………… 122

4.1.3 知识图谱研究的意义和挑战 …………………………… 124

4.2 典型的知识图谱 ………………………………………………… 124

4.2.1 Freebase ………………………………………………… 124

4.2.2 DBpedia ………………………………………………… 126

4.2.3 Wikidata ………………………………………………… 127

4.2.4 YAGO …………………………………………………… 128

4.2.5 HowNet ………………………………………………… 129

4.2.6 其他知识图谱 …………………………………………… 129

4.3 知识表示学习 …………………………………………………… 130

4.3.1 知识表示学习的概述 …………………………………… 130

4.3.2 知识表示学习的主要特性 ……………………………… 131

4.3.3 知识表示学习的主要方法 ……………………………… 133

4.3.4 知识表示学习的主要挑战与已有解决方案 …………… 137

4.4 神经网络关系抽取 ……………………………………………… 146

4.4.1 句子层关系抽取 ………………………………………… 146

4.4.2 篇章层关系抽取 ………………………………………… 150

4.5 知识图谱的应用 ………………………………………………… 152

4.5.1 实体链接 ………………………………………………… 152

4.5.2 实体检索 ………………………………………………… 155

4.6 展望 ……………………………………………………………… 159

参考文献 …………………………………………………………… 160

5　文本分类与自动文摘/黄民烈　邱锡鹏　姚金戈 ················· 169

　5.1　文本分类 ··· 171

　　5.1.1　文本分类的定义 ·· 171

　　5.1.2　文本分类的研究意义与挑战 ························· 171

　　5.1.3　模型与方法 ··· 171

　　5.1.4　数据集与应用 ·· 187

　5.2　自动文摘 ··· 189

　　5.2.1　自动文摘的任务定义 ·································· 189

　　5.2.2　自动文摘的研究意义与挑战 ························· 189

　　5.2.3　自动文摘的模型与方法 ······························ 190

　　5.2.4　数据集与应用 ·· 198

　5.3　总结 ·· 200

　参考文献 ··· 201

6　情感分析/张梅山　杨亮　桂林　唐都钰 ······················ 215

　6.1　情感分析的定义 ·· 217

　　6.1.1　情感与情绪 ··· 217

　　6.1.2　情感分析 ··· 217

　　6.1.3　新兴情感分析相关研究问题 ························· 218

　6.2　情感分析的研究意义与挑战 ································ 219

　　6.2.1　情感分析的研究意义 ·································· 219

　　6.2.2　情感分析的研究挑战 ·································· 219

　6.3　情感分析的模型与方法 ······································ 220

　　6.3.1　词语的向量表示学习方法 ··························· 220

　　6.3.2　句子级别情感分析 ···································· 222

　　6.3.3　篇章情感分析 ·· 228

　　6.3.4　细粒度情感元素抽取与分析方法 ·················· 230

　　6.3.5　情绪识别方法 ·· 237

　　6.3.6　文本情感原因发现方法 ······························ 238

　6.4　数据集 ··· 240

　　6.4.1　句子级和篇章级情感分析数据集 ·················· 240

　　6.4.2　细粒度情感元素抽取与分析数据集 ··············· 240

　　6.4.3　情绪识别数据集 ·· 242

　　　　6.4.4　情感原因发现数据集 ……………………………………… 242

　6.5　总结 …………………………………………………………………… 243

　参考文献 …………………………………………………………………… 243

7　信息检索与推荐的神经网络方法：前沿与挑战／罗成　何向南

刘奕群　张敏…………………………………………………………… 251

　7.1　信息检索基础 ………………………………………………………… 253

　　　7.1.1　信息检索的系统架构 ……………………………………… 253

　　　7.1.2　推荐系统架构 ……………………………………………… 255

　7.2　面向信息检索的神经网络技术 ……………………………………… 259

　　　7.2.1　表示学习与词嵌入 ………………………………………… 259

　　　7.2.2　神经网络技术在信息检索中的应用 ……………………… 261

　　　7.2.3　基于神经网络的文档排序 ………………………………… 262

　　　7.2.4　基于神经网络技术的查询推荐 …………………………… 268

　7.3　基于深度神经网络的信息检索模型 ………………………………… 269

　　　7.3.1　深度结构化语义模型(DSSM) …………………………… 269

　　　7.3.2　深度相关性匹配模型(DRMM) ………………………… 271

　　　7.3.3　平行嵌入空间模型(DESM) ……………………………… 272

　　　7.3.4　双表示模型(DUET) ……………………………………… 273

　7.4　推荐模型与方法中的神经网络技术 ………………………………… 274

　　　7.4.1　基于深度学习的推荐模型 ………………………………… 274

　　　7.4.2　可解释性推荐 ……………………………………………… 278

　　　7.4.3　学科交叉融合 ……………………………………………… 281

　7.5　数据资源及评测 ……………………………………………………… 287

　　　7.5.1　数据资源 …………………………………………………… 287

　　　7.5.2　信息检索主要数据资源及评测 …………………………… 287

　　　7.5.3　推荐主要数据集及评测 …………………………………… 288

　参考文献 …………………………………………………………………… 289

8　自动问答与机器阅读理解／刘康 …………………………………… 299

　8.1　引言 …………………………………………………………………… 301

　8.2　知识图谱问答 ………………………………………………………… 303

　　　8.2.1　任务定义 …………………………………………………… 303

        8.2.2 知识图谱问答评测数据集 ·· 304
        8.2.3 基于语义解析的知识库问答方法 ····································· 310
        8.2.4 基于深度学习的知识图谱问答方法 ································ 314
        8.2.5 小结 ·· 322
    8.3 机器阅读理解 ··· 323
        8.3.1 任务定义 ··· 323
        8.3.2 机器阅读理解公开评测数据集 ·· 325
        8.3.3 传统基于特征工程的机器阅读理解方法 ·························· 327
        8.3.4 基于深度学习的文本阅读理解方法 ································ 330
        8.3.5 基于深度学习阅读理解方法的优缺点 ···························· 334
        8.3.6 小结 ·· 335
    8.4 总结 ··· 335
    参考文献 ··· 336

9 机器翻译/苏劲松 黄书剑 肖桐 刘洋 ··································· 347
    9.1 机器翻译的定义 ··· 349
    9.2 机器翻译的研究意义与挑战 ··· 349
    9.3 模型与方法 ·· 351
        9.3.1 基于统计的机器翻译 ·· 351
        9.3.2 利用深度学习技术改进统计机器翻译 ···························· 356
        9.3.3 其他相关工作 ·· 366
        9.3.4 端到端神经机器翻译 ··· 366
    9.4 机器翻译的数据集与应用 ··· 383
        9.4.1 机器翻译的常用数据集与评测 ······································ 383
        9.4.2 开源工具和商用系统 ··· 387
    9.5 总结与展望 ·· 392
    参考文献 ··· 392

10 深度学习在社会计算中的应用与进展/赵鑫 丁效 ··············· 413
    10.1 引言 ··· 415
    10.2 用户画像 ·· 417
        10.2.1 任务定义 ··· 417
        10.2.2 用户画像的构建方法 ··· 418

10.2.3　用户画像在推荐系统中的应用 ················· 422

10.2.4　小结 ································· 425

10.3　用户意图 ·································· 426

10.3.1　任务定义 ······························· 426

10.3.2　显式用户意图挖掘 ························ 429

10.3.3　隐式用户意图挖掘 ························ 431

10.3.4　用户意图挖掘中的领域移植问题 ············ 432

10.3.5　小结 ································· 435

10.4　用户行为 ·································· 436

10.4.1　传统协同过滤推荐算法 ···················· 436

10.4.2　基于独立交互的神经网络模型 ·············· 437

10.4.3　基于序列化的神经网络交互模型 ············ 438

10.4.4　融入背景信息交互的模型 ················· 440

10.4.5　小结 ································· 441

10.5　用户关系 ·································· 442

10.5.1　网络表示学习 ·························· 443

10.5.2　面向网络结构的表示学习方法 ·············· 443

10.5.3　融入背景信息的网络表示学习方法 ·········· 445

10.5.4　小结 ································· 448

10.6　社会化预测与规律分析 ····················· 449

10.6.1　任务定义 ······························· 449

10.6.2　基于相关关系的预测 ····················· 452

10.6.3　基于因果关系的预测 ····················· 455

10.6.4　事理图谱 ······························· 459

10.6.5　小结 ································· 463

10.7　数据集合以及评测 ························· 463

10.8　总结与展望 ······························ 466

参考文献 ·· 467

索引 ··· 477

语言认知与表示模型

邱锡鹏

邱锡鹏,复旦大学计算机科学技术学院,电子邮箱：xpqiu@fudan.edu.cn

1.1　语言认知与语言表示的定义

语言是人类特有的交流和思维载体，是一种层次化的表达系统，可以分为音节、字、词、短语、句子、段落和篇章等从低到高的不同层次。高层次的语义由低层次的单元通过一定的组合规则来实现。这种组合规则不是任意的，每种语言都有具体的规则，比如句子的语义是由其所包含的词的语义按照一定的语法规则组合决定的。通过这种层次化的组合方式，我们可以根据有限的符号和组合规则来表达无限的语义信息。

语言认知是语言学、认知心理学、神经科学以及计算机科学等多个学科共同关注的问题。与计算机可以理解的人工语言（如程序语言）不同，人类语言在语法和语义上都充满了歧义，需要结合一定的上下文和知识才能被人理解，这使得如何理解、表示以及生成自然语言变得极具挑战性。从人工智能和计算机科学的角度来讲，语言认知是指如何在计算机内部表示语言，并进行计算。

语言表示是语言在人脑中的表现形式，关系到人类如何理解和产生语言。在人工智能里，语言表示主要指用于语言的形式化或数学的描述，以便在计算机中表示语言，并能让计算机程序自动处理。语言表示可以说是自然语言处理以及语义计算的基础。

1.2　研究语言认知与表示的意义与挑战

目前，语言认知在认知心理学和人工智能领域均还没有一个完美的答案，仍面临很多具体问题和困难。

语言认知与表示模型的研究不仅可以促进自然语言处理以及人工智能的发展，还可以为语言学、认知心理学、神经科学提供有价值的研究线索。揭示语言的认知过程将为研究其他认知处理机制提供有价值的参考。

1.3　语言表示的模型与方法

语言具有一定的层次结构，具体表现为音节、字、词、短语、句子、段落以及篇章等不同的语言粒度。为了让计算机可以理解语言,需要将不同粒度的语言都转换成计算机可以处理的数据结构。

早期的语言表示方法是符号化的离散表示。为了方便计算机进行计算,一般将符号或符号序列转换为高维的稀疏向量。比如词可以表示为 one-hot 向量(一维为 1、其余维为 0 的向量),句子或篇章可以通过词袋模型、TF-IDF 模型、N 元模型等方法进行转换。但是离散表示的缺点是词与词之间没有距离的概念,比如"电脑"和"计算机"被看成是两个不同的词,这与语言的特性并不相符。这样,离散的语言表示需要引入人工知识库,比如同义词词典、上下位词典等,这样才能有效地进行后续的语义计算。一种改进的方法是基于聚类的词表示,比如 Brown 聚类算法,通过词类来改进词的表示。

为了解决离散表示无法解决的"多词一义"问题,可以将语言表示为连续空间中的一个点,也称为连续表示。这样词与词之间就可以通过欧式距离或余弦距离等方式来计算相似度。一种应用比较广泛的连续表示是分布式表示(distributional representations)。基于 Harris 的分配式假设,即如果两个词的上下文相似,那么这两个词也是相似的。

近年来,深度学习技术在自然语言处理领域的进展十分迅速。在深度学习中,语言的潜在语法或语义特征可以分布式地存储在一组神经元中,可以用稠密、低维、连续的向量来表示,也称为嵌入(embeddings)。不同的深度学习技术通过不同的神经网络模型来对字、词、短语、句子以及篇章进行建模。除了可以更有效地进行语义计算之外,分布式表示还可以使特征表示和模型变得更加紧凑。

1.3.1 词的表示

1. 分布式表示

词的分布式表示(distributional representation)是从分布式假设出发,利用共生矩阵来获取词的语义表示,可以看作是一种获取词表示的方法。所谓分布式假设[1]是指具有相似上下文的词应当具有相似的语义。这里的"分布"带有统计学上分布的意思。我们可以构建一个大小为 $W \times C$ 的共现矩阵 $\boldsymbol{F}$,其中 W 是词典大小,C 是上下文数量。上下文的类型可以为相邻词、所在句子或所在的文档等,共现矩阵的每一行可以看作对应词的向量表示。基于共现矩阵,有很多方法来得到连续的词表示,比如潜在语义分析模型(latent semantic analysis, LSA)[2]。

2. 分散式表示

词的分散式表示(distributed representation)不是统计学上"分布"的含义，而是"分散""分配"的意思。一段文本的语义分散在一个低维空间的不同维度上，相当于将不同的文本分散到空间中不用的区域。分散式表示是一种文本的表示形式，即将文本表示为稠密、低维、连续的向量。向量的每一维都表示文本的某种潜在的语法或语义特征。

3. 常用模型

获得词的分散式表示的常用模型主要有 Skip-Gram、CBOW[3]和 GloVe[4]等。

1) Skip-Gram

Skip-Gram 模型的主要思想是：给定当前词 w_t，预测上下文单词 w_{t-c}，…，w_{t-1}，w_{t+1}，…，w_{t+c}。其中，c 为上下文窗口大小，如图 1-1 所示。

Skip-Gram 模型的损失函数通常定义为对数似然函数

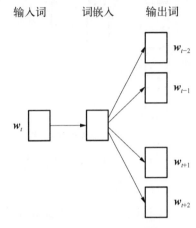

图 1-1　Skip-Gram 模型

$$L = \sum_{t=1}^{m} \ln p(w_{t-c}, \cdots, w_{t-1}, w_{t+1}, \cdots, w_{t+c} \mid w_t)$$

$$= \sum_{t=1}^{m} \sum_{j=-c, \, j\neq 0}^{c} \ln p(w_{t+j} \mid w_t) \qquad (1-1)$$

式中，m 为语料中单词的数目；概率 $p(w_{t+j} \mid w_t)$ 表示给定当前词 w_t 后，上下文中出现单词 w_{t+j} 的概率。这个概率通常可以定义为

$$p(w_{t+j} \mid w_t) = \frac{\exp(w_{t+j}^{\mathrm{T}} w_t)}{\sum_{k=1}^{V} \exp(w_k^{\mathrm{T}} w_t)} \qquad (1-2)$$

式中，V 是词表的大小；w_k 表示词表中每个单词的向量表示；w_t 和 w_{t+j} 为 w_t 和 w_{t+j} 的向量表示。

2) CBOW

CBOW(continuous bag-of-words)指连续词袋模型，与 Skip-Gram 模型相反，CBOW 模型的主要思想是：给定上下文单词 w_{t-c}，…，w_{t-1}，w_{t+1}，…，

输入词　　　　词嵌入　　　　输出词

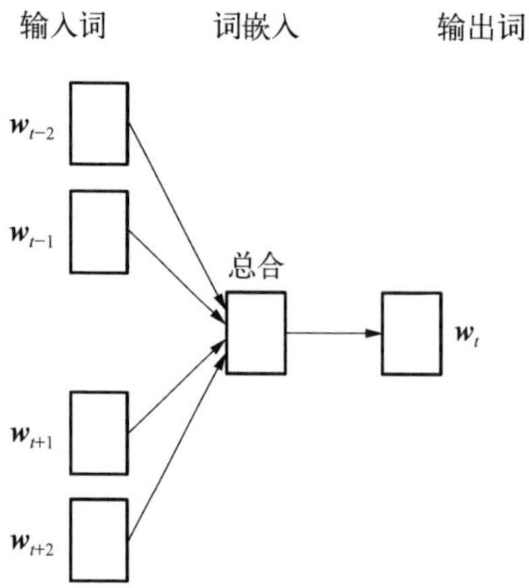

图 1-2　CBOW 模型的示意图

w_{t+c}，预测当前词 w_t。 CBOW 模型的示意图如图 1-2 所示。

类似地，CBOW 模型的损失函数也是对数似然函数，可以写为

$$L = \sum_{t=1}^{m} \ln p(w_t \mid w_{t-c}, \cdots, w_{t-1},$$
$$w_{t+1}, \cdots, w_{t+c})$$
$$= \sum_{t=1}^{m} \ln \left(\frac{\exp(w_t^{\mathrm{T}} v_t)}{\sum_{k=1}^{V} \exp(w_k^{\mathrm{T}} v_t)} \right) \qquad (1-3)$$

式中，v_t 是上下文向量的平均值，满足 $v_t = \dfrac{1}{2c} \displaystyle\sum_{j=-c, \, j\neq0}^{c} w_{t+j}$。

3) GloVe

GloVe 模型是基于词共现矩阵分解的模型。首先，遍历语料库统计词的共现信息，得到词共现矩阵 $X \in \mathbf{R}^{V \times V}$。式中，$V$ 表示词表中词的数目；共现矩阵中的元素 X_{ij} 表示词 j 出现在词 i 上下文中的概率。

对于每个词对，我们将词共现矩阵分解为

$$\ln(X_{ij}) = w_i^{\mathrm{T}} w_j + b_i + b_j \qquad (1-4)$$

式中，w_i 表示当前词的词向量；w_j 表示上下文词的词向量；b_i 和 b_j 分别是当前词和上下文词的常数偏倚。w_i、w_j、b_i、b_j 都是可以学习的参数。

这里定义损失函数为

$$J = \sum_{i=1}^{V} \sum_{j=1}^{V} f(X_{ij})(w_i^{\mathrm{T}} w_j + b_i + b_j - \ln(X_{ij}))^2 \qquad (1-5)$$

式中，f 是权重函数，可以避免只学习到常见词。权重函数定义为

$$f(X_{ij}) = \begin{cases} (X_{ij}/x_{\max})^\alpha, & \text{若 } X_{ij} < x_{\max} \\ 1, & \text{否则} \end{cases} \qquad (1-6)$$

1.3.2　句子表示

对于自然处理的某些任务来说，词表示是不够的。我们需要获得更高级别的语义表示，比如句子表示。我们需要研究如何根据词的语义表示来获得句子的语义表示，常见的一种模型称为组合模型，即将句子表示表达为词表示的某种

语义组合关系,这种组合关系可以通过某个组合函数来定义。假设句子为 $\boldsymbol{X}=[\boldsymbol{x}_1, \boldsymbol{x}_2, \cdots, \boldsymbol{x}_n]$,其中 n 是句子中词的个数,$\boldsymbol{x}_i$ 是句子中第 i 个词的词表示,那么句子表示可以写成 $s=f(\boldsymbol{x}_1, \boldsymbol{x}_2, \cdots, \boldsymbol{x}_n)=f(X)$,$f$ 即为组合函数。根据组合函数 f 的不同,我们可以将句子表示模型分为 NBOW 模型、卷积模型、序列模型、句法模型等。另外我们还介绍不具有组合关系的非组合模型。

1. NBOW 模型

NBOW 模型全称是神经词袋模型(neural bag-of-words),是一种获得句子表示的简单模型。NBOW 模型将句子中的所有词向量取均值得到句子表示,即为

$$s=f(\boldsymbol{x}_1, \boldsymbol{x}_2, \cdots, \boldsymbol{x}_n)=\frac{\boldsymbol{x}_1+\boldsymbol{x}_2+\cdots+\boldsymbol{x}_n}{n} \tag{1-7}$$

NBOW 模型的组合函数 f 为均值函数。

NBOW 模型的主要不足是丢失了词序信息,而词序信息在某些任务上起着关键作用。因此,NBOW 模型作为句子表示模型有时过于简化,需要探索其他更有效的句子表示,将词序等更丰富的信息融入句子表示之中。

2. 卷积模型

卷积模型(convolution models)是基于卷积神经网络(convolution neural network,CNN)的句子表示模型(见图 1-3),能够捕捉句子中的局部特征,同时考虑句子中大尺度的词序信息[5]。卷积模型主要分为两步操作:卷积(convolution)和池化(pooling)。

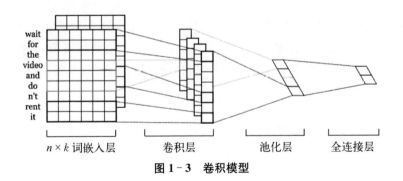

$n \times k$ 词嵌入层　　卷积层　　池化层　　全连接层

图 1-3　卷积模型

首先,卷积模型在句子 $\boldsymbol{X}=[\boldsymbol{x}_1, \boldsymbol{x}_2, \cdots, \boldsymbol{x}_n]$ 上执行卷积操作,以得到局部单词的语义组合

$$\boldsymbol{z}=\boldsymbol{w} \otimes \boldsymbol{X}+\boldsymbol{b} \tag{1-8}$$

其中，$w \in \mathbf{R}^m$ 是长度为 m 的卷积核，$b \in \mathbf{R}^{n-m+1}$ 是偏倚量，$z \in \mathbf{R}^{n-m+1}$ 是卷积后得到的特征映射（feature map）。$\otimes$ 表示卷积操作，通常定义为

$$[w \otimes X]_i = \sum_{j=1}^{m} w_j \cdot x_{i+j-1}, \ i = 1, 2, \cdots, n-m+1 \qquad (1-9)$$

然后，我们在特征映射 z 上执行最大池化（max pooling）操作，得到最终的句子表示，则有

$$s = \max_i z_i, \ i = 1, \cdots, n-m+1 \qquad (1-10)$$

卷积模型的组合函数即为卷积和池化共同构成的复合函数，能够得到包含局部特征和大尺度词序信息的句子表示。

3. 序列模型

序列模型（sequential models）是按照词序逐个考虑单词，最终得到句子表示的模型。常见的序列模型是基于循环神经网络（recurrent neural network，RNN）的模型[6]（见图 1-4）。

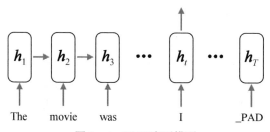

图 1-4　RNN 序列模型

RNN 序列模型能够处理任意长度的句子。对于长度为 n 的句子 $X = [x_1, x_2, \cdots, x_n]$，在每个时间步 t 中，RNN 都会产生一个隐藏状态 H，当前步的隐藏状态 h_t 由上一步的隐藏状态 h_{t-1} 和当前步的词表示 x_t 计算得出，即

$$h_t = f(h_{t-1}, x_t) \qquad (1-11)$$

其中，$h_0 = 0$，f 是非线性映射函数。得到每一步的隐藏状态 $H = [h_1, h_2, \cdots, h_n]$ 之后，我们可以根据隐藏状态得到句子表示

$$s = g(h_1, h_2, \cdots, h_n) = g(H) \qquad (1-12)$$

其中，g 为隐藏状态之间的组合函数。通常可以取所有隐藏状态的均值，或只选最后一个隐藏状态作为最终的句子表示。

在 RNN 序列模型中，每一步上的隐藏状态都包含了上文所有单词的信息，

因此 RNN 序列模型能够捕捉句子的全局特征,并很好地保留了词序信息。RNN 序列模型的一个主要缺陷是长期依赖问题(long-term dependency problem):对于长句子,梯度在训练过程中会爆炸或消失,因此 RNN 很难捕捉句子中距离很远的两个词的联系。为了解决这个问题,引入了基于门控制的循环神经网络(gated RNN),使用门控制来控制信息的累积速度,并缓解长期依赖问题。基于门控制的循环神经网络的两种常见类型有长短期记忆(long short-term memory, LSTM)网络[7],以及门控制循环单元网络(gated recurrent unit, GRU)[8]。

4. 句法模型

句法模型(syntax-based models)通常根据句子的句法结构组合得到句子表示,这种句法结构通常是树结构。常见的句法模型包括递归模型[9]、树结构 LSTM[10]以及递归卷积模型。在句法模型中,树结构根结点的向量表示就是整个句子的语义表示。不同句法模型的区别在于组合函数的不同,图 1 – 5 展示了树结构 LSTM 的模型图。

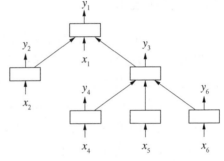

图 1 – 5 树结构 LSTM 的模型图

句法模型考虑到了句子中语义的句法结构,因此能够捕捉到更加层次化的语义信息,得到更加丰富的句子表示。

5. 非组合模型

在组合模型中,句子的表示由句子中词表示的函数组合得到。在非组合模型中,句子表示并不由词表示的组合得到,而通过其他方式(如直接训练)获得。我们主要介绍一种常见的非组合句子表示模型——Doc2Vec[11]。

Doc2Vec 同时使用段落向量(paragraph vector)和词向量作为句子表示,如图 1 – 6 所示。在 Doc2Vec 模型中,不仅每个单词被表示为一个连续的实值向量,每个段落(或句子)也被映射到一个实值向量。我们在段落中取一个滑动窗口,上下文单词和当前词都来自这个滑动窗口。段落向量和上下文单词的词向量被拼接或平均起来,作为中间的隐藏层,并送到分类器中用于预测当前单词。我们使用梯度下降和反向传播来更新段落向量和词向量,最后得到的段落向量就可以看作是整个段落(或句子)的一种表示,段落表示可以进一步用于其他在这个句子上的任务(如文本分类)。

Doc2Vec 模型中的句子表示(段落向量)并不是由词向量的函数组合得到的,而是通过训练直接优化得到。因此,不同于前面几节提到的组合模型,

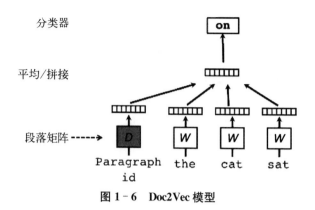

图 1-6　Doc2Vec 模型

Doc2Vec 模型是一种非组合模型。

1.3.3　篇章表示

如果处理的对象是比句子更长的文本序列(如篇章),为了降低模型复杂度,一般采用层次化的方法,先得到句子表示,然后以句子表示为输入,进一步得到篇章的表示。具体的层次化可以采用以下几种方法:

(1)采用层次化的卷积神经网络,即用卷积神经网络对每个句子进行建模,然后以句子为单位再进行一次卷积和池化操作,得到篇章表示。

(2)采用层次化的循环神经网络,即用循环神经网络对每个句子进行建模,然后再用一个循环神经网络建模以句子为单位的序列,得到篇章表示。

(3)混合模型,先用循环神经网络对每个句子进行建模,然后以句子为单位再进行一次卷积和池化操作,得到篇章表示。在上述模型中,循环神经网络因为非常适合处理文本序列,因此被广泛应用在很多自然语言处理任务中。

以上的模型本质上都是组合模型,即用句子表示的某种组合得到篇章表示。类似句子的表示,除组合模型外,非组合模型(如 Doc2Vec)也可以用于得到篇章表示。

1.3.4　注意力

注意力机制(attention mechanism)来自人类感知的注意力,人在感知外部环境时,会将重点放在需要关注的位置,而忽视其他部分的信息。人们能够利用注意力从大量外部信息中过滤出有价值的部分,极大地提高了信息处理的效率。

在自然语言处理领域,注意力机制第一次是被用于机器翻译任务,用来同时进行翻译和对齐[12]。近年以来,注意力机制已经被广泛应用到基于深度学习的自然语言处理的各个任务中。同时,注意力以及自注意力(self-attention)机制也作为一种新范式被应用于文本表示中。

注意力机制可以定义为:一个查询(query)和一系列键值对(key-value pairs)映射到一个输出的过程(见图1-7)。

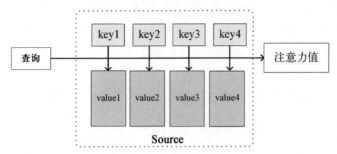

图1-7 注意力机制

计算注意力主要分为3个步骤:① 将查询和每个key进行相似度计算,得到权重;② 一般使用一个Softmax函数对这些权重进行归一化;③ 将权重和相应的value值进行加权求和,得到最后的输出。目前在NLP研究中,key和value常常都是同一个。

这里设查询为Q,键值对分别为K和V,计算得到注意力如式(1-13)所示。

$$s_i = f(Q, K_i)$$

$$a_i = Softmax(s_i) = \frac{\exp(s_i)}{\sum\limits_j \exp(s_j)} \qquad (1-13)$$

$$attention(Q, K, V) = \sum\limits_i a_i V_i$$

其中,s_i和a_i分别是未归一化和归一化之后的权重;$attention(Q, K, V)$是最后的输出;$f(Q, Ki)$是权重函数,可以取加性或点积函数。

1.4 基于预训练模型的语言表示

近两年,预训练模型(pre-trained model)[13]逐渐成为语言表示的主流,比如

BERT、GPT 等。这些预训练模型先在大规模无标注数据上进行自监督或无监督学习,当应用到下游任务时,不用从零开始进行学习。由于预训练模型蕴涵了无标注数据上的语言知识和世界知识,因此给下游任务提供了一个很好的初始化模型,通常可以大幅提高下游任务的性能。

在模型结构方面,虽然预训练模型的模型结构可以选择卷积网络和循环网络,但其网络容量导致很难训练深层模型。因此,目前预训练模型的主要模型结构是以 Transformer[14] 为基础的多种改进版本。

在学习任务方面,自回归语言模型和掩码语言模型是两种主要的自监督或无监督学习任务,可以在大规模无标注数据上进行预训练。此外,降噪自编码器也是一种有效的无监督学习任务。

目前,预训练模型还处于快速发展阶段,不管是模型结构和学习任务,还是迁移学习和优化方法都不断有新的模型和方法出现。关于预训练模型的最新进展可以参考相关文献[13]。

参考文献

[1] Harris Z S. Distributional structure[J]. Word, 1954, 10(2): 146 – 162.

[2] Deerwester S, Dumais S T, Furnas G W, et al. Indexing by latent semantic analysis [J]. Journal of the Association for Information Science and Technology, 1990, 41(6): 391 – 407.

[3] Mikolov T, Chen K, Corrado G, et al. Efficient estimation of word representations in vector space [C]//Proceedings of the 1st International Conference on Learning Representations. New York: Association for Computing Machinery, 2013.

[4] Pennington J, Socher R, Manning C D, et al. Glove: global vectors for word representation[C]//Proceedings of the 2014 Conference on Empirical Methods in Natural Language Processing, October 25 – 29, 2014, Doha, Qatar. Stroudsburg, PA, USA: Association for Computational Linguistics, 2014: 1532 – 1543.

[5] Kim Y. Convolutional neural networks for sentence classification[C]//Proceedings of the 2014 Conference on Empirical Methods in Natural Language Processing, October 25 – 29, 2014, Doha, Qatar. Stroudsburg, PA, USA: Association for Computational Linguistics, 2014: 1746 – 1751.

[6] Elman J L. Finding structure in time[J]. Cognitive Science, 1990, 14(2): 179 – 211.

[7] Hochreiter S, Schmidhuber J. Long short-term memory[J]. Neural Computation, 1997, 9(8): 1735 – 1780.

[8] Chung J, Gulcehre C, Cho K, et al. Empirical evaluation of gated recurrent neural

networks on sequence modeling[C]//Proceedings of NIPS 2014 Workshop on Deep Learning, 2014: 234 - 257.

[9] Socher R, Perelygin A, Wu J Y, et al. Recursive deep models for semantic compositionality over a sentiment treebank[C]//Proceedings of the 2013 Conference on Empirical Methods in Natural Language Processing, October 18 - 21, 2013, Grand Hyatt Seattle, Seattle, Washington, USA. Stroudsburg, PA, USA: Association for Computational Linguistics, 2013: 1631 - 1642.

[10] Tai K S, Socher R, Manning C D, et al. Improved semantic representations from tree-structured long short-term memory networks[C]//Proceedings of the 53rd Annual Meeting of the Association for Computational Linguistics and the 7th International Joint Conference on Natural Language Processing, July 26 - 31, Beijing, China. Stroudsburg, PA, USA: Association for Computational Linguistics, 2015: 1556 - 1566.

[11] Le Q, Mikolov T. Distributed representations of sentences and documents[C]// Proceedings of the 31st International Conference on Machine Learning, June 21 - 26, 2014, Beijing, China. Stroudsburg, PA, USA: International Machine Learning Society, 2014: 1188 - 1196.

[12] Bahdanau D, Cho K, Bengio Y. Neural machine translation by jointly learning to align and translate [C]//Proceedings of the 3rd International Conference on Learning Representations. New York: Association for Computing Machinery, 2015.

[13] Qiu X, Sun T, Xu Y, et al. Pre-trained models for natural language processing: a survey[J]. Science China Technological Sciences, 2020, 63: 1872 - 1897. https://doi. org/10. 1007/s11431 - 020 - 1647 - 3

[14] Vaswani A, Shazeer N, Parmar N, et al. Attention is all you need[C]//31st Conference on Neural Information Processing Systems, 2017.

2

词法分析

赵海　孙栩　张倬胜　张晓东

赵海,上海交通大学计算机科学与工程系,电子邮箱：zhaohai@cs.sjtu.edu.cn
孙栩,北京大学计算机科学技术系,电子邮箱：xusun@pku.edu.cn
张倬胜,上海交通大学计算机科学与工程系,电子邮箱：zhangzs@sjtu.edu.cn
张晓东,北京大学计算机科学技术系,电子邮箱：zxdcs@pku.edu.cn

2.1 引言

2.1.1 词法分析的任务定义

在计算语言学中,词是语言表示的基本语义单元,对应的词法分析则是理解自然语言的基础。词法分析的目标一方面是准确地将自然语言文本切分成一连串有意义的词语,另一方面则是识别出词语的词性,以便进行后续高层的语言分析,例如句法分析、语义分析等。本章将从分词、命名实体识别和词性分析等3个方面介绍词法分析的研究历程和前沿进展,示例如表2-1所示。

表 2-1　词法分析示例

自然文本	4月的海南东屿岛,海风轻拂,阳光明媚
中文分词	4月的海南东屿岛,海风轻拂,阳光明媚
命名实体	[4月]/DATE 的[海南]/LOC[东屿岛]/LOC,海风轻拂,阳光明媚
词性标注	4月/t 的/u 海南/n 东屿岛/n,/w 海风/n 轻拂/v,/w 阳光/n 明媚/a

分词是自然语言处理,尤其是中文信息处理中最基础、最重要的任务,有着广泛的实际应用。本章将主要围绕中文分词技术展开介绍。在计算语言学中,词是一种常见的极具语义特征的语言成分,对于英文等拉丁语系而言,由于词之间有空格作为词的边界表示,能简单且准确地被提取出来。而对于中文等文字,以字作为基本的书写单位,除了标点符号以外,字与字之间紧密相连,没有明显的边界符号,很难从句子中将词语区分开来。中文分词是利用计算机将待处理的文本进行词语切分、过滤处理,输出中文单词、英文单词和数字串等一系列分割好的语言单元。许多学者在这个研究领域做了大量的工作,但由于汉语语言本身的复杂性、语言知识的基础研究不足,以及利用计算机处理自然语言的手段有限等众多原因,导致在提高分词精度和消除歧义上还存在着很多困难。作为字符串上的切分过程,分词是一种简单的结构化机器学习任务。基于处理的结构分解单元,可以大体将所有分词的传统机器学习模型分为两大类,基于字标注学习与基于词(相关特征)的学习。为了减小对特征工程的依赖,最近几年来,研究者们开始探索深度学习在中文分词问题上的应用。

命名实体识别(named entity recognition,NER)是自然语言处理(NLP)中

的一项基础任务,其目标是从一段自然语言文本中找出相关实体,并标注出其位置以及类型。命名实体识别的主要任务是识别出文本中的人名、地名等专有名称和有意义的时间、日期等数量短语并加以归类。命名实体识别技术是 NLP 领域中的一些复杂任务,例如信息抽取、信息检索、机器翻译、问答系统等的基础。命名实体识别的研究主体通常包含实体(组织名、人名、地名),时间表达式(日期、时间),数字表达式(货币值、百分数)等。在实际研究中,命名实体的确切含义需要根据具体应用来确定,例如在面向医疗信息提取时,还应包括疾病名、症状、检查、治疗等实体。由于数量、时间、日期、货币等实体识别通常可以采用模式匹配的方式获得较好的识别效果,相比之下,人名、地名、机构名较复杂,因此近年来的研究主要以这几种实体为主。这些实体中以人名和机构名实体识别难度最大,普遍存在嵌套和缩写的识别问题。从研究的发展趋势上看,由原来的单独针对人名、地名等进行识别发展到开始采用统一的方法同时进行各类命名实体的识别,并且识别效果也得到了提高。这种方法虽然考虑了人名、地名和机构名的共同特点,能够有效地解决多种命名实体间的歧义问题。但是,它不能充分分析不同命名实体间的差异性,制约了整体的识别性能。

命名实体识别是信息提取、问答系统、句法分析、机器翻译等众多应用的有力工具,是自然语言处理领域重要的基础技术,占有重要地位。从早期基于词典和规则的方法,再到传统机器学习的方法,再到近年来深度学习的方法,命名实体识别一直是 NLP 领域中的研究热点。目前命名实体识别被普遍当作一个序列标注问题来解决。与分类问题相比,在序列标注问题中,当前的预测标签不仅与当前的输入特征相关,还与之前的预测标签相关,即预测标签序列之间是有很强的相互依赖关系的。在序列标注的框架下,隐马尔可夫模型(HMM)、最大熵隐马尔可夫模型(MEMM)、条件随机场(CRF)等有监督机器学习方法相继被成功应用,尤其以条件随机场的性能最佳。近些年来,随着深度学习在语音识别、图像分类等领域取得成功,神经网络方法也被大量应用于自然语言处理。在命名实体识别方面,基于深度神经网络的方法不仅显示出色的识别性能,与传统方法相比,深度神经网络模型还大大减小了对人工特征工程的依赖。

在语言学中,词类(part of speech, PoS)指的是一种语言中词的语法分类。如在汉语中,常见的词类有名词、动词、形容词等。词类的划分是以语法特征(包括句法功能和形态变化)为主要依据,兼顾词汇意义。形态标准适合分析形态发达的语言,如在英语中,名词可以加"s"变成复数形式,动词可以加"ing"变成现在分词。功能标准在全世界语言中更具有覆盖力,主要看词能否充当句子成分以及充当何种句子成分的情况。例如,能否充当句子成分是汉语中实词、虚词的主要区分标准。

词性和词类这两个概念经常被混用,但两者的含义不同:词类是一种体系范畴,将语言中的词汇按一定依据划分为不同的类。词性则是一个实例,将一个词归类得到的结果。举例来说,汉语中有名词、动词、形容词等词类,而"汽车"一词的词性就是名词。不过在行文中,两者常常混用,因此在后文中也不做特殊区分。英语词性通常分为 9 类,具体包括名词、代词、形容词、动词、副词、介词、连词、感叹词、冠词。汉语词类通常分为实词、虚词两大类,可再分为 14 小类[1-2]。实词能够单独充当句子成分或大多用于充当句子的主要成分,包括名词、动词、形容词、区别词、副词、数词、量词、代词、叹词、拟声词。虚词不能够单独充当句子成分或大多用于充当句子的辅助性成分,包括介词、连词、助词、语气词。汉语缺乏形态,词的类别不如英语等西方语言那样易于判别。

词性标注(part of speech tagging, PoS tagging)指的是对文本中的每个词,根据其本身及其上下文,给出一个词性类别。通常在句子中,斜线前后分别为词及其词性,词之间用空格分隔,r 代表代词、p 代表介词、n 代表名词、v 代表动词、m 代表数词、q 代表量词、a 代表形容词、w 代表标点符号。例如:

我/r 在/p 学校/n 见到/v 一/m 位/q 老/a 同学/n 。/w

兼类问题是词性标注任务中的主要难题。如果同一个词具有不同词类的语法功能,则认为这个词兼属不同的词类,简称兼类。如"工作"这个词,在"他正在工作"这句话中是动词,而在"明天的工作很多"这句话中是名词。对于兼类词,词性标注程序应根据上下文确定兼类词在句子中最合适的词类标记。词性标注一直是自然语言处理的基础任务之一,有着长久的研究历史,其主要方法可分为基于规则的方法和基于统计的方法。基于规则的方法已逐渐退出历史舞台;基于统计的方法在 20 世纪和 21 世纪初主要是基于传统机器学习方法,如隐马尔可夫模型、感知机等。近几年来,随着深度学习在自然语言处理上的发展,基于深度学习的词性标注方法逐渐成为主流。

2.1.2 词法分析的发展历程

早期的词法分析主要应用基于规则和基于特征工程的机器学习方法。随着词嵌入表示进入数值计算的实用化阶段,基于神经网络(NN)的深度学习方法在近几年应用于词法分析任务中。实际上,词法分析中的分词、命名实体分析、词性标注都可以视为序列标注任务(预测每个词或字的标签),因此在模型方法上存在很大的互通性。

在传统统计机器学习的方法中,隐马尔可夫模型(hidden Markov model,

HMM)[3]、最大熵（maximum entropy，ME)[4-5]、条件随机场（conditional random fields，CRF)[6]等得到广泛应用。其中，HMM 由于利用 Viterbi 算法在求解序列类别的效率较高，训练和识别的速度较快，更适用于一些对实时性有要求（如信息检索和问答系统）的短文本标注。ME 的准确率一般比 HMM 高，具有较好的通用性，其主要缺点是复杂性较大高、计算开销大，导致训练代价很大，此外数据稀疏问题也比较严重。而 CRF 能够充分地利用上下文信息作为特征，可提供一个特征灵活、全局最优的标注框架，但同时存在收敛速度慢、训练时间长的问题，此外特征的选择和优化是影响结果的关键因素。

在深度学习中，卷积神经网络、递归神经网络以及与传统模型的混合方法成为当前的主流，也有一些研究采用注意力机制、对抗网络来进一步改善模型效果。深度学习的方法输入一般为词向量或字向量，不需要（或者需要少量）人工特征即可达到其至超过传统机器学习的方法，因此受到越来越多研究者的青睐。其中一个经典工作是 Collobert 等[7]于 2011 年提出了解决自然语言处理问题，尤其是序列标注类问题的一般框架，涉及的任务包括命名实体识别（NER)、词性标注（POS)、词语组块分析（Chunking)以及语义角色标注（SRL)等。这一框架抽取滑动窗口内的特征，在每一个窗口内使用神经网络解决标签分类和标注问题。Collobert 等将卷积神经网络（convolutional neural network，CNN)用于序列标注，提出句子级似然的训练方式。首先，词和其他离散特征通过查找表映射到低维连续表示。接下来，使用 CNN 学习卷积窗口内的上下文信息，得到更高层次的表示。该表示经过多个全连接层和非线性变换，最终得到预测出的各标签概率。Collobert 等使用句子级似然来建模序列中标签的依赖关系。给定一个句子 $[x]_1^T$ 和一个标签路径 $[i]_1^T$，其分数定义为转移分数和神经网络分数的和。

$$s([x]_1^T, [i]_1^T, \tilde{\theta}) = \sum_{t=1}^{T} ([A]_{[i]_{t-1}, [i]_t} + [f_\theta]_{[i]_t, t}) \qquad (2-1)$$

其中，$\tilde{\theta}$ 为模型的所有参数；$[A]_{i,j}$ 表示两个连续的词从标签 i 转移到标签 j 的分数；$[f_\theta]_{i,t}$ 表示神经网络对句子中第 t 个词的第 i 个标签输出的分数。使用 Softmax 函数对所有可能的标签路径 $[j]_1^T$ 归一化，真正路径的对数条件概率定义为

$$\log p([y]_1^T, [x]_1^T, \tilde{\theta}) = \log \underset{\forall [j]_1^T}{add}\, s([x]_1^T, [j]_1^T, \tilde{\theta}) \qquad (2-2)$$

尽管可能的路径条数随序列长度增加成指数型增长，但是依靠 log add 的

性质使用动态规划算法可以高效地求解出该条件概率。后续的许多研究将这种把标签转移得分加入目标函数的思想视为结合一层 CRF 层,并在后续的许多研究中沿用 NN+CRF 的思想应用于序列标注任务。

2.1.3 词法分析的数据集和公开评测

1. 语料数据

作为中文信息处理的关键步骤,中文分词在国内的关注度似乎远远超过了自然语言处理的其他研究领域。在中文分词中,资源的重要性又不言而喻。常用的语料主要是北京大学《人民日报》语料库,当前 SIGHAN Bakeoff 2005[①] 依然是中文分词论文的最主要数据集,主要有北京大学数据集(PKU)和微软数据集(MSR),数据特征如表 2-2 所示。

表 2-2 中文分词 Bakeoff 2005 语料数据特征

数据集	PKU	MSR	PKU	MSR
	训练集	测试集	训练集	测试集
句子数量/KB	19	2	87	4
词语数量/KB	1 110	104	2 368	107
字 数/KB	1 788	169	3 981	181

对于命名实体识别,英文常用 CoNLL 2003[②] 作为训练语料,中文语料常用 Bakeoff 2006,包括香港城市大学语料库(CityU)、微软亚洲研究院语料库(MSR)[③]。语料库的数据如表 2-3 所示。

表 2-3 命名实体语料库数据

数据集	CoNLL 2003		CityU		MSR	
	句子量	词汇量	句子量	词汇量	句子量	词汇量
训练集	15KB	203KB	69KB	1.46MB	88KB	2.37MB
开发集/KB	3.5	51	7	146	9	230
测试集/KB	3.7	46	9	41	13	107

CoNLL 2003 主要关注人名(PER)、地名(LOC)、机构名(ORG)和其他不属

---

① http://sighan.cs.uchicago.edu/bakeoff2005/
② https://www.clips.uantwerpen.be/conll2003/ner/
③ http://sighan.cs.uchicago.edu/bakeoff2006/

于前 3 类的实体(MISC)。CityU 和 MSR 的识别主体是人名、地名、机构名,其中 CityU 为繁体中文,MSR 为简体中文。对于实体边界,B-[NER TYPE]表示实体首字,I-[NER TYPE]表示实体内部。表 2-4 列出了 CoNLL 2003 的实体标注模式。

表 2-4　CoNLL 2003 的实体标注模式

标　记	描　　　述	标　记	描　　　述
B-PER	人名首字	I-PER	人名非首字
B-LOC	地名首字	I-LOC	地名非首字
B-ORG	机构名首字	I-ORG	机构名非首字
B-MISC	其他实体首字	I-MISC	其他实体非首字

要对语料库做词性标注,首先应有一套标注体系,对此不同机构制定了不同的标注体系。常见的英语词性标记集有布朗语料库(Brown corpus)标记集、宾州树库(Penn treebank)标记集和 UCREL 的 C5 标记集。布朗语料库[8]标记集包含 87 个标记,用于布朗语料库的词性标注;宾州树库[9-10]标记集包含 45 个标记,用于宾州树库、布朗语料库、华尔街日报语料库的词性标注;UCREL 的 C5 标记集[11]包含 61 个标记,用于英国国家语料库(British National Corpus)的词性标注。

英文词性标注中使用最广泛的数据集是华尔街日报(WSJ)数据集[9],它是宾州树库的一个组成部分。数据集的划分通常按照 Collins 的划分方式[12],即 0~18 部分作为训练集,19~21 部分作为验证集,22~24 部分作为测试集。Universal Dependencies (UD)①[13]是一个常用的多语言词性标注数据集。UD 是一个致力于构建跨语言的树库,也是一个正在持续发展的项目,截至 2018 年 3 月,UD 的最新版本为 2.1,包括 60 种语言的 102 个树库。

常用的汉语词性标注集有北京大学《人民日报》语料库词类标记集、国家语委语言文字应用研究所(简称国家语委语用所)词类标记集、计算所汉语词性标记集等。北京大学《人民日报》语料库词类标记集②制定于 2001 年,包含约 40 个词类标记,用于标注《人民日报》语料库。2003 年,规范被进一步扩充至 106 个词类标记。词类标记规范如表 2-5 所示。国家语委语用所于 2001 年提出

---

① http://universaldependencies.org/
② http://www.icl.pku.edu.cn/icl_groups/corpus/coprus-annotation.htm

《信息处理用现代汉语词类标记集规范》[14]。该规范第一个层次包含 19 个基本词类,每个基本词类下有若干小类。计算所汉语词性标记集①包含 22 个一类、66 个二类、11 个三类,共计 99 个类。

表 2 - 5 《人民日报》语料库词类标记集

标 记	描 述	标 记	描 述	标 记	描 述
Ag	形语素	j	前称略语	r	代词
a	形容词	k	后接成分	s	处所词
ad	副形词	l	习用语	Tg	时语素
an	名形词	m	数词	t	时间词
b	区别词	Ng	名语素	u	助词
c	连词	n	名词	Vg	动语素
Dg	副语素	nr	人名	v	动词
d	副词	ns	地名	vd	副动词
e	叹词	nt	机构团体	vn	名动词
f	方位词	nz	其他专名	w	标点符号
g	语素	o	拟声词	x	非语素字
h	前接成分	p	介词	y	语气词
i	成语	q	量词	z	状态词

中文词性标注最常用的数据集是《人民日报》标注语料库。《人民日报》标注语料库由北京大学计算语言学研究所和富士通研究开发中心有限公司共同制作,包含 1998 年《人民日报》文章的分词和词性标注,如表 2 - 5 所示。语料库中一半的语料(1998 年上半年)共 1 300 万字已经通过《人民日报》新闻信息中心公开提供许可使用权。其中一个月的语料(1998 年 1 月)近 200 万字在互联网上公布,供自由下载。

2. 评测

SIGHAN 是国际计算语言学会(ACL)中文语言处理小组的简称,其英文全称为 Special Interest Group for Chinese Language Processing of the Association for Computational Linguistics。国际中文自动分词评测(简称 SIGHAN 评测)

---

① http://ictclas.nlpir.org/nlpir/html/readme.htm

采用多个由不同机构提供的数据集合进行评测。每个机构提供的数据集都包含训练语料、测试语料和标准答案,参评者可以自由选择一种或者多种参加评测。2006 年在悉尼举行的第 3 届评测大会则在前两届的基础上加入了中文命名实体识别评测。

在命名实体识别任务中,比较有影响力的评测会议主要有信息理解研讨会(Message Understanding Conference,MUC)、多语种实体评价任务(Multilingual Entity Task Evaluation,MET)、自动内容抽取(Automatic Content Extraction,ACE)、文本理解会议(Document Understanding Conference,DUG)、SIGHAN 的 Bakeoff 评测、CoNLL 评测等。此外还有一些特定领域的命名实体评测任务,例如全国知识图谱与语义计算大会(CCKS 2017)中文电子病历命名实体识别、SemEval 评测中的 Clinical TempEval 任务等。

对于词性标注,NLPCC 2015 组织了中文微博的分词和词性标注评测。评测包含两个子任务:中文分词、联合的中文分词和词性标注。训练集包含 10 000 个句子,测试集包含 5 000 个句子。词性标签共有 36 个。

2.1.4 分词的意义与挑战

1. 分词的意义

分词是中文信息处理的基础,其意义重大。在中文里,单字作为最基本的语义单位,虽然也有自己的意义,但表意能力较差,意义较分散,而词的表意能力更强,能更加准确地描述一个事物,因此在自然语言处理中,通常情况下将词(包括单字成词)作为最基本的处理单位。

自然语言处理中的另一个基础任务——命名实体识别不仅作为一项独立的任务出现在各项评测中,也常常出现在机构信息、医疗、生物等领域。命名实体技术可轻松扩展到其他序列标注任务中,例如词性标注、关系抽取、事件抽取等。命名实体是许多高层自然语言处理任务的基础,可用于提升高层任务的效果,例如问答系统中有一类事实类问答,答案常常是命名实体,预先准确识别可大大提升问答效果。此外,命名实体往往也是知识图谱构建和关系抽取任务中的关键成分。

词类自动标注是深层语言分析的基础,如句法分析。在应用级任务,如信息抽取、情感分析等方面也有重要作用。句法分析依赖词法分析的结果。词法分析的作用是从词典中划分出词,而句法分析的作用是了解这些词之间的关系。句法分析的输入是一个词串(可能含词性等属性),输出是句子的句法结构。因此,分词以及词性标注的效果会直接影响句法分析的效果。词性标注在信息抽取任务中有着重要作用。比方说,在抽取"电影"的相关属性时,我们有一系列短语:国外电影、国产电影、搞笑电影、动漫电影……如果进行了词性标注,我们可以发现一些能够描述电影属性的模板,比如[形容词]电影、[名词]电影,而[动词]电影(如"看电影")往往不是描述电影属性的模板。在情感分析任务中,词性标注有助于发现情感词。词的情感倾向性可以粗略分为正面、负面和中性 3 种。正面和负面的情感词在情感分析中起重要作用。形容词、叹词等词性通常带有正负面情感,而代词、介词等通常不带有情感。因此,通过词性标注,可以发现文本中富含情感的部分,提升情感分析的准确性。在自然语言处理的许多任务中,词性都可以作为特征加入模型的输入中,往往能带来效果的提升,此处不再一一列举。

2. 分词的挑战

分词的主要挑战包括边界模糊、歧义切分和新词发现等三个方面。边界模糊主要指的是词的边界难以区分,例如,在"自然语言处理改变世界"中的"自然语言处理"是被视为一个词还是切分成"自然/语言/处理""自然语言/处理";分词中的歧义指的是同样的一句话,可能有两种或者更多的切分方法,例如"羽毛球拍卖多少钱"中可切分成"羽毛球/拍卖/多少钱",也可能被切分成"羽毛/球拍/卖/多少钱";由于社交网络和互联网的快速发展,日益涌现出大量的网络用语和口语表达,新词发现更是成为考验分词器的一大挑战。例如"神马""尬聊""扎心""老铁"等。因此,往往需要基于流行语料做新词发现,从而实现更加精准的词法分析。

评判一个命名实体是否被正确识别包括两个方面:实体边界识别与实体类别标注,其主要错误类型通常有文本正确,类型可能错误;反之,文本边界错误,而其包含的主要实体词和词类标记可能正确。英语中的命名实体具有比较明显的形态标志,如人名、地名等实体中的每个词的第一个字母要大写等,所以实体边界识别相对汉语来说比较容易,任务的重点是确定实体的类型。与英语相比,汉语的命名实体识别任务更加复杂,由于分词等因素的影响难度较大,其难点主要表现在以下几个方面:

(1)命名实体类型多样,数量众多,不断有新的命名实体涌现,如新的人名、地名等,难以建立大而全的姓氏库、名字库、地址库等数据库。尤其在社交网络中,常常涌现出"网络语言",这就要求命名实体识别技术能有效利用不断递增的大规模数据集。

(2)命名实体构成结构比较复杂,并且某些类型的命名实体词的长度没有一定的限制,不同的实体有不同的结构,比如组织名存在大量的嵌套、别名、缩略词等问题,没有严格的规律可以遵循。例如"清华大学"的常常缩写为"清华","上海交通大学"缩写为"上交"或"交大";人名中也存在比较长的少数民族人名或翻译过来的外国人名,没有统一的构词规范。因此,对这类命名实体识别的召回率相对偏低。

(3) 在不同领域和场景下,命名实体的外延有差异,存在分类模糊的问题。不同命名实体之间界限不清晰,人名也经常出现在地名和组织名称中,存在大量的交叉和互相包含现象,此外命名实体常常容易与普通词语混淆,影响识别效率。例如,组织机构名称中也存在大量的人名、地名、数字的现象,要正确标注这些命名实体类型,常常涉及上下文语义层面的分析,这些都给命名实体的识别带来困难。

(4) 命名实体识别过程常常需要与中文分词、浅层语法分析等过程相结合,分词、语法分析系统的可靠性也直接决定命名实体识别的有效性,这使得中文命名实体识别更加困难。

此外,命名实体识别的效果与语料质量密切相关,由于训练往往基于标准的新闻语料,例如 conll 2003、CityU、MSR 等,而随着社交媒体的快速发展,口语化表达、缩略语、谐音、新词大量涌现,大大增加了识别难度。

对于词性标注,兼类问题是词性标注的本质问题,也是最大的挑战。在英语中,根据布朗语料库的统计结果,词典中 11.5% 的词(word type)在词性上有兼类,而在语料库的文本中 40% 的词(word token)在词性上有兼类。拥有不同兼类程度的词的数量如表 2-6 所示。

表 2-6 布朗语料库词性兼类数量

兼类程度	词 的 数 量/个	兼类程度	词 的 数 量/个
1 标记	35 340	5 标记	12
2 标记	3 760	6 标记	2
3 标记	264	7 标记	1
4 标记	61	总计	39 440

中文词性的兼类现象与英文类似。《现代汉语语法信息词典》(1997 年版)[15] 中兼类词的统计数量如表 2-7 所示。比如,"光"这个词就有形容词、副词、名词、动词 4 种词性。虽然中文兼类词在词典中的占比较英文小,但中文兼类词的使用频率更高,而且不像英文那样可以根据形态变化判断词性,因此中文词性标注的难度更大。

表 2-7 《现代汉语语法信息词典》中词性兼类统计数量

兼类程度	词的数量/个	兼类程度	词的数量/个
1 标记	53 567	4 标记	20
2 标记	1 475	5 标记	3
3 标记	126	总计	55 191

在词之间没有明显分隔的语言(如中文)中,通常需要先做分词,将字序列切分成词序列,然后再对切分好的词做词性标注,这种方式称为管道模型。管道模型有一个重大缺陷,即词性标注依赖分词的结果。如果分词出现错误,那么词性标注的结果也是错误的。目前,在一些规范文本(如新闻)上,主流的中文分词器能达到 95% 的 F 值。但在一些更一般的文本上,分词效果可能达不到 90%。分词错误的传递,限制了词性标注的效果上限,这是中文词性标注的又一挑战。近些年来,分词和词性标注同时进行的联合模型大量出现。相关研究表明,联合模型能有效降低错误传递,而且词性标注信息也可以帮助分词,从而提高了分词和词性标注的效果,但其代价是搜索空间更大,训练和解码时间更长。随着社交媒体(如推特、微博等)的快速发展,互联网上出现的不规范(口语化)文本越来越多,这给词性标注带来很大的困难。目前大多数的词性标注程序使用的是《华尔街日报》或者《人民日报》等新闻领域的语料做训练。对于其他领域的数据,词性标注的效果会有大幅下降。此外,社交媒体上还有许多不规范文本,包含缩写、拼写错误、谐音、表情符号等,大大增加了词性标注的难度。另外,社交媒体上文本长度通常较短,这也是需要考虑的问题。

2.2 中文分词

2.2.1 传统方法

传统分词机器学习模型分为两大类,基于字标注的学习和基于词特征的学习。

基于字标注的学习方法研究始于 2003 年[16],该方法使用 B、M、E、S 四种字在词中的位置表达字的切分标注信息(见表 2-8),从而将分词任务首次形式化为字位标注的串标注学习任务。串标注学习是自然语言处理中最基础的结构化学习任务,在串标注的概率图模型中,两个串的各个节点单元需要严格一一对应,因此它非常便于使用多种成熟的机器学习工具建模和实现。该方法[16]的首次实现其实尚未充分使用串标注结构学习,而是直接应用了字位分类模型。有研究[17-18]首次考虑了第一个严格的串标注学习用于分词:最大熵、隐马尔可夫模型。而另外有研究[19-20]则自然地将标准的串标注学习工具条件随机场(CRF)引入分词学习。此后,CRF及其多个变种构成了传统的机器学习标准分词模型。

表 2-8　Xue 提出的字位切分标注示例[16]

白	然	科	学	/	的	/	研	究	/	不	断	/	深	入
B	M	M	E		S		B	E		B	E		B	E

B:开始,M:中间,E:结束,S:单字词。

另一类是基于词特征的分词模型。中文分词任务的目标就是切分出在上下文环境下的词。因此,所谓基于词的分词学习建模需要解决一个"先有鸡还是先有蛋"的问题。由基于词的随机过程建模导致了CRF变种——semi-CRF(半条件随机场)模型的直接应用。基于字位标注的分词学习通常用到的是线性链条件随机场(linear chain CRF),它基于马尔可夫(Markov)过程建模,处理过程中的每一步对输入序列的一个元素进行标注;semi-CRF 则基于 semi-Markov 过程建模,它在每步给序列中的连续元素标注成相同标签。semi-CRF 的这一特性和分词处理步骤高度契合,使其可以直接用于中文分词处理。

有研究[21]提出了 semi-CRF 的第一个分词实现。然而,即使以当时的标准,号称直接建模的 semi-CRF 模型的分词性能不甚理想。通常来说,直接建模会获得更好的机器学习效果,然而在 semi-CRF 的直接应用分词之中似乎一直很难实现。值得注意的是,线性链 CRF 模型的训练时间比对应的最大熵、马尔可夫模型会慢数倍(最大熵模型训练时间正比于需要学习的标签数量,CRF 训练时间则与标签数量的平方成正比),而 semi-CRF 的训练时间比标准的 CRF 还要缓慢,因此极大地限制了该模型的实际应用。为了同时保证分词性能和训练效率,有研究[22-23]提出了将包含隐变量的 latent-crf 学习模型用于分词,以此来建模长距离依赖信息,该方法可视为 CRF 和 semi-CRF 之间的灵活实现,其中的一项研究[22]同时利用基于字序列和基于词序列的特征信息,并证明引入隐含变量能通过有效捕捉长距信息来提升长词的召回率;而另一个研究[23]额外引用了新的高维标签转移马尔可夫特征,同时针对性地提出了基于特征频数的自适应在线梯度下降算法,以提升训练效率。

传统的字标注模型方法在进一步的发展中也考虑引入部分标志性的已知词

（又称为词表词, in-vocabulary words, IV）信息。有研究[24]提出了一种基于"子词"（subword）的标注学习，其基本思路是从训练集中抽取高频已知词构造子词词典。然而，该方法单独使用效果不佳，需要集成其他的复合模型才能与已有方法进行有意义的比较。另有研究[25]大幅改进了这个策略，通过在训练集上迭代最大匹配分词的方法，找到最优的子词（子串）词典，使用单一的子串标注学习即可获得最佳性能。基于子词的直接标注模型事实上过强地应用了已知词信息，因为所有子串都属于已知词，并且在模型一开始就不能再切分。这一缺陷在后续的一些研究[26-29]中得到进一步修正，改进包括两点：① 所有可能子串现在将按照某个特定的统计度量方式根据训练集上的 n-gram 计数来进行打分；② 基本模型还是基于字位标注学习，而前面获得的子串信息以附加特征形式出现。其中一项研究[27]获得了传统标注模型下的最佳性能，包括囊括 SIGHAN Bakeoff-4（2008）的全部五项分词封闭测试第一名。当子串的抽取和统计度量得分计算扩展到训练集之外时，其中的另一项研究[29]实际上提出了一种可扩展性很强的半监督分词方法，经验研究也验证了其有效性。

与以上所有基于串标注，无论是线性链 CRF 标注还是 semi-CRF 标注模式都不相同，为此有研究[30]引入了一种基于整句切分结构学习的分词方法。虽然他们声称这是一种基于词的方法，但是他们的方法不同于以往的显著点，即字和词的 n-gram 特征以同等地位在整句的切分结构分解中进行特征提取。在细节上，他们采用了扩展的感知机算法进行训练，在解码阶段则使用近似的定宽搜索（beam search）。尽管模型在理论上具备更广泛的特征表达能力，但是该研究[30]未能给出事实上更佳的分词性能。

由于分词是一个基础学习任务，因此在串标注学习下的可选特征类型相当有限。实际上，能选用的只是滑动窗口下的 n-gram 特征（gram 单元为字或者词）。理论上，以单个 n-gram 特征为单位进行任意的特征模板选择，在工程计算量上是可行的。在实际的系统中，对于字特征，多采取 5 字的滑动窗口，而 Zhao 等及其后续研究[31]仅用 3 字窗口；对于词，则采取 3 词的滑动窗口。然而，字位标注并非直接的切分点学习，从后者到前者（字位标注系统）有着多种方案，而一旦字位标注发生改变，相应的优化 n-gram 特征集显然会发生改变。这一现象率先被 Zhao 等[31]发现，完整的经验已进行了发表[32-33]。表 2-9 列出了之前的标注集，表 2-10 列出了 Zhao 等[33]考察过的完整标注集序列。最终证明在 6-tag 标注集配合使用 3 字窗口的 6 个 n-gram 特征（分别是 C_{-1}、C_0C_1、$C_{-1}C_0$、C_0C_1、$C_{-1}C_1$，其中 C_0 代表当前字），即可获得字位标注学习的最佳性能（默认使用 CRF 模型）。

表 2 - 9　早期的各类字位标注系统

4 -标签集 [16, 18]		3 -标签集 [24]		2 -标签集 [19 - 20]	
功能	标签功能	标签功能	标签	标签功能	标签
开始	B(LL)	开始	B	开始	Start
中间	M(MM)	中间或结束	I	非开始	NoStart
结束	E(RR)				
单字	S(LR)	单字	O		

表 2 - 10　6 -标签以下的完整标注集序列[33]

标签集	标　签	词标注示例
2-tag	B, E	B, BE, BEE, …
3-tag/a	B, E, S	S, BE, BEE, …
3-tag/b	B, M, E	B, BE, BME, BMME, …
4-tag	B, M, E, S	S, BE, BME, BMME, …
5-tag	B, B_2, M, E, S	S, BE, BB_2E, BB_2ME, BB_2MME, …
6-tag	B, B_2, B_3, M, E, S	S, BE, BB_2E, BB_2B_3E, BB_2B_3ME, …

2.2.2　深度学习方法

深度学习自词嵌入表示到达了数值计算的实用化阶段之后,开始席卷自然语言处理领域。原则上,嵌入向量表示承载了一部分字或词的句法和语义信息,应该能带来进一步的性能提升。如前所述,中文分词是一个基础任务,可用特征受限于滑动窗口内的 n-gram 特征。由此,虽然典型的神经网络或深度学习模型以降低特征工程代价的优势而著称,但是对于分词任务的特征工程压力的缓解相当有限。因而,神经分词模型期望带来进一步性能改进的方向在于:① 有效集成字或者词的嵌入式表示,充分利用其中蕴含的有效句法和语义信息;② 将神经网络的学习能力有效地与已有的传统结构化建模方法结合,如经典的字位标注模型中用等价的相应网络结构进行置换。

2013 年,有研究[34]提出神经网络中文分词方法,首次验证了深度学习方法应用到中文分词任务上的可行性。该研究直接借用了之前研究[7]提出的模型结构,将字向量作为系统输入。该研究的技术性贡献如下:① 使用了大规模文本上预训练的字向量表示改进监督学习(开放测试意义);② 使用类似感知机的训练方式取代传统的最大似然方法,以加速神经网络训练。就结构化建模来说,该工作等同于之前一项研究[18]的字位标记的串学习模型,区别仅在于是用一个简单的神经网络模型替代了后者的最大熵模型。由于结构化建模的缺陷,该模型的精度甚至仅与早期研究[16]提出的结果相当,而远逊于传统字标注学习模型的前沿结果。

2014 年,研究[35]对[34]提出的模型做了重要改进。具体来说,他们引入了标签向量来更精细地刻画标签之间的转移关系,其改进程度类似于之前的研究[17-18],首次有效将马尔可夫特征引入最大熵模型。研究[35]提出了一种新型神经网络(最大间隔张量神经网络,max-margin tensor neural network,MMTNN)并将其用于分词任务,MMTNN 使用标签向量和张量变化来捕捉标签与标签之间、标签与上下文之间的关系。另外,为了降低计算复杂度和防止过拟合(所有神经网络模型的通病),该研究还专门提出了一种新型张量分解方式。

随后,为了更完整、精细地对分词上下文建模,研究[36]提出了一种带有自适应门结构的递归神经网络(gated recursive neural network,GRNN),用来抽取 n-gram 特征,其中的两种定制的门结构(重置门、更新门)被用来控制 n-gram 信息的融合和抽取。与研究[34][35]简单拼接字级信息不同,该模型用到了更深的网络结构,因此传统优化方法受到了梯度扩散的制约,该工作使用了有监督逐层训练的方法进行克服。

研究[37]针对滑动窗口的局部性,提出用长短期记忆神经网络(long short-term memory neural networks,LSTM)来捕捉长距离依赖,部分克服了过往的序列标注方法只能从固定大小的滑动窗口抽取特征的不足。

有研究[38]将 GRNN 和 LSTM 联合起来使用。该研究可以看作结合了 Chen 等[36-37]提出的两个模型。在该模型中,先用双向 LSTM 提取上下文敏感的局部信息,然后在滑动窗口内将这些局部信息用带门结构的递归神经网络融合起来,最后用作标签分类的依据。LSTM 是神经网络模型家族中和线性链 CRF 同等角色的结构化建模工具,随着它引入分词学习,神经网络模型下的分词开始和传统机器学习模型抗衡。表 2-11 列出了结构化建模的传统-神经模型的对照情况。

与传统方法中基于字的序列标注方案几乎一统江湖的局面不同。由于神经网络灵活的结构化建模能力,有别于序列标注的其他方法也相继涌现出来。有研究提出了一种基于字的切分动作匹配算法,该算法在保持相当程度的分

表 2 - 11　结构化建模的传统-神经模型的对照情况

结构分解	传统模型及文献	神经模型及文献
分类模型	[16]	
马尔可夫模型	[17 - 18]	[34 - 35]
标准串学习建模	CRF：[19] semi-CRF：[21] latent-CRF：[22]	LSTM：[37, 39]
全局模型	[30]	[40 - 41]

词性能的同时，有着不亚于传统方法的速度优势。具体来说，该文提出了一种新型的向量匹配算法，可以视为传统序列标注方法的一种扩展，在训练和测试阶段都只有线性的时间复杂度。该工作有两个亮点值得注意：① 首次严肃考虑了神经模型分词的计算效率问题；② 遵循了严格的 SIGHAN Bakeoff 封闭测试的要求，只使用了简单的特征集合，不依赖训练集之外的语言资源。

有研究[42]提出了一种基于转移的模型用于分词，并将传统的特征模板和神经网络自动提取的特征结合起来。该工作对神经网络自动提取的特征和传统的离散特征做了融合方法的尝试。结果表明，通过组合这两种特征，分词精度可以得到进一步提升。研究[39]首次将零阶半马尔可夫随机场应用到神经分词模型中，并分析了不同字向量和词向量对分词效果的影响。此文基于semi-CRF 建模分词学习结构，用直接的切分块嵌入表示和间接的输入单元融合表示来刻画切分块，同时还考察了多种融合方式和多种切分块嵌入表示。遗憾的是，该系统严重依赖传统方法的输出结果来提升性能。他们的具体做法是用传统方法的分词结果（在外部语料上）作为词向量训练的输入语料，因此，该研究所报告的最终系统结果应属于开放测试范畴。而作为纯粹的神经模型版本下的 semi-CRF 模型，在封闭测试意义下，该系统的效果和传统 semi-CRF[21]同样效果不佳。

有研究[40]提出对分词句子直接建模的方法，彻底消除了滑动窗口，并能捕捉分词的全部历史信息，提出了一个类似的神经分词模型[30]，同时充分吸收了前面一些工作的有益经验，如门网络结构等（见图 2 - 1）。由于覆盖了前所未有的特征范围，该模型首次取得了和传统模型类似的分词性能。概括来说，该方法使用了一个带自适应门结构的组合神经网络，词向量表示通过其字向量生成，并用 LSTM 网络的打分模型对词向量序列打分。这种方法直接对分词结构进行了建模，能利用字、词、句 3 个层次的信息，是首个能完整捕捉切分和输入历史的方法。与之前的传统和深度学习方法相比,该模型将分词动作依赖的特征窗口扩张到极大的程度(见表 2-12)。该研究所提的分词系统框架可以分为 3 个组件:① 一个依据字序列的词向量生成网络,组合门神经网络(gated combination neural network,GCNN),如图 2-2 所示;② 一个能对不同切分从最终结果上(也就是词序列)进行打分的估值网络;③ 一种寻找拥有最大分数的切分的搜索算法。第 1 个模块近似于模拟中文造词法过程,这对于未登陆词识别有着重要意义;第 2 个模块从全句的角度对分词的结果从流畅度和合理性上进行打分,能最大限度地利用分词上下文。第 3 个模块则使在指数级的切分空间中寻找最可能的最优解成为可能。

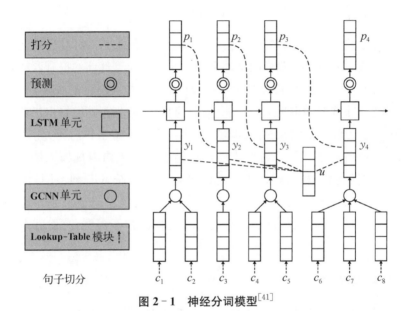

图 2-1 神经分词模型[41]

表 2-12 不同模型的特征模板范围,其中 $i(j)$ 分别指示当前打分的字或词

模　型		字 特 征	词 特 征	标签
基于字的模型	[34]	c_{i-2}, c_{i-1}, c_i, c_{i+1}, c_{i+2}	—	$t_{i-1}t_i$
	[37]	c_0, c_1, $\cdots$, c_i, c_{i+1}, c_{i+2}	—	$t_{i-1}t_i$
基于词的模型	[30]	c in w_{j-i}, w_j, w_{j+1}	w_{j-1}, w_j, w_{j+1}	—
	[40]	c_0, c_1, $\cdots$, c_i	w_0, w_1, $\cdots$, w_j	—

研究[43]专门调查分析了外部资源对中文分词效果的影响(包括预训练的字/词向量、标点符号、自动分词结果、词性标注等),他们把每一种外部资源当作

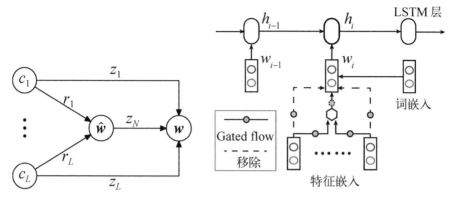

图 2‑2　组合门网络模块[40-41]

一个辅助的分类任务,使用多任务神经学习方法预训练了一组对汉字上下文建模的共享参数。大量的实验表明了外部资源对神经模型性能的提升同样具有重要意义。研究[44]则通过使用迁移学习提高小语料上中文分词的效果。

如果把外部资源的贡献进行量化,或者简化一些,是否能够给出机器学习的语料规模和学习性能的增长之间的联系规律? 这一经验工作由研究[45]完成。基本结论是统计机器学习系统给出的分词精度和训练语料规模大体符合 Zipf律,即语料规模指数增长,则性能才能线性增长。与统计分词不同,传统的规则分词,最大匹配分词方法的精度与所用的词典规模呈线性关系。这一结论意味着统计方法,无论是传统的字标注还是现代的神经模型,有着巨大的增长空间。

2.2.3　实验结果

表 2‑13 列出了近 10 年来主要的分词系统在 SIGHAN Bakeoff‑2005 语料上的分词效果比较。神经分词系统快速地取得了长足进步,但整体上仍然不敌传统模型。此外,尽管神经网络方法在知识依赖和特征工程方面有着巨大优势,也取得了一定的进展,但模型的计算复杂度被大幅提高,因为成功的神经分词器往往是建立于更加精巧、更复杂的网络结构之上。

研究[41]在研究[40]的基础上,通过简化网络结构,混合字词输入以及使用早期更新(early update)等收敛性更好的训练策略,设计了一个基于贪心搜索的快速分词系统(见图 2‑2)。该算法与之前的深度学习算法相比不仅在速度上有了巨大提升,分词精度也得到了进一定提高,其实验结果还表明,词级信息比字级信息对于机器学习更有效,但是仅仅依赖词级信息不可避免地会削弱深度学习模型在陌生环境下的泛化能力。表 2‐14 列举了最近 3 年与速度相关的神经分词系统的结果。从中可见,研究[41]首次在神经模型方法上同时取得了计算性能与计算效率和传统方法相当的效果。

表 2‐13 近 10 年 SIGHAN Bakeoff-2005 评估语料上的不同分词方法性能比较(F1 值)

数 据 集		封闭测试(closed test)/%				开放测试(open test)/%			
		PKU	MSR	CityU	AS	PKU	MSR	CityU	AS
传统方法	[20]	95.0	96.4	95.2	94.7				
	[30]	94.5	97.2	94.6	**96.5**				
	[27]	**95.4**	**97.6**	**96.1**	95.7				
	[22]	95.2	97.3	94.6					
	[33]	—	—	—	—	—	**98.3**	**97.8**	**96.1**
	[23]	**95.4**	97.4	94.8	—				
	[46]					**96.1**	97.4	—	—
深度学习方法	[34]**	92.4	92.8			93.3	93.9		
	[35]	93.5	94.0	—		94.4	94.9		
	[36]	94.4*	95.1*			(96.4)	(97.6)		
	[37]	94.3*	95.0*	—		**(96.5)**	(97.4)		
	[47]	95.1	96.6						
	[40]	95.2	96.4			95.5	96.5	—	
	[38]	—	—	—	—	(96.1)	(96.3)		
	[42]	95.1†	97.0†			95.7	97.7		
	[39]	93.9†	95.2†	—	—	95.7‡	97.6‡		
	[48]					95.9	97.1		
	[49]	—	—			94.3	96.0	95.6	94.6
	[44]					96.1	96.8	—	—
	[43]					96.2	97.3	**96.7**	95.4
	[41]	**95.4**	**97.0**	**95.4**	**95.2**				
	[50]					96.0†	97.8†		
	[51]					**96.5**	**97.8**	96.3	**95.9**

注:表格上部展示的是传统方法,下部是深度学习方法。标有双星号(＊＊)的所有数据来自研究[35]的再运行结果;标有星号(＊)的数据来自研究[40]的再运行结果;带有†的结果使用了或者可能使用了预训练的字向量;带有‡的数据结果依赖于传统模型(在大规模未标注语料上使用传统切分的结果进行预训练);( )里的结果使用了成语表;加粗的数值表示最佳分数。

表 2‑14　最近 3 年与速度相关的深度学习分词算法性能和效率的综合比较

数据集	PKU				MSR			
	F1＋预训练/%	F1/%	训练/h	测试/s	F1＋预训练/%	F1/%	训练/h	测试/s
[27]	—	95.4	—	—	—	**97.6**	—	—
[36]	94.5*	94.4*	50	105	95.4*	95.1*	100	120
[37]	94.8*	94.3*	58	105	95.6*	95.0*	117	120
[47]	—	95.1	**1.5**	**24**	—	96.6	**3**	**28**
[42]	95.1	—	6	110	97.0	—	13	125
[39]	93.9	—	—	—	95.21	—	—	—
[40]	95.5	95.2	48	95	96.5	96.4	96	105
[41]	**95.8**	**95.4**	3	25	**97.1**	97.0	6	30

注：标有星号(＊)的数据研究[39]再运行的结果。此表列出的是研究[42]与[38]中神经网络模型单独工作的结果。注意大多数深度学习方法使用的字向量可以事先在大规模无标记的语料上进行预训练。严格来说，这类结果需归于 SIGHAN Bakeoff 开放测试的类别。

　　SIGHAN Bakeoff 的分词评测定义了严格的封闭测试条件，要求不得使用训练集之外的语言资源，否则相应结果则算开放测试。区分开放和封闭测试的一个主要目的是分辨出机器学习的改进的确来自模型自身的提升，而非其他。

　　不管是传统模型还是深度学习模型，可选的分词用外部资源都可以包括词典和各类切分语料(不一定和已有切分语料属于同种规范)。外部资源的标准使用方式是以额外的标记特征的形式引入，早期的开放测试系统包括研究[18]。研究[33]系统考察了多种外部资源，包括词典、命名实体识别器以及其他语料上训练得到的分词器，统一用于字标注模型下的附加标记特征，其所提的具体做法很简单：在主切分器上加入其他分词(或命名实体识别)器给出的辅助标记特征即可。结果表明，该策略在所有分词规范语料上都能显著提升性能，特别是在 SIGHAN Bakeoff-2006 的两个简体语料上可以带来额外的 2 个百分点的性能增益。表 2‑13 展示的结果显示该报告的开放测试结果目前为止依然是业界最高的分词性能。该结果实际上在 Bakeoff-2006 语料上给出，因而缺乏 PKU 上的结果，所用的附加资源则来自其他公开的 Bakeoff 语料。最后，该工作还经验性暗示，如果可用的额外切分语料可以无限制扩大，则分词精度也可以无限制提升，虽然代价是切分速度会急剧下降。

　　基于嵌入表示的深度学习模型对于分词的封闭和开放测试区分带来了新的挑战。显然，在外部预训练的字或者词嵌入向量属于明显的外部资源利用(字向量预训练可以直接借用外部无标记语料,典型如维基百科数据,词向量的预训练则需要使用一个传统分词模型在外部语料上做的预备性切分,这会同步引入外部资源知识并隐性集成传统分词器的结果),但是相当部分的神经分词的工作有意无意地忽略了以上做法,实际上混淆了开放和封闭测试,更不用说很多神经模型系统甚至再次使用额外的词典标注来强化性能。这些做法严重干扰了对于当前神经分词模型的分析和效果评估:到底这些模型声称的性能提升是来自新引入的深度学习模型还是悄悄引入的外部资源的贡献?表 2-13 对比了神经分词器的开放和封闭测试效果。可以看出,大部分神经分词系统引入外部辅助信息,才能再获得 1~2 个百分点的性能提升(已经是开放测试意义),以便与(封闭测试意义上的)传统模型抗衡。如果严格剥离掉所有额外预训练的字或词嵌入、额外引入的词典标注特征以及隐性集成的传统分词器的性能贡献,可以公正地看出,直至 2016 年底,所有神经分词系统单独运行时,在性能上(更不用说在效率上)都不敌传统系统。

在不同的分词的机器学习方法建模中,长期以来存在着"字还是词"的特征表示的优先性争议,恰好与语言学界研究者对于中文结构分析的"字本位"还是"词本位"的争议相映成趣。这一点早在 Huang 和 Zhao 所做的研究[52]中也给出了经验观察结果:字词的特征学习需要在分词系统中均衡表达才能获得最佳性能。实际上,所谓字词争议的核心对应于分词的两个指标,已知词(词典词,即出现在训练集中的词)的识别精度和未登录词的识别精度,前者识别精度很高且相对容易;后者识别精度很低但是难度较大且所占百分比较低。经验结果表明,强调基于字的特征或其表示会带来更好的未登录词的识别性能。原因无他,未登录词从未在训练集出现,只能依赖于模型通过字的创造性组合才能识别。而反过来,强调词特征的系统(包括基于词的切分系统)对于未登录词的识别效果通常略逊。最佳的分词系统总是需要合理考虑字表示和词表示的问题。研究[41]对于之前研究[40]的一个关键改进是词向量不再总是由字向量通过网络计算得到,而是采取了两种策略,低频或者未知词继续由字向量计算,但是训练集中的高频词(可以认为是更为稳定的已知词)则进行直接计算。当系统由后者偏向字向量表示的模式转向字-词均衡的表示模式以后,确实带来了额外的性能提升。

表 2-15 列出了当前在 SIGHAN Bakeoff-2005 评估语料上效果最好的 2 个传统模型和 2 个深度学习模型效果比较。尽管基于神经网络模型的分词学习已经取得了一系列成果,在最终的模型表现方面,无论是分词精度还是计算效率上与传统方法相比并不具有显著优势。就目前的结果来看,我们可以得出两个

基本结论：第一，神经分词所取得的性能效果仅与传统分词系统大体相当，如果不是更逊一筹的话；第二，相当一部分的神经分词系统所报告的性能改进（我们谨慎推测）来自经由字或词嵌入表示所额外引入的外部资源信息，而非模型本身或字词嵌入表示方式所导致的性能改进。如果说词嵌入表示蕴含着深层句法和语义信息的话，那么这种结论似乎暗示，分词学习是一个不需要太多句法和语义信息即可良好完成的任务。

表 2 - 15　SIGHAN Bakeoff-2005 评估语料上当前效果最好的传统模型和深度学习模型的比较

数　据　集		封闭测试(closed test)/%				开放测试(open test)/%			
		PKU	MSR	CityU	AS	PKU	MSR	CityU	AS
传统方法	[27]	95.4	97.6	**96.1**	**95.7**				
	[33]	—	—	—	—	—	**98.3**	**97.8**	**96.1**
深度学习法	[41]	95.4	97.0	95.4	95.2				
	[51]					96.5	97.8	96.3	95.9

注：表格上部展示的是传统方法，下部是深度学习方法；加粗数值表示最佳分数。

2.3　命名实体识别

2.3.1　传统方法

传统的命名实体方法主要分为基于规则的和基于统计的两类。基于规则的方法多采用语言学专家手工构造规则模板，选用特征包括统计信息、标点符号、关键字、指示词和方向词、位置词（如尾字）、中心词等方法，常用特征如表 2 - 16 所示。基于规则的方法以模式和字符串相匹配为主要手段，这类系统大多依赖于知识库和词典的建立。基于规则和词典的方法是命名实体识别中最早使用的方法，具有代表性的系统包括 ANNIE 系统①以及 FACILE 系统[53]等。它们使用了命名实体词典，人工设定识别规则，并对每一个规则赋予权值。当规则发生冲突时，按照权值大小来选择对应规则来判别命名实体的类型。一般来说，当提取的规则能够精确地反映命名实体特征时，基于规则的方

---

① http://services.gate.ac.uk/annie/

法性能要优于基于统计的方法。但是这些规则对语料依赖较大,受限于具体语言、实体领域和语言风格,系统建设周期长且难以涵盖所有的语言现象,一般性、迁移性较差,常常需要建立不同领域命名实体库作为辅助以提高系统识别能力等问题。

表 2-16　常用于命名实体识别的特征

形态学	n-gram,词,字,数字,前缀,后缀
正字法	大小写,标点符号
语言学	词干,词元,词性,断句,句法分析,单数形式
上下文	特征提取窗口大小,上下文关联
领域知识	领域词典

基于统计的方法利用人工标注的语料进行训练,语料标注不需要广泛的语言学知识,实现相对较为容易。参加 CoNLL 2003[54] 评测的系统全部采用了基于统计的方法,该类方法成为传统命名实体识别的主流方法。这类系统一般化、迁移性较强,训练不同领域的实体识别模型只需要在新语料进行训练即可。研究[55]则结合了 4 种分类器,包括基于规则的方法、HMM、鲁棒风险最小化模型、ME 等,在 CoNLL 2003 评测中获得了当时最好的效果。研究[56]提出了使用短语聚类的方法作为特征供判别式分类器学习,例如"Land of Odds"由于在语料中多次作为机构名被标记成实体,通过聚类很容易被准确识别,而逐个词处理的话则很难从"Land"和"Odds"发现词之间的整体关联。

基于统计的方法主要依赖于对特征选取,需要根据特定命名实体识别任务中所面临的主要问题和数据特性,选择能有效反映该类实体分布的特征集合。主要做法是通过对训练语料所包含的语言信息进行统计和分析,从训练语料中挖掘出特征。有关特征可以分为具体的单词特征、上下文特征、词典及词性特征、停用词特征、核心词特征以及语义特征等。基于统计的方法对语料库的依赖也比较大,而可以用来建设和评估命名实体识别系统的大规模通用语料库又比较少。因此,目前的问题是如何最大限度地使用这些有限的语料库。针对外部资源的使用,借助于 Wikipedia、HowNet 等知识库的方法可以较好地解决新词识别等问题[57-59]。

2.3.2　深度学习方法

近年来,基于神经网络的深度学习方法在自然语言处理领域已经取得了较大进展。命名实体识别作为 NLP 领域的基础任务同样也不例外,神经网络在不需要人工特征的基础上已基本超过传统机器学习模型。在实际的序列标注任务时,由于神经网络结构对数据的依赖很大,数据量的大小和质量也会严重影响模型训练的效果,故而出现了将现有的线性统计模型与神经网络结构相结合的方法,效果较好的有 LSTM 与 CRF 的结合。简单来说就是在输出端将 Softmax 与 CRF 结合起来,使用 LSTM 解决提取序列特征的问题,使用 CRF 有效利用了句子级别的标记信息。

研究[60]比较了两种方法 BiLSTM-CRF 和 Stack-LSTM,仅仅使用了少量监督语料的特征以及未标注语料。此外,还提出了一种 stack-LSTM,在 transition-based 依存句法分析的研究[61]中被用到,这个模型可以直接构建多词的命名实体。模型通过一个堆栈数据结构来构建输入的分块。在 stack-LSTM 中,LSTM 通过一个堆栈指针扩展。序列化的 LSTM 是从左到右的,而 stack-LSTM 确保 embedding 记录既可以增加,也可以移除,其工作原理如同堆栈数据结构。此后 LSTM+CRF 成了命名实体识别中常见的混合模式,常见的结构如图 2-3 所示。实验结果表明 LSTM-CRF 获得了更好的效果,已经达到或者超过了基于丰富特征的 CRF 模型,成为目前基于深度学习的 NER 方法中的最主流模型。在特征方面,该模型继承了深度学习方法的优势,无须特征工程,使用词向量以及字符向量就可以达到很好的效果,如果有高质量的词典特征,能够进一步获得提高。

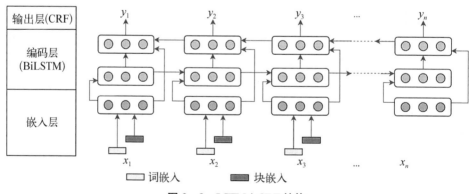

图 2-3 LSTM+CRF 结构

当前基于神经网络结构的 NER 研究主要集中在两个方面:一是词语和句子级别的表示强化;二是针对少量标注训练数据进行学习。

在词语表示层面,由于词的数量较大,词语表示存在较大的稀疏性。同时,由于不同语言中的字符(如英文中有 26 个字母)数量有限,词语往往由字符构建,因此许多工作[60-63]结合了词向量和字向量来从 embedding(嵌入)层面改善模型的表示效果。通常的做法是将词拆分成一连串的字符序列,字符通过预训练或者随机初始化的方式通过 embedding 表示为向量(与词向量类似),将该字符序列通过 CNN(卷积神经网络)或者 RNN[递归神经网络,如长短期记忆网络(LSTM)、循环门控单元(GRU)]得到序列的整体表示作为字符级别的 embedding,最后将词级别的 embedding 和字符级别的 embedding 拼接得到最终的词嵌入表示。研究[64]在原始 BiLSTM-CRF 模型上加入了音韵特征,并在字符向量上使用 attention 机制来学习关注更有效的字符。研究[65]在 RNN-CRF 模型结构基础上,重点改进了词向量与字符向量的拼接。使用 attention 机制将原始的字符向量和词向量拼接改进为了权重求和,使用两层传统神经网络隐层来学习 attention 的权值,这样就使得模型可以动态地利用词向量和字符向量信息。实验结果表明比原始的拼接方法效果更好。研究[66]提出了结合中文分词模型进行联合训练的方法。实验表明,词的边界信息对命名实体识别任务有帮助。同时,联合训练也能帮助 embedding 更好地保存词的边界信息。研究[67]则同时联合命名实体识别和链接来获取两个任务之间的共同特征,实验证明这种关联能同时在两个任务上提升效果。

对于深度学习方法,一般需要大量标注数据,但是在一些领域并没有海量的标注数据。所以在基于神经网络结构方法中如何使用少量标注数据进行 NER 也是最近研究的重点。其中包括了迁移学习[68]和半监督学习[69-70]。研究[68]在具备丰富标注的预料训练情况下,通过迁移学习的方式在缺乏标注的语料上实现跨领域、跨任务、跨语言识别。为了获得具有更丰富上下文语义和句法信息,研究[69]使用海量无标注语料预训练双向语言模型(LM),然后使用预训练好的语言模型获取当前标注词的 LM embedding,将这个向量并与原始词向量拼接作为强化的词语表示,加入原始的双向 RNN-CRF 模型中。实验结果表明,在少量标注数据上,LM Embedding 能够大幅度提高 NER 效果,即使在大量的标注训练数据上,加入 LM Embedding 依然能达到原始 RNN-CRF 模型的效果。研究[71]提出了一种能够在无标注数据的外部领域和特定领域内的数据上实现命名实体识别的学习框架,包括跨领域学习和半监督学习,在中英文社交媒体命名实体识别上获得了约 11% 的绝对提升。

在实际应用中,通常有一些命名实体未出现在训练集中,尽管系统具备发现该类命名实体的能力,但往往容易分错类别。同时,为了适应缺乏标注数据的领域内的命名实体识别,当前有一些工作[72-73]通过跨语言词嵌入对齐的方式,在标注语料上训练模型(如英文),通过语言之间的词嵌入对齐映射,在其他语言上

(如西班牙语、葡萄牙语)识别命名实体。

2.3.3 实验结果

表 2 - 17 列出了当前命名实体识别的主要模型在 CoNLL 2003 数据集上的效果,可见基于深度学习[7, 63]已经达到甚至超过传统机器学习方法[4, 55, 74],而深度学习和传统模型的混合方法[60, 75-76]则结合了深度学习和传统机器学习模型,进一步提升了识别效果。此外,基于语言模型[69]和多任务联合学习的方法则达到了目前最好的效果[67-68]。

表 2 - 17 CoNLL 2003 数据集上命名实体识别效果比较

Model	F1/%	Model	F1/%
[4]	88.3	[77]	90.9
[55]	88.8	[67]	91.2
[74]	89.9	[63]	90.8
[78]	89.3	[60]	90.9
[7]	89.6	[76]	91.2
[56]	90.9	[75]	90.1
[63]	88.3	[69]	**91.9**
[75]	90.1	[68]	91.3

2.4 词性标注

2.4.1 传统方法

在词性标注研究的早期,主流方法多为基于规则的方法。随着机器学习技术的发展,基于统计机器学习的词性标注在效果上要胜过基于规则的方法,逐渐将其取代。虽然如此,基于规则的方法仍有其存在价值。比如遇到机器学习难以处理的一些特例或者需要人为指定一些处理方式的时候,可以编写一定的规则来处理。

最早的基于规则的词性标注程序是 20 世纪 70 年代初开发的 TAGGIT 标注程序[79]。TAGGIT 使用了约 3 300 条人工总结的规则,在布朗语料库(87 个标记)上取得约 77% 的准确率。后来也有新的基于规则的词性标注程序不断开发出来，如开发于 1995 年的 ENGCG 标注器[80]，并且性能要远远好于 TAGGIT。

基于规则的词类标注程序的主要流程可概括为以下两步：

(1) 查词典，罗列出句中各词所有可能的词类标记；

(2) 应用规则，逐步删除错误的标记，最终只留下正确的标记。

基于统计机器学习的方法自 20 世纪 90 年代逐渐发展起来，早期的工作以隐马尔可夫模型(hidden Markov model，HMM)、最大熵(maximum entropy)、感知机(perception)等模型及其变种为代表。

HMM 是一个生成式模型，使用 HMM 做词性标注可以看作在生成文本的过程中解码马尔可夫过程所经过的状态。HMM 的详细介绍可参考 Rabiner 的文章[81]。研究[82]介绍了 HMM 及一些变化在词性标注上的应用。这里主要介绍 Brants 提出的 Trigrams'n'Tags(TnT)词性标注器，它是早期比较成熟的一个标注器[83]。TnT 使用二阶 HMM，给定长度为 T 的词序列 $w_1 \cdots w_T$，$t_1 \cdots t_T$ 是每个词的词性标签，则解码过程为

$$\arg\max_{t_1 \cdots t_T} \Big[\prod_{i=1}^{T} P(t_i \mid t_{i-1}, t_{i-2}) P(w_i \mid t_i) \Big] P(t_{T+1} \mid t_T) \qquad (2-3)$$

转移概率和发射概率可以在已标注语料中使用最大似然估计求得。为缓解数据稀疏问题，对三元概率 $P(t_i \mid t_{i-1}, t_{i-2})$ 做平滑处理，由一元、二元和三元概率加权求和求得。对于未登录词，使用后缀来估计属于某一词性的概率。另外，还使用词的大小写信息。解码使用维特比(Viterbi)算法，并且使用束搜索(beam search)来加速。在《华尔街日报》数据集上词性标注准确率可达 96.7%，相比当前最好的方法仅差 1%。研究[84]提出最大熵马尔可夫模型(maximum entropy Markov model，MEMM)，将其用于序列标注任务。MEMM 使用 $P(y_i \mid y_{i-1}, x_i)$ 分布来代替 HMM 中的两个条件概率分布。MEMM 是判别式模型，没有 HMM 严格的观测独立性假设，可以灵活地选择特征，相比于 HMM 更有优势。

研究[85]设计了一些上下文特征，使用最大熵分类器来预测词性。使用的特征包括当前词，当前词的前后缀以及是否包含数字、大写字母、连字符，前后两个词，前边两个词的词性。对于标注中出现的常见错误，额外使用针对性的特征进行改进。研究[86]使用支持向量机(support vector machine，SVM)做词性标注，使用的特征有词和词性的一元、二元、三元组。这些方法将词性标注视作单点分类问题，没有在序列层次上做全局推导。

研究[87]在最大熵模型的基础上加入依赖网络（dependency network），以实现双向推导。HMM是从左至右的单向模型，虽然可以在解码时得到考虑双方向信息的状态序列，但相比于此，依赖网络可以在模型的每个局部节点显式考虑到双向信息，因此更具有优势。研究[88]还提出一个双向推导算法。该方法可以枚举所有可能的分解结构并找到概率最高的序列。他们还介绍了一个基于最容易优先策略的高效解码算法，使得双向推导以相对低的计算复杂度求解。研究[89]指出基于历史的模型在每次做分类决定时，可以通过前瞻（lookahead）状态空间的方式来提高效果。该方法通过前瞻可能的未来动作序列并且评估这些序列最终产生的状态来决定最好的动作。

在序列标注问题上，CRF[90]有着出色的效果。CRF是判别式模型，可以很好地引入上下文特征。由于使用全局归一化，CRF解决了HMM和MEMM中存在的标签偏置问题。在采用相同特征集合的条件下，CRF较其他概率模型通常有更好的效果。CRF的缺点主要在于计算复杂度高。

相比于CRF，感知机因为模型简单，计算复杂度低，在很多工作中都有使用。研究[12]提出感知机的一个变种，用于序列标注问题，该方法也称为结构化感知机。结构化感知机依赖维特比算法，为避免模型过拟合，保留每次更新的权重，然后对其求平均。在分词任务上，其效果要超过标准的最大熵模型。研究[91]引入双向搜索策略，进一步改进了研究[12]的方法。他们提出一个称为指导学习的新框架，将单个词的分类和序列推导结合起来。

有很多结构化预测的方法不断增加模型中结构化依赖的程度，然而Sun指出复杂的结构可能影响模型的泛化能力[92]。为减少结构过拟合，他提出基于结构分解的结构正则化方法。该方法将训练样例分解为结构更简单的迷你样例，提高模型的泛化能力。实验表明结构正则化方法可以有效控制过拟合风险，提高模型效果，同时加速训练过程。

在20世纪90年代，许多学者使用多层神经网络做词性标注。但这些方法输入往往是人工特征，网络结构浅，也不是以学习抽象表示为目的，因此与当前的深度学习有一定差距。如使用多层感知机（multilayer perception，MLP）[93]做词性标注。感知机的输入是当前词、之前 p 个词和之后 f 个词的特征，输出是预测的词性概率分布。使用的特征为词属于各个词性的概率分布。对于之前的词，可以直接使用MLP输出的概率分布；而对于当前和之后的词，因为还未做出预测，可以使用语料库的统计结果。实验表明其效果比一般的HMM模型高2%。

最近，研究[94]提出一个称为动态特征归纳的新方法，可以自动地持续归纳出高维度的特征直到特征空间更加线性可分。该方法搜索能够帮助区分特定标签对的特征组合,并且生成联合特征。这些归纳的特征与原始的低维特征一同参与训练。在《华尔街日报》词性标注数据上,该方法能够取得 97.64% 的准确率。

在中文词性标注中,分词和词性标注联合模型方面的研究一直是一个热点,有许多工作涌现。研究[95]将分词和词性标注联合任务转换为字序列标注任务。每个字被赋予两种标签,分别表示切分和词性。比如,"b_NN"表示名词的开始。通过这种方式,词性特征可以纳入分词中,但是缺点是很难将整个词的特征纳入词性标注中。研究[96]提出双层 CRF 来做联合解码。该模型将 N 个最好的切分结果输入另外训练的词性标注器中,根据分词和词性标注的联合概率选择最好的结果。该方法的缺点是两个任务的交互被重排序限制,词性信息只能用于改进 N 个切分结果。

针对这些问题,研究[97]提出使用单一的感知机解决联合任务。对于包括词、字、词性在内的所有信息,单一模型提供了一致的训练方式。作者提出多重束搜索(multiple beam search)算法来做解码。候选排序是基于感知器的联合判别模型,特征同时来源于词和词性。研究[98]在后来又改进解码方法,使用标准的束搜索算法来解码,进一步降低了计算复杂度。与该方法类似的还有研究[99],他们使用字词混合的判别式模型解决联合任务。通过使用错误驱动的策略,在训练语料中根据特定错误获取未知词样例,该方法能够平衡已知词和未知词的特征学习。研究[100]一种基于词网格的重排序方法,将字和词的联合模型串联起来。先在训练语料上训练基于字的联合模型,然后用词网格标注训练语料并且训练基于词的模型。

研究[101]提出堆叠式子词模型(stacked sub-word model),主要包括两个步骤:首先,训练基于词的模型、基于字的模型和局部字分类器来生成粗粒度的分词和词性信息;然后,将三个模型的输出合并成子词序列,使用一个细粒度的子词标注器做标注。联合模型在训练时会产生大量的无意义词,给模型的训练和解码带来困难。针对这个问题,研究[102]提出一种减少无意义词的方法,实验结果表明可以减少 62.9% 的无意义词。他们提出一套可靠的成词标准,包括添加通用词典、使用维基百科中的命名实体和添加大规模未标注的源语料。

近些年来,对社交媒体上不规范文本做词性标注的研究越来越多。研究[103]针对推特文本的词性标注设计了一套标签集以及一系列特征。标签集共有 25 个标签,与传统的标签集不同,计入了一些有推特特色的标签,如主题标签(hashtag)、表情符号等。训练使用的模型是 CRF,在标注的推特数据集上可以取得接近 90% 的正确率,比常用的斯坦福词性标注器高接近 4%。在此基础上,研究[104]使用大规模的无监督词聚类和词汇特征改进互联网上的对话式文本的词性标注。在推特数据上，实验效果超过研究[103]的方法 3%。研究[105]对已有的标注器在推特数据上出现的错误做出详细分析，给出了一些改进方法。

2.4.2　深度学习方法

研究[106]使用神经网络将离散特征和连续特征结合用于词性标注。其使用的连续特征有词向量、词性分布、supertag 分布、上下文词分布。模型使用前馈神经网络来非线性地学习这些特征的表示，随后与使用高维离散特征训练的线性模型相结合，最终预测词性标签。

研究[107]使用离散时间循环神经网络（discrete-time recurrent neural network，DTRNN）做词性标注。该方法基于研究[108]使用的简单循环网络（simple recurrent network，SRN，是 DTRNN 的一种），采用两个阶段的训练方式。使用词典将训练数据中的词标记所有可能的词性。在训练的第 1 阶段，SRN 使用当前和历史信息预测下一个词所有可能的词性。这一步完成后，文本中每个词都标记上神经网络计算出的隐状态向量；第 2 阶段，训练一个感知机根据当前词右边若干位置的词的隐状态向量来预测当前词的词性。该方法只需要词典标注的所有可能词性，而不需要人工标注训练文本，这是其一大优势。

研究[109]使用双向长短期记忆（bidirectional long short-term memory，BLSTM）网络做词性标注。词向量和形态特征输入 BLSTM 中，BLSTM 可以使用当前预测位置之前和之后的历史信息，预测当前词的词性。文章中也介绍了一种新的词型量训练方法。进一步地，研究[75]提出双向长短期记忆网络-条件随机场（BLSTM-CRF）模型。在该模型中，词向量和其他特征首先输入BLSTM 中学习基于上下文的表示。随后将学习到的表示输入 CRF 网络，CRF用于学习整个序列标签之间的依赖关系。该方法与研究[75]的方法相似的地方在于都使用 CRF 层在序列层次上做预测，不同的地方在于该方法使用 BLSTM学习表示，而 Collobert 使用 CNN。该方法在《华尔街日报》数据集上的效果要超过 Collobert 的方法，并且对词型量的依赖性小。

研究[110]提出基于转移的全局归一化神经网络解决序列标注中的标签偏置问题。该方法使用前馈神经网络操作转移，能够取得与基于 RNN 的模型相当甚至更好的结果。效果的提升主要原因是全局归一化的模型相比于局部归一化模型能解决标签偏置问题。该方法与研究[75]的思想类似，但其优势在于能处理无法进行精确推断的情况。

在形态变化丰富的语言中,词的内部信息对词性标注是有用的。考虑到这一点,研究[111]使用字符级的表示来提升词性标注的效果。该方法将字符向量输入 CNN 中,得到的表示通过最大池化变为定长表示。得到的字符级表示和词型量连接起来,作为词性标注的输入。这样带来的好处是,即使对于未登录词也可以给出字符级表示,丰富了未登录词的信息。训练词性标注模型的方法与 Collobert 的方法类似,使用句子级似然。该方法是一个端到端的模型,输入的是字符向量和词向量,没有使用人工制订的特征。在英语和葡萄牙语两个数据集上进行实验验证,该方法均取得良好效果。与该文章想法类似的还有研究[112]。不过,研究[112]没有使用 CNN,而是使用 BLSTM 来学习字符表示。单词的每个字符通过查表映射到字符向量,字符向量接下来输入 BLSTM 中,BLSTM 两个方向的最后一个表示连接起来作为单词的字符表示。该模型用于语言建模和词性标注两个任务。同样使用 BLSTM 学习字符表示的还有研究[65]的工作。不过他们的方法不是简单地将词向量和字符向量连接起来作为表示,而是使用注意力机制计算两者的权重并加权求和。这样的好处是可以动态地决定两部分信息分别用多少。

研究[113]在 BLSTM 的基础上加入附加损失,使得常见词和稀有词的表示不同。他们同样考虑到词的内部信息,与研究[112]的方法类似,使用 BLSTM 建模字符表示,而且还使用了 Unicode 字节表示。这些表示与词向量连接后输入 BLSTM,学到的表示用于词性分类。损失函数使用联合交叉熵损失,即 $L(\hat{y}_t, y_t) + L(\hat{y}_a, y_a)$。其中,$t$ 表示词性标签,a 表示词的对数频次,即 $a = \text{int}\{\log[freq_{\text{train}}(w)]\}$。通过将词频纳入损失函数,可以使常见词和稀有词的表示不同,从而有助于处理稀有词。不同于之前工作只在单一或几种语言上的实验,作者在 22 种语言上进行了实验,验证模型在不同语言上的有效性。

研究[114]指出大部分自然语言处理任务可以转换为问答任务。比如词性标注,可以给出要进行标注的文本以及问题"这段文本每个词的词性是什么?",答案即是标注的结果。Kumar 提出动态记忆网络(dynamic memory network,DMN)来解决问答任务。DMN 主要包括 4 个模块:输入模块、问题模块、情景记忆模块和答案模块。输入模块使用门控循环单元(gated recurrent unit,GRU)将原始文本编码为分布式向量表示,每个位置的表示均记录下来,输入情景记忆模块。与输入模块类似,问题模块用 GRU 将问题编码为向量表示,不过直接使用最后一个位置的表示作为问题的表示。情景记忆模块对输入的表示通过注意力机制选择要关注的部分,然后生成根据问题表示和先前的记忆表示生成新的记忆向量表示。情景记忆模块重复多轮上述过程,每一轮都可以获取新的关注点和相关信息。答案模块根据最终的记忆表示使用基于 GRU 的语言模型生成答案文本。

有一些研究致力于减少神经网络的训练时间,提升训练效率。现有的异步并行学习方法通常只适用稀疏特征模型,不能很好地处理神经网络的稠密特征。研究[115]证明了学习过程中的梯度误差是可收敛到目标函数的最优值的,并提出一个梯度误差的异步并行学习方法 AsynGrad。实验表明,AsynGrad 在不损失任何准确率的前提下能有效提升训练速度。研究[116]还提出一种神经网络训练方法 meProp。在反向传播过程中,仅保留 k 个最大的梯度用于更新参数,从而减少计算量。实验表明,在每一轮的反向传播中,只需更新 $1\% \sim 4\%$ 的参数梯度。由于不相关的参数更新少,使得模型不容易出现过拟合,可提升模型的效果。meProp 可应用到多种神经网络结构和优化方法上。在词性标注任务上,实验表明 meProp 相比基准方法准确率有提升,并且训练时间大大减少。

研究[117]提出了一种对抗网络 TPANN 用于 Twitter 文本的词性标注。社交网络文本通常不正规、有大量未登录词,并且缺乏大规模标注语料。TPANN 可以利用领域外标注语料、领域内无标语料和领域内标注语料一同训练,从而解决这些问题。TPANN 包括 4 部分:特征抽取模块使用 CNN 提取字符特征,与词向量特征结合后输入双向 LSTM 学习句子表示;词性标注模块和领域判别器分别使用前馈神经网络预测词性标签和领域标签;目标领域自编码器用于重构目标领域的数据,使得模型不仅在对抗学习中学习到领域无关的特征,而且能够保留领域相关的特征。

对资源不丰富的语言做词性标注是一个难点,因此有些研究者关注跨语言的词性标注。研究[118]通过训练公共词向量做跨语言的词性标注。首先,使用句子级对齐的双语语料,学习词的双语公共表示。然后,在源语言上训练一个基于 RNN 的词性标注器,因为词的表示是公共的,所以该标注器也可以在目标语言上使用。

2.4.3 实验结果

本节对比之前介绍的不同方法(包括深度学习方法和传统机器学习方法)在《华尔街日报》语料上的实验效果,结果如表 2-18 所示。可以看出,自 2014 年后,基于深度学习的词性标注方法成为研究的主流。然而,深度学习方法在实验结果上与传统方法并没有拉开明显差距,其主要优势在于减少人工特征的使用。

表 2－18 《华尔街日报》语料实验结果

传统方法	准确率/%	深度学习方法	准确率/%
Ratnaparkhi-96 [85]	96.6	Plank-16 [113]	97.2
Brants-00 [83]	96.7	Sun-17 [116]	97.3
Collins-02 [12]	97.1	Rei-16 [65]	97.3
Tsuruoka-05 [88]	97.2	Collobert-11 [7]	97.3
Giménez-04 [86]	97.2	Santos-14 [111]	97.3
Toutanova-03 [87]	97.2	Sun-16 [115]	97.4
Tsuruoka-11 [89]	97.3	Ling-15 [112]	97.4
Shen-07 [91]	97.3	Wang-15 [109]	97.4
Sun-14 [91]	97.4	Andor-16 [110]	97.5
Choi-16 [94]	**97.6**	Tsuboi-14 [106]	97.5
		Huang-15 [75]	97.6
		Kumar-16 [114]	**97.6**

2.5 应用

词法分析是 NLP 领域中众多高层任务的基础。其中,分词是文本信息处理的关键技术之一,被广泛用于信息检索、智能输入法、中外文翻译、中文校对、自动摘要、文本分类、问答系统等领域,在众多自然语言任务中扮演着重要角色。命名实体识别技术也被广泛用于各类信息抽取任务中,近几年 SemEval 评测中的 Clinical TempEval 任务[119-122]旨在抽取医疗记录中的时间、事件,参赛单位广泛采用了 NN+CRF 的模型。此外,研究[123]在机器阅读理解任务中,通过引入命名实体特征引导神经网络对于每个词,选择使用词向量还是字向量,从而强化词级别的向量表示提升模型效果。在许多自然语言处理任务中,如情感分析、信息抽取、文本挖掘等,研究者也使用了词性相关的特征。通常先使用现成的词法分析器对数据预处理,标记出每个词的词性。在情感分析任务中,词性信息有广泛使用。研究[124]在对短文本做情感分析时使用词性信息。他们使用的与词性相关的特征有文本中的名词、动词、情感符、标点以及每种词性的出现次数。

词性信息在信息抽取中也有很多应用。研究[125]构建了用于推特的开放领域事件抽取和分类系统 TWICAL。系统使用专门在推特语料上训练的词性标注器。事件和实体的识别是基于 CRF 的序列标注，输入的特征中包含词性信息。事件发生时间的提取是基于规则的方法，同样使用了词性信息。在传统模型中，词性信息通常以离散的特征输入。而当词性作为神经网络模型的输入时，其通常用连续的词性向量来表示。研究[126]使用基于注意力的 CNN 做实体关系分类。模型的输入包括词向量、词性向量和位置向量。词性向量可以提高模型的泛化性和鲁棒性。

2.6　小结

当前的词法分析包括分词、命名实体识别、词性标注等任务，都经历了从规则方法到传统机器学习，再到深度学习的发展历程，以神经网络为基础衍生出的深度学习体现出了巨大的潜力，相对于传统方法，其不再需要大量的人工特征。现代深度学习意义下的神经网络归类于人工智能的联结主义思潮，由于其带有先天性的内在拓扑结构和强大的特征学习和表示能力，如果能克服其训练计算低效的弊病，它极有可能是本身需要结构化学习的自然语言处理任务的理想建模方式。这是我们在深度学习时代看到更多样化的结构建模方法用于词法分析任务的主要原因。对于中文分词来说，如果我们能有效平衡字-词表示的均衡性，将来在深度学习基础上的分词系统将有进一步的成长空间。最近几年，社交网络和互联网迅速发展起来，社交媒体上的文本不规范，由于词语类型多样、数量众多、新词涌现、缩写、领域差异等因素，词法分析的效果相比于规范文本有差距，因此仍有很大的研究空间。在英文的词法分析中，字符级的表示可以有效处理未登录词的问题，这方面已经有了许多研究。而对于中文词法分析，如何构建更加准确且丰富的语义特征表示，同时克服分词带来的错误传递，都是当前的研究热点。

参考文献

［1］　周一民. 现代汉语[M]. 修订版. 北京：北京师范大学出版社，2006.

［2］　黄伯荣，廖序东. 现代汉语：下册[M]. 增订 5 版. 北京：高等教育出版社，2011.

［3］　Bikel D M, Schwartz R E, Weischedel R, et al. An algorithm that learns what's in a name[J]. Machine Learning, 1999, 34(1)：211 - 231.

［4］　Chieu H L, Ng H T. Named entity recognition with a maximum entropy approach

[C]//Proceedings of the 7th conference on Natural Language Learning at HLT-NAACL 2003-Volume 4. Stroudsburg, PA, USA: Association for Computational Linguistics, 2003: 160 - 163.

[5] Tsai R T H, Wu S H, Lee C W, et al. Mencius: a Chinese named entity recognizer using the maximum entropy-based hybrid model[J]. Computational Linguistics and Chinese Language Processing, 2004, 9(1): 65 - 82.

[6] Liao W, Veeramachaneni S. A simple semi-supervised algorithm for named entity recognition[C]//Proceedings of the NAACL HLT 2009 Workshop on Semi-Supervised Learning for Natural Language Processing. Stroudsburg, PA, USA: Association for Computational Linguistics, 2009: 58 - 65.

[7] Collobert R, Weston J, Bottou L, et al. Natural language processing (almost) from scratch[J]. Journal of Machine Learning Research, 2011, 12: 2493 - 2537.

[8] Francis W N, Kucera H. Brown Corpus Manual [M]. Rhode Island: Brown University, 1979.

[9] Marcus M P, Marcinkiewicz M A, Santorini B, et al. Building a large annotated corpus of English: the penn treebank[J]. Computational Linguistics, 1993, 19(2): 313 - 330.

[10] Santorini B. Part-of-speech tagging guidelines for the penn treebank project (3rd revision)[J]. Linguistic Data Consortium, 1990, 22(10): 88 - 96.

[11] Leech G, Garside R, Bryant M, et al. CLAWS4: the tagging of the British National Corpus [C]//Proceedings of the 15th International Conference on Computational linguistics-Volume 1. Stroudsburg, PA, USA: Association for Computational Linguistics, 1994: 622 - 628.

[12] Collins M. Discriminative training methods for hidden markov models: theory and experiments with perceptron algorithms[C]//Proceedings of the ACL-02 Conference on Empirical Methods in Natural Language Processing — Volume 10. Stroudsburg, PA, USA: Association for Computational Linguistics, 2002, 10: 1 - 8.

[13] Nivre J, De Marneffe M, Ginter F, et al. Universal dependencies v1: a multilingual treebank collection[C]//Proceedings of the 10th International Conference on Language Resources and Evaluation. Paris: European Language Resources Association, 2016.

[14] 李竹. 信息处理用现代汉语词类及标记集规范[J]. 语言文字应用,2000, 1: 16 - 19.

[15] 俞士汶. 现代汉语语法信息词典详解[M]. 北京: 清华大学出版社,2003.

[16] Xue N. Chinese word segmentation as character tagging[J]. Computational Linguistics and Chinese Language Processing, 2003, 8(1): 29 - 48.

[17] Ng H T, Low J K. Chinese part-of-speech tagging: one-at-a-time or all-at-once? word-based or character-based? [C]//Proceedings of the 2004 Conference on Empirical

Methods in Natural Language Processing. Stroudsburg, PA, USA: Association for Computational Linguistics, 2004: 277 - 284.

[18] Low J K, Ng H T, Guo W. A maximum entropy approach to Chinese word segmentation[C]//Proceedings of the 4th SIGHAN Workshop on Chinese Language Processing. Stroudsburg, PA, USA: Association for Computational Linguistics, 2005: 448 - 455.

[19] Peng F, Feng F, Mccallum A, et al. Chinese segmentation and new word detection using conditional random fields[C]//Proceedings of the 20th International Conference on Computational Linguistics. Stroudsburg, PA, USA: Association for Computational Linguistics, 2004: 562 - 568.

[20] Tseng H,Chang P, Andrew G, et al. A conditional random field word segmenter for SIGHAN bakeoff 2005[C]//Proceedings of the 4th SIGHAN workshop on Chinese language Processing. Stroudsburg, PA, USA: Association for Computational Linguistics, 2005.

[21] Andrew G. A hybrid markov/semi-markov conditional random field for sequence segmentation[C]//Proceedings of the 2006 Conference on Empirical Methods in Natural Language Processing. Stroudsburg, PA, USA: Association for Computational Linguistics, 2006: 465 - 472.

[22] Sun X, Zhang Y, Matsuzaki T, et al. A discriminative latent variable Chinese segmenter with hybrid word/character information [C]//Proceedings of Human Language Technologies: the 2009 Annual Conference of the North American Chapter of the Association for Computational Linguistics, 2009, Boulder, Colorado, USA. Stroudsburg, PA, USA: Association for Computational Linguistics, 2009: 56 - 64.

[23] Sun X, Wang H, Li W, et al. Fast online training with frequency-adaptive learning rates for Chinese word segmentation and new word detection[C]//Proceedings of the 50th Annual Meeting of the Association for Computational Linguistics. Stroudsburg, PA, USA: Association for Computational Linguistics, 2012: 253 - 262.

[24] Zhang R, Kikui G, Sumita E, et al. Subword-based tagging for confidence-dependent Chinese word segmentation[C]//Proceedings of the 44th Annual Meeting of the Association for Computational Linguistics. Stroudsburg, PA, USA: Association for Computational Linguistics, 2006: 961 - 968.

[25] 赵海,揭春雨. 基于有效子串标注的中文分词[J]. 中文信息学报,2007,21(5): 8 - 13.

[26] Zhao H, Kit C. Incorporating global information into supervised learning for Chinese word segmentation[C]//Proceedings of the 10th Conference of the Pacific Association for Computational Linguistics, Melbourne, Australia, 2007: 66 - 74.

[27] Zhao H, Kit C. Unsupervised segmentation helps supervised learning of character

tagging for word segmentation and named entity recognition[C]//Proceedings of the 6th SIGHAN Workshop on Chinese Language Processing. Stroudsburg, PA, USA: Association for Computational Linguistics, 2008: 106 - 111.

[28] Zhao H, Kit C. Exploiting unlabeled text with different unsupervised segmentation criteria for Chinese word segmentation[J]. Research in Computing Science, 2008, 33: 93 - 104.

[29] Zhao H, Kit C. Integrating unsupervised and supervised word segmentation: the role of goodness measures[J]. Information Sciences, 2011, 181(1): 163 - 183.

[30] Zhang Y, Clark S. Chinese segmentation with a word-based perceptron algorithm [C]//Proceedings of the 45th Annual Meeting of the Association of Computational Linguistics-volume 7. Stroudsburg, PA, USA: Association for Computational Linguistics, 2007: 840 - 847.

[31] Zhao H, Huang C, Li M. An improved Chinese word segmentation system with conditional random field[C]//Proceedings of the 5th SIGHAN Workshop on Chinese Language Processing, July, 2006, Sydney, Australia. Stroudsburg, PA, USA: Association for Computational Linguistics, 2006: 162 - 165.

[32] Zhao H, Huang C, Li M, et al. Effective tag set selection in Chinese word segmentation via conditional random field modeling[C]//Proceedings of the 20th Pacific Asia Conference on Language, Information and Computation. Beijing: Tsinghua University Press, 2006: 87 - 94.

[33] Zhao H, Huang C, Li M, et al. A unified character-based tagging framework for Chinese word segmentation[J]. ACM Transactions on Asian Language Information Processing, 2010, 9(2): 1 - 32.

[34] Zheng X, Chen H, Xu T, et al. Deep learning for Chinese word segmentation and POS tagging[C]//Proceedings of the 2013 Conference on Empirical Methods in Natural Language Processing, October 18 - 21, 2013, Seattle, Washington, USA. Stroudsburg, PA, USA: Association for Computational Linguistics, 2013: 647 - 657.

[35] Pei W, Ge T, Chang B, et al. Max-margin tensor neural network for Chinese word segmentation[C]//Proceedings of the 52th Annual Meeting of the Association for Computational Linguistics. Stroudsburg, PA, USA: Association for Computational Linguistics, 2014: 293 - 303.

[36] Chen X, Qiu X, Zhu C, et al. Gated recursive neural network for Chinese word segmentation[C]//Proceedings of the 53rd Annual Meeting of the Association for Computational Linguistics and the 7th International Joint Conference on Natural Language Processing, July 26 - 31, 2015, Beijing, China. Stroudsburg, PA, USA: Association for Computational Linguistics, 2015: 1744 - 1753.

[37] Chen X, Qiu X, Zhu C, et al. Long short-term memory neural networks for Chinese word segmentation[C]//Proceedings of the 2015 Conference on Empirical Methods in Natural Language Processing, September 17 - 21, 2015, Lisbon, Portugal. Stroudsburg, PA, USA: Association for Computational Linguistics, 2015: 1197 - 1206.

[38] Liu Y, Che W, Guo J, et al. Exploring segment representations for neural segmentation models[C]//Proceedings of the 25th International Joint Conference on Artificial Intelligence. Menlo Park, California: AAAI Press, 2016: 2880 - 2886.

[39] Cai D, Zhao H. Neural word segmentation learning for Chinese[C]//Proceedings of the 54th Annual Meeting of the Association for Computational Linguistics. Stroudsburg, PA, USA: Association for Computational Linguistics, 2016: 409 - 420.

[40] Cai D, Zhao H, Zhang Z, et al. Fast and accurate neural word segmentation for Chinese [C]//Proceedings of the 55th Annual Meeting of the Association for Computational Linguistics, July 30-August 4, 2017, Vancouver, Canada. Stroudsburg, PA, USA: Association for Computational Linguistics, 2017: 608 - 615.

[41] Xu J, Sun X. Dependency-based gated recursive neural network for Chinese word segmentation[C]//Proceedings of the 54th Annual Meeting of the Association for Computational Linguistics (Volume 2: Short Papers). Stroudsburg, PA, USA: Association for Computational Linguistics, 2016: 567 - 572.

[42] Zhang M, Zhang Y, Fu G, et al. Transition-based neural word segmentation[C]// Proceedings of the 54th Annual Meeting of the Association for Computational Linguistics. Stroudsburg, PA, USA: Association for Computational Linguistics, 2016: 421 - 431.

[43] Yang J, Zhang Y, Dong F, et al. Neural word segmentation with rich pretraining [C]//Proceedings of the 55th Annual Meeting of the Association for Computational Linguistics. Stroudsburg, PA, USA: Association for Computational Linguistics, 2017: 839 - 849.

[44] Xu J, Ma S, Zhang Y, et al. Transfer deep learning for low-resource Chinese word segmentation with a novel neural network[C]//Proceedings of the 6th CCF Conference on Natural Language Processing and Chinese Computing. Springer, 2017: 721 - 730.

[45] Zhao H, Song Y, Kit C. How large a corpus do we need: statistical method versus rule-based method[C]//Proceedings of the 7th international conference on Language Resources and Evaluation. Paris: European Language Resources Association, 2010: 1672 - 1677.

[46] Zhang L, Wang H, Sun X, et al. Exploring representations from unlabeled data with co-training for Chinese word segmentation[C]//Proceedings of the 2013 Conference on

Empirical Methods in Natural Language Processing, October 18 – 21, 2013, Grand Hyatt Seattle, Seattle, Washington, USA. Stroudsburg, PA, USA: Association for Computational Linguistics, 2013: 311 – 321.

[47] Ma J, Hinrichs E W. Accurate linear-time Chinese word segmentation via embedding matching[C]//Proceedings of the 53rd Annual Meeting of the Association for Computational Linguistics and the 7th International Joint Conference on Natural Language Processing, July 26 – 31, 2015, Beijing, China. Stroudsburg, PA, USA: Association for Computational Linguistics, 2015: 1733 – 1743.

[48] Huang S, Sun X, Wang H, et al. Addressing domain adaptation for Chinese word segmentation with global recurrent structure [C]//Proceedings of the Eighth International Joint Conference on Natural Language Processing (Volume 1: Long Papers). Taipei, Taiwan: Asian Federation of Natural Language Processing, 2017: 184 – 193.

[49] Chen X, Shi Z, Qiu X, et al. Adversarial multi-criteria learning for chinese word segmentation[C]//Proceedings of the 55th Annual Meeting of the Association for Computational Linguistics, July 30-August 4, 2017, Vancouver, Canada. Stroudsburg, PA, USA: Association for Computational Linguistics, 2017: 1193 – 1203.

[50] Zhou H, Yu Z, Zhang Y, et al. Word-context character embeddings for Chinese word segmentation [C]//Proceedings of the 2017 Conference on Empirical Methods in Natural Language Processing, September 7 – 11, 2017, Copenhagen, Denmark. Stroudsburg, PA, USA: Association for Computational Linguistics, 2017: 760 – 766.

[51] Zhang Q, Liu X, Fu J, et al. Neural networks incorporating dictionaries for chinese word segmentation [C]//Proceedings of the Thirty-Second AAAI Conference on Artificial Intelligence. Menlo Park, California: AAAI Press, 2018: 5682 – 5689.

[52] Huang C, Zhao H. Which is essential for Chinese word segmentation: character versus word[C]//Proceedings of the 20th Pacific Asia Conference on Language, Information and Computation. Beijing: Tsinghua University Press, 2006: 1 – 12.

[53] Black W J, Rinaldi F, Mowatt D. Facile: Description of the ne system used for muc-7 [C]//Proceedings of the 7th Message Understanding Conference, 1998.

[54] Daelemans W, Osborne M. Proceedings of 7th Conference on Natural Language Learning at HLT-NAACL 2003-Volume 4[C]. Stroudsburg, PA, USA: Association for Computational Linguistics, 2003.

[55] Florian R, Ittycheriah A, Jing H, et al. Named entity recognition through classifier combination[C]//Proceedings of the 7th conference on Natural language learning at HLT-NAACL 2003-Volume 4. Stroudsburg, PA, USA: Association for Computational

Linguistics，2003：168－171.

[56] Lin D，Wu X. Phrase clustering for discriminative learning[C]//Proceedings of the Joint Conference of the 47th Annual Meeting of the ACL and the 4th International Joint Conference on Natural Language Processing of the AFNLP-Volume 2. Stroudsburg，PA，USA：Association for Computational Linguistics，2009：1030－1038.

[57] Kazama J，Torisawa K. Exploiting Wikipedia as external knowledge for named entity recognition[C]//Proceedings of the 2007 Joint Conference on Empirical Methods in Natural Language Processing and Computational Natural Language Learning，June 28－30，2007，Prague，Czech Republic. Stroudsburg，PA，USA：Association for Computational Linguistics，2007：698－707.

[58] Cucerzan S. Large-scale named entity disambiguation based on wikipedia data[C]//Proceedings of the 2007 Joint Conference on Empirical Methods in Natural Language Processing and Computational Natural Language Learning，June 28－30，2007，Prague，Czech Republic. Stroudsburg，PA，USA：Association for Computational Linguistics，2007：708－716.

[59] Zheng F Q，Lin L，Liu B Q，et al. A research on the application of HowNet in named entity recognition[J]. Journal of Chinese Information Processing，2008，22(5)：97－101.

[60] Lample G，Ballesteros M，Subramanian S，et al. Neural architectures for named entity recognition[C]//Proceedings of Human Language Technologies：the 2016 Annual Conference of the North American Chapter of the Association for Computational Linguistics，June 12－17，2016，San Diego California，USA. Stroudsburg，PA，USA：Association for Computational Linguistics，2016：260－270.

[61] Dyer C，Ballesteros M，Ling W，et al. Transition-based dependency parsing with stack long short-term memory[C]//Proceedings of the 53rd Annual Meeting of the Association for Computational Linguistics and the 7th International Joint Conference on Natural Language Processing，July 26－31，2015，Beijing，China. Stroudsburg，PA，USA：Association for Computational Linguistics，2015：334－343.

[62] Peng N，Dredze M. Named entity recognition for Chinese social media with jointly trained embeddings[C]//Proceedings of the 2015 Conference on Empirical Methods in Natural Language Processing，September 17－21，2015，Lisbon，Portugal. Stroudsburg，PA，USA：Association for Computational Linguistics，2015：548－554.

[63] Chiu J P，Nichols E. Named entity recognition with bidirectional lstm-cnns[J]. Transactions of the Association for Computational Linguistics，2016，4(1)：357－370.

[64] Bharadwaj A，Mortensen D R，Dyer C，et al. Phonologically aware neural model for named entity recognition in low resource transfer settings[C]//Proceedings of the 2016

Conference on Empirical Methods in Natural Language Processing, November 1 - 5, 2016, Austin, Texas. Stroudsburg, PA, USA: Association for Computational Linguistics, 2016: 1462 - 1472.

[65] Rei M, Crichton G K, Pyysalo S, et al. Attending to characters in neural sequence labeling models [C]//Proceedings of the 26th International Conference on Computational Linguistics: Technical Papers. Stroudsburg, PA, USA: Association for Computational Linguistics, 2016: 309 - 318.

[66] Peng N, Dredze M. Improving named entity recognition for Chinese social media with word segmentation representation learning [C]//Proceedings of the 54th Annual Meeting of the Association for Computational Linguistics. Stroudsburg, PA, USA: Association for Computational Linguistics, 2016: 149 - 155.

[67] Luo G, Huang X, Lin C, et al. Joint entity recognition and disambiguation[C]// Proceedings of the 2015 Conference on Empirical Methods in Natural Language Processing, September 17 - 21, 2015, Lisbon, Portugal. Stroudsburg, PA, USA: Association for Computational Linguistics, 2015: 879 - 888.

[68] Yang Z, Salakhutdinov R, Cohen W W, et al. Transfer learning for sequence tagging with hierarchical recurrent networks [J/OL]. arXiv: Computation and Language, [2017 - 5 - 18]. arXiv preprint arXiv: 1703.06345.

[69] Peters M E, Ammar W, Bhagavatula C, et al. Semi-supervised sequence tagging with bidirectional language models[C]//Proceedings of the 55th Annual Meeting of the Association for Computational Linguistics. Stroudsburg, PA, USA: Association for Computational Linguistics, 2017: 1756 - 1765.

[70] He H, Sun X. F-score driven max margin neural network for named entity recognition in Chinese social media[C]//Proceedings of the 15th Conference of the European Chapter of the Association for Computational Linguistics: Volume 2, Short Papers. Stroudsburg, PA, USA: Association for Computational Linguistics, 2016: 713 - 718.

[71] Xu J, He H, Sun X, et al. Cross-domain and semi-supervised named entity recognition in Chinese social media: a unified model[C]//Proceedings of the Thirty-First AAAI Conference on Artificial Intelligence. Menlo Park, California: AAAI Press, 2017: 3216 - 3222.

[72] Pan X, Zhang B, May J, et al. Cross-lingual name tagging and linking for 282 languages[C]//Proceedings of the 55th Annual Meeting of the Association for Computational Linguistics (Volume 1: Long Papers). Stroudsburg, PA, USA: Association for Computational Linguistics, 2017: 1946 - 1958.

[73] Ni J, Florian R. Improving multilingual named entity recognition with Wikipedia entity type mapping[C]//Proceedings of the 2016 Conference on Empirical Methods in

Natural Language Processing, November 1 – 5, 2016, Austin, Texas. Stroudsburg, PA, USA: Association for Computational Linguistics, 2016: 1275 – 1284.

[74] Suzuki J, Isozaki H. Semi-supervised sequential labeling and segmentation using giga-word scale unlabeled data [C]//Proceedings of the 46th Annual Meeting of the Association for Computational Linguistics. Stroudsburg, PA, USA: Association for Computational Linguistics, 2008: 665 – 673.

[75] Huang Z, Xu W, Yu K. Bidirectional LSTM-CRF models for sequence tagging[J]. arXiv: Computation and Language, 2015. arXiv preprint arXiv: 1508. 01991v.

[76] Ma X, Hovy E. End-to-end sequence labeling via bi-directional LSTM-CNNs-CRF [C]// Proceedings of the 54th Annual Meeting of the Association for Computational Linguistics. Stroudsburg, PA, USA: Association for Computational Linguistics, 2016: 1064 – 1074.

[77] Passos A, Kumar V, Mccallum A. Lexicon infused phrase embeddings for named entity resolution[C]//Proceedings of the 18th Conference on Computational Natural Language Learning, June 26 – 27, 2014, Baltimore, Maryland, USA. Linguistics. Stroudsburg, PA, USA: Association for Computational Linguistics, 2014: 78 – 86.

[78] Ando R K, Zhang T. A Framework for learning predictive structures from multiple tasks and unlabeled data[J]. Journal of Machine Learning Research, 2005: 1817 – 1853.

[79] Greene B B, Rubin G M. Automated grammatical tagging of English[R]. Brown University, 1971.

[80] Voutilainen A. A syntax-based part-of-speech analyser [C]//Proceedings of the Seventh Conference on European Chapter of the Association for Computational Linguistics. San Francisco: Morgan Kaufmann Publishers Inc. , 1995: 157 – 164.

[81] Rabiner L R. A tutorial on hidden Markov models and selected applications in speech recognition[C]//Proceedings of the IEEE, 1989. Piscataway: IEEE, 1989, 77(2): 257 – 286.

[82] Charniak E, Hendrickson C, Jacobson N, et al. Equations for part-of-speech tagging [C]//Proceedings of the 11th National Conference on Artificial Intelligence. Menlo Park, California: AAAI Press, 1993: 784 – 789.

[83] Brants T. TnT: a statistical part-of-speech tagger [C]//Proceedings of the 6th Conference on Applied Natural Language Processing. Stroudsburg, PA, USA: Association for Computational Linguistics, 2000: 224 – 231.

[84] Mccallum A, Freitag D, Pereira F, et al. Maximum entropy Markov models for information extraction and segmentation[C]//Proceedings of the 17th International Conference on Machine Learning. San Francisco: Morgan Kaufmann Publishers Inc. ,

2000: 591 - 598.

[85] Ratnaparkhi A. A maximum entropy model for part-of-speech tagging [C]// Proceedings of the 1996 Conference on Empirical Methods in Natural Language Processing. Stroudsburg, PA, USA: Association for Computational Linguistics, 1996: 133 - 142.

[86] Giménez J, Marquez L. Fast and accurate part-of-speech tagging: the SVM approach revisited [C]//Proceedings of Recent Advances in Natural Language Processing, September 7 - 13, 2013, Hissar, Bulgaria. Shoumen, Bulgaria: INCOMA Ltd., 2003: 153 - 163.

[87] Toutanova K, Klein D, Manning C D, et al. Feature-rich part-of-speech tagging with a cyclic dependency network[C]//Proceedings of Human Language Technologies: the 2003 Annual Conference of the North American Chapter of the Association for Computational Linguistics, 2003, Edmonton, Canada. Stroudsburg, PA, USA: Association for Computational Linguistics, 2003: 173 - 180.

[88] Tsuruoka Y, Tsujii J. Bidirectional inference with the easiest-first strategy for tagging sequence data [C]//Proceedings of the 2015 Conference on Human Language Technology and Empirical Methods in Natural Language Processing. Stroudsburg, PA, USA: Association for Computational Linguistics, 2005: 467 - 474.

[89] Tsuruoka Y, Miyao Y, Kazama J, et al. Learning with lookahead: can history-based models rival globally optimized models? [C]//Proceedings of the 15th Conference on Computational Natural Language Learning, June 23 - 24, 2011, Portland, Oregon, USA. Stroudsburg, PA, USA: Association for Computational Linguistics, 2011: 238 - 246.

[90] Lafferty J, McCallum A, Pereira F. Conditional random fields: probabilistic models for segmenting and labeling sequence data[C]//Proceedings of the 18th International Conference on Machine Learning. San Francisco: Morgan Kaufmann Publishers Inc., 2001: 282 - 289.

[91] Shen L, Satta G, Joshi A K, et al. Guided learning for bidirectional sequence classification[C]//Proceedings of the 45th Annual Meeting of the Association of Computational Linguistics-volume 7. Stroudsburg, PA, USA: Association for Computational Linguistics, 2007: 760 - 767.

[92] Sun X. Structure regularization for structured prediction[C]//Proceedings of Annual Conference on Neural Information Processing Systems 2014, December 8 - 13, 2014, Montreal, Quebec, Canada. Massachusetts, USA: MIT Press, 2014: 2402 - 2410.

[93] Schmid H. Part-of-speech tagging with neural networks[C]//Proceedings of the 15th International Conference on Computational Linguistics. Stroudsburg, PA, USA:

Association for Computational Linguistics, 1994: 172 - 176.

[94] Choi J D. Dynamic feature induction: The last gist to the state-of-the-art [C]// Proceedings of Human Language Technologies: the 2016 Annual Conference of the North American Chapter of the Association for Computational Linguistics, June 12 - 17, 2016, San Diego California, USA. Stroudsburg, PA, USA: Association for Computational Linguistics, 2016: 271 - 281.

[95] Ng H T, Jin K L. Chinese part-of-speech tagging: one-at-a-time or all-at-once? word-based or character-based? [C]//In Proceedings of the Conference on Empirical Methods in Natural Language Processing, 2004: 277 - 284.

[96] Shi Y, Wang M. A dual-layer CRFs based joint decoding method for cascaded segmentation and labeling tasks [C]//Proceedings of the 20th International Joint Conference on Artificial Intelligence. Menlo Park, California: AAAI Press, 2007: 1707 - 1712.

[97] Zhang Y, Clark S. Joint word segmentation and POS tagging using a single perceptron [C]//Proceedings of the 46th Annual Meeting of the Association for Computational Linguistics. Stroudsburg, PA, USA: Association for Computational Linguistics, 2008: 888 - 896.

[98] Zhang Y, Clark S. A fast decoder for joint word segmentation and POS-tagging using a single discriminative model [C]//Proceedings of the 2010 Conference on Empirical Methods in Natural Language Processing, October 9 - 11, 2010, MIT, Massachusetts, USA. Stroudsburg, PA, USA: Association for Computational Linguistics, 2010: 843 - 852.

[99] Kruengkrai C, Uchimoto K, Kazama J, et al. An error-driven word-character hybrid model for joint Chinese word segmentation and POS tagging[C]//Proceedings of the Joint Conference of the 47th Annual Meeting of the ACL and the 4th International Joint Conference on Natural Language Processing of the AFNLP-Volume 1. Stroudsburg, PA, USA: Association for Computational Linguistics, 2009: 513 - 521.

[100] Jiang W, Mi H, Liu Q, et al. Word lattice reranking for Chinese word segmentation and part-of-speech tagging[C]//Proceedings of the 22nd International Conference on Computational Linguistics-Volume 1. Stroudsburg, PA, USA: Association for Computational Linguistics, 2008: 385 - 392.

[101] Sun W. A stacked sub-word model for joint Chinese word segmentation and part-of-speech tagging[C]//Proceedings of the 49th Annual Meeting of the Association for Computational Linguistics: Human Language Technologies-Volume 1. Stroudsburg, PA, USA: Association for Computational Linguistics, 2011: 1385 - 1394.

[102] Zhang K, Sun M. Reduce meaningless words for joint chinese word segmentation and

part-of-speech tagging[J]. arXiv: Computation and Language, 2013. arXiv preprint arXiv: 1305. 5918.

[103] Gimpel K, Schneider N, O'Connor B, et al. Part-of-speech tagging for twitter: annotation, features, and experiments[C]//Proceedings of the 49th Annual Meeting of the Association for Computational Linguistics: Human Language Technologies: Short Papers-Volume 2. Stroudsburg, PA, USA: Association for Computational Linguistics, 2011: 42 – 47.

[104] Owoputi O, Oconnor B, Dyer C, et al. Improved part-of-speech tagging for online conversational text with word clusters[C]//Proceedings of 2013 NAACL-HLT. Stroudsburg, PA, USA: Association for Computational Linguistics, 2013: 380 – 390.

[105] Derczynski L, Ritter A, Clark S J, et al. Twitter part-of-speech tagging for all: overcoming sparse and noisy data[C]//Proceedings of Recent Advances in Natural Language Processing, September 7 – 13, 2013, Hissar, Bulgaria. Shoumen, Bulgaria: INCOMA Ltd. , 2013: 198 – 206.

[106] Tsuboi Y. Neural networks leverage corpus-wide information for part-of-speech tagging[C]/Proceedings of the 2014 Conference on Empirical Methods in Natural Language Processing, October 25 – 29, 2014, Doha, Qatar. Stroudsburg, PA, USA: Association for Computational Linguistics, 2014: 938 – 950.

[107] Perezortiz J A, Forcada M L. Part-of-speech tagging with recurrent neural networks [C]//Proceedings of the 2001 International Joint Conference on Neural Networks. Piscataway: IEEE, 2001: 1588 – 1592.

[108] Elman J L. Finding structure in time[J]. Cognitive Science, 1990, 14(2): 179 – 211.

[109] Wang P, Qian Y, Soong F K, et al. Part-of-speech tagging with bidirectional long short-term memory recurrent neural network [J/OL]. arXiv: Computation and Language, [2016 – 4 – 19]. arXiv preprint arXiv: 1510. 06168.

[110] Andor D, Alberti C, Weiss D, et al. Globally normalized transition-based neural networks[C]//Proceedings of the 54th Annual Meeting of the Association for Computational Linguistics. Stroudsburg, PA, USA: Association for Computational Linguistics, 2016: 2442 – 2452.

[111] Santos C N, Zadrozny B. Learning character-level representations for part-of-speech tagging[C]//Proceedings of the 31st International Conference on Machine Learning, June 21 – 26, 2014, Beijing, China. Stroudsburg, PA, USA: International Machine Learning Society, 2014: 1818 – 1826.

[112] Ling W, Luis T, Marujo L, et al. Finding function in form: compositional character models for open vocabulary word representation [C]//Proceedings of the 2015

Conference on Empirical Methods in Natural Language Processing, September 17 – 21, 2015, Lisbon, Portugal. Stroudsburg, PA, USA: Association for Computational Linguistics, 2015: 1520 – 1530.

[113] Plank B, Sogaard A, Goldberg Y, et al. Multilingual part-of-speech tagging with bidirectional long short-term memory models and auxiliary loss[C]//Proceedings of the 54th Annual Meeting of the Association for Computational Linguistics. Stroudsburg, PA, USA: Association for Computational Linguistics, 2016: 412.

[114] Kumar A, Irsoy O, Ondruska P, et al. Ask me anything: dynamic memory networks for natural language processing[C]//Proceedings of the 33rd International Conference on Machine Learning-Volume 48. Stroudsburg, PA, USA: International Machine Learning Society, 2016: 1378 – 1387.

[115] Sun X. Asynchronous parallel learning for neural networks and structured models with dense features [C]//Proceedings of the 26th International Conference on Computational Linguistics: Technical Papers. Stroudsburg, PA, USA: Association for Computational Linguistics, 2016: 192 – 202.

[116] Sun X, Ren X, Ma S, et al. Meprop: sparsified back propagation for accelerated deep learning with reduced overfitting [C]//Proceedings of the 34st International Conference on Machine Learning. Stroudsburg, PA, USA: International Machine Learning Society, 2017: 3299 – 3308.

[117] Gui T, Zhang Q, Huang H, et al. Part-of-speech tagging for twitter with adversarial neural networks[C]//Proceedings of the 2017 Conference on Empirical Methods in Natural Language Processing, September 7 – 11, 2017, Copenhagen, Denmark. Stroudsburg, PA, USA: Association for Computational Linguistics, 2017: 2411 – 2420.

[118] Zennaki O, Semmar N, Besacier L. Unsupervised and lightly supervised part-of-speech tagging using recurrent neural networks[C]//Proceedings of the 29th Pacific Asia Conference on Language, Information and Computation, 2015: 133 – 142.

[119] Bethard S, Derczynski L, Pustejovsky J, et al. Clinical TempEval[J/OL]. arXiv: Computer Science [2014 – 5 – 19]. arXiv preprint arXiv: 1403. 4928.

[120] Bethard S, Derczynski L, Savova G, et al. SemEval-2015 task 6: Clinical TempEval [C]//Proceedings of the 9th International Workshop on Semantic Evaluation, June, 2015, Denver, Colorado. Stroudsburg, PA, USA: Association for Computational Linguistics, 2015: 806 – 814.

[121] Bethard S, Savova G, Chen W, et al. SemEval-2016 task 12: clinical tempeval[C]// Proceedings of the 10th International Workshop on Semantic Evaluation. Stroudsburg, PA, USA: Association for Computational Linguistics, 2016: 1052 –

1062.

[122] Bethard S, Savova G, Palmer M, et al. SemEval-2017 task 12: Clinical TempEval [C]//Proceedings of the 11th International Workshop on Semantic Evaluation. Stroudsburg, PA, USA: Association for Computational Linguistics, 2017: 565 – 572.

[123] Yang Z, Dhingra B, Yuan Y, et al. Words or characters? Fine-grained gating for reading comprehension [C]//Proceedings of the 5th International Conference on Learning Representations. New York: Association for Computing Machinery, 2017.

[124] Kiritchenko S, Zhu X, Mohammad S M, et al. Sentiment analysis of short informal texts[J]. Journal of Artificial Intelligence Research, 2014, 50(1): 723 – 762.

[125] Ritter A, Etzioni O, Clark S J, et al. Open domain event extraction from twitter [C]//In Proceedings of the 18th ACM SIGKDD International Conference on Knowledge Discovery and Data Mining. Menlo Park, California: AAAI Press, 2012: 1104 – 1112.

[126] Shen Y, Huang X. Attention-based convolutional neural network for semantic relation extraction [C]//Proceedings of the 26th International Conference on Computational Linguistics: Technical Papers. Stroudsburg, PA, USA: Association for Computational Linguistics, 2016: 2526 – 2536.

3

句法语义分析

车万翔　李正华

车万翔,哈尔滨工业大学计算学部,电子邮箱：wanxiang@gmail.com
李正华,苏州大学计算机科学与技术学院,电子邮箱：zhli13@suda.edu.cn

3.1 引言

语言分析一般分为句法、语义和语用分析 3 个层次。句法分析旨在将句子从词语的序列形式按照某种语法体系转化为图结构（通常为树结构），以此刻画句子内部的句法关系（主谓宾等），是自然语言处理中的核心问题之一；语义分析指的是将自然语言转化为反映句子意义的某种形式化表示，即将人类能够理解的自然语言转化为计算机能够理解的形式语言；而语用分析研究的是使用者和使用环境对语言分析的影响。本章将重点介绍句法分析和语义分析这两个方面。

首先介绍句法语义分析的任务定义，以及相应的数据集和相关评测。各种句法语义分析问题都可以归纳为结构化预测问题，包括序列标注和句法分析（包括基于图和基于转移两种方法）等，因此本章将重点介绍这几种结构化预测的模型和方法及其在句法和语义分析中的具体应用。接着本章还将介绍句法语义分析方面最新的研究进展，包括半监督学习、主动学习、迁移学习等。最后介绍 4 种在其他任务中应用句法语义分析的常用方法。

3.2 任务定义

3.2.1 依存句法分析（树）

句法分析将输入句子从序列形式转化为树状结构，刻画出句子的句法结构，作为一种句法表示体系，依存结构句法（dependency grammar）体系成为近年来句法分析研究及句法分析应用研究的主流方向。因此，本书主要介绍依存句法分析的相关研究，至于其他句法表示体系的研究工作，如短语结构句法分析、组合范畴句法分析和短语结构句法分析，因篇幅有限，这里不再赘述。

依存语法历史悠久，最早可以追溯到公元前几世纪由 Panini 提出的梵文语法。依存语法的现代理论起源于法国语言学家 Lucien Tesniere 的工作。依存语法的基本假设是句法结构在本质上包含词和词之间的依存（修饰）关系。一个依存关系连接两个词，分别是核心词和修饰词。依存关系可以细分为不同的类型，表示两个词之间的具体句法关系。目前，依存语法标注体系已经被自然语言处理领域的许多专家和学者所接受和采纳,应用于不同语言中,并不断地发展和完善。与短语结构相比,依存结构可以直接刻画句子中词语之间的依存关系,具有形式简单、易于标注、便于学习、分析效率高等优点,因此依存句法分析在过去十多年中一直是句法分析领域的研究热点,并广泛应用于机器翻译、关系抽取等任务[1]。

1. 形式化定义

给定输入句子 $x = w_0 w_1 \cdots w_i \cdots w_n$,依存句法分析任务的目标是输出句子的依存句法树:$d = \{(h, m, l): 0 \leqslant h \leqslant n, 1 \leqslant m \leqslant n, l \in L\}$,其中 (h, m, l) 表示一个从核心词(head,father)w_h 到修饰词(modifier,dependent,child)w_m 的依存弧;l 为依存弧的关系类型标签,用来刻画词对之间的句法语义关系;L 为依存关系类型集合。图 3 - 1 给出了一个依存句法树的示例。其中句法结构遵循苏州大学最新制订的依存句法标注规范。$w_0 = \$$ 是一个伪词(pseudo-word),在依存结构中指向整个句子的核心词。w_0 的引入可以简化依存句法分析的形式化表示。依存弧(3,1,subj)表示"他们"修饰"钻研",并且依存关系类型为主语(subj)。这条依存弧也可以表示为 $1 \xleftarrow{\text{subj}} 3$。下面将给出一些详细的依存句法分析的形式化定义。

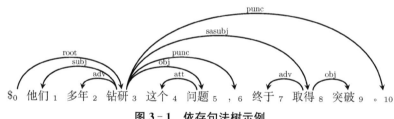

图 3 - 1　依存句法树示例

1) 依存图(dependency graph)

输入句子对应的一个依存图 $G = (V, A)$ 是一个有向多重图(multigraph),其中节点和边的定义为如下:

(1) $V = \{0, 1, \cdots, n\}$,其中每一个节点 i 对应一个输入词 w_i。依存图必须包含所有词。

(2) $A \subseteq V \times V \times L$。

2) 依存树(dependency tree)

依存树 $T = (V, A)$ 是一个依存图,同时需要满足以下几个条件。

(1) 单核心(single-headed):每个词只能修饰一个核心词,这个条件包括三方面含义:① $\forall i \in V \backslash \{0\}, l \in L: (i, 0, l) \notin A$,意思是 w_0 没有核心词;

② 如果 $(i, j, l) \in A$，那么 $\forall l' \in L \backslash \{l\}$：$(i, j, l') \notin A$，意思是每个词只能以一种依存关系修饰其核心词；③ 如果 $(i, j, l) \in A$，那么 $\forall r \in V \backslash \{i\}$，$l' \in L$：$(k, j, l') \notin A$，意思是每个词只能修饰唯一的核心词。

（2）连通（connected）：用 $i \rightarrow j$ 表示一条不考虑依存关系的依存弧 $(i, j, *)$。$i \rightarrow^* j$ 表示从节点 i 出发，沿着依存弧，可以到达节点 j。连通性的含义是在依存树中可以从节点 0 到任何其他节点。形式化描述为 $\forall i \in V \backslash \{0\}$，$0 \rightarrow^* i$。

（3）无环（acyclic）：$\forall i \in V$，$j \in V$，如果 $i \rightarrow^* j$，那么 $j \not\rightarrow^* i$。

由条件（1）可以得知，一个依存树包含 n 个有向边，即 $|A| = n$。不难发现，条件（1）+（2）等价于条件（1）+（3），即如果依存图满足单核心且连通，那么肯定无环。反之，如果依存图满足单核心且无环，那么肯定为弱连通。

3）投影依存树（projective dependency tree）

一个依存弧 $(i, j, l) \in A$，如果对于所有满足 $\min(i, j) < k < \max(i, j)$ 的 k，都有 $i \rightarrow^* k$，那么称为投影依存弧。如果一个依存树 $T = (V, A)$ 中所有的依存弧都是投影依存弧，那么这个依存树称为投影依存树。

4）非投影依存树（non-projective dependency tree）

如果一个依存树 $T = (V, A)$ 包含非投影依存弧，那么称为非投影依存树。直观地讲，投影依存树可以在平面上画出来，并且不存在交叉弧，而非投影依存树包含交叉弧。

2. 基本问题

给定输入句子 x，依存句法分析的目标是给出分值最大的依存树 $\hat{d}$

$$\hat{d} = \arg \max_{d \in y(x)} \text{Score}(x, d; \theta) \tag{3-1}$$

其中，$y(x)$ 表示输入句子 x 对应的合法依存树集合，即搜索空间；$\text{Score}(x, d; \theta)$ 表示一个依存树 d 的分值；θ 表示模型参数。基于有监督学习的依存句法分析包含 3 个基本问题。

（1）模型定义。假设模型参数 θ 已知，那么如何计算出 $\text{Score}(x, d, \theta)$？为了缓解数据稀疏问题，主流依存句法分析方法均将依存树分解为一些小的子结构，如一条依存弧（基于图的方法）或者一个移进归约动作（基于转移的方法），通过计算这些子结构的分值，累加起来得到依存树的分值。

（2）模型学习。如何利用人工标注的训练集合（即树库）来学习模型参数 θ？主流依存句法分析方法均采用梯度下降的方法，多次遍历训练数据，确定开发集合上表现最优的参数值。每次随机选取一个小的数据批次（batch），计算这个数据批次上的损失,然后对损失函数进行求导,得到参数的梯度向量,最后更新 θ。如此重复,直到收敛。

(3) 最优解码。若给定模型参数 θ,则如何搜索最优的依存树 $\hat{\boldsymbol{d}}$?基于图的方法通常采用动态规划解码得到最优解;而基于转移的方法一般采用贪心搜索或柱搜索(beam search)得到近似最优解。

根据模型定义方法和最优解码算法,可以将大部分依存句法分析方法分为基于图(graph-based)和基于转移(transition-based)两种方法。值得注意的是,无论是采用基于离散特征的传统分类模型,还是采用近年来比较热门的神经网络分类模型,目前的依存句法分析方法大部分都可以归属到这两种主流方法。

3. 评价指标

从依存句法分析形式化定义中的"单核心"性质可知,在一个依存结构中,除了伪节点 w_0,句子中的每个词都有唯一的核心词。目前最常用的两个评价指标都以词为单位。

(1) 只考虑依存骨架,不考虑依存关系类型:unlabeled attachment score (UAS)。

$$UAS = \frac{\text{核心节点正确的词数}}{\text{总词数}} \times 100\% \qquad (3-2)$$

(2) 同时考虑依存骨架和关系类型:labeled attachment score (LAS)。

$$LAS = \frac{\text{核心节点正确且对应依存关系类型也正确的词数}}{\text{总词数}} \times 100\%$$

$$(3-3)$$

需要注意的是,依存句法分析评价时一般不考虑标点符号,即不关心标点符号的核心节点是否正确。一般来说,标点符号依赖于句子或从句的核心词,因此确定其核心节点比较困难,其对应核心节点的准确率与其他词相比会较低。如果评价指标考虑标点符号,准确率指标会有小幅度下降。

近几年来,随着深度学习在自然语言处理领域的快速发展,依存句法分析的准确率也有了显著提高。下面简要介绍几个有代表性的方法。以 CoNLL-2009 汉语评测数据集为例,基于传统离散特征的模型最高只能达到 78.51% 的准确率[2],而斯坦福大学的 Chen 和 Manning[3] 提出了简单利用前馈神经网络进行移进归约分类的依存句法分析方法,其准确率就已达到 77.29%。在此基础上,Zhou 等[4] 在 Chen 和 Manning 的方法中增加了柱搜索和全局概率优化,这个经过改进的神经网络思路进而被谷歌采用并做了更好的网络优化,准确率达到了80.85%[5]。Dyer等[6]也在Chen和Manning的基础上提出利用循环神经网络(recurrent neural network, RNN)分别对栈、队列和动作序列进行深度表示,同时沿用贪心搜索,在CTB5上的准确率比Chen和Manning的方法高3%。目前性能最好的依存句法分析方法当属斯坦福大学的Dozat和Manning[7]提出的Biaffine Parser,其基本思路是在基于图的依存句法分析中,利用深层双仿射神经网络进行依存弧分值预测,准确率惊人地达到了85.38%。

3.2.2 语义角色标注

对句子进行深入的语义分析,一直是自然语言处理所追求的目标。语义分析是指通过句子中的句法信息和词语含义,推导出反应这个句子含义的某种形式表示。语义角色标注[8-9](semantic role labeling, SRL)正是通过对于句中谓词的语义角色进行标注,研究语义问题的一个简单直接的方法。

语义角色标注任务在信息抽取中定义为标注一个事件的构成,即事件的施事者、受事者、事件、地点、方式等。在计算语言学中定义为对句中给定谓词(动词、形容词等)标注其论元,并赋予这些论元一个语义角色来描述他们相对于谓词的语义含义[9]。

如图3-2所示,语义角色标注系统的输入有如下4项:① 给定的完成分词的句子"去年豪华汽车制造商在美国销售了1 214辆汽车。";② 每个词的词性信息"去年\nt 豪华\a 汽车\n 制造商\n 在\p 美国\ns 销售\v 了\u 1 214\m 辆\q 汽车\n。\wp"(图3-2每个词下方标识了每个词的词性);③ 句子的句法树以及句法标签信息(用图3-2词上方曲线所表示的树及每条曲线上标注的标签表示);④ 给定的需要标注论元的谓词(图3-2下方方框圈出的"销售"是该句需要标注论元的谓词)。语义角色标注系统的目标就是根据这些信息,标出谓词"销售"的语义角色(图3-2中灰底区域标注和其上的角色标签)。本例使用的标注采用CoNLL-2009 Shared Task提供的中文数据集规范,此数据集是由中文PropBank转化而来,其中核心的语义角色有A0~A5这6种,其中A0往往表示谓词指示动作的实施者,而A1则表示谓词指示动作的受事者,A2~A5根据谓词的不同会有不同的语义含义,对此PropBank为每个谓词定义了描述其论元含义的框架(frames)。其余的语义角色称为附加语义角色,使用A0~A5以外的标记标注,比如TMP表示谓词指示动作发生的时间,LOC表示谓词指示的动作发生地点等。图3-1给出的例子中,"去年"是"销售"的时间(TMP),"豪华汽车制造商"是销售的实施者(A0),"在美国"是"销售"的地点(LOC),

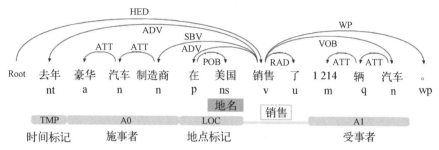

注：ADV：状中结构(adverbial)；ATT：定中结构(attribute)；HED：核心关系(head)；POB：介宾关系(preposition-object)；RAD：右附加关系(right adjunct)；SBV：主谓关系(subject-verb)；VOB：动宾关系(verb-object)。

图 3 - 2 语义角色标注示例

"1 214 辆汽车"是"销售"的受事者(A1)。

语义角色标注不会对整个句子进行详细的语义分析,而只对给定谓词进行语义角色的标定。也就是说,此任务是基于谓词的,不考虑谓词改变但语义不变的情况。例如,"豪华汽车制造商去年销售了 1 214 辆汽车"与"豪华汽车制造商去年汽车的出售量是 1 214 辆",这两句话虽然语义相同,但是谓词不同,那么其语义标注结果也不同,如果需要得到相应的信息就需要做进一步的处理。另外语义角色标注任务不关心谓词的时态信息,例如"豪华汽车制造商将要销售大量汽车"和"豪华汽车制造商已销售了大量汽车"的标注结果应是相同的。

3.2.3 语义依存分析(图)

要让机器能够理解自然语言,需要对原始文本自底向上进行分词、词性标注、命名实体识别和句法分析。若想让机器更加智能,能像人一样理解和运用语言,还需要对句子进行更深一层的分析,即句子级语义分析。

语义依存分析[10]是一种深层语义理解的表示方式,它通过在句子结构中分析实词间的语义关系(这种关系是一种事实上或逻辑上的关系,且只有当词语进入句子时才会存在)来回答句子中"Who did what to whom?" "when and where?"等问题。以中文为例,如句子"张三昨天告诉李四一个秘密",语义依存分析可以回答 4 个问题：① 谁告诉了李四一个秘密? ② 张三告诉谁一个秘密? ③ 张三什么时候告诉李四一个秘密? ④ 张三告诉李四什么? 因此语义依存分析能为机器翻译、问答系统、对话生成等对语义信息要求较高的下游任务提供很大帮助。

语义依存分析与句法依存分析主要的区别在于前者是用有向弧直接表示句中词之间的语义关系,而后者则表示的是句法关系,体现在数据上也就是依存弧上的标签不同。此外,由于单纯的树结构可能无法完整地刻画句中词之间的语义关系,在语义依存分析中也会使用图结构来表示这些关系,允许多父节点的存在(而句法依存树中一个词只能有一个父节点),从而更全面地刻画句中词之间的语义关系。

另一个与语义依存分析相似的任务是语义角色标注。但语义角色标注的目的是找出句中一些谓词与其论元之间的关系,因此该任务一般分为两步:第 1 步是识别出句中的谓词;第 2 步才是找到每个谓词对应的论元。这里所说的谓词,一般来说指的是动词和名词[11]。而语义依存分析的目的是找到句中所有词之间的语义关系,对词的种类没有限制,因此不需要进行上述的第 1 步。从两个任务目的上的不同能够发现,语义依存分析能提供一个句子更全面的语义信息。

图 3-3 表示语义的形式为依存形式,Agt 表示施事;Cont 表示内容。其优势在于形式简洁,易于理解和运用。语义依存分析建立在依存理论基础上,是对语义的深层分析,可分为两个阶段,首先是根据依存语法建立依存结构,即找出句子中的所有修饰词与核心词对,然后再对所有的修饰词与核心词对指定语义关系。可见,语义依存分析可以同时描述句子的结构和语义信息。

图 3-3 语义依存表示示例

语义分析可以跨越句子的表层结构直接获取深层语义表达的本质,例如句子"昨天,张三将一个秘密告诉李四",虽然它和图 3-3 中的句子表述形式不同,但含义相同,具体如图 3-4 所示。这种性质在信息检索、机器翻译等诸多领域有重要作用。

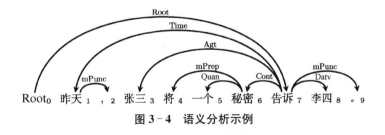

图 3-4 语义分析示例

由于中文严重缺乏形态的变化,词类与句法成分没有严格的对应关系,导致中文句法分析的精度始终不高。目前英文在标准测试集上的句法分析准确率达到 90％,而中文只能达到 80％。为了解决这些问题,哈尔滨工业大学社会计算与信息检索研究中心结合中文重意合、在形式分析上有劣势的语言特点,于2011 年在世界上最早提出了跨越句法分析直接进行语义依存分析的思路,并与北京语言大学邵艳秋教授合作标注了中文语义依存树语料库,用树结构融合依存结构和语义关系。此后又将其扩展为语义依存图,从而更全面地刻画句中词之间的语义关系。2014 年,其他学者才开始组织英文语义依存分析评测。上述语料库的具体信息及特点将在 3.2.5 节中介绍。

3.2.4 其他语义表示方法

除语义角色标注、语义依存分析外,还存在许多其他语义表示方面的研究工作,由于篇幅和作者的研究领域限制,本书只简单介绍其中比较有代表性的两种语义表示方式:抽象语义表示(abstract meaning representation,AMR)[12] 和组合范畴文法(combinatory categorial grammar,CCG)[13]。

AMR 是一种自然语言句子的语义表示形式。AMR 使用图表示语义,图中的节点代表概念,边代表概念之间的关系。概念是句子中词或短语的一种抽象。通过使用图结构,句子中的共指现象可以得到表示。通过概念抽象,不同句法结构的句子可以被映射为相同的语义表示。由于采用 PropBank 刻画词到概念的映射关系,AMR 往往被视作一种通用语义表示。

CCG 是一种句法-语义理论。在这一理论中,短语可以通过与其左侧或右侧的短语结合产生新的短语——范畴(categorial)。两个短语的句法与语义范畴通过结合产生新的范畴。具体来讲,CCG 定义了左/右结合两种结合方式。在左结合过程中,左侧短语的句法结构吸收右侧短语的句法结构,同时将右侧短语的语义作为变量带入左侧短语的语义表示中。CCG 的语义不依赖于语义词典,一般被认为是一种特定领域的语义表示方法。

3.2.5 数据集

汉语和英语句法分析研究通常基于宾大树库(Penn treebank,PTB)开展。其中宾大汉语树库(Penn Chinese treebank,CTB)项目最初发起于宾夕法尼亚大学,之后移至科罗拉多州立大学博尔德分校,目前由布兰迪斯大学薛念文教授负责。

CTB 中包含了句子的分词、词性标记和短语结构句法标注信息。依存句法分析研究者通常先基于规则将短语结构句法树转化为依存句法树,然后在转化后的数据上进行模型的训练和评价。

1. 语义角色标注数据集

与其他基于有指导机器学习技术的自然语言处理问题一样,要想进行语义角色标注,也需要语料资源的支持。目前,英语的语义角色标注资源较为丰富和成熟,比较知名的包括 FrameNet[14]、PropBank[15] 和 NomBank[16] 这 3 种。

其中,由加州大学伯克利分校开发的 FrameNet 以框架语义为标注的理论基础对英国国家语料库进行标注。它试图描述每个谓词(动词、部分名词以及形容词)的语义框架,同时也试图描述这些框架之间的关系。从 2002 年 6 月发布至今,现共标注了约 49 000 句。其中每个句子都标注了目标谓词和其语义角色、该角色句法层面的短语类型,如名词短语(noun phrase,NP)、动词短语(verb phrase,VP)以及句法功能(如主语、宾语等)。图 3-5 是 FrameNet 中表示身体动作的一个语义框架以及对一个句子的标注实例。

PropBank 是宾夕法尼亚大学在 Penn TreeBank 句法分析语料库的基础上标注的语义角色标注语料库。与 FrameNet 不同的是,PropBank 只对动词(不包括系动词)进行标注,故称为谓语动词,而且只包含 20 多个语义角色。其中核心的语义角色为 Arg0~5 共 6 种,Arg0 通常表示动作的施事;Arg1 通常表示动作的影响等;Arg2~5 根据谓语动词不同会有不同的语义含义。它们的具体含义通常由 PropBank 中的 Frams(框架)文件给出,例如"buy"的一个语义框架如图 3-6 所示。

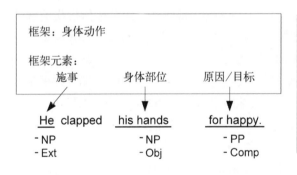

| 论元角色框架 buy. 01 "purchase": |
| 论元角色: |
| **Arg0**: *buyer* |
| **Arg1**: *thing bought* |
| **Arg2**: *seller* |
| **Arg3**: *price paid* |
| **Arg4**: *benefactive* |

图 3-5　FrameNet 框架以及句子标注示例　　图 3-6　"buy"的语义框架示例

此文件说明当"buy"取 01 号语义,做"购买"("purchase")的含义时,Arg0 代表购买者(buyer),Arg1 代表购买的东西(thing bought)等。其余的语义角色为附加语义角色,使用 ArgM 表示,在这些参数后面,还需要跟附加标记来表示这些参数的语义类别,如 ArgM-LOC 表示地点,ArgM-TMP 表示时间等。图 3-7 是 PropBank 中对一个句子的标注实例。

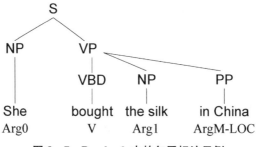

图 3-7 **Propbank 中的句子标注示例**

与 FrameNet 相比,PropBank 基于 Penn TreeBank 手工标注的句法分析结果进行标注,因此标注的结果几乎不受句法分析错误的影响,准确率较高,并且它几乎对 Penn TreeBank 中的每个动词及其语义角色进行了标注,因此覆盖范围更广,可学习性更强。为了弥补 PropBank 仅以动词作为谓词,存在标注过于粗略的缺点,纽约大学的研究人员开发了 NomBank[16]。与 PropBank 不同的是,NomBank 标注了 Penn TreeBank 中的名词性的谓词及其语义角色。例如在名词短语"John's replacement Ben"和"Ben's replacement of John"中,名词"replacement"便是谓词,Ben 是 Arg0,表示替代者;John 是 Arg1 表示被替代者。另外,NomBank 允许角色出现相互覆盖的情况,这也是与 PropBank 不同的。除英语外,许多其他语言也建立了各自的语义角色标注库,例如,SALSA[17]是基于 FrameNet 标注体系,大量标注的德语语料库;Prague Dependency Treebank[18]项目进行了大量的句法和语义标注(捷克语),甚至包括指代消解的标注等。Chinese PropBank[19]是宾夕法尼亚大学基于 Chinese Penn TreeBank[20]标注的汉语语义角色标注资源,标注方法参考 English PropBank。Chinese Nombank 也是宾夕法尼亚大学研制的,其将传统 English Nombank 的标注框架扩展到对中文名词性谓词的标注。山西大学构建的 Chinese FrameNet(CFN)[21]是基于框架语义参考英文 FrameNet 构建的中文语义角色标注语料库。

2. 中文语义依存树语料库

哈尔滨工业大学社会计算与信息检索研究中心(HIT-SCIR)与北京语言大学邵艳秋教授合作于 2011 年推出了 BH-SDP-v1(BLCU and HIT SDP)语义依存表示体系,用树结构融合依存结构和语义关系,并对中文宾州句法树库中的 10 068 个句子进行了标注。该标注语料经过整理后在 SemEval-2012 上组织了国际公开评测。这是世界上最早的语义依存分析技术评测。2014 年,其他学者开始组织英文语义依存分析评测。

该语料库存在如下几个问题:① 有些语义关系彼此易混淆;② 语义关系数

量太大,有些关系在标注语料中出现次数很少;③ 句子全部来自新闻,涵盖的语言现象有限;④ 依存树结构,刻画语义不全面。

3. 中文语义依存图语料库

为了解决语义依存树表示体系存在的问题,HIT-SCIR 采用的解决方案是用语义依存图分析代替语义依存树分析。形式上类似于依存语法,但必要时突破树形结构(BH-SDP-v2)。这样的突破使得对连动、兼语、概念转位等汉语中常见现象的分析更全面深入,当然这也给依存分析器的构建带来了很大的难度,因为任何词都可能有多个父节点。图 3-8 直观地展示了语义依存树与依存图的区别。

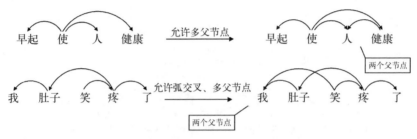

图 3-8 语义依存树与语义依存图对比示例

语义依存树与语义依存图的主要区别在于,在依存树中,任何一个成分都不能依存于两个或两个以上的成分,而在依存图中则允许句中成分依存于两个或两个以上的成分,且在依存图中允许依存弧之间存在交叉,而依存树中不允许。

BH-SDP-v2 压缩了语义关系类型的数量,重新组织并缩减了语义关系,将关系分为主要语义角色、事件关系、关系标记,从而减少不必要的类间关系混淆。语义关系在保留了一般语义关系、反关系的基础上,还增加了嵌套关系,用来标记一个事件降级充当了另一个事件的成分。

新标注的语义依存图语料库中包含 10 068 句新闻语料和 15 000 句课文句子。新闻句子平均长度是 31 个词,课本句子平均长度是 14 个词。该语料被用于 SemEval-2016 Task 9[22]国际公开评测上。

4. 广义语义依存图语料库

广义(broad-coverage)语义依存分析的目标是获取句子内部所有实词之间的谓词论元关系,即获取表示该句子含义的语义结构。构建该数据库的目的是寻找更具普适性的图结构,从而提供对"Who did what to whom"等问题更直接的分析方式。

该语料库中使用了以下 3 种不同的标注体系(见图 3-9):

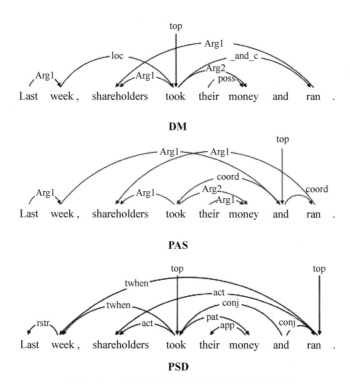

图 3-9 广义语义依存图 3 种标注体系示例

（1）DM（DELPH-iN MRS-derived bi-lexical dependencies）。该语义依存图标注参考 LinGO 英文资源语法（English resource grammar）给出的句法、语义信息进行人工重标注的 DeepBank 语料。

（2）PAS（Enju predicate-argument structures）。Enju 树库和分析器源于对宾州树库的 HPSG 形式自动标注。PAS 语义依存图是直接从 Enju 树库中抽取的，没有进行内容转换。

（3）PSD（Prague semantic dependencies）。布拉格捷克语-英语依存树库（Prague Czech-English Dependency treebank）是包括宾州树库华尔街日报部分及其捷克语翻译的依存树的语料库。PSD 语义依存图是从该树库的构造语法标注层（tectogrammatical annotation layer）中抽取出来的。

该语料库中包括英语、中文和捷克语的语料。其中英语部分来自宾州树库（PTB）华尔街日报和布朗部分，包括 35 657 句训练语料、1 410 句同领域测试语料及 1 849 句不同领域（来自布朗部分）测试语料，拥有 DM、PAS 和 PSD 3 种标注规范的语义依存图。中文部分来自中文宾州树库（CTB 7.0），包括 31 113 句训练语料和 1 670 句同领域测试语料，只有 PAS 规范的标注。捷克语部分来自宾州树库华尔街日报部分的捷克语翻译,包括 42 076 句训练语料、1 670 句同领域测试语料及 5 226 句不同领域测试语料,只有 PSD 规范的标注。

该语料的英语部分首先用于 SemEval 2014 Task 8[23] 评测。在此后的 SemEval 2015 Task 18[24] 评测任务中,该语料库又加入了中文和捷克语部分语料。

3.2.6 相关评测

1. 依存句法分析的国际评测

在计算自然语言学习国际会议 CoNLL 举办的公开评测任务中,2006 年和 2007 年连续两年举行了多语依存句法分析评测,对包括汉语在内的十几种语言进行依存分析;2008 年则对英文依存句法分析和语义角色标注联合任务进行评测;2009 年扩展到多语依存句法分析和语义角色标注联合任务;2017 年的评测任务可以理解为 2007 年评测的高度升级,包含了 45 种语言的 64 个树库,所有的树库均采用通用依存标注规范(universal dependencies);2018 年在 2017 年基础上进一步将语言数量增加到 60 多种。国内外多家大学、研究机构和商业公司都参加了这些评测任务。这些评测一方面提供了多种语言的标准评测数据集,另一方面提供了研究者们就依存句法分析进行集中交流、讨论的平台。

另外,谷歌在 2012 年组织了面向网络文本的英文依存句法分析评测[25],面向邮件、博客、问题答案、新闻组、评论这 5 个来源的英文网络文本,标注了小规模评测数据,命名为 *Google English Web Treebank*,推动了句法分析领域移植研究的发展。

2. 语义角色标注相关评测

除句法分析外,CoNLL 还组织过多次语义角色标注相关的评测,包括 CoNLL 2004[26]、2005[27]、2008[11]、2009[28]。CoNLL 的历次语义角色标注评测是以 PropBank 和 NomBank 为语料库。CoNLL 系列评测因其参加队伍之多、影响之广泛而引起了人们的普遍关注。

2004 年,CoNLL 评测并不提供人工标注的句法分析结果,取而代之的是使用自动标注的 Chunk 结果,以及自动标注的命名实体结果等。这些单位使用了 SVM、Winnow、最大熵、Perceptron 等多种统计学习方法。

2005 年的评测与 2004 年主要有 4 点不同:① 此次提供足够大的训练语料,这为评测系统的性能随着语料库的规模变化而变化提供了方便;② 提供了完全句法分析结果,但是句法分析结果并非手工标注而是自动标注的结果,因此在句法分析树上,不含有空节点以及功能短语标记等;③ 为了评测在新的领域中系统的性能,此次评测提供的测试数据不单从 Penn TreeBank 中抽取,还使用了其他领域的数据;④ 此次评测不仅包括封闭测试(只能使用主办方提供的数据,而不能使用其他的数据),还包括开放测试(既可以使用主办方提供的数据,又可以使用任何外部数据,如 WordNet、VerbNet 等)。由此可见,此次评测更面向实际的语义角色标注系统,因此也广为后继研究人员所借鉴。来自 UIUC 的 Koomen 等[29]使用 SNoW 分类器,综合多种深层句法分析的输出结果,加上使用整数线性规划(integer linear programming,ILP)的后处理方法,取得了最好的成绩。

2008 年和 2009 年,CoNLL 评测再次将语义角色标注作为其主要的评测内容,与之前基于短语结构句法分析的语义角色标注不同,这两次评测以依存句法分析为基础,除了考查语义角色标注的性能外,还需要考查句法分析系统的性能。与 2008 年只评测英文不同,2009 年的评测增加了更多语言,总计 7 种语言。2008 年和 2009 年评测的冠军分别来自瑞典隆德大学(Lund University)和哈尔滨工业大学社会计算与信息检索研究中心(HIT-SCIR)。

3. 语义依存分析评测

SemEval (semantic evaluation)组织过多次语义依存分析的相关评测,SemEval 是一个面向计算语义分析系统的系列评测,它源自 Senseval 词义消歧系列评测。由于 Senseval 中除词义消歧外有关语义分析的任务越来越多,委员会决定把评测名称改为 SemEval,并于 2007 年组织了"SemEval 2007 评测",其规模空前。每一届 SemEval 评测都包含若干与语义分析相关的任务,其目的都是探索语言含义的本质。SemEval 系列评测包括 4 个与语义依存分析相关的任务。

(1) SemEval 2012 Task 5。由哈尔滨工业大学社会计算与信息检索研究中心组织的世界上最早的语义依存分析公开评测,评测语料包括中文宾州句法树库中的 10 068 个句子的语义依存树。

(2) SemEval 2016 Task 9。为了解决语义依存树结构中存在的诸多问题,在其基础上扩展而成的中文语义依存图评测任务。评测语料包括 10 068 句新闻语料和 15 000 句课文句子。

(3) SemEval 2014 Task 8。该评测的目标是获取句子内部所有实词之间的谓词论元关系,即获取表示该句子含义的语义结构。该评测中使用了 3 种不同的标注体系(DM、PAS 和 PSD),评测语料包括来自宾州树库的华尔街日报部分的 34 004 句训练语料和 1 348 句测试语料。

(4) SemEval 2015 Task 18。在 SemEval 2014 Task 8 的基础上增加了英文语料的数据,同时增加了中文和捷克语语料。其中英语部分来自宾州树库

(PTB)华尔街日报和布朗部分,包括 35 657 句训练语料、1 410 句同领域测试语料及 1 849 句不同领域(来自布朗部分)测试语料,拥有 DM、PAS 和 PSD 3 种标注规范的语义依存图。中文部分来自中文宾州树库(CTB 7.0),包括 31 113 句训练语料和 1 670 句同领域测试语料,只有 PAS 规范的标注。捷克语部分来自宾州树库华尔街日报部分的捷克语翻译,包括 42 076 句训练语料、1 670 句同领域测试语料及 5 226 句不同领域测试语料,只有 PSD 规范的标注。

3.3 序列标注

序列标注是指将输入序列的每一项打上相对应的标签,其中词性标注是最典型的序列标注任务,即将输入的每个词打上相应的词性标签。除了词性标注之外,许多自然语言处理的任务都可以建模为序列标注任务,如命名实体识别。

3.3.1 条件随机场

条件随机场(conditional random field,CRF)是一种经典的序列标注模型,它是无向图模型(也称为马尔可夫随机场或者马尔可夫网络)的一种变种,其中有些随机变量是可观测的,而另一些需要概率建模。条件随机场由 Lafferty 等引入序列标注中[30],同时也称为线性链条件随机场。事实上,在深度学习之前,它已经成为序列标注问题的标准方法。给定观测序列 $y = y_1, y_2, \cdots, y_n$,CRF 利用一个对数线性模型来建模标签序列 $x = x_1, x_2, \cdots, x_n$ 的分布。

$$p(y \mid x) = \frac{\exp \sum_{i=1}^{n} w \times f(x, y_{i-1}, y_i, i)}{\sum_{y \in \mathcal{Y}(x)} \exp \sum_{i=1}^{n} w \times f(x, y'_{i-1}, y'_i, i)} \qquad (3-4)$$

式中,$\mathcal{Y}(x)$ 是所有可能的标签序列的集合,$f(x, y_{i-1}, y_i, i)$ 是一个从位置序列 x 的位置 i 提取特征向量的特征函数,特征同时还可以包含在 y_i 和 y_{i-1} 的标签。

条件随机场的优点在于其允许使用任何的(局部)特征。例如,在词性标注中,特征可以是单词-标签对、相邻的标签对、拼写特征,例如是否一个词以大写字母开始或者包含一个数字,或者是其他的前缀和后缀特征。这些特征可以是相互依赖的,但是条件随机场可以使用所有这些特征,然后通过学习来平衡预测时特征之间的相互影响。这里将这些特征命名为局部特征的原因是假定标签

y_i 只依赖于 y_{i-1}，而不是更长的历史信息。这也称为一阶马尔可夫假设。

一般使用动态规划算法，如维特比算法，来对条件随机场模型进行解码。而一阶基于梯度的(如梯度下降)或二阶(如 L-BFGS)优化方法可以用于学习合适的参数，来最大化式(3-4)中的条件概率。

3.3.2　深度序列标注

Collobert 和 Weston(2008)[31]是第一个将深度学习用于序列标注问题的，这也是最早的成功地将深度学习应用于自然语言处理任务的工作之一。他们不仅仅将词嵌入一个 d 维向量中，同时也嵌入了一些额外的特征。之后，词和其对应的窗口内的特征被送入多层感知机(multilayer perceptron，MLP)中，从而预测出一个标签。词级别对数似然用于当作训练指标，其中句子中的每个词都被单独考虑。就像上文中提到的，在一个句子中，一个词的标签及其附近词的标签通常是有相关性的。因此，在他们之后的工作中[32]，标签转移分数也被加入句子级对数似然模型中。事实上，除了这个模型使用非线性神经网络而 CRF 使用线性模型，其余与条件随机场都是一样的。

然而，受限于马尔可夫假设，条件随机场模型只能使用局部特征。这导致了标签之间的长距离依赖不能很好地被建模。而这种长距离依赖有时在自然语言处理任务中又十分关键。理论上，循环神经网络(RNN)无须使用马尔可夫假设，可以建模任意大小的句子，并嵌入一个固定大小的向量中。然后，这个向量可以用于接下来的预测。例如，它可以用于预测给定整个之前的单词序列以及当前单词的词性标签的条件概率分布。

更加具体地，RNN 被循环地定义，即作为一个函数，其输入是前一时刻的状态向量和当前的输入向量，输出是当前时刻的状态向量。因此，直觉上，RNN 可以被看作共享不同层数和参数的一个非常深的前馈神经网络。梯度的计算需要使用权重矩阵进行反复的乘法运算，这十分容易使得梯度弥散或爆炸。梯度爆炸问题有一个十分简单且有效的解决办法：如果梯度的范数超过了某个给定的阈值，那么就对梯度进行裁剪。而梯度弥散问题是一个更加复杂的问题。门控机制，例如长短时记忆神经网络(long-short term memory，LSTM)[33]和门控循环单元(gate recurrent unit，GRU)[34]可以或多或少地解决这个问题。

双向 RNN[35](BiRNN，如 BiLSTM 和 BiGRU)是 RNN 的一个自然扩展。在序列标注问题中，预测一个标签不仅依赖于之前的词，还依赖于后续的词。而在标准的 RNN 中后续的词是无法被看到的。因此，BiRNN 使用两个 RNN(前向和后向 RNN)来表示当前词之前与之后的词。之后，当前词的前向和后向状态被拼接在一起,来预测当前词的标签。

此外,RNN 可以按层数被堆叠起来,这样上层 RNN 的输入是下层 RNN 的输出,通常这样的结构称为深层 RNN。深层 RNN 在许多问题上有着优秀的表现,例如利用序列标注方法进行语义角色标注(SRL)[36]。

尽管 RNN 已经被成功应用于许多序列标注任务,它们并没有像 CRF 一样显式地建模标签之间的依赖。因此,任意标签之间的转移矩阵可以加入句子级对数似然模型中,这个模型通常称为 RNN-CRF 模型,这里的 RNN 也可以是 LSTM、BiLSTM、GRU、BiGRU 等。

3.3.3 语义角色标注

语义角色标注是典型的序列标注问题。传统的语义角色标注大致分为 4 个步骤[37-38]:剪枝(pruning)、识别(identification)、分类(classification)和后处理(post-processing)。

其中"分类"步骤对论元进行语义标签的分类,是整个语义角色标注系统的核心。不同方法语义角色标注方法,其实就是针对这个问题设计不同的更加高效的分类器。如在"CoNLL 2009"评测中,性能最好的系统就使用了 50 余种语言特征模板[39]。这些特征主要涉及谓词、候选论元、它们的上下文和它们之间的句法路径[40-41]等。

在传统语义角色标注方法中,序列标注主要体现在"后处理"步骤,即标注结果需要符合一些特定的约束,比如对于一个谓词,不能够存在两个或两个以上相同的语义角色(重复);另外,若一个字符串被标注为语义角色,则其子串不能同时被标注(嵌套)等。但如果简单地直接按照分类器提供的概率赋予所有标注单元最可能的语义角色,会产生不满足语义角色标注约束的情况。这一问题往往需要通过"后处理"步骤解决。

针对此问题,可以简单地使用基于规则的方法避免重复和嵌套的情况发生[38],即当重复和嵌套的情况发生时,只保留分类阶段输出的概率较大的角色,该方法使用了贪心的策略,没有考虑全局的最优解,但在不损失太多精度的条件下具有简单可行的优势。

2004 年,Punyakanok 等将 ILP 应用于此问题[42]。该方法在某些强制的条件约束限制的搜索空间内找到概率最大的分配,得到每个标注单元在这些条件限制下全局最有可能的一种论元分配。在将语义角色标注中的序列标注问题表示成为一个整数线性规划问题后,就可以使用相应的线性规划工具包解出。

语义角色标注任务也可以直接看作序列标注问题,即直接输出 BIO 标签表示一个论元开始、继续或者非论元标签。然而,传统基于 CRF 等序列标注方法无法很好地处理语义角色标注中标签的长距离依赖问题,所以采用序列标注模型的语义角色标注系统在准确率上一直没有达到很好的效果。

随着最近深度学习技术的发展,在不使用句法分析等结构信息的条件下,直接进行序列标注的语义角色标注系统逐步取得了较好的效果。Zhou 等用 4 层 Bi-LSTM 的模型获得融合论元、谓词和谓词的上下文信息的表示,最后通过 CRF 标注出句子中的论元和其类型[36]。这样避免了人工设计大量特征以及语法分析器(parser)引入的误差,在"CoNLL 2005"的测试集上 F1 值达到 81.07,超过当时采用传统模型的最好结果。最近,He 等使用 4 层 Deep Highway Bi-LSTM 模型来实现语义角色标注[44],其在深度神经网络模型的结果上综合分类标签、语义角色一致性等约束,使用 A-star 算法进行解码的方法得到最终的语义角色。该系统相对之前技术降低了将近 10% 的错误率,在"CoNLL 2012"评测数据集上 F1 值达到了 83.4%。该工作使语义角色标注的准确率得到了显著提高。目前(成书时)SRL 系统最好的效果是 Peters 等将其提出的深度上下文词表示[45]加入之前介绍的 He 的系统中的结果。在单模型上将任务的性能从之前的 81.7% 提升到了 84.6%。

3.4 基于图的方法

给定输入句子,即词语序列,句法语义分析的分析目标都是给出句子的句法语义结构。句法语义结构一般表示为树状或图结构,其中词为节点,词语之间的句法语义关系表示为边。基于图的方法很自然地将问题刻画为子图搜索问题,句子中的词语作为节点,建模预测两个节点之间的边权重,最后通过解码算法搜索最优树或子图,作为分析结果。

3.4.1 基于图的依存句法分析方法

基于图的方法将依存句法分析问题看成从完全有向图中寻找最大生成树的问题。一棵依存树的分值由构成依存树的几种子树的分值累加得到。根据依存树分值中包含的子树的复杂度,基于图的依存分析模型可以简单区分为一阶[46]和高阶模型[47]。高阶模型可以使用更加复杂的子树特征,因此分析准确率更高,但是解码算法的效率也会下降。下面主要介绍一阶模型。

1. 模型定义

在一阶模型中,一棵依存树的分值可分解为其包含的所有依存弧的分值之和。

$$Score(\boldsymbol{x}, \boldsymbol{d}) = \sum_{(h, m, l) \in \boldsymbol{d}} Score_{\text{dep}}(\boldsymbol{x}, h, m, l) \tag{3-5}$$

式中,$Score_{\text{dep}}(\boldsymbol{x}, h, m, l)$ 表示一条依存弧(h, m, l)的分值。

传统基于离散特征的模型通过特征权重向量和特征向量点击,得到依存弧的分值,即:

$$Score_{\text{dep}}(\boldsymbol{x}, h, m, l) = \boldsymbol{w}_{\text{dep}} \times \boldsymbol{f}_{\text{dep}}(\boldsymbol{x}, h, m, l) \tag{3-6}$$

表 3-1 罗列了 Bohnet 提出的依存弧句法特征模板[48]。其中,r 表示依存弧 $h \frown m$ 的方向,例如左弧为"L",右弧为"R";d 表示依存弧 $h \frown m$ 中两个词的距离(我们将 $|h-m|$ 离散化到 $\{1, 2, 3, [4, 6], [7, \infty)\}$);$t_h$ 表示 w_h 的词性标签。

表 3-1　基于图的依存句法分析方法中采用的依存弧特征模板列表 $\boldsymbol{f}_{\text{dep}}(\boldsymbol{x}, \boldsymbol{h}, \boldsymbol{m}, \boldsymbol{l})$

01: $w_h \oplus t_h \oplus r \oplus d$	02: $w_h \oplus r \oplus d$	03: $t_h \oplus r \oplus d$
04: $w_m \oplus t_m \oplus r \oplus d$	05: $w_m \oplus r \oplus d$	06: $t_m \oplus r \oplus d$
07: $w_h \oplus t_h \oplus w_m \oplus t_m \oplus r \oplus d$	08: $t_h \oplus w_m \oplus t_m \oplus r \oplus d$	09: $w_h \oplus w_m \oplus t_m \oplus r \oplus d$
10: $w_h \oplus t_h \oplus t_m \oplus r \oplus d$	11: $w_h \oplus t_h \oplus w_m \oplus r \oplus d$	12: $w_h \oplus w_m \oplus r \oplus d$
13: $t_h \oplus t_m \oplus r \oplus d$	14: $w_h \oplus t_m \oplus r \oplus d$	15: $w_h \oplus t_m \oplus r \oplus d$
16: $t_h \oplus t_{h+1} \oplus t_{m-1} \oplus t_m \oplus r \oplus d$	17: $t_h \oplus t_{h+1} \oplus t_m \oplus t_{m+1} \oplus r \oplus d$	18: $t_{h-1} \oplus t_h \oplus t_{m-1} \oplus t_m \oplus r \oplus d$
19: $t_{h-1} \oplus t_{h+1} \oplus t_{m-1} \oplus t_m \oplus r \oplus d$	20: $t_{h-1} \oplus t_h \oplus t_{h+1} \oplus t_m \oplus r \oplus d$	21: $t_h \oplus t_{m-1} \oplus t_m \oplus t_{m+1} \oplus r \oplus d$
22: $t_h \oplus t_{h+1} \oplus t_m \oplus r \oplus d$	23: $t_h \oplus t_{m-1} \oplus t_m \oplus r \oplus d$	24: $t_h \oplus t_m \oplus t_{m+1} \oplus r \oplus d$
25: $t_h \oplus t_b \oplus t_m \oplus r \oplus d$	26: $t_h \oplus \# \text{verb}(h, m) \oplus t_m \oplus r \oplus d$	27: $t_h \oplus \# \text{conj}(h, m) \oplus t_m \oplus r \oplus d$
28: $t_h \oplus \# \text{punc}(h, m) \oplus t_m \oplus r \oplus d$		

注:每一个特征模板都会拼接上依存关系标签 l。

目前国际上性能最好的基于深层双仿射神经网络的二元语法分析器(Biaffine Parser)[7]属于基于图的句法分析方法,其基本原理(见图 3-10)是:给定一个待分析的句子,首先利用一个深层双仿射神经网络预测出所有依存弧的分值,然后使用动态规划解码搜索得到分值最大的句法树。

为了计算依存弧的分值,Biaffine Parser 首先使用多层(multi-layer)双向线

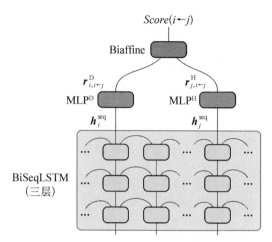

图 3 - 10　Biaffine Parser 的基本原理

性长短时记忆(bidirectional sequential long-short term memory, biSeqLSTM)循环神经网络,对句子进行编码,得到每个词的表示。词 w_k 位置的 biSeqLSTM 输入为词语和词性嵌入向量的拼接,即 $e^{w_k} \oplus e^{t_k}$。

进而,每个词的表示 $\boldsymbol{h}_k^{\text{seq}}$,即顶层 biSeqLSTM 的隐向量,经过两个独立的多层感知器(multilayer perceptron, MLP),分别得到词语 w_k 作为核心词的表示 $\boldsymbol{r}_k^{\text{H}}$ 和作为修饰词的表示 $\boldsymbol{r}_k^{\text{D}}$。Dozat 和 Manning[7] 指出,MLP 可以通过非线性变换和降维,萃取出句法相关的信息。

$$\boldsymbol{r}_k^{\text{H}} = \text{MLP}^{\text{H}}(\boldsymbol{h}_k^{\text{seq}})$$
$$\boldsymbol{r}_k^{\text{D}} = \text{MLP}^{\text{D}}(\boldsymbol{h}_k^{\text{seq}}) \tag{3-7}$$

最终,使用一个双仿射运算,获取任意依存弧 $i \leftarrow j$ 的分值。

$$Score(i \leftarrow j) = \begin{bmatrix} \boldsymbol{r}_i^{\text{D}} \\ 1 \end{bmatrix}^{\text{T}} \boldsymbol{W}^b \boldsymbol{r}_j^{\text{H}} \tag{3-8}$$

2. 基于 CRF 的全局概率模型

目前大多数依存句法分析的工作均采用全局线性模型,即基于整个依存树的分值来确定最优依存树。也有一些工作基于局部分类的方式来构建一棵依存树。局部分类器可以选择概率模型,如最大熵模型,或者神经网络的 Softmax 输出。相对而言,全局概率模型虽然更加复杂一些,但是对问题进行概率建模更加"优雅",并且可以得到一棵树的概率或者一个子结构的边缘概率。对于短语结构句法分析,有研究提出了一种全局 CRF 概率模型,进而又有研究提出了基于神经网络的全局 CRF 概率模型。

近年来,基于 CRF 全局概率模型的依存句法分析方面的工作很多,Zhao[49] 系统介绍了基于 CRF 全局概率模型的依存句法分析。在 CRF 模型中,给定输入句子 x,一棵依存树 d 的条件概率定义为

$$p(d \mid x) = \frac{\exp\{Score(x, d)\}}{Z(x)}$$

$$Z(x; w) = \sum_{d^{T} \in \mathcal{Y}(x)} \exp\{Score(x, d^{T})\} \qquad (3-9)$$

式中,$Z(x)$ 为正则化因子,$\mathcal{Y}(x)$ 是 x 对应的所有合法的依存树集合。

对于投影树依存句法,可以采用 inside-outside 动态规划算法计算梯度或损失函数。对于非投影树依存句法,可以采用矩阵树定理(Matrix-Tree Theorem)来计算梯度或损失函数。

3. 最优解码

最优解码问题,即给定模型参数 θ,如何搜索最优的依存树 $\hat{d}$。 基于图的方法通常采用动态规划解码得到最优解。以一阶模型为例,Eisner 算法[50] 可以在 $O(n^3 \mid L \mid)$ 时间复杂度内,得到分值最高的投影依存树;而 Chu-Liu-Edmonds 算法[51] 可以在 $O(n^2 \mid L \mid)$ 时间复杂度内,得到分值最高的非投影依存树。如果采用 CRF 概率模型,则推荐采用最小贝叶斯风险(minimum Bayes risk, MBR)解码,即计算出每一条依存弧的边缘概率,然后将边缘概率作为分值,进而利用动态规划解码算法获取最优解。这种做法往往会比直接基于依存弧分值进行解码的准确率更高。

4. 模型参数训练

下面介绍如何利用人工标注的训练集合(即树库)学习模型参数 θ。主流依存句法分析方法均采用梯度下降的方法,多次遍历训练数据,确定开发集合上表现最优的参数值。每次随机选取一个小的数据批次(batch),计算这个数据批次上的损失,然后对损失函数进行求导,得到参数的梯度向量,最后更新 θ。如此重复,直到收敛。

对于基于传统离散特征的句法分析,如果采用线性模型,则一般采用在线学习算法(online learning),如平均感知器(averaged perceptron),学习模型参数 θ;如果采用 CRF 概率模型,则采用随机梯度下降算法(stochastic gradient descent, SGD)[49]。

Dozat 和 Manning[7] 提出的基于神经网络的二元语法分析器中,对每个词

定义局部的 Softmax loss。例如，给定词语 w_i 和正确的核心词 w_j，其对应的损失函数为 $-\lg \dfrac{e^{Score(i\leftarrow j)}}{\sum\limits_{k} e^{Score(i\leftarrow k)}}$。　如果对二元语法分析器进行扩展，增加一个 CRF 层，那么就可以采用全局的树 loss 进行训练。

3.4.2　基于图的语义依存分析方法

语义依存树与句法依存树主要的区别在于依存弧上的标签不同，这源自两种任务目标上的区别。因此语义依存树的分析基本可以沿用句法依存分析方法，对于后者目前已经存在大量的研究工作，目前应用最多的主要可以分为两大类：基于图（graph-based）和基于转移（transition-based）的依存分析。

语义依存图与句法依存树除了上述的依存弧标签不同之外，结构上也有所差异。语义依存图打破了传统的依存树结构，允许多父节点的存在（在依存树中一个词只能有一个父节点），因此能够刻画句中词之间更丰富的语义关系。但多父节点的存在同时也使得对语义依存图的分析更具挑战性。目前对语义依存图的分析工作主要使用的方法都是对基于转移和基于图的依存分析方法的扩展。

在基于图的依存分析方向上，McDonald 等于 2006 年首先提出了利用近似 Eisner 算法[52]解决基于图的依存分析中多父节点的生成的方法[53]。他们首先使用原始 Eisner 算法生成一个投射树（依存弧存在交叉的树），然后替换树中的边逐条，替换时允许出现多父节点，保留使整体评分增加的替换，从而生成图结构。McDonald 等也在丹麦语依存树库上进行了实验。这种方法本质上来说只是在传统的依存树分析算法得到的结果的基础上进行后处理，将树结构改成图结构，面对较复杂的图结构依然不能算是一个很好的解决方案。

Martins 等于 2014 年提出了一种利用二阶特征的方法[54]，在单个弧的一阶特征基础上，增加了连续兄弟节点、连续多父节点等二阶特征，使用 AD3 算法[55]进行解码，实现了依存图的预测。AD3 算法是一种基于对偶分解的近似离散优化算法。由于这里采用的分解方式不是以弧为因子的（arc-factored），各结构之间存在重叠，所以需要使用该算法进行解码。与 McDonald 等的方法相比，该方法能够直接预测出图结构，而不是通过对依存树的后处理生成依存图。但是在计算每条候选弧的分数时，他们仍然使用了人工特征工程进行信息提取，因此还是存在前述的诸多问题。

Peng 等[56]于 2017 年利用了广义语义依存图语料库中英语部分有 3 种不同标注的特点，采用了多任务学习方法，仅用一阶特征就在该数据集上取得了当时的最好结果。不仅如此,他们还借鉴了基于图的依存树分析研究中对神经网络的成功应用,将句中每个词的词向量输入双向长短时记忆网络(BiLSTM),用其隐层输出作为每个词的表示,然后利用多层感知器(MLP)计算每条候选弧的分数。通过这种方法,他们的模型即使不使用多任务学习方法,也有很好的表现。

3.5 基于转移的方法

与基于图的方法不同,基于转移的方法通过一个动作序列,逐步建立起句子对应的树状或图状句法语义结构。基于转移的方法的关键问题是如何定义转移系统,给定状态建模下一步动作的权重,以及搜索最优或近似最优的动作序列。

3.5.1 基于转移的依存句法分析方法

基于转移的方法也称为基于移进规约(shift-reduce)的方法,其将依存树的构成过程建模为一个动作序列,将依存句法分析问题转化为寻找最优动作序列的问题[57]。

1. 转移系统

在基于转移的方法中,最重要的是构造一个转移系统,并且这个系统是正确(correct/sound)、完整(complete)的。正确性指当系统转移到一个接受状态时,得到的依存树是合法的。完整性指对于任意的一个正确的依存树,都可以对应一个转移(动作、状态)序列。一个转移系统应该包含如下几方面:

(1) 如何表示一个状态(state/configuration)。

(2) 动作集合及每个动作引起的状态转移。

(3) 初始状态。

(4) 接受状态(到达这种状态则退出)。

目前学术界常用的两种转移系统分别为 arc-standard 系统和 arc-eager 系统,这里主要介绍 arc-standard 系统。在转移系统中,一个状态表示为三元组 $\langle S, Q, A \rangle$。其中 S 表示一个栈,Q 表示一个队列,A 表示目前已经产生的弧的集合。arc-standard 系统包含初始状态、接受状态和三种导致状态变化的动作。

(1) 初始状态:$\langle [w_0], [w_1 w_2 \cdots w_n], \emptyset \rangle$(初始状态整个句子都存储在队列中)。

(2) 接受状态:$\langle [w_0], [\ ], A \rangle$(栈中只有伪节点 w_0,队列为空)。

(3) LEFT-ARC$_l$:$\langle S \mid w_i, w_j \mid Q, A \rangle \Rightarrow \langle S, w_j \mid Q, A \bigcup (j, i, l) \rangle$,

$i \neq 0$。

(4) RIGHT-ARC$_l$：$\langle S \mid w_i, w_j \mid Q, A\rangle \Rightarrow \langle S, w_i \mid Q, A \bigcup (i, j, l)\rangle$。

(5) SHIFT：$\langle S \mid w_i, w_j \mid Q, A\rangle \Rightarrow \langle S \mid w_iw_j, Q, A\rangle$。

基于转移的方法可以通过扩展基本的转移系统来实现非投影树依存句法分析，如增加 SWAP 动作[58]。

2. 模型定义

一棵依存树的分值由所有动作的分值或概率累加得到。

$$\hat{\boldsymbol{d}} = \arg \max_{\boldsymbol{d}} Score(\boldsymbol{x}, \boldsymbol{d}) \simeq \arg \max_{a_1 \cdots a_m} \prod_{i=1}^{m} Score_{\text{action}}(\boldsymbol{x}, h_i, a_i)$$

$$(3-10)$$

其中，h_i 表示前 $i-1$ 个动作构成的历史，a_i 表示根据当前历史采取的动作。$Score_{\text{action}}(\boldsymbol{x}, h_i, a_i)$ 表示根据 $i-1$ 个动作构成的历史，采用动作 a_i 的分值或概率。

与基于图的方法类似，$Score_{\text{action}}(\boldsymbol{x}, h_i, a_i)$ 既可以通过基于传统离散特征的方式确定，也可以通过神经网络模型获得。前者从 $\boldsymbol{x}$ 和 h_i 中抽取特征，构成特征向量，进而和特征权重向量点击得到所有动作的分值，比较有代表性的工作为 Zhang 等的研究[59]。后者从 $\boldsymbol{x}$ 和 h_i 中抽取特征，构成连续向量表示作为输入，进而通过多层神经网络确定不同动作的分值，比较有代表性的工作如下：斯坦福大学 Chen 和 Manning（2014）[3] 提出一个简单有效的前馈神经网络分类器，从当前状态抽取出 48 个原子特征，如栈顶词的词和词性、栈内已形成依存弧的依存关系标签等，通过 lookup 得到嵌入表示，作为输入向量。在此基础上，2015 年 Zhou 等[4] 在 Chen 和 Manning 的方法中增加了柱搜索和全局概率优化。此神经网络改进思路进而被谷歌采用并做了更好的网络优化[5]。Dyer 等[6] 也在 Chen 和 Manning 的基础上，提出利用循环神经网络（recurrent neural network，RNN）分别对栈、队列和动作序列进行深度表示，同时沿用贪心搜索。

与基于图的方法相比，基于转移的方法可以充分利用已形成的子树信息，从而形成丰富的特征，但是无法使用动态规划解码算法确定最优解，而只能通过贪心搜索或者柱搜索找到近似最优解。

3. 最优解码

基于转移的方法一般采用贪心搜索或柱搜索得到近似最优解。Huang 等[60] 提出在柱搜索中加入动态规划，合并等价状态，增大搜索空间，取得了一定的性能提升。

4. 模型参数训练

基于传统离散特征的方法通常采用全局线性模型,因此可以使用在线学习算法学习模型参数 θ。

基于神经网络的方法,通常将每一个状态和对应的动作作为一个局部的实例,计算 Softmax 又称为求解交叉熵(cross entropy)损失,也可以使用 n-best 动作序列来模型整个搜索空间,从而以类似于 CRF 的方式定义全局损失函数[5]。

在采用贪心搜索的移进归约方法中,训练过程中采用动态答案(dynamic oracle)策略可以减少实际测试时错误级联的影响,一般可以提高训练效果和分析准确率。

3.5.2　基于转移的语义依存分析方法

在基于转移的依存分析方向上,Sagae 等于 2008 年发表了通过向转移系统中增加新的转移动作实现基于转移的依存图分析的先驱性工作[61]。在传统的基于转移的依存树分析系统中,由于每个词只有一个父节点,因此一旦找到一个词的父节点就要将该词从系统中删除(left-reduce 和 right-reduce 动作),Sagae 等在转移系统中加入两个新的生成依存弧的动作(left-attach 和 right-attach),只生成依存弧而不删除词,从而实现了多父节点结构的生成。研究者在丹麦语依存树库[62](Danish dependency treebank,DDT)和中心语驱动短语结构语法(head-driven phrase structure grammar,HPSG)树库[63]两个含有图结构的依存句法树库中进行了实验。此后该方向上的研究工作主要都集中在通过修改转移系统处理依存图结构。增加两个新的动作是一个最直观的解决依存图分析问题的方法,但是新增的两个动作只生成依存弧,不改变转移系统状态,在执行这两个动作前后转移系统的状态是基本不变的,这就导致了从当前状态中提取出的用于预测下个转移动作的特征也是基本相同的,这会影响分类器预测的准确性,从而降低系统的整体性能。

Titov 等[64]随后于 2009 年提出了另一种转移系统,在生成弧的同时不改变系统中的词,而是用独立的 reduce 动作删除已经无用的词,同时利用 swap 动作改变系统中词的顺序。Zhang 等[65]于 2016 年提出了两种新的转移系统,第一种在线重排序(online re-ordering)系统与 Titov 的系统类似,第二种基于双栈的(two-stack-based)系统拥有一个额外的栈,用于保存从正在处理词的栈中暂时移除的词,通过 MEM 和 recall 两个动作实现向该额外的栈中保存词和从该栈中取词。除了转移系统外,基于转移的依存分析中十分重要的另一个部分就是用于在给定转移状态下预测下一个转移动作的分类器。Zhang 等在实验中也发现如果转移动作集合中存在只生成依存弧而不改变转移系统的动作,会影响分类器准确性。为了解决这一问题,他们将与生成依存弧有关的动作(no、left 和 right,分别表示不生成弧、生成向左和向右的弧)和改变转移状态的动作(shift、reduce、swap 等)两两组合,在最终的系统中使用组合后动作,保证了每个动作都会改变转移系统状态,成功地提高了系统性能。

上述工作普遍使用了最大熵模型、结构化感知器等传统统计学机器学习方法。随着深度学习时代的到来,神经网络技术凭借其强大的对信息总结、抽象的能力在自然语言处理的许多领域内都取得了巨大成功。而在基于转移的依存分析中,十分重要的一点就是获取当前的转移状态的信息。在传统统计机器学习方法中,这一步骤是通过人工特征工程实现的,这种方法不但烦琐、需要该领域的专家知识,而且往往无法涵盖所有的信息。Wang 等[66]于 2018 年利用神经网络对信息的抽象能力,使用长短时记忆网络(LSTM)对转移系统中各个重要部分进行建模,学习转移状态的表示,将其作为多层感知器(MLP)的输入预测下一个转移动作,在中文语义依存图和英文广义语义依存图两个数据集上取得了较好结果。

3.6 句法语义分析的进展与挑战

3.6.1 半监督学习

人工标注的句法数据规模有限,而无标注文本则极其丰富。因此,很多学者尝试从大规模无标注文本中挖掘有用的信息,融入句法分析模型中,提高模型的分析准确率。Koo 等[67]利用聚类算法,从大规模单语无标注语料中获取词语的词类信息特征。Zhou 等[68]尝试从大规模互联网数据中统计词对之间的搭配强度等信息。Chen 等[69]对大规模无标注数据自动依存分析,从结果中提取各种子树相关的频率特征。Li 等[70]提出一种基于局部标注的 tri-training 方法,利用基于生成模型的短语结构句法分析器增大句法分析器之间的差异性,提高了依存句法分析的准确率。

也有很多工作尝试利用双语对齐无标注文本,以自动词对齐结构为中轴,将其他语言树库中包含的句法知识映射到目标语言文本上,以提高目标语言的句法分析准确率。Zhao 等[71]使用一个简单的词到词的翻译模型,将英语树库翻译为汉语树库,然后抽取汉语词对的搭配信息,从而提高汉语依存句法分析器的性能。Jiang 和 Liu[72]利用双语的对齐概率将英语句法结构映射到汉语文本中,从而获得大量依存弧分类实例,进而将分类器的输出作为额外特征改进汉语依存句法分析。Chen 等[73]针对双语对齐语料,利用自动构建的规则产生源语言的子树结构信息,将之表示为基于子树结构的双语约束特征来改进目标语言的依存句法分析性能。Li 等[74]提出了一种利用跨语言句法结构映射的半监督依存分析方法,首先将源语言端的句法结构映射到目标语言端,然后利用目标语言上的基准模型过滤边缘概率较低的依存弧,只保留置信度较高的局部结构。

3.6.2 主动学习

主动学习(active learning)主要研究如何更合理地从未标注数据中选择数据,从而进行人工标注[75]。主动学习的目标是以最小的人工标注代价,使得模型在标注数据上训练后达到目标准确率。换言之,主动学习的目标是以同样的人工标注代价,使得模型达到最高的准确率。根据访问和标注数据的不同方式,主动学习可以分为基于流(stream-based)的方法和基于池(pool-based)的方法。基于流的方法将未标注数据看成流,按某一特定顺序逐一访问和标注[76];而基于池的方法将未标注数据看成一个可以随机访问的池子,根据不确定性衡量指标全局选取进而标注[77-78]。

对于复杂的结构化分类任务,如序列标注和句法分析,传统的主动学习方法通常采用完整标注的形式,即对于任何一个实例,人工标注一个完整的结构作为答案。Li 等[79]提出一种基于局部标注的主动学习方法,不再以句子为选择和标注单元,而是从更高细粒度的层面去选择和标注任务。比如,依存句法分析可以以最基本的依存弧为主动学习的选择和标注单元。实验证明,这种做法是非常有效的,不仅可以显著降低标注代码,还可以提高标注质量。图 3-11 给出了基于池的主动学习的基本流程。在初始状态下,我们有一个小规模的标注数据集 L,同时有一个大规模的未标注数据集合 U。进而,按照以下步骤展开工作。

(1) 在当前标注数据集 L 上训练一个模型。

(2) 使用模型自动分析整个未标注数据集 U,进而根据不确定性衡量指标,选择出待标注数据 U'。

(3) 人工标注数据:$U' \rightarrow L'$。

(4) 增大标注数据集:$L \cup L' \rightarrow L$。

(5) 回到步骤(1)。

主动学习方法中最核心的任务是衡量选择和标注单元的不确定性。其背后的基本假设是,如果当前模型分析一个数据时的不确定性高,则人工标注这个数

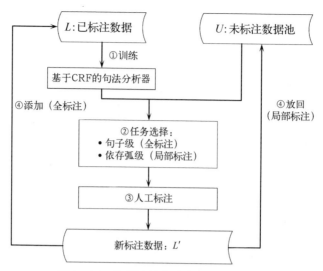

图 3 - 11　基于池的主动学习的基本流程

据并将其加入训练数据后,该模型的性能会有很大提高。然而,这个假设存在 2 个问题:① 没有考虑数据的代表性。假如一个数据的不确定性很高,但是这个数据所体现的语言现象在语料中出现的频率非常小,即这个数据不具有代表性,那么选择这个数据进行人工标注的作用就会很小。② 没有考虑人工标注这个数据的代价。目前主动学习方面的研究通常采用仿真模拟实验,即在已经人工标注的数据集上模拟主动学习的过程,对于真实人工代价的评价考虑较少。但是实际上,不同数据所需人工标注的代价一定是不同的。直觉上讲,总体的规律应该是:模型不确定性越高的数据,人工标注的代码也越大。再具体地分析,不确定性类似的数据,人工标注的代价应该也是不同的。也就是说,由于标注规范的制订问题以及语言本身的特点,有些数据比较适合人工标注,而有些数据即使人工标注时也比较模棱两可,需要更多的时间或更多的人确定答案。

在主动学习方法中最常见的不确定性衡量指标是根据统计模型输出的结果的置信度信息。以基于 CRF 的概率依存句法分析模型为例,置信度可以定义为最优句法树的条件概率 $p(d \mid x)$。条件概率越低,句子 x 的置信度也越低。对于基于全局线性模型的非概率依存句法分析模型(无论是基于图还是基于转移),只能得到一个句法树的分值 $Score(x, d)$,则需要采用一些策略将分值转换为概率作为置信度。

Li 等提出基于局部标注的主动学习方法,以依存弧为选择和标注单元,即从未标注数据中选择置信度低的依存弧,人工标注的数据为局部标注,如图 3 - 12 所示。这个工作最重要的动机是,如果模型已经可以很好地预测一些依存弧,那么就没有必要进行人工标注。模拟和人工实验结果表明,基于局部标注的主动学习方法可以有效降低人工标注代价,同时当标注者面对一个句子时,只需要将注意力集中

注:其中只标注了"saw"和"with"的依存弧

图 3 - 12 局部标注的依存句法树示例

到需要标注的几个词语上,因此这也提高了标注质量。

基于 CRF 的概率句法分析模型可以获取每一条依存弧的边缘概率,即所有包含这条依存弧的依存树的条件概率之和

$$p(h \cap m \mid \boldsymbol{x}) = \sum_{\boldsymbol{d} \in \mathscr{Y}(\boldsymbol{x}); \, h \cap m \in \boldsymbol{d}} p(\boldsymbol{d} \mid \boldsymbol{x}) \qquad (3-11)$$

Li 等用实验比较了几种置信度衡量方法,发现依存弧的边缘概率可以非常自然地作为统计模型对于依存弧的全局置信度,简单而有效。

基于 CRF 的概率句法分析模型可以非常自然地从局部标注数据中学习模型参数,其基本思想是将局部句法树转化为一个森林,对应所有给定依存弧的依存树的集合,然后将优化目标从最大化依存树的条件概率扩展为最大化森林的条件概率。Li 等分析了面向几种主流的依存句法分析方法,比较了几种不同的面向局部标注的模型训练和解码方法,最终发现这种方法最有效。

3.6.3 句法数据标注现状

对于数据驱动(data-driven)的分析模型而言,人工标注数据的规模在很大程度上影响着分析结果的准确率。宾州树库(PTB)作为英语句法分析研究的标准数据集,包含约 5 万句。与英语不同,汉语句法分析研究者们从不同角度和需求出发,基于不同的语法体系和标注规范,构建了多个异构树库,因此标注的数据资源更加丰富,领域覆盖面也更广。如何利用这些多源异构数据是一个非常有趣且实用的课题。下面从 3 个方面展开介绍。

1. 句法树库建设现状

表 3 - 2 罗列了目前公开的较大规模的汉语句法树库。Sinica 汉语树库[①]由台湾地区的研究院开发并标注,包含的文本为繁体[80];宾大树库(CTB)[②]最初由美国宾夕法尼亚大学发起,目前由布兰迪斯大学薛念文等维护和更新[81];北大

① http://rocling.iis.sinica.edu.tw/CKIP/engversion/treebank.htm
② https://catalog.ldc.upenn.edu/ldc2013t21

汉语树库(PCT)①由北京大学中文系詹卫东逐步建设[82]；清华汉语树库(TCT)②由清华大学周强建设[83]；哈尔滨工业大学汉语依存树库(HIT-CDT)③由哈尔滨工业大学社会计算与信息检索研究中心建设,本章作者作为具体负责人主持标注工作[84]；北大汉语多视图依存树库(PKU-CDT)④由北京大学计算语言学研究所邱立坤等构建[85]。

表 3-2　目前公开的较大规模的汉语句法树库

树　　库	发表年份	语 法 类 型	规模/万词
Sinica 汉语树库	1999	信息为本的格位语法	36
宾大汉语树库(CTB)	2000—2013	短语结构语法	162
北大汉语树库(PCT)	2003—2011	短语结构语法	90
清华汉语树库(TCT)	2004	短语结构语法	100
哈尔滨工业大学汉语依存树库(HIT-CDT)	2012	依存语法	111
北大汉语多视图依存树库(PKU-CDT)	2015	依存语法	140

现有的汉语句法树库的文本主要源于 2000 年左右《人民日报》《新华网》,以及语文课本、政府白皮书、文献等规范文本。过去十多年里,互联网用户产生了大量的用户生成数据,如产品评论、微博、微信、聊天记录等,网络语言的使用和表达习惯也发生了巨大的变化。在传统树库上训练得到的句法分析器在处理这些网络文本时,性能会急剧下降。目前英语网络文本树库的构建已经逐步展开。谷歌 2012 年面向邮件、博客、问题答案、新闻组、评论 5 个来源的英文网络文本,标注了小规模评测数据,命名为 Google English Web Treebank,并且组织了面向网络文本的英文依存句法分析评测[25]。与英文相比,汉语网络文本依存树库构建的工作进展更加缓慢。因此,为了提高汉语网络文本上的依存句法分析性能,亟须针对多来源网络文本标注一定规模的训练和评价数据,为后续研究工作提供支持。

2. 多源异构树库的利用

由于汉语语法的灵活性和人与人之间对语言理解的差异性,为了保证标注一致性和质量,句法分析数据标注的过程极其艰巨而缓慢。因此,已有的汉语句

---

① http://ccl.pku.edu.cn:8080/WebTreebank/WebTreebank_Readme.html
② http://cslt.riit.tsinghua.edu.cn/~qzhou/chs/Resources.htm
③ https://catalog.ldc.upenn.edu/LDC2012T05
④ http://www.shandongnlp.com/nd.jsp?id=118

法树库愈显珍贵。研究者们尝试同时使用表 3-2 中的多源异构树库作为训练数据，以提高句法分析的性能。下面总结了几个比较典型的方法。

1）基于指导特征的间接方法

受 Jiang 等[86]研究的启发，本章作者[87]提出一种基于指导特征的多源异构树库融合方法。基本思路是首先用源端树库训练一个源端句法分析器，对目标端树库进行自动句法分析，从而获取伪双树对齐数据。在目标端句法分析器训练时，将焦点依存弧对应的源端结构映射到为人工定义的几种模式（pattern），进而形成基于模式的离散特征，增加到依存句法分析模型中，并且用来指导模型做出更好的决策。虽然实验效果很好，但是这种方法仍存在两个问题：① 源端句法分析器在自动分析目标端树库时会产生大量噪声，因此无法准确刻画两种规范的对应规律；② 目标端句法分析模型训练时，不直接使用源端树库，因此无法充分利用源端树库中的语言现象。

2）基于多任务学习的间接方法

多任务学习是一种简单有效的神经网络模型框架，旨在利用多个相关任务的标注数据，同时提高模型的分析准确率[32]。郭江[88]将这种思想应用于多源异构树库融合任务，基于 Dyer 等[6]提出的移进归约句法分析模型，将神经网络参数空间分为共享参数和独立参数。其中共享参数由所有树库的训练数据共同训练，刻画不同树库中蕴含的共同的句法知识；而独立参数由各自树库单独训练，刻画每一个树库各自的特性。实验结果表明，这种方法比本章作者提出的基于指导特征的方法更有效。Johansson[89]将 Daumé III（2007）[90]的基于共享特征表示的有监督领域移植方法，应用到多树库融合任务上，可以看作是一种面向传统离散特征的多任务学习方法。基于多任务学习的多树库融合方法的主要问题是，模型不直接刻画不同规范之间的对应规律，因此也无法充分利用源端树库。

3）基于转化的直接方法

在依存句法分析研究初期，由于缺乏依存句法树库，研究者通常首先基于规则将短语结构句法树库（如英文 PTB 和中文 CTB）转化为依存句法树库[91]，进而在转化后的树库上展开依存句法分析的建模和实验比较。这种树库转化工作并不能保证转化后的树库严格遵守某一种特定的标注规范。现有的面向特定标注规范的树库转化方法可以总结为如下三种：

（1）无监督方法。Niu 等[92]提出一种基于统计的自动树库转化方法，尝试将依存结构的 HIT-CDT，自动转化为符合短语结构 CTB 规范的数据，从而增大 CTB 数据的规模，提高短语结构句法分析的准确率。最核心的想法是对 CTB 句法分析器自动产生的 n-best tree 结果进行重排序，综合考虑短语树的模型概率和短语树与源端树的一致性,选择最终的转化结果,从而有效减少自动转化后数据的噪声。

(2)基于伪双树对齐数据的方法。这种方法首先通过利用源端句法分析器分析目标端树库,形成包含噪声的伪双树对齐数据,从而训练基于特征表示的树库转化模型。树库转化时,则将源端树库中的句子及人工标注的源端句法树作为输入[93-94]。

(3)基于双树对齐数据的有监督学习方法。本章作者在最新的工作中,通过人工标注获取双树对齐数据,首次提出有监督树库转化任务,并提出两种简单有效的树库转化方法,将 HIT-CDT 转化为目标规范的数据。实验结果表明,有监督树库转化与当前最好的多任务学习方法相比,可以更有效地利用多源异构树库,提高句法分析的性能。

3. 数据标注方法探索

从上述讨论可以看出,为了提高句法分析在网络文本上的性能,标注数据在所难免,而且需要持续进行。然而数据标注是一项非常复杂的工作,需要探索一种科学有效且可持续的数据标注方法。本节以依存句法分析数据标注为例进行讨论。

标注规范是数据标注工作的最重要基础。好的标注规范需要从两个方面进行取舍和妥协。第一,标注规范应该尽可能客观、准确地刻画语言现象,同时把握好标注粒度的粗细。比如,应该对出现频率较高的语言现象进行适当细分;而出现频率较低的语言现象则不需要太细,以免类别过多。第二,应该充分考虑标注者实际标注的标注难度,保证标注者之间的一致性和标注质量。同时,标注规范需要不断更新和完善,同时应该找到一种机制,根据标注规范的更新,对之前标注的数据也不断更新。

本章作者及其所在团队尝试制订一个科学(满足语言学理论)、系统(条理清晰、容易掌握)、完整(覆盖各种语言现象)的汉语依存句法树标注规范,目前包含20种依存关系标签。在编制过程中充分借鉴了已有树库构建的成果,同时参阅了一些经典语言学书籍作为指导,形成如下几点总体设想:

(1)依存关系标签集合尽量精简,以控制标注难度。

(2)依存关系标签集合尽量全面,以准确刻画和区分不同语言现象的句法结构。

(3)以谓语为核心,尽量准确地刻画复杂句的内部结构。

(4)适应不同分词粒度,做到与词语切分规范无关。

(5)在保证句法结构的前提下,尽量准确地刻画语义结构。

（6）当两种标注同样适合时，给出优先顺序，以提高一致性。

本章作者及其团队基于此规范开展了小规模标注实践，并根据标注人员的反馈，进行了几次较大的完善和版本更新，同时将基于此规范标注的树库命名为汉语开放依存树库（Chinese Open Dependency Treebank，CODT）。标注规范和标注数据的详细情况可查看该树库主页[①]。

标注系统也是数据标注工作的重要基础。好的标注系统不仅可以方便数据的标注过程，也可以更好地支持任务分配、不一致检测和审核、质量控制等，从而减轻数据标注管理者的负担。本章作者及其团队经过多年摸索，初步构建了一个基于浏览器的在线标注系统。图 3-13 给出了标注系统的依存句法树标注界面。标注前，所有需要标注的词语用框标出。当一个框中的词被标注了核心词后，对应的框会消失。标注者必须标注完所有框中的词后，才能点击提交。这种界面设计主要是为了支持局部标注（当然同样也适用于完整标注），即只选择句子中模型置信度较低的一定比例的词进行标注，从而降低标注代价，并且有助于提高标注质量。

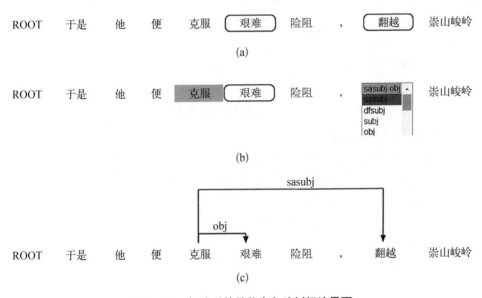

图 3-13　标注系统的依存句法树标注界面
（a）标注前　（b）标注一条依存弧：克服→翻越（sasubj）　（c）标注完成

图 3-14 给出了标注一个任务（句子）的整个处理流程。首先，标注系统会

---

① http://hlt.suda.edu.cn/index.php/CODT

将一个任务随机分配给两个标注人员进行标注。标注完成后,如果两个标注结果完全一致,那么就认为已确定答案,流程结束。如果两个标注结果至少有一条弧不一致,就会触发审核机制,系统会将这个任务随机分配给一位专家进行审核,确定唯一答案。进而,标注系统会将审核过的答案,反馈给出错的标注人员进行学习。在学习过程中,如果标注人员对答案不认可,可以提出投诉。如果出现投诉,系统会将投诉任务随机分配给一位高级专家,确定唯一答案。如果没有出现投诉,那么就认为已确定答案,流程结束。标注人员投诉、专家审核以及高级专家处理投诉时,可以将各自的理由写出来,从而实现非常有效的异步沟通。除此之外,本章作者及其团队还在线下通过在线聊天工具就一些问题进行交流、搜集反馈、修改答案、完善规范。

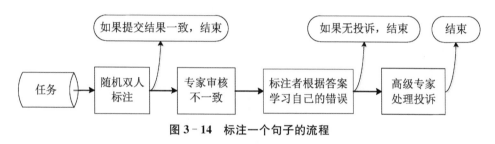

图 3-14　标注一个句子的流程

最后,在一批新的数据批次中将以前标注过的有答案的任务作为地雷混入,称为地雷机制。"放入地雷"主要有 3 个作用:① 自动评价标注人员的标注质量;② 进一步检查之前的标注结果,以便提高数据质量;③ 由于规范更新,需要更新以前的标注结果。

总之,我们希望标注系统设计和标注流程管理处处从提高质量的目标出发,并且最大化地减少数据标注管理者的工作,将数据管理尽可能科学化、系统化,为大规模数据标注提供便利。

由于语义依存分析直接反应句中实词之间的语义关系,其关系类型相比句法更加复杂。以中文语义依存图为例,共有 130 种语义关系,许多关系之间的辨别也比较困难。这就使得标注者需要很强的语言学知识和大量的训练,增加了标注工作的难度,也会不可避免地降低标注的一致性。解决这个问题的有效方法是对语义关系进行归纳总结,减少语义关系种类,从而降低标注难度,提高标注一致性。

3.6.4　迁移学习

大部分句法和语义分析研究集中在资源丰富语言上,如英文、中文等。对于这些语言，人们已经标注了丰富的语料库资源，使用者可以方便地用于进行有监督学习。然而，在世界上现存的 7 000 多种语言中，绝大部分语言并不存在（或者存在极少量）可利用的标注语料库。那么，我们将面临一个关键问题：如何自动地对这些语言的文本进行句法和语义分析呢？

考虑到句法和语义分析数据的标注困难，人们开始探索无监督方法[95]、跨语言标注映射方法[96]以及模型迁移方法[97]来对资源稀缺语言进行句法分析。从目前的研究现状来看，无监督方法性能还远远没有达到基于跨语言迁移的句法和语义分析性能。

跨语言的句法和语义分析主要有两种方法，一种是标注映射，也称为数据迁移（data transfer）；另一种是模型迁移（model transfer）。

数据迁移方法的主要思想是通过双语平行数据，将源语言中自动标注的分析结果映射至目标语言数据中，从而构建一个自动标注的、含噪声的目标语言语料库。进而，可以利用该语料库训练一个目标语言的句法或语义分析器。数据迁移方法最早由 Yarowsky 等应用于词性标注、组块分析等词法分析任务[98]。Hwa 等[96]将其扩展至句法分析任务，并设计了一套句法结构映射的规则。Tiedemann 进一步对映射规则进行了改进[99]。这种方法的主要缺点有两方面：① 依赖双语平行数据；② 跨语言标注映射的规则不容易制订，且受到词对齐错误的影响。当然，数据迁移方法的优点也较为明显，由于直接在目标语言上进行训练的，因此不受词序问题的影响。

模型迁移方法目标是利用资源丰富的源语言语料库资源来构建直接可用于资源稀缺语言的句法分析器，原则上不依赖双语平行数据，同时也不需要精心设计的句法映射规则。但是，由于模型是在源语言端进行训练的，因此在一定程度上受到词序不一致问题的影响。另外，在模型迁移方法中，词汇化特征难以有效地利用。因此，如何缓解词序不一致问题的影响？如何更有效地利用词汇化特征？这两个问题成为需要重点解决的问题。

在句法和语义分析模型中，词汇化特征（如词特征及组合特征）起到了很关键的作用，对于句法语义关系的判别尤其重要。而不同语言之间的词表通常存在较大的差异，导致词汇化特征无法进行跨语言迁移。为了规避这个问题，McDonald 等[97]采取了"去词汇化"（delexicalized）策略，只采用词性、弧上关系等非词汇化特征来学习跨语言模型。这种方式固然可行，但是由于损失了词汇化特征，使得句法分析性能较低，尤其是 LAS（labeled attachment score）值。Täckström 等[100]进一步提出使用跨语言词聚类特征来弥补词汇化特征的缺失。词聚类可以认为是一种粗粒度的词特征或者细粒度的词性特征，虽然在一定程度上对词汇化特征进行了补充，但是仍然损失了更细粒度的词汇化信息。

此外，不同语言之间由于词序不同，导致很多依存结构迥异。例如，在某些语言中（如法语、西班牙语），形容词通常置于名词之后，从而产生了很多左指向的 amod 依存弧。假如采用英语作为唯一的源语言，那么目标语言中的这种依存结构很难被解析出来。针对这个问题，Guo 等[101]进一步提出基于多源语言迁移的方法，希望通过使用多种源语言来更多地覆盖在目标语言中可能出现的语言现象。多源语言也为现有的跨语言分布表示学习带来了新的挑战。因此，Guo 等[101]也针对多于两种语言的情形，提出了相应的多语言分布表示学习方法。

3.7　句法语义分析的应用

句法语义分析按照某种语法体系，将句子从词语的序列形式转化为图结构（通常为树结构），从而刻画句子内部的句法语义关系（如主谓宾、施事、受事等）。然而，由于句法语义分析的结果往往相对比较复杂，如何更好地将其应用于其他任务中也是需要进行深入研究的问题。本章总结了过去经常使用的 4 种句法语义分析的应用方式，即将句法语义分析的结果作为抽取规则、作为输入特征、作为输入/输出结构以及将其他任务转换为句法语义分析的问题，从而采用句法语义分析的方法加以解决。下面逐一介绍这 4 种方法。

3.7.1　作为抽取规则

最直接的句法语义分析应用是将其作为抽取的规则，抽取所需的信息或者候选。如在情感分析任务中，我们不但想要知道整个文本的褒贬性，而且还想知道具体评价对象的褒贬性。例如对于两个句子"您转发的这篇文章很无知"和"您转发这篇文章很无知"。从句子整体来看，两个句子都是贬义的，但是贬义的对象并不相同，第 1 个句子强调"文章"，而第 2 个句子强调"转发文章"这个动作。然而，如果这两个句子在字面上极其相似，仅相差一个"的"字，而且在使用计算机进行文本处理的时候，"的"字往往被认为是不重要的停用词而被删掉，这样两个句子就一样，从而无法区分贬义的真正对象了。但是，这两个句子的句法分析结果并不相同，具体如图 3 - 15 所示。

从图 3 - 15 中可以看到，第 1 个句子的主语（SBV 关系）是"文章"，而第 2 个句子的主语则是动词"转发"。基于句法分析结果，我们可以通过主谓关系很容

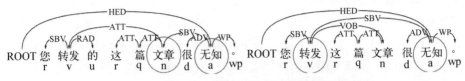

图 3-15　句法分析以及相应的评价对象抽取结果对比

易地抽取出评价词（谓语）和其相应的评价对象（主语）。然而，由于句法分析结果可能不正确，只是简单地通过规则抽取方式会导致不正确的抽取结果，尤其是当所处理的信息为用户生成内容时，其中大量的口语化内容对句法分析结果的影响尤为严重。针对这一问题，Che 等[102]提出了基于句子压缩的评价词和评价对象搭配抽取方法，该方法首先采用句子压缩技术将较长的口语化文本压缩为较短的相对规范的文本（其中仍然保留重要的评价相关信息），在此文本上进行的句法分析会获得更准确的结果，从而提升了后续评价搭配抽取任务的准确率。

除情感分析外，有很多其他的任务都可以基于句法分析的结果抽取所需的信息，如早期指代消解所采用的 Hobbos 算法[103]，其通过句法规则来寻找代词所指代的先行名词短语。在语义角色标注任务中，Xue 等[104]使用句法规则抽取候选语义角色（论元），从而避免对句子中全部短语进行是否为论元的判断，从而提高系统的效率。

3.7.2　作为输入特征

上述使用句法语义规则进行信息抽取的方式属于一种"硬"方法，一旦分析结果不准确就会引入噪声。相对地，将句法语义分析结果作为特征加入上层任务的方式则相对较"软"，相当于为每条规则增加了权重信息，如果权重较小，则可以忽略该规则。

例如，实体关系抽取、语义角色标注等任务，它们往往关注的是两个距离较长的短语之间的关系，实体关系抽取需要判断两个实体之间的关系，而语义角色标注则需要判断谓词和候选论元之间的关系。此时句法分析的结果，尤其是两个短语之间的句法路径信息对于关系的识别尤为重要。为了避免基于规则方法的问题，句法信息往往作为离散特征加入机器学习系统中，并有效提高了这些系统的准确率。但是，句法特征往往非常稀疏，泛化性并不好。为了克服数据稀疏问题，Pradhan 等[105]对句法路径特征进行了泛化，他们使用一些启发式的规则，如合并路径中的重复节点，保留部分路径等。然而，这种基于规则的泛化方法无论对于新的结构化特征还是新的语种，其可扩展性都不好。另一种泛化方法是将一个大的结构分解为多个子结构,然后计算相同子结构的比例,虽然该方法能够克服数据稀疏的问题,并且通用性较强,但是其有可能扩展出数量巨大的子结构,在计算上会带来很大的不便。基于卷积树核函数的方法能够有效地在高维子结构空间内计算两个向量之间的点积,从而有效利用句法分析结构信息[106]。

然而,卷积树核方法对于依存句法树这种词汇化的树表示计算并不方便,同时该方法也无法融入现代的基于深度学习的计算框架内,因此我们需要一种更好的结构化信息表示方式。Roth 等提出使用 LSTM 来表示句法路径信息[107],输入除句法路径上的词外,还可以有其对应的词性、句法的关系标签等,最终获得了较好的语义角色标注效果。

以上利用句法分析特征的方法基于的都是离散的句法分析输出结果,卷积树核是在计算不同句法结构之间的相似性,而 LSTM 等深度学习模型将离散的句法分析特征转化为连续的向量表示。所以,一旦句法分析结果出现错误,这些方法会受到较大的影响。Zhang 等[108]提出了一种新的使用句法特征的方法,他们将用于进行句法分析的神经网络隐层直接作为句法特征加入上层任务中,这样使得上层任务能够考虑句法分析结果的多样性,进一步减轻了句法分析错误对上层任务的影响。

3.7.3　作为输入/输出结构

传统的循环神经网络(recurrent neural networks)可以认为是按照从左到右(或从右到左)的顺序依次对输入序列进行组合,这种组合顺序往往不符合语言学的直觉,例如句子"我喜欢红色的花",按照从左到右的组合顺序,"我喜欢"首先和"红色"进行组合,这显然是不合适的,"喜欢"的对象应该是"花","红色"是修饰"花"的。递归神经网络(recursive neural networks)恰好可以弥补这一缺点[109],它按照给定的句法结构进行递归的语义组合。当然,如果输入结构恰好是左叉树,则递归神经网络也会按照从左到右的顺序进行组合,其退回为循环神经网络。与传统的循环神经网络遇到的问题类似,随着树的深度增加,递归神经网络同样遇到梯度爆炸或消散的问题。从而门控递归神经网络便应运而生,如Tree-LSTM[110-111]等。如今,句法语义分析结果也越来越不受树结构的约束,而变为图结构,因此也有一些研究拓展到在图结构上进行递归神经网络的建模,如Graph-LSTM[112]。

3.7.4　转换任务模式

以上 3 种应用重点关注如何更好地利用句法语义结构和关系类型来帮助上

层的自然语言处理任务。除此之外,还有一类工作尝试将其他的自然语言处理任务转换成类似于句法语义分析的图结构,从而更丰富地刻画和表示句子内部成分之间的联系。

例如,在实体识别和关系抽取联合任务中,实体与关系、关系与关系之间都有很紧密的联系。如图 3-16 所示,关系 Live_In 对应 Person 和 Location 两个实体,反之亦然。关系 Live_In(针对"John"和"California"两个实体)可以由关系 Live_In(针对"John"和"Los Angeles")和关系 Loc_In(针对"Los Angeles"和"California")推理出来。大多数的联合模型只是通过参数共享的方式来实现实体识别和关系抽取的联合学习。这类联合方法本质上还是将实体识别和关系抽取分成两个任务来处理,其主要问题是不能充分的建模关系和实体,以及关系和关系之间的联系。Wang 等[113]将实体识别和关系抽取联合任务建模成为一个有向图的问题,并提出了一种基于转移的方法来直接生成有向图(见图 3-16)。该方法能充分地表示和利用实体与关系之间、关系与关系之间的关系,取得了很好的实验结果。

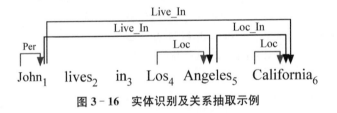

图 3-16　实体识别及关系抽取示例

除了实体识别和关系抽取联合任务外,还有很多其他的自然语言处理任务可以被转换成图结构的形式。比如在嵌套实体识别(nested named entity recognition)任务上,Finkel 和 Manning[114]将嵌套实体识别任务转换成一个句法树的生成问题,通过将输入句子转换成句法树的形式,在识别实体的时候,既可以利用周围词的 label 信息,又可以充分利用已经生成的子实体信息,从而取得了非常好的实验效果。对于事件抽取任务,传统的方法往往将事件和论元识别当成两个独立的任务来做,这样就不能建模事件之间的联系。McClosky 等[115]将事件抽取任务转换成一个句法树生成任务,从而将事件和论元识别融合成一个统一的任务,在解码的过程中能很好地表示和利用事件之间的联系,提高了事件抽取的性能。类似的工作还包括 Miller 等[116]、Wang 和 Wu[117]、Zhang 等[118]、Gong 等[119]、Sahin 等[120]进行的研究。

3.8 小结

本章介绍了句法分析和语义分析的任务定义、基本方法、目前的主要进展和挑战，以及未来可能的研究方向和趋势。由于篇幅有限，句法分析方面重点介绍了依存句法分析，语义分析方面重点介绍了浅层语义角色标注和深层语义依存图分析。这3个具体任务均以词对搭配为基本单元，标签集合和刻画的内容由简单到复杂，对语言的分析由浅入深。

参考文献

［1］ Kübler S, McDonald R, Nivre J. Dependency Parsing（Synthesis Lectures on Human Language Technologies）［M］. San Rafael, California：Morgan & Claypool Publishers, 2009.

［2］ Bohnet B, Nivre J. A transition-based system for joint part-of-speech tagging and labeled non-projective dependency parsing［C］//Proceedings of the 2012 Joint Conference on Empirical Methods in Natural Language Processing and Computational Natural Language Learning. Stroudsburg, PA, USA：Association for Computational Linguistics, 2012：1455 - 1465.

［3］ Chen D, Manning C. A fast and accurate dependency parser using neural networks ［C］//Proceedings of the 2014 Conference on Empirical Methods in Natural Language Processing, October 25 - 29, 2014, Doha, Qatar. Stroudsburg, PA, USA：Association for Computational Linguistics, 2014：740 - 750.

［4］ Zhou H, Zhang Y, Huang S, et al. A neural probabilistic structured-prediction model for transition-based dependency parsing［C］//Proceedings of the 53rd Annual Meeting of the Association for Computational Linguistics and the 7th International Joint Conference on Natural Language Processing（Volume 1：Long Papers）, July 26 - 31, 2015, Beijing, China. Stroudsburg, PA, USA：Association for Computational Linguistics, 2015：1213 - 1222.

［5］ Andor D, Alberti C, Weiss D, et al. Globally normalized transition-based neural networks［C］//Proceedings of the 54th Annual Meeting of the Association for Computational Linguistics（Volume 1：Long Papers）. Stroudsburg, PA, USA：Association for Computational Linguistics, 2016：2442 - 2452.

［6］ Dyer C, Ballesteros M, Ling W, et al. Transition-based dependency parsing with stack long short-term memory［C］//Proceedings of the 53rd Annual Meeting of the

Association for Computational Linguistics and the 7th International Joint Conference on Natural Language Processing (Volume 1: Long Papers), July 26 - 31, 2015, Beijing, China. Stroudsburg, PA, USA: Association for Computational Linguistics, 2015: 334 - 343.

[7] Dozat T, Manning C D. Deep biaffine attention for neural dependecy parsing[C]// Proceedings of the 5th International Conference on Learning Representations. New York: Association for Computing Machinery, 2017.

[8] Mooney R. Relational learning of pattern-match rules for information extraction[C]// Proceedings of the Sixteenth National Conference on Artificial Intelligence. Menlo Park, California: AAAI Press, 1999: 334.

[9] Gildea D, Jurafsky D. Automatic labeling of semantic roles[J]. Computational linguistics, 2002, 28(3): 245 - 288.

[10] Che W, Zhang M, Shao Y, et al. SemEval-2012 Task 5: Chinese semantic dependency parsing[C]//SEM 2012: The First Joint Conference on Lexical and Computational Semantics-Volume 1: Proceedings of the Main Conference and the Shared Task, and Volume 2: Proceedings of the Sixth International Workshop on Semantic Evaluation (SemEval 2012). Stroudsburg, PA, USA: Association for Computational Linguistics, 2012: 378 - 384.

[11] Surdeanu M, Johansson R, Meyers A, et al. The CoNLL-2008 shared task on joint parsing of syntactic and semantic dependencies[C]//Proceedings of the Twelfth Conference on Computational Natural Language Learning, August, 2008, Manchester, England. Stroudsburg, PA, USA: Association for Computational Linguistics, 2008: 159 - 177.

[12] Banarescu L, Bonial C, Cai S, et al. Abstract meaning representation for sembanking [C]//Proceedings of the 7th Linguistic Annotation Workshop and Interoperability with Discourse, August, 2013, Sofia, Bulgaria. Stroudsburg, PA, USA: Association for Computational Linguistics, 2013: 178 - 186.

[13] Steedman M. The Syntactic Process[M]. Cambridge, MA, USA: MIT Press, 2000.

[14] Baker C F, Fillmore C J, Lowe J B, et al. The Berkeley FrameNet Project[C/OL]// Proceedings of the 36th Annual Meeting of the Association for Computational Linguistics and 17th International Conference on Computational Linguistics-Volume 1, August, 1998. Stroudsburg, PA, USA: Association for Computational Linguistics, 1998: 86 - 90. https://citeseer. ist. psu. edu/baker98berkeley. html.

[15] Palmer M, Gildea D, Kingsbury P. The proposition bank: an annotated corpus of semantic roles[J/OL]. Computational Linguistics, 2005, 31(1): 71 - 106. http://dx. doi. org/http://dx. doi. org/10. 1162/0891201053630264.

[16] Meyers A, Reeves R M, Macleod C, et al. The NomBank project: an interim report [C]//Proceedings of the Workshop Frontiers in Corpus Annotation at HLT-NAACL 2004, May 2 - 7, Boston, Massachusetts, USA. Stroudsburg, PA, USA: Association for Computational Linguistics, 2004: 24 - 31.

[17] Erk K, Kowalski A, Pado S, et al. Towards a resource for lexical semantics: a large german corpus with extensive semantic annotation[C]//Proceedings of the 41st Annual Meeting of the Association for Computational Linguistics, July, 2003, Sapporo, Japan. Stroudsburg, PA, USA: Association for Computational Linguistics, 2003: 537 - 544.

[18] Hajivcová E. Prague dependency treebank: from analytic to tectogrammatical annotation[C]//Proceedings of the First International Workshop on Text, Speech, Dialogue, 1998: 45 - 50.

[19] Xue N, Palmer M S. Annotating the propositions in the penn chinese treebank[C/OL]//Proceedings of the Second SIGHAN Workshop on Chinese Language Processing. Stroudsburg, PA, USA: Association for Computational Linguistics, 2003: 47 - 54. http://www. aclweb. org/anthology/W03 - 1707. pdf.

[20] Xue N, Xia F, Chiou F D, et al. The Penn Chinese TreeBank: phrase structure annotation of a large corpus[J/OL]. Natural Language Engineering, 2005, 11(2): 207 - 238. http://dx. doi. org/http://dx. doi. org/10. 1017/S135132490400364X.

[21] You L, Liu K. Building Chinese FrameNet database[C]//Proceedings of 2005 IEEE International Conference on Natural Language Processing and Knowledge Engineering. Piscataway: IEEE, 2005: 301 - 306.

[22] Che W, Shao Y, Liu T, et al. SemEval-2016 task 9: Chinese semantic dependency parsing[C]//Proceedings of the 10th International Workshop on Semantic Evaluation. Stroudsburg, PA, USA: Association for Computational Linguistics, 2016: 1074 - 1080.

[23] Oepen S, Kuhlmann M, Miyao Y, et al. SemEval-2014 task 8: broad-coverage semantic dependency parsing[C]//Proceedings of the 8th International Workshop on Semantic Evaluation. Stroudsburg, PA, USA: Association for Computational Linguistics, 2014: 63 - 72.

[24] Oepen S, Kuhlmann M, Miyao Y, et al. SemEval-2015 task 18: broad-coverage semantic dependency parsing[C]//Proceedings of the 9th International Workshop on Semantic Evaluation. Stroudsburg, PA, USA: Association for Computational Linguistics, 2015: 915 - 926.

[25] Petrov S, McDonald R. Overview of the 2012 shared task on parsing the web[C]// Proceedings of the First Workshop on Syntactic Analysis of Non-Canonical Language

(SANCL-2012). Dublin, Ireland: Dublin City University, 2012.

[26] Carreras X, Màrquez L. Introduction to the CoNLL-2004 shared task: semantic role labeling[C]//Proceedings of the Eighth Conference on Computational Natural Language Learning, 2004, Boston, Massachusetts, USA. Stroudsburg, PA, USA: Association for Computational Linguistics, 2004: 89 - 97.

[27] Carreras X, Màrquez L. Introduction to the CoNLL-2005 shared task: semantic role labeling[C/OL]//Proceedings of the ninth Conference on Computational Natural Language Learning, June, 2005, Ann Arbor, Michigan. Stroudsburg, PA, USA: Association for Computational Linguistics, 2005: 152 - 164. http://www.aclweb.org/anthology/W/W05/W05 - 0620.

[28] Hajič J, Ciaramita M, Johansson R, et al. The CoNLL-2009 shared task: syntactic and semantic dependencies in multiple languages[C/OL]//Proceedings of the Thirteenth Conference on Computational Natural Language Learning, June, 2009, Boulder, Colorado. Stroudsburg, PA, USA: Association for Computational Linguistics, 2009: 1 - 18. http://dl.acm.org/citation.cfm?id=1596409.1596411.

[29] Koomen P, Punyakanok V, Roth D, et al. Generalized inference with multiple semantic role labeling systems[C/OL]//Proceedings of the ninth Conference on Computational Natural Language Learning, June, 2005, Ann Arbor, Michigan. Stroudsburg, PA, USA: Association for Computational Linguistics, 2005: 181 - 184. http://www.aclweb.org/anthology/W/W05/W05 - 0625.

[30] Lafferty J, McCallum A, Pereira F. Conditional random fields: probabilistic models for segmenting and labeling sequence data[C]//Proceedings of the 18th International Conference on Machine Learning. San Francisco: Morgan Kaufmann Publishers Inc., 2001: 282 - 289.

[31] Collobert R, Weston J. A unified architecture for natural language processing: deep neural networks with multitask learning[C]//Proceedings of the 25th international conference on Machine learning, July, 2008, Helsinki Finland. New York: Association for Computing Machinery, 2008: 160 - 167.

[32] Collobert R, Weston J, Bottou L, et al. Natural language processing (almost) from scratch[J]. Journal of Machine Learning Research, 2011, 12(1): 2493 - 2537.

[33] Hochreiter S, Schmidhuber J. Long short-term memory[J]. Neural Computation, 1997, 9(8): 1735 - 1780.

[34] Cho K, van Merrienboer B, Gulcehre C, et al. Learning phrase representations using rnn encoder-decoder for statistical machine translation[C]//Proceedings of the 2014 Conference on Empirical Methods in Natural Language Processing, October 25 - 29, 2014, Doha, Qatar. Stroudsburg, PA, USA: Association for Computational

Linguistics，2014：1724 - 1734.

[35] Graves A. Supervised sequence labelling with recurrent neural networks[D]. Munich：Technical University Munich，2008.

[36] Zhou J，Xu W. End-to-end learning of semantic role labeling using recurrent neural net-works[C]//Proceedings of the 53rd Annual Meeting of the Association for Computational Linguistics and the 7th International Joint Conference on Natural Language Processing（Volume 1：Long Papers），July 26 - 31，2015，Beijing，China. Stroudsburg，PA，USA：Association for Computational Linguistics，2015：1127 - 1137.

[37] Màrquez L. Semantic role labeling：Past，present and future[C]//Tutorial Abstracts of ACL-IJCNLP 2009. Stroudsburg，PA，USA：Association for Computational Linguistics，2009：3 - 3.

[38] 车万翔. 基于核方法的语义角色标注研究[D]. 哈尔滨：哈尔滨工业大学，2008.

[39] Che W，Li Z，Li Y，et al. Multilingual dependency-based syntactic and semantic parsing[C]//Proceedings of the Thirteenth Conference on Computational Natural Language Learning，June，2009，Boulder，Colorado. Stroudsburg，PA，USA：Association for Computational Linguistics，2009：49 - 54.

[40] Surdeanu M，Harabagiu S，Williams J，et al. Using predicate-argument structures for information extraction[C]//Proceedings of the 41st Annual Meeting on Association for Computational Linguistics-Volume 1. Stroudsburg，PA，USA：Association for Computational Linguistics，2003：8 - 15.

[41] Xue N，Palmer M. Calibrating features for semantic role labeling[C]//Proceedings of the 2004 Conference on Empirical Methods in Natural Language Processing. Stroudsburg，PA，USA：Association for Computational Linguistics，2004：88 - 94.

[42] Punyakanok V，Roth D，Yih W，et al. Semantic role labeling via integer linear programming inference[C/OL]//Proceedings of the 20th International Conference on Computational Linguistics，Aug 23 - 27，2004，Geneva，Switzerland. Stroudsburg，PA，USA：Association for Computational Linguistics，2004：1346 - 1352. http://l2r. cs. uiuc. edu/~danr/Papers/PRYZ04. pdf.

[43] He L，Lee K，Lewis M，et al. Deep semantic role labeling：what works and what's next [C]//Proceedings of the 55th Annual Meeting of the Association for Computational Linguistics（Volume 1：Long Papers）. Stroudsburg，PA，USA：Association for Computational Linguistics，2017：473 - 483.

[44] Peters M E，Neumann M，Iyyer M，et al. Deep contextualized word representations [C]//Proceedings of Human Language Technologies：the 2018 Annual Conference of the North American Chapter of the Association for Computational Linguistics.

Stroudsburg, PA, USA: Association for Computational Linguistics, 2018: 2227 - 2237.

[45] McDonald R, Crammer K, Pereira F. Online large-margin training of dependency parsers[C/OL]//Proceedings of the 43rd Annual Meeting of the Association for Computational Linguistics, June, 2005, Ann Arbor, Michigan. Stroudsburg, PA, USA: Association for Computational Linguistics, 2005: 91 - 98. http://dx.doi.org/10.3115/1219840.1219852.

[46] Koo T, Collins M. Efficient third-order dependency parsers[C]//Proceedings of the 48th Annual Meeting of the Association for Computational Linguistics, July, 2010, Uppsala, Sweden. Stroudsburg, PA, USA: Association for Computational Linguistics, 2010: 1 - 11.

[47] Bohnet B. Top Accuracy and fast dependency parsing is not a contradiction[C]//Proceedings of the 23rd International Conference on Computational Linguistics, August, 2010, Beijing, China. Stroudsburg, PA, USA: Association for Computational Linguistics, 2010: 89 - 97.

[48] Ma X, Zhao H. Probabilistic models for high-order projective dependency parsing[J/OL]. arXiv: Computation and Language [2015 - 2 - 14]. arXiv preprint arXiv: 1502. 04174.

[49] Eisner J M. Bilexical grammars and their cubic-time parsing algorithms [M]//Advances in Probabilistic and Other Parsing Technologies. Dordrecht, Netherlands: Springer, 2000: 29 - 62.

[50] Chu Y J, Liu T H. On the shortest arborescence of a directed graph[J]. Science Sinica, 1965, 14: 1396 - 1400.

[51] Eisner J M. Three new probabilistic models for dependency parsing: an exploration [C]//Proceedings of the 16th conference on Computational linguistics-Volume 1. Stroudsburg, PA, USA: Association for Computational Linguistics, 1996: 340 - 345.

[52] McDonald R, Pereira F. Online learning of approximate dependency parsing algorithms [C]//Proceedings of the 11th Conference of the European Chapter of the Association for Computational Linguistics. Stroudsburg, PA, USA: Association for Computational Linguistics, 2006.

[53] Martins A F, Almeida M S. Priberam: a turbo semantic parser with second order features[C]//Proceedings of the 8th International Workshop on Semantic Evaluation. Stroudsburg, PA, USA: Association for Computational Linguistics, 2014: 471 - 476.

[54] Martins A F. AD3: a fast decoder for structured prediction[M]//Advanced Structured Prediction. Cambridge: MIT Press, 2014: 43 - 74.

[55] Peng H, Thomson S, Smith N A. Deep multitask learning for semantic dependency

parsing[C]//Proceedings of the 55th Annual Meeting of the Association for Computational Linguistics (Volume 1: Long Papers). Stroudsburg, PA, USA: Association for Computational Linguistics, 2017: 2037 – 2048.

[56] Nivre J. An efficient algorithm for projective dependency parsing[C]//Proceedings of the Eighth International Conference on Parsing Technologies, April, 2003, Nancy, France. [s. l.]: [s. n.], 2003: 149 – 160.

[57] Nivre J. Non-projective dependency parsing in expected linear time[C]//Proceedings of the Joint Conference of the 47th Annual Meeting of the ACL and the 4th International Joint Conference on Natural Language Processing of the AFNLP-Volume 2. Stroudsburg, PA, USA: Association for Computational Linguistics, 2009: 351 – 359.

[58] Zhang Y, Nivre J. Transition-based dependency parsing with rich non-local features [C]//Proceedings of the 49th Annual Meeting of the Association for Computational Linguistics: Human Language Technologies, June, 2011, Portland, Oregon, USA. Stroudsburg, PA, USA: Association for Computational Linguistics, 2011: 188 – 193.

[59] Huang L, Sagae K. Dynamic programming for linear-time incremental parsing[C]// Proceedings of the 48th Annual Meeting of the Association for Computational Linguistics, July, 2010, Uppsala, Sweden. Stroudsburg, PA, USA: Association for Computational Linguistics, 2010: 1077 – 1086.

[60] Sagae K, Tsujii J. Shift-reduce dependency DAG parsing[C]//Proceedings of the 22nd International Conference on Computational Linguistics-Volume 1. Stroudsburg, PA, USA: Association for Computational Linguistics, 2008: 753 – 760.

[61] Kromann M T. The danish dependency treebank and the underlying linguistic theory [C]//Proceedings of the Second Workshop on Treebanks and Linguistic Theories. Växjö, Sweden: Växjö University Press, 2003.

[62] Miyao Y, Ninomiya T, Tsujii J. Corpus-oriented grammar development for acquiring a head-driven phrase structure grammar from the penn treebank[C]//Proceedings of the First International Joint Conference on Natural Language Processing, March 22 – 24, 2004, Hainan Island, China. Berlin: Springer-Verlag, 2004: 684 – 693.

[63] Titov I, Henderson J, Merlo P, et al. Online graph planarisation for synchronous parsing of semantic and syntactic dependencies[C]//Proceedings of the Twenty-First International Joint Conference on Artificial Intelligence. Menlo Park, California: AAAI Press, 2009: 1562 – 1567.

[64] Zhang X, Du Y, Sun W, et al. Transition-based parsing for deep dependency structures[J]. Computational Linguistics, 2016, 42(3): 353 – 389.

[65] Wang Y, Che W, Guo J, et al. A neural transition-based approach for semantic dependency graph parsings[C]//Proceedings of the Thirty-Second AAAI Conference

on Artificial Intelligence, February 2 – 7, 2018, New Orleans, Louisiana, USA. Palo Alto, California: AAAI Press, 2018: 5561 – 5568.

[66] Koo T, Carreras X, Collins M. Simple semi-supervised dependency parsing[C]// Proceedings of the 46th Annual Meeting of the Association for Computational Linguistics: Human Language Technologies, June 15 – 20, 2008, The Ohio State University, Columbus, Ohio, USA. Stroudsburg, PA, USA: Association for Computational Linguistics, 2008: 595 – 603.

[67] Zhou G, Zhao J, Liu K, et al. Exploiting web-derived selectional preference to improve statistical dependency parsing [C]//Proceedings of Human Language Technologies: the 49th Annual Meeting of the Association for Computational Linguistics, June, 2011, Portland, Oregon, USA. Stroudsburg, PA, USA: Association for Computational Linguistics, 2011: 1556 – 1565.

[68] Chen W, Zhang M, Zhang Y. Semi-supervised feature transformation for dependency parsing[C]//Proceedings of the 2013 Conference on Empirical Methods in Natural Language Processing, October 18 – 21, 2013, Grand Hyatt Seattle, Seattle, Washington, USA. Stroudsburg, PA, USA: Association for Computational Linguistics, 2013: 1303 – 1313.

[69] Li Z, Zhang M, Chen W. Ambiguity-aware ensemble training for semi-supervised dependency parsing[C]//Proceedings of the 52nd Annual Meeting of the Association for Computational Linguistics (Volume 1: Long Papers). Stroudsburg, PA, USA: Association for Computational Linguistics, 2014: 457 – 467.

[70] Zhao H, Song Y, Kit C, et al. Cross language dependency parsing using a bilingual lexicon[C]//Proceedings of the Joint Conference of the 47th Annual Meeting of the ACL and the 4th International Joint Conference on Natural Language, August, 2009, Suntec, Singapore. Stroudsburg, PA, USA: Association for Computational Linguistics, 2009: 55 – 63.

[71] Jiang W, Liu Q. Dependency parsing and projection based on word-pair classification [C]//Proceedings of the 48th Annual Meeting of the Association for Computational Linguistics, July, 2010, Uppsala, Sweden. Stroudsburg, PA, USA: Association for Computational Linguistics, 2010: 12 – 20.

[72] Chen W, Kazama J, Torisawa K. Bitext dependency parsing with bilingual subtree constraints[C]//Proceedings of the 48th Annual Meeting of the Association for Computational Linguistics, July, 2010, Uppsala, Sweden. Stroudsburg, PA, USA: Association for Computational Linguistics, 2010: 21 – 29.

[73] Li Z, Zhang M, Chen W. soft cross-lingual syntax projection for dependency parsing [C]//Proceedings of the 25th International Conference on Computational Linguistics.

Stroudsburg，PA，USA：Association for Computational Linguistics，2014：783－793.

[74] Olsson F. A literature survey of active machine learning in the context of natural language processing：SICS Technical Report：T2009：06[R] SICS Technical Report，2009.

[75] Liere R，Tadepalli P. Active learning with committees for text categorization[C]// Proceedings of the Fourteenth National Conference on Artificial Intelligence，July 27－31，1997，Providence，Rhode Island. Menlo Park，California：AAAI Press，1997：591－596.

[76] Lewis D D，Gale W A. A sequential algorithm for training text classifiers[C]// Proceedings of the 17th Annual International ACM SIGIR Conference on Research and Development in Information Retrieval. Berlin：Springer-Verlag，1994：3－12.

[77] McCallum A，Nigam K. Employing EM and pool-based active learning for text classification[C]//Proceedings of the 15th International Conference on Machine Learning. San Francisco：Morgan Kaufmann Publishers Inc. ，1998：350－358.

[78] Li Z，Zhang M，Zhang Y，et al. Active learning for dependency parsing with partial annotation[C]//Proceedings of the 54th Annual Meeting of the Association for Computational Linguistics（Volume 1：Long Papers），August，2016，Berlin，Germany. Stroudsburg，PA，USA：Association for Computational Linguistics，2016：344－354.

[79] Chen K J，Luo C C，Chang M C，et al. Sinica treebank：design criteria，representational issues and implementation[M]//Treebanks：Building and Using Parsed Corpora. Dordrecht/Boston/London：Kluwer Academic Publishers，2003：231－248.

[80] Xue N，Xia F，Chiou F D，et al. The Penn Chinese TreeBank：phrase structure annotation of a large corpus[J]. Natural Language Engineering，2005，11(2)：207－238.

[81] 詹卫东. 树库在汉语语法辅助教学中的应用初探[J]. 科技与中文教学，2012，3(2)：16－29.

[82] 周强. 汉语句法树库标注体系[J]. 中文信息学报，2004，18(4)：1－8.

[83] Che W，Li Z，Liu T. Chinese dependency treebank 1. 0（LDC2012T05）[C]// Philadelphia：Linguistic Data Consortium. 2012.

[84] 邱立坤，金澎，王厚峰. 基于依存语法构建多视图汉语树库[J]. 中文信息学报，2015，29(3)：9－15.

[85] Jiang W，Huang L，Liu Q. Automatic adaptation of annotation standards：chinese word segmentation and POS tagging-a case study[C]//Proceedings of the Joint Conference of the 47th Annual Meeting of the ACL and the 4th International Joint

Conference on Natural Language Processing of the AFNLP, August, 2009, Suntec, Singapore. Stroudsburg, PA, USA: Association for Computational Linguistics, 2009: 522 - 530.

[86] Li Z, Che W, Liu T. Exploiting multiple treebanks for parsing with quasisynchronous grammar[C]//Proceedings of the 50th Annual Meeting of the Association for Computational Linguistics (Volume 1: Long Papers), July, 2012, Jeju Island, Korea. Stroudsburg, PA, USA: Association for Computational Linguistics, 2012: 675 - 684.

[87] 郭江. 基于依存语法构建多视图汉语树库[D]. 哈尔滨: 哈尔滨工业大学, 2017.

[88] Johansson R. Training parsers on incompatible treebanks[C]//Proceedings of 2013 NAACL-HLT. Stroudsburg, PA, USA: Association for Computational Linguistics, 2013: 127 - 137.

[89] Daumé III H. Frustratingly Easy Domain Adaptation[C]//Proceedings of the 45th Annual Meeting of the Association of Computational Linguistics, June, 2007, Prague, Czech Republic. Stroudsburg, PA, USA: Association for Computational Linguistics, 2007: 256 - 263.

[90] Collins M, Ramshaw L, Hajic J, et al. A statistical parser for Czech[C]//Proceedings of the 37th Annual Meeting of the Association for Computational Linguistics, June, 1999, College Park, Maryland, USA. Stroudsburg, PA, USA: Association for Computational Linguistics, 1999: 505 - 512.

[91] Niu Z Y, Wang H, Wu H. Exploiting heterogeneous treebanks for parsing[C]// Proceedings of the Joint Conference of the 47th Annual Meeting of the ACL and the 4th International Joint Conference on Natural Language Processing of the AFNLP, August, 2009, Suntec, Singapore. Stroudsburg, PA, USA: Association for Computational Linguistics, 2009: 46 - 54.

[92] Zhu M, Zhu J, Hu M. Better automatic treebank conversion using a feature-based approach[C]//Proceedings of the 49th Annual Meeting of the Association for Computational Linguistics: Human Language Technologies, June, 2011, Portland, Oregon, USA. Stroudsburg, PA, USA: Association for Computational Linguistics, 2011: 715 - 719.

[93] Li X, Jiang W, Lü Y, et al. Iterative transformation of annotation guidelines for constituency parsing[C]//Proceedings of the 51st Annual Meeting of the Association for Computational Linguistics (Volume 1: Long Papers), August 4 - 9, 2013, Sofia, Bulgaria. Stroudsburg, PA, USA: Association for Computational Linguistics, 2013: 591 - 596.

[94] Klein D, Manning C. Corpus-based induction of syntactic structure: models of dependency and constituency [C/OL]//Proceedings of the 42nd Meeting of the

Association for Computa-tional Linguistics, July, 2004, Barcelona, Spain. Stroudsburg, PA, USA: Association for Computational Linguistics, 2004: 478 - 485. http://dx. doi. org/10. 3115/1218955. 1219016.

[95] Hwa R, Resnik P, Weinberg A, et al. Bootstrapping parsers via syntactic projection across parallel texts[J]. Natural Language Engineering, 2005, 11(3): 311 - 325.

[96] McDonald R, Petrov S, Hall K. Multi-source transfer of delexicalized dependency parsers[C]//Proceedings of the 2011 Conference on Empirical Methods in Natural Language Processing, July 27 - 31, 2011, Edinburgh, Scotland, UK. Stroudsburg, PA, USA: Association for Computational Linguistics, 2011: 62 - 72.

[97] Yarowsky D, Ngai G, Wicentowski R. Inducing multilingual text analysis tools via robust projection across aligned corpora[C]//Proceedings of the First International Conference on Human Language Technology Research, 2001, San Diego, CA, USA. Stroudsburg, PA, USA: Association for Computational Linguistics, 2001: 1 - 8.

[98] Tiedemann J. Rediscovering annotation projection for cross-lingual parser induction [C]//Proceedings of COLING 2014, the 25th International Conference on Computational Linguistics: Technical Papers, August, 2014, Dublin, Ireland. Dublin, Ireland: Dublin City University and Association for Computational Linguistics, 2014: 1854 - 1864.

[99] Täckström O, McDonald R, Uszkoreit J. Cross-lingual word clusters for direct transfer of linguistic structure[C]//Proceedings of the 2012 Conference of the North American Chapter of the Association for Computational Linguistics: Human Language Technologies, June 3 - 8, 2012, Montréal, Canada. Stroudsburg, PA, USA: Association for Computational Linguistics, 2012: 477 - 487.

[100] Guo J, Che W, Yarowsky D, et al. A distributed representation-based framework for cross-lingual transfer parsing[J/OL]. Journal of Artificial Intelligence Research, 2016, 55(1): 995 - 1023. http://dl. acm. org/citation. cfm? id=3013558. 3013584.

[101] Che W, Zhao Y, Guo H, et al. Sentence compression for aspect-based sentiment analysis[J/OL]. IEEE Transactions on Audio, Speech, and Language Processing, 2015, 23(12): 2111 - 2124. http://dx. doi. org/10. 1109/TASLP. 2015. 2443982.

[102] Lappin S, Leass H J. An algorithm for pronominal anaphora resolution[J/OL]. Computational Linguistics, 1994, 20(4): 535 - 561. http://dl. acm. org/citation. cfm? id=203987. 203989.

[103] Xue N, Palmer M. Calibrating features for semantic role labeling[C]//Proceedings of the 2004 Conference on Empirical Methods in Natural Language Processing. Stroudsburg, PA, USA: Association for Computational Linguistics, 2004: 88 - 94.

[104] Pradhan S, Hacioglu K, Krugler V, et al. Support vector learning for semantic

argument classification[J]. Machine Learning, 2005, 60(1 – 3): 11 – 39.

[105] Collins M, Duffy N. Convolution kernels for natural language[C/OL]//Proceedings of the 14th International Conference on Neural Information Processing Systems: Natural and Synthetic. Cambridge, Massachusetts, USA: MIT Press, 2001: 625 – 632. https://citeseer. ist. psu. edu/457047. html.

[106] Roth M, Lapata M. Neural semantic role labeling with dependency path embed-dings [C/OL]//Proceedings of the 54th Annual Meeting of the Association for Computational Linguistics (Volume 1: Long Papers), August 7 – 12, 2016, Berlin, Germany. Stroudsburg, PA, USA: Association for Computational Linguistics, 2016: 1192 – 1202. http://www. aclweb. org/anthology/P16 – 1113.

[107] Zhang M, Zhang Y, Fu G. End-to-end neural relation extraction with global optimization[C]//Proceedings of the 2017 Conference on Empirical Methods in Natural Language Processing, September 7 – 11, 2017, Copenhagen, Denmark. Stroudsburg, PA, USA: Association for Computational Linguistics, 2017: 1730 – 1740.

[108] Socher R. Recursive deep learning for natural language processing and computer vision[D]. Stanford, California: Stanford University, 2014.

[109] Tai K S, Socher R, Manning C D. Improved semantic representations from tree-structured long short-term memory networks [C/OL]//Proceedings of the 53rd Annual Meeting of the Association for Computational Linguistics and the 7th International Joint Conference on Natural Language Processing (Volume 1: Long Papers), July 26 – 31, 2015, Beijing, China. Stroudsburg, PA, USA: Association for Computational Linguistics, 2015: 1556 – 1566. http://www. aclweb. org/ anthology/P15 – 1150.

[110] Zhu X, Sobihani P, Guo H. Long short-term memory over recursive structures[C]// Proceedings of the 32nd International Conference on Machine Learning-Volume 37. Stroudsburg, PA, USA: International Machine Learning Society, 2015: 1604 – 1612.

[111] Peng N, Poon H, Quirk C, et al. Cross-sentence N-ary relation extraction with graph LSTMs[J/OL]. Transactions of the Association for Computational Linguistics, 2017, 5: 101 – 115. https://transacl. org/ojs/index. php/tacl/article/view/1028.

[112] Wang S, Zhang Y, Che W, et al. Joint extraction of entities and relations based on a novel graph scheme[C]//Proceedings of the 27th International Joint Conference on Artificial Intelligence and the 23rd European Conference on Artificial Intelligence, July 9 – 19, 2018, Stockholm, Sweden. Menlo Park, California: AAAI Press, 2018: 4461 – 4467.

[113] Finkel J R, Manning C D. Nested named entity recognition[C]//Proceedings of the

2009 Conference on Empirical Methods in Natural Language Processing-Volume 1, August, 2009. Stroudsburg, PA, USA: Association for Computational Linguistics, 2009: 141 - 150.

[114] McClosky D, Surdeanu M, Manning C D. Event extraction as dependency parsing [C]//Proceedings of the 49th Annual Meeting of the Association for Computational Linguistics: Human Language Technologies, June, 2011, Portland, Oregon, USA. Stroudsburg, PA, USA: Association for Computational Linguistics, 2011: 1626 - 1635.

[115] Miller S, Crystal M, Fox H, et al. BBN: Description of the SIFT system as used for MUC-7[C]//Seventh Message Understanding Conference (MUC-7): Proceedings of a Conference Held in Fairfax, Virginia, April 29-May 1, 1998.

[116] Wang D, Wu Y. Hierachical name entity recognition[R]. Standford University, 2011. https://nlp. stanford. edu/courses/cs224n/2011/reports/ywu2-vondrak. pdf.

[117] Zhang X, Li D, Wu X. Parsing named entity as syntactic structure[C]//Fifteenth Annual Conference of the International Speech Communication Association, September 14 - 18, 2014, Singapore. Baixas, France, 2014: 278 - 282.

[118] Gong C, Li Z, Zhang M, et al. Multi-grained Chinese word segmentation[C]// Proceedings of the 2017 Conference on Empirical Methods in Natural Language Processing, September 7 - 11, 2017, Copenhagen, Denmark. Stroudsburg, PA, USA: Association for Computational Linguistics, 2017: 692 - 703.

[119] Şahin G G, Emekligil E, Arslan S, et al. Relation extraction via one-shot dependency parsing on intersentential, higher-order, and nested relations[J]. Turkish Journal of Electrical Engineering and Computer Sciences, 2018, 26(2): 830 - 843.

知识图谱

刘知远　韩先培

刘知远，清华大学计算机科学与技术系，电子邮箱：liuzy@tsinghua.edu.cn
韩先培，中国科学院软件研究所，电子邮箱：xianpei@iscas.ac.cn

4.1 引言

知识图谱(knowledge graph)以结构化的形式描述客观世界中的概念、实体、事件及其相互之间的语义关系,提供了客观世界知识的形式化建模,是自然语言处理和人工智能等领域的基础支撑资源。

为了建模客观世界知识,知识图谱从现实世界中抽象出类型、实体、实体之间的关系和事实,并通过实体关系图来表示和组织这些知识。知识图谱的核心构建模块包括实体类别(class)、实体(entity)、属性(attribute)、事件(event)和关系(relation)。实体类别将世界上的对象划分到不同的类别中,如动物、植物、微生物、科学家、男人、女人等,类别和类别之间通过上下位关系组织成分类体系(taxonomy)。实体是世界上的各种对象,每个实体具有一系列的属性,例如每个国家实体都有自己的人口、面积、种族、语言、位置等属性。一个事件是在特定地点、特定时间发生的事情(如会议、选举、恐怖袭击等),事件会对世界状态产生影响。在目前的大部分知识图谱中,事件也可以看成是一类特殊的实体。语义关系是实体之间如何相互联系的描述,例如首都(北京,中国)描述了北京和中国之间的语义关系,而获奖(图灵,史密斯数学奖)描述图灵和史密斯数学奖之间的关系。

基于上述讨论,一个知识图谱中的知识可以形式化地表示为 $KG = \{C, T, P, A, I, R\}$,其中 C 是所有类别组成的集合;T 是类别的上下位关系集合,也就是 taxonomy 知识;P 是属性集合,用以描述概念所具有的特征;A 是规则集合,描述领域规则,可以用来进行知识推理和验证;I 是实例集合,包括所有的实体和事件实例;R 是关系集合,用来描述实例-属性-值的关系事实。

4.1.1 知识图谱技术

知识图谱是一个复杂的研究领域,其研究处于多个学科的交叉点。知识图谱技术涉及自然语言处理、语义网(semantic web)、数据库、信息检索、数据挖掘与机器学习在内的多个领域。一个知识图谱的生命周期通常包括知识建模、知识获取、知识融合、知识计算和知识应用等多个步骤。下面按照知识图谱的生命周期分别介绍每个阶段涉及的技术及任务。

(1)知识建模:知识建模的目的是定义通用或特定应用领域的概念模型,即知识本体,包括实体类别体系、属性、语义关系、规则的知识表示方法。该过程涉及的主要技术为本体工程(ontology engineering)、知识模型挖掘和知识表示等。

（2）知识获取：知识图谱的核心挑战在于如何获取通用或特定领域的知识，并持续地扩大和更新知识图谱。知识获取的目的是从海量数据中抽取知识图谱中的知识，对知识建模定义的知识类别进行填充。例如从 Web 的海量文本中抽取特定类别的所有实体（如所有的国家、书籍、歌曲）和具有特定语义关系的所有实体对（如所有的国家首都关系，所有公司的 CEO）。目前知识获取主要使用的技术可以分为信息抽取技术和文本挖掘技术，主要任务包括实体识别与分类、实体集合扩展、实体关系抽取、事件知识学习、领域规则学习、事件关系抽取等。

（3）知识融合：从不同数据源中使用不同知识获取技术得到的知识往往具有多源性、不一致性、噪声性等问题。知识融合是对异构和碎片化知识进行语义集成的过程，通过发现碎片化以及异构知识之间的关联，获得更完整的知识描述和知识之间的关联关系，实现知识互补和融合。知识融合涉及的主要技术包括概念模型匹配、实例匹配、知识链接、跨语言知识融合和数据语义链接等。

（4）知识推理计算：给定知识图谱，知识推理和计算发现知识图谱中的隐含知识，计算知识之间的关联，用以支撑更高层面的应用。知识推理计算涉及的主要任务包括知识表示学习、知识相关性计算、知识推理模型、知识补全和更新以及知识校验等。

（5）知识图谱应用：知识图谱应用的目的是提供以知识为核心的知识智能服务，提升相关应用的智能化水平，为用户提供更精准和方便的服务。目前常见的知识图谱应用包括问答、语义搜索、实体链接、实体检索等。

4.1.2　知识图谱发展历程

知识图谱是人工智能的重要分支，其历史上的研究主要聚焦在知识工程学科，同时也包含了计算语言学、信息检索、数据库和语义网等许多领域的相关成果。以下分时间段分别简要介绍知识图谱的发展历程。

（1）人工智能的早期探索阶段（20 世纪 50—70 年代）。在人工智能的早期探索阶段，许多相关的研究已经认识到"一个智能系统必须拥有关于这个世界的常识"。Minsky 的学生 Bertram Raphael 在其博士论文中提到"理解的最重要前提是存储知识的内在表示或模型"。沿着上述思路，John Sowa 在其工作中第一次显式地提出了语义网络（semantic network）的概念[1]。在语义网络中，实体被表示为节点，实体和实体之间的边表示实体之间的关系。在后续的研究中，脚本（script）[2]和框架（frame）[3]被引入用来表示更复杂的事件序列知识和场景知识。

（2）专家系统时期（20 世纪 70—90 年代中期）。从 20 世纪 70 年代中期开始,越来越多的研究开始聚焦于采用知识库＋推理模型的范式来实现智能。这一时期出现了许多成功的领域限定专家系统。美国斯坦福大学的 Heuristic Dendral 项目展示了在计算机中加入专家知识能达到的效果,并催生了著名的 MYCIN 医疗诊断专家系统[1],该系统使用 IF-THEN 推理规则来存储专家知识。后续的著名专家系统包括病虫害专家系统 Prospector[4]、识别分子结构的 Denral 专家系统以及计算机故障诊断 Xcon 专家系统等。

(3) Web 1.0 时期(20 世纪 90 年代中期—2000 年)。认识到知识对人工智能系统的重要性,从 20 世纪 90 年代中期到 2000 年,越来越多的研究开始关注如何构建可以支撑类人智能的知识图谱。这一时期的大部分知识库都采用专家撰写的方式构建,典型代表包括英文词汇知识库 WordNet[5],基于一阶谓词逻辑表示的 Cyc 常识知识库[6],中文的 HowNet 知网知识库[7]。在同一时期,基于本体的知识表示方法被提出,并逐渐影响了后续的知识表示和知识图谱研究。

(4) Web 2.0 时期(2000—2006 年)。进入 21 世纪之后,万维网的普及给知识的创造、分享、链接创造了新的平台。随着 Web 2.0 的发展,用户在互联网上创造和共享知识变得原来越容易,一系列的知识创造和共享平台开始被广泛使用,其中最典型的代表是维基百科。维基百科是基于群体智能构建的、人类有史以来最大的百科全书,体现了互联网用户对知识的贡献,也是今天绝大部分知识图谱的核心知识来源。此外,万维网发明人、2016 年图灵奖获得者 Tim Berners-Lee 于 2001 年提出语义网络的概念[8],旨在对互联网内容进行结构化语义表示,并提出互联网上语义标识语言资源描述框架(resource description framework, RDF)和万维网本体表述语言(web ontology language, 通常简写为 OWL),利用本体描述互联网内容的语义结构,通过对网页进行语义标识得到网页语义信息,从而获得网页内容的语义信息,使人和机器能够更好地协同工作。

(5) 大规模知识图谱时期(2006 年—)。随着像维基百科这样的大规模知识共享社区的成熟,信息抽取等知识获取技术的长足进步,以及大规模智能应用的需求驱动,从 2006 年开始,知识图谱研究进入了大规模知识图谱时期。在知识图谱方面的代表性工作包括 Suchanek 等提出的 Yago[9],Auer 等提出的 DBPedia[10],Navigli 和 Ponzetto 提出的 BabelNet[11],以及 Wu 和 Weld 提出的 Kylin[12],相关综述可见具体文献[13]。这些大规模知识图谱都包含了大规模的知识,例如 Yago 包含了 35 万个实体类别和 1 000 万个实体,Google 知识图谱包含超过 5 亿个实体和数十亿语义关系,DBPedia 包含了 4 000 万实体和 5 亿事实。这些大规模的知识图谱给人工智能的应用提供了坚实的知识支撑,如问答系统、对话系统和语义检索。

4.1.3　知识图谱研究的意义和挑战

大规模知识图谱一直是人工智能的终极目标之一,也是自然语言理解的核心资源支撑。近年来人工智能的热潮进一步催生了对大规模知识图谱的需求。虽然知识图谱的研究和应用已经取得了长足的进展,但是离人工智能的终极目标仍然有很长的距离。概括地讲,知识图谱研究面临着以下几方面的挑战。

（1）知识表示。知识表示的目的是对客观世界知识进行建模,表示客观世界知识中所蕴含的语义内容以及关联,以便于机器利用和推理。知识表示既要考虑知识的表示与存储,又要考虑知识的使用与计算。现有主要的知识表示方法主要分为符号表示方法和分布式表示方法,这两种方法都从一定侧面反映了人脑表示知识的特点:符号表示认为人脑的知识以符号为基本单位,分布式表示方法认为知识在人脑中表示为整体神经网络的活动模式。上述两类表示方法都无法完全满足计算机对知识表示的需求,知识表示仍然需要解决许多关键问题: ① 建立什么样的知识表示形式能够准确地反映客观世界的知识? ② 建立什么样的知识可以具备完整的语义表示能力? ③ 知识表示如何支持高效知识推理和计算,从而使知识表示具有得到新知识的推理能力?

（2）知识图谱构建。知识图谱的核心是知识,如何获取足够多的知识是知识图谱的核心任务。虽然目前互联网上已经有许多公开的大规模知识图谱,但是这些知识库在覆盖度上还远远达不到人工智能应用的需求。另外,现有的知识获取手段各有优缺点,单一手段无法满足知识获取的需求。因此,如何高效地获取知识、融合知识和更新知识,仍然是知识图谱构建的难点所在。

（3）知识图谱使能技术。知识图谱的目标是支撑各类智能应用,提供智能的知识服务,如问答系统、语义搜索、大数据舆情分析等。当前在将知识图谱应用于不同智能应用时仍然面临许多技术挑战。在自然语言问答中,知识图谱驱动的自然语言理解仍是未解决的问题;在语义搜索中,理解用户需求,实现自然语言与知识图谱知识的连接(如实体链接和关系匹配),并构建基于实体和关系的排序仍是主要难点所在。

4.2　典型的知识图谱

4.2.1　Freebase

Freebase[14]是由 Metaweb 公司创建的协作编辑的综合型知识图谱数据库,

用于存储结构化的世界知识。Freebase 旨在创建一个开放的世界知识共享数据库，其设计思想受到了广泛应用的语义网络以及维基百科的启发，支持多样和异质的数据存储，并且具有很强的可拓展性。Freebase 的数据主要源于社区成员的人工构建，另一部分数据则主要来自维基百科、IMDB、MusicBrainz 等。

Freebase 于 2007 年由 Metaweb 公司创建，并于 2010 年被谷歌公司收购，用于对谷歌知识图谱提供支持。在收购 Freebase 后，谷歌为将其整合加入谷歌知识图谱进行了一系列工作：2014 年，谷歌知识图谱宣布将 Freebase 的数据迁移至 Wikidata，并于 2015 年开放了知识图谱 API，用于取代 Freebase API。Freebase 于 2016 年正式关闭。

传统的结构化数据库是中央控制的，即由一组受信任的管理员对数据进行创建和修改。这种架构通常很难实现结构化数据的多样性。另外，广受欢迎的维基百科存储了半结构化的文档，其中包含了海量的异质语义信息。但是这种半结构化文档很难提供具有结构化检索能力的工具。Freebase 采用协作编辑的模式，提供了编辑接口，允许用户填充世界知识的结构化数据，对数据项进行分类以及将数据项按照语义进行链接。Freebase 整合了结构化的数据库的可拓展性和协作编辑的维基的多样性，从而形成了实用的、可拓展的结构化世界知识的数据库。

用户可以在知识共享署名许可协议（Creative Commons Attribution License）下，对 Freebase 数据进行商业和非商业用途的访问。除此之外，Freebase 还提供了开放的 API 和 RDF 端点。用户可以通过基于 JSON（JavaScript object notation，JS 对象简谱）的 HTTP API 使用 Freebase 的数据在任意平台开发应用程序。

Freebase 不是按照传统的数据表和关键字的方式来组织数据的，而是运行在由 Metaweb 内部创建的数据库基础架构上，该基础架构使用图模型：Freebase 将数据结构定义为一组节点和一组链接，其中链接建立了节点间的关系。由于 Freebase 的数据结构不是分层的，因此 Freebase 可以比传统数据库更好地表示各个实体之间的复杂关系。用户可以在图谱中定义新的实体和关系，也可以使用 Metaweb 查询语言（Metaweb query language）来对 Freebase 的数据进行查询。

在 Freebase 中，实体称为主题，每个主题的具体内容取决于其类型，其中类型表示了主题的类别信息。例如，一个关于前加利福尼亚州州长阿诺·施瓦辛格的条目会作为一个主题被存储，该主题的类型包括演员、健美运动员和政治家等。相同类型的主题往往包含相似的属性。比如运动员类型的主题往往包含职业生涯开始时间、所属队伍等属性。

截至 2014 年 12 月,Freebase 已经包含超过 6 800 百万个实体和 24 亿个事实,涵盖了包括人物、地点在内的诸多领域。

4.2.2   DBpedia

DBpedia[10]是由柏林自由大学和莱比锡大学联合开发的多语言综合型数据库,于 2007 年首次发布。DBpedia 内容源于从维基媒体项目中提取的结构化信息。知识内容包含了地理知识、人物、公司、电影、基因、药物和书籍等诸多领域。DBpedia 可以当作关联数据使用,用户可以使用标准的网页浏览器或者类似结构化查询语言(structured query language,SQL)的查询语言访问 DBpedia。相比于传统知识数据库,DBpedia 允许用户使用语义网络技术进行相对复杂的查询,比如查询“犯罪率低、失业率低并且气候温暖的所有城市”。用户也可以将 DBpedia 链接到互联网上的其他数据集中。Tim Bemers-Lee 将 DBpedia 描述为关联数据去中心化的最著名工作之一。

DBpedia 知识库与现有的大多数知识库相比有两个优点:① 它会随着维基百科的变化而自动演变;② 它是多语言的。

大多数数据库仅包含特定领域的知识,且由相对较小的数据库管理者群体维护。更重要的是,当领域知识发生变化时,更新维护数据库通常耗费大量人力。因此,通用世界知识的数据库应该具有良好的持续演进的能力。同时,维基百科已经发展成为人类知识的重要来源,并且由庞大的社区群体维护。维基百科包含超过 280 种语言的知识数据,其中英语维基百科就包含超过 5 600 万篇文章。因此维基百科成了世界知识数据库演进的理想知识来源。

DBpedia 利用维基百科作为知识源,从维基百科中抽取结构化信息。并且在知识共享署名许可-相同方式共享 3.0 协议(Creative Commons Attribution-ShareAlike 3.0 License)和 GNU 自由文档许可协议下,在互联网上提供这些结构化信息。

维基百科文章主要由自由文本组成,同时也包含嵌入在文章中的结构化信息,例如信息框表格、类别信息、图像、地理坐标、连接到外部网页的链接以及消歧页面等。DBpedia 主要从维基百科的这部分结构化信息中抽取语义关系,构建和更新知识库。具体来讲,DBpedia 通过两种方式抽取语义关系:① 将存储在 MediaWiki 数据库表格中的语义关系映射成 RDF;② 从维基百科的信息框等(被编码在维基百科文章中)结构化信息中抽取语义关系。从信息框模板中抽取语义关系的具体方法包括采用模式匹配方法识别模板结构,在解析模板结构后,转换成 RDF 三元组等。当维基百科文章内容发生变化时,DBpedia 会重新抽取这些文章包含的语义关系。通常来讲,DBpedia 可在 1~2 min 内完成与维基百科发生变化的文章内容的同步。因此,DBpedia 具备良好的持续演进的能力。

DBpeida 提供 125 种语言的本地化版 DBpedia。所有这些版本一起描述了 3 800 万个事物,其中 2 380 万个是对英文版 DBpedia 中也存在的事物的本地化描述。完整的 DBpedia 数据集包含 3 800 万个标签和 125 种不同语言的摘要、2 520 万个图像链接和 2 980 万个外部网页链接;8 090 万个链接到维基百科的类别,以及 4 120 万个链接到 YAGO 的类别。DBpedia 与其他链接数据集之间存在大约 5 000 万个 RDF 链接。DBpedia 2014 版本包含 30 亿个事实(RDF 三元组),其中 5.8 亿条是从维基百科的英文版中提取的,24.6 亿条是从维基百科其他语言版本中提取的。

DBpedia 知识库的英文版描述了 458 万件事物,其中包括约 140 万人,74 万个地点,41 万个创意作品(包括 12 万张音乐专辑、9 万部电影和 2 万个视频游戏),24 万个组织(包括 6 万家公司和 5 万家教育机构),25 万个物种和 6 000 种疾病。

DBpedia 中的数据包含连接到其他网页数据源的链接,例如关于书籍的数据中通常包含 ISBN 编码;关于化合物的数据中通常包含基因、蛋白质和分子的标识符,这些标识符同样也被其他生物信息学的数据源使用。截至 2009 年,已经有 23 个外部数据源设置了连接到 DBpedia 的 RDF 链接,这使得 DBpedia 成为数据网络的中心互联枢纽。

4.2.3 Wikidata

Wikidata[15] 是一个协作编辑的多语言综合型知识库,于 2012 年由维基媒体基金会创建。它作为中央存储系统,向超过 800 个维基媒体项目如维基百科、维基导游和维基文库等提供结构化数据支持。除了向维基媒体项目提供支持外,Wikidata 还可以在公共领域许可(public domain license)下被其他站点和服务访问。Wikidata 的数据源于社区成员的人工构建,也有部分数据源于机器的自动抽取。

与维基百科相似的是,Wikidata 允许社区用户协同编辑网页文档内容;不同之处在于 Wikidata 还允许对结构化数据的协同编辑。协同编辑使得 Wikidata 数据库具有较好的可拓展性,形成了大规模的用户社区。但是这同样会导致一些潜在的问题:由于社区成员的意见难以达到完全一致,协同编辑可能会导致数据库中知识的不确定性,甚至冲突。Wikidata 允许冲突数据共存,并提供了组织这种多元化数据的机制。

Wikidata 同样提供连接到其他的开放数据集的链接，这反映了 Wikidata 知识的多样性和可验证性。除此之外，每篇维基百科的文章都会被链接到 Wikidata。

截至 2015 年，谷歌完成了将 Freebase 数据库迁移入 Wikidata 的工作，并开放了用于取代 Freebase 的知识图谱的 API。

截至 2018 年，Wikidata 协作编辑社区已经包含超过 295 万名登记成员，数据库进行了超过 6 亿次编辑，成为维基媒体项目中被编辑次数最多的项目。Wikidata 中的数据已经包含超过 4 733 万个网页文档、超过 2 000 种关系。

Wikidata 数据库主要由项目组成。项目代表人类认知中的事物，包含主题、概念和物体等。例如"1988 年夏季奥运会""爱情""姚明"和"北京"在 Wikidata 中都被表示成项目。每个项目含有多种语言的标签、描述和一系列别名。每个项目拥有一个文档页面和唯一标识符。

每个项目都包含一系列事实，事实是由项目、关系和值组成的三元组，用于描述该项目的具体特征。在 Wikidata 中每个关系都被唯一标识符所标识，例如关系"最高点"。在事实的三元组中，值可以是项目、具体的值（如地理坐标）、链接到其他数据库的标识符。Wikidata 还提供一种特殊的站点链接，可以将项目链接到维基媒体项目的相应内容，如维基百科、维基书籍或者维基引用等。

Wikidata 已经有诸多应用，例如用于谷歌知识图谱和脸书开放图谱的查询、IBM 公司"沃森计算机"的问答系统等。

4.2.4　YAGO

YAGO[16] 是萨尔布吕肯马克斯普朗克计算机科学研究所和巴黎高等电信学院联合开发的多语言综合型知识库。YAGO 的数据源于维基百科、WordNet[5] 和 GeoNames[17]。YAGO 从维基百科和 GeoNmaes 中自动抽取知识，并且将维基百科的分类系统与 WordNet 的分类标准进行了统一。

YAGO 于 2008 年首次公开，首个版本包含超过 100 万个实体和事件，超过 500 万个事实。2013 年，YAGO2[18] 正式发布。YAGO2 在很多知识和事实中加入了空间和时间信息，并且加入了 GeoNames 作为新的知识抽取数据源。YAGO2 包含超过 1 000 万个实体和事件，超过 8 000 万个事实。2016 年，YAGO3[19] 正式发布。YAGO3 是一个多语言知识库，结合了维基百科中的多语言信息。YAGO3 利用维基百科的类别信息、信息框以及 Wikidata 抽取信息。截至 2018 年，YAGO 包含了超过 1 000 万个实体和事件，超过 1.2 亿个事实，涉及领域包括人物、组织、城市等。

与大多数数据集相比，YAGO 知识图谱存在如下特点：经过人工评测，

YAGO 中的知识的准确率达到 95%，YAGO 中的每个事实都标注了相应的置信度；YAGO 将 WordNet 的清晰分类与维基百科分类系统的丰富性相结合，为实体分配超过 35 万个类别；YAGO 中的很多知识和实体都标注了时间、空间；除了分类标准，YAGO 还拥有 WordNet 领域中的"音乐"或"科学"等专题领域；YAGO 是多语言的，它从 10 个不同语言的维基百科中抽取和组合实体和事实；YAGO 还提供到 DBpedia 和 SUMO 数据集的链接。YAGO 已经应用于 IBM 的沃森计算机中。

4.2.5 HowNet

知网（HowNet）[7]是由董振东和董强构建的在线常识知识库，于 1999 年首次发布。知网将一个以汉语和英语的词语所代表的概念作为描述对象，揭示了概念与概念之间以及概念所具有的属性之间的关系。知网的知识库框架由知识工程师设计，并建立常识性知识库的原型。知识库的具体内容主要源于社区的专业人员构建。

知网与其他树状词汇数据库的不同之处在于，知网把概念与概念之间的关系以及概念的属性与属性之间的关系形成网状的知识系统。在知网中，义原被定义为最基本的、不易于再分割的最小语义单位，是知网中用于解释概念的基本单位。知网假设所有的概念都可以分解成各种各样的义原，通过构建一个有限的义原集合，用于解释所有的概念，进而建立知识系统。

知网对汉字进行考察和分析，通过初步提取义原、合并重复义原、对义原归类等方法，得到了 2 000 个的义原集合，其中的义原是具有层次关系的。知网中的关系包括上下位关系、同义关系、反义关系、对义关系，部件-整体关系、属性-宿主关系，材料-成品关系、相关关系等 16 种关系。

在知网的中英双语知识词典中，每一个词语包含一个或者多个义项，每一个义项包含若干义原用于解释和描述该义项。例如，在知网中"苹果"包含两个义项，分别是苹果（品牌）和苹果（水果）。在苹果的品牌义项中包含"计算机""具体品牌""能""携带"等义原，在水果义项中包含"水果"义原。

截至 2017 年，知网包含了对超过 10 万个词语的描述。知网已经应用到词义相似度计算、词义消歧和情感分析等诸多领域中。

4.2.6 其他知识图谱

（1）IMDB

IMDB（internet movie database）是亚马逊公司创建的协作编辑的在线行业

知识数据库,于 1990 年首次发布。IMDB 内容包括演员、制作人员、虚构人物传记、情节摘要、粉丝评论和评分等。IMDB 数据库中的大部分数据都由社区成员人工构建,任何注册用户都可以在网站中添加或修改信息。截至 2017 年,IMDB 包含超过 470 万个标题(包括剧集)和 830 万个人物,以及 8 300 万个注册用户。

(2) MusicBrainz

MusicBrainz 是一个音乐领域的结构化知识数据库,于 2000 年首次发布。MusicBrainz 内容包括表演者、艺术家、词曲作者的相关信息。MusicBrainz 收集关于艺术家的信息、他们的录制作品以及他们之间的关系;录制的作品信息包括专辑标题、曲目标题和每首曲目的长度、发行日期和国家等。MusicBrainz 的数据内容主要由其社区成员人工编辑维护。截至 2016 年,MusicBrainz 数据库中包含大约 110 万名艺术家、160 万个发行版本和 1 600 万个录音的信息。MusicBrainz 已经应用于 Echonest、Last. fm、Groove、Sharkdeng 等音乐服务网站提供数据支持。

4.3 知识表示学习

4.3.1 知识表示学习的概述

如前所述,人类将自身所了解到的知识进行解析,并花费大量精力将其组织成结构化的知识图谱。无论是开放社区公开的知识图谱,如语言知识库 WordNet、世界知识库 Freebase 和 Wikidata,还是国内外互联网公司推出的知识图谱产品,如谷歌知识图谱、微软 Bing Satori、百度知心以及搜狗知立方等,均成为推动人工智能学科发展和支持知识驱动服务应用的重要基础技术。在具体的应用场景中,智能搜索、智能问答、个性化推荐均可以通过引入结构化知识图谱的方式来融入人类知识信息,改进信息服务质量。在知识图谱中,人类知识主要被描述为现实世界中的实体以及实体之间的内在关系。在这种表达方式下,海量的人类知识形成了一个巨大的有向图,有向图的节点就是实体,有向图的边即为关系。

知识图谱的结构特性使得计算机在利用知识上取得了巨大便利:一方面,知识图谱结构化的形式相比于无(半)结构的互联网文本形式更为精炼抽象,能够有效降低信息爆炸带来的冗余与噪声问题;另一方面,相似于有向图的图谱形式也使得研究人员能够较为容易地设计算法来理解知识、运用知识。无论是在智能问答比赛中取得惊人成绩的 IBM 沃森计算机问答系统,还是日常使用的微软小冰、苹果 Siri 等语音助手,均利用知识图谱来为智能系统提供人类知识信息。但结构化的知识图谱不是凭空而来的,知识图谱的构建依赖于算法从海量的无(半)结构互联网信息中获取结构知识,并自动融合构建。而知识图谱的运用也需要特定算法将其离散的结构表示为计算机所能理解的数值计算。因而,知识表示是知识获取与应用的基础,知识表示学习问题,也是知识图谱构建到应用中的核心问题。

如前所述,知识图谱是以实体与关系来抽象人类知识的,并进而形成一个巨大的网络。具体来说,网络中的每个节点代表实体(人名、地名、机构名、概念等),而每条连边则代表实体间的关系。因而,知识图谱的经典表现形式即为(实体 1,关系,实体 2)三元组,万维网联盟(W3C)发布的资源描述框架(resource description framework,RDF)技术标准,就是典型的三元组表示形式。这样的表现形式在实际操作中存在诸多弊端,尤其体现在计算效率与数据稀疏性问题上:在计算效率问题上,网络结构的知识表示形式中的每个实体均用不同的节点表示。利用知识图谱计算实体间的语义关联或者进行推理时,往往需要设计特定的算法来达到目的,并且计算复杂度高、可扩展性差;在数据稀疏问题上,大规模知识图谱遵守幂律分布,在长尾部分的实体和关系上,数据严重稀疏。由于只有极少的知识或关系路径涉及它们,这些实体的语义或推理关系的计算往往准确率很低。

随着近年来深度学习的发展,表示学习技术也有了广泛应用,在语音、图像和自然语言处理领域均有所建树。表示学习的核心目的是将研究对象的特征表示为稠密低维实值向量。在该低维向量空间中,两个对象之间距离的远近可以刻画特征的相似程度。知识表示学习则是对知识图谱中的实体和关系进行表示学习,并将其嵌入低维空间中以便高效地计算实体和关系的语义联系,有效解决数据稀疏问题,使知识获取、融合和推理的性能得到显著提升。本段落着重介绍知识表示学习的历史进展,并展望该技术的未来发展方向与前景。

4.3.2 知识表示学习的主要特性

知识表示学习将研究对象的特征嵌入低维连续空间之中,其获得的低维向量表示是一种分布式表示(distributed representation)。分布式表示的特点在于,如果孤立地看表示向量中的每一维,其数值均没有明确的物理含义;但是综合各个维度形成的向量整体,却能够刻画目标对象的语义信息,且空间中的距离度量能够反映语义相似程度。知识表示学习是面向知识图谱中实体和关系的表示学习。通过将实体或关系投影到低维向量空间,我们能够实现对实体和关系的语义信息的表示,进而可以高效地对实体、关系及其之间的复杂语义关联进行计算,这对知识图谱的构建、推理以至于在具体任务上的应用均有十分重要的意义。

知识表示学习的优点主要有以下几点:

(1) 提高计算效率。传统的三元组知识图谱表示形式实际上是一种独热(one-hot)表示。如前所述,这种简单的表示方式依赖于通过设计特殊图算法来计算实体之间的语义和关系推理,其计算复杂度与可拓展性均存在极大问题;而采用分布式表示则可以有效地实现语义相似度计算,降低特征维度,提升计算效率,增强模型的通用性。

(2) 缓解数据稀疏。知识表示学习将实体与关系投影到一个统一的低维空间来进行表示,每个实体和关系都对应于特定的稠密向量,这有效地减轻了数据稀疏性带来的问题,也极大减少了特征存储开销。此外,将所有实体与关系投影到统一空间的过程,能够有效地提取高频对象的语义特征,并作用于低频对象的语义表示,从而在长尾环境下能够在一定程度上提高长尾项语义表示的准确性。

(3) 实现多源特征融合。对于知识图谱中的人类知识,其来源是十分丰富的。因而,将这些不同来源的信息特征融合为统一整体,才能让知识有效地驱动实际应用。此外,人类构建的大量知识图谱,其内部的构建规范也不尽相同,大量实体和关系在不同知识图谱中的名称与编号有很大差别。引入知识表示学习,可以方便地将不同来源的对象投影到同一个语义空间中,构建统一的表达,实现多源特征的融合。

知识表示学习的典型应用场景包括以下几种:

(1) 知识图谱补全(knowledge graph completion)。尽管当前的知识图谱已经初具规模,但是图谱仍然残缺大量知识,因此若想要构建大规模知识图谱需要不断补充实体间的关系。利用知识表示学习模型可以预测两个实体之间的关系,并进行简单推理,从而能够学习已有知识图谱并进行图谱补全。

(2) 实体相似度计算。利用实体的分布式表示,可以快速计算实体间的语义相似度,可以应用于自然语言处理和信息检索的很多关键任务之中,具有十分重要的意义。

(3) 其他应用。知识表示学习也广泛用于关系抽取、自动问答、实体链接等诸多任务,展现出巨大的应用潜力。随着深度学习在自然语言处理各项重要任务中得到广泛应用,这将为知识表示学习带来更广阔的应用空间。

4.3.3　知识表示学习的主要方法

知识表示学习的代表模型包括距离模型、单层神经网络模型、能量模型、双线性模型、张量神经网络模型、矩阵分解模型和翻译模型等。为了介绍这些模型，我们定义几种符号。首先，我们将知识库表示为 $G = (E, R, S)$，其中 $E = \{e_1, e_2, \cdots, e_{|E|}\}$ 是知识库中的实体集合，包含 $|E|$ 种不同实体；$R = \{r_1, r_2, \cdots, r_{|R|}\}$ 是知识库中的关系集合，包含 $|R|$ 种不同关系；而 $S \subseteq E \times R \times E$ 则代表知识库中的三元组集合，我们一般表示为 (h, r, t)，其中 h 和 t 表示头实体和尾实体，而 r 表示 h 和 t 之间的关系。

1. 线性模型

结构表示（structured embedding，SE）[20] 将头实体向量 $\boldsymbol{h}$ 和尾实体向量 $\boldsymbol{t}$ 通过关系 r 的两个矩阵投影到 r 的对应空间中，然后在该空间中计算两投影向量的距离。距离越小，它们之间已存在的关系的置信度越高。SE 中每个三元组 (h, r, t) 的损失函数定义为

$$f_r(h, t) = |\, \boldsymbol{M}_{r, 1}\boldsymbol{h} - \boldsymbol{M}_{r, 2}\boldsymbol{t}\, |_{L_1}$$

其中 SE 为每个关系 r 定义了两个矩阵 $\boldsymbol{M}_{r, 1}, \boldsymbol{M}_{r, 2} \in \mathbf{R}^{d \times d}$，用于三元组中头实体和尾实体的投影操作。由于 SE 对头、尾实体使用两个不同的矩阵进行投影，协同性较差，往往无法精确刻画两实体与关系之间的语义联系，这也是该模型本身的主要缺陷。

语义匹配能量模型（semantic matching energy，SME）[21-22] 为每个三元组 (h, r, t) 定义了两种评分函数，分别是线性形式

$$f_r(h, t) = (\boldsymbol{M}_1\boldsymbol{h} + \boldsymbol{M}_2\boldsymbol{r} + \boldsymbol{b}_1)^{\mathrm{T}}(\boldsymbol{M}_3\boldsymbol{t} + \boldsymbol{M}_4\boldsymbol{r} + \boldsymbol{b}_2)$$

和双线性形式

$$f_r(h, t) = (\boldsymbol{M}_1\boldsymbol{h} \otimes \boldsymbol{M}_2\boldsymbol{r} + \boldsymbol{b}_1)^{\mathrm{T}}(\boldsymbol{M}_3\boldsymbol{t} \otimes \boldsymbol{M}_4\boldsymbol{r} + \boldsymbol{b}_2)$$

其中 $\boldsymbol{M}_1, \boldsymbol{M}_2, \boldsymbol{M}_3, \boldsymbol{M}_4 \in \mathbf{R}^{d \times k}$ 为投影矩阵；$\otimes$ 为按位相乘（即 Hadamard 积）；$\boldsymbol{b}_2, \boldsymbol{b}_2 \in \mathbf{R}^k$ 为偏置向量。通过定义若干投影矩阵，SME 可以刻画实体与关系的内在联系。

隐变量模型（latent factor model，LFM）[23-24] 主要是通过基于实体间关系的双线性变换来刻画实体在关系下的语义相关性。LFM 为每个三元组 (h, r, t) 定义了如下双线性评分函数：

$$f_r(h,t) = \boldsymbol{h}^\mathrm{T} \boldsymbol{M}_r t$$

其中 $\boldsymbol{M}_r \in \mathbf{R}^{d \times d}$ 是关系 r 对应的双线性变换矩阵。LFM 形式简单,易于计算,却能有效刻画实体间的协同性。后来的 Distmult[25] 模型尝试将关系矩阵 $\boldsymbol{M}_r$ 简化为对角阵,不但极大地降低了模型复杂度,而且显著提升了模型效果。Analogy 模型[26] 则采用了与 LFM 相同的双线性形式评分函数来衡量三元组的概率,并在具体实现中引入了正态性和交换性的特征。Distmult 和 Analogy 均是 LFM 的典型拓展,也是当前表现较为优秀的知识表示模型之一。

2. 神经模型

单层神经网络模型(single layer model,SLM)[27] 针对 SE 无法协同精确刻画实体与关系的语义联系的问题提出采用单层神经网络的非线性操作。SLM 为每个三元组 (h,r,t) 定义了如下评分函数:

$$f_r(h,t) = \boldsymbol{u}_r^\mathrm{T} g(\boldsymbol{M}_{r,1} \boldsymbol{h} + \boldsymbol{M}_{r,2} \boldsymbol{t})$$

其中 $\boldsymbol{M}_{r,1}, \boldsymbol{M}_{r,2} \in \mathbf{R}^{d \times k}$ 为投影矩阵;$\boldsymbol{u}_r^\mathrm{T} \in \mathbf{R}^k$ 为关系 r 的表示向量;$g()$ 是 tanh() 为形式的激活函数。SLM 的非线性操作仅提供了实体和关系之间比较微弱的联系,但在计算开销上却大大增加。

多层感知机模型(multi layer perceptron,MLP)[28] 采用标准的多层感知机来获取头实体、关系和尾实体之间的相互作用,并形成特征。MLP 为每个三元组 (h,r,t) 定义了评分函数,表示为

$$f_r(h,t) = \boldsymbol{u}_r^\mathrm{T} g(\boldsymbol{M}_{r,1} \boldsymbol{h} + \boldsymbol{M}_{r,2} \boldsymbol{r} + \boldsymbol{M}_{r,3} \boldsymbol{t})$$

其中 $\boldsymbol{M}_{r,1}, \boldsymbol{M}_{r,2}, \boldsymbol{M}_{r,3} \in \mathbf{R}^{d \times k}$ 为投影矩阵;$\boldsymbol{u}_r^\mathrm{T} \in \mathbf{R}^k$ 为关系 r 的表示向量;$g()$ 是 tanh() 为形式的激活函数。

张量神经网络模型(neural tensor network,NTN)[27] 采用双线性张量,在不同的维度下将头、尾实体向量联系起来,如图 4-1 所示。NTN 为每个三元组

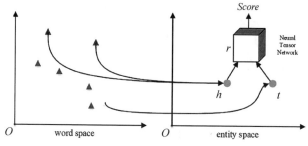

图 4-1　张量神经网络模型(NTN)

(h,r,t) 定义了评分函数,评价实体 h 和 t 之间存在关系 r 的置信度为

$$f_r(h,t)=u_r^{\mathrm{T}}g(hM_rt+M_{r,1}h+M_{r,2}t+b_r)$$

式中,$u_r^{\mathrm{T}}\in \mathbf{R}^k$ 是一个与关系相关的线性层,$g()$ 是 tanh() 为形式的激活函数;$M_r\in \mathbf{R}^{d\times d\times k}$ 是一个三阶张量;$M_{r,1}$,$M_{r,2}\in \mathbf{R}^{d\times k}$ 是与关系 r 有关的投影矩阵。可以看出,SLM 是 NTN 将其中张量的层数设置为 0 时的特殊情况。

NTN 在构建实体的向量表示时,是将该实体中的所有单词的向量取平均值,这样一方面可以重复使用单词向量构建实体,另一方面将有利于增强低维向量的稠密程度以及实体与关系的语义计算。但是由于 NTN 引入了张量操作,计算复杂度非常高。实验表明,NTN 在大规模稀疏知识图谱上的效果较差。

神经关联模型(neural association model,NAM)[29] 在深度神经网络之中采用多层非线性激活来对头尾实体之间的潜在关系进行表示。NAM 有两种模型变形,深度神经网络模型(deep neural network,DNN)和关系调制神经网络模型(relation modulated neural network,RMNN)。

NAM-DNN 将头尾实体传入多层感知机中,经过共计 l 层的全连接层处理,得到如下的中间层特征:

$$z^l=\sigma(M^lz^{l-1}+b^l),\ l=1,2,\cdots,L$$

其中,$z^0=[h;r]$,$\sigma(x)=\dfrac{1}{1+e^{-x}}$,$M^l\in \mathbf{R}^{d\times d}$,$b^l\in \mathbf{R}^d$ 分别是第 l 层的权重矩阵和偏差向量。NAM-DNN 为每个三元组 (h,r,t) 定义了评分函数,评价实体 h 和 t 之间存在关系 r 的置信度,则有

$$f_r(h,t)=\sigma(t^{\mathrm{T}}z^l)$$

NAM-RMNN 与 NAM-DNN 有很大不同,NAM-RMNN 将关系向量 r 也传入神经网络之中,并得到如下的中间层特征:

$$z^l=\sigma(M^lz^{l-1}+B^lr),\ l=1,2,\cdots,L$$

式中,$z^0=[h;r]$,$M^l\in \mathbf{R}^{d\times d}$,$B^l\in \mathbf{R}^{d\times d}$ 均是第 l 层的权重矩阵。NAM-RMNN 为每个三元组 (h,r,t) 定义了评分函数,评价实体 h 和 t 之间存在关系 r 的置信度

$$f_r(h,t)=\sigma(t^{\mathrm{T}}z^L+B^Lr)$$

3. 矩阵分解模型

通过矩阵分解可以得到低维向量表示,因此很多研究者采用矩阵分解进行

知识表示学习。

RESACL[30-31]模型是一种代表方法。在该模型中,知识库三元组构成一个大的张量 $\boldsymbol{X}$,如果三元组 (h,r,t) 存在则 $\boldsymbol{X}_{hrt}=1$,否则为 0。张量分解旨在将每个三元组 (h,r,t) 对应的张量值 $\boldsymbol{X}_{hrt}$ 分解为实体和关系表示,使得 $\boldsymbol{X}_{hrt}$ 尽量地接近于 $h\boldsymbol{M}_r t$。与 LFM 的不同之处在于,RESACL 会优化张量中的包括值为 0 的位置,而 LFM 只会优化知识库中存在的三元组。RESCAL 的一大问题在于张量的存在会导致运算效率和模型复杂程度的升高。

全息表示(holographic embeddings,HolE)[32]模型使用向量的循环相关来表示实体对之间的潜在关系,循环相关 $\star:\mathbf{R}^d\times\mathbf{R}^d\to\mathbf{R}^d$ 定义为

$$[\boldsymbol{a}\star\boldsymbol{b}]_k=\sum_{i=0}^{d-1}\boldsymbol{a}_i\boldsymbol{b}_{(i+k)\bmod d}$$

循环相关为模型带来了 3 个主要优点:① 循环相关本身不具有交换性质,即 $\boldsymbol{a}\star\boldsymbol{b}\neq\boldsymbol{b}\star\boldsymbol{a}$。非交换性对于表示知识图谱中的单向关系具有重要意义;② 循环相关与传统的点积具有相似的性质,$[\boldsymbol{a}\star\boldsymbol{b}]_0=\sum_i[\boldsymbol{a}]_i[\boldsymbol{b}]_i$ 就是一个点积,这样的性质使得 HolE 具有以往模型在空间上的性质,其循环的性质也使得头尾实体很相似的关系能够得到很好的表示;③ HolE 用循环相关也优化了计算效率,循环相关可以解释为张量积的一个特例,同时可以将其转化为

$$a\star b=F^{-1}(\overline{F(a)}\odot F(b))$$

其中,$F()$ 为傅里叶变换;$\odot$ 为对应位相乘的向量运算。傅里叶变换可以在 $O(d\log d)$ 的时间复杂度内得到解决,因而 HolE 在时间效率上较 RESCAL 要高出不少。HolE 为每个三元组 (h,r,t) 定义了如下评分函数,评价实体 h 和 t 之间存在关系 r 的置信度:

$$f_r(h,t)=\sigma(\boldsymbol{r}^{\mathrm{T}}(\boldsymbol{h}\star\boldsymbol{t}))$$

复数表示(complex embeddings,ComplEx)[33]模型别出心裁地采用复数值来构建知识图谱的实体与关系的表示。采用了复数值的表示可以处理包括对称与非对称关系在内的各种二元关系。在具体形式上,ComplEx 为每个三元组 (h,r,t) 定义了评分函数,则有

$$f_r(h,t)=\sigma(\boldsymbol{X}_{hrt})$$

式中,$\boldsymbol{X}_{hrt}$ 被定义为

$$X_{hrt} = \text{Re}(\boldsymbol{h}\boldsymbol{M}_r\boldsymbol{t}) = \langle \text{Re}(\boldsymbol{w}_r),\ \text{Re}(\boldsymbol{h}),\ \text{Re}(\boldsymbol{t}) \rangle + \langle \text{Re}(\boldsymbol{w}_r),\ \text{Im}(\boldsymbol{h}),\ \text{Im}(\boldsymbol{t}) \rangle$$
$$- \langle \text{Im}(\boldsymbol{w}_r),\ \text{Re}(\boldsymbol{h}),\ \text{Im}(\boldsymbol{t}) \rangle - \langle \text{Im}(\boldsymbol{w}_r),\ \text{Im}(\boldsymbol{h}),\ \text{Re}(\boldsymbol{t}) \rangle$$

式中,$\boldsymbol{M}_r \in \mathbf{R}^{d \times d}$,$\text{Re}(\boldsymbol{x})$ 与 $\text{Im}(\boldsymbol{x})$ 分别为 $\boldsymbol{x}$ 的实数部分与虚数部分。某种程度上 ComplEx 就是 RESCAL 的虚数拓展模型,并且最近的研究也表明,在某些情况下 HolE 和 ComplEx 是等价的。这些矩阵模型本身的表达能力相对较强,能够很好地对知识图谱进行表达,但其计算效率和模型的复杂程度仍然是一个巨大瓶颈。

4. 翻译模型

word2vec[34-35] 是 2013 年提出的词向量模型。在该模型中,研究人员意外发现词向量空间存在着平移不变现象,在词汇的语义关系和句法关系中这种平移不变现象普遍存在,例如,"国王"与"王后"的词向量之差约等于"男人"与"女人"的词向量之差。

翻译(translation embeddings, TransE)[22] 模型在该现象的启发下被提出。对于每个三元组 (h, r, t),TransE 用关系 r 的向量 $\boldsymbol{r}$ 作为头实体向量 $\boldsymbol{h}$ 和尾实体向量 $\boldsymbol{t}$ 之间的翻译,因此 TransE 也称为翻译模型。如图 4-2 所示,对于每个三元组 (h, r, t),TransE 模型定义了损失函数

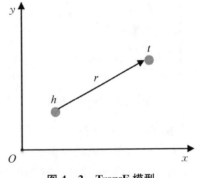

图 4-2　TransE 模型

$$f_r(h, t) = |\ \boldsymbol{h} + \boldsymbol{r} - \boldsymbol{t}\ |_{L_1/L_2}$$

即向量 $\boldsymbol{h} + \boldsymbol{r}$ 和 $\boldsymbol{t}$ 的欧式距离。

与以往模型相比,TransE 模型简单有效,计算开销少,却能建模复杂语义联系,已经成为知识表示学习的代表模型。自提出以来,有大部分知识表示学习模型是对 TransE 的扩展,我们会在之后的章节具体展开。

4.3.4　知识表示学习的主要挑战与已有解决方案

近年以来,知识表示模型得到了很大的发展也取得了不少突破。但是,在知识表示领域仍然有许多需要解决的问题。考虑到翻译模型具备结构简单、效果显著、训练方便的诸多特性,以 TransE 为知识表示学习的代表模型,总结其面临的三个主要挑战和一些已有的解决方案。

1. 复杂关系建模

在知识图谱中,关系的性质是十分复杂的。根据知识图谱中关系两端连接

实体的数目,所有的关系可以划分为 $1-1$、$1-N$、$N-1$ 和 $N-N$ 4 种类型,例如 $N-1$ 型关系是指一个尾实体可以对应多个不同头实体的关系。$1-1$ 称为简单关系,而 $1-N$、$N-1$ 和 $N-N$ 称为复杂关系。

根据 TransE 的优化目标,对于 $N-1$ 关系,我们将会得到 $h_0 \approx h_1 \approx \cdots \approx h_m$。同样,对于 $1-N$ 关系时我们将会得到 $t_0 \approx t_1 \approx \cdots \approx t_m$。在实际数据统计中,复杂关系对应的实体是占知识图谱的绝大部分的,因而包括 TransE 在内的基本知识表示学习方法是难以解决负责关系建模的。近年来一系列基于 TransE 的拓展模型被提出用以处理复杂关系,以下我们将着重介绍几项代表性工作。

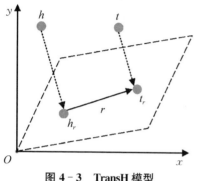

图 4 - 3 TransH 模型

(1) TransH 模型[36]。在此模型中,所有的实体在不同的关系下拥有不同的表示。

如图 4 - 3 所示,TransH 模型同时使用关系平移向量 r 和超平面的法向量 W_r 来为实体在不同关系上构建不同的表示。对于一个三元组 (h, r, t),TransH 首先将头实体向量 h 和尾实体向量 t 沿法线 w_r 投影到关系 r 对应的超平面上,从而可以实现图谱中的实体在不同关系上具有不同的表达,我们将这些特殊的向量表示记录为 h_r 和 t_r,具体映射操作为

$$h_r = h - w_r^{\mathrm{T}} h w_r$$

$$t_r = t - w_r^{\mathrm{T}} t w_r$$

TransH 对于每个三元组 (h, r, t) 定义了损失函数

$$f_r(h, t) = | h_r + r - t_r |_{L_1/L_2}$$

该损失函数与 TransE 的损失函数是极为类似的。

(2) TransR/CTransR 模型[37]。不同于 TransH 模型假设实体和关系处于相同的语义空间中,TransR 模型认为,不同关系关注实体的不同属性,不同的关系拥有不同的语义空间。如图 4 - 4 所示,模型首先将知识库中的每个三元组 (h, r, t) 的头实体与尾实体向关系特有的空间中进行投影,然后希望满足 $h_r + r \approx t_r$ 的关系,并采用与 TransE、TransH 类似的损失函数来训练模型。其中,$h_r = h M_r$,$t_r = t M_r$,表示从实体空间投影到关系 r 特有子空间之后的实体向量,$M_r \in \mathbf{R}^{d \times d}$ 即是为每个关系定义的投影矩阵。TransR 对于每个三元组 (h, r, t) 定义了与 TransH 相似的损失函数

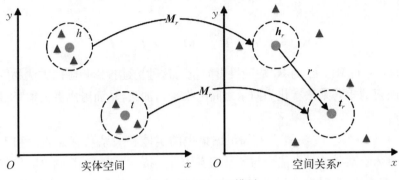

图 4 - 4　TransR 模型

$$f_r(h,t) = \mid h_r + r - t_r \mid_{L_1/L_2}$$

相关研究还发现,通过对某些关系进行更细致的划分,可以更精确地建立投影关系。CTransR 也被提出来进一步刻画关系。其模型实质通过把关系 r 对应的实体对的向量差值 $h - t$ 进行聚类,将关系 r 细分为多个子关系 r_c,从而再进行 TransR 的处理步骤。

　　(3) TransD 模型[38]。考虑到一个关系的头尾实体的类型或属性可能差异巨大,而 TransR 在同一个关系 r 下,头尾实体共享相同的投影矩阵,这样的设定是不合理的。同时,TransR 中投影矩阵仅与关系有关,过强的假设限制了实体与关系的交互过程,也影响了模型对知识图谱的复杂关系特性进行处理。

　　TransD 模型被提出来解决上述问题。如图 4 - 5 所示,给定三元组 (h, r, t),TransD 模型定义了损失函数

$$f_r(h,t) = \mid hM_{rh} + r - tM_{rt} \mid_{L_1/L_2}$$

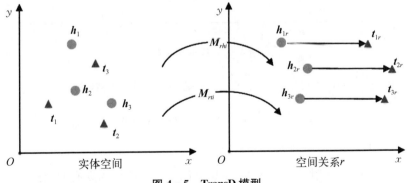

图 4 - 5　TransD 模型

式中,M_{rh} 和 M_{rt} 分别是将头实体和尾实体投影到关系空间的投影矩阵,具体定

义为

$$M_{rh} = r_p h_p + I^{d \times k}, \ M_{rt} = r_p t_p + I^{d \times k}$$

这里 $h_p, t_p \in \mathbf{R}^d, r_p \in \mathbf{R}^k$ 均为投影向量。这种构建投影矩阵的方法的好处在于,将映射的矩阵乘法转化为向量之间的乘法与加法,从而可以极大地降低计算复杂度。

(4) TranSparse 模型[39]。知识图谱中的实体和关系具有异质性和不平衡性,这意味着某些关系可能会与大量的实体有连接,而某些关系则可能仅仅与少量实体有连接;在某些关系中,头实体和尾实体的种类和数量可能差别巨大,而在另一些关系中,头实体和尾实体的种类与数理差别就非常微小。因而为每一种关系与实体构建相同维度的向量表示是不恰当的。为了解决异质性问题,TranSparse 在 TransR 与 TransD 的基础上,使用稀疏矩阵来为关系构建实体映射矩阵,映射矩阵的稀疏度由关系 r 的链接的实体对数量来具体决定。此外,TranSparse 为了解决实体不平衡性的问题,每个关系具有用于头部和尾部实体的两个单独的稀疏转移矩阵,来为头尾实体分别构建映射矩阵。

(5) TransA 模型[40]。TransA 模型(见图 4-6)使用马氏距离作为损失函数中的距离度量,并为每一维学习不同的权重,以实现复杂的实体和关系的建模。

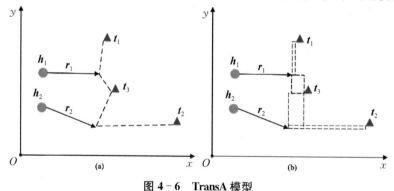

图 4-6　TransA 模型

对于每个三元组 (h, r, t),TransA 模型定义了评分函数

$$f_r(h, t) = (h + r - t)^{\mathrm{T}} W_r (h + r - t)$$

式中,W_r 是与关系 r 相关的非负权值矩阵。

(6) TransG 模型[41]。与 CTransR 类似,TransG 认为现有的翻译模型不能处理多重关系语义,即一个关系在不同三元组下的复杂多重含义。如图 4-7 所示,图(a)为传统模型,图(b)为 TransG 模型。三角形表示正确的尾实体,圆形表示错误的尾实体。图(b)中的 TransG 模型通过考虑关系 r 的不同语义,形成多个高斯分布,可以区分出正确和错误实体,而图 4-7(a)不能区分关系 r 的不同语义,所以错误的实体无法被区分。

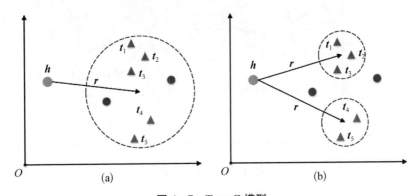

图 4-7 TransG 模型

(a) 传统模型 (b) TransG 模型

具体来说,TransG 模型提出使用高斯混合模型描述头尾实体之间的关系,且假设一个关系会对应多种语义,每种语义用一个高斯分布来刻画,即

$$\boldsymbol{h} \sim N(u_h, \sigma_h^2 \boldsymbol{I}), \ \boldsymbol{t} \sim N(u_t, \sigma_t^2 \boldsymbol{I})$$

所以关系可以被表示为

$$\boldsymbol{r}_i = \boldsymbol{t} - \boldsymbol{h} \sim N(u_t - u_h, (\sigma_t^2 + \sigma_h^2) \boldsymbol{I})$$

其中 $\boldsymbol{r}_i$ 是关系 r 的第 i 层语义的表示向量。给定三元组(h, r, t),TransG 模型定义了评分函数

$$f_r(h, t) = \sum_{i=1}^{M_r} \pi_{r, i} \mathrm{e}^{\frac{-|\boldsymbol{h}+\boldsymbol{r}_i-\boldsymbol{t}|_2^2}{\sigma_h^2+\sigma_t^2}}$$

(7) KG2E 模型[42]。KG2E 通过使用高斯分布来建模实体和关系的语义本身具有的不确定性。高斯分布的均值表示该实体或关系语义空间中的中心位置,协方差表示该实体或关系的不确定度。图 4-8 为 KG2E 模型示例,多个圆圈与实体"Bill Clinton"构成不同的三元组,圆圈大小表示的是不同实体或关系的不确定度,可以看到"nationality"的不确定度远远大于其他关系。

头尾实体之间的关系 $h-t$ 可以概率分布 P_e 来表示,即

$$P_e \sim N(\mu_h - \mu_t, \Sigma_h + \Sigma_t)$$

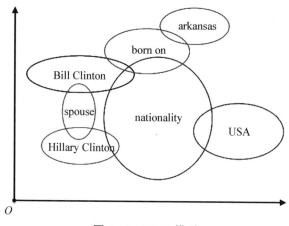

图 4-8 KG2E 模型

关系 r 可以用概率分布 P_r 来表示,即

$$P_r \sim N(\mu_r, \Sigma_r)$$

因此,P_e 和 P_r 的相似度可以用来估计三元组的评分。在实际操作中,KG2E 考虑 KL 距离与期望概率两种方法来计算概率相似度,并进行表示学习模型的训练。

从上述介绍的模型可以看到,TransH、TransR、TransD、TranSparse、TransA、TransG 和 KG2E 等多种模型可以作为 TramsE 的扩展从不同角度尝试解决复杂关系建模问题,均较 TransE 模型有显著的性能提升。换言之,对复杂关系建模是提升知识表示模型表达能力的重要一环。

2. 多源信息融合

知识表示模型往往只是关注知识图谱内部的三元组,并根据这些三元组的结构来对知识图谱进行建模,却忽略了包括文本信息、实体类型信息、视觉信息在内的丰富的多源信息。这些跨模态的信息可以为知识图谱添加额外知识,并在学习知识图谱表示时发挥至关重要的作用。

文本信息是人们每天接触到的最广泛的信息之一,因而可以考虑将文本信息融入知识表示中。在过去的工作中,部分模型试图通过将实体名称的组成单词表示为实体的嵌入,以此来将文本的语义信息融入实体表示上。之后 Wang 等[36] 以及 Zhong 等[43] 通过将实体名称、实体的文本描述信息投影到知识图谱相同的向量空间中,以此共同学习实体和词语的表示,并用维基百科的锚点来对齐词语与实体,从而实现图谱与文本的特征融合。Xu 等[44] 提出了将关系提取和知识表示融合的模型,进一步地将文本信息作为知识表示的补充特征。

DKRL[45]是较为典型的融合文本特征的知识表示模型,其核心思想就是从实体的文本描述之中构建知识图表示。实体描述通常是一段短文,能够提供实体的定义或属性,这些定义或属性与知识图谱具有良好的对应,且质量很高,也可以非常容易地从维基百科等大型数据集中进行提取。DKRL 在将所有的文本词汇通过 CBOW 学习到词向量之后,通过卷积神经网络来对实体的描述信息进行编码,并将编码后的实体描述向量与知识表示向量在同一空间中进行训练,其评分函数被定义为

$$f_r(h, t) = |\boldsymbol{h} + \boldsymbol{r} - \boldsymbol{t}|_{L_1/L_2} + |\boldsymbol{h}_D + \boldsymbol{r} - \boldsymbol{t}|_{L_1/L_2} + |\boldsymbol{h} + \boldsymbol{r} - \boldsymbol{t}_D|_{L_1/L_2} + |\boldsymbol{h}_D + \boldsymbol{r} - \boldsymbol{t}_D|_{L_1/L_2}$$

其中 $\boldsymbol{h}_D$ 与 $\boldsymbol{t}_D$ 为通过实体描述文本编码出的表示向量。DKRL 非常有意义的一点在于,即使某个实体不在训练集中,也可以通过实体的文本描述来近似地构建实体的表示向量。因此,DKRL 模型能够处理零次学习场景。

在 DKRL 模型的启发下,TEKE 被提出来。在表示每一个事实三元组时,TEKE 使用具有相似文本的邻居实体的特征来增强头部与尾部实体的表示。使用相邻实体的特征与文本信息,一方面可以为知识表示提供更为丰富的信息源,另一方面也间接地在融合文本信息的基础上对知识图谱中的复杂关系进行了建模。

实体类型信息(也可以被视为实体的属性标签),对于增强知识表示也十分有效。在当下大多数的公开知识图谱上,诸如 Freebase 和 DBpedia,均拥有自己的实体类型。一个实体可以属于多种类型,而实体类型通常以分层结构排列。实体类型信息中丰富的层次结构十分有利于我们直观理解实体的意义。

Chang 等[46]与 Baier 等[47]将实体类型信息作为知识表示中的类型进行约束,可以更好地对实体进行区分,并且这些算法显著提升了基本知识表示模型的性能。除了将类型信息视为约束外,Guo 等[48]提出了语义平滑嵌入(SSE),其核心思想就是强制属于相同类型的实体在语义空间中彼此接近,从而隐式地将类型信息融入知识表示模型中去。当然,SSE 没有利用实体类型中的层次结构,并不能完整地发挥实体类型的重要作用。

为了使用类型信息的层次结构,Hu 等[49]将整个 Wikipedia 的实体层次结构融入知识表示模型之中。更进一步地讲,TKRL 模型[50]被提出,为层次结构的每个分层类型构建相应的投影矩阵,从而更细致地利用层次结构信息,TKRL

的评分函数定义为

$$f_r(h,t) = | M_{rh}h + r - M_{rt}t |_{L_1/L_2}$$

其中，M_{rh} 和 M_{rt} 是头尾实体的两个投影矩阵，矩阵的构成取决于它们在这个三元组中的对应分层类型，具体由每一层的编码器构成，构成方式为

$$M_{rh} = \frac{\sum_c \alpha_c M_c}{\sum_c \alpha_c}$$

其中，如果类型 c 在关系 r 的头实体范围之内，则有 $\alpha_c = 1$，反之 $\alpha_c = 0$。此外，分层编码器还将子类型看作投影矩阵，并且利用乘法或加权求和来构造每个分层类型的投影矩阵，具体操作为

$$M_c = \prod_j M_{c^{(j)}}$$
$$M_c = \sum_j M_{c^{(j)}}$$

其中，$c^{(j)}$ 是 c 的第 j 个子类型，$M_{c^{(j)}}$ 则是对应的投影矩阵。

　　除了文本和类型信息之外，视觉信息（如图像）可以提供与实体对应的信息，对知识表示同样具有重要意义。在之前的研究工作中，关于通过融合图像信息来辅助知识表示的研究相对较少。IKRL 模型[51]是融合视觉信息于知识表示的典型模型。具体而言，IKRL 首先使用卷积神经网络构建所有实体图像的图像表示，然后通过变换矩阵将这些图像表示从图像语义空间投影到实体语义空间之中。考虑到大多数实体可能具有不同质量的多幅图像，因此 IKRL 通过神经注意机制来选择更具信息性和区分性的图像，从而获得更好的知识表示结果。IKRL 采用了 DKRL 类似的框架定义评分函数

$$f_r(h,t) = | h + r - t |_{L_1/L_2} + | h_I + r - t |_{L_1/L_2} + \\ | h + r - t_I |_{L_1/L_2} | h_I + r - t_I |_{L_1/L_2}$$

其中，h_I 与 t_I 为通过图像编码出的表示向量。IKRL 的评估结果不但证实了视觉信息在理解实体上的重要作用，而且验证了联合跨模态异构语义空间的可能性。

　　上述工作表明，多源信息融合能够有效提升知识表示的性能，在图谱之外的丰富信息可以有效处理新实体的表示问题。但是，目前的工作相对比较简单，框架模式也很单一，在部分信息的融合上仍处于比较初步的阶段。在未来，引入更多的信息源，采用跨模态的知识表示模型具有广阔的研究前景。

3. 关系路径建模

在知识图谱中,多步关系形成的路径也能够反映实体之间的语义关系。Path-Constraint Random Walk、Path Ranking Algorithm 等算法均是在这样的指导思想下被提出的,以便利用两个实体之间的关系形成的路径信息来预测其关系。这些算法都取得了不错的效果,在一定程度上证明了关系路径蕴含着丰富的信息,可以帮助我们对知识图谱进行有效的表示。

在这些研究的基础上,基于路径的翻译模型(path-based TransE、PTransE)[52] 被提出,用以考虑关系路径的信息。该模型也是以 TransE 作为扩展基础,但在模型设计上却突破了以往模型孤立学习每个三元组以及单一关系的局限性。

图 4-9 展示的是 PTransE 考虑两步关系路径的示例。研究人员在实际实验中也发现了一些提取关系路径特征的难点:首先,并不是所有的实体间的关系路径都是可靠的,部分实体之间的关系路径并没有任何逻辑上的关联意义,也就对关系的预测毫无帮助;其次,关系路径的拼接与表示需要特殊的模型进行处理,其中涉及复杂的组合语义问题,要对路径上所有关系的向量进行语义组合来产生最后的路径向量。

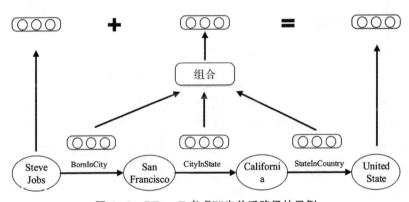

图 4-9 PTransE 考虑两步关系路径的示例

针对这些问题,PTransE 提出了一套 Path-Constraint Resource Allocation 的图算法来度量关系路径的可靠性,并在一定程度上解决了第一个问题。而在关系路径的语义组合上,PTransE 尝试了 3 种代表性的语义组合操作:相加、按位乘和循环神经网络。最终的结果表明,路径特征相加虽然在形式上最为简单,但却取得了最好的结果。

包括 PTransE 在内的上述研究表明,考虑关系路径可以引入知识图谱内部更为丰富的特征,极大地提升了知识表示学习的区分性。当然,我们也可以发现,现阶段的研究在知识图谱内部的关系路径建模上仍然处于较为初步的阶段,未来还需要更多的工作进行完善。

4.4 神经网络关系抽取

知识图谱的核心问题是如何获取知识,目前已有许多研究关注如何自动发现和抽取语义关系。关系抽取是知识获取的关键技术,以各种非结构化/半结构化文本为输入(如新闻网页、商品页面、微博、论坛页面等),使用多种技术(如规则方法、统计方法、知识挖掘方法),识别和发现各种预定义类别和开放类别的关系实例。

近年来,深度学习技术已经成为自然语言处理领域的热门技术,在计算视觉、语音识别、语义分析等任务上都取得了良好性能。神经网络关系抽取基于端到端的神经网络框架,建模了关系抽取的完整过程,包括句子表示学习和基于句子表示的关系分类。神经网络关系抽取任务可以划分为句子层关系抽取和文档层关系抽取,下面分别进行详细介绍。

4.4.1 句子层关系抽取

句子层关系抽取的目标是检测一个句子中的两个实体间是否具有语义关系,同时将其划分到预先定义好的关系类别中。例如,给定一个句子"乔布斯是苹果公司的首席执行官",一个关系抽取系统需要识别句子中的实体"乔布斯"和实体"苹果公司"之间存在"是-首席执行官"关系。具体地讲,给定包含 m 个词的输入句子 $x = \{w_1, w_2, \cdots, w_m\}$ 以及目标实体 e_1 和 e_2,句子层关系抽取系统基于深度神经网络建模实体对间存在关系 r 的条件概率 $p(r \mid x, e_1, e_2)$,其形式化公式为

$$P(r \mid x, e_1, e_2) = p(r \mid x, e_1, e_2, \theta)$$

其中,θ 是神经网络模型的参数;r 是关系集合 $\mathbf{R}$ 中的关系类别。

句子层关系抽取系统通常包含三个子模块:① 输入编码器对输入句子中的每一个单词进行编码;② 句子编码器学习句子的表示,将句子表示成一个向量或是一个向量序列;③ 关系分类器计算句子具有每一类语义关系的条件概率。

1. 输入编码器

给定输入句子,输入编码器将离散的句子词语映射到连续的向量空间中,得到原始句子的输入表示为 $w = \{w_1; w_2; \cdots; w_m\}$。

(1) 词嵌入(word embeddings)学习词语的低维连续向量表示,该表示能捕获词语的语法和语义信息。具体地,基于词嵌入矩阵 $V \in \mathbf{R}^{d^a \times |V|}$,每一个词语 w_i 都被编码为一个列向量。

(2) 位置嵌入(position embeddings)表示词语相对于两个实体在句子中的位置信息。具体地,每个词语 w_i 都映射到两个位置向量,分别对应于该词相对于两个目标实体的位置。例如,在句子"乔布斯是苹果公司的首席执行官"这句话中,词语"是"相对于"乔布斯"位置是 1,现对于"苹果公司"的位置是 -1。

(3) 词性标记嵌入(part-of-speech tag embeddings)表示目标词语的词性信息。由于词语嵌入在通过大规模语料学习时没有区分同一个词的不同词义中,其表示可能与该词语在当前上下文中的意义不一致。为降低上述问题的影响,加入词性信息被证明是一种有效的技术手段。具体地,每个词语 w_i 都通过词性嵌入矩阵 $V \in \mathbf{R}^{d^p \times |V^p|}$ 映射到词性嵌入向量上,其中 $|V^p|$ 是词性标记的数量。

(4) WordNet 上位词嵌入(wordnet hypernym embeddings)的目标是利用词语的先验语义知识来提升关系抽取的性能。WordNet 中词语的上位词信息可以提供两个不同词语之间的语义相似性,例如"茶"和"酒"的上位词都是饮料。具体地,每个词语 w_i 都通过 WordNet 词义嵌入矩阵 $V \in \mathbf{R}^{d^h \times |V^h|}$ 映射到上位词嵌入向量上,其中 $|V^h|$ 是 WordNet 词义的数量。

2. 句子编码器

给定句子中所有词语的编码向量,句子编码器将整个句子编码为一个单独的表示向量或是一个向量序列 x。下面我们将介绍在关系抽取中使用的不同句子编码器。

(1) 卷积神经网络编码器[53]使用卷积神经网络来对句子进行编码,该编码器使用卷积层来抽取句子中的局部特征,然后使用最大池化层来组合所有的局部特征,最终得到一个定长的表示向量。

如图 4-10 所示,卷积操作在输入向量序列上以特定窗口大小滑动,将每一个滑动窗口内的向量序列与卷积矩阵 W 和偏置向量 b 进行乘法操作。设向量 q_i 为第 i 个窗口内的输入向量拼接,则

$$[x]_j = \max_i [f(Wq_i + b)]_j$$

其中,f 是非线性变换函数,如 Sigmoid 函数或 Tangent 函数。

为了更好地利用目标实体位置分割出的结构化信息,Zeng 等[54]提出了分段池化操作来扩展传统的池化操作。分段的池化操作在被两个实体分割的 3 个子序列段上分别进行池化操作,而不是在整个句子上进行单一的池化操作,从而

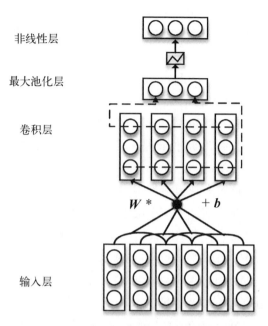

图 4 - 10   基于卷积神经网络的句子编码

保留了更多可供关系抽取的信息。

（2）循环神经网络编码器（recurrent neural network encoder）[55]使用能建模时序特征的循环神经网络(RNN)对句子进行编码。如图 4 - 11 所示,句子中

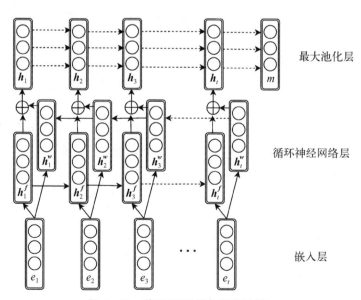

图 4 - 11   基于 RNN 的句子表示学习

的词表示向量被按顺序依次输入循环层中。在循环层的第 i 步操作,神经网络的输入为词表示向量 w_i 和前 $i-1$ 步的输出 $\boldsymbol{h}_{i-1}$,第 i 步的输出计算为

$$\boldsymbol{h}_i = f(\boldsymbol{w}_t, \boldsymbol{h}_{i-1})$$

其中,f 为 RNN 单元的转换函数,代表性的 RNN 单元包括 LSTM 单元[56]和 GRU 单元[57]。实际工作中通常使用双向 RNN 网络从前向和后向两个方向对句子进行编码,以便更好地同时利用过去和将来的词语信息。

接下来,RNN 将前向和后向神经网络的输出作为局部特征,然后使用最大池化操作来获取全局特征,同时使用该全局特征向量作为输入句子的表示。最大池化层的操作为

$$[x]_j = \max_i [\boldsymbol{h}_i]_j$$

在最大池化操作之外,词语注意力机制也可以用来组合所有的局部特征。词语注意力机制基于注意力机制[58]来学习每一步输出的权重。设 $\boldsymbol{H} = [h_1, h_2, \cdots, h_m]$ 为 RNN 的输出向量序列,词注意力机制首先计算每一步输出在最终表示中的权重,然后使用带权向量和作为最终的句子表示输出:

$$\alpha = \text{Softmax}(\boldsymbol{s}^{\text{T}} \tanh(\boldsymbol{H}))$$
$$x = \boldsymbol{H}\boldsymbol{a}^{\text{T}}$$

其中,s 是可训练的语义关系查询向量。

(3) 递归神经网络编码器(recursive neural network encoder)从句法分析树中学习用于关系抽取的有用特征。之前的关系抽取工作已经证明句法信息能提供关系抽取的关键信息。递归神经网络编码器基于输入句子的句法分析树结果,把表示学习看作是一个自底向上的语义组合过程,并将最终的组合向量作为句子的编码输出。

Socher 等[59]提出了一种递归矩阵-向量组合模型(MV-RNN),该模型对句法分析树中的每一个成分分配一个矩阵-向量表示,其中向量是该成分的语义表示,矩阵建模该成分如何改变与其组合的词语的语义。假设一个句法成分 p 由两个子成分 l 和 r 组合而成,则 p 的语义表示可以通过以下公式组合得到

$$p = f_1(l, r) = g\left(\boldsymbol{W}_1 \begin{bmatrix} \boldsymbol{Ba} \\ \boldsymbol{Ab} \end{bmatrix}\right)$$

$$\boldsymbol{P} = f_2(l, r) = \boldsymbol{W}_2 \begin{bmatrix} \boldsymbol{A} \\ \boldsymbol{B} \end{bmatrix}$$

式中,a、b、p 是每一个成分的嵌入向量;A、B、P 是每一个成分的矩阵表示;W_1 是将词语映射到语义空间的转换矩阵;g 是激活函数;W_2 是将两个矩阵映射到相同维度矩阵的转换矩阵。一个完整的组合过程示例如图 4-12 所示。最后,MV-RNN 使用根节点的向量作为句子的语义表示。

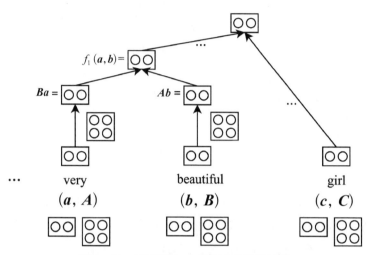

图 4-12   递归矩阵-向量组合模型示意图

在实际模型中,RNN 单元也可以用 LSTM 单元或 GRU 单元进行替换。Tai 等[60]提出了两种树结构 LSTMs 来学习句法树的表示,其使用 Child-Sum Tree LSTM 和 N-ary Tree-LSTM 来捕获句法分析树或依存分析树的结构信息,两者之间主要的区别在于对树结构子节点数目的限制。

3. 关系分类器

最后,给定输入句子的编码表示 x,关系分类器使用 Softmax 层来建模关系预测的条件概率 $p(r \mid x, e_1, e_2)$:

$$p(r \mid x, e_1, e_2) = \text{Softmax}(Mx + b)$$

式中,M 是关系分类参数矩阵;b 是偏置向量。

4.4.2　篇章层关系抽取

近年来,句子层关系抽取技术已经取得了长足的进步。但是现有关系抽取技术绝大部分都是有监督方法,其性能重度依赖于训练语料的规模和质量,常常面临标注语料瓶颈问题。为解决上述问题,近年来越来越多的工作使用远距离监督[61]的思想,开始尝试通过对齐大规模知识库和大规模语料库来自动生成训练语料。远距离监督的出发点是如果一个句子包含了知识图谱中的两个实体，那么这个句子也就表达了这两个实体间的语义关系。例如，如果"是　首席执行官"(乔布斯,苹果公司)是知识图谱中的一条事实，那么远距离监督方法就认为"乔布斯是苹果公司的首席执行官"表达了"是　首席执行官"的关系。

远距离监督假设为关系抽取提供了一种聚合多个句子(篇章层)信息的手段，因此篇章层关系抽取试图基于两个实体共现的所有句子(而不是单个句子)来进行关系抽取。具体地，给定两个实体 e_1 和 e_2 共现的句子集合 $S=(x_1, x_2, \cdots, x_n)$，篇章级关系抽取系统希望建模如下关系抽取的条件概率：

$$p(r \mid S, e_1, e_2) = p(r \mid S, e_1, e_2, \theta)$$

目前篇章级关系抽取系统通常包括 4 个模块：① 词语编码器；② 句子编码器；③ 用于聚合所有句子信息的文档编码器；④ 关系分类器，但是其输入是整个文档的编码，而非是单个句子的编码。由于词语编码器、句子编码器和关系分类器与句子层的关系抽取基本一致，下面主要介绍与句子层关系抽取不同的文档编码器。

文档编码器的目标是将所有句子向量组合得到最终的单一向量表示为 S。下面介绍几种常用的文档编码器。

(1) 随机编码器(random encoder)。随机编码器认为两个实体共现的任意一个句子都表达了这两个实体间的语义关系，因此可以随机选择一个句子来表示整个文档。具体地，文档的表示为

$$S = x_i = (i=1, 2, \cdots, n)$$

其中，x_i 表示句子 i 的表示，i 由随机采样得到。

(2) 最大编码器(max encoder)。在实际情况中，并不是任意两个实体共现的句了都表达了实体之间的语义关系。例如"乔布斯离开了苹果公司"并没有表示是-首席执行官(乔布斯,苹果公司)的关系。基于上述观察，大部分的远距离监督方法都采用了 at-least-one 假设，该假设认为在所有两个实体共现的句子中应当至少有一个句子能够表示它们之间的语义关系。基于 at-least-one 假设，文档编码器选择能够最大化关系概率的句子来表示整个文档

$$S = x_i (i = \operatorname*{argmax}_i p(r \mid x_i, e_1, e_2))$$

(3) 平均编码器(average encoder)。随机编码器和最大编码器都仅使用一个句子来表示整个文档，忽略了其他句子可能提供的有价值信息。为了能够更充分地利用所有句子的信息，Lin 等[62]综合所有句子的表示来构建文档的表示。

具体地,由于每一个句子都可能表达实体间的语义关系,平均编码器使用所有句子向量的平均来作为最终的文档表示

$$S = \frac{\sum\limits_i x_i}{n}$$

(4) 注意力编码器(attentive encoder)。在所有的句子中,有的句子表达了两个实体间的语义关系,有的没有表达。平均编码器认为所有句子具有同等的贡献,容易受到噪声句子的影响。为了解决这个问题,Lin 等[62]提出了一种选择注意力机制,该机制能够建模每一个句子表达目标语义关系的可能性,并使用带权向量相加来表示文档

$$S = \sum_i \alpha_i x_i$$

其中,α_i 是注意力权重,计算方式为

$$\alpha_i = \frac{\exp(x_i \boldsymbol{A} r)}{\sum\limits_j \exp(x_j)}$$

其中,$\boldsymbol{A}$ 是对角线矩阵;r 是关系向量。

(5) 原型编码器(prototype encoder)。与上述编码器不同,Han 等[63]使用基于原型的思想,该算法将实体对嵌入到一个原型特征空间中,原型空间中的每一维表示关系的一个原型。具体地,给定关系原型集合 $C = \{c_1, \cdots, c_k\}$,该方法将文档 S 表示为 $m(S) = [m_1(S), m_2(S), \cdots, m_k(S)]$,其中第 i 为表示文档 S 中的句子与原型 i 的最大相似度

$$m(S) = \max_i \text{sim}[\exp(x_i, c_k, w_k)]$$

其中,$\text{sim}(x_i, c_k, w_k)$ 是 x_i 和 c_k 之间的带参数相似度;w_k 是相似度的参数,可以通过学习得到。

4.5 知识图谱的应用

4.5.1 实体链接

知识图谱中包含了丰富的客观世界知识,如实体、实体的属性以及不同实体

之间的语义关系。如前所述,世界知识为自然语言理解提供了关键资源支撑,如何连接自然语言文本与知识图谱中的知识也就成了自然语言理解的一项使能技术。

实体链接[64]是连接知识图谱知识与自然语言文本的主要任务。给定一段文本中的实体提及 $M = \{m_1, m_2, \cdots, m_k\}$ 和包含实体集合 $E = \{e_1, e_2, \cdots, e_n\}$ 的目标知识图谱 KB,实体链接的目标是构建从实体提及目标实体集合之间的映射 $\delta: M \rightarrow E$,该映射将每一个实体提及 m 与其指向的真实世界实体 e 进行对应。图 4 - 13 展示了一个实体链接的系统实例,其中"WWDC"被链接到"Worldwide Developers Conference",而"Apple"被链接到"Apple Inc."。

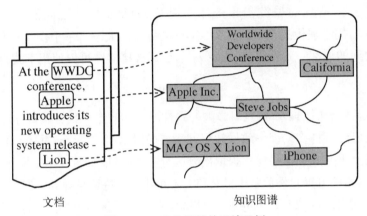

图 4 - 13 实体链接的系统示例

1. 实体链接系统框架

给定一篇文档 d 和一个知识图谱 KB,一个实体链接系统通常通过以下步骤来实现实体提及和目标实体之间的链接。

(1) 实体提及识别。实体提及识别的目标是识别出文档中所有待链接的实体提及。例如,识别图 4 - 13 中的{WWDC, Apple, Lion}作为待链接的实体提及。目前大部分的实体链接系统采用两种技术来完成上述任务。一种是采用传统的命名实体识别技术[65]来识别文本中的人名、地名、机构名等常见实体提及。传统命名实体识别的主要问题是其仅仅能识别有限的实体类型,忽略了许多常见的实体类型,如音乐、电影和书籍等;另一种是词典匹配技术。当给定特定知识图谱后,词典匹配技术首先收集知识图谱中所有实体的不同名字(例如从维基百科的锚文本中收集所有概念的名字)[65],基于实体名字词典,一篇文档中被匹配的所有名字都被用作待链接的实体提及。词典匹配的主要缺点是其会引入许多噪声提及,例如在维基百科中停用词"is"也被作为实体的名字。为解决上述问题,有许多方法用来过滤噪声实体提及,如基于链接显著度的方法[66-67]。

(2)候选实体选择。候选实体选择的目标是选择每一个实体提及在知识图谱中的候选实体。例如提及"苹果"可能链接的目标实体包括{苹果(水果),苹果公司,苹果(电影),苹果银行…}。一个实体通常具有非常多的名字,如全名、别名、外号、昵称等。由于上述实体名字的多样性问题,大部分的实体链接系统依赖于实体引用表来进行候选实体选择。一个实体引用表是一个记录了名字和实体之间映射关系的表,表中每一项记录了一个(名字,实体)映射对。目前,实体引用表可以从维基百科[67]、Web[68]或搜索引擎日志[69]中挖掘得到。

(3)局部一致性计算。给定实体提及 m 和其候选实体集合 $E = \{e_1, e_2, \cdots e_n\}$,实体链接系统的关键步骤是计算提及 m 和实体 e 之间的局部一致性 $sim(m, e)$,用于建模提及 m 链接到实体 e 的可能性大小。基于提及 m 和所有候选实体之间的局部一致性得分,提及 m 的目标链接实体可以使用下式得到

$$e^* = \mathrm{argmax}_e\, sim(m, e)$$

也就是,选择与实体提及 m 具有最大一致性的实体 e 作为其链接目标。

目前已经有许多局部一致性计算方法被提出来[66-67,70]。这些方法的核心都是从提及上下文和实体描述中提取出有区分度的特征(如重要上下文词、频繁共享的实体、属性值等),然后基于提及和实体间共享的特征来计算它们之间的一致性。例如,基于上下文词语的共现,实体链接系统可以区分开"苹果是富含糖分的一种水果"中的苹果指的是水果苹果,而"苹果发布了新款手机"指的是苹果公司。

(4)全局推理。上述基于局部一致性的实体链接算法孤立地看待不同实体提及的链接决策,没有充分利用文章本身的主题信息。为了充分利用文章的主题信息,许多研究提出全局推理算法来提升实体链接性能。全局推理算法通常基于主题一致性假设,也就是,一篇文章中的所有实体都应当与文章主题相关。基于上述假设,给定一篇文本 d 中的所有提及 $M = \{m_1, m_2, \cdots, m_k\}$,一个全局推理算法使用最大化全局得分的实体集合作为链接的目标

$$[e_1^*, e_2^*, \cdots, e_k^*] = \mathrm{argmax}\Big(\sum_i sim(m_i, e_i) + \mathrm{Coherence}(e_1, e_2, \cdots, e_k)\Big)$$

其中,e_i^* 是第 i 个提及的目标实体;$\mathrm{Coherence}(e_1, e_2, \cdots, e_k)$ 是所有实体之间的语义一致性得分。

目前,主流的全局推理算法包括基于图的算法[71],基于主题模型的方法[72-73]和基于优化的方法[74-75]。这些方法的区别在于如何建模主题的一致性,以及如何推理得到全局优化的实体链接决策。例如,Han 等[71]将主题一致性建

模为所有实体之间的语义关联

$$\text{Coherence}(e_1, e_2, \cdots, e_k) = \sum_{(i, j)} \text{SemanticRelatedness}(e_i, e_j)$$

然后通过随机游走算法来得到全局最优的实体链接决策。作为对比,Han和 Sun[73] 使用主题模型,将主题一致性建模为文章主题生成目标实体的概率,并通过 Gibbs 采样算法来得到全局最优的决策。

2. 实体链接前沿进展

近年来,随着深度学习技术的普及,越来越多的研究开始利用深度学习来提升实体链接性能。目前深度学习技术主要用于学习异构信息的表示和建模不同上下文之间的语义关联。

(1)异构信息表示学习。用于实体链接的信息多种多样,包括实体名、实体类别、实体描述、语义关系、实体上下文、文档等。这些信息类型和粒度都各不相同。传统的人工特征方法往往无法统一建模如此多源异构的信息。近年来,越来越多的深度表示学习模型被用来将上述异构证据映射到统一表示空间中。如基于 CNN 的名字表示学习[76] 和上下文表示学习[77],基于 Denoising Auto-encoder (DA)[78] 的表示学习。

(2)语义关联建模。实体链接的另一个重要问题是如何建立异构信息之间的语义交互,如实体类别和提及上下文之间的关联度。一种方法是将异构信息映射到相同的特征空间。Francis-Landau 等[76] 使用 CNN 来学习不同证据之间的相似度。另一种策略是直接学习(提及,实体)对的表示,并用上述表示来进行实体链接。例如,Sun 等[77] 使用神经张量网络来直接学习一个(提及,实体)对的表示,并直接用上述表示来构建最终的相似度模型。

4.5.2 实体检索

知识图谱的另一种重要知识服务是实体检索。实体检索的目的是返回符合特定实体需求查询的实体知识。用户的需求可以用结构化查询、关键词或自然语言句子表示。实体需求的主要需求可以划分以下几类。

(1)简单实体检索。用户输入一个简单的查询,其目标是找到一个特定的实体,或者该实体是另外一个实体的属性,例如:

— 卫青

— 爱因斯坦相对论

— 中国足球队薪水最高的球员

(2)列表搜索。用户希望返回多个相关实体,例如:

— 1960 年后的美国总统

— 深海鱼

（3）问答搜索。用户用自然语言问句表达查询，实体检索系统返回精确满足需求的实体，例如：

— IBM 公司的创始人是谁？

— 猫王第一张专辑在哪里录制的？

在查询方式方面，实体检索可以划分为面向知识图谱的结构化查询、面向知识图谱的关键词搜索和面向知识图谱的问答。下面分别介绍这 3 种方法。

1. 面向知识图谱的结构化查询

结构化查询是知识图谱实体检索的基础手段。在结构化查询中，用户输入一个结构化查询（通常使用 SPARQL 语言表示），知识图谱查询引擎返回符合上述查询的实体列表。例如，为了查询斯坦福大学的自然语言处理教授，用户首先需要形成如下的 SPARQL 查询：

```
SELECT ? p WHERE {
    ? p has-profession Professor.
    ? p employee-of "Stanford University"
}
```

知识图谱引擎返回知识图谱中符合查询的实体列表，如｛Chris Manning, Dan Jurafsky, Percy Liang｝。

目前，大部分知识图谱引擎都使用 SPARQL[79] 作为查询的表示语言。SPARQL 查询语言是面向基于三元组表示的知识库的标准查询语言，全称为 SPARQL Protocol and RDF Query Language。除了主要的 SQL 查询功能（如 SELECT、UPDATE、DELETE）之外，SPARQL 标准中也包含了其他丰富的功能，如推理功能和 Web API 等。

由于知识图谱的存储方式可以有多种，目前有许多工作关注如何将 SPARQL 查询重写到对应底层知识引擎的查询语言上。如有研究构建了一个完整的从 SPARQL 到 SQL 的转换模式，目前 R2RML 已经成为这方面的标准。给定从 SPARQL 到 SQL 的转换，如何构建一个尽可能高效的查询也被证明是一个值得研究的难点问题。

在更多的情况下，面向知识图谱的结构化查询本身并不构成一种语义搜索技术，而是作为一个支撑更上一层应用的基础模块，其主要不足之处如下：

（1）构建查询是一个复杂的过程，特别是对复杂的查询，往往只有专家才能掌握。

（2）在大知识图谱中找到正确的实体是一个困难的过程；实体用什么名字用户可以预先不知道。

（3）相比海量的查询，知识图谱中包含的信息往往只有一部分。

2. 面向知识图谱的关键词搜索

结构化查询的主要优点是，即使复杂的查询也能够被准确地回答，但是其缺点是非专家很难构建复杂的结构化查询。很多时候，对简单的查询仍使用复杂的结构化查询的情况并无必要。关键词搜索作为一种大家已经熟悉的查询方式可以很好地处理简单的实体查询任务。关键词搜索的输入是关键词列表（通常只有少数几个词），输出是知识图谱中与关键词相关的实体列表。例如，用户输入"斯坦福 自然语言处理 教授"，知识图谱应当返回与前面结构化查询一样的结果｛Chris Manning，Dan Jurafsky，Percy Liang｝。

与传统的文本检索不同，知识图谱中的实体被组织成网络结构，一个实体的信息不仅仅存在于实体本身的描述（如名字、别名），同时也存在于实体和实体之间的关系之中（如北京和中国之间存在的首都关系）。因此，面向知识图谱的关键词搜索主要研究如何表示实体以及如何设计针对性的实体排序算法来提升实体检索的性能。

（1）实体表示。相比传统的文档，实体的表示本身就是结构化的，因此目前大部分的关键词实体检索将实体表示为一个多域文本。在如何表示实体上已经有了许多的相关研究，Neumayer 等[80]将实体表示为包含 title 和 content 两个域的文本，Zhiltsov 等[81]扩展了上述模型，提出了一个包含 5 个域的实体文档表示，表 4-1 展示了每一个域的介绍以及 DBpedia 实体 Barack Obama 的表示示例。

表 4-1 基于域的实体表示及示例

域	描 述	示 例
names	实体的名字	barack obama barack hussein obama ii
attributes	所有实体的属性	44th current president united states birth place honolulu hawaii
categories	实体所在的类别	democratic party united states senator nobel peace prize laureate christian
similar entity names	与该实体非常相似或相同的名字	barack obama jr barak hussein obama barack h obama ii
related entity names	相关的实体名字	barack obama jr barak hussein obama barack h obama ii

实体表示的另一个核心难题是知识库中的实体描述与用户实体查询使用了不同的词汇,也就是词汇不匹配(vocabulary mismatch)问题。为了解决上述问题,Graus 等[82]提出了一种动态的实体表示方法,通过挖掘不同来源(知识库、Web 锚文本、微博、社会化标签和查询日志)中的实体描述来动态创建、更新和估计实体表示,从而有效解决词汇鸿沟问题。其实验结果表明社会化标签作为单一数据源可以取得最好的表示能力。

(2) 实体排序。由于知识图谱中的实体表示与传统文档具有差异,实体排序算法往往从传统文档检索算法出发,针对实体表示和知识图谱的特点进行针对性的改进。Robertson 等[83]提出了 BM25F 算法,针对一个实体使用多个域表示的特点,从两个角度改进了传统的 BM25 算法:一是针对每个域计算一个 BM25 得分,然后相加得到总体得分;二是进行域特定的长度归一化。Ogilvie 和 Callan[84]提出了域特定的语言模型检索打分算法:首先针对每个域构建一个语言描写,最后文档语言描写是不同域语言模型的线性组合。如何设定实体表示中不同域的权重也是一个重要研究问题。Kim 和 Croft[85]通过动态决定不同的查询项应该映射到哪个文档域来决定域的权重。

3. 面向知识图谱的自然语言问答

结构化查询可以精准地表示复杂的实体信息需求,但是结构化查询语言往往具有较高的复杂度,普通用户需要额外学习才能掌握。基于关键词的实体检索易于掌握,但是关键词的表达能力有限,无法处理复杂的实体检索需求。与上述两种方式相比,面向知识图谱的自然语言问答以自然语言问句描述用户的查询需求,兼顾了表达复杂信息需求的能力和用户掌握的难度。

给定用户输入的自然语言问句,问答系统首先将自然语言问句翻译为结构化的知识图谱查询语句(如 SPARQL、SQL 或 λ 表达式),然后使用之前提到的结构化查询进行查询。因此,面向知识图谱的自然语言问答的核心是如何将自然语言问句翻译到结构化语义表示上,这个工作也被称为语义解析(Semantic Parsing)[86]。图 4 - 14 展示了一个基于 CCG 文法进行语义解析的例子。

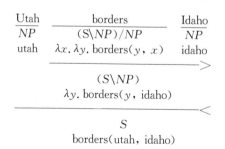

图 4 - 14 基于 CCG 文法的语义解析示例

语义解析已经有非常久远的研究历史,近年来更是成为研究热点。早期的语义解析系统往往采用基于规则的方法,20 世纪 90 年代随着统计机器学习方法的兴起逐渐开始转向基于统计的方法，近年来随着深度学习的兴起，越来越多基于深度学习的语义解析方法被提出。

一个语义解析系统通常包含两个功能：语义落地（semantic grounding）和结构预测（structure prediction）。

（1）语义落地指的是将句子中的实体和关系与物理世界中的实体和关系对应起来的过程。由于物理世界通常使用知识图谱来表示，因此语义落地的过程就是从句子成分到知识库对象的过程。在图 4-14 的例子中，语义落地模块将词语 Utah 与知识图谱中的美国犹他州进行了映射，将 borders 于语义关系 borders(x, y)进行了映射。

（2）基于语义落地的结果，结构预测指的是上述知识图谱对象如何相互组合成表示句子语义的过程。目前大部分的方法采用组合规则来进行结构预测，其最典型的代表为组合范畴文法（CCG）[87]。组合范畴文法一般使用四条组合规则就可以覆盖大部分的语言现象，分别如图 4-15 和图 4-16 所示。

$$A/B：f \quad B：g \Rightarrow A：f(g) \quad (>)$$
$$B：g \quad A\backslash B：f \Rightarrow A：f(g) \quad (<)$$

图 4-15　CCG 的函数应用（functional application）规则（前向和后向）示例一

$$A/B：f \quad B/C：g \Rightarrow A/C：\lambda x.f(g(x)) \quad (> \mathbf{B})$$
$$B\backslash C：g \quad A\backslash B：f \Rightarrow A\backslash C：\lambda x.f(g(x)) \quad (< \mathbf{B})$$

图 4-16　CCG 的函数应用（functional application）规则（前向和后向）示例二

近年来，语义解析的主要方向分别是基于语义图的语义表示和基于深度学习的端到端语义解析。其中语义图表示与目标知识图谱紧密相关[88]，且与句子的句法结构有更多的相似之处。通过利用循环神经网络模型把语义解析建模为序列到序列的翻译问题[89-90]，或序列到语义图的生成问题[91]，基于神经网络的语义解析方法可以构建端到端的模型，且无须设计文法、词典和特征。

4.6　展望

虽然知识图谱这个概念在 2010 年之后才被提出，但人类对结构化知识孜孜不倦的探索已经有几十年的历史，与人工智能的曲折发展紧密关联。在进入大数据时代的今天，大规模知识图谱被赋予了新的使命。

参考文献

[1]   Shapiro S C, Eckroth D. Encyclopedia of artificial intelligence[M]. Amsterdam: Elsevier, 1987.

[2]   Schank R C, Abelson R P. Scripts, plans, goals and understanding: an inquiry into human knowledge structures[J]. American Journal of Psychology, 1977, 92(1): 176.

[3]   Minsky M. A framework for representing knowledge[J]. Readings in Cognitive Science, 1988, 20(3): 156 - 189.

[4]   Duda R, Gaschnig J, Hart P. Model design in the prospector consultant system for mineral exploration[J]. Readings in Artificial Intelligence, 1981, 12(3): 334 - 348.

[5]   Miller G A. WordNet: a lexical database for English[J]. Communications of The ACM, 1995, 38(11): 39 - 41.

[6]   Matuszek C, Cabral J, Witbrock M J, et al. An introduction to the syntax and content of cyc[C]//Proceedings of the 2006 AAAI Spring Symposium on Formalizing and Compiling Background Knowledge and Its Applications to Knowledge Representation and Question Answering, 2006: 44 - 49.

[7]   Dong Z, Dong Q. HowNet — a hybrid language and knowledge resource[C]// Proceedings of 2003 IEEE International Conference on Natural Language Processing and Knowledge Engineering, October 26 - 29, 2003, Beijing, China. Piscataway: IEEE, 2003: 820 - 824.

[8]   Berners-Lee T, Handler J, Lassila O. The semantic web[J]. Scientific American, 2003, 284(5): 34 - 43.

[9]   Suchanek F M, Kasneci G, Weikum G. Yago: a large ontology from Wikipedia and WordNet[J]. Journal of Web Semantics, 2008, 6(3): 203 - 217.

[10]   Auer S, Bizer C, Kobilarov G, et al. Dbpedia: a nucleus for a web of open data[C]// Proceedings of the 6th International Semantic Web Conference and the 2nd Asian Semantic Web Conference, November 11 - 15, 2007, Busan, Korea, 2007: 722 - 735.

[11]   Navigli R, Ponzetto S P. BabelNet: building a very large multilingual semantic network[C]//Proceedings of the 48th Annual Meeting of the Association for Computational Linguistics, July 11 - 16, 2010, Uppsala, Sweden. Stroudsburg, PA, USA: Association for Computational Linguistics, 2010: 216 - 225.

[12]   Wu F, Weld D S. Autonomously semantifying Wikipedia[C]//Proceedings of the Sixteenth ACM Conference on Information and Knowledge Management, November, 2007, Lisbon, Portugal. New York: Association for Computing Machinery, 2007: 41 - 50.

[13]   Suchanek F, Weikum G. Knowledge harvesting in the big-data era[C]//Proceedings of the 2013 ACM SIGMOD International Conference on Management of Data, June, 2013,

New York. New York: Association for Computing Machinery, 2013: 933 - 938.

[14] Bollacker K, Cook R, Tufts P. Freebase: a shared database of structured general human knowledge[C]//Proceedings of the Twenty-Second AAAI Conference on Artificial Intelligence, July 22 - 26, 2007, Vancouver, British Columbia. Menlo Park, California: AAAI Press, 2007: 1962 - 1963.

[15] Vrandecic D, Krtoetzsch M. Wikidata: a free collaborative knowledgebase[J]. Communications of the Acm, 2014, 57(10): 78 - 85.

[16] Suchanek F M, Kasneci G, Weikum G. Yago: a core of semantic knowledge[C]// Proceedings of the 16th International Conference on World Wide Web, May, 2007, Banff, Alberta, Canada. New York: Association for Computing Machinery, 2007: 697 - 706.

[17] Wang Z, Zhang J, Feng J, et al. Knowledge graph and text jointly embedding[C]// Proceedings of the 2014 Conference on Empirical Methods in Natural Language Processing, October 25 - 29, 2014, Doha, Qatar. Stroudsburg, PA, USA: Association for Computational Linguistics, 2014: 1591 - 1601.

[18] Maedche A, Staab S. The text-to-onto ontology learning environment[C]// Proceedings of the Software Demonstration at ICCS-2000-Eight International Conference on Conceptual Structures, 2000.

[19] Hoffart J, Suchanek F M, Berberich K, et al. YAGO2: a spatially and temporally enhanced knowledge base from Wikipedia[J]. Artificial Intelligence, 2013, 194: 28 - 61.

[20] Mahdisoltani F, Biega J, Suchanek F M. Yago3: a knowledge base from multilingual wikipedias[C]//Proceedings of the 7th Biennial Conference on Innovative Data Systems Research, January 4 - 7, 2015, Asilomar, California, USA, 2015.

[21] Bordes A, Weston J, Collober R, et al. Learning structured embeddings of knowledge bases[C]//Proceedings of the Twenty-Fifth AAAI Conference on Artificial Intelligence, August 7 - 11, 2011, San Francisco, California. Menlo Park, California: AAAI Press, 2011: 301 - 306.

[22] Bordes A, Glorot X, Weston J, et al. Joint learning of words and meaning representations for open-text semantic parsing[C]//Proceedings of the 15th International Conference on Artificial Intelligence and Statistics, 2012, La Palma, Canary Islands, 2012: 127 - 135.

[23] Bordes A, Usunier N, Garcia-Duran A, et al. Translating embeddings for modeling multi-relational data[C]//Proceedings of the 26th International Conference on Neural Information Processing Systems. New York: Curran Associates Inc. , 2013: 2787 - 2795.

[24] Sutskever I, Salakhutdinov R, Tenenbaum J B. Modelling relational data using

Bayesian clustered tensor factorization[C]//Proceedings of the 22th International Conference on Neural Information Processing Systems, December 6 - 10, 2009, Vancouver, British Columbia, Canada, 2009: 1821 - 1828.

[25] Jenatton R, Roux N L, Bordes A, et al. A latent factor model for highly multi-relational data[C]//Proceedings of the 25th International Conference on Neural Information Processing Systems. New York: Curran Associates Inc., 2012: 3167 - 3175.

[26] Yang B, Yih W T, He X, et al. Embedding entities and relations for learning and inference in knowledge bases[C]//Proceedings of the 3rd International Conference on Learning Representations. New York: Association for Computing Machinery, 2015: 2965 - 2971.

[27] Liu H, Wu Y, Yang Y. Analogical inference for multi-relational embeddings[C]// Proceedings of the 34th International Conference on Machine Learning. Stroudsburg, PA, USA: International Machine Learning Society, 2017: 2168 - 2178.

[28] Socher R, Chen D, Manning C D, et al. Reasoning with neural tensor networks for knowledge base completion[C]//Proceedings of the 26th International Conference on Neural Information Processing Systems. New York: Curran Associates Inc., 2013: 926 - 934.

[29] Dong X, Gabrilovich E, Heitz G, et al. Knowledge vault: a web-scale approach to probabilistic knowledge fusion[C]//Proceedings of the 20th ACM SIGKDD International Conference on Knowledge Discovery and Data Mining, August, 2014. Menlo Park, California: AAAI Press, 2014: 601 - 610.

[30] Liu Q, Jiang H, Evdokimov A, et al. Probabilistic reasoning via deep learning: neural association models[J/OL]. arXiv: Artificial Intelligence, [2016 - 8 - 3]. arXiv preprint arXiv: 1603. 07704.

[31] Nickel M, Tresp V, Kriegel H P. A three-way model for collective learning on multi-relational data[C]//Proceedings of the 28th International Conference on Machine Learning. Madison, USA: Omnipress, 2011: 809 - 816.

[32] Nickel M, Tresp V, Kriegel H P. Factorizing YAGO: scalable machine learning for linked data[C]//Proceedings of the 21st International conference on World Wide Web, April, 2012, Lyon France. New York: Association for Computing Machinery, 2012: 271 - 280.

[33] Nickel M, Rosasco L, Poggio T. Holographic embeddings of knowledge graphs[C]// Proceedings of the Thirtieth AAAI Conference on Artificial Intelligence. Menlo Park, California: AAAI Press, 2016: 1955 - 1961.

[34] Trouillon T, Welbl J, Riedel S, et al. Complex embeddings for simple link prediction

[C]//Proceedings of the 33rd International Conference on Machine Learning – Volume 48. Stroudsburg, PA, USA: International Machine Learning Society, 2016: 2071 – 2080.

[35] Mikolov T, Sutskever I, Chen K, et al. Distributed representations of words and phrases and their compositionality [C]//Proceedings of the 26th International Conference on Neural Information Processing Systems. New York: Curran Associates Inc., 2013: 3111 – 3119.

[36] Mikolov T, Chen K, Corrado G, et al. Efficient estimation of word representations in vector space[J/OL]. arXiv: Computer Science, [2013 – 10 – 7]. arXiv perprint arXiv: 1301. 3781v1.

[37] Lin Y, Liu Z, Sun M, et al. Learning entity and relation embeddings for knowledge graph completion [C]//Proceedings of the Twenty-Ninth AAAI Conference on Artificial Intelligence. Menlo Park, California: AAAI Press, 2015: 2181 – 2187.

[38] Ji G, He S, Xu L, et al. Knowledge graph embedding via dynamic mapping matrix [C]//Proceedings of the 53rd Annual Meeting of the Association for Computational Linguisticsand the 7th International Joint Conference on Natural Language Processing, July 26 – 31, 2015, Beijing, China. Stroudsburg, PA, USA: Association for Computational Linguistics, 2015: 687 – 696.

[39] Ji G, Liu K, He S, et al. Knowledge graph completion with adaptive sparse transfer matrix[C]//Proceedings of the Thirtieth AAAI Conference on Artificial Intelligence. Menlo Park, California: AAAI Press, 2016: 985 – 991.

[40] Xiao H, Huang M, Hao Y, et al. TransA: an adaptive approach for knowledge graph embedding[J/OL]. arXiv: Computation and Language, [2013 – 10 – 28]. arXiv preprint arXiv: 1509. 05490.

[41] Xiao H, Huang M, Hao Y, et al. TransG: a generative mixture model for knowledge graph embedding[J/OL]. arXiv: Computation and Language, [2017 – 10 – 8]. arXiv preprint arXiv: 1509. 05488.

[42] He S, Liu K, Ji G, et al. Learning to represent knowledge graphs with Gaussian embedding [C]//Proceedings of the 24th ACM International on Conference on Information and Knowledge Management, October, 2015, Melbourne, Australia. New York: Association for Computing Machinery, 2015: 623 – 632.

[43] Zhong H, Zhang J, Wang Z, et al. Aligning Knowledge and Text Embeddings by Entity Descriptions[C]//Proceedings of the 2015 Conference on Empirical Methods in Natural Language Processing, September 17 – 21, 2015, Lisbon, Portugal. Stroudsburg, PA, USA: Association for Computational Linguistics, 2015: 267 – 272.

[44] Xu J, Chen K, Qiu X, et al. Knowledge graph representation with jointly structural

and textual encoding[C]//Proceedings of the 25th International Joint Conference on Artificial Intelligence. Menlo Park, California: AAAI Press, 2016: 1318 - 1324.

[45] Xie R, Liu Z, Jia J, et al. Representation Learning of Knowledge Graphs with Entity Descriptions [C]//Proceedings of the Thirtieth AAAI Conference on Artificial Intelligence. Menlo Park, California: AAAI Press, 2016: 2659 - 2665.

[46] Chang K W, Yih W T, Yang B, et al. Typed tensor decomposition of knowledge bases for relation extraction[C]//Proceedings of the 2014 Conference on Empirical Methods in Natural Language Processing, October 25 - 29, 2014, Doha, Qatar. Stroudsburg, PA, USA: Association for Computational Linguistics, 2014: 1568 - 1579.

[47] Krompaß D, Baier S, Tresp V. Type-constrained representation learning in knowledge graphs[C]//Proceedings of the 14th International Semantic Web Conference, October 11 - 15, 2015, Bethlehem, PA, USA: Springer, 2015: 640 - 655.

[48] Guo S, Wang Q, Wang B, et al. Semantically smooth knowledge graph embedding [C]//Proceedings of the 53rd Annual Meeting of the Association for Computational Linguisticsand the 7th International Joint Conference on Natural Language Processing, July 26 - 31, 2015, Beijing, China. Stroudsburg, PA, USA: Association for Computational Linguistics, 2015: 84 - 94.

[49] Hu Z, Huang P, Deng Y, et al. Entity hierarchy embedding[C]//Proceedings of the 53rd Annual Meeting of the Association for Computational Linguisticsand the 7th International Joint Conference on Natural Language Processing, July 26 - 31, 2015, Beijing, China. Stroudsburg, PA, USA: Association for Computational Linguistics, 2015: 1292 - 1300.

[50] Xie R, Liu Z, Sun M. Representation learning of knowledge graphs with hierarchical types [C]//Proceedings of the 25th International Joint Conference on Artificial Intelligence. Menlo Park, California: AAAI Press, 2016: 2965 - 2971.

[51] Xie R, Liu Z, Luan H, et al. Image-embodied knowledge representation learning [C]//Proceedings of the 26th International Joint Conference on Artificial Intelligence. Menlo Park, California: AAAI Press, 2017: 3140 - 3146.

[52] Lin Y, Liu Z, Luan H, et al. Modeling relation paths for representation learning of knowledge bases[C]//Proceedings of the 2015 Conference on Empirical Methods in Natural Language Processing, September 17 - 21, 2015, Lisbon, Portugal. Stroudsburg, PA, USA: Association for Computational Linguistics, 2015: 705 - 714.

[53] Zeng D, Liu K, Lai S, et al. Relation classification via convolutional deep neural network[C]//Proceedings of the 25th International Conference on Computational Linguistics. Stroudsburg, PA, USA: Association for Computational Linguistics, 2014: 2335 - 2344.

[54] Zeng D, Liu K, Chen Y, et al. Distant supervision for relation extraction via piecewise convolutional neural networks[C]//Proceedings of the 2015 Conference on Empirical Methods in Natural Language Processing, September 17 - 21, 2015, Lisbon, Portugal. Stroudsburg, PA, USA: Association for Computational Linguistics, 2015: 1753 - 1762.

[55] Zhang D, Wang D. Relation classification via recurrent neural network[J/OL]. arXiv: Computation and Language, [2015 - 12 - 25]. arXiv: 1508.01006.

[56] Hochreiter S, Schmidhuber J. Long short-term memory[J]. Neural Computation, 1997, 9(8): 1735 - 1780.

[57] Cho K, van Merrienboer B, Gulcehre C, et al. Learning phrase representations using RNN encoder-decoder for statistical machine translation[C]//Proceedings of the 2014 Conference on Empirical Methods in Natural Language Processing, October 25 - 29, 2014, Doha, Qatar. Stroudsburg, PA, USA: Association for Computational Linguistics, 2014: 1724 - 1734.

[58] Bahdanau D, Cho K, Bengio Y. Neural machine translation by jointly learning to align and translate[J/OL]. arXiv: Computer Science, [2016 - 5 - 19]. arXiv preprint arXiv: 1409.0473.

[59] Socher R, Huval B, Manning C D, et al. Semantic compositionality through recursive matrix-vector spaces [C]//Proceedings of the 2012 Joint Conference on Empirical Methods in Natural Language Processing and Computational Natural Language Learning. Stroudsburg, PA, USA: Association for Computational Linguistics, 2012: 1201 - 1211.

[60] Tai K S, Socher R, Manning C D. Improved semantic representations from tree-structured long short-term memory networks[C]//Proceedings of the 53rd Annual Meeting of the Association for Computational Linguisticsand the 7th International Joint Conference on Natural Language Processing, July 26 - 31, 2015, Beijing, China. Stroudsburg, PA, USA: Association for Computational Linguistics, 2015: 1556 - 1566.

[61] Mintz M, Bills S, Snow R, et al. Distant supervision for relation extraction without labeled data [C]//Proceedings of the 47th Annual Meeting of the Association for Computational Linguistics and the International Joint Conference on Natural Language Processing, August 2 - 7, 2009, Suntec, Singapore. Stroudsburg, PA, USA: Association for Computational Linguistics, 2009: 1003 - 1011.

[62] Lin Y, Shen S, Liu Z, et al. Neural relation extraction with selective attention over instances [C]//Proceedings of the 54th Annual Meeting of the Association for Computational Linguistics, August, 2016, Berlin, Germany. Stroudsburg, PA,

USA: Association for Computational Linguistics, 2016: 2124 - 2133.

[63] Han X, Sun L. Distant supervision via prototype-based global representation learning [C]//Proceedings of the Thirty-First AAAI Conference on Artificial Intelligence. Menlo Park, California: AAAI Press, 2017: 3443 - 3449.

[64] Ji H, Grishman R, Dang H T, et al. Overview of the TAC 2010 knowledge base population track[C]//Proceedings of the Third Text Analysis Conference, November 15 - 16, 2010, Gaithersburg, Maryland, USA, 2010.

[65] Nadeau D, Sekine S. A survey of named entity recognition and classification[J]. Linguisticae Investigationes, 2007, 30(1): 3 - 26.

[66] Mihalcea R, Csomai A. Wikify: linking documents to encyclopedic knowledge[C]// Proceedings of the Sixteenth ACM Conference on Information and Knowledge Management, November, 2007, Lisbon, Portugal. New York: Association for Computing Machinery, 2007: 233 - 242.

[67] Milne D, Witten I H. Learning to link with Wikipedia[C]//Proceedings of the 17th ACM conference on Information and Knowledge Management, October, 2008, Napa Valley, California, USA. New York: Association for Computing Machinery, 2008: 509 - 518.

[68] Bollegala D, Honma T, Matsuo Y, et al. Mining for personal name aliases on the web [C]//Proceedings of the 17th international Conference on World Wide Web, April, 2008, Beijing, China. New York: Association for Computing Machinery, 2008: 1107 - 1108.

[69] Silvestri F. Mining query logs: turning search usage data into knowledge [J]. Foundations & Trends in Information Retrieval, 2010, 4(1 - 2): 1 - 174.

[70] Han X, Sun L. A generative entity-mention model for linking entities with knowledge base [C]//Proceedings of the 49th Annual Meeting of the Association for Computational Linguistics: Human Language Technologies, June, 2011, Portland, Oregon, USA. Stroudsburg, PA, USA: Association for Computational Linguistics, 2011: 945 - 954.

[71] Han X, Sun L, Zhao J. Collective entity linking in web text: a graph-based method [C]//Proceedings of the 34th International ACM SIGIR Conference on Research and Development in Information Retrieval, July, 2011, Beijing, China. New York: Association for Computing Machinery, 2011: 765 - 774.

[72] Ganea O-E. , Ganea M, Lucchi A, et al. Probabilistic bag-of-hyperlinks model for entity linking[C]//Proceedings of the 25th International Conference on World Wide Web, April, 2016, Montréal Québec Canada. [s. l.]: International World Wide Web Conferences Steering Committee, Republic and Canton of Geneva, Switzerland, 2016:

927 - 938.

[73] Han X, Sun L. An entity-topic model for entity linking[C]//Proceedings of the 2012 Joint Conference on Empirical Methods in Natural Language Processing and Computational Natural Language Learning. Stroudsburg, PA, USA: Association for Computational Linguistics, 2012: 105 - 115.

[74] Ratinov L, Roth D, Downey D, et al. Local and global algorithms for disambiguation to Wikipedia[C]//Proceedings of the 49th Annual Meeting of the Association for Computational Linguistics: Human Language Technologies — Volume 1. Stroudsburg, PA, USA: Association for Computational Linguistics, 2011: 1375 - 1384.

[75] Kulkarni S, Singh A, Ramakrishnan G, et al. Collective annotation of Wikipedia entities in web text[C]//Proceedings of the 32th International ACM SIGIR Conference on Research and Development in Information Retrieval. New York: Association for Computing Machinery, 2009: 457 - 466.

[76] Francis-Landau M, Durrett G, Klein D. Capturing semantic similarity for entity linking with convolutional neural networks[C]//Proceedings of Human Language Technologies: the 2016 Annual Conference of the North American Chapter of the Association for Computational Linguistics, June 12 - 17, 2016, San Diego California, USA. Stroudsburg, PA, USA: Association for Computational Linguistics, 2016: 1256 - 1261.

[77] Sun Y, Lin L, Tang D, et al. Modeling mention, context and entity with neural networks for entity disambiguation [C]//Proceedings of the 24th International Conference on Artificial Intelligence. Menlo Park, California: AAAI Press, 2015: 1333 - 1339.

[78] Vincent P, Larochelle H, Bengio Y, et al. Extracting and composing robust features with denoising autoencoders [C]//Proceedings of the 25th International Conference on Machine Learning. New York: Association for Computing Machinery, 2008: 1096 - 1103.

[79] Prud E, Seaborne A. SPARQL query language for RDF[R]. W3C Technical Report, 2006.

[80] Neumayer R, Balog K, Nørvåg K. On the modeling of entities for ad-hoc entity search in the web of data[C]//Proceedings of the 34th European Conference on Advances in Information Retrieval. Berlin: Springer-Verlag, 2012: 133 - 145.

[81] Zhiltsov N, Kotov A, Nikolaev F. Fielded sequential dependence model for ad-hoc entity retrieval in the web of data[C]//Proceedings of the 38th International ACM SIGIR Conference on Research and Development in Information Retrieval. New York: Association for Computing Machinery, 2015: 253 - 262.

[82] Graus D, Tsagkias M, Weerkamp W, et al. Dynamic collective entity representations

for entity ranking[C]//Proceedings of the Ninth ACM International Conference on Web Search and Data Mining, February 22 – 25, 2016, San Francisco, California, USA. New York: Association for Computing Machinery, 2016: 595 – 604.

[83] Robertson S, Zaragoza H, Taylor M. Simple BM25 extension to multiple weighted fields [C]//Proceedings of the Thirteenth ACM International Conference on Information and Knowledge Management, November, 2004, Washington, USA. New York: Association for Computing Machinery, 2004: 42 – 49.

[84] Ogilvie P, Callan J. Combining document representations for known-item search[C]// Proceedings of the 26th Annual International ACM SIGIR Conference on Research and Development in Information Retrieval, July, 2003, Toronto, Canada. New York: Association for Computing Machinery, 2003: 143 – 150.

[85] Kim J, Croft W B. Ranking using multiple document types in desktop search[C]// Proceedings of the 33th International ACM SIGIR Conference on Research and Development in Information Retrieval. New York: Association for Computing Machinery, 2010: 50 – 57.

[86] Thompson C A. Corpus-based lexical acquisition for semantic parsing[D]. Austin: University of Texas, 1996.

[87] Steedman M. The Syntactic Process[M]. Massachusetts: MIT Press, 2000.

[88] Yih W T, Chang M W, He X, et al. Semantic parsing via staged query graph generation: question answering with knowledge base[C]//Proceedings of the 53rd Annual Meeting of the Association for Computational Linguisticsand the 7th International Joint Conference on Natural Language Processing, July 26 – 31, 2015, Beijing, China. Stroudsburg, PA, USA: Association for Computational Linguistics, 2015: 1321 – 1331.

[89] Xiao C, Dymetman M, Gardent C. Sequence-based structured prediction for semantic parsing[C]//Proceedings of the 54th Annual Meeting of the Association for Computational Linguistics (Volume 1: Long Papers), August 7 – 12, Berlin, Germany. Stroudsburg, PA, USA: Association for Computational Linguistics, 2016: 1341 – 1350.

[90] Dong L, Lapata M. Language to logical form with neural attention[J/OL]. arXiv: Computation and Language, [2016 – 6 – 6]. arXiv preprint arXiv: 1601. 01280.

[91] Chen B, An B, Sun L, et al. Sequence-to-action: end-to-end semantic graph generation for semantic parsing[C]//Proceedings of the 56th Annual Meeting of the Association for Computational Linguistics (Volume 1: Long Papers), July, 2018, Melbourne, Australia. Stroudsburg, PA, USA: Association for Computational Linguistics, 2018: 766 – 777.

5 文本分类与自动文摘

黄民烈　邱锡鹏　姚金戈

黄民烈,清华大学计算机科学与技术系,电子邮箱: aihuang@tsinghua. edu. cn
邱锡鹏,复旦大学计算机科学技术学院,电子邮箱: xpqiu@fudan. edu. cn
姚金戈,北京大学计算机研究所,电子邮箱: yaojinge@pku. edu. cn

5.1 文本分类

5.1.1 文本分类的定义

作为自然语言处理中最常见最基础的任务,文本分类是指对给定的文本片段给出合适的类别标记,属于一个非常典型的机器学习分类问题。从输入文本的长度来说,可以分成文档级、句子级、短语搭配级的文本分类。从应用的领域区分来说,文本分类可以分成话题分类(如新闻文档中的话题)、情感分类(常见于情感分析和观点挖掘中)、意图分类(常见于问答和对话系统中)、关系分类(常见于知识库构建与补全中)。

5.1.2 文本分类的研究意义与挑战

文本分类的研究意义是不言而喻的,它常常作为自然语言处理系统的前置模块出现,同时在许多任务中,文本分类往往可以达到工业级产品应用的要求,因而也成为实用系统中最重要的算法模块之一。因此,其重要意义不仅体现在学术研究上,还体现在工业应用中。

然而,目前的研究仍面临许多的挑战,其中的一些挑战甚至源于自然语言处理的核心问题,即不能有效地理解文本所包含的真正语义。在短文本分类上,我们普遍面临特征稀疏的问题,即使引入深度学习、词向量表示等技术,文本本身所蕴含的语义仍不能由简单的数值化向量来充分体现。同时,短文本的理解需要上下文和外部知识,如何正确地建模和利用这些外部信息仍然是非常具有挑战性的工作。在长文本分类上,目前的研究则面临信息过滤和选择的问题,即并不是所有的信息都对文本分类起到重要的作用,如何自动甄别重要的、去掉不重要的内容成为关键。另外一个重要的挑战是在跨领域迁移、低资源文本分类这两方面。最后,文本分类在不同数据集和不同任务上的性能差距巨大,距离目前人类水平的分类性能还非常遥远,这说明当前的模型和算法还远没有解决语义理解的本质问题。

5.1.3 模型与方法

本节将主要回顾近年来以深度学习为代表的文本分类模型与方法。

1. 神经词袋模型

所谓词袋模型(bag-of-words),就是把文本看作一个关于词或短语的集合,且不考虑词序,即认为词语之间是互相独立的,例如经典朴素贝叶斯模型。在神经网络模型中,也有一派模型归于词袋模型,即玻耳兹曼机、经典自编码器、词袋词向量模型。

在玻耳兹曼机(Boltzmann machine)[1-2]中,输入文本被表示为{0,1}向量,每一个维度代表一个词;模型学习中间的隐藏表示,并将隐藏表示作为文本的表示接入其他的分类模块(如全连接的前馈神经网络)中。

在经典自编码器(autoencoder)[3]中,输入文本同样表示为{0,1}向量,通过神经网络的编码和解码操作,得到中间的编码表示,该编码表示用作最终的特征表示。通常,编码和解码过程是对称的操作,模型通过最小化重构误差实现训练的过程。结合带标注的数据,我们可以进一步精调(fine tune)中间的编码表示。

词袋词向量模型,则简单地把文本所有的词向量取平均值或取极大值(max),例如一个句子的表示可以由该句子中所有单词的词向量的平均或所有词向量每个维度取 max 构成。或者经过一定的神经网络变换(如 deep averaging network)[4],得到一个文本表示后连接分类模块,实现最终的分类预测目标。

2. 序列模型

序列模型把文本看作一个从前往后的词序列。在这种视角下,单词之间有前后顺序的依赖关系。这类模型最经典的代表是卷积网络模型(CNN)和循环神经网络模型(RNN,含 GRU、LSTM 等)。

1) 卷积神经网络(convolutional neural network,CNN)

CNN 是一种前馈神经网络,由于其在图像领域取得的巨大成功,它很快应用于自然语言处理领域。一般最典型的卷积神经网络的架构是:输入层、卷积层、池化层(pooling)和全连接层。输入文本中每个词的词向量可以构成一个输入矩阵,这个矩阵等同于一个类似输入图像的矩阵,后续的操作如卷积和池化层,均类似图像 CNN 的处理过程。一个基本的结构如图 5-1 所示[5],其中包括了输入文本的词向量部分,卷积操作层(每次针对连续的 n 个词),池化层,全连接层。

该模型被提出后,学术界又提出了各种基于 CNN 模型的变种,主要的研究方向可以分为 CNN 基本单元的改进,网络结构的改进以及输入表征的改进。

基本单元的改进包括在池化层中动态选择 k 个最大值的 k-max 模型[6]。相比于标准的最大值池化,k-max 能够保留更多的有效信息,且 k 的数值可以根

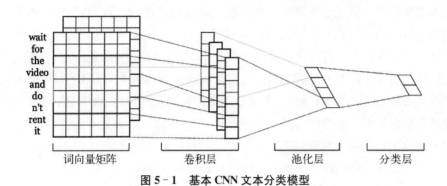

图 5 - 1　基本 CNN 文本分类模型

据网络的不同深度自适应地进行调节。Lei 等[7]则对标准的一维卷积操作进行了改进,其提出张量代数的计算方式充分利用词汇之间的关联。为了加速运算,他们采用动态规划迭代形成不同的 n-gram,并采用多个 n-gram 的拼接作为最后分类层的输入。

　　网络结构的改进则是对 CNN 整体架构和连接方式的优化。Conneau 等[8]采用了 32 层的深度残差网络(ResNet),旨在利用深度的网络结构更好地提取文本信息,残差结构能够使更深的网络避免梯度弥散的问题,有利于模型收敛。Johnson 等[9]也采用了残差结构,但其探索了一种兼顾效率和性能的网络组成方式,能够在增加网络深度的同时,既能简化网络参数规模又能保持精度,取得了比 Conneau 等[8]更好的效果。不同于以上基于残差结构的网络,Wang 等[10]提出了密集连接的网络来解决变长 n-gram 的问题。区别于定长的卷积核,密集连接能够保留网络中不同尺度的特征。同时,他们提出了基于注意力模型的多尺度特征选择机制,能够自适应地选择合适的特征尺度用来对文本进行分类。

　　基于输入表征的改进是指区别于常用的预训练的词向量表达方式。Zhang 等[11]将文本表示建立在 70 个字母的特征上。由于常用字母的个数(文中定义为 70)远远小于常用的单词词汇表长度,这样的输入能在很大程度上减少对输入的处理,且适用于多种语言。Johnson 等[12]用高维的 one-hot 来替换预训练的低维词向量。该方法利用较为原始的高维输入,旨在通过卷积网络本身在隐层中自动学会局部区域的表达。以上两种方法都是对带标签的数据进行直接学习,而 Johnson[13]利用了 two-view 半监督学习方式。他在大量的无标签数据中训练了能够对局部区域进行表达的模型,并以此作为带标签数据的额外输入信息来帮助输入信息的表达。

　　值得注意的是,绝大多数的 CNN 模型把输入词向量矩阵等同于图片中的输入图像矩阵。但显然图像矩阵里包括了大量的局部相关性和冗余性,即某个像素点附近的信息是大量冗余的且高度相关的。但对于词向量而言,词向量各个维度之间或许并不存在这样的局部相关性,信息的冗余或许也不存在,即输入词矩阵与图像矩阵有本质的不同。这也可以解释为什么大部分 CNN 文本分类模型都采用了窄长的卷积窗口(覆盖整个词向量的长度,有少数模型采用类似图像的卷积窗),而不是像图像里的小卷积核(如 3×3)。对于文本而言,卷积窗必须覆盖整个词向量才更有意义。

2) 循环神经网络(recurrent neural network,RNN)

RNN 是另一种典型的序列模型。RNN 对输入序列逐个扫描,在每个位置输入一个词向量,并最终形成一个固定长度的向量表示。其最本质的函数形式可以体现为

$$h_t = f(x_t, h_{t-1})$$

其中,h_t 表示 t 时刻的隐状态向量;x_t 表示 t 时刻的输入向量。

RNN 模型常见的变种包括 GRU(gated recurrent units)[14] 以及在一定程度上避免了梯度消失和梯度爆炸的 LSTM[15]。作为最常见的序列建模的深度学习模型,它引入了一个隐向量 h_t 来表示上下文,在对序列建模时,它按照一定的顺序(从前往后或从后往前)对序列进行扫描,将词向量和之前的隐向量 h_{t-1} 作为输入,通过合成函数编码成新的上下文向量 h_t,从而这个上下文向量 h_t 中将会包含当前扫描过的所有文本的信息。RNN 模型的公式形式化为

$$h_t = f(W_x x_t + W_h h_{t-1} + b_h)$$

其中,x_t 是时刻 t 的输入向量;h_t 是时刻 t 的隐向量(上下文向量);W_x、W_h、b_h 是 RNN 中的模型参数;一般使用的非线性函数 f 是 tanh 函数。一个经典的 RNN 的结构如图 5-2 所示。

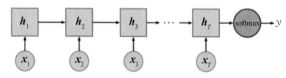

图 5-2　RNN 序列模型

从理论上来讲,RNN 能够对任意长度的上下文进行建模,但是在采用反向传播算法(back propagation)训练模型时,通常会遇到梯度消失(gradient vanishing)和梯度爆炸(gradient explosion)两个问题,即梯度回传时变得过小或

者过大,不能有效地训练模型,使得 RNN 在长距离依赖关系中不能很好地发挥作用。长短期记忆网络(long short-term memory, LSTM)正是为了解决这一问题而提出的。LSTM 通过引入"记忆单元(memory cell)"和"门(gates)"来解决 RNN 在训练中所存在的问题,即对历史信息进行记录,并且这个记录是有控制有选择的。LSTM 的门包括 3 个:输入门(控制输入信息的多少)、遗忘门(控制补充多少新信息、遗忘多少旧信息)、输出门(控制输出多少信息)。这些门参与到状态更新中,即隐状态向量更新与记忆单元向量的更新(见图 5-3)。

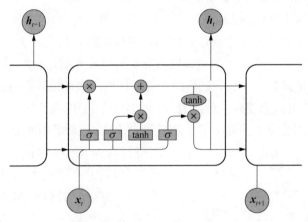

注:图中"×"号表示向量逐个元素相乘。

图 5-3 LSTM 的结构

LSTM 通过给简单的循环神经网络增加记忆及控制门的方式,增强了其处理远距离依赖问题的能力,类似的改进还有门控循环单元(gated recurrent unit, GRU)。不同于 LSTM 的 3 个门的设计方式,GRU 采用了两个门:更新门(update gate, z)控制每次更新的信息,重置门(reset gate, r)控制历史状态向量对当前状态向量的影响(见图 5-4)。

GRU 公式为

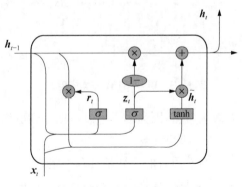

注:图中"×"号表示向量逐个元素相乘。

图 5-4 GRU 结构

$$z_t = \sigma(W_z \boldsymbol{x}_t + U_z \boldsymbol{h}_{t-1})$$

$$\boldsymbol{r}_t = \sigma(W_t \boldsymbol{x}_t + U_t \boldsymbol{h}_{t-1})$$

$$\tilde{\boldsymbol{h}}_t = \tanh(\boldsymbol{W}\boldsymbol{x}_t + \boldsymbol{U}(\boldsymbol{r}_t \oplus \boldsymbol{h}_{t-1}))$$

$$\boldsymbol{h}_t = (1 - \boldsymbol{z}_t) \oplus h_{t-1} + \boldsymbol{z}_t \oplus \tilde{\boldsymbol{h}}_t$$

从 LSTM 和 GRU 的公式里可以看出,两者都会有门操作,在决定是否保留上一时刻的状态及是否接收此时刻的外部输入时,LSTM 是用遗忘门(forget gate) $\boldsymbol{f}_t$ 和输入门(input gate) $\boldsymbol{i}_t$ 来做到的,GRU 则是只用了一个更新门(update gate) $\boldsymbol{z}_t$,两者都能够很好地解决长距离依赖的问题,但 GRU 在大型的网络结构中,往往因效率更高而被广泛采用。

标准的 RNN 按时序处理序列,因为都是从前往后的顺序,所以往往容易忽略未来的上下文信息即在当前位置还不能看到的输入信息。为此,双向循环神经网络(BiRNN)对一个序列向前和向后分别构建两个循环神经网络(RNN),最终前向网络中的最后一个位置的隐状态与反向网络中的第一个位置的隐状态拼接起来,可以作为这个序列的最终表示。在这个结构中,每个位置上的前向网络和反向网络分别提供了前缀上下文和后缀上下文,因而具有更加全局的上下文刻画。双向 LSTM(bi — LSTM)(见图 5 - 5)是一个目前在自然语言处理领域中非常典型的网络,多应用于序列标注、命名体识别、机器翻译和语言生成等很多场景中。

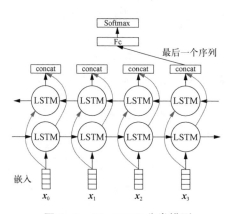

图 5 - 5   Bi - LSTM 分类模型

除此之外,RNN 网络还可以在与序列垂直的方向上进行堆叠(stack),形成一个深度网络。一般有两种设置:一种是每个位置的输入向量依次输入每层堆叠的网络中;另一种是只采用前一层的隐状态作为后一层网络的输入。前一种设置较为常见,因为输入信息可以得到更加充分的利用。

3. 结构模型

自然语言的天性是具有一定语法、句法、语义结构,由短的片段合成长的语义单元,即合成性是其本质特点。前两类模型并没有考虑语言本身的结构特点。结构模型则考虑语言这种结构特点,其一般基于一个事先得到(如 parser)或自动学习的结构[16-18],形成一种结构化的表示并基于此表示进行分类。这两类模型最典型的代表是递归自编码器(recursive autoencoder)和树结构 LSTM(tree-structured LSTM)。

1）递归自编码器神经网络[19]

该神经网络在语法树结构的基础上自底向上进行句子表示的合成。经过近几年的发展,这种模式已成为一个单独的流派,其经典变种还有递归张量神经网络(RNTN)[20]、树结构 LSTM[21]等(见图 5-6)。

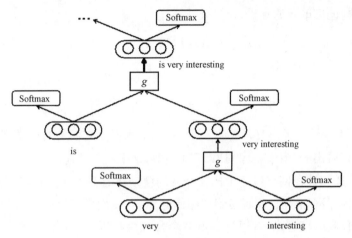

图 5-6　递归神经网络

递归神经网络[19]会以叶节点的词向量为起点,自底向上地合成短语向量,直至根节点的句子向量。例如在图 5-6 中,首先将 very 和 interesting 的词向量合成为 very interesting 的短语向量,再将 is 与之前合成的短语向量合成为 is very interesting 的短语向量,依此类推。合成函数是这个网络中最关键的部分。具体地讲,这个合成函数会把左、右子短语向量 $\boldsymbol{h}_t^l$, $\boldsymbol{h}_t^r \in \mathbf{R}^d$ 合成为父节点的短语向量 $\boldsymbol{h}_t \in \mathbf{R}^d$,通过公式描述为

$$\boldsymbol{h}_t = f(W \cdot [\boldsymbol{h}_t^l, \boldsymbol{h}_t^r] + b)$$

其中,$[\boldsymbol{h}_t^l, \boldsymbol{h}_t^r]$ 表示左、右两个向量的拼接;$W \in \mathbf{R}^{d \times 2d}$ 和 $b \in \mathbf{R}^d$ 是模型需要训练的参数;f 是一个激活函数,往往会选择 tanh、sigmoid、relu 等函数。

与序列模型类似,递归神经网络中的每个节点 v_t 都能连接一个分类层,作为神经网络的输出。训练神经网络的目标是最小化标注与模型输出之间的交叉熵,通过梯度回传算法即可训练得到神经网络的参数。另一方面,有些模型只在根节点接入监督信息,这往往是根据数据是否包含短语级监督信息而决定的。

张量递归神经网络[20]与传统递归神经网络的不同主要体现在合成函数上。考虑到在传统的递归神经网络中 $\boldsymbol{h}_t^l$ 和 $\boldsymbol{h}_t^r$ 之间只存在简单的加法关系,张量递归神经网络通过一个张量 $\boldsymbol{T} \in \mathbf{R}^{2d \times d \times 2d}$ 引入了维度之间的关联,通过公式描述为

$$h_t = f([h_t^l, h_t^r] \cdot T \cdot [h_t^l, h_t^r] + b)$$

2）树结构的 LSTM[21]

树结构的 LSTM 借鉴了序列 LSTM 的思想，为了解决梯度消失的问题，在递归神经网络中的每个节点引入记忆单元 $c_t \in \mathbf{R}^d$，并通过输入门、遗忘门以及输出门控制记忆单元的衰减，通过公式描述为

$$u_t = f(W \cdot [h_t^l, h_t^r] + b)$$

$$c_t = f_t^l \cdot c_t^l + f_t^r \cdot c_t^r + i_t \cdot u_t$$

$$h_t = o_t \cdot f(c_t)$$

其中，i_t 为输入门；f_t^l 和 f_t^r 为遗忘门；o_t 为输出门。它们是通过模型参数以及 h_t^l、h_t^r 计算得出的，由于与序列 LSTM 类似，这里不再赘述。

此外，递归神经网络流派中比较经典的模型还有深度递归神经网络[22]和自适应递归神经网络[23]。前者借鉴了图像的思想，使用了多层的递归神经网络来拟合不同粒度的信息；后者通过学习多个合成函数以及它们的组合方式来进行更好的合成。

另外的一些研究则考虑如何自动发现文本的结构，并基于这种结构化的表示实现文本分类任务。Yogatama 等[16]提出了一种在分类的同时构建句法分析树的方法，采用强化学习去训练模型。但这种递归的二叉树结构因为层次过深，在模型的分类性能上并没有取得很好的效果。为了解决这个问题，Zhang 等[17]提出了一种新的基于强化学习的方法，开发了信息蒸馏模型或者两层的层次化结构模型进行文本表示，利用类别监督作为回报信号训练策略网络。其采用较浅层的结构不仅获得了更好的分类性能，还能学到分类任务相关的结构。还有一种方式是通过隐变量刻画文本片段之间的分割，并从多尺度（multi-scale）的角度实现文本表示的扩展[18]，这种方法也能较好地实现文本结构的探索。

4. 考虑语言学知识的分类模型

在文本分类任务中，一些语言学知识往往对句子表示的合成起到指导性作用。常用的语言学知识主要包括词性、语法树、否定词/增强词表等。例如在情感分类中，形容词短语更重要一些，情感词、否定词等也扮演重要的角色。

结合情感词特征的 LSTM 模型[24]将情感词信息引入了神经网络之中（见图 5-7）。研究者认为一个句子的情感信息主要取决于其包含的情感词，所以模型使用情感词的情感分数与神经网络给出的权重系数进行加权平均，作为最终的句子情感词分数。其中，情感分数的权重也是通过神经网络的输出得到的。

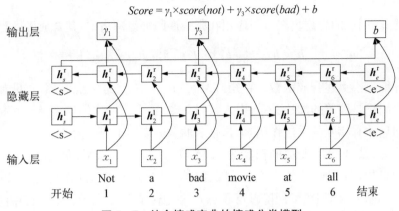

$$Score = \gamma_1 \times score(not) + \gamma_3 \times score(bad) + b$$

图 5‑7 结合情感字典的情感分类模型

词性对文本分类任务的指导意义尤为重要。不同词性对特定文本分类任务所起到的作用是截然不同的。结合词性表示的递归神经网络模型[25]，以及结合词性表示的树状 LSTM 模型[26]正是考虑了这个特性。

借鉴词向量的思想，结合词性表示的递归神经网络模型（TE‑RNN）为每个词性学习了一个特有的向量表示 $e \in \mathbf{R}^{d_e}$。在自底向上递归合成的过程中，模型除了考虑左、右子词向量 h_t^1, $h_t^r \in \mathbf{R}^d$，还会同时考虑它们的词性向量 e_t^1, $e_t^r \in \mathbf{R}^{d_e}$，如图 5‑8 所示。具体地讲，其合成函数可以表示为

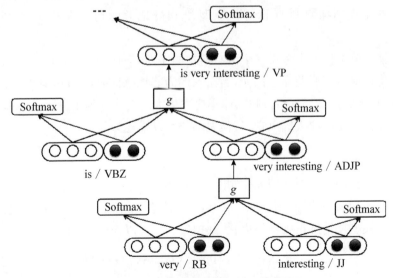

图 5‑8 结合词性表示的递归神经网络

$$h_t = f(\boldsymbol{W} \cdot [\boldsymbol{h}_t^{\mathrm{l}}, \boldsymbol{h}_t^{\mathrm{r}}, \boldsymbol{e}_t^{\mathrm{l}}, \boldsymbol{e}_t^{\mathrm{r}}] + b)$$

此外,词性的思想仍然可以应用在张量递归神经网络中,其合成函数为

$$h_t = f([\boldsymbol{h}_t^{\mathrm{l}}, \boldsymbol{h}_t^{\mathrm{r}}, \boldsymbol{e}_t^{\mathrm{l}}, \boldsymbol{e}_t^{\mathrm{r}}] \cdot \boldsymbol{T} \cdot [\boldsymbol{h}_t^{\mathrm{l}}, \boldsymbol{h}_t^{\mathrm{r}}, \boldsymbol{e}_t^{\mathrm{l}}, \boldsymbol{e}_t^{\mathrm{r}}] + b)$$

仔细观察上述合成函数。在矩阵 $\boldsymbol{W} \in \mathbf{R}^{d \times (2d + 2d_e)}$ 的作用下,词向量和词性向量之间只是简单的加法关系;引入张量 $\boldsymbol{T} \in \mathbf{R}^{(2d + 2d_e) \times d \times (2d + 2d_e)}$ 之后,词向量和词性向量才有相互的乘法作用,但是张量的参数规模十分巨大。

为此,结合词性表示的树状 LSTM 模型(TE‐LSTM)借鉴了 LSTM 中"门"的思想,利用词性信息去控制记忆单元记住、遗忘信息的比例。以树状 LSTM 为基础,模型仍然用隐藏层状态 $\boldsymbol{i}_t$ 和记忆单元 $\boldsymbol{c}_t$ 表示合成过程中的每个节点以及对应的合成函数,与之不同的是通过词性计算输入门 $\boldsymbol{i}_t$、遗忘门 $\boldsymbol{f}_t^{\mathrm{l}}$ 与 $\boldsymbol{f}_t^{\mathrm{r}}$ 和输出门 $\boldsymbol{o}_t$,通过公式描述为

$$\boldsymbol{i}_t = \boldsymbol{W}^i \cdot \boldsymbol{e}_t$$

$$\boldsymbol{f}_t^* = \boldsymbol{W}^f \cdot \boldsymbol{e}_t^*, * \in \{l, r\}$$

$$\boldsymbol{o}_t = \boldsymbol{W}^o \cdot \boldsymbol{e}_t$$

此外,在合成句子表示的过程中,否定词和增强词会起到非常重要的作用。否定词(如"不""没")往往会在一定程度上起到反转效果;增强词(如"非常""特别")往往会起到加重的效果。特别在情感分析任务中,情感词也会起到关键的作用。基于正则项限制的 LSTM 模型[27] 很好地考虑到了这一点,如图 5‐9 所示。

在情感分类任务中考虑一个由右向左的序列 LSTM,对于不同的输入词,其情感变化也应该有所差异。例如,当输入词为非情感词时,如 an,其隐藏层状态 $\boldsymbol{h}_3$ 的情感分布 $\boldsymbol{p}_3$ 较上一时刻的 $\boldsymbol{p}_2$ 不应发生太多变化。为了刻画这一差异,模型使用非情感正则项去约束它,其损失函数可以描述为

$$L_t = \max(0, D_{KL}(\boldsymbol{p}_t \parallel \boldsymbol{p}_{t-1}) - M)$$

其中 M 为模型的超参数,用来控制距离的上限。

若输入词为情感词,例如 interesting,其情感 $\boldsymbol{p}_2$ 较上一时刻的 $\boldsymbol{p}_1$ 应该往正向移动。模型用情感正则项约束它,其损失函数可以描述为

$$L_t = \max(0, D_{KL}(\boldsymbol{p}_t \parallel (\boldsymbol{p}_{t-1} + \boldsymbol{s}_c)) - M)$$

式中,$\boldsymbol{s}_c$ 为模型训练的参数,模型为每一类情感词 c 都训练一个这样的偏移向量。

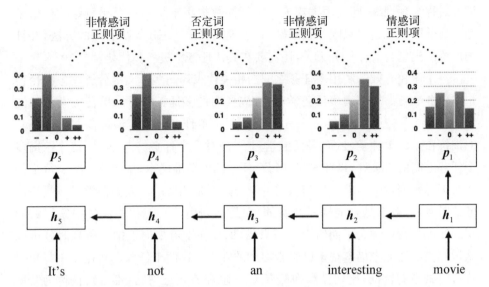

注：图中坐标，横坐标表示情感强度；＋＋表示强正向情感，＋表示正向情感，0 表示中性情感，－－
表示强负向情感；纵坐标表示概率值。

图 5 - 9　基于正则项限制的 LSTM 模型

若输入词为否定词/增强词，例如 not，其情感 p_4 较上一时刻的 p_3 应发生一个本质性的转变，模型使用否定/增强正则项来约束它，具体地讲，我们将使用线性变换和归一化操作来实现这个约束，其损失函数描述为

$$L_t = \max(0, D_{KL}(\boldsymbol{p}_t \parallel \mathrm{Softmax}(T_{x_t}\boldsymbol{p}_{t-1})) - M)$$

其中，T 为模型的参数，模型将为每个否定词和增强词学习一个这样的矩阵。

最终，模型将每一时刻的损失加入损失函数中，从而达到约束的效果。损失函数可以用公式描述为

$$L(\theta) = -\sum_i \hat{y}_l \cdot \log(y_i) + \alpha \cdot \sum_i \sum_t L_t^i + \beta \cdot \parallel \theta \parallel^2$$

5. 基于多任务学习的文本分类模型

基于机器学习的文本分类方法一般需要大量的训练数据。假设有多个文本分类任务，这些任务之间有一定的相关性（如不同领域的情感分类任务），如果分别为这些任务单独训练一个分类器，就需要为每个任务都准备足够量的训练数据。这显然是低效的，因为每个任务都是从零开始学习的，没有充分利用任务之间的相关性。自然语言处理的很多任务都存在一定的相关性，比如语言模型中学习到的词嵌入也通常对其他任务（如文本分类、机器翻译）有很大的帮助。这

种方式称为预训练,即利用大规模的无标注数据集来得到一个比较好的初始模型。目前预训练通常只限于词级别,句子级别的预训练还缺少有效的方法,并且预训练的模型与具体任务无关,还需要在具体任务中进一步优化。

一个比较有效的利用多任务之间的相关性来提高多个文本分类任务的途径是多任务学习。要理解多任务学习,首先要明白多任务学习和单任务学习的区别。单任务学习就是一次学习一个任务,每个单任务分类模型都需要从该任务的训练数据中单独学习;而多任务学习[28]是对多个任务一起学习,充分挖掘多个任务之间的相关性,以此来提高每个任务的模型准确率,从而可以减少每个任务对训练数据量的需求。这与人类的学习过程是相似的。人类在学习一些新任务的时候,一般不是完全从零开始的,而是会利用从其他相关任务中获得的知识。比如当我们学会了如何识别一只猫,那么在学习如何识别一条狗时就可以从识别猫的任务中借鉴很多已经学习到的知识。这两个任务之间存在一些相似且可以共享的特征,比如猫和狗都有 4 条腿,都有尾巴等,这部分特征称为共享特征。同时,不同任务之间又存在一定的差异性,这部分称为任务相关特征,或者领域相关特征。

多任务学习已经在很多自然语言处理任务中都显示了其优越性,比如词性标注[29]、信息检索[30]、机器翻译[31]等。在文本分类中,多任务学习是一个可以非常直接有效地提高单任务性能的方法。比如一个领域中的情感表达通常在另一个领域中也是类似的。

1)多任务学习的优点

多任务学习的优点可以体现在以下几个方面:

(1)因为引入了多任务,相当于获得了更多任务的数据信息,得到更多有用的信息,可以提高学习得到的共享表示性能,并解决部分任务训练数据不足的问题。

(2)不同任务间是存在相关性和差异的,相当于在训练过程中引入了归纳偏差,这让训练得到的模型要尽量满足多个任务,提高了模型表示的泛化能力,这可以减少单任务中出现的过拟合现象。

(3)将一个(或多个)文本分类任务和一个语言模型任务进行多任务学习,可以看作是一种有效的半监督文本分类方法。

2)多任务学习的典型结构

多任务学习的一个关键问题是如何在多个任务中挖掘出对多个任务有用的共享特征,并避免无效或有害的特征。目前,深度学习方法得益于特征的分布式表示,在自然语言处理任务表现出巨大的优势。而分布式表示也给多任务学习带来了很大的便利,使得我们可以设计出更好的多任务共享模型。假设将神经网络中的隐藏层作为输入文本的特征表示,那么我们可以设计一个在不同任务中共享的隐藏层,从而得到共享表示。特别地,在文本分类中,多任务学习可以分为 3 种基本模式:硬共享、软共享和共享-私有模式(见图 5-10)。

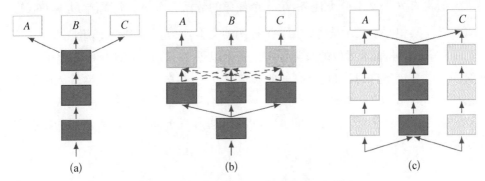

图 5-10　多任务学习中的隐藏层共享模式

(a) 硬共享模式　(b) 软共享模式　(c) 共享-私有模式

图 5-10 表示了 3 种基本的隐藏层共享模式。假设我们有 3 个任务 $\{A, B, C\}$,图(a)为硬共享模式。所有任务之间完全共享隐藏层参数,也就是它们的底层参数是一样的,如果相同的输入,那么会得到相同的共享表示;图(b)为软共享模式。每个任务有自己的隐藏层,但可以从其他任务的隐藏层中获取有用的信息,并融合到自己的任务相关的表示中。在这种模式下,相同的输入,其得到共享表示不一定相同。图(c)为共享-私有模式。每个任务同时学习共享和私有的表示,最后的预测需要同时考虑共享和私有层的输出。这种模式不仅考虑任务的共性,还允许任务之间存在一定的差异性,使得模型的表示能力更强。

根据上述的共享模式,一般的基于多任务学习的文本分类训练过程可以分为联合训练和单任务优化两个阶段。具体训练过程如下:

(1) 联合训练阶段:① 随机从任务集中选择一个任务;② 从该任务的数据集中选择训练数据;③ 优化对应的参数,包括共享的与该任务私有的参数;④ 重复①~③步,直到收敛或最大迭代次数。

(2) 单任务优化阶段:① 固定共享参数,继续训练每个单任务的私有参数;② 最终得到每个任务的分类模型。

3) 基于硬共享模式的文本分类方法

在文本分类中,最先引入的多任务学习模式是硬共享模式。Liu 等[30]将跨领域文本分类任务和信息检索任务作为两种相关任务进行联合训练,两种任务都得到了很大的提升,并提高了模型的领域适应性。但因其使用简单的词袋模型作为表示文本,限制了模型的能力。Liu 等[32]在基于循环神经网络文本的文本编码基础上,设计了 3 种针对性的隐藏层共享模式来进行文本分类,同时还可以语言模型等其他任务来增强共享层的表示能力,提升任务效果。

假设有 k 个文本分类任务,第 k 个任务的数据集有 N_k 个样例 $D_k = \{(X_i^k, y_i^k)\}_{i=1}^{N_k}$,其中 X_i^k 表示任务 k 第 i 个样例的文本,由 n 个离散的词组成 $\{x_i \mid i = 1, \cdots, n\}$,$y_i^k$ 表示对应的分类标签。下面以图 5-11 的模型为例,任务之间共享一个共享层,它的参数是所有任务共享的,对于共享层的在第 i 次输入时的状态用 $\hat{\boldsymbol{h}}_i^{(s)}$ 表示。$\hat{\boldsymbol{h}}_i^{(m)}$ 和 $\hat{\boldsymbol{h}}_i^{(n)}$ 分别是任务 m 和任务 n 的私有层第 i 次输入时的状态。对于每个任务,先输入共享层中,将输出看作任务间的共享表示作为私有层的输入。

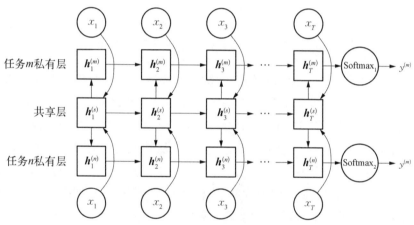

图 5-11 共享一个 LSTM 的多任务学习文本分类模型

对于任务 m,共享层和私有层时间状态 $\boldsymbol{h}_t^{(s)}$ 和 $\boldsymbol{h}_t^{(m)}$ 分别由以下公式得到:

$$\boldsymbol{h}_t^{(s)} = \text{RNN}(\boldsymbol{e}_{x_t}, \boldsymbol{h}_{t-1}^{(s)}, \theta_s)$$

$$\boldsymbol{h}_t^{(m)} = \text{RNN}(\boldsymbol{h}_t^{(s)}, \boldsymbol{h}_{t-1}^{(m)}, \theta_m)$$

其中,RNN 表示循环神经网络;$\boldsymbol{e}_{x_t}$ 表示第 t 个输入词 x_t 的向量化表示(词嵌入);θ_s、θ_m 为对应隐藏层的参数。

第 m 个任务的预测标签计算如下:

$$\hat{y}^{(m)} = \text{Softmax}(W^{(m)} \boldsymbol{h}^{(m)} + b^{(m)})$$

其中,$W^{(m)}$ 和 $b^{(m)}$ 是任务私有的分类隐藏层需要学习的参数。

　　硬共享模式的缺点是所有任务都必须由共享层得到相同的共享表示,然后再进行任务相关的表示学习,这在一定程度上限制了模型的能力。Zheng 等[33]引入注意力机制,从共享表示中选择任务相关的信息,可以进一步提高模型能力。

4) 基于软共享模式的文本分类方法

　　如果多个任务之间的相关程度差异比较大,使用硬共享模式就不能很好地挖掘任务之间的相关关系。比如如果任务 A 和 B 的相关性要比 A 和 C 之间的相关性更强,那么 A 和 B 之间应该共享更多的表示,而 A 和 C 之间应该共享相对较少的表示。为了充分利用多个任务相关性的差异,Ruder 等[34]提出一个更灵活的共享方式:闸门网络(见图 5 - 12)由一个共享的输入层、三个隐藏层(每个任务)和一个预测层构成。每个任务的隐藏层都通过门控单元(图中的 α)来动态调整不同任务之间的共享关系,另一个门控单元(图中的 β)来控制使用哪一个隐藏层输出给预测层。为了进一步利用不同任务之间的相关性差异,Ruder 等[35]进一步提出标签迁移网络,将任务标签作为输入,通过共享的网络结构来得到任务相关表示。此外,还有一种避免硬共享限制的方式是引入额外的共享模型,Liu 等[36]在不同的任务间共享一个外部记忆存储模块,这个模块用来存储多个相关任务间的共享长期信息和表示,然后利用一个深度融合策略,用一个门控单元来控制共享的外部记忆向不同任务私有网络集成信息。

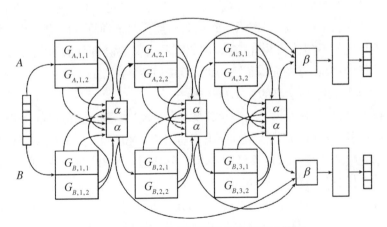

图 5 - 12　基于闸门网络的多任务学习模型

5) 基于共享-私有模式的文本分类方法

　　共享私有模式允许每个任务同时学习共享和私有表示,其中的一个关键是如何避免在共享表示中引入负面迁移信息,确保共享表示空间中的特征是对所有任务都有帮助的。一个能有效避免负面迁移的方法是引入对抗训练。对抗训练[37]是指同时训练两个具有相反目标的神经网络,其中一个神经网络作为判别器,用来正确地预测出不同样本的类别;另一个神经网络作为样本生成器,用来生成一些迷惑性的对抗样本,使得前者的分类器错误地预测其类别。随着对抗样本的增加,重新训练作为分类器的神经网络可以提高其泛化能力。因此对抗训练也可以看作是一种正则化方法,通过引入对抗样本,对输入添加扰动,提升模型的能力,提高分类的准确性。现有的包括神经网络在内的很多模型缺乏对于对抗性样例正确分类的能力,即添加一些微扰动就可能使得分类结果完全出错。对抗训练是训练模型使得它能对原始样例以及添加扰动后的对抗样例进行正确分类。它不仅能提高表示的泛化能力,也能提高模型鲁棒性。对抗训练的思想已经应用在半监督的文本分类任务[38-39]中,并可以提升分类效果(见图 5 - 13)。

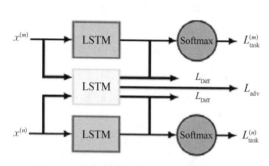

图 5 - 13 基于对抗网络的多任务学习模型

同样,对抗训练的思想也可以用在多任务学习中,使得模型可以更好地学到任务共享和私有表示[40]。通过对抗训练和正交性约束,使得判别器识别出共享表示空间中的任务相关性,可以避免任务的共享表示以及私有表示空间相关干扰。对抗训练可以确保共享特征空间包含了与任务不相关的共有信息,比如一些含义不会因任务不同而改变的语句特征,同时使得私有特征保留更强的任务相关的特征。

6)基于特征迁移学习的文本分类方法

迁移学习[41]是指将一个或多个任务(源任务)的已有模型中的知识迁移到一个新的任务(目标任务)上,从而提升目标任务的模型能力,并减少目标任务对训练数据规模的依赖性。迁移学习和多任务学习虽然有一定的相似性,但侧重点不同。多任务学习更强调多个任务同时开始学习。如果多个文本分类任务的重要性或训练语料规模差异性比较大,那么是否同时开始学习并不是十分重要,迁移学习也是一种十分有效的多任务文本分类的途径。Do 和 Ng[42]利用元学习的思想,在多个源任务上自动学习一个可以多任务共享的参数函数,并应用在目标任务上。Raina 等[43]利用给不同的任务参数赋予一个多变量高斯先验,从而使得不同任务的参数具有相关性。Glorot 等[44]提出一种基于深度学习的迁移学习框架。首先在源任务的数据集上使用降噪自编码学习到文本表示模型,然后将这个表示模型之间的应用到目标任务,并使用支持向量机进行分类。Pentina 和 Lampert[45] 提出一种主动的任务选择方法,根据任务之间的相关性给不同任务之间的信息迁移赋予不同的权重,从而提升模型能力。

7) 小结

基于多任务学习的文本分类方法不但在理论上有很强的研究价值,而且在实际应用中应减少训练数据过少和提高模型泛化能力。特别是深度学习方法给多任务学习带来了很大便利,使得可以设计出更加有效的多任务共享模型。虽然多任务学习在其他领域已经有大量的研究,但在文本分类领域,多任务学习的研究还相对较少,仍需在算法、模型、评测等方面进一步深入研究。

5.1.4 数据集与应用

1. AG News

这个数据集包含了来自 2 000 多个新闻来源的 496 835 篇分类新闻文章,从这些文章中选择 4 个最大的类来构造数据集,只使用标题和描述字段,每类有 30 000 个训练样本,测试样本 1 900 个[46],该数据集主要用于研究分类、聚类和信息获取。

2. Sogou News

这个数据集[47]结合了 SogouCA 和 SogouCS 的新闻语料,包含了不同主题共计 2 909 551 条新闻。该数据集用其 URL 标记每条新闻,手工分类它们的域名。这为研究人员提供了一个大型的新闻文章的语料库,有大量的类别,但大多数都只包含很少的文章。其中的类别包括体育、金融、娱乐、汽车和技术。每个类别挑选的训练集有 9 万条,测试集 1.2 万条。这是一个中文的数据集,使用了 pypinyin 包和 jieba 中文分词系统来产生拼音——汉语的语音拼音,因此可以不做更改地将模型应用到这个数据集,使用的字段是标题和内容。该数据集主要用于中文文本分类、新词发现、命名实体识别、自动摘要、主题跟踪与检测等。

3. DBpedia 数据集

DBpedia 是基于群体的社区力量来从维基百科中提取结构化的信息。DBpedia 本体数据集[47]是由 DBpedia 2014 年发布的 14 个非重叠类组成的。随机地从这 14 个本体类中随机抽取选择 40 000 个训练样本和 5 000 个测试样本。这个数据集用到的字段包含每个维基百科文章的标题和摘要,主要用于文本分类和信息抽取等任务。

4. Yelp Reviews

Yelp Reviecos[47]是在 2015 年的 Yelp Dataset Challenge 中获取的。Yelp

Dataset Challenge 提供了来自 4 个国家的 10 个城市共计 85 901 家商铺的 270 万个评论、64 万条提示、20 万张图片等,涉及大约 69 万名用户。此外,还有商品的属性数据、图片的分类标签等。这个数据集包含了 1 569 264 个有评论文本的样本。从这个数据集构建了两个分类任务:一个预测用户已经给出的完整的评级;另一个预测一个极性标签(通过考虑评级 1 和 2 为负,3 和 4 为正)。完整的数据集每个评级有 13 万个训练样本和 10 000 个测试样本,以及每个极性数据集有 28 万个训练样本和 19 000 个测试样本。该数据集可以用于图片分类与图像挖掘,在自然语言处理方面,该数据集可以用于推断语义、商户属性和用户情感分类等任务。

5. Yahoo! Answers

通过 Yahoo! Webscope 程序获得的雅虎回答综合问题和答案 1.0 版本数据集[47]。该语料包含 4 483 032 个问题以及它们的答案。从语料中用 10 个最大的主要类别构建了主题分类数据集。使用的字段有问题标题、问题内容和最佳答案,数据集主要用于主题分类以及文本分类研究。

6. Amazon Reviews

从斯坦福的网络分析获得亚马逊的评论数据集项目(SNAP),跨度为 18 年,从 6 643 669 名用户中获得了 34 686 770 个评论在 2 441 053 个产品上[48]。评级从 1 到 5。类似于 Yelp 评论数据集,构建了两个数据集——一个是完整的分数预测和另一个是极性预测。完整的数据集包含 60 万个训练样本,每类有 130 000 个测试样本,而极性数据集包含 180 万个训练样本和 20 万个测试样本。在每个极性情感,使用的字段是评论标题和评论内容。该数据集主要用于情感分类和文本分类,以及推荐系统研究等任务。

7. IMDB: Movie Reviews

电影评论 IMDB 数据集[49]是情绪分类的基准数据集。评级范围从 1 到 10。任务是确定电影评论是积极的还是消极的。训练和测试集都由 2.5 万个评论组成,该数据集主要用于二元情感分类。

8. SST-1 数据集

斯坦福情感树图资料库[50],标注的情感数据集,在每一个句子解析树的节点上带有细腻的情感注解。数据集主要包含 11 855 个电影评论,分别被分割为训练集(8 544 个),开发集(1 101 条)和测试集(2 210 个)。语料中的句子标签分别是:非常消极的、消极的、中立的、积极的和非常积极的,该数据集主要用于情感分类任务。

5.2 自动文摘

5.2.1 自动文摘的任务定义

自动文摘是指通过自动分析给定的单篇或多篇文档,提炼、总结其中的要点信息,最终输出一段长度较短、可读性良好的摘要(通常包含几句话或数百字),该摘要中的句子可直接出自原文,也可重新撰写。简言之,文摘的目的是通过对原文本进行压缩、提炼,为用户提供简明扼要的文字描述。用户可以通过阅读简短的摘要而知晓原文的主要内容,从而大幅节省阅读时间。

通过不同的划分标准,自动文摘任务可以包括以下几种类型:

(1) 根据处理的文档数量,自动文摘可以分为单文档自动摘要和多文档自动摘要。单文档自动摘要只针对单篇文档生成摘要,而多文档自动摘要则为一个文档集生成摘要。

(2) 根据是否提供上下文环境,自动文摘可以分为与主题或查询相关的自动摘要以及普通自动摘要。前者要求在给定的某个主题或查询下,所产生的摘要能够诠释该主题或回答该查询;而后者则指在不给定主题和查询的情况下对文档或文档集进行自动摘要。

(3) 根据摘要的不同应用场景,自动文摘可以分为传记摘要、观点摘要、对话摘要等。这些摘要通常为满足特定的应用需求,例如传记摘要的目的是为某个人生成一个概括性的描述,通常包含该人的各种基本属性,用户通过浏览某个人的传记摘要就能对这个人有一个总体的了解;观点摘要则是总结用户评论文本中的主要观点信息,以供管理层人士更加高效地了解舆情概貌、制订决策;对话摘要则是通过对两人或多人参与的多轮对话进行总结,方便其他人员了解对话中所讨论的主要内容。

5.2.2 自动文摘的研究意义与挑战

随着互联网与社交媒体的迅猛发展和广泛普及,我们已经进入了一个信息爆炸的时代。网络上包括新闻、书籍、学术文献、微博、微信、博客、评论等在内的各种类型的文本数据剧增,给用户带来了海量信息的同时也带来了信息过载的问题。用户通过谷歌、必应、百度等搜索引擎或推荐系统能获得大量的相关文档,但用户通常需要花费较长时间进行阅读才能对一个事件或对象进行比较全面的了解。如何将用户从长篇累牍的文字阅读中解放出来是大数据时代面临的一个挑战,自动文摘技术则是应对该项挑战的一件利器,而自动文摘研究也面临诸多挑战,主要包括以下几个方面:

(1) 信息表示。现有的自动文摘方法本质上大多比较依赖表层文本特征,如词汇或概念出现的频次或位置,并依此作为其重要性的判定依据,几乎完全没有涉及对文档内容的理解和分析。输出的结果可以覆盖很多出现频次较高的词汇,但并不一定选取到了读者真正感兴趣的要点。同时,由于语句顺序对常用的自动评价指标 ROUGE 没有影响,很少有研究工作重视输出语句之间的组织与排序。这些因素共同导致了目前自动文摘结果与人工摘要结果存在巨大差距的现状。

(2) 数据局限。目前的自动文摘资源总体偏少,而且体裁相对单一。常见的英文评测数据集合规模普遍较小,一方面会影响评测结果的准确性,另一方面也无法为统计学习方法,尤其是深度学习方法提供充足的训练数据。规模相对较大的单文档摘要数据集一般都仅包含比较典型的叙事类新闻文档,并且单篇文档只提供了一段人工标注的摘要结果。考虑到自动文摘实际的场景需求,以及自动文摘结果本身固有的多种可能性,目前这一类数据很难给自动文摘相关研究带来质的突破。对于包括中文在内的其他语言,自动文摘的资源更是匮乏,严重影响了这些语言中自动文摘技术的发展。业界需要投入更多的人力、物力来建设多语言自动文摘资源,这对自动文摘的研究将起到重大的推动作用。

(3) 评价方式。文摘的质量评估一般可基于人工评价或自动评价。人工评价最为理想,但代价太高;而自动评价标准则一直是该领域研究的难题之一。由南加州大学林钦佑(Chin-Yew Lin,现就职于微软亚洲研究院)开发的摘要质量自动评估工具 ROUGE①[51]本质上基于与人工撰写的参考答案文摘计算词汇重叠程度,虽然因为使用方便被广泛采用,但存在明显的局限性,业界需要提出更加合理的自动评价准则,能够综合考虑摘要的多种性质,这将极大地推动业界对自动文摘的研究。

5.2.3 自动文摘的模型与方法

1. 典型框架与技术要点

自动文摘所采用的方法从实际应用的角度考虑可以分为抽取式摘要(extractive summarization)和生成式摘要(abstractive summarization)。抽取式

---

① http://www.berouge.com

方法相对比较简单,通常利用不同方法对文档结构单元(句子、段落等)进行评价,对每个结构单元赋予一定权重,然后选择最重要的结构单元组成摘要。而生成式方法通常需要利用自然语言理解技术对文本进行语法、语义分析,对信息进行融合,利用自然语言生成技术生成新的摘要句子。目前的自动文摘方法主要基于句子抽取,也就是以原文中的句子作为单位进行评估与选取。抽取式方法的优点是易于实现,能保证摘要中的每个句子具有良好的可读性。

目前主流自动文摘研究工作大致遵循的技术框架是:内容表示→权重计算→内容选择→内容组织。首先将原始文本表示为便于后续处理的表达方式,然后由模型对不同的句法或语义单元进行重要性计算,再根据重要性权重选取一部分单元,经过内容上的组织形成最后的摘要。最简单的做法是基于规则的抽取式方法,利用所在位置或所包含的线索词来判定句子的重要性,然后据此选取若干句子直接构成最终摘要。现有的研究工作针对不同设定和场景需求展开,为上述框架中的各个技术点提供了多种不同的设计方案。有不少相关研究也尝试在统一的框架中联合考虑其中的多个技术点。

1) 内容表示与权重计算

原文档中的每个句子由多个词汇或单元构成,后续处理过程中也以词汇等元素为基本单位,对所在句子给出综合评价分数。以基于句子选取的抽取式方法为例,句子的重要性得分由其组成部分的重要性衡量。由于词汇在文档中的出现频次可以在一定程度上反映其重要性,我们可以使用每个句子中出现某词的概率作为该词的得分,通过将所有包含词的概率求和得到句子得分[52-53]。也有一些研究考虑了更多细节,利用扩展性较强的贝叶斯话题模型,对词汇本身的话题相关性概率进行建模[54-56]。

一些方法将每个句子表示为向量,维数为总词表大小。通常使用加权频数[57-58]作为句子向量相应维上的取值。加权频数的定义可以有多种,如信息检索中常用的词频-逆文档频率(TF-IDF)权重。得到句子向量表示后,计算两两之间的某种相似度(如余弦相似度)。随后根据计算出的相似度构建带权图,图中每个节点对应每个句子。在多文档摘要任务中,重要的句子可能与更多其他句子较为相似,所以可以用相似度作为节点之间的边权,通过迭代求解基于图的排序算法来得到句子的重要性得分[58-60]。

也有很多研究尝试捕捉每个句子中所描述的概念,例如句子中所包含的命名实体或动词。出于简化考虑,现有研究中更多地将二元词(bigram)作为概念[61-62]。

此外,很多摘要任务已经具备一定数量的公开数据集,可用于训练有监督打分模型。例如对于抽取式摘要，我们可以将人工撰写的摘要贪心匹配原文档中的句子或概念，从而得到不同单元是否应当选作摘要句的数据。然后对各单元人工抽取若干特征，利用回归模型[63-64]或排序学习模型[65-66]进行有监督学习，得到句子或概念对应的得分。文档内容描述具有结构性，因此也有利用隐马尔可夫模型（HMM）、条件随机场（CRF）、结构化支持向量机（structural SVM）等常见序列标注或一般结构预测模型进行抽取式摘要有监督训练的工作[67-69]。所提取的特征包括所在位置、包含词汇、与邻句的相似度等。对特定摘要任务一般也会引入与具体设定相关的特征，例如查询相关摘要任务中需要考虑与查询的匹配或相似程度。

2）内容选择

无论从效果评价还是从实用性的角度考虑，最终生成的摘要一般在长度上会有限制。当获取到句子或其他单元的重要性得分以后，需要考虑如何在尽可能短的长度内纳尽可能多的重要信息，在此基础上对原文内容进行选取。

（1）贪心选择。可以根据句子或其他单元的重要性得分进行贪心选择。在选择过程中需要考虑各单元之间的相似性，尽量避免在最终的摘要中包含重复的信息。最为简单的也是常用的去除冗余机制是最大边缘相关法（maximal marginal relevance — MMR）[70]，即在每次选取过程中，贪心选择与查询最相关或内容最重要、同时与已选择信息重叠性最小的结果。也有一些方法直接将内容选择的重要性和多样性同时考虑在同一个概率模型框架内[71]，基于贪心选择近似优化似然函数，取得了不错的效果。

此后有离散优化方向的研究组介入自动文摘的相关研究，指出包括最大边缘相关法在内的很多贪心选择目标函数都具有次模性[72]。记内容选取目标函数为 $F(S)$，其自变量 S 为待选择单元的集合；次模函数要求对于 $\forall S \subseteq T \subseteq U \backslash u$，以及任意单元 u，都满足以下性质

$$F(S \cup \{u\}) - F(S) \geqslant F(T \cup \{u\}) - F(T)$$

这个性质称为回报递减效应（diminishing returns），很符合贪心选择摘要内容的直觉：由于每步选择的即时最优性，每次多选择一句话，信息的增加并不会比上一步更多。使用特定的贪心选择近似求解次模函数优化问题，一般具备最坏情况近似比的理论保证。而研究人员在实际应用中发现，贪心选择往往已经可以求得较为理想的解。由于贪心选择易于实现、运行效率高，基于次模函数优化的贪心选择在近年得到了很多扩展。多种次模函数优化或部分次模函数优化问题及相应的贪心解法被提出，用于具体语句或句法单元的选取[73-75]。

（2）全局优化。基于全局优化的内容选择方法同样以最大化摘要覆盖信息、最小化冗余等要素作为目标，同时可以在优化问题中考虑多种由任务和方法本身的性质所导出的约束条件。最常用的形式化框架是基于 0 - 1 二值变量的整数线性规划[76-77]。最后在求解优化问题得到的结果中，如果某变量取值为 1，则表示应当将该变量对应的单元选入最后的摘要中。

由于整数线性规划在计算复杂性上一般为 NP 难问题，此类方法的求解过程在实际应用中会表现较慢，并不适合实时性较高的应用场景。有研究工作将问题简化后使用动态规划策略设计更高效的近似解法。也有少量研究工作尝试在一部分特例下将问题转化为最小割问题快速求解[78]，或利用对偶分解等技术将问题转化为多个简单子问题尝试求得较好的近似解[79]。更为通用的全局优化加速方案目前仍是一个开放问题。

3）内容组织

（1）内容简化与整合。基于句子抽取得到的语句在表达上不够精练，需要通过语句压缩、简化、改写等技术克服这一问题。在这些技术中，相对较简单的语句压缩技术已经广泛应用于摘要内容简化。现行的主要做法基于句法规则[80]或篇章规则[81-82]。例如如果某短语的重要性较高则需要被选择用于构成摘要，那么该短语所修饰的中心词也应当被选择，这样才能保证得到的结果符合语法。这些规则既可以直接用于后处理步骤衔接在内容选取之后进行，又可以用约束的形式施加在优化模型中，这样在求解优化问题完毕后就自然得到了符合规则的简化结果。局部规则很容易表达为变量之间的线性不等式约束，因此尤其适合在前面提到的整数线性规划框架中引入。另外，关于语句简化与改写方面目前也有相对独立的研究，主要利用机器翻译模型进行语句串或句法树的转写[83]。由于训练代价高以及短语结构句法分析效率和性能等诸多方面的问题，因此目前很少看到相关模块在摘要系统中的直接整合与应用。

一些非抽取式摘要方法则重点考虑对原句信息进行融合以生成新的摘要语句。基于句法分析和对齐技术，可以从合并后的词图直接产生最后的句子[84]，或者以约束形式将名词动词短语合并信息引入优化模型[85]等方式来实现。

国际上还有部分研究者尝试通过对原文档进行语义理解，将原文档表示为深层语义形式（如深层语义图），然后分析获得摘要的深层语义表示（如深层语义子图），最后由摘要的深层语义表示生成摘要文本。最近的一个尝试为基于抽象意义表示（abstract meaning representation，AMR）进行生成式摘要[86]。这类方法所得到的摘要句子并不是基于原文句子所得，而是利用自然语言生成技术从语义表达直接生成而得。这类方法相对比较复杂，而且由于自然语言理解与自然语言生成本身都没有得到很好的解决，因此目前生成式摘要方法仍属于探索阶段，其性能还不尽如人意。

（2）内容排序。关于对所选取内容的排序，相关研究尚处于较为初级的阶段。对于单文档摘要任务而言，所选取内容在原文档中的表述顺序基本可以反映这些内容之间正确的组织顺序，因此通常直接保持所选取内容在原文中的顺序。而对于多文档摘要任务，选取内容来自不同文档，所以更需要考虑内容之间的衔接性与连贯性。早期基于实体的方法[87-88]通过对实体描述转移的概率建模计算语句之间的连贯性。据此找到一组最优排序的问题很容易规约到复杂性为NP完全的旅行商问题，精确求解十分困难。因此多种近似算法已经应用于内容排序。未来随着篇章分析、指代消解技术的不断进步，多文档摘要中的语句排序问题也有机会随之产生更好的解决方案。

2. 基于深度学习（表示学习）的抽取式文摘方法

近年来，基于多层神经网络的表示学习在自然语言处理领域的诸多任务中开始逐步取得突破。在自动文摘相关研究中，也随之开始产生不少以神经网络为基础架构的模型。

在较早期的相关研究中，使用神经网络模块来替代经典抽取式文摘框架中的一个或多个函数组件。例如有部分研究尝试基于分布式表示来度量语句或文档的相似性[89-90]。有研究工作利用卷积神经网络对语句进行编码和建模，将其用于抽取式文摘方法中为候选句打分的模块[91-92]。后续工作也使用卷积语句嵌入来学习句子级的注意力行为，使用多层神经网络同时学习语句的查询相关性排序以及显著性排序[93]。语句排序也可以通过递归神经网络（recursive neural networks）实现，将句子得分表达为自底向上的层级回归问题[94]。此外近期有研究考虑语句之间的关系，利用神经网络模型来预测候选句在给定已选句子后的相对重要性，相当于同时考虑了单条语句的重要性和语句之间的冗余性[95-96]。

这一类方法将句子表示为连续值向量，使得模型可以在一定程度上缓解离散特征高度稀疏的问题。但是，相关研究实际上仍然沿用了经典文摘方法的基本组件，多数仍然没有完全摆脱烦琐的传统离散特征提取。表示学习仅仅在估计候选单元得分的时候才起到作用，这使得整个框架并不能在大量的文档-文摘平行数据上直接进行有监督的端到端训练。

3. 基于编码器-解码器架构的语句简化与生成式文摘方法

深度学习技术在机器翻译等任务上取得了一系列突破性成果[97-98]，相关方法在文摘任务上的应用研究也受到广泛关注。基于编码器-解码器（encoder-decoder)架构的序列到序列学习模型(sequence-to-sequence learning)目前最为流行,因为可以避免烦琐的人工特征提取,也避开了重要性评估、内容选择等技术点的模块化,只需要足够的输入和输出即可开始训练。但这些方法因为参数规模较大或结构复杂,需要比传统方法规模大得多的训练语料,加上当前主流的循环神经网络(recurrent neural networks, RNN)框架并不能够有效地对长文档进行语义编码,因此目前的相关研究大多本质上仅仅是在做语句级的简化和标题生成任务。近期一部分学者也开始尝试对短篇新闻进行摘要。

基于编码器-解码器架构和注意力机制的序列到序列学习模型最初用于神经机器翻译,但原理上可以直接应用于标题生成[99-100],甚至不采用注意力机制的多层 LSTM - RNN 编码器-解码器也在一般基于词汇删除的语句压缩任务上取得了一定效果[101]。而神经网络方法最早在语句简化、标题生成任务上的应用中比较著名的当属 Sasha Rush 研究组的相关工作[102]。虽然同样是一种编码器-解码器神经网络,但在具体的架构设计上与基于 RNN 的序列到序列学习有一定差异。

这项研究的实际完成时间是 2015—2016 年,早于序列到序列开始成为标准做法,因此其使用的是类似早期神经网络语言模型[103]的前馈神经网络结构作为编码器,同时考虑了注意力机制;解码器则是直接逐窗口计算概率。该研究组很快在后续工作[104]中尝试将解码器由前馈神经网络替换为 RNN,并改变了编码器结构:同时将输入词及其所在位置学习嵌入(embedding),并用卷积计算当前位置上下文表示,以此作为解码过程中注意力权重计算的依据。最后得到的架构中不再需要之前引入的后处理调节模块,成为更纯粹的端到端系统,在千兆字数据集上的实验结果也取得了更优的性能。

利用基于 RNN 和注意力机制的编码器-解码器架构实现文摘模型的标准做法如图 5 - 14 所示。输入文本经过双向 LSTM - RNN 进行编码,解码器在解码过程中根据当前状态与编码器状态的信息计算注意力权值,然后据此对编码器状态加权求和得到上下文向量,连同解码器当前部分隐层状态信息一起来预测下一个将要产生的词汇。

基于神经网络的语句简化与标题生成后续也在不同方面取得了进展。目前生成类任务训练指标主要为训练集数据的似然函数,但生成类任务的常用自动评价准则是 ROUGE 或 BLEU,本质上大约相当于系统生成结果和参考答案之间关于 n-gram(连续若干个词)的匹配程度。近期有工作尝试利用最小化风险训练(minimum risk training, MRT)的思想[105-106]改进神经机器翻译,直接对 BLEU 值进行优化[107]。这一策略在标题生成任务上也同样适用,只需用类似的

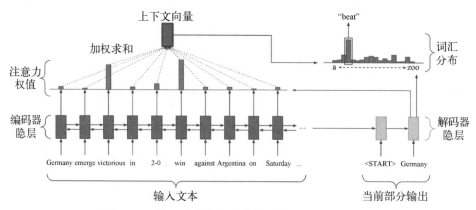

图 5 - 14　基于注意力机制的编码器-解码器文摘架构

方式去优化训练集生成结果的 ROUGE 值[108]。近期也有工作尝试由最大似然逐步转向强化学习（REINFORCE 算法）[109] 的训练机制[110-111]。实验表明，这些对训练目标的改进都可以显著改善自动评价指标所度量的性能。

　　此外，原句中可能存在模型词汇表中没有的词（out of vocabulary，OOV），尤其是很多专有名词，并不在生成词汇的范围之中。具体应用中为了降低解码复杂度，一般都会采用相对较小的词汇表。如果系统不能输出原句中的 OOV 词、仅能用〈UNK〉等占位符代替，显然有可能会造成关键信息损失。受指针网（pointer networks，一种输出序列中每个元素分别指向输入序列中元素的编码器-解码器网络）[112] 的启发，近期已有多个研究都不约而同地考虑了一种解决思路：在解码的过程中以一部分概率根据当前状态来生成、一部分概率直接从原句中抽取[113-117]。

　　以指针-生成器网络[117] 为例，在图 5 - 14 所示的标准编码器-解码器结构基础上做出修改，使得解码器最终产生词汇的概率分布源于两部分：一部分概率仍然来自原来解码器输出的词汇分布，根据上下文向量以及当前解码器状态信息来确定这一部分概率的权重 p_{gen}；另一部分，以 $1 - p_{gen}$ 的概率权重依据注意力权值分布来直接指向原文中的词汇，将其复制到输出中。两部分概率加权得到最终的输出词汇分布。解码器产生输出词汇的过程如图 5 - 15 所示。

　　此外，如何利用其他任务数据作为辅助性监督信息也是研究人员正在考虑的一个方向。例如近年有工作在同一个多层双向 RNN 网络中进行语句压缩、阅读视线预测（gaze prediction）、组合范畴文法（combinatory category grammar，CCG）超标注（supertagging）的多任务学习，使得语句压缩任务的性能得到改善[118]。这几个任务在直觉上具有一定的相关性，有可能起到相互强化的效果。

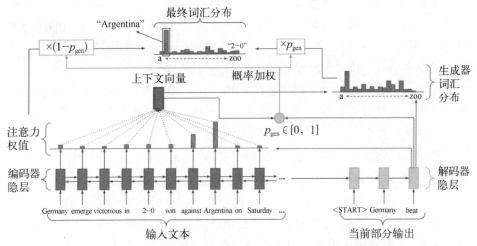

图 5‑15　指针‑生成器网络产生输出词汇的结构示意图

对于文档摘要任务而言,不同类型或主题的文档,所需要的内容选择方式可能会有差异。因此有工作发现同时进行文摘模型和文本分类模型的多任务学习,可以促进文摘模型的性能[119-120]。

上述介绍的架构都属于直接对条件概率 $P(y \mid x ; \theta)$ 建模的判别式模型范畴。近期也有利用深层产生式模型来对语句压缩和文摘建模的工作。在常见的神经网络结构中,自编码器广泛应用于表示学习和降维,将类似思想对文本数据建模自然也可能学习到更紧凑的表示。最近就有研究人员尝试在变分自编码器(variational auto-encoder,VAE)架构下得到语句压缩和文摘模型的工作[121-122]。

经典序列到序列架构在语句简化、标题生成任务方面可以取得不错的效果,但在文档摘要任务上还没有出现比较成功的应用。一个可能的原因在于整篇文档篇幅过长,不适合直接套用经典序列架构来编码和解码。

因此,对句子和词进行分级层次化编码[123]可能是一种值得尝试的路线。近几年提出的一种端到端神经摘要模型[124]将文档视为语句的序列,用各语句的编码作为编码器 RNN 中每个单元的输入,而语句的编码由一个 CNN 通过卷积和池化操作将词汇级信息汇总得到。这样可以直接实现句子级抽取,比如用一个多层感知机根据当前状态来估计是否抽取该句的概率[124]。为了进一步通过原文词汇重组构建和生成"非抽取式"摘要,相关研究提出了使用两级 RNN 等层次化注意力架构,解码时利用句子级的注意力权值作为输入来计算句子中每一个词的注意力权值[115, 124]。这些工作在抽取式方法上能取得一定效果,但词汇级生成摘要仍有待提高,不论在自动评价和人工评价结果上都还不够理想。

而另一个侧重于标题生成的工作[115]也提出了一种层次化编码思想：使用两级双向 RNN 分别刻画词和句子的序列结构，解码过程计算每个词的注意力权值时，用所在句子的注意力权值予以加权（reweight）。但很遗憾这样的设计目前仍没有使得生成多句摘要的任务得到性能上的提升。

近期有研究工作在单文档摘要任务下尝试基于句子关系图结构的注意力模型[125-126]，或者尝试在粒度上由粗到细进行文摘和标题的递进生成[127]，都取得了一定的效果改善。

研究人员在实际应用中发现，编码器-解码器架构存在另一个明显问题：最原始的序列到序列模型在解码阶段经常生成连续重复生成词汇或冗余信息的现象。针对这一问题，有研究提出鼓励多样性的注意力机制计算[128]。也有多个近期的文摘模型研究论文结合神经机器翻译模型的研究进展，提出基于覆盖度的解决方案，对解码过程中注意力权值重复集中于相同部分输入的现象进行惩罚。例如通过预估文摘中的词频并依此来约束生成过程[129]，或者直接基于注意力权值之和在编码器状态与解码器状态的差异引入覆盖度损失[117]。

稍显遗憾的是，截至本章编写时，端到端神经网络模型目前在新闻数据集上的性能表现并没能显著超越最简单的"前 K 句"基准系统——直接取文档最开始的若干句子作为文摘[117]。不过，在提前通过内容筛选限制输入文本总长度的前提下，基于序列到序列神经网络模型的方法在训练数据较多、目标长度较短、抽象程度较高的观点摘要任务中表现出了不错的性能[130]。

5.2.4　数据集与应用

1. 新闻数据集

1) DUC/TAC 评测数据集

自动文摘研究的进步主要得益于 DUC 与 TAC 组织的自动摘要国际评测的推动，涵盖了面向新闻文本的单文档摘要、多文档摘要、查询相关的多文档摘要等多类型摘要任务，尤其是单文档与多文档新闻摘要任务提供了丰富的评测数据。

DUC(document understanding conference)①评测始于 2001 年，主要包括自动文摘相关的评测任务。早期集中于最一般的新闻文摘任务，随后也逐步开始提供查询相关或主题相关文摘任务评测。在最开始的两年中，DUC 评测包括单文档摘要任务，但在人工评价中并没有参赛系统能够超越只从文章摘取最开始若干句的基准系统，因此随后的 DUC 评测主要关注多文档摘要。自 2008 年

---

① http://duc.nist.gov/

起,DUC 并入 TAC(text analysis conference)①评测中,以摘要类评测任务的形式出现。DUC/TAC 评测为文档摘要提供了标准的评价数据集②。不过,由于摘要类任务固有的标注难度,这些数据集在规模上并不算大。每届评测一般仅包含几十组主题共计上百篇新闻文档。

需要指出的是,截至本章编写完成时,DUC/TAC 仍然是目前文档摘要公开数据集中唯一能够为每篇或每组文档同时提供多条参考答案文摘的评测数据集。以下介绍的所有数据集中,每篇文档均只包含单条参考文摘。

2) New York Times 标注语料

New York Times 标注语料③包含了超过 650 000 条由人工撰写的文摘以及对应的原文。不同新闻文档对应的文摘长度差异较大,相关研究一般会根据具体场景需求进行筛选。

3) RST 篇章树库

基于修辞结构理论(rhetorical structure theory, RST)[131],RST 篇章树库(RST discourse treebank)④为宾州树库(penn treebank)中 385 篇文档标注了篇章结构分析结果,同时为其中的 30 篇文档分别人工标注了长篇摘要与短篇摘要。由于该语料的特殊性以及规模限制,目前主要在基于篇章分析的文摘相关研究中作为测试数据使用。

4) CNN / Daily Mail

目前常用的 CNN / Daily Mail 新闻数据集⑤源于机器阅读理解问答相关研究[132]。该数据集规模较大,每篇新闻都包括了由人工编辑提炼的要点总结(summary bullets),可以看作用若干句话对原文进行了摘要。

5) Gigaword

Gigaword 语料库⑥中的新闻文档均包含标题信息。经过适当筛选以后,在目前最常用的实验设定下经预处理后仍然会保留有 400 万左右的文档-标题对,适合用于训练基于编码器-解码器架构的主流标题生成模型或单句简化模型,但很难直接接用于输出更长的文摘模型。

6) 中文数据集

与英文数据集相比,目前可用的中文自动文摘数据集比较有限,且主要集中

---

① http://www.nist.gov/tac/
② http://www-nlpir.nist.gov/projects/duc/data.html
③ https://catalog.ldc.upenn.edu/LDC2008T19
④ https://catalog.ldc.upenn.edu/LDC2002T07
⑤ http://cs.nyu.edu/~kcho/DMQA/
⑥ https://catalog.ldc.upenn.edu/ldc2003t05

于单文档新闻摘要场景。2017 年 NLPCC 组织了中文单文档摘要评测任务①，参与评测的系统需要为给定新闻文档产生不多于 60 字的短摘要。该评测提供了上万条文档与文摘平行数据对，可以用于中文单文档文摘模型的训练。

此外，户保田等[133]在新浪微博平台利用规则抓取了 2 400 591 对微博-文摘数据，每对数据包括一段描述新闻事件的微博短文本以及类似新闻标题形式的短摘要。该数据集②已经广泛应用于短文本文摘模型的训练和实验中。

2. 其他领域或场景下的自动文摘

除了前文提到的 DUC/TAC 以外，TREC、NTCIR、NLPCC 等会议也会不定期组织若干全新的自动文摘任务，例如观点摘要、演化式摘要、更新摘要、比较式摘要、邮件摘要、会议或对话摘要、面向手机浏览的摘要、面向微博的新闻摘要、科技文献摘要、体育直播摘要等，并提供评测数据集，同样值得关注。近期也有研究开始关注跨语言[134-135]或跨模态[130, 136]场景下的文摘问题。在这些领域、场景或任务设定下，重要信息可能不会仅仅在特定的位置或以相对固定的模式出现，关键信息的表征方式也各不相同，给经典的文摘方法带来了新的挑战。

在一小部分数据获取相对容易的场景下，基于神经网络的方法开始逐步表现出巨大潜力。以观点摘要为例，近期有研究在采集了大量评论数据的基础上拓展了序列到序列模型，取得了不错的效果[130]。具体而言，他们在编码器端使用重要性抽样，以此将输入的评论句控制下来。重要性权值由另外训练的回归模型预测得出。

此外，自动文摘模型与框架也可以自然推广到一些新的问题上。例如，可以尝试从文献中提取关键文字自动制作演示文稿[137]，从体育直播文字中提取关键片段自动撰写赛事报道[138]，通过古诗词语料训练内容选择模型实现自动写诗[139]，从社交媒体中选取若干微博构建热点事件时间线[140]等。

5.3 总结

文本分类和自动文摘作为常见的自然语言处理任务，其重要性是显而易见的。从传统的方法到基于深度学习的方法，文本分类和自动文摘得到了长足的进展，性能相对传统，方法也有很大的提升。但深度学习纯数值化的计算方法在

---

① http://tcci.ccf.org.cn/conference/2017/taskdata.php
② http://icrc.hitsz.edu.cn/Article/show/139.html

语义上却一定程度忽视了语言作为符号的特殊意义。我们认为,只有做到真正理解语言符号本身的含义,才能从根本上推动这两个研究任务质的突破。

具体而言,文本分类在多年持续的研究中已经得到了极大的发展,从传统的特征工程到基于深度学习的自动特征表示,从简单的分类模型到各种复杂的分类模型。在许多场景中,文本分类甚至达到了工业级产品应用的要求。但其面临的挑战也是多方面的,在大规模类别、层次化类别体系、扩领域迁移、低资源领域中还存在许多不足。同时现有分类模型更多是看作一种数据驱动的做法,对于语言本身的符号、结构和知识利用还远远不够。

自动文摘是自然语言处理领域的一个重要研究方向,近 60 年持续性的研究已经在部分自动文摘任务上取得了明显进展,但仍需突破很多关键技术才能提高其应用价值、扩大其应用范围。除了克服现有方法或模型本身的局限性以外,自动文摘仍然需要在大规模数据获取、高质量自动评价等方向取得足够突破,领域才能取得越来越大的进步。

参考文献

[1] Salakhutdinov R, Larcochelle H. Efficient learning of deep boltzmann machines[C]// Proceddings of the Thirteeth International Conference on Artificial Intelligence and Statistics, 2009, 3: 448 - 455.

[2] Hinton G, Salakhutdinov R. A better way to pretrain deep Boltzmann machines[J]. Advances in Neural, 2012, 3: 1 - 9.

[3] Hinton G, Salakhutdinov R. Reducing the dimensionality of data with neural networks [J]. Science, 2006, (313. 5786): 504 - 507.

[4] Iyyer M, Manjunatha V, Boyd-Graber J, et al. Deep unordered composition rivals syntactic methods for text classification[C]//In Proceedings of the Association for Computational Linguistics, 2015.

[5] Kim Y. Convolutional neural networks for sentence classification[J/OL]. arXiv: Computation and Language, [2014 - 9 - 3]. ArXiv Preprint arXiv: 1408. 5882.

[6] Kalchbrenner N, Grefenstette E, Blunsom P. A convolutional neural network for modelling sentences[J/OL]. arXiv: Computation and Language, [2014 - 6 - 8]. Arxiv preprint arXiv: 1404. 2188v1.

[7] Lei T, Barzilay R, Jaakkola T S. Molding CNNs for text: non-linear, non-consecutive convolutions[J]. Indiana University Mathematics Journal, 2015, 58(3): 1151 - 1186.

[8] Conneau A, Schwenk H, Barrault L, et al. Very deep convolutional networks for natural language processing[J/OL]. arXiv: Computation and Language, [2011 - 6 -

27]. ArXiv preprint arXiv: 1606.01781v1.

[9] Johnson R, Zhang T. Deep pyramid convolutional neural networks for text categorization[C]//the Association for Computational Linguistics, 2017: 562 - 570.

[10] Wang S, Huang M, Deng Z. Densely connected CNN with multi-scale feature attention for text classification[C]//27th International Jonit Conference on Artifical Intelligence, 2018: 4468 - 4474.

[11] Zhang X, Zhao J J, LeCun Y. Character-level convolutional networks for text classification [C]//Conference and Workshop on Neural Information Processing Systems, 2015: 1: 649 - 657.

[12] Johnson R, Zhang T. Effective use of word order for text categorization with convolutional neural networks[J/OL]. arXiv: Computation and Language, [2015 - 5 - 26]. ArXiv preprint arXiv: 1412.1058.

[13] Johnson R. Semi-supervised convolutional neural networks for text categorization via region embedding[C]//Conference and Workshop on Neural Information Processing Systems, 2015, 2: 357 - 365.

[14] Chung J, Gulcehre C, Cho K, et al. Empirical evaluation of gated recurrent neural networks on sequence modeling[J/OL]. arXiv: Neural and Evolutionary Computing, [2014 - 12 - 11]. ArXiv. preprint arXiv: 1412.3555.

[15] Hochreiter S, Schmidhuber J. Long short-term memory[J]. Neural Computation 1997, 9(8): 1735 - 1780.

[16] Yogatama D, Blunsom P, Dyer C, et al. Learning to compose words into sentences with reinforcement learning[C]//the International Conference of Legal Regulators, 2017.

[17] Zhang T, Huang M, Zhao L. Learning structured representation for text classification via reinforcement learning[C]//New Orleans, Louisiana, USA, the Association for the Advance of Artificial Intelligence, 2018.

[18] Chung J, Ahn S, Bengio Y. Hierarchical multiscale recurrent neural networks[C]// the International Conference of Legal Regulators, 2017.

[19] Socher R, Pennington J, Huang E, et al. Semi-supervised recursive autoencoders for predicting sentiment distributions[J]. Computational Linguistics, 2011:151 - 161.

[20] Socher R, Perelygin A, Wu J Y, et al. Recursive deep models for semantic compositionality over a sentiment treebank[J]. Computational Linguistics, 2013, 1631 - 1642.

[21] Tai K S, Socher R, Manning C D. Improved semantic representations from tree-structured long short-term memory networks[C]//the Proceddings of the Annual Meeting of the Association for Computational Linguistics, 2015: 1556 - 1566.

[22] Irsoy O, Cardie C. Deep recursive neural networks for compositionality in language

[C]//Conference and Workshop on Neural Information Processing Systems，2014：2096 - 2104.

[23] Dong L，Wei F，Zhou M，et al. Adaptive multi-compositionality for recursive neural models with applications to sentiment analysis[C]//the Association for the Advance of Artificial Intelligence，2014.

[24] Teng Z，Vo D，Zhang Y. Context sensitive lexicon features for neural sentiment analysis［C］//the Proceddings of the Annual Meeting of the Association for Computational Linguistics，2016：1629 - 1638.

[25] Qian Q，Tian B，Huang M，et al. Learning tag embeddings and tag-specific composition functions in recursive neural network[C]//the Proceddings of the Annual Meeting of the Association for Computational Linguistics，2015：1365 - 1374.

[26] Huang M，Qian Q，Zhu X. Encoding syntactic knowledge in neural networks for sentiment analysis[J]. Transactions on Information Systems，2017，35(3)：1 - 27.

[27] Qian Q，Huang M，Lei J，et al. Linguistic regularized LSTMs for sentiment classification［C］//the Proceddings of the Annual Meeting of the Association for Computational Linguistics，2017.

[28] Caruana R. Multitask learning[J]. Machine Learning，1997，28：41 - 75.

[29] Collobert R，Weston J. A unified architecture for natural language processing：deep neural networks with multitask learning［C］//Proceedings of the 25th International Conference on Machine Learning，2008：160 - 167.

[30] Liu X，Gao J，He X，et al. Representation learning using multi-task deep neural networks for semantic classification and information retrieval[C]//Proceedings of the 2015 Conference of the North American Chapter of the Association for Computational Linguistics：Human Language Technologies，2015：912 - 921.

[31] Luong M T，Le Q V，Sutskever I，et al. Multi-task sequence to sequence learning[J/OL]. arXiv：Computation and Language，[2016 - 5 - 1]. ArXiv Preprint arXiv：1511. 06114.

[32] Liu P，Qiu X，Huang X. Recurrent neural network for text classification with multi-task learning[C]//In Proceedings of the Twenty-Fifth International Joint Conference on Artificial Intelligence，2016：2873 - 2879.

[33] Zheng R，Chen J，Qiu X. Same representation，different attentions：shareable sentence representation learning from multiple tasks［C］//In Proceedings of the International Joint Conference on Artificial Intelligence，2018.

[34] Ruder S，Bingel J，Augenstein I，et al. Sluice networks：learning what to share between loosely related tasks[J/OL]. arXiv：Machine Learning，[2018 - 11 - 19]. ArXiv Preprint arXiv：1705. 08142.

[35] Augenstein I, Ruder S, Søgaard A. Multi-task Learning of pairwise sequence classification tasks over disparate label spaces[J/OL]. arXiv: Computation and Language, [2018-4-9]. ArXiv Preprint arXiv: 1802.09913.

[36] Liu P, Qiu X, Huang X. Deep multi-task learning with shared memory for text classification[C]//In Proceedings of the Conference on Empirical Methods in Natural Language Processing, 2016: 118-127.

[37] Goodfellow I J, Shlens J, Szegedy C. Explaining and harnessing adversarial examples [J/OL]. arXiv: Computation and Language, [2015-12-20]. ArXiv preprint arXiv: 1412.6572.

[38] Miyato, T, Maeda, S I, Koyama, M, et al. Distributional smoothing with virtual adversarial training[J/OL]. arXiv: Machine Learning [2015-6-2]. ArXiv preprint arXiv: 1507.00677.

[39] Miyato, T, Dai A M, Goodfellow I. Adversarial training methods for semi-supervised text classification[J/OL]. arXiv: Machine Learning [2017-5-6]. ArXiv preprint arXiv: 1605.07725.

[40] Liu P, Qiu X, Huang X. Adversarial multi-task learning for text classification[C]//In Proceedings of the 55th Annual Meeting of the Association for Computational Linguistics (Volume 1: Long Papers), 2017, 1: 1-10.

[41] Pan S J, Yang Q. A survey on transfer learning[J]. IEEE Transactions on Knowledge and Data Engineering, 2010, 22(10): 1345-1359.

[42] Do C B, Ng A Y. Transfer learning for text classification[J]. Advances in Neural Information Processing Systems, 2006: 299-306.

[43] Raina R, Ng A Y, Koller D. Constructing informative priors using transfer learning [C]//In Proceedings of the 23rd International Conference on Machine Learning, 2006: 713-720.

[44] Glorot X, Bordes A, Bengio Y. Domain adaptation for large-scale sentiment classification: a deep learning approach[C]//In Proceedings of the 28th International Conference on Machine Learning (ICML-11), 2011: 513-520.

[45] Pentina A, Lampert C H. Multi-task learning with labeled and unlabeled tasks[J/OL]. arXiv: Machine Learning, [2016-2-21]. ArXiv preprint arXiv: 1602.06518.

[46] Corso G M D, Gulli A, Romani F. Ranking a stream of news[C]//In Proceedings of 14th International World Wide Web Conference, 2005: 97-106.

[47] Zhang X, Zhao J, Lecun Y. Character-level convolutional networks for text classification[J]. Neural Information Processing Systems, 2015, 28: 649-657.

[48] McAuley J, Leskovec J. Hidden factors and hidden topics: understanding rating dimensions with review text[C]//In Proceedings of the 7th ACM Conference on

Recommender Systems, RecSys '13, New York, NY, USA, 2013: 165 – 172.

[49] Maas A L, Daly R E, Pham P T, et al. Learning word vectors for sentiment analysis [C]//Meeting of the Association for Computational Linguistics: Human Language Technologies. Association for Computational Linguistics, 2011: 142 – 150.

[50] Socher R, Perelygin A, Wu J Y, et al. Recursive deep models for semantic compositionality over a sentiment treebank[C]//the Conference on Empirical Methods in Natural Language Processing, 2013: 1631 – 1642.

[51] Lin C. ROUGE: a package for automatic evaluation of summaries[C]//Proceedings of Text Summarization Branches Out, July, 2004, Barcelona, Spain. Stroudsburg, PA, USA: Association for Computational Linguistics, 2004: 74 – 81.

[52] Nenkova A, Vanderwende L. The impact of frequency on summarization: microsoft research technical report: MSR-TR-2005-101[R]. Redmond, Washington: Microsoft Research Lab, 2005.

[53] Vanderwende L, Suzuki H, Brockett C, et al. Beyond SumBasic: task-focused summarization with sentence simplification and lexical expansion[J]. Information Processing & Management, 2007, 43(6): 1606 – 1618.

[54] Daume H, Marcu D. Bayesian query-focused summarization[C]//Proceedings of the 21st International Conference on Computational Linguistics and 44th Annual Meeting of the Association for Computational Linguistics, July, 2006, Sydney. Stroudsburg, PA, USA: Association for Computational Linguistics, 2006: 305 – 312.

[55] Haghighi A, Vanderwende L. Exploring content models for multi-document summarization[C]//Proceedings of Human Language Technologies: The 2009 Annual Conference of the North American Chapter of the Association for Computational Linguistics, 2009, Boulder, Colorado, USA. Stroudsburg, PA, USA: Association for Computational Linguistics, 2009: 362 – 370.

[56] Celikyilmaz A, Hakkani-Tur D. A hybrid hierarchical model for multi-document summarization[C]//Proceedings of the 48th Annual Meeting of the Association for Computational Linguistics, July 11 – 16, 2010, Uppsala, Sweden. Stroudsburg, PA, USA: Association for Computational Linguistics, 2010: 815 – 824.

[57] Salton G, Buckley C. Term-weighting approaches in automatic text retrieval[J]. Information Processing & Management, 1988, 24(5): 513 – 523.

[58] Erkan G, Radev D R. LexRank: graph-based lexical centrality as salience in text summarization[J]. Journal of Artificial Intelligence Research, 2004, 22(1): 457 – 479.

[59] Wan X, Yang J. Improved affinity graph based multi-document summarization[C]// Proceedings of the Human Language Technology Conference of the NAACL, Companion Volume: Short Papers. Stroudsburg, PA, USA: Association for

Computational Linguistics, 2006: 181 - 184.

[60] Wan X, Yang J. Multi-document summarization using cluster-based link analysis[C]// Proceedings of the 31st Annual International ACM SIGIR Conference on Research and Development in Information Retrieval, July, 2008, Singapore. New York: Association for Computing Machinery, 2008: 299 - 306.

[61] Gillick D, Favre B, Hakkani-Tur D. The ICSI summarization system at TAC 2008 [C]//Proceedings of the First Text Analysis Conference, November 17 - 19, 2008, Gaithersburg, Maryland, USA, 2008.

[62] Li C, Qian X, Liu Y. Using supervised bigram-based ILP for extractive summarization [C]//Proceedings of the 51st Annual Meeting of the Association for Computational Linguistics (Volume 1: Long Papers), August, 2013, Sofia, Bulgaria. Stroudsburg, PA, USA: Association for Computational Linguistics, 2013: 1004 - 1013.

[63] Ouyang Y, Li W, Li S, et al. Applying regression models to query-focused multi-document summarization[J]. Information Processing and Management, 2011, 47(2): 227 - 237.

[64] Hong K, Nenkova A. Improving the estimation of word importance for news multidocument summarization [C]//Proceedings of the 14th Conference of the European Chapter of the Association for Computational Linguistics, April, 2014, Gothenburg, Sweden. Stroudsburg, PA, USA: Association for Computational Linguistics, 2014: 712 - 721.

[65] Shen C, Li T. Learning to rank for query-focused multi-document summarization [C]//Proceedings of the 11th IEEE International Conference on Data Mining, December 11 - 14, 2011, Vancouver, British Columbia, Canada. Washington: IEEE Computer Society, 2011: 626 - 634.

[66] Wang L, Raghavan H, Castelli V, et al. A sentence compression based framework to query-focused multi-document summarization[C]//Proceedings of the 51st Annual Meeting of the Association for Computational Linguistics (Volume 1: Long Papers), August, 2013, Sofia, Bulgaria. Stroudsburg, PA, USA: Association for Computational Linguistics, 2013: 1384 - 1394.

[67] Conroy J M, Oleary D P. Text summarization via hidden markov models[C]// Proceedings of the 24th Annual International ACM SIGIR Conference on Research and Development in Information Retrieval. New York: Association for Computing Machinery, 2001: 406 - 407.

[68] Shen D, Sun J, Li H, et al. Document summarization using conditional random fields [C]//Proceedings of the 20th International Joint Conference on Artificial Intelligence. San Francisco: Morgan Kaufmann Publishers Inc. , 2007: 2862 - 2867.

[69] Sipos R, Shivaswamy P, Joachims T, et al. Large-margin learning of submodular summarization models[C]//Proceedings of the 13th Conference of the European Chapter of the Association for Computational Linguistics, April, 2012, Avignon, France. Stroudsburg, PA, USA: Association for Computational Linguistics, 2012: 224 - 233.

[70] Carbonell J, Goldstein J. The use of MMR, diversity-based reranking for reordering documents and producing summaries[C]//Proceedings of the 21st Annual ACM/ SIGIR International Conference on Research and Development in Information Retrieval, August, 1998, Melbourne, Australia. New York: Association for Computing Machinery, 1998: 335 - 336.

[71] Kulesza A, Taskar B. Learning determinantal point processes[C]//Proceedings of the Twenty-Seventh Conference on Uncertainty in Artificial Intelligence, July 14 - 17, 2011, Barcelona, Spain. Arlington, Virginia, USA: AUAI Press, 2011: 419 - 427.

[72] Lin H, Bilmes J A. Multi-document summarization via budgeted maximization of submodular functions [C]//Human Language Technologies: The 2010 Annual Conference of the North American Chapter of the Association for Computational Linguistics, June, 2010, Los Angeles, California. Stroudsburg, PA, USA: Association for Computational Linguistics, 2010: 912 - 920.

[73] Lin H, Bilmes J A. A class of submodular functions for document summarization [C]//Proceedings of the 49th Annual Meeting of the Association for Computational Linguistics: Human Language Technologies, June, 2011, Portland, Oregon, USA. Stroudsburg, PA, USA: Association for Computational Linguistics, 2011: 510 - 520.

[74] Dasgupta A, Kumar R, Ravi S, et al. Summarization through submodularity and dispersion[C]//Proceedings of the 51st Annual Meeting of the Association for Computational Linguistics (Volume 1: Long Papers), August 4 - 9, 2013, Sofia, Bulgaria. Stroudsburg, PA, USA: Association for Computational Linguistics, 2013: 1014 - 1022.

[75] Morita H, Sasano R, Takamura H, et al. Subtree extractive summarization via submodular maximization [C]//Proceedings of the 51st Annual Meeting of the Association for Computational Linguistics (Volume 1: Long Papers), August, 2013, Sofia, Bulgaria. Stroudsburg, PA, USA: Association for Computational Linguistics, 2013: 1023 - 1032.

[76] McDonald R. A study of global inference algorithms in multi-document summarization [C]//Proceedings of the 29th European conference on Advances in Information Retrieval. Berlin: Springer-Verlag, 2007: 557 - 564.

[77] Gillick D, Favre B. A scalable global model for summarization[C]//Proceedings of the

Workshop on Integer Linear Programming for Natural Language Processing, June, 2009, Boulder, Colorado. Stroudsburg, PA, USA: Association for Computational Linguistics, 2009: 10 - 18.

[78] Li C, Qian X, Liu Y. Using supervised bigram-based ILP for extractive summarization [C]//In Proceeding of the 51th Annual Meeting of the Association for Computational Linguistics, 2013: 1004 - 1013.

[79] Almeida M B, Martins A F T. Fast and robust compressive summarization with dual decomposition and multi-task learning[C]//Proceedings of the 51st Annual Meeting of the Association for Computational Linguistics (Volume 1: Long Papers), August 4 - 9, 2013, Sofia, Bulgaria. Stroudsburg, PA, USA: Association for Computational Linguistics, 2013.

[80] Clarke J, Lapata M. Global inference for sentence compression: an integer linear programming approach[J]. Journal of Artificial Intelligence Research, 2008, 31(1): 399 - 429.

[81] Clarke J, Lapata M. Discourse constraints for document compression [J]. Computational Linguistics, 2010, 36(3): 411 - 441.

[82] Durrett G, Berg-Kirkpatrick T, Klein D. Learning-based single-document summarization with compression and anaphoricity constraints[C]//Proceedings of the 54th Annual Meeting of the Association for Computational Linguistics (Volume 1: Long Papers), August 7 - 12, Berlin, Germany. Stroudsburg, PA, USA: Association for Computational Linguistics, 2016: 1998 - 2008.

[83] Wubben S, Den Bosch A V, Krahmer E, et al. Sentence simplification by monolingual machine translation[C]//Proceedings of the 50th Annual Meeting of the Association for Computational Linguistics (Volume 1: Long Papers), July, 2012, Jeju Island, Korea. Stroudsburg, PA, USA: Association for Computational Linguistics, 2012: 1015 - 1024.

[84] Barzilay R, Mckeown K R. Sentence fusion for multidocument news summarization [J]. Computational Linguistics, 2005, 31(3): 297 - 328.

[85] Bing L, Li P, Liao Y, et al. Abstractive multi-document summarization via phrase selection and merging[C]//Proceedings of the 53rd Annual Meeting of the Association for Computational Linguistics and the 7th International Joint Conference on Natural Language Processing (Volume 1: Long Papers), July 26 - 31, 2015, Beijing, China. Stroudsburg, PA, USA: Association for Computational Linguistics, 2015: 1587 - 1597.

[86] Liu F, Flanigan J, Thomson S, et al. Toward abstractive summarization using semantic representations [C]//Proceedings of the 2015 Conference of the North American Chapter of the Association for Computational Linguistics: Human Language

Technologies, 2015, Denver, Colorado. Stroudsburg, PA, USA: Association for Computational Linguistics, 2015: 1077 - 1086.

[87] Lapata M, Barzilay R. Automatic evaluation of text coherence: Models and representations [C]//Proceedings of the Nineteenth International Joint Conference on Artificial Intelligence, Edinburgh, Scotland, UK, July 30 - August 5, 2005: 1085 - 1090.

[88] Barzilay R, Lapata M. Modeling local coherence: an entity-based approach [J]. Computational Linguistics, 2008, 34(1): 1 - 34.

[89] Kobayashi H, Noguchi M, Yatsuka T. Summarization based on embedding distributions[C]//Proceedings of the 2015 Conference on Empirical Methods in Natural Language Processing, September 17 - 21, 2015, Lisbon, Portugal. Stroudsburg, PA, USA: Association for Computational Linguistics, 2015: 1984 - 1989.

[90] Kågebäck M, Mogren O, Tahmasebi N, et al. Extractive summarization using continuous vector space models[C]//Proceedings of the 2nd Workshop on Continuous Vector Space Models and Their Compositionality (CVSC), April, 2014, Gothenburg, Sweden. Stroudsburg, PA, USA: Association for Computational Linguistics, 2014: 31 - 39.

[91] Yin W, Pei Y. Optimizing sentence modeling and selection for document summarization[C]//Proceedings of the 24th International Conference on Artificial Intelligence. Menlo Park, California: AAAI Press, 2015: 1383 - 1389.

[92] Cao Z, Wei F, Dong L, et al. Ranking with recursive neural networks and its application to multi-document summarization[C]//Proceedings of the Twenty-Ninth AAAI Conference on Artificial Intelligence. Menlo Park, California, AAAI Press, 2015: 2153 - 2159.

[93] Cao Z, Wei F, Li S, et al. Attsum: Joint learning of focusing and summarization with neural attention[C]//Proceedings of COLING 2016, the 26th International Conference on Computational Linguistics: Technical Papers, December 11 - 17, Osaka, Japan. Stroudsburg, PA, USA: Association for Computational Linguistics, 2016: 547 - 556.

[94] Cao Z, Wei F, Li S, et al. Learning summary prior representation for extractive summarization[C]//Proceedings of the 53rd Annual Meeting of the Association for Computational Linguistics and the 7th International Joint Conference on Natural Language Processing (Volume 2: Short Papers), July 26 - 31, 2015, Beijing, China. Stroudsburg, PA, USA: Association for Computational Linguistics, 2015: 829 - 833.

[95] Ren P, Wei F, Chen Z, et al. A redundancy-aware sentence regression framework for extractive summarization[C]//Proceedings of COLING 2016, the 26th International Conference on Computational Linguistics: Technical Papers, December 11 - 17,

Osaka, Japan. Stroudsburg, PA, USA: Association for Computational Linguistics, 2016: 33 - 43.

[96] Ren P, Chen Z, Ren Z, et al. Leveraging contextual sentence relations for extractive summarization using a neural attention model [C]//Proceedings of the 40th International ACM SIGIR Conference on Research and Development in Information Retrieval, August, 2017, Shinjuku, Tokyo, Japan. New York: Association for Computing Machinery, 2017: 95 - 104.

[97] Sutskever I, Vinyals O, Le Q V, et al. Sequence to sequence learning with neural networks[C]//Proceedings of the 27th International Conference on Neural Information Processing Systems-Volume 2. Cambridge, MA, USA: MIT Press, 2014: 3104 - 3112.

[98] Bahdanau D, Cho K, Bengio Y. Neural machine translation by jointly learning to align and translate [C]//Proceedings of the 3rd International Conference on Learning Representations. New York: Association for Computing Machinery, 2015.

[99] Lopyrev K. Generating news headlines with recurrent neural networks[J/OL]. arXiv: Computation and Language, [2015 - 12 - 5]. arXiv preprint arXiv: 1512. 01712.

[100] Hu B, Chen Q, Zhu F. LCSTS: a large scale chinese short text summarization dataset[C]//Proceedings of the 2015 Conference on Empirical Methods in Natural Language Processing, September 17 - 21, 2015, Lisbon, Portugal. Stroudsburg, PA, USA: Association for Computational Linguistics, 2015: 1967 - 1972.

[101] Filippova K, Alfonseca E, Colmenares C A, et al. Sentence compression by deletion with LSTMs [C]//Proceedings of the 2015 Conference on Empirical Methods in Natural Language Processing, September 17 - 21, 2015, Lisbon, Portugal. Stroudsburg, PA, USA: Association for Computational Linguistics, 2015: 360 - 368.

[102] Rush A M, Chopra S, Weston J, et al. A neural attention model for abstractive sentence summarization [C]//Proceedings of the 2015 Conference on Empirical Methods in Natural Language Processing, September 17 - 21, 2015, Lisbon, Portugal. Stroudsburg, PA, USA: Association for Computational Linguistics, 2015: 379 - 389.

[103] Bengio Y, Ducharme R, Vincent P, et al. A neural probabilistic language model. [J]. The Journal of Machine Learning Research, 2003, 3: 1137 - 1155.

[104] Chopra S, Auli M, Rush A M. Abstractive sentence summarization with attentive recurrent neural networks [C]//Proceedings of the 2016 Conference of the North American Chapter of the Association for Computational Linguistics: Human Language Technologies, June 12 - 17, 2016, San Diego, California. Stroudsburg, PA, USA: Association for Computational Linguistics, 2016: 93 - 98.

[105] Och F J. Minimum error rate training in statistical machine translation［C］// Proceedings of the 41st Annual Meeting of the Association for Computational Linguistics, July, 2003, Sapporo, Japan. Stroudsburg, PA, USA: Association for Computational Linguistics, 2003: 160 - 167.

[106] Smith D A, Eisner J. Minimum risk annealing for training log-linear models［C］// Proceedings of the COLING/ACL 2006 Main Conference Poster Sessions, July, 2006, Sydney, Australia. Stroudsburg, PA, USA: Association for Computational Linguistics, 2006: 787 - 794.

[107] Shen S, Cheng Y, He Z, He W, Wu H, Sun M, Liu Y. Minimum Risk Training for Neural Machine Translation［C］//Proceedings of the 54th Annual Meeting of the Association for Computational Linguistics (Volume 1: Long Papers), 2016: 1683 - 1692.

[108] Ayana, Shen S, Liu Z, et al. Neural headline generation with minimum risk training ［J/OL］. arXiv: Computation and Language, ［2016 - 4 - 7］. arXiv preprint arXiv: 1604. 01904v1.

[109] Williams R J. Simple statistical gradient-following algorithms for connectionist reinforcement learning[J]. Machine Learning, 1992, 8(3 - 4): 229 - 256.

[110] Ranzato M, Chopra S, Auli M, et al. Sequence level training with recurrent neural networks ［C］//Proceedings of the 4th International Conference on Learning Representations. New York: Association for Computing Machinery, 2016.

[111] Paulus R, Xiong C, Socher R, et al. A deep reinforced model for abstractive summarization［C］//Proceedings of the 6th International Conference on Learning Representations. New York: Association for Computing Machinery, 2018.

[112] Vinyals O, Fortunato M, Jaitly N. Pointer networks［C］//Proceedings of the 28th International Conference on Neural Information Processing Systems. Cambridge, MA, USA: MIT Press, 2015: 2692 - 2700.

[113] Gu J, Lu Z, Li H, et al. Incorporating copying mechanism in sequence-to-sequence learning［C］//Proceedings of the 54th Annual Meeting of the Association for Computational Linguistics (Volume 1: Long Papers), August 7 - 12, Berlin, Germany. Stroudsburg, PA, USA: Association for Computational Linguistics, 2016: 1631 - 1640.

[114] Gulcehre C, Ahn S, Nallapati R, et al. Pointing the unknown words［C］// Proceedings of the 54th Annual Meeting of the Association for Computational Linguistics (Volume 1: Long Papers), August 7 - 12, Berlin, Germany. Stroudsburg, PA, USA: Association for Computational Linguistics, 2016: 140 - 149.

[115] Nallapati R, Zhou B, Santos C N, et al. Abstractive text summarization using sequence-to-sequence rnns and beyond[C]//Proceedings of the 20th SIGNLL Conference on Computational Natural Language Learning, August, 2016, Berlin, Germany. Stroudsburg, PA, USA: Association for Computational Linguistics, 2016: 280 - 290.

[116] Merity S, Xiong C, Bradbury J, et al. Pointer sentinel mixture models[C]// Proceedings of the 5th International Conference on Learning Representations. New York: Association for Computing Machinery, 2017.

[117] See A, Liu P J, Manning C D, et al. Get to the point: Summarization with pointer-generator networks[C]//Proceedings of the 55th Annual Meeting of the Association for Computational Linguistics (Volume 1: Long Papers). Stroudsburg, PA, USA: Association for Computational Linguistics, 2017: 1073 - 1083.

[118] Klerke S, Goldberg Y, Søgaard A. Improving Sentence Compression by Learning to Predict Gaze[C]//Proceedings of the 2016 Conference of the North American Chapter of the Association for Computational Linguistics: Human Language Technologies, June, 2016, San Diego, California. Stroudsburg, PA, USA: Association for Computational Linguistics, 2016: 1528 - 1533.

[119] Cao Z, Wei F, Li S, et al. Improving multi-document summarization via text classification[C]//Proceedings of the Thirty-First AAAI Conference on Artificial Intelligence. Menlo Park, California: AAAI Press, 2017: 3053 - 3059.

[120] Isonuma M, Fujino T, Mori J, et al. Extractive summarization using multi-task learning with document classification[C]//Proceedings of the 2017 Conference on Empirical Methods in Natural Language Processing, September 7 - 11, 2017, Copenhagen, Denmark. Stroudsburg, PA, USA: Association for Computational Linguistics, 2017: 2101 - 2110.

[121] Miao Y, Blunsom P. Language as a latent variable: discrete generative models for sentence compression[C]//Proceedings of the 2016 Conference on Empirical Methods in Natural Language Processing, November 1 - 5, 2016, Austin, Texas. Stroudsburg, PA, USA: Association for Computational Linguistics, 2016: 319 - 328

[122] Li P, Lam W, Bing L, et al. Deep recurrent generative decoder for abstractive text summarization[C]//Proceedings of the 2017 Conference on Empirical Methods in Natural Language Processing, September 7 - 11, 2017, Copenhagen, Denmark. Stroudsburg, PA, USA: Association for Computational Linguistics, 2017: 2091 - 2100.

[123] Li J, Luong M, Jurafsky D, et al. A hierarchical neural autoencoder for paragraphs and documents[C]//Proceedings of the 53rd Annual Meeting of the Association for Computational Linguistics and the 7th International Joint Conference on Natural

Language Processing (Volume 1: Long Papers), July 26 - 31, 2015, Beijing, China. Stroudsburg, PA, USA: Association for Computational Linguistics, 2015: 1106 - 1115.

[124] Cheng J, Lapata M. Neural summarization by extracting sentences and words[C]// Proceedings of the 54th Annual Meeting of the Association for Computational Linguistics (Volume 1: Long Papers), August 7 - 12, Berlin, Germany. Stroudsburg, PA, USA: Association for Computational Linguistics, 2016: 484 - 494.

[125] Tan J, Wan X, Xiao J, et al. Abstractive document summarization with a graph-based attentional neural model[C]//Proceedings of the 55th Annual Meeting of the Association for Computational Linguistics (Volume 1: Long Papers). Stroudsburg, PA, USA: Association for Computational Linguistics, 2017: 1171 - 1181.

[126] Yasunaga M, Zhang R, Meelu K, et al. Graph-based neural multi-document summarization[C]//Proceedings of the 21st Conference on Computational Natural Language Learning, August 3 - 4, 2017, Vancouver, Canada. Stroudsburg, PA, USA: Association for Computational Linguistics, 2017: 452 - 462.

[127] Tan J, Wan X, Xiao J, et al. From neural sentence summarization to headline generation: a coarse-to-fine approach[C]//Proceedings of the 26th International Joint Conference on Artificial Intelligence. Menlo Park, California: AAAI Press, 2017: 4109 - 4115.

[128] Nema P, Khapra M M, Laha A, et al. Diversity driven attention model for query-based abstractive summarization[C]//Proceedings of the 55th Annual Meeting of the Association for Computational Linguistics (Volume 1: Long Papers). Stroudsburg, PA, USA: Association for Computational Linguistics, 2017: 1063 - 1072.

[129] Suzuki J, Nagata M. Cutting-off redundant repeating generations for neural abstractive summarization[C]//Proceedings of the 15th Conference of the European Chapter of the Association for Computational Linguistics: Volume 2, Short Papers, April, 2017, Valencia, Spain. Stroudsburg, PA, USA: Association for Computational Linguistics, 2017: 291 - 297.

[130] Wang L, Ling W. Neural network-based abstract generation for opinions and arguments[C]//Proceedings of the 2016 Conference of the North American Chapter of the Association for Computational Linguistics: Human Language Technologies, June, 2016, San Diego, California. Stroudsburg, PA, USA: Association for Computational Linguistics, 2016: 47 - 57.

[131] Mann W C, Thompson S A. Rhetorical structure theory: toward a functional theory of text organization[J]. Text-Interdisciplinary Journal for the Study of Discourse, 1988, 8(3): 243 - 281.

[132] Hermann K M, Kocisky T, Grefenstette E, et al. Teaching machines to read and comprehend[C]//Proceedings of the 28th International Conference on Neural Information Processing Systems. Cambridge, MA, USA: MIT Press, 2015: 1693 - 1701.

[133] Hu B, Chen Q, Zhu F. LCSTS: a large scale Chinese short text summarization dataset[C]//Proceedings of the 2015 Conference on Empirical Methods in Natural Language Processing, 2015: 1967 - 1972.

[134] Wan X. Using bilingual information for cross-language document summarization. [C]//Proceedings of the 49th Annual Meeting of the Association for Computational Linguistics: Human Language Technologies, 2011: 1546 - 1555.

[135] Yao J, Wan X, Xiao J, et al. Phrase-based compressive cross-language summarization[C]//Proceedings of the 2015 Conference on Empirical Methods in Natural Language Processing, September 17 - 21, 2015, Lisbon, Portugal. Stroudsburg, PA, USA: Association for Computational Linguistics, 2015: 118 - 127.

[136] Li H, Zhu J, Ma C, et al. Multi-modal summarization for asynchronous collection of text, image, audio and video[C]//Proceedings of the 2017 Conference on Empirical Methods in Natural Language Processing, September 7 - 11, 2017, Copenhagen, Denmark. Stroudsburg, PA, USA: Association for Computational Linguistics, 2017: 1092 - 1102.

[137] Hu Y, Wan X. PPSGen: Learning-based presentation slides generation for academic papers[J]. IEEE Transactions on Knowledge and Data Engineering, 2015, 27(4): 1085 - 1097.

[138] Zhang J, Yao J, Wan X, et al. Towards constructing sports news from live text commentary[C]//Proceedings of the 54th Annual Meeting of the Association for Computational Linguistics (Volume 1: Long Papers), August 7 - 12, Berlin, Germany. Stroudsburg, PA, USA: Association for Computational Linguistics, 2016: 1361 - 1371.

[139] Yan R, Jiang H, Lapata M, et al. I, poet: automatic Chinese poetry composition through a generative summarization framework under constrained optimization[C]// Proceedings of the 23th International Joint Conference on Artificial Intelligence, August 3 - 9, 2013, Beijing, China. Menlo Park, California: AAAI Press, 2013: 2197 - 2203.

[140] Zhao X W, Guo Y, Yan R, et al. Timeline generation with social attention[C]// Proceedings of the 36th international ACM SIGIR Conference on Research and Development in Information Retrieval, July, 2013, Dublin Ireland. New York: Association for Computing Machinery, 2013: 1061 - 1064.

情感分析

张梅山 杨亮 桂林 唐都钰

张梅山,天津大学新媒体与传播学院,电子邮箱:mason. zms@gmail. com
杨亮,大连理工大学计算机科学与技术学院,电子邮箱:liang@dlut. edu. cn
桂林,University of Warwick, UK, 电子邮箱:Lin. Gui@warwick. ac. uk
唐都钰,微软亚洲研究院,电子邮箱:dutang@microsoft. com

6.1 情感分析的定义

6.1.1 情感与情绪

在《心理学大辞典》中,情感的概念描述如下:情感(也称为感情),是人对客观事物是否满足自己的需要而产生的态度体验。由于人对客观事物的态度总是以情感的形式表现出来,因此情感的表现伴随着每个人的立场、观点和生活经历而转移。

情绪在《心理学大辞典》中的概念有广义和狭义之分。从广义上说,情绪包括情感,或看作情感的同义语。从狭义上通常对情绪有两种解释:

(1)情绪是感情性体验和感受状态的活动过程。由于感情性的反应都是脑的活动过程,因此情绪突出情动的过程。

(2)情绪是短暂而强烈的具有情境性的感情反应,如悲哀、愤怒、恐惧、狂喜等。

情感与情绪虽然不尽相同,但却不可分割,人们时常把情感与情绪通用。一般来说,情感是在多次情绪体验的基础上形成的,并通过情绪表现出来;反之,情绪的表现和变化又受到已形成的情感的制约。因此,情感与情绪具有适应生存、心理动力、组织调节和信息沟通这四大功能,并在人的整个心理生活和实践活动中起着重要的作用。

6.1.2 情感分析

情感分析,也称为观点挖掘,旨在分析人们所表达的对于实体及其属性的观点、情感、评价、态度和情感,其中实体可以是产品、个人、事件或主题。在这一研究领域中包含许多相关但又略不相同的任务,例如情感分析、观点挖掘、观点抽取、主观性分析、情绪分析及评论挖掘等,这些研究问题或任务都属于情感分析的研究范畴。

现有的情感分析工作主要以文本为载体开展,目前已经成为自然语言处理领域中的一个热门方向。情感分析或观点挖掘这一术语最早出现于 2003 年的文献中,但相关的研究早在 20 世纪 90 年代就已开展,主要涉及带有情感信息的形容词的抽取、主观性分析及观点分析等。

由于人的意见和观点多是主观的,因此表达情感或观点的句子通常属于主观句。然而,客观句中有时也隐含着褒贬的情感或者情绪,如该客观句描述了让人愉悦的事实等。因此,在情感分析领域中主客观句子都是研究者的研究对象,挖掘文本中表达或暗示的正面或负面的观点及情绪是情感分析的最终目标。

6.1.3 新兴情感分析相关研究问题

1. 幽默计算

幽默在《牛津辞典》中解释为令人发笑的品质或者具有发笑的能力,它是一种特殊的语言表达方式,是生活中活跃气氛、化解尴尬的重要元素。近年来随着人工智能的快速发展,如何利用计算机技术识别和生成幽默逐渐称为自然语言处理领域研究的热点之一,即幽默计算。

识别和理解在自然语言中幽默表达所传递的真实含义需要对幽默进行建模,进而通过计算机可理解的方式挖掘幽默的内涵,模拟幽默的生成机制,使人机交互更为智能。计算幽默的实现需要资源和技术的两大重要因素支撑,前者是幽默计算的基础,基于资源可以实现对幽默的深度分析;后者则是幽默计算的核心,技术的发展推动计算机对于幽默的理解。此外,拓展计算机对于人类语言的认知,增进人机交互的深度和广度,也是计算机识别幽默、理解幽默并生成幽默工作中必不可少的一个环节。

2. 讽刺检测

讽刺通常指采用一种语言形式表达轻蔑或嘲笑,但在字面上却并无体现,其往往表现为负向的情感。讽刺检测指的是预测给定文本是否存在讽刺的计算,考虑到情感文本中讽刺的普遍性和挑战性,讽刺检测是情感分析中的一项关键任务。

一直以来,研究人员对讽刺检测感兴趣的原因并不相同,但他们都认为发现讽刺十分有价值。在过去的 20 年中,语言学家、心理学家及神经学家一直在研究人类的大脑在认知和理解犀利的言论过程中是如何工作的。更有研究表明采用讽刺的言语表达会增强个体的创造性和解决问题的能力。讽刺的特征主要包括不协调性、共享知识、合理性和嘲讽等,这些特征也将讽刺与幽默或隐喻等语言表达联系起来。由于讽刺具有鲜明的特点,已开展的研究多采用分类的方法识别讽刺,近年来随着研究的深入,讽刺检测也被视为消歧任务来尝试解决。因此,未来如何更好地识别和理解讽刺也是情感分析工作中的一项必不可少的环节。

6.2 情感分析的研究意义与挑战

6.2.1 情感分析的研究意义

在社会价值方面,情感分析可为普通大众与政府搭起沟通的桥梁。不同于传统的民意问卷调查方式,通过如社交媒体平台收集公众对新出台的政策法规的意见及评价,并对舆情进行分析,使得政府可以把握社会舆论的走向,应对突发舆论。

在商业价值方面,情感分析是连接生产者和消费者之间的技术基础。电子商务中对商家的褒贬口碑决定着商家的命运,通过对产品评论的情感分析可以深入地了解用户对产品的反馈,实现企业对产品设计的改进。

在科学价值方面,情感分析的研究不但促进了信息科学的发展,也为社会科学领域的发展提供了技术支持,为相关研究领域的量化分析做出一定的贡献。

6.2.2 情感分析的研究挑战

目前情感分析的最大挑战是资源标注的问题。由于情感分析相关的任务非常多,具体而言视高层应用的实际需求而变,因此想建设一个比较统一规范的标注语料是比较难的。对于句子级分类的任务,用户可以在比较短的时间内构造一定规模的语料,或者采用弱监督的方式构造大规模的噪声语料,从而在某一程度上解决了问题。但是对于细粒度的情感分析或者意见挖掘等任务,语料构造的代价是非常昂贵的,一方面因为任务变复杂了,引入了一定结构化信息的标注;而另一方面很难采用弱监督的方式去自动获取相应的语料,所以如何有效地采用专家标注,或者采用众包标注进一步提纯,这是第一个挑战。

第二个挑战是如何提出更有效的统计学习模型以充分利用现有的资源,尤其是在面向跨领域或者针对相似任务的场景。比如基于三元分类的情感分析语料,如何应用在多元分类,从而可以分析情感的程度;又如情感极性的标注语料,如何可以有效帮助立场检测、幽默检测等任务;不同产品领域的属性(aspect)分类之间的数据是否可以共享,从而最大限度地扩充标注语料。这样的场景非常多,用户页不可能为所有场景都标注大规模的语料,所以跨领域、跨任务间的迁移学习,同样是非常值得关注的。

目前提出来的统计机器学习模型对语言特性刻画还存在一定欠缺,尤其针对否定、隐喻及句子之间的连接关系等。现在流行的深度学习方法,使用黑盒的方式对句子或者篇章进行建模,对这些语言特性的表示方式处于一个完全未知的方式。如何显式地将这些特性表示出来,从而让模型变得更具有可解释性,是一个非常具有挑战性的研究工作。

最后,针对中文的情感分析研究方法也是一个具有挑战性的工作。迄今为止的大部分工作都是在英文语料上,而对中文语料研究的关注程度比较低,而且使用的方法大都与英文一致。中文和英文实际上是存在显著差别的,尤其是中文的句子往往在句法方面的要求比较弱一点,而更多的是语义上的结合,在面向社交媒体文本时,这一特性就更为明显了。所以未来的工作需要针对中文特性对情感分析的建模提出创新性的研究。

6.3 情感分析的模型与方法

6.3.1 词语的向量表示学习方法

现代语言学与符号语言学之父索绪尔认为,语言是一个符号系统,是符号与概念之间的心理扭结,同时他也认为组合关系是语言学各成分之间的一种重要关系。相应地,为了理解一段复杂文本(如句子、篇章)的语义,需要首先理解每个基本单元的语义,在此基础上通过对各子单元的语义组合获得复杂文本的语义。

我们将文本语义表示的相关工作归纳为两大类:词语语义表示和文本语义组合。其中前者学习基本语义单元的语义表示,后者研究如何通过词与词之间的语义组合构成更复杂的文本片段。

一般地,词语(word)被认为是自然语言文本(natural language)的基本组成单位,理解词语的语义是理解文本语义的基础。本节将介绍词语语义表示学习的相关研究。

在自然语言处理(natural language processing)和计算语言学(computational linguistic)领域中,有众多的学者研究词语的语义表示。已有的方法大致可以分为3种,即基于语义网(semantic networks)的方法、基于特征(feature-based)的方法和基于语义空间(semantic spaces)的方法。

在语义网[1]中,每个概念(concept)可表示为一个节点,语义网中的边表示概念之间的关系。如"狗是哺乳动物"的关系中,"狗"和"哺乳动物"分别是语义网中的两个节点,"是(is-a)"是语义网中的边。在语义网的框架下,每个词语的含义是由它连接其他词语的关系类型和关系类型数目表示的,词语之间的语义相似度取决于两个词语之间的路径长短,如"松狮犬"和"狗"的相似度要高于"松狮犬"和"动物"的相似度。语义网通常由人工构建,并且在实用中通常由用户决定不同语义关系在词语表示中的重要性,导致了该框架的扩展性很受限。基于特征的方法[2]认为一个词语的含义是由它的特征列表所表示的,即每个词语表示为特征集合上的一个分布。在很多情况下,特征是由模型的开发者手工设计[3]或询问母语使用者[4]而获得的。由于特征获取的过程通用性差,并且不同词语的特征集合不一致,该方法在实用中遇到了很大的困难。

基于语义空间的方法主导了已有的词语语义表示方法,其基本出发点是:一个词语的含义由它的上下文所决定[5]。相应地,一个词语可以表示为一个高维的向量,向量的每一维对应它的上下文,词语的语义相似度就可以很方便地由它们在几何空间中的距离或夹角的余弦度量。在该框架下,词语的上下文可以定义为出现在该词语周围的上下文词语本身[6]、词语所在的段落/文档[7]、语义角色属性[8]、句法关系所依赖的上下文词语[9]等。也有学者研究如何度量每一维上下文的权重,如布尔型表示上下文是否出现,频率法表示每个上下文出现的频率,正点互信息(positive pointwise mutual information)刻画词语和上下文之间的关联性等。高维的词语向量通常比较稀疏,此外低维向量更容易融入机器模型框架中,并且在某些任务中性能优于高维表示,因此很多学者使用降维的算法把高维的上下文向量压缩到低维的连续向量,典型的算法有 LSI(latent semantic indexing)、SVD(singular value decomposition)、概率主题模型(latent dirichlet alloca-tion,LDA)等。

在语义空间表示的框架下,也有很多的学者直接从文本语料中学习词语的低维连续表示,省去了从高维稀疏矩阵到低维连续向量的降维过程。这一框架的先驱是 Yoshua Bengio[10],他在 2001 年提出了概率神经语言模型(neural probabilistic language model),将每个词语表示为一个低维连续的向量,在训练语言模型的优化目标下(即通过历史词语序列预测当前词语)去联合更新词向量,这样就可以把一个词语的前驱有效地建模到词向量中。

由于概率神经语言模型中顶层 Softmax 神经元个数过多,导致训练时间较长,为了加速模型的训练过程,Morin 和 Bengio[11] 提出使用层次化(hierarchical)Softmax,把最后预测词语的 Softmax 表示为树结构;Mnih 和 Kavukcuoglu[12] 使用噪声对比估计(noise-contrastive estimation)进行参数估计。由于学习一个好的词向量无须训练一个精确的语言模型,所以 Collobert 和 Weston[13] 同时使用一个词语的上下文词语去预测当前词语,Mikolov 等[14] 提出了 Skip-Gram 和 CBOW 模型,其中 Skip-Gram 模型的出发点是利用每个词语去预测出现在它周围的每个上下文词语,CBOW 则是一个相反的学习过程。值得一提的是,Mikolov 等同时发布了 word2vec 工具①,可以高效地从大规模语料中学习词向量,该工具被自然语言处理领域的学者利用,并在多个任务中取得了相当出色的效果。

基于上下文的词向量学习方法可以在一定程度上将用法相似或语法成分相似的词语映射到相近的词向量上,这对于一些自然语言处理任务(如分词、词性标注、句法分析)是很有意义的。然而,我们认为对于情感分析任务,仅基于上下文学习词向量具有明显的缺点。例如在句子"一个好孩子"和"一个坏孩子"中,词语"好"和"坏"具有相同的上下文,因此仅通过词语的上下文学习词表示会把形如"好"和"坏"的情感极性相反的词语映射到相近的词向量上,这会在很大程度上影响情感分析的性能。考虑到基于上下文的词向量学习方法在文本情感分析领域的不足,有学者研究面向情感分析的词向量,在学习词向量时有效融合文本的情感信息。

例如,有研究[15]对 C&W 模型改进,在保留词语上下文信息的基础上融合句子的情感信息,其基本出发点是:在神经网络中,高层的输出可以作为低层或输入的抽象表示,因此可以很自然地将神经网络的顶层输出作为文本的特征判断其情感。具体地,给定一个文本片段,该方法不仅要计算它的上下文分值,还要分别计算它的褒义和贬义分值,模型如图 6-1 所示。

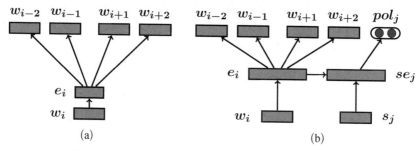

图 6-1　普通词嵌入模型和融入情感信息的词嵌入模型

(a) 普通模型　(b) 融入情感信息

6.3.2　句子级别情感分析

句子层面的情感分析关注于对某一句子的情绪的极性进行分类。对于一个

---

① https://code.google.com/p/word2vec/

句子 w_1，w_2 … w_n，我们通常将其分成三类（+/−/0），+表示积极，−表示消极，0 表示中性。图 6-2 所示为一个句子集情感分析的模型框架图，首先采用某种方式获取一个句子的语义表示，然后根据这个语义表示直接进行分类判定。自然语言文本具有语义组合性，即一个复杂文本的语义由它的各个子结构的语义组合而成[16]，因此通常一个句子的语义源于组成句子的词语。6.3.1 节介绍了如何学习词语的表示，本节将介绍如何使用语义组合的方法获取一个句子的语义。随着深度学习的火热，近几年来，越来越多的学者使用基于深层神经网络的语义组合模型，其中最具代表性的模型有卷积神经网络（convolutional neural network）、循环神经网络（recurrent neural network）和递归神经网络（recursive neural network），下面分别详细介绍这几个模型的使用方式。

1. 卷积神经网络

卷积神经网络的出发点是分别使用局部的卷积和全局的池化（pooling）把变长的序列（如句子）映射为定长的向量[17-18]，在对序列建模时它考虑了词语的顺序并且不依赖于句法结构具体卷积层通过固定大小的本地过滤器来遍历连续的输入，执行非线性转换。给定一个输入序列 x_1，x_2，…，x_n，假设本地过滤器的大小是 K，然后可以得到一个连续的输出 h_1，h_2 … h_{n-k+1}

$$h_i = f\left(\sum_{k=1}^{n} W_k x_{i+K-k}\right)$$

其中，f 是一个激活函数，可以是 tanh(·) 和 sigmoid(·)。

经典的卷积神经网络（CNN）整合了卷积层和池化层，如图 6-3 所示，最早是由 Collobert 等[19]应用在这一任务上的。Kalchbrenner 等[17]为了得到更好的句子表示，将基本的 CNN 模型向两个方面进行扩展，如图 6-4 所示。一方面，他们使用了动态的池化技术，为每一位保留分数最高的 k 个值，而只保留一个确定性的值。另一方面，他们又增加了 CNN 的层数，更深层次的神经网络可以编码更复杂的特征。

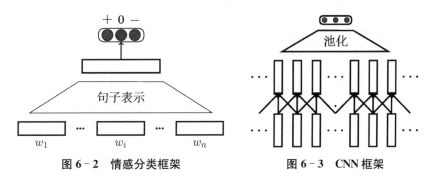

图 6-2　情感分类框架　　　　图 6-3　CNN 框架

Lei 等[20]提出了一种非线性、非连续的卷积方式,使得卷积的形式更为灵活(见图 6-5)。这个过程通过张量递归组合的方式来完成,首先是一元组合,然后是二元组合,接着是三元组合,依次进行,具体组合方式为

$$f_i^1 = Px_i$$
$$f_i^2 = s_{i-1}^1 \odot Qx_i, \quad s_i^1 = \lambda s_{i-1}^1 + f_i^1$$
$$f_i^3 = s_{i-1}^2 \odot Rx_i, \quad s_i^2 = \lambda s_{i-1}^2 + f_i^2$$

其中,P、Q、R 都是模型参数;λ 是一个超参数。

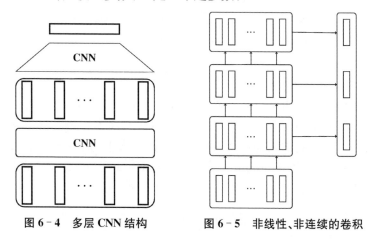

图 6-4　多层 CNN 结构　　　　图 6-5　非线性、非连续的卷积

不少研究尝试如何将异构的词嵌入整合在一起,Kim[18]研究了多种不同的方法使用两类不同类型的词嵌入:随机初始化词嵌入和预训练词嵌入,如图 6-6 所示。这项方式进一步被 Yin、Schutze 和 Zhang 等人[21-22]扩展。Dos Santos 和 Gatti[23]采用了词的字符特征进一步增强了词嵌入表示,如图 6-7 所示。

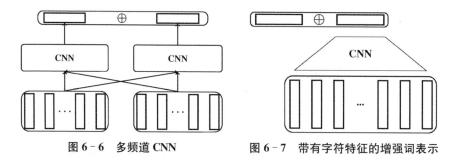

图 6-6　多频道 CNN　　　　图 6-7　带有字符特征的增强词表示

2. 循环神经网络

卷积结构使用了固定大小的窗口来捕捉特征,但是忽略了反映句法和语义

的远距离依赖性特性,这种特性对自然语言句子的理解尤其重要。为了解决这一问题,循环神经网络是一个比较好的选择。一个标准的循环神经网络通过 $\boldsymbol{h}_i = f(W\boldsymbol{x}_i + U\boldsymbol{h}_i - 1 + b)$ 来计算输出隐藏的向量,其中 $\boldsymbol{x}_i$ 表示输入向量。通过这个等式可以知道,当前的输出 $\boldsymbol{h}_i$ 不仅仅依赖当前的输入,还依赖前一步隐藏的输出 $\boldsymbol{h}_{i-1}$,因此实际上当前输出可以与之前的输入输出向量简单地联系起来。

Wang 等[24]最早使用了长短期记忆神经网络(LSTM-RNN)为 tweet 的情感分析进行研究(见图 6-8),他们将输入词嵌入序列 $\boldsymbol{x}_1$,$\boldsymbol{x}_2$,$\cdots$,$\boldsymbol{x}_n$ 应用到标准的 LSTM-RNN 中,使用最后的隐藏层输出 $\boldsymbol{h}_n$ 作为句子的最终表示。与普通的循环神经网络相比,LSTM-RNN 可以更好地缓解梯度爆炸和梯度消失带来的影响,由于其采用了 3 个门操作和 1 个额外的神经元来传递信息,其组合方式为

$$i_i = \sigma(W_1\boldsymbol{x}_i + U_1\boldsymbol{h}_{i-1} + b_1)$$
$$\boldsymbol{f}_i = \sigma(W_2\boldsymbol{x}_i + U_2\boldsymbol{h}_{i-1} + b_2)$$
$$\tilde{\boldsymbol{c}}_i = \tanh(W_3\boldsymbol{x}_i + U_3\boldsymbol{h}_{i-1} + b_3)$$
$$\boldsymbol{c}_i = \boldsymbol{f}_i \odot \boldsymbol{c}_{i-1} + \boldsymbol{i}_i \odot \tilde{\boldsymbol{c}}_i$$
$$\boldsymbol{o}_i = \sigma(W_4\boldsymbol{x}_i + U_4\boldsymbol{h}_{i-1} + b_4)$$
$$\boldsymbol{h}_i = \boldsymbol{o}_i \odot \tanh(\boldsymbol{c}_i)$$

式中,W、U、b 是模型参数;σ 表示 sigmoid 激活函数。

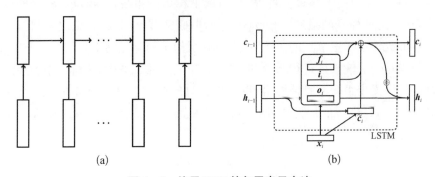

(a)　　　　　　　　　　(b)

图 6-8　使用 RNN 的句子表示方法

(a) 句子表示　(b) LSTM 循环神经网络结构

进一步地,Teng 等[25]将上述模型从两个方面进行了扩展:首先使用双向 LSTM,而不是单一的从左到右对句子进行建模,双向建模可以将一个句子表现得更加的全面,每个词的表示输出可以与前后的词均关联起来;另外把句子层面

的情感分类展开到每个词上,预测句子中的所有情感词的极性,以此为证据来确定句子的极性(见图6-9)。卷积神经网络和循环神经网络的结合也是非常有效的句子表示方式,Zhang等[26]提出这样的一个组合模型,首先构建一个从左到右的LSTM在他们输入的词嵌入,然后在循环神经网络的输出层上再建立一个卷积神经网络结构(见图6-10)。

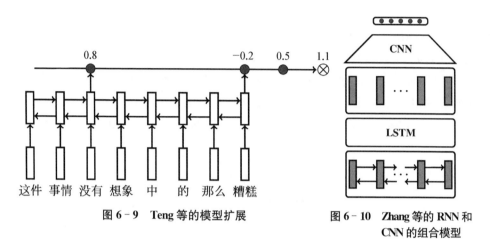

图6-9 Teng等的模型扩展　　　　图6-10 Zhang等的RNN和CNN的组合模型

3. 递归神经网络

循环神经网络在句子表示方面取得了惊人的效果,但它只是对线性的词语输入进行建模,因此不适合于基于树或者图的句法结构的建模。为了解决上述问题,递归神经网络由部分学者提出,引起了相当的重视。Socher等[27]提出了一个矩阵-向量神经网络来组合叶子节点,形成父节点的表示,依次递归自底向上逐步形成句法树根节点的表示,从而得到了句子的神经网络表示。为了方便,首先他们对句法输入树进行预处理,将其转化成一棵二叉树,然后应用上述的递归神经网络逐步组合。具体而言,每个节点均含有一个隐藏向量 h 和一个矩阵 A,如图6-11(a)所示。假设两个叶子节点的表示分别为 (h_1, A_1) 和 (h_r, A_r),则父节点表示为

$$h_p = f(A_r h_1, A_1 h_r)$$
$$A_p = g(A_1, A_r),$$

其中,$f(\cdot)$ 和 $g(\cdot)$ 是转化函数和模型参数。

此外,Socher等[28]采用了低阶张量的操作来代替矩阵向量递归,通过使用 $h_p = f(h_1 T h_r)$ 来计算父节点的表示,T 表示张量,如图6-11(b)所示。该模型不仅操作简单,大大降低了模型复杂度,还能获得更好的性能。受到LSTM的

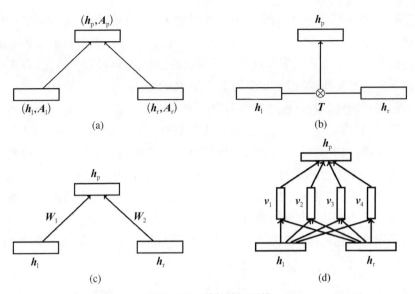

图 6－11　递归神经网络

（a）矩阵-向量组合　（b）张量组合　（c）普通组合　（d）多频道普通组合

启发,一部分研究者尝试对 LSTM 进行调整,以用于二元组合,比较有代表性的工作包括 Tai 等[29]和 Zhu 等[30]的研究,这两个工作均表明基于句法树的 LSTM 能更好地帮助情感分类,图 6－11(c)表明了这两个工作所用的组合方式。Dong 等[31]采用了多频道的组合方式,使得模型能够学到更丰富的特征,如图 6－11(d)所示。

通过使用更深层次的神经网络结构来调查递归神经网络,相似于多层 CNN 的研究。神经网络的深度往往能够极大地影响模型的性能,因此多层递归神经网络对句子级情感分析的影响也是非常值得研究的。Irsoy 和 Cardie[32]展开了一项这样的研究工作,图 6－12 展示了这一工作使用的三层递

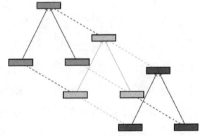

图 6－12　多层递归神经网络

归神经网络结构,他们的实验结果表明了多层次的递归神经网络能带来更优的性能。

以上递归神经网络都期望其输入为结构完整的二元句法语法树,但是事实上大部分句法树每个节点的入度都是不固定的,可能为一元、二元、三元或者更多,因此这一条件过于苛刻。部分研究工作尝试采用特定的预处理技术将初始输入句法树转化为严格的二叉树,同时也有部分研究工作尝试直接对原句法树

进行建模。Mou 等[33]和 Ma 等[34]提出使用池化(pooling)的手段对不定数目的子隐层表示进行归约,然后用于父节点表示的计算。进一步,Teng 和 Zhang[35]在执行池化过程中考虑左子节点和右子节点的影响,分两段进行池化,并提出了自顶向下的递归操作,类似于双向的 LSTM-RNN。

一般在使用递归神经网络时其对应的输入句法树来自某个句法分析器自动生成的结果,这样的结果中存在很大的不确定性,其性能可能非常弱,从而引入错误传播问题,也就是错误的句法分析结果进一步影响到情感分析的性能。于是不少人尝试不使用真实的句法树结构,而是构造自动的伪句法树来形成句子表示。Zhao 等[36]构建一个如图 6-13 所示的伪定向无环图来应用递归神经网络。Chen 等[37]使用一个更为简单的树结构,如图 6-14 所示。这两项研究工作均表明采用这种伪树结构也能为句子级的情感分析研究工作带来不错的性能。

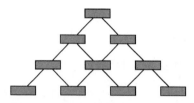 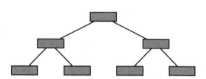

图 6-13　Zhao 等的伪定向无环图　　　图 6-14　Chen 等的伪二叉树结构

6.3.3　篇章情感分析

已有的篇章情感分析方法可以归纳为两类,基于词典的方法和基于机器学习的方法。基于词典的方法[38]通常依赖外部的情感词典,并在情感词典基础上设定一系列的规则去判定一条文本的情感;基于机器学习的方法[39-40]将篇章情感分析看作一个分类问题,在人工标注(或弱标注)数据上使用机器学习算法训练情感分类器。基于深度学习的篇章级语义组合算法归属第二类方法,其基本出发点是文本的语义组合性(compositionality)[16]和词语的语义组合。在这个框架下,Bespalov 等[41]认为篇章的语义由篇章内部短语的语义组合而成,短语的语义由句子内部词语的语义组合而成,其方法示意如图 6-15 所示。

在基于深度学习的自然语言处理领域,不少探究者认为篇章的语义由篇章内部句子的语义组合而成,同时句子的语义由句子内部词语的语义组合而成,因此可以将篇章分析框架进行统一,如图 6-16 所示,篇章表示实际上便是词语到句子,进而句子到篇章的合成方式。Denil 等[42]使用同一个卷积神经网络作为句子级和篇章级的语义组合模块;Tang 等[43]使用卷积神经网络计算句子的表示,随后使用双向 RNN 计算篇章的表示;Bhatia 等[44]考虑了句子间的 discourse

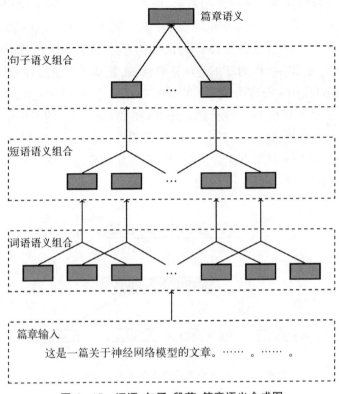

图 6‑15 词语‑句子‑段落‑篇章语义合成图

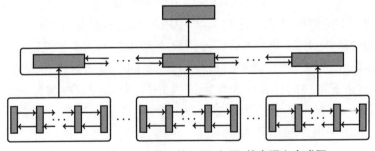

图 6‑16 基于深度学习的词语‑句子‑篇章语义合成图

关系,并在 RST parser 结果的基础上进行篇章的语义组合;Zhang 等[26] 使用 RNN 计算句子的表示,随后使用卷积神经网络计算篇章的表示;Yang 等[45] 使用了层次化的 attention 模型分别计算句子级和篇章级的表示。

Joulin 等[46] 提出了时间复杂度非常低的 fasttext 模型,该模型把篇章内的词向量平均随后将结果传递给线性的分类器。与前面所介绍的工作不同,Le 和

Mikolov[47]将篇章作为一个独立的单元,他们对 SkipGram 和 CBOW 模型进行扩展,把篇章的向量和上下文向量融合在一起预测当前词语,该模型的示意图如图 6 - 17 所示。大部分已有工作把词语作为基本的运算单元,Zhang 等[48]和 Conneau 等[49]使用字符作为基本的运算单元,在此基础上使用卷积神经网络计算篇章的表示,使用字符作为基本运算单元的好处是词表大小会大幅度地降低,同时可以很自然地解决 OOV 的问题,例如,在 Zhang 等[48]的工作中,词表大小共包含 70 个字符,包括 26 个英文字母、10 个数字、33 个其他字符以及 1 个换行字符。Zhang 等[48]的模型共包含 6 层的卷积神经网络,而 Conneau 等[49]的工作将卷积神经网络的层数扩展到了 29 层。

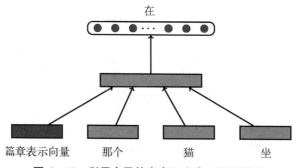

图 6 - 17 利用全局篇章表示生成词语的模型

此外,6.3.3 节所介绍的方法只利用篇章的文本信息判断情感,也有学者研究网络评论中用户和产品对情感预测的影响。以 1～5 星的用户评论为例,假设有两个不同的用户 A 和用户 B,其中用户 A 喜欢打高分(如 4 分、5 分),B 喜欢打低分(如 1 分、2 分),那么即使用户 A 和用户 B 发表了两篇内容高度相似的文本,他们给文本打的情感分值也可能不同。基于这个出发点,唐都钰等[50]分别建模用户的打分偏好和用词偏好,并在端到端的神经网络中进行训练,图 6 - 18 显示了他们的模型框架示意图。Chen 等[51]做了进一步的扩展,引入了基于用户和产品的 attention 模型,取得了更好的性能。

6.3.4 细粒度情感元素抽取与分析方法

细粒度的情感分析是指对情感进行更为全面的剖析,它实际上涉及很多相关的任务,包括情感要素识别,比如情感表达方式、情感对象、情感所有者,以及产品评论分析中常见的情感属性识别等;情感关系抽取,也就是将情感要素之间的联系对接起来;情感极性识别,这里的情感极性识别与前面提到的句子或者文档级别的情感分析是有显著区别的,关键就在于这里的情感与具体的情感要素

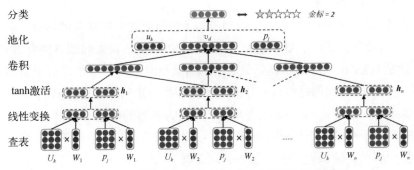

分类
池化
卷积
tanh激活
线性变换
查表

图 6-18 用户和产品信息对文档情感分类的影响模型

密切相关,另外最近兴起的立场检测以及讽刺情感检测等也属于此类,因为其潜在的情感要素都是比较明显地体现在任务中的。表 6-1 中给出了几个典型的例子,以上 3 个任务均有涉及,而且句子中所包含的情感单元数目不一。

表 6-1 情感识别任务示例

我对目前的实验结果不是非常满意,需要进一步努力。	
评价短语:不是非常满意 评价极性:正面,弱 评价持有者:我 评价对象:目前的实验结果	
尽管大部分人对这次"医闹事件"进行了严厉批评,他仍旧保持赞同的态度。	
评价短语:进行了严厉批评 评价极性:负面,强 评价持有者:大部分人 评价对象:这次"医闹事件"	评价短语:保持赞同的态度 评价极性:正面,强 评价持有者:他 评价对象:这次"医闹事件"
员工们对高层的管理报告感到异常的愤怒,而且非常担心将来的工作环境。	
评价短语:感到异常的愤怒 评价极性:负面,强 评价持有者:员工们 评价对象:高层的管理报告	评价短语:非常担心 评价极性:负面,强 评价持有者:员工们 评价对象:将来的工作环境

对于细粒度情感分析的方法,本节拟将围绕 3 个子任务目前的前沿分析方法进行详细展开。对于情感要素识别,一般采用序列标注模型进行建模。对于情感关系抽取,这一任务首先必须得进行情感要素识别,因为关系抽取是建立在要素的基础之上的,单纯的情感关系分类没有太大意义。对于情感极性的识别,往往也建立在某一情感或者观点的关键信息已经给定的情况下的。

1. 情感要素识别

情感要素识别的目的是为了识别出句子中所蕴含的所有与情感分析有关的要素短语,最典型的情感要素包括情感表述方式,情感对象和情感持有者,如表6-1所示,各个例句中的粗体部分显示了情感要素的分析结果。对于情感要素识别,绝大部分工作都是将这一任务建模成序列标注问题,也就是对于句子中的每一个词,都采用一个唯一的标签来标记,最为典型的标记手段是采用 BILUO 方式来对句子中的每个词语打标签。这一方法采用熟知的条件随机场模型来进行训练和解码。例如句子中的某一串词语属于情感对象(target),那么将这一串实体的第一个词标记为 B-target,最后一个词标记为 L-target,而其他的词标记为 I-target;对于特殊情况,该实体只包含一个词语时,标记为 U-target。对于不属于任何情感要素的词语,将其标记为 O。这样句子中的每个词都对应上一个标签,于是情感要素识别任务就被转换成为一个序列标注问题。事实上,部分句子中的有些词语有可能是属于多种情感要素的,比如它属于其中一个情感的所有者,而同时又是另一个情感的目标,对于这种情况目前大部分的工作都将其忽略掉了。基于条件随机场和序列标注的情感要素识别如图6-19所示。

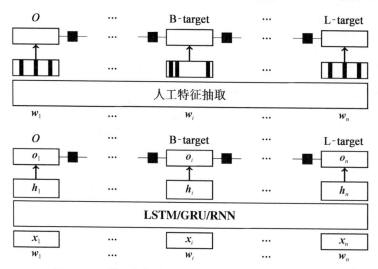

图 6-19 基于条件随机场和序列标注的情感要素识别

该方法主要针对的是情感所有者,并采用了条件随机场模型,其中的特征为人工构建的特征,使用了包括词、词性、句法信息等在内的各种特征及其组合。随后有研究将这一方法应用在情感对象识别上面。条件随机场面临的主要问题是无法使用情感要素级别的特征,为此又有研究提出了使用半马尔可夫条件随机场模型来进行建模,句子概率计算由以词为单位的联合转换成为以功能块为单位的联合,这样能够在一定程度上用到短语级别的信息。它们所针对的任务是评价短语的识别,半马尔可夫条件随机场模型能在一定程度上缓解局部特征的问题。

最近由于神经网络和深度学习在自然语言处理领域取得的巨大成功,也逐渐有了少部分研究工作尝试使用基于神经网络的条件随机场模型来处理情感要素识别。深度学习对于情感要素识别来说,主要解决的核心问题是特征表示,从传统的依赖于人工定义的稀疏特征,转到采用深度神经网络来逐步抽取最终的特征。Irsoy 和 Cardie[32] 提出使用双向循环神经网络来进行情感表达方式的识别,取得了比半马尔可夫条件随机场模型更好的性能。他们的工作还表明,双向的循环神经网络要比单向好,而且 3~4 层的循环神经网络能取得更佳的效果。类似的研究使用循环神经网络来识别评价对象,也取得了非常好的效果,这一工作主要对各种不同的词表示方法、传统特征和神经网络特征的结合以及 LSTM 循环神经网络进行了调研。

2. 情感关系抽取

情感关系实际上是在抽取结构化的情感信息,也就是指将情感通过其情感要素进行描述(见图 6-20)。图 6-21 给出了一个情感关系识别的例子。目前大部分工作都是将情感描述方式作为核心,进一步去找其情感对象和情感持有者,正如图 6-21 中的例子所显示的那样。虽然有研究针对单独的情感要素识别,但是目前主流的情感关系识别方法是将情感要素识别和情感关系识别结合在一起进行的,其主要原因是这两个任务之间紧密相关,单纯的情感关系识别并

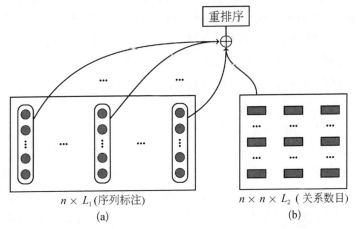

图 6-20　基于命名实体识别和关系分类的情感关系抽取

(a) 命名实体识别　(b) 关系分类

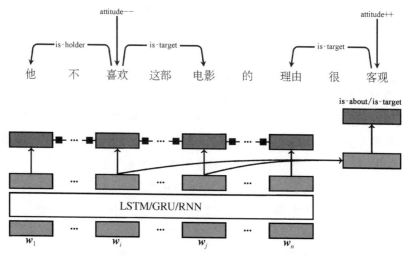

图 6 - 21　情感关系识别的示例

没有很大的意义。

有研究尝试使用联合解码的方式,同时识别句子中某个特定情感的描述短语和该情感的持有者。在这一方法中,情感要素识别和情感关系分别都各自训练模型,但解码时利用各自模型产生每个任务各种候选情况的输出概率,然后通过这些概率联合解码。之后也有研究采用了类似的方法,解码时首先利用各自的模型输出每一个候选答案的概率,然后使用整数线性规划将情感要素识别和情感关系搭配中的一些约束编码进去,从而达到同时识别一个情感的描述短语、情感对象和情感持有者的目的,这一方法使得最终模型的分析效果也得到了显著提升。此外,有研究采用了 K-best 重排序的方法来处理这一联合任务,首先在情感要素识别上解码,输出 K 个最好的结果,进一步根据情感关系分类的模型,让其选择第一步中与它最兼容的分析结果。

如前所述的这些方法的共同点都是采用联合解码的方式,将情感要素和情感关系紧紧联合在一起。近期比较流行的方法是彻底使用联合模型的方式来进行情感要素识别和情感关系抽取。值得一提的是,最近有研究提出的一个基于依存语法的细粒度情感分析模型,将意见要素分析和关系抽取转换成为一个依存分析任务,然后采用了一个单独的模型同时解析这两个任务,在使用传统人工特征的模型中取得了最好的效果。具体而言,他们将一个意见要素的依存核心和另一个依存要素的依存核心进行连接,然后采用基于图的依存分析模型进行自动分析。

随着深度学习模型在自然语言中发挥出来的巨大优势,近期也有人研究了这一联合分析任务的深度学习模型。最典型的工作是使用 LSTM 循环神经网络来进行特征表示的方法。这一方法不依赖于任何句法相关信息,即直接使用预训练的词向量,然后经过 3 层双向循环神经网络,最后结合条件随机场进行推理,同时对 2 个任务进行训练和推理。最终的实验结构表明,在同样不使用整数线性规划等约束的条件下,这种基于神经网络的模型可以得到比传统方法更佳的效果。从整体上看,这一方法所使用的框架仍然为条件随机场模型,只不过在特征表示方面,利用了深层神经网络进行抽取,这一工作显示出神经网络在这一任务上具有比较好的前景。

3. 情感极性识别

与以前简单的句子或者文档级别的情感分析不同,这里的情感极性所对应的是一个非常具体的目标,也就是说它存在明确的表述方式、情感对象或者情感持有者等。在大部分情况下,这个给定的目标是情感对象或者产品评论中的情感属性,因为这种场景的实用价值更强一些。这一场景的相关工作采用的是传统的人工定义特征,主要包含两类,一类是与对象无关的特征,也就是与句子级情感分析类似的特征;而另一类是与对象相关的特征,实验表明与对象相关的特征对任务的影响非常重大。

最近,给定情感对象的情况下的情感极性研究基本上被基于神经网络的深度学习模型垄断了,其最主要的原因在于基于向量表示的方法能够更好地将情感对象和情感极性结合起来,而传统的基于人工特征的方法在这方面的能力偏弱。有研究提出了一种基于递归神经网络的方法,类似于他们之前关于句子级别的情感分析研究只不过对其中用到的句法树做了一些改变,将情感对象的核心变成了最终递归结构的核心,这样学出来的句子表示与情感对象紧密相关。还有研究将类似的一个方法用在面向产品属性的情感极性分析上,虽然两个任务从目标上有所不同,但是可以采用同样的方式建模。

前述的递归神经网络需要依赖句法分析得到的句法树,面向一般领域(如微博之类)的数据可能会非常不准,这样会带来错误传播问题,因此后续不少工作提倡直接使用句子中的词信息来进行建模。将一个完整的句子通过情感对象划分成 3 段,然后采用各种各样的池化技术从这 3 段中提出各种丰富的特征,性能有了明显提升,其系统结构如图 6 - 22 所示。类似 3 段特征融合的做法,该方法之后又得到了改善,采用了基于门的循环神经网络和基于门的 3 段特征选择方式,如图 6 - 23 所示为基于门的循环神经网络情感极性识别。

有研究直接采用长短时序门记忆循环神经网络进行句子建模,并简化了情感对象的融入方式,也得到了很好的效果,图 6 - 24 显示了其模型框架,也有研

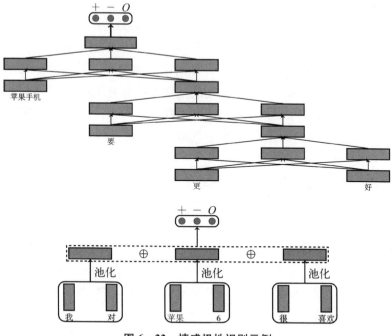

图 6-22 情感极性识别示例

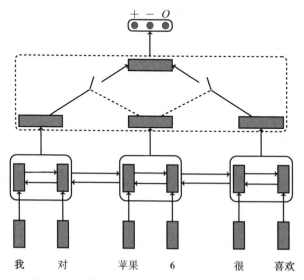

图 6-23 基于门的循环神经网络情感极性识别

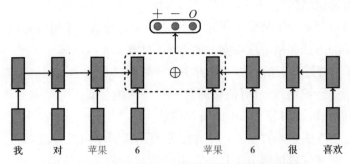

图6-24 长短时序门记忆循环网络的情感极性识别

究采用基于注意力的方式,利用情感对象的表示从长短时序门记忆循环神经网络的输出中寻找有效的特征。另外,还有研究基于记忆网络的方式,利用情感对象的注意力的机制,在面向产品属性的情感极性分析上取得很好的效果。

前述的工作考虑的情况基本上是情感对象处于句子内部的情况,而事实上也有部分场景,情感对象不在句子中。最为典型的应用是立场检测,也就是针对一个特定的情感对象或者目标,例如"堕胎",判断一个句子对这一目标的立场,中立、赞成还是反对。在SemEval2016中,有研究团队组织了一个相关评测,其中基于深度学习的模型在开放目标中取得了更优的性能,在评测中采用一个简单的卷积神经网络取得了最好的效果。另外值得关注的是,另有团队在深度学习的框架下利用迁移学习的方法,在固定情感对象的情况下取得了最好的性能。

由于在立场检测中,情感对象大部分情况下都不在句子中有着显式的表达,因此前面提出的3段式的方式或者基于句法的方法都很难实施。考虑到这一情况,有研究提出了基于条件LSTM循环神经网络模型,其核心是利用额外的情感对象的表示来初始化LSTM循环神经网络的开始位置,这一方法取得了不错的效果。另有研究提出了一种使用注意力机制的方式将情感对象的表示引入立场检测中来。首先将句子采用一个双向的LSTM循环神经网络进行表示,然后利用情感对象的表示,直接对句子的LSTM输出使用注意力机制进行指导。

6.3.5 情绪识别方法

情绪是人个体所产生的身体和心理状态,情绪分析研究目的是能自动识别文本中表达的情绪类别,它是细粒度(或多元)情感分析任务。尤其近年来社交媒体的不断发展催生出了许多新的应用场景,如聊天机器人等,研究者和企业人员发现二元情感分类无法满足其对文本情感分析的需求,需要进一步地挖掘文本中蕴含着的情绪信息,即"乐、好、怒、哀、惧、恶、惊"多元情感。

纵观目前开展的情绪分析研究工作,大体上可分为基于情感知识的方法、基于特征分类的方法和基于深度学习的方法三大类。

(1)基于情感知识的方法。该方法主要依据已有的情绪词典实现对文本中带有的情绪进行识别,通过对情绪词及一些特定组合或搭配形成的评价单元进行计算,进而获取该部分文本中的情绪信息。

(2)基于特征分类的方法。该方法是使用机器学习的方法,通过选取大量有意义的特征来完成情绪分类任务。由于情绪分析属于多分类任务,因此在特征选择方面往往存在数据稀疏问题。为了解决此类问题,相继有多项研究出现,包括基于网络事件大数据驱动的分析方法;一种从粗粒度到细粒度的二层情感分类算法;将规则的方法和特征选择的方法进行混合,最终将获得的特征用于文本的情绪分类;不区分二元情感分类和多元情感分类,构建联合模型来同时提高二元和多元分类的性能。分析和调研显示,由于已有的多元情感分类的标注语料规模较小和标注语料分布不平衡问题,使得多元情感分类的系统性能远不如褒贬二元分类。

(3)基于深度学习的方法。该方法近年来无论在情感分析或情绪分析领域都取得了突破性的进展,其通过如情感词向量的表示更好地刻画词的语义、情感或情绪,取得了较好的研究效果,比较有代表性的研究如下:使用迭代自动编码器建模句子的语义表示,应用到文本情感分类任务;使用深度置信网络建模微博文本的语义表示,并在此基础上判断一条微博的情感。

6.3.6　文本情感原因发现方法

文本情感原因发现主要研究从文本中自动识别导致个体和群体情感产生和变化的因素或事件的方法。对于社交媒体中的情感文本,在情感分析研究解决了对文本中的情感"知其然"的基础上,情感原因发现的研究尝试更进一步地发现了情感产生和变化的原因,也就是"知其所以然"。因此,情感原因发现是社交媒体情感理解的核心问题之一。从传统角度看,情感原因发现属于心理学和社会学范畴,主要依赖人工问卷进行统计和分析。近年来开始出现基于文本分析的情感原因自动发现研究,尝试从文本中自动找到导致个体情感状态发生变化的原因。目前情感原因发现主要有基于规则、基于统计以及基于深度学习的 3 类方法。此外,因果关系自动分析的研究对文本情感原因发现有一定的借鉴意义。

基于规则的情感原因发现方法的主要思路是手动构建情感原因发现规则

库,利用文本中与表达原因相关的副词、连词、指示性动词等线索,应用规则发现导致情感变化的原因。Lee 标注了一个小规模新闻文本情感原因语料库,研究了情感变化和触发因素间的关联关系,将触发因素分为动词性因素和名词性因素,通过观察和分析,Lee 归纳出一系列用于抽取情感原因的语言学线索。基于这些工作,Lee 等[52]设计了 14 条语言学规则进行情感原因的抽取。Chen 等[53]提出了基于机器学习的情感原因抽取方法,利用情感原因相关的语言学规则进行特征提取,然后根据统计模型,对导致文本情感产生的片段进行抽取。

基于语料统计的情感原因方法主要利用以情感变化为线索的语料统计特征进行原因抽取。Balog 等[54]在具有时间顺序的一系列博客中发现情感急剧变化的时间点,利用最大似然比检验找到变化点前后博客文档中似然值最大的词语片段,作为导致情感急剧变化的原因。Russo 等[55]利用众包的方式,从网民的相关反馈中总结可能的原因抽取短语,利用这些短语和词组的组合在文本中寻找候选短语,再使用基于共现频率的算法获得可能的情感原因。上述两种方法的优点在于可以不依赖人工情感原因标注,直接从文中获取情感原因,缺点是准确率不高。Neviarouskaya 等[56]研究了对情感相关文本中的情感原因短语进行抽取的方法。在 22 个情感小类和自行构建的 532 个情感句的语料库上,抽取准确率达到 82%。Ghazi 等[57]提出了一种基于 FrameNet 的情感原因(刺激)的自动化标注方法。应用条件随机场(CRF)模型对情感文本进行语义角色标注,实现情感原因的抽取。Li 等[58]同样将情感原因抽取的方法应用于微博文本,并将情感原因抽取的结果服务于情感分类,提高了情感分类的效果。Gao 等[59]则将情感原因抽取与 OCC 模型结合,其结果具有更好的认知学与心理学的意义。

与情感原因发现研究相关,近年来有一些因果关系自动分析的相关研究。这类研究与情感原因发现有着很大区别,但其研究方法有一定的借鉴意义。目前因果关系自动分析研究大部分都是集中在特定领域,主要使用领域相关知识预先建立可能的原因模板进行抽取。典型的方法,如有研究[60]利用 NASA 的专家意见,预先定义了 14 类与航空事故原因相关的识别模板进行原因抽取。目前在非常少的开放领域的原因自动分析研究中,主要使用一些简单的与原因候选相关的判别约束策略。Marcu 等[61]将原因-结果文本对限制在由特定联系连接的两个关联子句中。Chang 等[62]将原因-结果文本对限制在两个关联的名词短语。Girju[63]利用社会化媒体的文本挖掘动词之间的因果关系并组成动词间的因果交互链,使用动词间的因果交互关系识别社会化媒体上用户间的个人关系。

考虑到在含有关系触发词的表达因果关系的句子中,原因和结果在句子中的词性和句法往往有一定的规律性,Kozareva[64]使用因果关系触发词抽取文本中的名词因果对,使用这种因果对来判断一个句子是否是描述因果逻辑的句子。Ittoo 等[65]提出了一种基于词性、句法分析和因果关系模板的因果对抽取方法。这些方法的核心都基于词性和句法特征的规则来抽取因果词对,但是上述方法无法从无明确触发词的句子中抽取因果关系对。

使用文本中的词语共现频率等信息也是发现因果关系的可行方法。Riaz 等[66]利用词之间的关联信息抽取句子中的原因,尤其是含有显式因果的句子。Do 等[67]发现丰富的上下文信息对于提高因果抽取的准确率来说是非常必要的,进而提出了一种基于分布式相似性的半指导因果事件识别算法。Hashimoto 等[68]应用动词和名词的语义关系信息进行原因发现。Riaz 等[69]将作为谓语动词的触发词模板人工地分为 causation、material、necessity、use、prevention 五类来区分抽取到的因果关系的类型。

总体来看,上述关于情感原因的研究工作大多集中在基于语言学规则、模板匹配、知识库匹配等方法上进行,受相关资源以及规则的制约较大。如何利用已有的情感分析技术进行基于机器学习的自动化情感原因抽取则是这一领域亟须解决的问题。

6.4 数据集

6.4.1 句子级和篇章级情感分析数据集

对于句子级或者篇章级的情感分析,其主要语料由 SemEval 评测、NCTIR 评测以及 COAE 评测推动,其中 SemEval 主要是英文情感分析的语料,而后面两个评测则是面向中文的情感分析,这 3 个评测语料数据的主要来源是基于社会媒体的。另外,实际上也可以通过网上的表情弱标记信息获取一些语料,这类语料也广泛应用于相关研究工作。

6.4.2 细粒度情感元素抽取与分析数据集

细粒度情感分析语料主要有由康奈尔大学和匹兹堡大学共同创建和维护的 MPQA 语料、由 SemEval 收集得到的用于评测的属性级产品评论语料、Long Jiang 等构建的特定领域实体情感分析语料以及约翰霍普金斯大学 Mitehell 等创建的开放领域实体情感分析语料。这些语料主要面向英文,但是也有少部分其他语言的数据集。例如 Almeida 等将 MPQA 语料翻译成西班牙语,哈尔滨工业大学赵妍妍等人也收集了一定规模的属性级产品评论语料,Mitehell 等同时也创建了少量基于西班牙语的开放领域实体情感分析语料。在中文方面,相关的语料仍然非常稀缺或者没有完全公开。

MPQA 语料最早的版本是于 2002 年由康奈尔大学的 Cardie 以及匹兹堡大学的 Wiebe 和 Wilson 等发起创建的,其初始版本语料库(1.2 版本)包含 535 个文件,共计 11 114 个句子,这些文件来源于世界新闻报英文版本的新闻文章。围绕这些句子,他们标注了意见主体、意见表达方式、意见作用的对象等信息。随后 MPQA 2.0 版本也发布了,增加了不少《华尔街日报》的文章以及其他偏口语化的文档,同时也标注了用户态度和目的信息,对前面的已有标注信息进行了细化。近期 MPQA 发布了 3.0 版,增加了基于事件的情感标注,整个 MPQA 的标注规范也进一步得到了完善。

属性级别的产品评论语料主要是由 SemEval 组织并进行推进的。近年来,SemEval 每年都有相关的公开评测,官方也提供了一定量的标注语料用于支撑这一评测任务。最流行使用的语料为 SemEval2016 发布的语料,其中包含了多个语言、多个领域的训练和测试语料,不少后续的研究也是基于这一语料开展的。其实类似的产品语料最早由 Minqing Hu 和 Bing Liu 就开始创建了,涉及 5 个产品领域。以上这些语料中的所有句子都被详细标注了评价对象、情感句的极性及强度等信息。

面向实体的情感分析任务最早由 Long Jiang 等于 2011 年发起,他们创建了 Obama、Google、iPad、Lakers、Lady Gaga 等若干特定领域的实体情感分析数据。他们从 Twitter 上下载了包含这些实体对象的若干 Tweets,并进一步手动标注了 Tweet 作者对指定对象所发表的情绪。最终他们以及后续的相关研究者一共标注了近 7 000 个句子。有研究通过其他方式将这一语料规模进一步扩大至近 12 000 个句子。这一语料成为面向实体情感分析任务的标注评价数据集。

开放领域的实体级别情感分析数据也是由该任务的发起人创建。约翰霍普金斯大学 Mitehell 等标注了两种语言的开放实体情感分析数据。数据题材取自 Twitter,最终一个保留了 2 350 个英文句子和 7 105 个西班牙文句子,其中实体数目分别为 3 577 个和 9 870 个。虽然面向的是开放实体,但是实体的类别限制在人名和公司名。目前这个语料的规模实际上还是比较小的,对于现阶段比较流行的深度学习方法的研究支持还比较弱。

6.4.3　情绪识别数据集

由中国科学院自动化研究所构建的 CASIA 汉语情感语料库,共包括 4 位专业发音人,6 种情绪,共 9 600 句不同发音,包括 300 句相同文本和 100 句不同文本,主要为研究情感语音所设计的语料,但其中的文本内容也可用于文本情绪分析。

国外学者近年来开始建设并发布的用于情绪分类方法研究的数据主要包括如下几方面:

(1) Mishne 在 Live Journal 博客系统上收集了大量的博客文本,根据该系统上自带的 132 种情绪类别,构建了一个包含 815 494 篇博文的英文情绪标注语料库。

(2) Quan 和 Ren 提出了一种细粒度的文本情绪标注方法,在文档、段落、句子 3 级层次上进行了 8 种情绪类别的标注,建立了一个博客文档情绪语料库。

(3) Aman 和 Szpakowicz 构建了一个情绪分析数据集,其利用基于常识库的方法区分情绪和非情绪语句,再进一步标注情绪类别、情绪强度和文本中表明情绪的词语和短语等内容。

国内学者近年来也建设和发布了部分用于情绪分类研究的语料,特别是中文的情绪语料库主要有如下内容:

(1) 大连理工大学林鸿飞团队发布的情感语料库采用了 7 个大类、22 个小类的情绪分类体系,在小学教材(人教版)、电影剧本、童话故事、文学期刊等语料上进行了句子级别的情绪标注,完成了 39 488 句的情感语料标注。

(2) 哈尔滨工业大学深圳研究院徐睿峰团队构建了面向微博文本的情绪语料库,该库包含 14 000 条微博、45 431 条句子的情绪标注,其内容包含多情绪标签和情绪强度,并应用该数据组织了 NLPCC2013 中文情绪分析评测。

(3) 苏州大学李寿山构建的中文情绪分析语料库,其内容源于新浪微博,共包含 6 个情绪类别。

6.4.4　情感原因发现数据集

在情感原因发现研究中,最早的数据集由香港理工大学以及台湾中研院的 Sophia 等构建。这一数据集标注了情感词及与情感词相对应的原因,但是由于版权限制并未公开。

之后,哈尔滨工业大学深圳研究院的徐睿峰团队分别构建了面向微博、新闻文本、中英文双语的情感原因发现数据集。其中,中英双语的情感原因发现数据集用于 NTCIR-13 情感原因发现评测任务。上述 3 个数据集均可以通过公开方式下载。

此外,中国农业大学的程瑛团队则面向微博短文本构建了一种考虑转发行为的情感原因数据集。这一数据集的特点在于,情感的原因可以来自文本本身,也可以来自其转发的对象,这一研究范式也扩展了这一情感分析问题的外沿。

6.5 总结

情感分析是自然语言处理应用中最为流行的一项研究工作,其在实际中的需求也非常的强烈,一个可靠的情感分析系统能够非常好地指导商业管理,也可以帮助政府进行网络管理。这一任务实际上包含了非常多的场景,即句子或者短文本情感分析、篇章级别情感分析、细粒度结构化的情感分析与意见挖掘以及目前比较流行的社会热点事件分析、立场检测等任务,有的任务比较简单,而有的任务难度却非常高。即便是比较简单的句子级情感分析任务,也面临因不同需求导致的知识迁移问题,因此要开发出一个可靠的高性能的情感分析平台,还需要很长的一段时间。

本章对上述所列举的大部分任务都进行了详细总结,并且简要解释了这些任务的分析方法,既包括传统的基于人工特征的统计机器学习模型,同时也涵盖了目前比较流行的深度学习的方法。深度学习在这一系列任务上均取得了不错的效果,本章对这些任务目前最好的模型都进行了简要的解释。由于目前主要的方法仍然是基于监督的方法,所以本章对相关的语料也做了简单的归纳。

参考文献

[1] Collins A M, Quillian M R. Retrieval time from semantic memory[J]. Journal of Verbal Learning and Verbal Behavior, 1969, 8(2): 240 - 247.

[2] Smith E E, Medin D L. Categories and Concepts[M]. Cambridge, MA: Harvard University Press, 1981.

[3] Hinton G E, Shallice T. Lesioning an attractor network: investigations of acquired dyslexia[J]. Psychological Review, 1991, 98(1): 74 - 95.

[4] McRae K, de Sa V R, Seidenberg M S. On the nature and scope of featural representations of word meaning[J]. Journal of Experimental Psychology: General, 1997, 126(2): 99 - 130.

[5] Harris Z S. Distributional structure[J]. Word, 1954, 10(2): 146 - 162.

[6] Lund K, Burgess C. Producing high-dimensional semantic spaces from lexical co-occurrence[J]. Behavior Research Methods Instruments & Computers, 1996, 28(2): 203 – 208.

[7] Landauer T K, Laham D, Rehder B, et al. How well can passage meaning be derived without using word order? A comparison of latent semantic analysis and humans[C]// Proceedings of the 19th annual meeting of the Cognitive Science Society. Austin: Cognitive Science Society, Inc. , 1997: 412 – 417.

[8] Grefenstette G. Explorations in Automatic Thesaurus Discovery: Vol 278[M]. Berlin: Springer Science & Business Media, 2012.

[9] Levy O, Goldberg Y. Dependency-based word embeddings[C]//Proceedings of the 52nd Annual Meeting of the Association for Computational Linguistics (Volume 2: Short Papers), June 23 – 25, 2014, Baltimore, Maryland. Stroudsburg, PA, USA: Association for Computational Linguistics, 2014: 302 – 308.

[10] Bengio Y, Ducharme R, Vincent P, et al. A neural probabilistic language model[J]. Journal of Machine Learning Research, 2003, 3: 1137 – 1155.

[11] Morin F, Bengio Y. Hierarchical probabilistic neural network language model[C]// Proceedings of the 10th International Workshop on Artificial Intelligence and Statistics, January 6 – 8, 2005, Bridgetown, Barbados. New Jersey, USA: Society for Artificial Intelligence and Statistics, 2005: 246 – 252.

[12] Mnih A, Kavukcuoglu K. Learning word embeddings efficiently with noise-contrastive estimation [C]//Proceedings of the 26th International Conference on Neural Information Processing Systems — Volume 2. New York: Curran Associates Inc. , 2013: 2265 – 2273.

[13] Collobert R, Weston J. A unified architecture for natural language processing: deep neural networks with multitask learning[C]//Proceedings of the 25th International Conference on Machine Learning, July, 2008, Helsinki Finland. New York: Association for Computing Machinery, 2008: 160 – 167.

[14] Mikolov T, Chen K, Corrado G, et al. Efficient estimation of word representations in vector space [C]//Proceedings of the 1st International Conference on Learning Representations. New York: Association for Computing Machinery, 2013.

[15] Tang D, Wei F, Qin B, et al. Sentiment embeddings with applications to sentiment analysis[J]. IEEE Transactions on Knowledge and Data Engineering, 2016, 28(2): 496 – 509.

[16] Frege G. On sense and reference[J]. Ludlow, 1997, 1892: 563 – 584.

[17] Kalchbrenner N, Grefenstette E, Blunsom P. A convolutional neural network for modelling sentences[C]//Proceedings of the 52nd Annual Meeting of the Association

for Computational Linguistics (Volume 1: Long Papers). Stroudsburg, PA, USA: Association for Computational Linguistics, 2014: 655 – 665.

[18] Kim Y. Convolutional neural networks for sentence classification[C]//Proceedings of the 2014 Conference on Empirical Methods in Natural Language Processing, October 25 – 29, 2014, Doha, Qatar. Stroudsburg, PA, USA: Association for Computational Linguistics, 2014: 1746 – 1751.

[19] Collobert R, Weston J, Bottou L, et al. Natural language processing (almost) from scratch[J]. Journal of Machine Learning Research, 2011, 12(1): 2493 – 2537.

[20] Lei T, Barzilay R, Jaakkola T. Molding CNNs for text: non-linear, non-consecutive convolutions[C]//Proceedings of the 2015 Conference on Empirical Methods in Natural Language Processing, September 17 – 21, 2015, Lisbon, Portugal. Stroudsburg, PA, USA: Association for Computational Linguistics, 2015: 1565 – 1575.

[21] Yin W, Schütze H. Multichannel variable-size convolution for sentence classification [C]//Proceedings of the Nineteenth Conference on Computational Natural Language Learning, July, 2015, Beijing, China. Stroudsburg, PA, USA: Association for Computational Linguistics, 2015: 204 – 214.

[22] Zhang Y, Roller S, Wallace B. MGNC-CNN: a simple approach to exploiting multiple word embeddings for sentence classification[C]//Proceedings of the 2016 Conference of the North American Chapter of the Association for Computational Linguistics: Human Language Technologies, June, 2016, San Diego, California. Stroudsburg, PA, USA: Association for Computational Linguistics, 2016: 1522 – 1527.

[23] Dos Santos C, Gatti M. Deep convolutional neural networks for sentiment analysis of short texts[C]//Proceedings of COLING 2014, the 25th International Conference on Computational Linguistics: Technical Papers, August, 2014, Dublin, Ireland. Dublin, Ireland: Dublin City University and Association for Computational Linguistics, 2014: 69 – 78.

[24] Wang X, Liu Y, Chengjie S, et al. Predicting polarities of tweets by composing word embeddings with long short-term memory[C]//Proceedings of the 53rd Annual Meeting of the Association for Computational Linguistics and the 7th International Joint Conference on Natural Language Processing (Volume 1: Long Papers), July 26 – 31, 2015, Beijing, China. Stroudsburg, PA, USA: Association for Computational Linguistics, 2015: 1343 – 1353.

[25] Teng Z, Vo D T, Zhang Y. Context-sensitive lexicon features for neural sentiment analysis[C]//Proceedings of the 2016 Conference on Empirical Methods in Natural Language Processing, November 1 – 5, 2016, Austin, Texas. Stroudsburg, PA, USA: Association for Computational Linguistics, 2016: 1629 – 1638.

[26] Zhang R, Lee H, Radev D R. Dependency sensitive convolutional neural networks for modeling sentences and documents[C]//Proceedings of the 2016 Conference of the North American Chapter of the Association for Computational Linguistics: Human Language Technologies, June, 2016, San Diego, California. Stroudsburg, PA, USA: Association for Computational Linguistics, 2016: 1512 – 1521.

[27] Socher R, Huval B, Manning C D, et al. Semantic compositionality through recursive matrix-vector spaces[C]//Proceedings of the 2012 Joint Conference on Empirical Methods in Natural Language Processing and Computational Natural Language Learning. Stroudsburg, PA, USA: Association for Computational Linguistics, 2012: 1201 – 1211.

[28] Socher R, Perelygin A, Wu J, et al. Recursive deep models for semantic compositionality over a sentiment treebank[C]//Proceedings of the 2013 Conference on Empirical Methods in Natural Language Processing, October 18 – 21, 2013, Grand Hyatt Seattle, Seattle, Washington, USA. Stroudsburg, PA, USA: Association for Computational Linguistics, 2013: 1631 – 1642.

[29] Tai K S, Socher R, Manning C D. Improved semantic representations from tree-structured long short-term memory networks[C]//Proceedings of the 53rd Annual Meeting of the Association for Computational Linguisticsand the 7th International Joint Conference on Natural Language Processing, July 26 – 31, 2015, Beijing, China. Stroudsburg, PA, USA: Association for Computational Linguistics, 2015: 1556 – 1566.

[30] Zhu X, Sobhani P, Guo H. Long short-term memory over recursive structures[C]//Proceedings of the 32nd International Conference on Machine Learning-Volume 37. Stroudsburg, PA, USA: International Machine Learning Society, 2015: 1604 – 1612.

[31] Dong L, Wei F, Zhou M, et al. Adaptive multi-compositionality for recursive neural models with applications to sentiment analysis [C]//Proceedings of the 23th International Conference on Artificial Intelligence. Menlo Park, California: AAAI Press, 2014: 1537 – 1543.

[32] Irsoy O, Cardie C. Deep recursive neural networks for compositionality in language [C]//Proceedings of the 27th International Conference on Neural Information Processing Systems — Volume 2. Cambridge, MA, USA: MIT Press, 2014: 2096 – 2104.

[33] Mou L, Peng H, Li G, et al. Discriminative neural sentence modeling by tree-based convolution[C]//Proceedings of the 2015 Conference on Empirical Methods in Natural Language Processing, September 17 – 21, 2015, Lisbon, Portugal. Stroudsburg, PA, USA: Association for Computational Linguistics, 2015: 2315 – 2325.

［34］ Ma M, Huang L, Xiang B, et al. Dependency-based convolutional neural networks for sentence embedding［C］//Proceedings of the 53rd Annual Meeting of the Association for Computational Linguistics and the 7th International Joint Conference on Natural Language Processing (Volume 2: Short Papers), July 26 - 31, 2015, Beijing, China. Stroudsburg, PA, USA: Association for Computational Linguistics, 2015: 174 - 179.

［35］ Teng Z, Zhang Y. Head-lexicalized bidirectional tree LSTMs［J］. Transactions of the Association for Computational Linguistics, 2017, 5(1): 163 - 177.

［36］ Zhao H, Lu Z, Poupart P. Self-adaptive hierarchical sentence model［J/OL］. arXiv: Computation and Language, ［2015 - 4 - 27］. arXiv preprint arXiv: 1504. 05070.

［37］ Chen X, Qiu X, Zhu C, et al. Sentence modeling with gated recursive neural network ［C］//Proceedings of the 2015 Conference on Empirical Methods in Natural Language Processing, September 17 - 21, 2015, Lisbon, Portugal. Stroudsburg, PA, USA: Association for Computational Linguistics, 2015: 793 - 798.

［38］ Taboada M, Brooke J, Tofiloski M, et al. Lexicon-based methods for sentiment analysis［J］. Computational Linguistics, 2011, 37(2): 267 - 307.

［39］ Pang B, Lee L, Vaithyanathan S. Thumbs up?: sentiment classification using machine learning techniques［C］//Proceedings of the 2002 Conference on Empirical Methods in Natural Language Processing. Stroudsburg, PA, USA: Association for Computational Linguistics, 2002: 79 - 86.

［40］ Pang B, Lee L. Seeing stars: exploiting class relationships for sentiment categorization with respect to rating scales［C］//Proceedings of the 43rd Annual Meeting of the Association for Computational Linguistics, June, 2005, Ann Arbor, Michigan. Stroudsburg, PA, USA: Association for Computational Linguistics, 2005: 115 - 124.

［41］ Bespalov D, Bai B, Qi Y, et al. Sentiment classification based on supervised latent n-gram analysis ［C］//Proceedings of the 20th ACM International Conference on Information and Knowledge Management. New York: Association for Computing Machinery, 2011: 375 - 382.

［42］ Denil M, Demiraj A, Kalchbrenner N, et al. Modelling, visualising and summarising documents with a single convolutional neural network［J/OL］. arXiv: Computation and Language, ［2014 - 6 - 15］. arXiv preprint arXiv: 1406. 3830.

［43］ Tang D, Qin B, Liu T. Document modeling with gated recurrent neural network for sentiment classification［C］//Proceedings of the 2015 Conference on Empirical Methods in Natural Language Processing, September 17 - 21, 2015, Lisbon, Portugal. Stroudsburg, PA, USA: Association for Computational Linguistics, 2015: 1422 - 1432.

［44］ Bhatia P, Ji Y, Eisenstein J. Better document-level sentiment analysis from rst discourse parsing[C]//Proceedings of the 2015 Conference on Empirical Methods in Natural Language Processing, September 17 - 21, 2015, Lisbon, Portugal. Stroudsburg, PA, USA: Association for Computational Linguistics, 2015: 2212 - 2218.

[45] Yang Z, Yang D, Dyer C, et al. Hierarchical attention networks for document classification[C]//Proceedings of Human Language Technologies: the 2016 Annual Conference of the North American Chapter of the Association for Computational Linguistics, June 12 - 17, 2016, San Diego California, USA. Stroudsburg, PA, USA: Association for Computational Linguistics, 2016: 1480 - 1489.

[46] Joulin A, Grave E, Bojanowski P, et al. Bag of tricks for efficient text classification [C]//Proceedings of the 15th Conference of the European Chapter of the Association for Computational Linguistics: Volume 2, Short Papers, April, 2017, Valencia, Spain. Stroudsburg, PA, USA: Association for Computational Linguistics, 2017: 427 - 431.

[47] Le Q V, Mikolov T. Distributed representations of sentences and documents[C]// Proceedings of the 31st International Conference on Machine Learning, June 21 - 26, 2014, Beijing, China. Stroudsburg, PA, USA: International Machine Learning Society, 2014: 1188 - 1196.

[48] Zhang X, Zhao J, LeCun Y. Character-level convolutional networks for text classification [C]//Proceedings of the 28th International Conference on Neural Information Processing Systems. Cambridge, MA, USA: MIT Press, 2015: 649 - 657.

[49] Conneau A, Schwenk H, Barrault L, et al. Very deep convolutional networks for natural language processing[J/OL]. arXiv: Computation and Language, [2016 - 6 - 6]. arXiv preprint arXiv: 1606.01781.

[50] Tang D, Qin B, Liu T. Learning semantic representations of users and products for document level sentiment classification[C]//Proceedings of the 53rd Annual Meeting of the Association for Computational Linguistics and the 7th International Joint Conference on Natural Language Processing (Volume 1: Long Papers), July 26 - 31, 2015, Beijing, China. Stroudsburg, PA, USA: Association for Computational Linguistics, 2015: 1014 - 1023.

[51] Chen H, Sun M, Tu C, et al. Neural sentiment classification with user and product attention[C]//Proceedings of the 2016 Conference on Empirical Methods in Natural Language Processing, November 1 - 5, 2016, Austin, Texas. Stroudsburg, PA, USA: Association for Computational Linguistics, 2016: 1650 - 1659.

[52] Lee S Y M, Chen Y, Huang C R, et al. Detecting emotion causes with a linguistic

rule-based approach[J]. Computational Intelligence, 2013, 29(3): 390 - 416.

[53] Chen Y, Lee S Y M, Li S, et al. Emotion cause detection with linguistic constructions [C]//Proceedings of the 23rd International Conference on Computational Linguistics, August, 2010, Beijing, China. Stroudsburg, PA, USA: Association for Computational Linguistics, 2010: 179 - 187.

[54] Balog K, Mishne G, Rijke M D. Why are they excited? Identifying and explaining spikes in blog mood levels[C]//Proceedings of the 11th Conference of the European Chapter of the Association for Computational Linguistics. Stroudsburg, PA, USA: Association for Computational Linguistics, 2006: 207 - 210.

[55] Russo I, Caselli T, Rubino F, et al. EMOCause: an easy-adaptable approach to emotion cause contexts [C]//Proceedings of the 2nd Workshop on Computational Approaches to Subjectivity and Sentiment Analysis, June, 2011, Portland, Oregon. Stroudsburg, PA, USA: Association for Computational Linguistics, 2011: 153 - 160.

[56] Neviarouskaya A, Aono M. Extracting causes of emotions from text[C]//Proceedings of the 6th International Joint Conference on Natural Language Processing, October, 2013, Nagoya, Japan. Stroudsburg, PA, USA: Association for Computational Linguistics, 2013: 932 - 936.

[57] Ghazi D, Inkpen D, Szpakowicz S. Detecting emotion stimuli in emotion-bearing sentences[C]//Proceedings of the 16th International Conference on Computational Linguistics and Intelligent Text Processing, April 14 - 20, 2015, Cairo, Egypt. Berlin: Springer, 2015: 152 - 165.

[58] Li W, Xu H. Text-based emotion classification using emotion cause extraction[J]. Expert Systems with Applications, 2014, 41(4): 1742 - 1749.

[59] Gao K, Xu H, Wang J. A rule-based approach to emotion cause detection for Chinese micro-blogs[J]. Expert Systems with Applications, 2015, 42(9): 4517 - 4528.

[60] Persing I, Ng V. Semi-supervised cause identification from aviation safety reports [C]//Proceedings of the 47nd Annual Meeting of the Association for Computational Linguistics and the Inter-national Joint Conference on Natural Language Processing of the AFNLP, August, 2009, Suntec, Singapore. Stroudsburg, PA, USA: Association for Computational Linguistics, 2009: 843 - 851.

[61] Marcu D, Echihabi A. An unsupervised approach to recognizing discourse relations [C]//Proceedings of the 40nd Annual Meeting of the Association for Computational Linguistics, July, 2002, Philadelphia, PA, USA. Stroudsburg, PA, USA: Association for Computational Linguistics, 2002: 368 - 375.

[62] Chang D S, Choi K S. Causal relation extraction using cue phrase and lexical pair probabilities[C]//Proceedings of the 1st International Joint Conference on Natural

Language Processing, March 22 - 24, 2004, Hainan Island, China. Berlin: Springer-Verlag, 2004: 61 - 70.

[63] Girju R. Toward social causality: an analysis of interpersonal relationships in online blogs and forums[C]//Proceedings of the Fourth International Conference on Weblogs and Social Media, May 23 - 26, 2010, Washington, DC, USA. Menlo Park, California: AAAI Press, 2010: 272 - 279.

[64] Kozareva Z. Cause-effect relation learning[C]//Workshop Proceedings of TextGraphs-7 on Graph-based Methods for Natural Language Processing, July, 2012, Jeju, Republic of Korea. Stroudsburg, PA, USA: Association for Computational Linguistics, 2012: 39 - 43.

[65] Ittoo A, Bouma G. Minimally-supervised extraction of domain-specific part-whole relations using Wikipedia as knowledge-base [J]. IEEE Transaction on Data & Knowledge Engineering, 2013, 85(3): 57 - 79.

[66] Riaz M, Girju R. Another look at causality: discovering scenario-specific contingency relationships with no supervision [C]//Proceedings of the 4th IEEE International Conference on Semantic Computing, September 22 - 24, 2010, Carnegie Mellon University, Pittsburgh, PA, USA. Washington: IEEE Computer Society, 2010: 361 - 368.

[67] Do Q X, Chan Y S, Roth D. Minimally supervised event causality identification[C]//Proceeding of the 2011 Conference on Empirical Methods in Natural Language Processing, July 27 - 31, 2011, Edinburgh, Scotland, UK. Stroudsburg, PA, USA: Association for Computational Linguistics, 2011: 294 - 303.

[68] Hashimoto C, Torisawa K, De Saeger S, et al. Excitatory or inhibitory: a new semantic orientation extracts contradiction and causality from the web [C]//Proceedings of the 2012 Joint Conference on Empirical Methods in Natural Language Processing and Computational Natural Language Learning, July, 2012, Jeju Island, Korea. Stroudsburg, PA, USA: Association for Computational Linguistics, 2012: 619 - 630.

[69] Riaz M, Girju R. In-depth exploitation of noun and verb semantics to identify causation in verb-noun pairs[C]//Proceedings of the 15th Annual Meeting of the Special Interest Group on Discourse and Dialogue, June, 2014, Philadelphia, PA, USA. Stroudsburg, PA, USA: Association for Computer Linguistics, 2014: 161 - 170.

7

信息检索与推荐的神经网络方法：前沿与挑战

罗成　何向南　刘奕群　张敏

罗成,清华大学计算机科学与技术系,电子邮箱：c-luo12@tsinghua. org. cn
何向南,中国科学技术大学大数据学院,电子邮箱：xiangnanhe@gmail. com
刘奕群,清华大学计算机科学与技术系,电子邮箱：yiqunliu@tsinghua. edu. cn
张敏,清华大学计算机科学与技术系,电子邮箱：z-m@tsinghua. edu. cn

7.1 信息检索基础

7.1.1 信息检索的系统架构

我们生活在一个信息爆炸的时代。根据英国研究机构 Raconteur 的预测，至 2025 年，全人类每天生产的数据将达到 463 EB，每 1 EB 数据约等于 1×10^6 TB。随着社交媒体和物联网的迅速发展，数据积累的速度还在不断增加。

这样的信息爆炸与人类个体有限的认知能力形成了尖锐的矛盾，为人们日常生活和工作中获取信息带来了困难。为了解决这一问题，我们需要有一套机制、或一个系统可以高效地索引信息，并为人们提供便捷的信息服务，这就是信息检索系统的起源。

在以光、电、磁为基础的大容量存储媒介广泛应用之前，信息存储的最主要的介质是纸张和书本，人类在那时就已经有了对"检索信息"的尝试。例如，当学生们把毕业论文送至图书馆时，通常会提交一系列的关键词，图书馆的管理员就会在这些关键词对应的索引中加入这篇论文的信息，方便后来的检索者可以快速找到这篇论文。这种看起来"古老"的组织信息的方式，直到今天仍然是信息检索系统中的核心设计。

今天我们所使用的信息检索系统，通常是指用于检索网络上的各类文本、图片等数据资源的"搜索引擎"（search engine），以 Google 为代表的搜索引擎在服务用户的同时也获得了巨大的商业成功。在中国，百度、搜狗等搜索引擎也取得了快速的发展。虽然各家搜索引擎公司采用的技术存在一些差异，但这些搜索引擎的架构都是类似的。一个经典的搜索引擎主要包含 4 个重要的子系统：① 数据抓取子系统；② 内容索引子系统；③ 链接结构分析子系统；④ 内容检索子系统。由于万维网的爆炸性增长仍然在继续，信息检索系统的架构仍然在不断演进，这里我们仅对当下比较典型的设计理念进行总结和简单介绍。

1. 数据抓取子系统的主要功能

数据抓取子系统的主要功能是及时、高效地收集数量尽可能多的优质万维网页面，以及建立它们之间的超链接关系。它在整个搜索引擎系统中承担着与互联网数据进行交互的任务，它收集的数据是内容索引子系统索引的对象，而它所收集的数据之间的链接关系也是链接分析子系统进行分析的依据。

收集网页是数据抓取子系统的核心任务，纷繁复杂的网络环境使得数据抓取子系统必须一刻不停地运转以确保收集到满足海量用户需求的网页内容。与此同时,收集网页之间的链接关系同样也是数据抓取子系统需要承担的工作,这是因为数据抓取子系统收集网页的过程就是通过访问网页之间的超链接来完成的。

2. 内容索引子系统的主要功能

搜索引擎需要内容索引子系统对数据进行组合和整理,以便提高检索查询效率,这就需要有相应的索引组织方式来提供高效的索引存储、查询功能。与文本信息检索系统类似,搜索引擎大都采用倒排索引结构作为其组织网络数据的主要途径。

在介绍倒排索引结构之前,首先需要明确一个搜索引擎与信息检索研究中的基本概念:词项(term)。词项是指逻辑分析的基本单元,搜索引擎与信息检索研究中的词项是指具有一定概念的构成文档的基本单元。通常情况下与英文单词或中文"词"涵盖的意义类似,但也有一定差别。

与倒排索引相对的索引形式是正排索引,倒排索引与正排索引的根本区别在于索引项的构成不同:倒排索引的索引项是词项,而正排索引的索引项是文档。倒排索引之所以被称为"倒",主要是指其与传统文献组织方式中以文档为中心的"正排"的组织方式不同。倒排索引涉及一些较为复杂的数据结构,随着数据量的不断增大,索引往往分布在成千上万台机器上,囿于篇幅所限,这里不再详细介绍。

3. 链接结构分析子系统的主要功能

与传统数据相比,互联网数据最大的特点就是其以超文本的形式进行组织,超文本除了包含用于规范文字显示格式的标签文字信息之外,更为重要的特性是其包含可以链接到其他字段或者文档的超文本链接,这使得超文本系统允许从当前阅读位置直接切换到超文本链接所指向的文字。这种超链接蕴含的信息是传统数据中所不具有的,也是搜索引擎用于评价网络数据质量、扩展网络文档描述的重要依靠,这两方面的功能主要由链接结构分析子系统来完成。

谈起链接结构分析,自然离不开著名的 PageRank 算法。PageRank 取名自谷歌公司的两位创始人之一的拉里·佩奇(Larry Page)。PageRank 算法并不直接对搜索结果进行排序,主要用来衡量页面之间的相对质量关系,它是与用户查询无关的数值,它的计算也是采用离线而非在线方式完成的,只是谷歌用于给出最终搜索结果排序的上百个因素中的一个较为重要的因素而已。事实上,PageRank 也不是第一个用于链接结构分析的算法。

在互联网时代,每个用户的注意力都是宝贵的资源,在理想状态下,各个网页都希望能够链接到具有高质量内容的其他网页，以便提升自身的链接质量，更好地为用户获取信息服务。这样，真正具有高质量内容的网页自然会得到越来越多其他网页的链接；而真正以更好地为用户服务为己任的网页也会越来越多地链接到其他高质量网页。这样良性循环下去，便形成了高质量网页在链接结构关系中的特殊地位，而链接结构分析算法，就是通过这种特殊的地位区分网络数据的质量。

4. 内容检索子系统的主要功能

内容检索子系统的主要功能是利用内容索引子系统提供的索引数据和链接结构分析子系统提供的分析结果，按照用户的查询信息需求返回以相关度进行排序的结果列表，以便用户的进一步浏览和利用。它在搜索引擎中发挥着至关重要的作用，通过内容索引子系统，用户查询匹配到的内容往往是海量、浩繁的，无法直接加以利用。内容检索子系统的最基本原理是根据用户提交查询中的不同词项，分别去倒排索引中查找相关的文档，每一个查询词项构建一个集合，然后通过不同的集合求交集获得检索结果。

在实际应用中，采用这样最基本的方法检索得到的文档数量往往非常巨大，而用户是绝对没有精力阅读所有的搜索结果的。为了解决这个问题，使用户能够以最快的速度定位到真正满足其需求的网页，就必须依靠内容检索系统对与用户查询匹配的内容进行相关度排序，而不是简单地按照字词进行匹配。因此，在现代搜索引擎的内容检索子系统中，除了最基本的在倒排索引中的检索之外，还需要后续大量的算法、机器学习模型来寻找那些最有可能满足用户信息需求的文档。

7.1.2 推荐系统架构

推荐系统（recommender systems）指一种软件或技术，可以给用户提供让其感兴趣的物品的建议[1]。在当今信息爆炸的时代，推荐系统在面向用户的互联网产品中被大量使用，通过信息推送的方式帮助用户获取感兴趣的信息，改善信息超载问题。推荐系统的核心问题是如何从各种可获得的数据（如用户属性、购买历史、上下文和商品信息等）中，预测出用户对商品的喜好程度。

推荐系统有许多应用场景，其中最典型的场景是商品推荐（item recommendation）。例如在电商网站中，用户在点击或购买一个商品后，系统会提供其他感兴趣商品的推荐；在视频网站中，用户在观看一个视频后，系统会推荐其他相关的视频。除了商品推荐，广告推送也是推荐系统的一个典型应用场景。例如用户在向搜索引擎提交一个查询之后,除了显示相关网页的搜索结果,搜索引擎还会显示一些用户可能会感兴趣的广告,以提高其流量收入。在市场营销中,推荐系统还被用于目标客户群体定位(audience targeting),例如公司在推出一个新产品后,需要确定哪些客户会对该新产品最感兴趣并进行定向广告投放。可以说,推荐系统在当今互联网产品中无处不在。一个高效的推荐系统方案不仅能够方便用户、提高用户对产品的满意程度,还可以提高产品的盈利能力。

从技术角度来说,推荐系统问题可以被形式化如下:给定集合 U、I、R 作为输入,其中 U 表示所有用户;I 表示所有物品;R 表示所有已知的用户对物品的交互记录(如评分、购买、点击等),其目标是获得用户对物品的喜好预测函数 f:$U \times I \rightarrow R$。将预测函数用于用户没有交互过的物品①,并将物品按照预测分数从高到低排序,即可获得推荐列表。根据使用数据源和其基本假设,可以将推荐系统分为 3 类[2]:

(1) 基于内容的推荐(content-based recommendation)。

(2) 基于协同过滤的推荐(collaborative filtering-based recommendation)。

(3) 混合推荐(hybrid recommendation)结合了以上两种方法。

下面对 3 种类型的推荐方法进行简要介绍。

1. 基于内容的推荐

基于内容的推荐是在推荐引擎出现之初应用最广泛的推荐机制[3]。其基本假设是用户会对过去喜欢的物品的相似物品也感兴趣。根据物品的属性(如物品类别、标签、描述等)计算物品之间的相关性,然后基于用户的历史打分记录,为用户推荐其历史喜欢物品的相似物品。该类方法基本包括 3 个步骤:

(1) 物品表示(item representation):为每一个物品抽取一些特征表示。根据物品的属性,如品牌、类别等结构化的数据,以及物品描述、用户评论等非结构化数据,生成物品特征表示。由于大部分属性为类别变量或文本信息,最常用的特征表示方法是向量空间模型(vector space model)。对于文本可采用 TFIDF 表示。随着近年来基于神经网络的特征学习技术的快速发展[4],一些向量化文本表示技术,如 word2vec 和 paragraph2vec 等也可用于物品表示。

(2) 用户画像学习(user profile learning):根据用户过去喜欢(不喜欢)的历史数据,学习用户喜欢的物品特征表示。这是一个典型的有监督学习问题,许

---

① 推荐系统主要用于为用户推荐未体验过的新的物品。

多机器学习中的分类算法都可以使用，如逻辑回归、决策树、支持向量机等。其问题可以表示为，已知一个用户对一些物品的喜欢和不喜欢，为其训练一个模型，对于新的物品判断是喜欢还是不喜欢。常用方案是对于每个用户训练一个模型，以物品表示为输入特征，以用户是否喜欢为输出类别。

（3）推荐生成（recommendation generation）：通过计算用户画像特征和候选物品特征之间的相关度（或相似性），产生推荐列表。根据上一步所用的具体方法不同，推荐生成可采用不同方法。例如，如果画像学习采用的是分类算法，则可以直接使用模型预测的用户最可能感兴趣的物品作为推荐结果；如果画像学习采用的是学习用户特征的方法（如 Rocchio 算法），则可以采用相似度度量方法（如余弦相似度）计算与用户特征最相似的物品。

基于内容的方法主要考虑物品之间的相关关系进行推荐，其主要优点是：① 简单、直接、可解释性强；② 对于新的物品①，即使没有用户交互记录也能提供较为准确的推荐；③ 物品间相关性的建模可以通过离线进行，因此线上推荐的响应速度较快。其主要缺点是方法泛化能力有限——只能发现符合用户已知兴趣的物品，不能发现用户的新兴趣，导致推荐的多样性受限。

2. 基于协同过滤的推荐

协同过滤是目前推荐系统中最流行、最常用的方法[5-6]。"协同"的含义是指在预测一个用户对物品的喜好程度时，不仅仅依靠该用户的历史记录，同时也要考虑其他用户的历史记录。其基本假设是兴趣相投、拥有共同经验的群体未来会喜欢相似的物品；简单地说就是：物以类聚，人以群分。

通过分析用户与物品的交互历史，协同过滤可以获得用户之间行为的相似性，不依赖于物品的具体属性，与基于内容的方法有本质的区别。根据实现协同过滤假设的方式不同，可以将现有方法分为两类：

（1）基于记忆的协同过滤（memory-based collaborative filtering）方法从历史记录中直接分析出行为相似的用户（基于用户的协同过滤[7]）或物品（基于物品的协同过滤[8]）。在向目标用户推荐时，使用其相似用户喜欢过的物品，或者是其喜欢物品的相似物品。常用的衡量相似度的指标有欧几里得距离、余弦相似度和皮尔逊相关系数等。

（2）基于模型的协同过滤（model-based collaborative filtering）方法假设用户的打分可以被一个模型描述，从历史记录中训练出该模型的参数，然后根据模型的预测进行推荐。常用的模型有隐因子模型（latent factor model）[5]和图模

---

① 也称为物品冷启动问题（item cold-start problem）。

型[9]等。其中矩阵分解[10-11]是一个典型的隐因子模型,被广泛用于协同过滤。近两年来,大量前沿研究集中在基于深度神经网络的推荐模型,取得了较好的效果[6, 12-13]。

基于协同过滤的推荐主要利用用户和物品的交互历史进行推荐,其主要优点是:① 具有较高的可迁移性,与具体的应用场景无关;② 不需要考虑物品的具体特征,任何形式的物品都可以推荐;③ 泛化能力强——可以发现用户潜在的未知兴趣并推荐相关产品,使推荐具有较高的多样性。其主要缺点是当一个用户或物品的交互记录较少时,难以提供准确的推荐(稀疏性问题);对于新的物品,由于没有任何交互历史,该物品就不可能被推荐(物品冷启动问题)。

3. 混合推荐

由于基于内容的推荐和基于协同过滤的推荐都有其各自的优缺点以及适用场景,一个自然的想法就是结合使用这两种技术,尽量利用它们的优点而避免其缺点,以此提高推荐系统的性能和推荐质量。例如,为了克服协同过滤稀疏性的问题,可以利用用户对物品的文本评论[14]和物品的描述,这样有利于学习用户间或物品间的相似度,从而提高协同过滤的性能。

根据融合多种方法的方式不同将混合推荐分为3类:

(1) 数据层融合。基于内容的推荐使用物品属性作为输入,协同过滤使用用户历史行为作为输入,因此可以在数据输入层将两类方法进行融合。一个典型的方案是分解机(factorization machine)[15],合并物品属性和用户历史等数据,构造出一个统一的特征空间,然后考虑特征之间的交互进行预测。其他类似的方案还有神经分解机[16]、Wide&Deep[17]、Deep Crossing[18]等,在实际场景中得到广泛应用。

(2) 模型层融合。考虑到物品内容和用户行为的语义不同,可以对物品内容和用户行为采取不同的建模方式,并在模型层面将两类方法融合。例如,当物品的内容包括文本和图片时,可以用深度学习的方法对文本[19]和图片[20]进行特征抽取,然后将抽取的特征与矩阵分解的特征在隐含空间中结合。

(3) 结果层融合。这类方法融合多个推荐算法的预测结果,例如,可以通过集成学习(ensemble learning)获得不同算法的权重并进行加权,以获得最终的预测结果。

在实际场景中,由于数据的丰富性和异构性,混合推荐得到了广泛应用。目前兴起的方向包括基于上下文的推荐[21]、基于知识图谱的推荐[22]、基于多种辅助信息的可解释性推荐[23]、跨领域推荐[24]和多媒体推荐[20]等,其技术实质都是对混合推荐方法的探索。

7.2 面向信息检索的神经网络技术

7.2.1 表示学习与词嵌入

在自然界中存在各种各样的信号，例如图像、声音，也有更加抽象的信号，例如语言和文字。想要利用计算机对这些信号进行理解和处理，最基本的工作是将这些信息表示为计算机可以理解的方式。

在语音中，我们可以用音频频谱序列向量所构成的数值矩阵作为前端输入神经网络进行处理；在图像中，则用图片的像素构成的数值矩阵展平成向量后输入神经网络进行处理；那么在自然语言处理中应该如何处理呢？绝大部分的语言都是由不同的词汇组成的，因此对词的表示就是自然语言表示方法的核心。

传统词表示主要是依赖于独热表示方法（one-hot presentation，也称 one-hot 表示）。这种表示方法将每个词表示成一个很长的向量，这个向量的维度是词表的大小。其中绝大部分元素为 0，只有一个维度的数值为 1，这个维度就是当前词所代表的信息。例如，如果词表中一共有"赤、橙、黄、绿、青、紫"7 个维度，那么"赤"的 one-hot 表示就是[1, 0, 0, 0, 0, 0, 0]，"青"的表示就是[0, 0, 0, 0, 0, 1, 0]。这种表示方法的优势是非常直观，缺点是向量的维度会随着词汇表变大而不断扩张，此外任意两个词之间都是相互独立的，没办法表示出在语义层面词汇之间的联系。

传统的 one-hot 表示仅仅将词符号化，并不包含任何语义信息。Harris 在 1954 年提出的分布假说（distributional hypothesis）[25]发现：上下文相似的词，其语义也相似。之后在分布假说的基础上逐渐发展出了 3 类词表示方法：基于矩阵的分布表示、基于聚类的分布表示和基于神经网络的分布表示。近年来影响最大的是第 3 种基于神经网络的分布表示（distributed representation），也常被称为词向量（word embedding）。

与 one-hot 表示相比，词向量有能力去表示词汇在语义上的信息，因为词向量在训练的时候考虑到了词汇及其上下文的信息。目前通过神经网络训练词向量的方法有以下这些：

(1) Neural Network Language Model[26]。

(2) Log-Bilinear Language Model[27]。

(3) Recurrent Neural Network Based Language Model[28]。

（4）C&W[29]。

（5）CBOW（continuous bag of words）模型和 Skip-gram 模型[30]。

需要特别指出的是，词向量往往是一些模型训练中的"副产品"，其也与训练模型、语料和使用目的等息息相关。以上提到的这些模型都是一些逻辑上的方案。近年来影响力较大的 word2vec 模型实质上是结合 CBOW 和 Skip-gram 这两种模型，实现了一套通过无监督学习对词向量进行表示的工具。这两个模型的架构如图 7－1 所示。

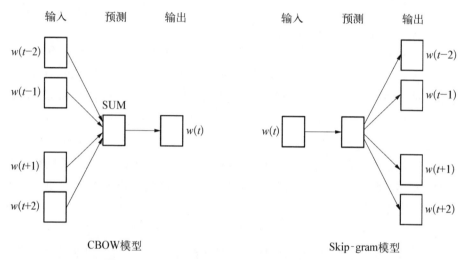

图 7－1 **CBOW 模型和 Skip-gram 模型的架构示意**

CBOW 是一种统计语言模型（statistical language model），它的基本原理是给定一些词，在这些词出现的前提下来计算某个词出现的后验概率。CBOW 使用某个词出现在其之前、之后的若干个连续的词来计算当前词出现的概率。Skip-gram 模型与 CBOW 模型的设计思路恰好相反：它是根据当前有的词去预测出现在其之前、之后的 n 个词。

在实际的训练中，每一次训练对一个词产生了一个向量表示后，计算损失函数（loss function）的开销是非常大的，因为词表和语料库可能非常大。word2vec 在其中做了这样的优化：基于 Huffman 编码的 Hierarchical Softmax 筛选掉了一部分不可能的词，然后又用负采样（nagetive samping）再去除了一些负样本的词，所以时间复杂度就从 $O(V)$ 变成了 $O(\log V)$，其中 V 表示词汇集的规模。

以上提到的一些方法，特别是 word2vec 等在近年来产生了深远的影响，因为它改进了自然语言处理中一个非常语义表示的问题。上面提到的这些方法都属于无监督或者弱监督的方法，多用于预训练。这一类模型的特点是不需要大量的人工标记样本就可以得到效果不错的词向量。它的缺点是这类向量的训练过程不以具体的应用任务为导向，缺少监督信息，因此一些端到端（end to end）的方法也逐渐吸引了越来越多的关注。

7.2.2 神经网络技术在信息检索中的应用

神经网络和词向量的兴起为信息检索相关的研究带来了新的机会。这里提到的"信息检索（information retrieval，IR）"，事实上包含一系列具体的任务，具体来说有以下几类：

（1）Ad-hoc 搜索：主要是指单次用户检索相关的技术，即用户提交查询，搜索引擎返回文档列表，具体包括文档重排序、查询扩展、查询改写、结果多样化、语义检索、商品检索等。

（2）查询理解：主要是理解用户的搜索意图，帮助用户在搜索过程中快速补全查询，或者利用查询语义信息改进搜索的工作，具体包括查询推荐、查询分类、查询自动补全等。

（3）问答：主要是针对问题式的查询采用检索的方法给出答案的工作，包括回答语句检索、对话机器人等。

（4）广告检索：主要是与用户意图相关的广告检索等。

进一步的问题是在这些任务中如何整合、利用神经网络和词向量，Onal 等[31]对相关的文献做了系统的调研，将不同的方法分为两类：集成（aggregate）和学习（learn）。其中集成主要是指将词向量，例如 word2vec[30]或者 GloVe[32]整合进现有的信息检索方法、框架中，这是 IR 领域相对早期的一类尝试；学习则涵盖了各种从概念上区别于传统方法的新框架，这类框架将词向量和神经网络相结合，更加倾向于采用端到端的方法进行训练。

基于集成的方法根据对词向量的利用方法不同，可以划分为两类：第 1 类是显式的方法，将文本看作是一个包含若干"嵌入单词"的词袋，或者说是语义空间中的一些点的集合。最终需要为目标文本（如待检索的文档、标题等）生成唯一的向量表示。第 2 类是隐式的方法，是在语言模型中直接采用词向量进行语义相似度的建模，不用为目标文本生成向量表示。

基于学习的方法涵盖了大部分 IR 中进行文本语义匹配的端到端模型。这些模型被设计用于词向量的训练和语义相似度的度量。在最近的一些工作中，本章作者及研究团队发现新提出的模型往往是对查询和文档分别学习一个分布式的表示，最后再用一个神经网络预测查询和文档的语义匹配程度。按照学习目标的不同,可以分为以自编码器(autoencode)为目标的学习、以匹配(match)为目标的学习、以预测(predict)为目标的学习和以生成(generate)为目标的学习。

囿于篇幅限制,这里着重介绍神经网络在两个信息检索中比较重要的问题:文档排序和查询推荐中的应用,并在 7.2.3 节逐个分析近年比较重要的一些模型。

7.2.3 基于神经网络的文档排序

1. 显式的集成方法

Clinchant 和 Perronnin[33]最早在 IR 任务中引入了词向量。在此之前,也有一些工作对这一思路起到很重要的启发。隐式语义索引(latent semantic indexing,LSI)[34]是一种基于上下文计数的模型(context-counting model),它进一步将文档通过 Jaakkola 等提出的 Fisher Kernal (FK)框架转化为定长的 Fisher 向量(FVs)[35],进而通过计算余弦相似度来度量文本之间的相似程度。Amati 和 van Rijsbergen[36]利用 Lemur 系统在 3 个不同的数据集上做了对比试验:TREC ROBUST04、TREC Disks 1&2 以及 English CLEF 2003 Adhoc 任务。作者通过试验表示,令人震惊的是与传统的 IR 模型(即基于词项匹配的 TF-IDF 等)相比,LSI 几乎在所有的数据集上都取得了提升。

Vulić 和 Moens 首先引入了基于上下文预测隐式语义模型(context-predicting distributional semantic model,DSM)训练得到的词向量[37]。查询和文档被表示为一系列在伪双语(pseudo-bilingual)文档集合上训练 Skip-gram 模型得到的词向量之和。在他们的方法中,来自源语言和目标语言的词最终被投射到同一个语义空间。这样的方法可以支持多语言的词向量学习,他们的方法也被称为 bilingual word embeddings skip-gram (BWESG)。在 Vulić 等的工作中,给定一个查询需要依据查询的向量与待排序文档的向量之间的相似度对文档进行排序。Vulić 等在多语言语料和单语言语料上检验了他们的模型效果。对于单语言来说,发现采用 BWESG 的表示方法的在检索效果上超过了基于 LDA 的表示方法。基于多语言的比较是在 CLEF 2001–2003 Ad-hoc English-Dutch 数据集上完成的,结果表明其与基于 LDA 表示的检索效果基本相当。

Mitra 等[38]和 Nalisnick 等[39]提出了双嵌入空间模型(dual embedding space model, DESM),他们认为 word2vec 的一个问题是它仅输出了 WIN,在训练结束的时候直接丢弃了 WOUT。与 word2vec 不同的是,Mitra 等保留了输入和输出空间(即 WIN 和 WOUT)。Nalisnick 等指出在同一语义空间内,不论是 IN

还是 OUT，其邻近的点都是一些在功能上相似的单词，然而如果在 OUT 空间中，利用一个单词的 IN 向量探寻近邻，得到的都是一些话题上相关的单词。基于这样的观察，Nalisnick 等提出了 DESM 模型。我们将在 7.3.3 节进行详细介绍。

在 Ganuly 等 2016 年的工作中，所有的待检索文档被建模为一个混合的分布，实际的文档内容（文档中的字词）被理解为从这个分布中的一次随机采样的结果[40]。他们通过对文档中单词的词向量采用 K-means 算法进行聚类来估计这一分布。一个查询可以由一篇文档生成的概率（通常可以认为是从文档中进行随机采样获得该查询的概率），它是由语义空间中这个查询中的词项与文章中所有词汇的进行聚类后的中心之间的距离得到的。出于效率的考虑，整个词汇集合由利用预先训练的 word2vec 词向量进行预先聚类，而每篇文档的聚类簇则由文档中所有词项的 id 聚合表示。结合传统的基于 Jelinek-Mercer 平滑的语言模型，可以估计出一个评价查询生成似然的函数。相关的一些参数在 TREC 6-8 和 TREC Robust 的数据集上进行了训练。在引入词向量后，检索性能和传统的语言模型（language model）相比获得了明显的提升。

Boytsov 等在 k 近邻这样的搜索场景中，考虑查询和文档的均值词向量（对于查询或文档中的所有词项，在每一个维度上求均值）的余弦相似度作为一个相似函数。他们提出在 k 近邻搜索中，应该将传统的基于词项的搜索方法替换为基于词向量的搜索方法，同时将词项匹配的算法作为 k 近邻搜索的一种补充，例如 Small-World Graph 和 Neighbourhood Approximations（NAPP）等方法。Boytsov 等在 Yahoo Answers 和 Stack Overflow 等试验，发现事实上基于词向量余弦相似度的方法并不如传统的 BM25、TF-IDF 等方法更加有效。

可以看到，在以上利用显式集成方法改进文档检索的工作中，大部分还是基于传统的相似度测量、查询似然模型等经典的信息检索方法，其区别在于传统相关性度量的对象是两个文本对象（查询和文档），在显式的方法中，研究人员利用词向量将两个文本对象分别表示成两个语义空间的向量，然后再利用合适的数学工具（如余弦距离），来测量相似度。

2. 隐式的集成方法

Zuccon 等[41]于 2015 年提出了一种基于神经翻译的语言模型（neural translation language model，NLTM），将词向量与 Berger 和 Lafferty 提出的经典翻译模型相结合。在经典的翻译模型中，用户查询和相关文档的标题（通常用户查询很短，文档很长，标题被认为是文档内容的概括）被认为是来自不同"语言"的平行语料，换句话说，用户查询被认为是标题内容采用另外一种语言的翻译。因此常用这个翻译成立的概率来估计查询和文档的相关性。Zuccon 等通过逐个计算源语言中的词项和所有词项组合的余弦相似度来计算翻译成立的概率。而在此前的翻译模型中，这个信息通常采用互信息（mutual information）的方法进行估计。他们在 TREC 的数据集上（AP87 - 88、WSJ87 - 92、DOTGOV 和 MedTrack）评价了 NLTM 的实验结果，发现 NLTM 和传统的模型相比，在大部分查询上带来了微小的改进，而在小部分查询上呈现出较大的差别。对于一些超参数的敏感度分析发现，例如词向量的维度、上下文窗口的大小等都没有发现一致性比较强的规律。同时他们还提出在训练词向量时应该利用和实际用途相似的语料来训练词向量（即如果系统是用于微博的检索，那么词向量也应该在微博语料上进行训练），尽管他们的这一观察在实际的实验对比中并不是统计显著的。

Rekabsaz 等[42]在 2016 年调研了一系列现有的模型，例如 Pivoted Document Normalization、BM25、BM25 Verboseness Aware、Multi-Aspect TF 和基于相关性反馈的语言模型。他们在翻译模型的基础上进行了一些拓展，整合进了伪相关反馈等信息，考虑了查询改写的词项频率等信息，在 6 个不同的数据集上进行了比较：TREC 1、3，TREC 6，TREC 7，TREC 8 AdHoc track、TREC-2005 HARD track 和 CLEF eHealth 2015 Task 2 User-Centred Health 检索任务。对于 Baseline 方法，Rekabsaz 利用了：① 拓展前的原始模型；② logarithm weighting 的查询扩展模型；③ 在扩展词项上做归一化的查询扩展模型。他们采用了 MAP 和 nDCG@20 作为评价指标。实验结果表明新提出的模型达到了当时最好的水平。他们和 Ganguly 等[40]采用了类似的方法在语言模型中整合了 word2vec 训练的词向量。与 Rekabsaz 等此前的工作[43]和 Zuccon 等的工作[41]类似，他们都采用了 Berger 和 Lafferty 提出的"噪声信道（noisy channel）"翻译模型，对这些混合模型的平滑则借鉴了 Liu 和 Croft 提出的经典的基于聚类的 LM 平滑方法[44]。在 TREC 6 - 8 和 Robust 数据集上，采用 Lucene 的实验结果表明作者提出的方法比 LDA 和 unigram 查询似然方法的性能更好。

在以上基于隐式集成技术的研究中，可以看到对于查询和待检索的文档，并没有直接将两者表示为一个向量，而是在更低的层次利用词向量去度量语义上的相关程度。

3. 基于学习的方法

按照上述提到的，基于学习的方法可以按照学习目标分为多种类型。在文档搜索中，主要涉及的是以匹配为目标的学习。其与基于集成的方法的区别在于，基于学习的方法大多是基于神经网络全新设计的检索模型，而不是简单地在传统的检索模型中将词向量整合进来的类似技术。

在基于学习的方法中，按照研究思路可以分为以表示为核心的方法和以交互为核心的方法。以表示为核心的方法主要利用神经网络将查询和文档最终都表示成向量，然后采用神经网络等模型来预测两者的匹配程度；以交互为核心的方法则整合和查询与文档在字面上的匹配信息，与语义相似度一起作为神经网络的输入。两者殊途同归，最终的目标都是为了生成查询和文档之间的相似度。

如果说基于集成的方法属于信息检索领域的初步尝试，更多地带有传统信息检索方法的烙印。那么，基于学习的方法可以说是信息检索领域研究人员对于神经网络更进一步的应用，更多地考虑了文档排序这一问题的特殊性。

对于以表示为核心的模型来说，首先要提到的是 Huang 等[45] 在 2013 年提出的 DSSM 模型。DSSM(deep structured semantic model)模型是最早在文档排序模型中引入神经表示方法的工作，同时也是将点击信息(click-through)引入深度神经网络的先驱之一。后续的一系列工作[46-50]都可以认为是 DSSM 的扩展，要么是在 DSSM 的网络结构上做了一定的微调，要么是引入了新的分布表示方法(词向量)来改进检索效果。从结构上的调整包括 Shen 等提出的 convolutional latent semantic model(CLSM)模型和 Palangi 等提出的 LSTM deep structured semantic model(LSTM-DSSM)模型等[51-52]。LSTM-DSSM 和 DSSM 的区别主要在于输入的表示内容和网络结构。除了这些变种之外，Nguyen 等提出了两种关于如何将知识库(knowledge base)整合进 DSSM 的角度[53]。Li 等将 DSSM 和 CLSM 学习得到的分布式表示用于同一查询会话内的文档重排序，取得了较好的效果[54]。Ye 等对 DSSM 中关于点击过的查询-文档对的相关性假设(假设认为这样的查询和文档之间具有相关性关系)提出了质疑，进一步训练了多个 DSSM 的变种。

Shen 等提出的 convolutional deep structured semantic models(C-DSSM)模型[49]是对 DSSM 的一种拓展，在 DSSM 中加入了一层带 max-pooling 的 CNN 网络。它首先采用了词项哈希的方法，将不同的词转化为一个向量。然后在一个卷基层将每个词向量投影到一个包含上下文特征向量的窗口中。同时它也继承了一个 max-pooling 层来抽取最具有表征性(salient)的局部特征来组成一个固定长度的全局特征。将上述过程同时应用于查询和待检索文档，就可以得到查询和文档的向量表示。引入 max-pooling 的主要动机是基于这样一点观察：一个句子的主要信息往往是由极个别关键的词决定的，因此将不同的词不做区分地混合在一起(如直接求和、求平均)，往往会引入不必要的干扰信息，从而伤害整体表示的效果。

DSSM 和 C-DSSM 的缺陷在于，它们事实上没有尝试捕捉查询和文档上下文的信息。这与我们的直观感受并不一致，因为我们判断文档相关不仅是因为文档中包含有相关的查询词，也与查询词出现的次序、位置和查询词出现位置附近的文档内容有关系。为了捕捉到这些信息中的相关性信号，Shen 等提出了 CLSM 模型。在 DSSM 的基础之上，CLSM 通过 CNN 结构中一系列层间的投影（projections）来捕获上下文信息。第 1 层是一个词项的 n-gram 层，第 2 层是字母的 trigram 层。每一个单词的 n-gram 都可以表示成一个 trigram 的序列，因此可以建立层间的联系，这也是一种对单词进行哈希表示的方法。然后可以用一个卷积层利用卷积矩阵 $\boldsymbol{W}_c$ 将这些 trigrams 转换成上下文特征向量，在所有词汇的 n-gram 上共享上。随后采用 max-pooling 对特征的每一个维度进行处理，最终得到了全局的句子层面的特征向量 $\boldsymbol{v}$。最终利用非线性变换 tanh 和语义投影矩阵 $\boldsymbol{W}_s$ 来计算查询或文档的隐式语义表示。$\boldsymbol{W}_c$ 和 $\boldsymbol{W}_s$ 的训练过程是不断优化和 DSSM 中同样的损失函数。即便是 CLSM 中引入 n-grams 来建模上下文信息，它仍有与 DSSM 类似的不足，如可扩展性等。例如 CLSM 应用在文章标题上的效果就比在全文上的好。这是因为文章越长，引入的噪声可能就越多，最终表示为向量时可能的信息损失就越大。

总结一下 DSSM 在结构上的变体，最主要的区别是 DSSM 是将一段文字当作一些词项的集合，而 C-DSSM、CLSM 和 LSTM-DSSM 都把文字当作一个序列，保留了序的关系。显而易见，后面这种做法更加合理一些。他们的共同特点是都采用了词项哈希层，并且都在 Bing 的大规模数据上测试了模型性能。

Huang 等提出的 DSSM 模型是在"查询-文档标题"对上训练的，报告的实验结果表明 DSSM 比 Word Translation Model、BM25、TF-IDF 和 Bilingual Topic Models with Posterior Regularization 在 nDCG@1、nDCG@3、nDCG@10 上的效果都要更好。然而，后续的 Guo 等的工作[55]中采用 DSSM 完成了两个实验：只索引文档标题和索引整篇文档。Guo 等发现在全文上应用 DSSM 模型的效果并不如传统的检索模型。在 Shen 等的工作中也发现 CLSM 和在文档标题上的效果更好[48]。一系列的研究工作证明[48,52]在文档标题上（公平地）比较，CLSM 比 DSSN 效果更好，LSTM-DSSM 比 CLSM 效果更好。

Liu 等在 2015 年提出了一个多任务目标的神经网络模型[56]。这个模型通过共享一些层整合了一个用于查询分类的神经网络和一个 DSSM 模型。两个模型之间共享了词哈希层和语义表示层。集成后的网络包含了独立的与查询任务相关的语义表示层和针对两个任务不同的输出层。对于每一个任务定义了独立的损失函数。在训练的过程中，首先随机选择一个任务，然后根据模型来选择具体的损失函数。Liu 等在商用搜索引擎的日志上测试了他们的模型效果，发现集成后的模型在两个不同的任务上都获得了性能改进。

Li 等[54]利用了 DSSM 和 CLSM 提供的分布式表示和同一查询会话内的上下文信息进行搜索结果的重排序。"查询-查询"和"查询-文档"对之间可以利用 DSSM 和 CLSM 提供的向量进行相似性的度量。这些相似度被进一步用在一个考虑了上下文信息的排序学习（learning to rank）模型中。Li 等评估了他们自行开发的 XCode、DSSM、C-DSSM 在抽取上下文信息上的表现，发现 DSSM 的效果最好，其次是 C-DSSM。C-DSSM 的问题是只能在较小的数据集上进行训练，而 DSSM 可以在很大规模的数据集上进行训练。此外，他们注意到这样的差异可能是因为模型参数没有调到最优而导致的，例如 C-DSSM 中滑动窗口的大小。DSSM 和 C-DSSM 对于文档的重排序都有一定的帮助。

Nguyen 等[53]从比较高的层面提出了两种将知识库（知识图谱）整合进 DSSM 这样的排序模型的思路，这是最早的在深度排序模型中考虑知识库的工作之一。他们提出的第一个模型利用知识库改进"查询-文档"的分布式表示，即利用知识库中学习得到的概念向量（concept embedding）作为深度排序模型的输入。作者提出把"语义"和"符号"的分布式表示进行混合会改进从文档到查询的匹配。他们提出的第二个模型利用知识源作为媒介，将查询的分布式表示映射到文档的分布式表示上。然而这一思路还需要进一步坚实的实验进行验证。

Ye 等[50]对 DSSM 中利用被点击的"查询-文档"对的一些假设提出了质疑，进而提出利用三元组来训练 DSSM 系列模型。对此，Ye 等做出假设：① 每一个被点击的"查询-文档"对都是等权重的；② 每一个被点击的"查询-文档"对都是一个正例；③ 每一个点击都是因为语义上的相似性发生的。Ye 等对这些条件进行了进一步的松弛，提出了 DSSM 的两种更加通用的扩展：GDSSM1 和 GDSSM2。

以交互为核心的模型以 Guo 等提出的 deep relevance matching model（DRMM）为代表[55]。这是第一个超越了经典模型的基于神经网络的检索模型。作者提出已有的大部分深度学习方法是针对自然语言处理相关的任务设计的，主要是在建模语义上的匹配，可能无法替代 ad hoc 中的相关性匹配信息。Guo 等提出的 DRMM 模型的输入是词项的嵌入，第一层的内容是查询和文档之间的词项级别的匹配向量，然后将这些匹配记录输入一个神经网络，最终输出一个单节点代表查询和文档的匹配程度。同时，他们也考虑了不同词项的重要性权重。

7.2.4 基于神经网络技术的查询推荐

查询推荐现被广泛用于搜索引擎和信息检索系统中。由于用户输入的查询词往往较短,且存在模糊性,使得搜索引擎不能提供准确的符合用户查询意图的结果。在用户提交查询后,搜索引擎会返回一个相关查询列表供用户选择,可有效地帮助用户更加快速准确地描述清楚自己所要表达的意思,同时明确其搜索意图,增加用户和搜索引擎再次交互的可能性。目前这项技术也被大多数用户所接纳使用。据统计[57],有 15.36% 的用户会话中会点击列表所推荐的查询建议语句。

查询推荐方法通常将查询看成一个整体,与其他查询进行某种意义下的相似性度量,将最相似的结果作为查询推荐。表示学习可以将查询语句映射到向量空间,找到前几位最适合的查询。这种方法主要通过深度学习中的循环神经网络(recurrent neural network)实现,查询中的每个词依次输入循环神经网络中,最后可以得到一个整体的查询向量表示。最早的研究工作出现在 2015 年的 The ACM International Conference on Information and Knowledge Management (CIKM)会议上,Sordoni 等[58]通过建立层次化的循环神经网络结构,对用户整个查询会话进行建模。将查询映射到向量空间的同时,还充分考虑了查询的上下文信息。通过模型的自主学习,最后得到每个查询的向量表示,相近的查询在向量空间中会被映射到相近的位置。同时,模型将预测用户下一次可能输入的查询,并作为查询推荐反馈给用户。通过向量表示进行学习,可以充分学习到词本身的意义,以解决稀疏查询在训练中的不平衡问题。

在 2017 年的 CIKM 会议上,Dehghani 等[59]对上述工作进行了改进,他们认为查询词中不同的词以及查询会话中每一个查询都应该有不同的重要性,且存在一些主导性的词可以直接用于下一次查询。因此,他们提出了一种基于注意力机制与拷贝策略机制的查询推荐模型。注意力机制可以对查询中的每个词进行加权,重要的词会被赋予更高的权重。另外,在生成下一次查询时,拷贝策略会判断是否要从过去的查询中直接拷贝最重要的词。模型充分考虑了词之间的重要性关系,生成了更为准确的查询向量表示,并且提高了整体的查询推荐效果。

然而,以上工作并没有考虑到用户的点击行为对查询的影响,用户的查询意图往往不能在查询中很好地反馈,但是用户点击过的文档却存在一些有用的信息,可以帮助我们更好地推断用户查询意图。在 2018 年的 WWW 会议上,Wu

等[60]通过引入记忆网络（memory network），对用户查询返回的文档内容进行建模，用户点击过的文档将产生正向的反馈，而用户没有点击过的文档将产生一种负面反馈，以此来学习到更为准确的查询向量。通过考虑点击信息，使得查询推荐的效果得到更加明显的提升。

目前的研究主要基于用户的整个查询会话，同时结合用户的其他搜索行为（如点击信息）进行建模，学习到可以表示用户查询需要的向量表示。未来，更多的行为信息，如鼠标悬停，搜索结果摘要等信息也可以进一步地被考虑进去，更好地推断用户的查询需求。

7.3　基于深度神经网络的信息检索模型

本节重点介绍几个近年来较为重要的基于深度神经网络的信息检索模型。

7.3.1　深度结构化语义模型（DSSM）

传统的搜索引擎主要采用字词匹配的方法进行搜索。在传统的图书馆检索中，字词精确匹配的方法已经取得了一定的效果。Web 网络被发明后，网络上来自不同渠道、不同地理区域的数据获得了爆发式的增长，语言的丰富程度也大大增加，人们描述同一件事物可能用到不同的语言。例如对于古代封建王朝的最高统领，可能有"天子""皇帝""万岁"等很多词汇。基于字词匹配的检索模型是以词项为基本单位进行的，这样词汇的失配（vocabulary mismatch）[61-63]就给检索模型带来了新的挑战。

以字词精确匹配为核心的模型通常认为是显式的语义模型。而隐式的语义模型，如隐式语义分析（latent semantic analysis）[34]可以针对语义失配的情形做出改进，即将一个查询映射到在语义层面上与它相似的文档上。这些隐式语义模型背后共同的基础认为在网络文档和用户查询之间存在语言上的不一致，即词汇失配的问题。在隐式语义分析的方法中，通常查询和文档都会被表示为低维度的向量（相对于 one-hot 表示的高维度向量而言），这样即使查询与文档之间没有任何字面上的匹配，仍然可以通过计算余弦相似度等方式计算出一个匹配程度。从隐式语义信息逐渐发展出了概率化的 LSA（PLSA）[64]、LDA[65]等方法，而这些模型都是以无监督的方式训练的，并没有针对检索相关的任务或者评价指标做专门的优化。

Huang 等提出的 DSSM 框架主要思路是利用深度神经网络为查询和文档学习出一个低维度的语义表示。具体的模型框架如图 7-2 所示,从下往上看,首先查询和文档都被表示为一系列词项的集合,对于查询和文档可以将其表示为一个 one-hot 的向量,这里的维度很高,大约有 500 k 维,这样的维度对于神经网络来说很难处理,因此需要采用 word hashing 来降低维度,这是 DSSM 模型中非常重要的一个技术。以英文单词 apple 来讲,可以写成"♯apple♯"(♯表示单词的开头和结尾),进一步分解为 trigram 序列♯ap, app, ppl, ple, le♯。英文字母只有 26 个,因此枚举所有的 trigram 也不会带来维度灾难。但是这样转换为 trigram 的情况有可能有两个不同的单词产生出同样的 trigram, Huang 等对这种情况进行了专门的统计,冲突的概率仅为 0.004 4%。在 word hashing 之后,主要采用多个非线性层进行前向的传播,训练深度神经网络,最终得到的 y_D 和 y_Q 就是文档和查询的分布式表示,进而计算相似度

$$R(Q, D) = \cos(y_Q, y_D) = \frac{y_Q^\mathrm{T} y_D}{\| y_Q \| \| y_D \|} \tag{7-1}$$

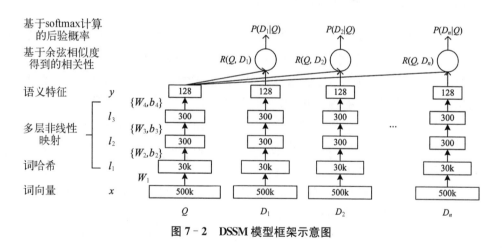

图 7-2 **DSSM 模型框架示意图**

我们注意到 DSSM 中非常重要的是 word hashing 技术,一方面是极大地降低了输入数据的维度,从 500 k 维降低到 30 k 维,缩小了超过 16 倍,另外因为所有的 trigram 是可枚举的,因此可以避免超出词汇集的问题(out of vocabulary)。DSSM 采用了商用搜索引擎收集的大量点击的"查询-文档"对进行训练,但是并未对这些用户行为中的偏置、噪声做深入分析。作者发现最好的模型可以在 nDCG@1 上获得 2.5%~4.3%的提升。

7.3.2 深度相关性匹配模型（DRMM）

在 IR 领域一些早期的方法大多数都是从语义匹配的角度出发的，用于与自然语言处理相关的任务。这些方法在实际的比较中发现与传统的检索方法相比没有显著的优势，甚至大部分无法与 BM25 这样的方法相匹敌。Guo 等[24]对这个问题进行了一些讨论，他们认为以词向量为代表的表示学习方法更多的是在建模文本之间在语义层面上的匹配程度，而不是文档在相关性上的匹配程度，进而他们指出了语义匹配和相关性匹配的 3 个重要的不同点：

（1）语义匹配描述的是词项之间在语义上的相似性，而相关性匹配更加强调精确匹配的信息。

（2）语义匹配经常考虑文章的组成和语法对决定语义的意义；而在相关性匹配中，不同词项的重要性往往比语法等信息更重要。

（3）语义匹配通常从整体上比较两段文字；相关性匹配往往比较查询和文档的局部内容。

事实上，相关性（relevance）一直都是信息检索中最为核心的概念，也属于很难精确定义的概念。相关性包含多个维度，例如话题维度、时效性维度等。基于上面的这 3 点区别，Guo 等进一步提出了对已有的深度检索模型的分类体系，即上述提到的以表示为核心的模型和以交互为核心的模型，相关的示意图如图 7-3 所示。Guo 等在这篇文章中提出了深度相关性匹配模型（deep relevance matching model，DRMM）。

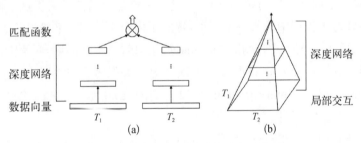

图 7-3　已有深度检索模型的分类体系
（a）以表示为核心的模型　（b）以交互为核心的模型

DRMM 是一个以交互为核心的模型，采用了一种联合的网络结构（见图 7-4）。首先，可以构建查询和文档之间，两两词项对的精确匹配信息，对于每一个查询中的词项，可以将变长的局部交互信息变成一个固定长度的匹配 Histogram 向量。基于 Histogram 向量，可以利用前馈神经网络学习层次化的匹配信息，最终生成一个相关性分数。

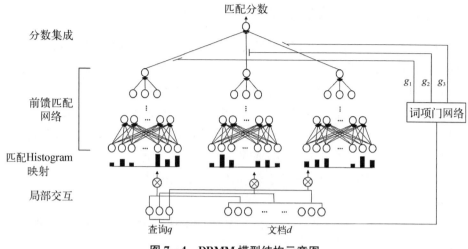

图 7 - 4　DRMM 模型结构示意图

7.3.3　平行嵌入空间模型(DESM)

Mitra 等提出的 dual embedding space model(DESM)模型[38]采用了两种不同的词向量分别表示查询词和文档词,显式的模型考虑了查询词项集合与文档词项集合两两配对的相似度。

信息检索中一个关键的问题是建模文档的主题,传统的方法多采用词项的频率,如果一个词项出现的频率越高,则这篇文档越有可能是关于这个词项的内容。DESM 对于查询中的每一个词项,选取了多个文档词汇来描述相关的主题,如图 7-5 所示。查询词项 Albuquerque,如果只看这个词的话,两篇文档事实上没有差别,Albuquerque 都只出现了 1 次。但是如果考虑到一些相关的词汇例如 population 和或者 metropolitan,可以看到图(a)中的文章是与查询相关的,而图(b)中的文章只是提到了这个词汇。

DESM 利用 word2vec 中的两类向量,一类是输入矩阵中的词向量 IN,另一

Albuquerque is the most populous city in the U.S. state of New Mexico. The high-altitude city serves as the county seat of Bernalillo County, and it is situated in the central part of the state, straddling the Rio Grande. The city population is 557,169 as of the July 1, 2014, population estimate from the United States Census Bureau, and ranks as the 32nd-largest city in the U.S. The Metropolitan Statistical Area (or MSA) has a population of 902,797 according to the United States Census Bureau's most recently available estimate for July 1, 2013.

Allen suggested that they could program a BASIC interpreter for the device; after a call from Gates claiming to have a working interpreter, MITS requested a demonstration. Since they didn't actually have one, Allen worked on a simulator for the Altair while Gates developed the interpreter. Although they developed the interpreter on a simulator and not the actual device, the interpreter worked flawlessly when they demonstrated the interpreter to MITS in Albuquerque, New Mexico in March 1975; MITS agreed to distribute it, marketing it as Altair BASIC.

(a)　　　　　　　　　　　　　　(b)

图 7 - 5　DESM 表示文档主题词示意

类是输出矩阵中的词向量 OUT。从表 7 - 1 中可以看到单词 yale 如果用 IN 向量代表，则与 havard 相似，但是在 OUT 向量上与 Faculty 更加接近。观察发现采用同类向量可以找到更多在功能上相似的单词（IN-IN，OUT-OUT），采用混合的向量可以找到更多在上下文情境中更加相似的词项。

表 7 - 1　基于 IN 和 OUT 词向量的相似关系示例

yale			seahawks			eminem		
IN-IN	OUT-OUT	IN-OUT	IN-IN	OUT-OUT	IN-OUT	IN-IN	OUT-OUT	IN-OUT
yale	yale	yale	seahawks	seahawks	seahawks	eminem	eminem	eminem
harvard	uconn	faculty	49ers	broncos	highlights	rihanna	rihanna	rap
nyu	harvard	alumni	broncos	49ers	jerseys	ludacris	dre	featuring
cornell	tulane	orientation	packers	nfl	tshirts	kanye	kanye	tracklist
tulane	nyu	haven	nfl	packers	seattle	beyonce	beyonce	diss
tufts	tufts	graduate	steelers	steelers	hats	2pac	tupac	performs

7.3.4　双表示模型（DUET）

受到 Guo 等工作的启发，Mitra 等提出了一种综合了精确匹配和语义匹配的双表示模型。如图 7 - 6 所示，DUET 模型共分为两个部分：第 1 部分为

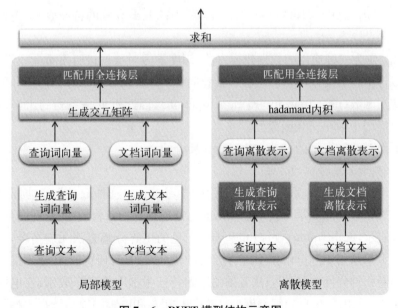

图 7 - 6　DUET 模型结构示意图

Local 模型,首先将查询、文档从文本转换为词项的向量,进而生成交互矩阵,然后将其输入全连接层,输出一个相关性分数;第 2 部分为分布式模型,首先将查询和文本转换成词向量的表示,再将它们做一次 Hadamard 乘积,输入全连接层,得到另外一个相关性分数。可以看到第 1 个相关性分数主要是描述精确匹配的程度,第 2 个分数描述语义匹配的程度。

DUET 采用 Bing(微软推出的搜索引擎)中大量的数据进行了训练,在 nDCG@1 和 nDCG@10 上取得了超越 BM25、DRMM、DSSM、CDSSM 和 DESM 的效果。

7.4　推荐模型与方法中的神经网络技术

本节主要介绍一些具体的推荐方法,重点介绍近些年得到广泛关注的基于深度学习的推荐模型和可解释推荐。最后介绍推荐系统与其他学科的交叉融合[66]。

7.4.1　基于深度学习的推荐模型

深度学习指多层级的人工神经网络,近年来在语音识别、计算机视觉和自然语言处理等领域取得了巨大成功。根据深度学习技术在推荐系统中的应用方式,将相关工作大体分为两类:

(1) 作为一种基于数据的表征学习的方法,深度学习技术可以从语义较为丰富的辅助信息中(如语音、图片、文本等)中抽取出有效的特征表示,与推荐算法进行融合。

(2) 作为一种通用的数据建模方法,深度学习对数据进行多重非线性变换,可以拟合出较为复杂的预测函数。推荐问题的本质可以看成拟合用户和物品之间的交互函数(user-item interaction function),因此近期一系列的工作也将深度学习应用于学习交互函数上。

下面对两种类型的推荐方法进行简要介绍。

1. 基于深度特征的方法

图 7 - 7 总结了一系列工作使用深度学习进行特征抽取并用于协同过滤的基本框架。介于深度学习技术抽取出的特征通常是相对较短、稠密的向量(也称嵌入式表示,embedding),可以和基于隐向量的矩阵分解方法无缝结合,因此这类工作大都采用矩阵分解模型进行协同过滤。例如,有研究[67]在音乐推荐任务中采用卷积神经网络(CNN)从音乐的原始特征中抽取出音乐表示;在电影推荐任务[68],采用去噪自动编码模型(DAE)从用户和电影的原始特征中抽取隐向

量表示;在图片推荐的任务中[69],采用卷积网络 AlexNet 抽取出较为抽象的图片表示。

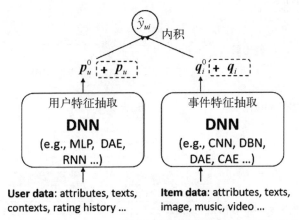

图 7-7　使用深度学习进行特征抽取并用于协同过滤(矩阵分解)的基本框架

考虑到从辅助信息中抽取出的深度学习特征向量(p_u^0 和 q_i^0)和基于协同过滤的隐向量(p_u 和 q_i)有一定的互补关系,为了提高模型表示能力,一些工作不直接使用深度学习特征替换隐向量,而是将两者通过相加的方式结合起来。例如,文献[19]在贝叶斯深度学习框架下,首先采用多层 DAE 从物品文本中生成文本表示,然后生成物品隐向量,然后将两者相加作为物品的最终表示,与用户隐向量进行内积操作,获得模型预测。类似的方式也在[22]中使用:首先将物品映射到知识图谱以获得物品丰富的信息,然后利用 TransR 和 DAE 分别从物品的结构数据和文本数据中抽取出深度学习特征,并与物品的隐向量相加以获得物品的最终表示。

以上方法使用了辅助信息,可以看成结合协同过滤和内容过滤的混合推荐系统,因此可以较好地处理冷启动问题。值得一提的是,以上方法均采用向量内积作为用户和物品的交互函数,也就是矩阵分解的基本模型。然而向量内积的方式尽管在协同过滤的任务上简单高效,但在建模实体之间的相似度时有一定的局限性,尤其在考虑实体之间的排序的时候[6]。考虑到神经网络有极强的近似连续函数的能力,一个可行的改进方案是使用神经网络从数据中学习该交互函数。

2. 基于深度交互函数学习的方法

作为早期使用神经网络进行评分建模的代表性工作,有研究[70]使用限制玻耳兹曼机(RBM)学习交互函数,但该方法的近似优化算法较为费时,且不易扩展到有辅助信息的情况。近期,有研究[6]提出了一个简单通用的神经协同过滤框架(neural collaborative filtering，NCF)。其基本思想是将用户和物品表示为隐空间的低维向量后，使用多层神经网络从数据中学习交互函数。图7-8展示了 NCF 的基本框架。

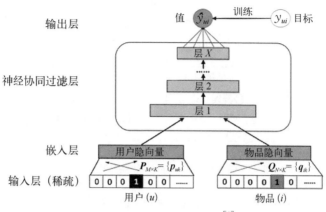

图 7-8 NCF 的基本框架[6]

输入层是对用户和物品原始数据进行 one-hot 编码后的特征向量；在没有辅助信息时，原始数据可以仅为用户 ID 和物品 ID。随后是表示层，以获得用户和物品的隐向量表示。然后用户通道和物品通道的隐向量一起输入一个多层神经网络，用于学习用户和物品之间的交互函数；该交互网络的最后一层通过全连接层输入模型预测分数。NCF 是一个通用的框架——通过设计输入数据和每一层的操作，NCF 可以表示出许多现有的推荐模型。例如，通过设计第一个隐含层为向量元素级相乘(element-wise product)，可以表示出矩阵分解模型；在此基础上，如果将用户通道的输入数据表示为用户评分历史(排除当前交互物品 i)，该模型为 FISM 模型[71]；如果将用户通道的输入表示为用户 ID 和评分历史的拼接向量，该模型则为 SVD＋＋模型[72]；如果将用户通道和物品通道的输入设计为 ID 和属性，该模型则为 SVDFeature 模型[73]。

除表示现有推荐模型之外，多个新的基于 NCF 的深度学习模型被提出。例如，有研究[6]提出 NeuralMF，在隐含层组合矩阵分解模型和多层感知机模型，其中多层感知机使用与矩阵分解不同的表示层，用于建模用户和物品之间的非线性交互关系；该模型有较强的表示能力和泛化能力，在 Top-K 物品推荐中有较好的效果。近期，有研究[24]提出了属性敏感的 NCF 变种，重点考虑不同属性之间的交互。图7-9展示了该模型，其主要不同于 NCF 的地方在于池化层的操作：NCF 默认采取平均池化，假设所有属性的表示是独立的；而该模型使用一种新的双线性交互池化(bilinear interaction pooling)，受启发于分解机模型[15-16]，可以考虑 ID 与属性，以及所有属性对之间的交互。该模型在跨域的物品推荐中展示了较好的效果。

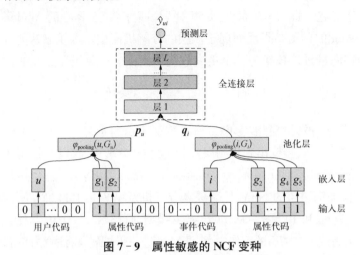

图 7 - 9　属性敏感的 NCF 变种

　　近期，来自谷歌和微软的研究人员也分别发布了基于特征的深度学习推荐系统[17-18]。其中 Wide&Deep[17] 的 Wide 部分采用与分解机一样的线性回归模型，Deep 部分采用基于特征表示学习的多层感知机模型。Deep Crossing 用于在线广告的点击率预测，但该模型架构同样可以用于推荐系统中（需加入用户 ID 和物品 ID 作为输入以学习协同过滤效果）。图 7 - 10 描述了 Deep Crossing 的模型架构，其中与 Wide&Deep 的主要区别在于使用了残差网络，可以防止加深网络时梯度消失的问题。

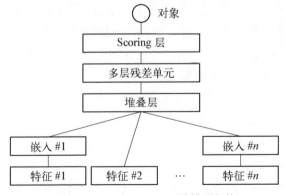

图 7 - 10　**Deep Crossing 的模型架构**

　　值得一提的是，Wide&Deep 和 Deep Crossing 在模型底层融合多个特征的表示向量时均采用了向量拼接的操作。由于该操作不考虑向量之间的交互，使得模型完全依赖于之后的多层感知机学习特征之间的交互。虽然深度网络被证明有极强的函数学习能力,但其同样也难以训练,例如过拟合、退化和对初始化高度敏感等问题。此外,在最近实测中[16],基于深度学习的 Wide&Deep 和 Deep Crossing 的预测结果反而弱于浅层的分解机模型。为了解决这个问题,研究[16]提出将向量拼接替换为一个更有意义的操作——双线性交互池化:

$$f_{\mathrm{BI}}(\mathcal{V}) = \sum_{v_i \in \mathcal{V}} \sum_{v_j \in \mathcal{V} \& v_j \neq v_i} v_i \odot v_j \qquad (7-2)$$

该操作受启发于分解机模型,考虑了所有特征表示向量之间的成对的交互关系。如果将该层的结果直接输出到预测层,则该模型和分解机模型相同。因此,该模型又称为神经分解机模型(neural factorization machine, NFM)。在上下文敏感的推荐任务中,仅加深一层的 NFM 显著提高分解机效率 7%,其准确度不仅超过了 3 层的 Wide&Deep 和 10 层的 Deep Crossing 模型,而且 NFM 架构相对简单,训练起来更容易、更高效。在随后的工作中[74]NFM 被进一步扩展,将注意力机制引入双线性池化操作中,用于学习每个特征交互的权重,改进了模型的表示能力和可解释性。

7.4.2 可解释性推荐

个性化推荐系统的核心目标是对用户和商品之间的交互进行建模,生成个性化程度极高的推荐结果。从机器学习的角度看,推荐的决策过程可以看作是对用户和商品之间的交互函数(user-item interaction function)的拟合,其中基于矩阵分解的隐变量模型在实际系统中得到了广泛的应用。然而除了直接展示推荐结果外,推荐系统往往还需要展示恰当的推荐理由来告诉用户为什么系统认为这么推荐是合理的。但是由于具体采用的推荐算法的不同可能会影响推荐理由的构建,并且隐变量模型大量使用,这使得推荐模型更像一个"黑盒"(black box)。为了解决相关问题,学术界和企业界都对可解释性推荐(explainable recommendation)进行了一定的探索。

可解释性推荐旨在为推荐系统做出的每一个推荐提供一个合理的理由或者解释,以此来增加系统的透明度(transparency)和推荐结果的可信度(trust)。相关研究也指出,恰当的推荐理由可以提高用户对推荐结果的接受度,进而提高用户在系统可辨度、有效性和满意度等方面的体验,帮助用户更快、更容易地找到其感兴趣的商品。例如,电子商务推荐系统 Amazon 会为用户展示"购买此商品的顾客也同时购买了"的推荐理由;音乐平台虾米则在为用户推荐一首歌曲的同时,提供一条"送给听过相似歌曲的您"的推荐理由;在社交网站 Facebook 下的推荐系统则可以看到诸如"你的好友也查看了该内容"等基于社交关系的推荐理由。

如何构建一个推荐系统,使其能够为推荐提供合理简洁的解释的同时,还能够保持很高的推荐准确率,这是一个很具有挑战性的任务。因为可解释性和准确度间的平衡(trade-off)是机器学习中一个重要的基础问题,即简单透明的模型(如线性回归、决策树等)可能会降低预测结果的准确率,而复杂的模型(如分解机模型、深度神经网络等)会大幅提高准确度,但是很难被解释。为此,这里根据推荐系统使用的数据以及推荐系统的展示形式,将可解释性推荐大致划分为基于用户-商品交互记录和基于辅助信息两个类别。

1. 基于用户-商品交互记录的可解释性推荐技术

协同过滤(collaborative filtering)是这类可解释性推荐技术的核心,其基本假设是具有相似兴趣爱好的、拥有共同经验的用户群体会喜欢相似的商品。协同过滤的可解释机制是基于用户相似度或者商品相似度的,例如"你的朋友也喜欢这个商品"(基于用户)或"你曾经喜欢过类似的商品"(基于商品)。因此,这类方法提供的推荐理由一般是一个相似用户或相似商品的列表。

早期较为常见的方法是基于矩阵分解模型(matrix factorization),在用户和商品的隐向量表达(latent factor)上添加非负限制,进而每个被推荐的商品可表示为其余商品向量的和[75-76]。为了提供更精细的相似用户/商品的列表,近邻(neighborhood)和社区(community)的概念被引入。例如,Adbollahi 等在矩阵分解模型的基础上添加了一项"解释向量",用以在推荐一个商品给一个用户时捕捉该用户的相邻用户与该商品的相关度[77];Heckel 等利用生成模型来识别出具有相似兴趣爱好的用户,进而形成用户社区,然后提出一些决策规则(rule)来向矩阵分解结果逼近[78]。

尽管基于用户-商品交互记录的可解释性推荐技术可以为每个推荐生成相应的相似用户或者相似商品的列表,但是这种解释太过于粗糙,并且仅仅关注用户与商品的交互很可能导致推荐理由不能全面地刻画每个推荐背后的真实原因。此外,过度简单的推荐理由可能会降低用户对于推荐理由的信任度。

2. 基于辅助信息的可解释性推荐技术

在实际应用中,除了海量的用户与商品的交互历史,还有丰富的辅助信息,如用户画像(如年龄、性别等)、物品属性(如物品类别、价格等)和上下文信息(如当前回话信息、时间、地理位置等)。因此,可靠的可解释性推荐技术应当提供除相似用户或相似商品列表外的详细解释[23]。

基于辅助信息的可解释性推荐将各类辅助信息以不同的形式组织在一起,如商品标签、用户社交关系、商品的文本评价、知识图谱,提供了多样化的推荐理由。Vig 等将用户和商品的隐向量表征分别表示为用户对商品标签的喜好分布和商品主题的分布,继而进行推荐,并且将用户对商品主题的爱好作为推荐的理由[79]。与某研究[78]考虑潜在的用户社区不同,Sharma 等引入用户的社交网络关系,并依靠该社交网络来传递用户的兴趣爱好,将用户的社交关系作为推荐的理由[80]。

  在实际的应用场景中,用户往往会在购买商品后给出对商品各个方面的评价,例如"这款手机外观漂亮,手感一流,运行速度很快"。这些评价可以直接反应用户喜欢该商品的原因,因此很多可解释性推荐方法将商品评价作为生成推荐理由的重要信息源。有研究[81]提出一个显向量分解模型,首先构造用户属性关注度矩阵来描述用户对于商品不同属性的关注程度,以及商品属性好评度矩阵来描述物品在不同属性上的性能表现,然后对于用户属性关注度矩阵和物品属性好评度属性进行分解,最后根据用户提供的最直接的属性级最为个性化推荐理由,如"您可能对[属性]感兴趣,而该产品在[属性]上表现不错"。类似地,Ren 等[82]在 CIKM2015 上提出了三元图排序算法(ranking on tripartite graphs),其核心思想是从商品评价分析得出用户对于商品不同属性上的关注度,并构建〈用户,商品,属性〉的三元图,然后结合协同过滤算法将推荐问题转化为图中节点的排序问题,图 7-11(a)展示了 TriRank 模型。该模型使得推荐的

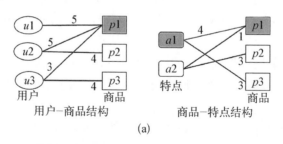

(a)

(b)

图 7-11 可解释模型 TriRank 示意图

(a) TriRank 模型框架   (b) TriRank 模型可解释示例

决策过程透明化，并且可以利用用户对于商品各个属性的不同关注度来进行推荐解释，如图 7-12(b)所示。值得一提的是，用户可以与系统进行交互，例如用户认为系统捕捉到了自己错误的属性关注或者用户更新了自己对于商品属性的喜好程度，可以通过编辑系统提供的推荐理由来修正推荐系统。类似地，近期文献[82]在商品评价的基础上引入社交关系，构建出⟨用户属性关注度，商品属性，社交关系⟩的三元张量，然后再利用分解模型构造出用户属性级的推荐理由。然而上述关于商品评论的多数方法都是将商品属性、用户属性关注度以及用户社交关系作为独立的因素来单独考虑的，并且在最终的推荐理由时只引入了其中的商品属性。

除了用户对于商品属性的关注以外，在实际系统中，属性组合（cross feature）往往能反应潜在的统计规律，具有更丰富的表示能力和更准确的解释能力。例如，我们推荐玫瑰金 iPhone 7 给用户 Emine，是因为我们发现月收入在 1 万元左右、年龄在 20 岁到 25 岁间的年轻女性普遍喜欢粉色系列的苹果产品。近期，Wang 等在 2018 年的 WWW 会议上提出了一个决策树增强的协同过滤模型（tree-enhance embedding model，TEM）[23]。其思想是将用户和商品的辅助信息表示作为决策树模型（decision tree）的输入，来构造出显式的属性组合来作为用户-商品的特征表达。但是决策树模型构造出的属性组合没有协同过滤的效果，也无法为每个用户筛选出最符合他的属性组合来作为解释理由。基于此，我们将每个属性组合进行 one-hot 编码后，输入协同过滤分解模型，并采用注意力机制（attention mechanism）为每个属性组合赋予不同权重，这样可以区分不同属性组合在推荐决策时的重要性。图 7-12(a)展示了该模型，图 7-12(b)展示了模型生成的推荐理由。

7.4.3　学科交叉融合

随着人类活动不断由线下到线上的迁移，互联网已经远远不止是一个信息发布、获取与搜索的平台，而是一个涉及各种人类经济行为的统一的线上经济系统。例如，人们可以在淘宝、京东、亚马逊等电子商务网站上网购；在猪八戒网、亚马逊 MTurk 等在线自由职业网站上工作并获得收入；在 P2P 借贷服务中进行网上投资；或者在 Airbnb、滴滴打车、Uber 等众多分享经济应用中完成在线租房和打车等任务。

自亚当·斯密创立古典经济学以来，经济学家已经在探究人类实体经济的本质方面进行了几个世纪的努力，并建立了系统的经济学理论，从宏观和微观等各个方面研究经济系统的运行机制。然而就在最近几年，互联网已经形成了一

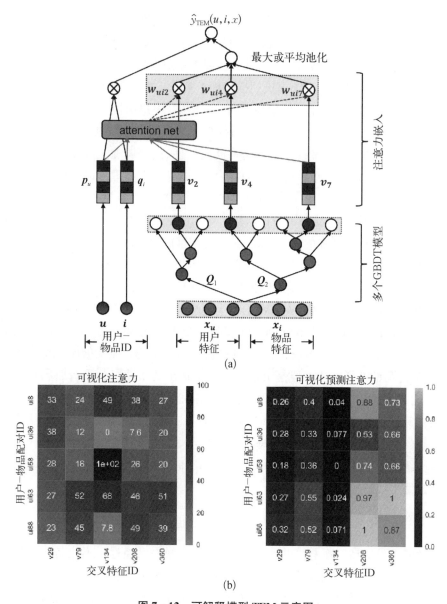

图 7 - 12 可解释模型 TEM 示意图

（a）TEM 模型框架 　（b）TEM 模型可解释示例

个巨大的在线经济系统,它在时间和空间两个方面都与传统经济系统有很大的不同:在空间上,网络经济系统的范围几乎是无限的,可以很容易地突破地理和交通的阻隔;在时间上,网络经济系统更加高效,能够依赖互联网的速度有效地运行。

伴随着这些联系和不同,有很多关乎互联网经济系统的根本性问题有待我们去研究和回答,其中包括古典经济学理论如何能够适用于大规模线上经济系统,计算机科学中各种成功的机器学习和数据挖掘技术如何能够用于建模线上经济,以及是否有可能在互联网经济系统上实现经济学家长期以来的梦想——建立一个公正、平衡、高效的线上经济系统。本节将会把基础经济学理论与机器学习、数据挖掘技术相结合来回答这些问题,并介绍在这一领域已经获得的初步研究成果及未来的研究预期。

1. 互联网经济系统的基本问题

正如线下经济系统一样,互联网经济系统的基本问题是在线资源分配(online resource allocation,ORA)——将在线商品和服务等从服务提供商(生产者)那里分配到用户(消费者)处。例如在电子商务网站中,来自零售商的商品被分配给消费者;在自由职业网站中,来自雇佣方的工作任务被分配给自由职业者。然而,由于用户拥有自由选择权,这种分配不能以强制的方式实现,而通常以个性化推荐或搜索的技术形式实现,即我们通常可以建议消费者从生产者那里购买或消费某一个特定的商品或服务,而不能强迫消费者必须采用这种商品或服务。

基于用户在互联网应用中所积累的大量个性化行为信息,例如购买记录、评论文本等,可以对用户构建个性化的偏好模型,并整合经济学理论和机器学习技术,基于协同过滤、情感分析、表示学习等模型设计智能在线资源自动分配算法,从而实现互联网资源公平高效的分配。

2. 如何恰当融合经济学理论

为了回答第一个问题,可以从最基本的经济学概念——效用(utility)和福利(surplus)出发。作为现代经济学的基础,这两个概念分别用来衡量消费者或生产者的偏好(通过"效用"来体现)和收益(通过"福利"来体现)。在最近的研究工作中,研究人员提出了基于经济原理的个性化推荐的基本概念[83],并通过最大化生产者和消费者双方总的社会福利来寻找最优的生产者-消费者匹配,并基于这一匹配给出个性化推荐,从而提高互联网经济系统的社会效益。

在这项研究中,各种各样的线上系统(如电子商务、P2P 贷款、自由职业网站等)都可以被形式化到一个统一的产消者(prosumer,即生产者-消费者)模型中。为了量化系统中每个用户的效用和福利,采用"最后一单位消费的零收益原则"来对电商网站的真实购物数据进行建模,并基于最大似然估计进行模型参数学习,从而估计出每一个消费者对每一个产品的效用曲线。在此基础上,可以进一步计算特定分配方案下系统所能够实现的总福利,并通过总福利函数的最大化来计算最优的分配方案,从而基于这一分配方案为每一个用户提供个性化的商品推荐。在实际系统中的实证研究表明,这一推荐方法可以同时提高生产者和消费者的福利,从而提高整个互联网经济系统的总福利。

用户的偏好可能会随着时间的推移而发生变化,例如在电子商务网站的化妆品领域中,消费者通常在夏季更关注抗紫外线产品(如防晒霜),而在冬季则更关注营养产品(如保湿产品)。为了模拟用户偏好的动态性质,有研究[84]对电子商务背景下用户偏好时间序列的经济学特性进行了分析,并提出了天级别分辨率的用户偏好预测模型,从而对用户在不同产品和产品属性上的关注程度进行天级别的动态预测(见图7-13)。

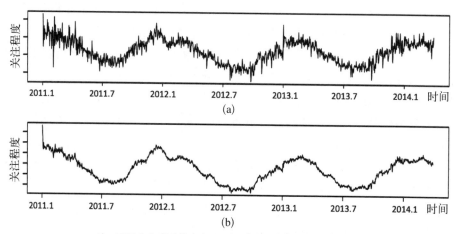

注:可以在电商系统中实现天级别的用户偏好和行为预测。

图7-13 基于经济学中常用的时间序列分析技术

(a) 真实序列 $X(t)$　　(b) 预测序列 $\hat{X}(t)$

从静态上来说,很多微观经济理论都是基于效用和福利这两个最基本的经济学概念的;从动态上来说,可以模拟互联网经济系统的很多时序动态性质,因此有希望更进一步在广度和深度上,推动互联网经济系统在资源分配问题上的研究。

3. 计算机科学所起到的作用

上述关于效用和福利估计的工作表明,机器学习和大数据处理技术可以帮助我们量化互联网经济系统。基于很多成熟的机器学习和数据挖掘理论,我们甚至可以更进一步地探索互联网的经济性质。

基于大数据的无差异曲线自动估计和产品组合推荐研究,是迈向这一目标的一个重要尝试[85]。长期以来,经济学家一直使用无差异曲线(见图7-14)作为许多重要经济问题的研究工具,例如在消费者选择理论中用于分析消费者对产品组合的满意度,或者在 Edgeworth 分析中研究如何有效地在消费者之间进行有限资源的分配等。然而,传统的研究往往预设无差异曲线的数学形式,并基于小数据进行曲线参数估计。如何利用网络上的大规模非结构化消费者交易记录自动估计无差异曲线,并用来对互联网商品或服务之间的替代和互补关系进行研究,是互联网经济系统中的一个重要且基本的问题。

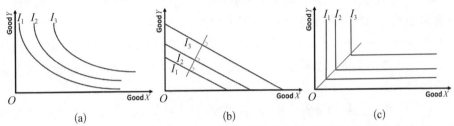

注：其中横纵坐标分别表示两个商品的购买量图中同一曲线上商品组合的效用相同；I_1，I_2，I_3 表示不同层次的产品。

图 7－14 无差异曲线示例

(a) 一般情况下的无差异曲线　(b) 完全可替代产品的无差异曲线
(c) 完全互补产品的无差异曲线

在这项研究中,通过采用在电子商务网站中收集的不同产品被同时购买的信息,将机器学习理论与经济学中的离散选择理论相结合,从而最大化消费者购买一个产品组合的总效用,并自动学习出任意一对产品的无差异曲线参数。无差异曲线有助于分析现实世界产品之间的替代和互补关系,进而基于用户已有的购买记录为该用户推荐未来可能购买的产品。

为了更好地说服用户接受我们的推荐,从而使得算法给出的最优分配方案能在真实系统中更好地实现,多位研究人员提出了可解释性推荐模型[81, 86-87],为被推荐的商品自动生成直观解释。同时为此开发了一个短语级情感分析工具包[88],可以自动从非结构化自由文本评论中自动提取产品属性词和用户情感词,并构建"属性-情感"词对及情感极性标注。将其与多矩阵分解技术相结合,从而实现可解释性推荐。这一系列研究,显示了将机器学习、优化理论、自然语言处理等计算机研究的最新成果应用到互联网经济系统中的可行性。

4. 未来展望

经济学是一门古老的研究课题,数个世纪以来已经积累了成熟的研究成果和理论,而计算机科学相对而言是一个新兴且快速发展的学科,并在方方面面深入影响着我们的日常生活,这在互联网上尤其如此。丰富的用户行为记录、广泛存在的大数据，以及不断发展的人工智能技术，使得有希望将这两个主题在互联网经济系统的背景下结合起来，为我们提供巨大的未来研究空间。

（1）互联网福利经济学（internet welfare economics）。互联网经济系统福利问题的研究还是一片巨大的研究蓝海，其中包括网络上的供需均衡、网络上的动态定价和价格歧视、网络预算控制、互联网福利分配的博弈、互联网经济中的垄断问题等。基于这些和更多其他的研究课题，可以更好地了解福利在不同情况（如自由市场或垄断市场）下于消费者和生产者之间的产生与分配，从而进一步有助于我们为特定的业务目标给出明智的营销策略。在这个跨学科研究方向上的工作将不断涌现，并逐步构建起互联网福利经济学的研究方向。此外，由于互联网经济理论对大多数线上经济系统的普遍重要性，未来将带来各种与企业合作的研究潜力。

（2）个性化推荐和搜索。在以前的研究任务中，我们主要以个性化推荐作为技术形式来实现和评估算法所给出的在线资源分配策略。然而，在线资源分配的另一个重要应用形式是个性化搜索，这种场景往往发生于消费者（部分地）知道他想要的搜索目标的时候。个性化搜索旨在为用户给出个性化的商品排序，以便控制网络上的资源分配结果。考虑到各种互联网应用程序中搜索系统的广泛存在性，将在线资源服务分配技术应用于个性化搜索将是一个重要的研究方向。其中一个重要命题是如何在给定的搜索结果下进行个性化排序，从而最大化搜索列表潜在的经济福利。

（3）用户行为分析。在线下的物理世界之外，互联网已经是人类进行日常活动的主要平台之一。除了上文所考察的经济活动，人们还可以在互联网中与好友进行联系、阅读新闻、观看视频、听音乐或在线游戏等。社会行为分析和社交网络科学研究人员提出了许多坚实的理论，使得我们对网络上的人类行为有了深刻的认识，而其中许多发现可以从经济理论中找到相应的经济基础。研究互联网用户行为背后的经济学基础将是一个可观的研究方向，它使我们不仅知道用户如何行为，而且更进一步知道用户为什么会做出这样的行为。

（4）自动经济决策。经济学与机器学习结合的一个长远愿景是建立自动经济决策系统。不断增长的计算资源，大量可用的结构化和非结构化数据，以及快速发展的机器学习理论——特别是最近受到广泛关注的深度学习理论——已经为我们给出了这种自动经济决策系统的可能性。它将帮助收集、处理和分析各种异质数据，并为决策者提供直接可靠的经济决策方案或有参考价值的经济建议，而这一领域的持续研究将使我们一步步地接近这个梦想。

7.5 数据资源及评测

7.5.1 数据资源

7.5.2 信息检索主要数据资源及评测

TREC 是由美国 NIST 与 DARPA 所共同举办的旨在促进信息检索相关研究的技术评测，其全称为 Text REtrieval Conference。TREC 从 1992 年开始每年举办一次，其中有多个任务与信息检索任务有关，例如 TREC 的 Web Track、Robust Track、Million Query Track 等。这些任务每次发布百余个查询，供参赛的队伍进行检索，最终将不同队伍提交的结果列表（run）放在一起进行建立结果池（pooling），再进行相关性标注，计算评价指标。很多现有的模型就是在 TREC 的数据上进行训练和测试的。

与 TREC 类似，日本国立情报学研究所组织的技术评测 NTCIR（Nll Testbeds and Community for Information access Research）中也有一些相关的评测任务，例如 INTENT、iMine 和 We Want Web 等，这些任务的侧重点可能有所不同，例如 INTENT 和 iMine 主要侧重多样化检索，We Want Web 主要侧重 ad hod 搜索，但它们都提供了搜索结果的相关性标注。

除了上述这些带标注的数据集外，还有一些语料集合值得关注，例如 ClueWeb 系列数据集是目前应用比较广泛的英文语料集，Sogou-T 系列语料集[89]则是目前最大的中文语料集。

除了上述主要关注 ad hoc 搜索的数据集外，还有一些相关的数据集值得关注。

（1）MSRP（microsoft research paraphrase）数据集[90]是复述问题的一个经典公开数据集。数据集共包含 5 801 对文本，一对匹配文本的标签为 1，反之为 0，其中标记正例的共有 390 对样本。文本的平均长度是 21，最短的文本长度是 7，最长的是 36，数据集切分成训练集共包含 4 076 对文本，测试集共包含 1 725 对文本。

（2）Yahoo! Answers[91]是问答领域的一个经典公开数据集。整个数据集包含 142 627 个（问题，答案）对，我们只留下问题和答案的长度为 550 的样本。经过处理之后的数据集包含 60 564 个（问题，答案）对，这些样本作为匹配的正例。为了构造负例,我们利用问题作为查询项,利用现有的 Lucene 工具检索出 10 个答案,每个问题的负例是在这 10 个答案中随机抽取的 4 个。针对这个数据集按照 8∶1∶1 的比例划分了训练集、验证集和测试集,所有超参数在验证集上调整,而最终的结果是在测试集上评价的。

7.5.3 推荐主要数据集及评测

公开的推荐领域数据集有很多,被广泛使用的数据集包括以下几个:

(1) Movielens Dataset:MovieLens 数据集由 GroupLens 研究组在明尼苏达大学开发完成。MovieLens 是电影评分的集合,包含各种大小。数据集命名为 100 k、1 M、10 M 和 20 M,是因为它们包含 1 万个、10 万个和 20 万个评分。最大的数据集使用约 14 万用户的数据,并覆盖 27 000 部电影。其中 Movielens-100k 和 Movielens-1M 有用户对电影的打分,电影的 title、genre、IMDB 链接、用户的 gender、age、occupation、zip code。Movielens-10M 中还有用户对电影使用的 tag 信息。获取地址:https://grouplens. org/datasets/movielens/。

(2) Amazon Dataset:Amazon 数据集是由亚马逊收集的包含评论、评分和一些额外信息的数据集,时间跨度为 1994 年 5 月至 2014 年 7 月。共包含 26 个不同的子分类(如衣服、书籍、电影等)。获取地址:http://jmcauley. ucsd. edu/data/amazon/。

(3) 包含社交信息的数据集:这一类数据集包含的信息相似,即包含有用户对于商品的点击或购买记录,以及用户与用户之间的好友关系。比较知名的数据集有① Flixster Dataset:包含用户对电影的打分以及用户之间的双向好友关系。获取地址:http://www. sfu. ca/~sja25/datasets/。② Epinions Dataset:包含用户的单向 trust 关系以及用户对商品的打分信息。获取地址:http://www. trustlet. org/wiki/Epinions_datasets。③ Ciao Dataset:包含用户的单向 trust 关系以及用户对电影的评分。获取地址:http://www. public. asu. edu/~jtang20/datasetcode/truststudy. htm。

推荐领域的另一类数据集是每年举行的各种类型的推荐任务比赛所公开的数据集,这些数据集大都包含如下特点:数据量大,包含较多信息(如标签、评论、用户个人信息等),稀疏度高等。以下是比较著名的广为关注的推荐相关比赛:

(1) Yelp Challenge:Yelp 是美国最大的点评网站,其每年会公布 Yelp 涵盖的商户、点评和用户数据的一个子集,可以用于个人、教育和学术。其最近一年(Yelp 2017)公布的数据集包含 470 万条用户评价,15 多万条商户信息,20 万张图片,12 个大都市。此外,还涵盖 110 万用户的 100 万条 tips,超过 120 万条商家属性(如营业时间、是否有停车场、是否可预订和环境等信息),随着时间推移在每家商户签到的总用户数等。获取地址：https://www. yelp. com/dataset_challenge。

（2）RecSys Chalenge：ACM RecSys Challenge 是推荐系统著名会议 RecSys 每年举办的比赛,根据赞助商的不同,每年会提供不同种类的比赛数据,涵盖了工作推荐、音乐推荐、电影推荐、商品推荐等多个领域。数据集中也通常含有较为丰富的用户和商品信息。获取地址：http://www. recsyschallenge. com/。

参考文献

［1］ Ricci F, Rokach L, Shapira B. Introduction to Recommender Systems Handbook [M]//Recommender Systems Handbook, New York：Spring, 2011：1 - 35.

［2］ Adomavicius G, Tuzhilin A. Toward the next generation of recommender systems：a survey of the state-of-the-art and possible extensions［J］. IEEE Transactions on Knowledge and Data Engineering, 2005, 17(6)：734 - 749.

［3］ Gemmis M D, Lops P, Musto C, et al. Semantics-Aware Content-Based Recommender Systems[M]. Boston：Spring, 2015：119 - 159.

［4］ Bengio Y, Courville A, Vincent P. Representation learning：a review and new perspectives[J]. IEEE Transactions on Pattern Analysis & Machine Intelligence, 2013, 35(8)：1798 - 1828.

［5］ Koren Y, Bell R. Advances in Collaborative Filtering[M]. Boston：Spring, 2011.

［6］ He X N, Liao L Z, Zhang H W, et al. Neural collaborative filtering［C］//In Proceedings of the 26th International Conference on World Wide Web, International World Wide Web Conferences Steering Committee, 2017：173 - 182.

［7］ Zhao Z D, Shang M S. User-based collaborative-filtering recommendation algorithms on hadoop[C]//In Knowledge Discovery and Data Mining, 2010. WKDD '10. Third International Conference on, IEEE, 2010：478 - 481.

［8］ Smith B, Linden G. Two decades of recommender systems at amazon. com[J]. IEEE Internet Computing, 2017, 21(3)：12 - 18.

［9］ He X N, Gao M, Kan M Y, et al. Birank：towards ranking on bipartite graphs[J]. IEEE Transcations on Knowledge and Data Engine, 2017, 29(1)：57 - 71.

［10］ He X N, Zhang H, Kan M Y, et al. Fast matrix factorization for online recommendation with implicit feedback[C]//In Proceedings of the 39th International ACM SIGIR Conference on Research and Development in Information Retrieval,

SIGIR '16, New York, NY, USA, 2016. ACM: 549 - 588.

[11] Zhang H W, Shen F M, Liu W, et al. Discrete collaborative filtering[C]//In Proceedings of the 39th International ACM SIGIR Conference on Research and Development in Information Retrieval, SIGIR '16, New York, NY, USA, 2016. ACM: 325 - 334.

[12] Li J, Ren P J, Chen Z M, et al. Neural attentive session-based recommendation[C]// In Proceedings of the 2017 ACM on Conference on Information and Knowledge Management, CIKM '17, New York, NY, USA, 2017: 1419 - 1428.

[13] Bai T, Wen J R, Zhang J, et al. A neural collaborative filtering model with interaction-based neighborhood[C]//In Proceedings of the 2017 ACM on Conference on Information and Knowledge Management, CIKM '17, New York, NY, USA, 2017. ACM: 1979 - 1982.

[14] He X N, Chen T, Kan M Y, et al. Trirank: review-aware explainable recommendation by modeling aspects[C]//In Proceedings of the 24th ACM International on Conference on Information and Knowledge Management, CIKM '15, New York, NY, USA, 2015. ACM: 1661 - 1670.

[15] Rendle S. Factorization machines[C]//In Data Mining (ICDM), 2010 IEEE 10th International Conference on, IEEE, 2010: 995 - 1000.

[16] He X N, Chua T S. Neural factorization machines for sparse predictive analytics[C]// In Proceedings of the 40th International ACM SIGIR Conference on Research and Development in Information Retrieval, ACM, 2017: 355 - 364.

[17] Cheng H T, Koc L, Harmsen J, et al. Wide & deep learning for recommender systems[C]//In Proceedings of the 1st Workshop on Deep Learning for Recommender Systems, ACM, 2016: 7 - 10.

[18] Shan Y, Hoens T R, Jiao J, et al. Deep crossing: web-scale modeling without manually crafted combinatorial features[C]//In Proceedings of the 22nd ACM SIGKDD International Conference on Knowledge Discovery and Data Mining, KDD'16, New York, NY, USA, 2016: 255 - 262.

[19] Wang H, Wang N Y, Yeung D Y. Collaborative deep learning for recommender systems[C]//In Proceedings of the 21th ACM SIGKDD International Conference on Knowledge Discovery and Data Mining, KDD '15, New York, NY, USA, 2015: 1235 - 1244.

[20] Chen J Y, Zhang H W, He X N, et al. Attentive collaborative filtering: multimedia recommendation with item- and component-level attention[C]//In Proceedings of the

40th International ACM SIGIR Conference on Research and Development in Information Retrieval, SIGIR '17, New York, NY, USA, 2017: 335 - 344.

[21] Chen T, He X N, Kan M Y. Context-aware image tweet modelling and recommendation[C]//In Proceedings of the 2016 ACM on Multimedia Conference, MM '16, New York, NY, USA, 2016. ACM: 1018 - 1027.

[22] Zhang F Z, Yuan N J, Lian D, et al. Collaborative knowledge base embedding for recommender systems[C]//In Proceedings of the 22nd ACM SIGKDD International Conference on Knowledge Discovery and Data Mining, KDD '16, New York, NY, USA, 2016: 353 - 362.

[23] Wang X, He X N, Nie L Q, et al. Tem: tree-enhanced embedding model for explainable recommendation[C]//In the International Conference of World Wide Web, 2018: 1543 - 1552.

[24] Wang X, He X N, Nie L Q, et al. Item silk road: recommending items from information domains to social users[C]//In Proceedings of the 40th International ACM SIGIR Conference on Research and Development in Information Retrieval, SIGIR '17, New York, NY, USA, 2017: 185 - 194.

[25] Harris Z S. Distributional structure[J]. Word, 1954, 10(2 - 3): 146 - 162.

[26] Bengio Y, Ducharme R, Vincent P, et al. A neural probabilistic language model[J]. Journal of Machine Learning Research, 2003: 1137 - 1155.

[27] Mnih A, Hinton G. Three new graphical models for statistical language modelling [C]//In Proceedings of the 24th International Conference on Machine Learning, ACM, 2007: 641 - 648.

[28] Mikolov T, Karafiát M, Burget L, et al. Recurrent neural network based language mode[C]//In Eleventh Annual Conference of the International Speech Communication Association, 2010: 1045 - 1048.

[29] Collobert R, Weston J. A unified architecture for natural language processing: deep neural networks with multitask learning[C]//In Proceedings of the 25th International Conference on Machine Learning, ACM, 2008: 160 - 167.

[30] Mikolov T, Chen K, Corrado G, et al. Efficient estimation of word representations in vector space[J/OL]. arXiv: Computation and Language, [2013 - 10 - 7]. arXiv preprint arXiv: 1301. 3781, 2013.

[31] Onal K D, Zhang Y, Altingovde I S, et al. Neural information retrieval: at the end of the early years[J]. Information Retrieval Journal, 2017, 21(2 - 3): 1 - 72.

[32] Pennington J, Socher R, Manning C. Glove: global vectors for word representation

[C]//In Proceedings of the 2014 Conference on Empirical Methods in Natural Language Processing (EMNLP), 2014: 1532 - 1543.

[33] Clinchant S, Perronnin F. Aggregating continuous word embeddings for information retrieval[C]//In Proceedings of the Workshop on Continuous Vector Space Models and their Compositionality, 2013: 100 - 109.

[34] Deerwester S, Dumais S T, Furnas G W, et al. Indexing by latent semantic analysis [J]. Journal of the American Society for Information Science, 1990, 41(6): 391.

[35] Jaakkola T, Haussler D. Exploiting generative models in discriminative classifiers[J]. In Advances in Neural Information Processing Systems, 1999, 3: 487 - 493.

[36] Amati G, van Rijsbergen C J. Probabilistic models of information retrieval based on measuring the divergence from randomness[J]. ACM Transactions on Information Systems (TOIS), 2002, 20(4): 357 - 389.

[37] Vulić I, Moens M F. Monolingual and cross-lingual information retrieval models based on (bilingual) word embeddings[C]//In Proceedings of the 38th International ACM SIGIR Conference on Research and Development in Information Retrieval, ACM, 2015: 363 - 372.

[38] Mitra B, Nalisnick E, Craswell N, et al. A dual embedding space model for document ranking[J/OL]. arXiv: Information Retrieval, [2016 - 2 - 2]. arXiv preprint arXiv: 1602. 01137, 2016.

[39] Nalisnick E, Mitra B, Craswell N, et al. Improving document ranking with dual word embeddings[C]//In Proceedings of the 25th International Conference Companion on World Wide Web, International World Wide Web Conferences Steering Committee, 2016: 83 - 84.

[40] Roy D, Ganguly D, Mitra M, et al. Representing documents and queries as sets of word embedded vectors for information retrieval [J/OL]. arXiv: Information Retrieval, [2016 - 6 - 25]. arXiv preprint arXiv: 1606. 07869.

[41] Berger A, Lafferty J. Information retrieval as statistical translation[C]//In ACM SIGIR Forum, ACM, 2017, 51: 219 - 226.

[42] Rekabsaz N, Lupu M H, Hanbury A, et al. Generalizing translation models in the probabilistic relevance framework[C]//In Proceedings of the 25th ACM International on Conference on Information and Knowledge Management, ACM, 2016: 711 - 720.

[43] Rekabsaz N, Lupu M, Hanbury A. Uncertainty in neural network word embedding: Exploration of threshold for similarity[J/OL]. arXiv: Computation and Language, [2016 - 4 - 4]. arXiv preprint arXiv: 1606. 06086, 2016.

[44] Liu Y N, Croft W B. Cluster-based retrieval using language models[C]//In Proceedings of the 27th Annual International ACM SIGIR Conference on Research and Development in Information Retrieval, ACM, 2004: 186 – 193.

[45] Huang P S, He X D, Gao J F, et al. Learning deep structured semantic models for web search using clickthrough data[C]//In Proceedings of the 22nd ACM International Conference on Conference on Information & Knowledge Management, ACM, 2013: 2333 – 2338.

[46] Mitra B. Exploring session context using distributed representations of queries and reformulations[C]//In Proceedings of the 38th International ACM SIGIR Conference on Research and Development in Information Retrieval, ACM, 2015: 3 – 12.

[47] Mitra B, Craswell N. Query auto-completion for rare prefixes[C]//In Proceedings of the 24th ACM International on Conference on Information and Knowledge Management, ACM, 2015: 1755 – 1758.

[48] Shen Y L, He X D, Gao J F, et al. A latent semantic model with convolutional-pooling structure for information retrieval[C]//In Proceedings of the 23rd ACM International Conference on Conference on Information and Knowledge Management, ACM, 2014: 101 – 110.

[49] Shen Y L, He X D, Gao J F, et al. Learning semantic representations using convolutional neural networks for web search[C]//In Proceedings of the 23rd International Conference on World Wide Web, ACM, 2014: 373 – 374.

[50] Ye X G, Qi Z J, Massey D. Learning relevance from click data via neural network based similarity models[C]//In Big Data (Big Data), 2015 IEEE International Conference on, IEEE, 2015: 801 – 806.

[51] Palangi H, Deng L, Shen Y L, et al. Semantic modelling with long-short-term memory for information retrieval[J/OL]. arXiv: Information Retrieval, [2015 – 2 – 27]. arXiv preprint arXiv: 1412. 6629.

[52] Palangi H, Deng L, Shen Y L, et al. Deep sentence embedding using long short-term memory networks: analysis and application to information retrieval[J]. IEEE/ACM Transactions on Audio, Speech and Language Processing (TASLP), 2016, 24(4): 694 – 707.

[53] Nguyen G H, Tamine L, Soulier L, et al. Toward a deep neural approach for knowledge-based IR[J/OL]. arXiv: Information Retrieval, [2016 – 6 – 23]. arXiv preprint arXiv: 1606. 07211.

[54] Li X J, Guo C L, Chu W, et al. Deep learning powered in-session contextual ranking

using clickthrough data[C]//In Proceedings of Conference and Workshop on Neural Information Processing Systems,2014.

[55] Guo J F,Fan Y X,Ai Q Y,et al. A deep relevance matching model for ad-hoc retrieval[C]//In Proceedings of the 25th ACM International on Conference on Information and Knowledge Management,ACM,2016:55-64.

[56] Liu X D,Gao J F,He X D,et al. Representation learning using multi-task deep neural networks for semantic classification and information retrieval[C]//Proceddings of the 2015 Conference of the North American Chapter of the Association for Computational Linguistics:Human Language Technologies,2015.

[57] Liu Y Q,Miao J W,Zhang M,et al. How do users describe their information need: Query recommendation based on snippet click model[J]. Expert Systems with Applications,2011,38(11):13847-13856.

[58] Sordoni A,Bengio Y,Vahabi H. A hierarchical recurrent encoder-decoder for generative context-aware query suggestion[C]//In ACM International on Conference on Information and Knowledge Management,2015:553-562.

[59] Dehghani M,Rothe S,Alfonseca E,et al. Learning to attend,copy,and generate for session-based query suggestion[C]//In Conference on Information and Knowledge Management,2017.

[60] Sun M S,Wu B,Xiong C Y,et al. Query suggestion with feedback memory network [C]//In the International Conference of World Wide Web,2017:1563-1571.

[61] Funas G W,Landauer T K,Gomez L M. et al. The vocabulary problem in human-system communication[J]. Communications of the ACM,1987,30(11):964-971.

[62] Zhao L,Callan J. Term necessity prediction[C]//In Proceedings of the 19th ACM International Conference on Information and Knowledge Management,2010:259-268.

[63] Zhao L,Callan J. Automatic term mismatch diagnosis for selective query expansion [C]//In Proceedings of the 35th International ACM SIGIR Conference on Research and Development in Information Retrieval,ACM,2012:515-524.

[64] Hofmann T. Probabilistic latent semantic analysis[C]//In Proceedings of the Fifteenth Conference on Uncertainty in Artificial Intelligence,Morgan Kaufmann Publishers Inc.,1999:289-296.

[65] Blei D M,Ng A Y,Jordan M I. Latent dirichlet allocation[J]. Journal of Machine Learning Research,2003:993-1022.

[66] 何向南.深度学习与推荐系统[J].中国人工智能学会通讯,2017(7):2-12.

[67] Oord A, Dieleman S, Schrauwen B. Deep contentbased music recommendation[J]. In Advances in Neural Information Processing Systems, 2013: 2643 - 2651.

[68] Li S, Kawale J, Fu Y. Deep collaborative filtering via marginalized denoising auto-encoder[C]//In Proceedings of the 24th ACM International on Conference on Information and Knowledge Management, ACM, 2015: 811 - 820.

[69] Geng X, Zhang H W, Bian J W, et al. Learning image and user features for recommendation in social networks[C]//In Proceedings of the IEEE International Conference on Computer Vision, 2015: 4274 - 4282.

[70] Salakhutdinov S, Mnih A, Hinton G. Restricted boltzmann machines for collaborative filtering[C]//In Proceedings of the 24th International Conference on Machine Learning, ACM, 2007: 791 - 798.

[71] Kabbur S, Ning X, Karypis G. Fism: factored item similarity models for top-n recommender systems[C]//In Proceedings of the 19th ACM SIGKDD International Conference on Knowledge Discovery and Data Mining, ACM, 2013: 659 - 667.

[72] Koren Y. Factorization meets the neighborhood: a multifaceted collaborative filtering model[C]//In Proceedings of the 14th ACM SIGKDD International Conference on Knowledge Discovery and Data Mining, ACM, 2008: 426 - 434.

[73] Chen T Q, Zhang W N, Lu Q X, et al. Svdfeature: a toolkit for feature-based collaborative filtering[J]. Journal of Machine Learning Research, 2012: 3619 - 3622.

[74] Xiao J, Ye H, He X N, et al. Attentional factorization machines: learning the weight of feature interactions via attention networks[C]//In Proceedings of the 26th International Joint Conference on Artificial Intelligence, IJCAI'17, AAAI Press, 2017: 3119 - 3125.

[75] Aleksandrova M, Brun A, Boyer A, et al. What about interpreting features in matrix factorization-based recommender systems as users? [C]//In Hypertext 2014 Extended Proceedings: Late-breaking Results, Doctoral Consortium and Workshop Proceedings of the 25th ACM Hypertext and Social Media Conference (Hypertext 2014), 2014.

[76] Hofmann T. Latent semantic models for collaborative filtering[J]. ACM Transactions on Information Systems, 2004, 22(1): 89 - 115.

[77] Abdollahi B, Nasraoui O. Explainable matrix factorization for collaborative filtering [C]//In Proceedings of the 25th International Conference Companion on World Wide Web, WWW '16 Companion, 2016: 5 - 6.

[78] Heckel R, Vlachos M, Parnell T P, et al. Scalable and interpretable product recommendations via overlapping coclustering [C]//In 33rd IEEE International

Conference on Data Engineering，ICDE 2017，2017：1033 - 1044.

[79] Vig J，Sen S，Riedl J. Tagsplanations：explaining recommendations using tags[C]//In Proceedings of the 14th International Conference on Intelligent User Interfaces，2009：47 - 56.

[80] Sharma A，Cosley D. Do social explanations work?：studying and modeling the effects of social explanations in recommender systems[C]//In 22nd International World Wide Web Conference，WWW '13，2013：1133 - 1144.

[81] Zhang Y F，Lai G K，Zhang M，et al. Explicit factor models for explainable recommendation based on phraselevel sentiment analysis[C]//In Proceedings of the 37th international ACM SIGIR Conference on Research & Development in Information Retrieval，ACM，2014：83 - 92.

[82] Ren Z C，Liang S S，Li P J，et al. Social collaborative viewpoint regression with explainable recommendations[C]//In Proceedings of the Tenth ACM International Conference on Web Search and Data Mining，WSDM 2017，2017：485 - 494.

[83] Zhang Y F，Zhao Q，Zhang Y，et al. Economic recommendation with surplus maximization[C]//In Proceedings of the 25th International Conference on World Wide Web，International World Wide Web Conferences Steering Committee，2016：73 - 83.

[84] Zhang Y F，Zhang M，Zhang Y，et al. Daily-aware personalized recommendation based on featurelevel time series analysis[C]//In Proceedings of the 24th International Conference on World Wide Web，International World Wide Web Conferences Steering Committee，2015：1373 - 1383.

[85] Zhao Q，Zhang Y F，Zhang Y，et al. Multi-product utility maximization for economic recommendation[C]//In Proceedings of the Tenth ACM International Conference on Web Search and Data Mining，ACM，2017：435 - 443.

[86] Zhang Y F. Incorporating phrase-level sentiment analysis on textual reviews for personalized recommendation[C]//In Proceedings of the Eighth ACM International Conference on Web Search and Data Mining，ACM，2015：435 - 440.

[87] Chen X，Qin Z，Zhang Y F，et al. Learning to rank features for recommendation over multiple categories [C]//In Proceedings of the 39th International ACM SIGIR Conference on Research and Development in Information Retrieval，ACM，2016：305 - 314.

[88] Zhang Y F，Zhang H C，Zhang M，et al. Do users rate or review?：boost phrase-level sentiment labeling with review-level sentiment classification[C]//In Proceedings of the 37th International ACM SIGIR Conference on Research & Development in Information

Retrieval，ACM，2014：1027－1030.

[89] Luo C，Zheng Y K，Liu Y Q，et al. Sogout-16：a new web corpus to embrace ir research[C]//In Proceedings of the 40th International ACM SIGIR Conference on Research and Development in Information Retrieval，ACM，2017：1233－1236.

[90] Dolan W B，Brockett C. Automatically constructing a corpus of sentential paraphrases [C]//In Proceedings of the Third International Workshop on Paraphrasing (IWP2005)，2005.

[91] Surdeanu M，Ciaramita M，Zaragoza H. Learning to rank answers to non-factoid questions from web collections[J]. Computational Linguistics，2011，37(2)：351－383.

8

自动问答与机器阅读理解

刘　康

刘康,中国科学院自动化研究所模式识别国家重点实验室,中国科学院大学人工智能学院,电子邮箱:kliu
@nlpr. ia. ac. cn

8.1 引言

问答系统(question answering, QA)是指让计算机自动回答用户所提出的问题,是一种高级的信息服务形式。不同于现有的搜索引擎,问答系统返回给用户的信息不再是与查询(问题)相关的文档排序,而是精准的答案。因此,相对于传统搜索引擎来说,问答系统更加智能,效率也更高,被看作是未来信息服务的颠覆性技术之一。华盛顿大学图灵中心主任 Etzioni 教授 2011 年曾在 *Nature* 上发表文章 *Search Needs a Shake-Up*,明确指出:"以直接而准确的方式回答用户自然语言提问的自动问答系统将构成下一代搜索引擎的基本形态。"[1] 因此,无论是学术界还是工业界,均给予问答系统极大的关注和投入。

纵观历史,问答系统的技术演进一直伴随着人工智能技术的发展而不断发展。早在人工智能诞生初期,"人工智能之父"艾伦 M. 图灵(Alan M. Turing)1950 年在 *Mind* 上发表了文章 *Computing Machinery and Intelligence*[2],提出了著名的图灵测试(Turing test),其核心就是让机器和人用问答的方式进行交互,用以检验机器是否具备了智能。在自然语言处理领域,问答系统也被认为是机器真正理解语言的 4 个验证任务之一(其他 3 个是翻译、文本摘要和复述)。因此,对其进行研究具有极高的学术价值。早期针对问答系统的研究主要是面向文献情报领域,其基本技术是在有限规模的文本库或数据库的基础上,依据事先人工编写的模板或者浅层自然语言理解技术对于限定领域、限定类型的问题进行回答。代表系统有 BASEBALL[3]、LUNAR[4] 等。但是,随着数据量的不断增长,这些基于人工模板的问答技术和浅层的自然语言理解技术难以应对开放问答场景中问题类型增多和文本表达方式多样所带来的各种技术挑战,问题的语义理解、答案的自动匹配和抽取等问答相关任务上的效果与期望相距甚远。到 20 世纪 90 年代,随着搜索技术以及基于统计的机器学习技术的不断发展,研究者和开发者们逐渐地开始关注开放式问答技术。近些年,随着人工智能第三次热潮的到来,针对问答系统的研究更是突飞猛进,特别是在应用领域,更是取得一系列备受关注的成果。2011 年,IBM Watson 自动问答机器人在美国智力竞赛节目 Jeopardy 中战胜人类选手,在业内引起了巨大的轰动。随后,各大 IT 巨头更是相继推出以问答系统为核心技术的产品和服务,如移动生活助手(Siri、Google Now、Cortana、小冰等)、智能音箱(HomePod、Alexa、叮咚音箱、公子小白等)等。就目前来说,基于技术路线现有的问答系统大致可以分为以下几种。

（1）检索式问答。这一类问答系统主要面向开放领域的问答场景，多采用"搜索＋抽取"的方式回答用户的问题。首先通过搜索技术获取与用户问题语义相关的文档，其次根据答案的类型，通过信息抽取等手段从返回的文档中抽取所对应的答案。对于这一类问答技术推动最大的是由美国国防部 DARPA 项目资助、美国国家标准局（NIST）组织的文本检索会议（Text REtrieval Conference，TREC）评测。该评测自 1999 年 TREC-8 开始，设立 QA 评测任务，到 2007 年 TREC-16，共举行了 9 届，极大地推动了检索式问答技术的发展。代表性系统包括 MIT 的 Start① 系统、Umass 的 QuASM② 系统、Microsoft 的 Encarta③ 系统、IBM 的 Waston 系统等。其中最成功的代表系统就是 IBM Watson 系统。尽管如此，目前的检索式问答技术仍然受限于预定义的问题类型，只能回答限定答案类型的事实类问题。在开放式问答场景下，当面对"why""how"，以及比较型、情感型等复杂类型的问题时，往往无能为力。因此，在实际应用场景中十分受限。

（2）社区问答。随着 Web2.0 的兴起，基于用户生成内容（user-generated content，UGC）的互联网服务越来越流行，社区问答系统应运而生，为问答系统的发展注入了新的活力和生机。这一类型的问答系统始终在维护一个问答社区。在这个社区中，用户不断提出问题，也在不断回答其他用户的问题。问答系统的任务就是根据当前用户的问题查询这一问题之前有没有被回答过。如果已经被回答过了，则将已经回答的问题的答案作为当前问题的答案返回给当前用户；如果没有被回答过，则在系统中寻找合适该问题的用户进行回答。因此，这一类问答系统的核心技术是相似问题的语义匹配技术。代表性的系统包括 Yahoo Answer④、百度知道⑤、知乎⑥等商业系统。

（3）知识图谱问答。除了文本数据之外，网络中还存在大量的结构化数据。这些结构化数据通过关联、融合等手段构成了大规模的知识图谱。而知识库问答（question answering over knowledge base，KBQA）就是要通过自然语言理解技术，分析用户问题的语义，获取问句的逻辑表达，进而在结构化知识图谱中通过检索、匹配或推理等手段，获取正确答案。代表性系统有 Wolframalpha⑦ 等。

---

① http://start.csail.mit.edu/
② http://nyc.lti.cs.cmu.edu/IRLab/11-743s04/
③ http://encarta.msn.com/
④ https://answers.yahoo.com
⑤ https://zhidao.baidu.com
⑥ https://www.zhihu.com
⑦ http://www.wolframalpha.com

（4）机器阅读理解。机器阅读理解是近几年新兴的问答任务，要求机器像人一样在"阅读"完一篇给定的文档后能够回答用户的问题。相对于检索式问答系统，机器阅读理解不再依赖于搜索在海量文档库中搜寻相关文档，其更加强调机器对文本深层次语义的理解能力。

从技术的发展趋势来看，在开放式问答场景下，回答用户的问题已经不再局限于仅依赖基于关键词匹配的搜索技术以及简单的自然语言处理技术，而更加需要深度的自然语言理解和推理技术。将上述几类问答技术相比较，我们不难发现，现有的检索式问答和社区问答仍然没有突破传统基于"检索＋抽取"的问答模式，缺乏对于文本语义深层次的分析和处理，难以实现知识的深层逻辑推理，无法达到人工智能的高级目标。尽管 IBM Watson 系统在 Jeopardy 中战胜了人类选手，其成功也已经被证明仅仅局限于限定领域、特定类型的问题，离语义的深度理解以及智能问答还有很大的距离。因此，研究者近些年逐步把目光投向知识图谱问答和机器阅读理解。其意图是通过深层的自然语言理解技术，挖掘文本中所蕴含的逻辑结构、语义内涵，将文本内容和已有知识相关联；在此基础上通过逻辑推理、文本蕴含推理等手段，回答用户的问题。相较而言，知识图谱问答和机器阅读理解更加强调系统或算法对于文本语义的深层次的理解能力和基于知识的推理能力，在问题类型方面也不限制问题的类型和领域，是验证机器智能和语言理解能力的有效手段，受到学术界和工业界的极大关注。本章也着重对于知识图谱问答和机器阅读理解的最新技术分别进行介绍。

8.2 知识图谱问答

8.2.1 任务定义

知识图谱的目标是通过信息抽取、关联、融合等手段，将非结构化的文本数据转化为结构化的知识，即以实体为基本语义单元（节点）的图结构，其中图中的边表示实体之间的语义关系，图中的基本单元是"实体-关系-实体"的三元组。通过构建知识库，可以从源头上对目标文本中所蕴含的语义知识进行描述和表示。基于这样的结构化的知识，分析用户自然语言问题的语义，进而在已构建的结构化知识图谱中通过检索、匹配或推理等手段，获取正确答案，这一任务称为知识库问答（question answering over knowledge base，KBQA），亦称为知识库问答。这一问答范式由于已经在数据层面通过知识图谱的构建对于文本内容进行了深度挖掘与理解,能够有效地提升问答的准确性。

8.2.2 知识图谱问答评测数据集

目前知识图谱受到了越来越多的重视,其数量和规模也在持续增长。例如 WordNet、HowNet 和 Cyc 等由专家构建的知识库。随着 Web2.0 的飞速发展,出现了 Wikipedia 等基于群体智慧的网络数据资源。许多知识图谱是依托于这些资源生成的。例如,DBpedia 是把 Wikipedia 的信息框结构化后得到的知识库;德国的 Max Planck 研究院把 Wikipedia 中的标签类别层次体系挂载到 WordNet 体系上,从而得到 YAGO;Metaweb 公司于 2007 年发布了语义数据库项目 Freebase,其数据来自多个数据集:有些来源于网络知识资源,如 Wikipedia,另一些由 Freebase 数据小组、社区成员或个人用户提供。Google 公司于 2010 年收购 Freebase,以支撑其大力推进的语义搜索引擎。这些知识库构建工作也直接推动了实体抽取、关系抽取和事件抽取等信息抽取技术的发展。目前互联网中已经存在一些可以获取的大规模知识库,例如 DBpedia[1]、Freebase[2]、YAGO[3]、Wikidata[4] 等。基于这些知识图谱,许多公司、组织、研究者也发布了很多知识图谱问答数据集,这些数据集各有特点,展现了丰富的多样性,是知识库问答研究工作中重要的资源。下面分别对它们进行介绍。

1. WebQuestions 数据集

WebQuestions 数据集是由斯坦福大学于 2013 年发布的知识库问答评测数据集。WebQuestions 数据集包含 3 778 个训练问题答案对,以及 2 032 个测试问题答案对。这些问题是从 Google Suggest API 收集得到的,具体方式是查找以"wh-"为开头的词,并且包含一个确切的实体句子。例如以句子"Where was Barack Obama born?"为起始查找句,在所有的问句节点中进行广度优先查找,在这个过程中使用 Google Suggest API 来提供所查找的图的边。特别地,通过多种策略,比如去掉实体、去掉实体前面的短语或者去掉实体后面的短语,并利用 Google Suggest API 进行查询,每个查询产生 5 个候选问题,加入候选队列。这个过程一直迭代,直到访问过一百万个问题。然后从生成的候选中随机选择

---

① https://wiki.dbpedia.org/

② https://developers.google.com/freebase/

③ https://www.mpi-inf.mpg.de/departments/databases-and-information-systems/research/yago-naga/yago/

④ https://www.wikidata.org/

10 万个问题,交给众包平台 Amazon Mechanical Turk(AMT)①。在 AMT 上要求工人只利用 Freebase 的实体页面回答问题,如果在页面上找不到可以回答问题的答案,那么这个问题被标注为不可回答。问题答案的值被限定为可能的实体、属性值或者多个实体。工人标注一个问题可以得到 3 美分作为回报。在 10 万个问题中,有 6 642 个问题被至少 2 个 AMT 工人进行标注。

WebQuestions 数据集由于采用的是真实的用户提问数据,因此在一定程度上反映了现实应用场景。一般来说,用户的提问比较直接,涉及的知识比较广,但是也会有相对复杂的问句,表 8-1 显示了 WebQuestions 中的一些训练数据,以"问题-答案"对的形式给出。

表 8-1 WebQuestions 训练集样例

问 题	答 案
What is the name of Justin Bieber's brothers?	Jazmyn Bieber, Jaxon Bieber
What is the name of the first Harry Potter novel?	Harry Potter and the Philosopher's Stone
When did kings last win Stanley Cup?	2012 Stanley Cup Finals
Who was the vice president when Bill Clinton was in office?	Al Gore

2. Free917 数据集

Free917 数据集是由美国坦普尔大学(Temple University)的研究者在 2013 年提出,数据集包含了 917 个问题(平均每个问题 6.3 个词),并且每个问题都用 Lambda 演算表达式的变体进行了语义解析表征。这个数据集涉及了 81 个领域,Lambda 演算表达式的形式包含了 635 个不同的 Freebase 关系。最常涉及的领域是电影(film)和商业(business),每种大概占比在整个数据集上不超过 6%。图 8-1 展示了数据集中的 3 个样例问题及其逻辑形式。

在图 8-1 中,逻辑形式利用了 Freebase 中的符号作为逻辑常量,还包含了一些额外添加的符号,比如"count""argmin",来允许查询语句的聚合。在数据集中,问题句子由 2 个母语为英语的实验者提供。除了要求他们提供的问题应

---

① https://www.mturk.com/mturk/

1. What are the neighborhoods in New York City?
   $\lambda x.\ neighborhoods(new\_york,\ x)$
2. How many contries use the rupee?
   $count(x).\ countries\_used(rupee,\ x)$
3. How many Peabody Award winners are there?
   $count(x).\ \exists y.\ award\_honor(y) \wedge award\_winner(y,\ x)$
   $\wedge award(y, peabody\_award)$

图 8 - 1　Free917 数据集中的样例问题以及它们相应的逻辑形式

该设计多个领域,对他们没有其他额外的限制要求。从视觉上来看,大部分问题都是可以通过 Freebase 来回答的,尽管在这方面没有把问题往这个方向进行限制。研究者还提供了一个对齐数据集,将标注问题中涉及的 Freebase 关系与问句中的词进行对应,这个过程是手工构建的,包含了 1 100 个词条。实体消歧在语义解析中是一个极具挑战性的难题,这个实体词典简化了这个问题。

3. WikiMovies 数据集

WikiMovies 数据集由 Facebook AI 研究院发布,包含了电影领域的"问句-答案"对。WikiMovies 数据集包含了 3 种知识表示形式,分别是文档、知识库、信息抽取后的条目。文档指的是所提到的电影相应的 Wikipedia 原始的百科文档,未经过任何加工。知识库抽取自 Open Movie Database(OMDb)和 MovieLens。信息抽取条目是 Wikipedia 原始文档经过信息抽取后形成的相应条目,组织上类似于知识库,如图 8 - 2 所示。

研究者将 OMDb 中的电影名称的集合与 Wikipedia 的题目进行识别匹配,选择能匹配到的 Wikipedia 文档,保留了文档题目和文档第一部分(题目和内容框之间的部分)。这一步骤产生约 17 000 篇电影文档。知识库是由上面的 OMDb 电影名称集合与 MovieLens 进行匹配得到的,包含 9 种关系类型(director、writer、actor、release year、language、genre、tags、IMDb ratings 和 IMDb votes),约 10 000 名相关演员,约 6 000 名导演,约 43 000 个实体。同样,知识库是以三元组的形式进行存储的。IMDb ratings 和 IMDb votes 在原数据中是实数有值的,研究者进行了数值到文本的转化(分为 unheard of、unknown、well known、highly watched 和 famous)。在数据集中,研究者最终对知识库三元组进行了过滤,只保留了那些三元组中实体也同时出现在 Wikipedia 文档中的知识库三元组,这保证了所有的问句答案对可以同等地被知识库或 Wikipedia 文档资源回答,在一定程度上缓解了数据稀疏的问题。信息抽取资源作为一个可以代替阅读整个文档的可选项,也加入了 WikiMovies 数据集。研究者利用信息抽取技术将 Wikipedia 文档转化为知识库组织形式的信息抽取资源。特别

Doc: Wikipedia Article for Blade Runner (partially shown)

Blade Runner is a 1982 American neo-noir dystopian science fiction film directed by Ridley Scott and starring Harrison Ford, Rutger Hauer, Sean Young, and Edward James Olmos. The screenplay, written by Hampton Fancher and David Peoples, is a modified film adaptation of the 1968 novel "Do Androids Dream of Electric Sheep?" by Philip K. Dick. The film depicts a dystopian Los Angeles in November 2019 in which genetically engineered replicants, which are visually indistinguishable from adult humans, are manufactured by the powerful Tyrell Corporation as well as by other "mega-corporations" around the world. Their use on Earth is banned and replicants are exclusively used for dangerous, menial, or leisure work on off-world colonies. Replicants who defy the ban and return to Earth are hunted down and "retired" by special police operatives known as "Blade Runners". ...

KB entries for Blade Runner (subset)

Blade Runner *directed_by* Ridley Scott
Blade Runner *written_by* Philip K. Dick, Hampton Fancher
Blade Runner *starred_actors* Harrison Ford, Sean Young, ...
Blade Runner *release_year* 1982
Blade Runner *has_tags* dystopian, noir, police, androids, ...

IE entries for Blade Runner (subset)

Blade Runner, Ridley Scott *directed* dystopian, science fiction, film
Hampton Fancher *written* Blade Runner
Blade Runner *starred* Harrison Ford, Rutger Hauer, Sean Young...
Blade Runner *labelled* 1982 neo noir
special police, Blade *retired* Blade Runner
Blade Runner, special police *known* Blade

Questions for Blade Runner (subset)

Ridley Scott directed which films?
What year was the movie Blade Runner released?
Who is the writer of the film Blade Runner?
Which films can be described by dystopian?
Which movies was Philip K. Dick the writer of?
Can you describe movie Blade Runner in a few words?

图 8-2 WikiMovies 数据集示例：问题、文档、知识库、信息抽取资源

地，研究者首先使用 Stanford NLP Toolkit 共指消解对文档中的代词、限定词进行替换，然后利用 SENNA 语义角色标注工具来发现句子的语法结构，将动词和所对应的参数进行组对。此外，还使用了很多针对特定任务的工程性操作，例如词形还原等。最终，研究者将电影题目和每一个生成的“三元组”进行拼接(见图 8-2)。

4. QALD 数据集

Question Answering over Linked Data (QALD)数据集称为关联数据上的问答数据集。QALD 是有关关联数据问答的一系列评测比赛，一直作为 European Sementic Web Conference(ESWC)、International Semantic Web Conference(ISWC)以及 Cross-Language Evaluation Forum(CLEF)的一个研讨会(workshop)。QALD 评测比赛从 2011 年开始，每年举办一届。在每一次评测比赛中，组织者都会给出一些问题，要求参赛的评测系统在给定知识库的基础上，将所给问题转化为结构化查询语句，并在给定知识库上进行查询。QALD 评测数据集的一个特点是普遍规模较小。

"第八届 QALD 评测比赛"(QALD-8)包含两个子任务,分别是 DBpedia 多语言问答和 Wikidata 英文问答任务。任务 1 面向的是多语言问答,即给定一个信息需求(可以用多种语言表达),从 RDF 知识库中检索到答案。任务 1 使用的 RDF 知识库是 DBpedia 2016 - 10。训练数据集整理了 250 多个之前评测中的问句,问句以 3~8 种不同的语言(英语、西班牙语、德语、意大利语、法语、荷兰语、罗马尼亚语、北印度语、波斯语、韩语、巴西语和葡萄牙语)呈现。问句是一般化的开放域的事实性问题(如 Which book has the most pages?),包含数量型(如 How many children does Eddie Murphy have?)、最高级型(如 Which museum in New York has the most visitors?)、比较级型(如 Is Lake Baikal bigger than the Great Bear Lake?)和聚合型问题(如 How many companies were founded in the same year as Google?)。每一个问题都有手工标注好的 SPARQL 查询语句和答案。测试数据集包含了 50~100 个相似的问题;任务 2 使用 Wikidata 作为目标知识库,使用 Wikidata dump 09 - 01 - 2017①。训练集包括了 100 个开放域的事实型问题,这些问题来自以往的任务 1(QALD-6 的任务 1)。在任务 1 中这些问题是被构建用 DBpedia 来回答的,而在任务 2 中要使用 Wikidata 来回答。这个评测任务用来衡量评测方法的一般性以及适应新数据资源的能力。需要注意的一点是,对于同一个问题,利用 Wikidata 得到的答案有可能与 DBpedia 得到的答案不同。

5. SimpleQuestions 数据集

SimpleQuestions 是由 Facebook AI 研究院于 2015 年提出的一个规模较大的知识库问答数据集。知识库包含的事实组织形式为三元组(subject、relationship、object),其中 subject 和 object 为实体,relationship 描述了两个实体之间的关系。研究者定义的简单关系知识库问答定义: 可以将一个自然语言问句改述为三元组查询形式(subject, relationship, ?),来表示查询所有以 relationship 关系连接到 subject 实体的所有宾语,即为答案。例如问句"What do Jamaican people speek?",可以被改述为(jamaica, language_spken, ?)。换句话说,简单关系问答描述的是只从知识库中查找单一事实就足以正确回答问题。

SimpleQuestions 数据集提供了 2 个版本的 Freebase 子集作为知识库,分别称为 FB2M、FB5M。其中 FB2M 包括了约 200 万个实体,超过 6 000 种关系。而 FB5M 则规模更大,包含了约 500 万个实体,超过 7 500 种关系。统计关系如表 8 - 2 所示,其中分组事实数量指的是相同主语和关系的事实三元组的数量。

---

① https://dumps.wikimedia.org/wikidatawiki/entities/20170109/

表 8-2 SimpleQuestions 数据集中用到的知识图谱规模统计

类　别	FB2M/个	FB5M/个
Entities	2 150 604	4 904 397
Relationships	6 701	7 523
Atomic Facts	14 180 937	22 441 880
Facts(grouped)	10 843 106	12 010 500

在评测时,只考虑所找到的事实三元组的主语和关系是否正确,并不考虑宾语实体的数量,所以用精确率(accuracy)来代替 F1 值作为评价指标。该数据集一共包含了 10 万多个自然语言问题,都是由英语标注者手工标注并且每一个问题都会从 FB2M 中找到一个能回答该问题的事实与之进行匹配,答案包含在该事实三元组中。研究者生成句子的方法:首先按照一定的阈值过滤对 FB2M 中成组的(subject,relationship)对进行过滤,这一步很重要,否则会导致生成一些很没有信息含量的句子,如"Name a person who is an actor?"。其次,从剩下的成组的(subject,relationship)对中采样,发送给英文标注者来根据它们产生句子。在采样过程中,每一个三元组事实都会附带一个概率,这个概率与该三元组事实中的关系在知识库中出现的次数成反比,这样有助于生成多样化的句子。对于每一个采样的事实三元组,研究者给出了相应的 Freebase 页面链接提供上下文信息来让标注者构建相应的问句。给定这些信息,标注者被要求构造包含事实三元组主语和关系的句子,使事实三元组宾语作为问题的相应答案。标注者也可以跳过不熟悉的或没有相应背景知识的事实三元组。最终生成 108 422 个自然语言问句。研究者随机打乱这些问题,70% 当作训练集(包含 75 910 个问题),10% 当作验证集(10 845 个问题),剩下的 20% 当做测试集(21 687 个问题)。问题示例和相对应的标注三元组如表 8-3 所示。

表 8-3 SimpleQuestions 数据集的问题示例和相对应的标注三元组

问　题	三　元　组
What American cartoonist is the creator of Andy Lippincott?	(andy_lippincott, character_created_by, garry_trudeau)
Which forest is Fires Creek in?	(fires_creek, containedby, nantahala_national_forest)
What is an active ingredient in children earache relief?	(children_earache_relief, active_ingredients, capsicum)

（续表）

问　　题	三　元　组
What does Jimmy Neutron do?	(jimmy ＿ neutron，fictional ＿ character ＿ occupation，inventor)
What dietary restriction is incompatible with kimchi?	(kimchi，incompatible ＿ with ＿ dietary ＿ restrictions，veganism)

8.2.3　基于语义解析的知识库问答方法

根据文本的不同表示方式，我们可以把已有的知识图谱问答方法大致分为两类：① 基于符号表示的知识图谱问答方法；② 基于分布式表示的知识库问答方法。其中，语义解析（semantic parsing）是基于符号表示的知识图谱问答方法中一类最具代表性的关键技术。

面对知识图谱问答任务，要完成在结构化数据上的查询、匹配、推理等操作，最直接的方式是利用结构化的查询，例如 SQL、SPARQL 等。然而，这些语句通常是由专家编写，普通用户很难掌握并正确运用。对其来说，自然语言仍然是最自然的交互方式。因此，如何把用户的自然语言问句转化为结构化的查询语句便是基于语义解析的知识库问答技术的核心所在，其关键是对用户的自然语言问句进行语义解析[5-6]，整体过程如图 8-3 所示。图 8-4 给出了一个基于语义解析的知识图谱问答示例。

图 8 - 3　基于语义解析的知识图谱问答过程

语义解析是指基于知识图谱中所定义的资源项（实体、关系、类别、概念等），以逻辑公式等形式化语句（如 lambda 演算[7]、Dependcy Compositional Semantics Tree (DCS-Tree)[8]等）表示自然语言语义的任务。例如，对于问句"有哪些城市靠近北京？"，使用知识库中的词汇（在知识库中，实体符号 Beijing_City、类别符号 City、关系符号 next_to 分别表示问句中"北京""城市"和"靠近"的含义），基于 Lambda 演算表达式可以把它表示为如下的逻辑形式：$\lambda x . next\_to(x，Beijing\_City) \wedge City (x)$。目前，最有代表性的语义解析方法是组合范畴语法（combinatory categorial grammar，CCG）[9-10]。

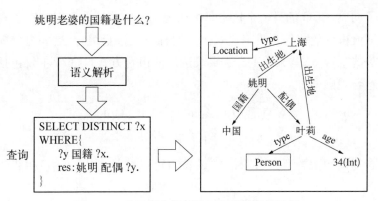

图 8 - 4　基于语义解析的知识图谱问答示例

1. 组合范畴语法

组合范畴语法(CCG)是面向自然语言处理的逻辑理论,也是一种基于词汇的语法形式理论。CCG 将自然语言的生成过程凝缩在词条的范畴构造上。其主要思想是把词的句法和语义信息组合在一起构成基础映射辞典,并依据组合语法规则自底向上对自然语言进行解析。CCG 基于 λ 表达式的组合语义,整合了句法和语义,实现自然语言的形式化。

CCG 的核心之一是词典,它包括了语义组合过程中所需的全部语法信息及其到语义表达式的映射。词典中的每个项由词/短语、句法类别和语义表达式组成。一般地,可以把词典项标记为格式 $w := s : l$,表示词/短语 w 具有句法类型 s,并且相应的语义表达式为 l。句法类型 s 可以是原子类型(如 NP、S),也可以是复杂组合类型(如 A/B,其中 A 和 B 可以是原子类型,也可以是其他复杂类型)。逻辑表达式 l 一般由知识库中的词汇加上逻辑符号(Lambda 演算)组合而成。比如下面的 CCG 词典:

北京：$= NP$：$Beijing\_City$

上海：$= NP$：$Shanghai\_City$

大上海：$= NP$：$Shanghai\_City$

大上海：$= NP$：$DaShanghai\_Film$

城市：$= N$：$\lambda x : City(x)$

靠近：$= (S \backslash NP)/NP$：$\lambda x. \lambda y. next\_to(y, x)$

哪些：$= (S/(S \backslash NP))/N$：$\lambda f. \lambda g. \lambda x.\ f(x) \wedge g(x)$

例如:"北京"表示词/短语,NP 表示其对应的句法类型,$Hangzhou\_City$ 表示其对应的逻辑形式,这一逻辑表达式中的语义单元是在已有知识图谱中已经定义的。辞典项城市：$= N$：$\lambda x. City(x)$ 中,λ 算子表示变量。

除了词典,CCG 的另一个核心是组合规则。这些组合规则约定了自然语言中通过词典得到的相邻逻辑表达式按照何种方式进行组合,这些组合规则既约定了句法的组合方式,又约定了逻辑表达式的组合方式。CCG 主要包括如下两个基本组合规则[①]:

$$X/Y: f \quad Y: g \quad \Rightarrow X: f(g) \quad (>)$$
$$Y: g \quad X \backslash Y: f \quad \Rightarrow X: f(g) \quad (>)$$

包含复杂句法类型 $X/Y(X\backslash Y)$ 的文本可以在其右边(左边)相邻位置接收

$$
\begin{array}{c}
CCG \quad \underline{\quad is \quad} \quad \underline{\quad fun \quad} \\
NP \quad S\backslash NP/ADJ \quad ADJ \\
CCG \quad \lambda f.\lambda x. f(x) \quad \lambda x. fun(x) \\
\hline
(S\backslash NP)> \\
\lambda x. fun(x) \\
\hline
S< \\
fun(CCG)
\end{array}
$$

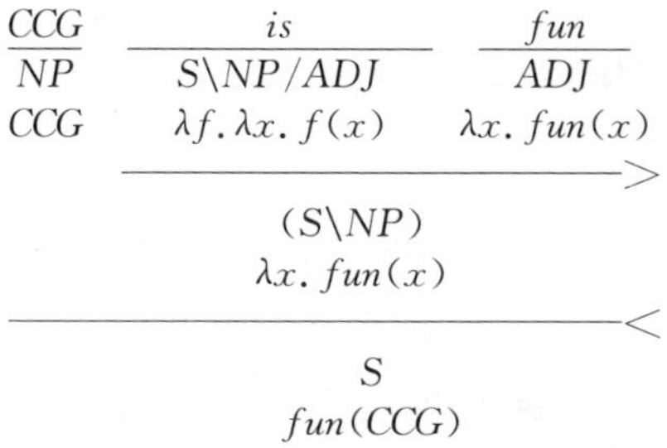

图 8-5 一个组合范畴语法实例

类型为 Y 的文本,其组合结果为类型 X 的值,相应的逻辑表达式也进行组合。($>$)和($<$)分别表示组合的方向(前向和后向)。基于词典,自底向上依次使用这些组合规则,则可以生成相应的逻辑表达式(S 表示最终句子的句法类型)。如图 8-5 所示,通过自底向上的解析过程,根据句子的句法结构组合成最终的逻辑表达形式。

2. 大规模知识图谱下语义解析方法的问题和挑战

传统 CCG 方法常常采用人工的方法构建词典和组合规则,这种策略在面对某些限定领域或小规模知识图谱时能达到不错的效果。但是,当面向诸如 Freebase 和 DBpedia 这样的大规模知识库的时候,那些依赖于人工编写规则和模板的构造方式就难以满足要求了。同时,大规模场景下的语义解析还面临歧义消解和规则冲突的问题。如何解决这两个问题就是面向对规模知识图谱下语义解析方法所面临的难点问题。

(1)词典构建。大规模知识库的问句解析中的一个重要任务就是自动构建或扩展词典。近年来有不少工作都尝试解决该问题[11-15],其主要思想是通过文本与知识库之间的对齐关系,采用学习的策略计算文本与知识库中不同语义单元之间的映射关联。为了自动学习自然语言文本到逻辑表达式之间的映射关

① 在实际应用过程中,可能还会使用其他更复杂的组合规则,比如:
前向组合规则为
$$A/B: f \quad b/C: g \Rightarrow A/C: \lambda x. f(g(x))$$
类型提升规则为
$$NP: f \Rightarrow NP/(S\backslash NP): \lambda g. g(f)$$

系，大多数方法都需要以下这种"句子-逻辑表示式"对标注数据。

句子：哪些城市靠近北京？

逻辑表达式：$\lambda x. City(x) \bigwedge next\_to(x, BJ\_City)$。

但是，从标注数据中我们只能知道整个句子对应的整个逻辑表达式，而语义解析中的词典需要的是句子的片段（如词、短语等）和细粒度的逻辑表达式之间的匹配关系。例如，词语"靠近"对应 $\lambda x. \lambda y. next\_to(x, BJ\_City)$，短语"哪些城市"对应 $\lambda x. City(x)$。为了从整个句子和逻辑表达式的匹配中得到各个短语和子逻辑单元的匹配关系，Zettlemoyer 和 Collins[11] 首先设计了 10 个模板，从"句子-逻辑表示式"对中构造初始辞典。然后，使用这些辞典项对训练集中的句子进行解析，它可能产生一个或多个高得分的分析结果。从这些分析结果中抽取出产生高得分的辞典项加入原始辞典，一直重复该过程直到无法添加新辞典项为止。但是，该方法严重依赖于人工设计的模板，不容易扩展到其他领域和其他语言中。为了解决这个问题，Kwiatkowski 等[12] 提出了一种不依赖于模板和语言的方法，该方法依赖于逻辑学中的高阶合一操作（higher-order unification），把完整的逻辑形式切分成子逻辑形式的组合。这种方式可以有效地扩展辞典项，具有更好的泛化性能。

针对 CCG 辞典项中具有相同的结构，Kwiatkowski 等[12] 引入了一种因子式辞典，每个具体的辞典项由词源和辞典项模板组成，例如，$NewYork := N : New\_York\_City$ 由（New York：[New_York_City]）和 $\lambda(w, v). [w := N : v_1]$ 组成。词源表示自然语言中的词/短语与知识库中符号之间的对应关系，辞典项模板表示词使用的变化情况。这种方式可以更好地组织辞典，使 CCG 辞典能够扩展到更大的领域。此外，Wong 等[13] 利用 IBM 翻译模型学习自然语言句子（问句）与逻辑表示式间符号的对齐关系。该方法的假设是逻辑表达式包含了与句子（问句）相同意思的不同语言表达，而机器翻译的对齐模型能够学习不同语言间符号的对应关系，这种基于不同语言句子对齐的方式经常用于帮助获取初始辞典和估计初始参数[11, 14-15]。

（2）语义消歧。在 CCG 中，基于所构建的词典，同一短语可能映射为不同的语义单元。基于多样的映射结果以及不同的组合规则，针对同一自然语言问题，我们可能得到不同的语义解析结果。为了解决解析过程中遇到的歧义问题，研究者们提出了概率化的语义解析模型，例如针对 CCG 的概率化组合范畴语法模型（probabilistic combinatory categorial grammar，PCCG）[16]。PCCG 对于 CCG 的作用类似于概率化上下文无法句法模型（probabilistic context-free grammar，PCFG）在句法分析中对上下文无法句法模型（context-free grammar，

CFG)的作用。PCCG 定义概率模型,计算句子 S 最可能转换成的逻辑表达式 L。一个逻辑表达式 L 可能由多个解析树 T 产生,生成逻辑表达式 L 的概率由累加所有可以生成该结果的分析树产生,其参数值(权重)需要通过学习得到。大多数方法都采用对数线性模型(log-linear model)建模这种结构化预测问题。基于在训练集中的对数似然损失函数,可以利用优化算法(如 SGD、AdaGrad、L-BFGS 等)对参数进行学习。为了提高效率,语义解析过程中通常会使用 Beam-Search 和动态规划策略。语义解析任务中还使用了一些其他的消歧方法,比如整数线性规划[17]、马尔可夫逻辑网[18]、表示学习[19]等。Bao 等[20]将问答当作一个翻译过程,利用 CYK(Cocke-Younger-Kasami)分析把问句翻译成答案。每个 CYK 单元所覆盖的部分问题的答案是通过以下过程获取的:首先,根据问题模板和关系表达式,将这部分问题片段转化为规范的三元组查询作为意义表征;然后再从给定的知识库中找到答案。这项工作采用一个线性模型,以最小错误率为目标以学习特征权重,训练语料是问题-答案对。He 等[18]把知识库的问答过程分为短语检测、资源映射及结构化查询语句生成。这项工作利用马尔可夫逻辑网,将这几个重要的步骤放入了一个统一的框架中,充分考虑它们之间的相互影响,联合解决问答任务。此外,该工作还引入了一种模板学习的策略,以解决先前工作中模板覆盖度不够的问题。基于信息检索的方法符合人类的思维过程,但是有可能特征过于稀疏,并且无法进行大规模计算。

除此之外,基于语义解析的知识图谱问答方法与其他传统自然语言处理方法一样,仍然无法避免传统符号表示所面临的问题。语义解析的处理范式仍然是基于符号表示的,无法避免符号间语义鸿沟的影响。很难针对知识图谱中所定义的语义单元和关系获取其全部可能的文本表达,语义解析过程缺乏灵活性。同时,基于符号的表示也会带来特征无法自动学习的问题。学习过程受限于训练数据的规模,无法进行大规模计算。另外,语义解析过程需要多步自然语言处理操作,包括实体识别、实体消歧、关系抽取、语义组合等。针对每一项子任务,目前的技术都不能达到百分之百的准确率。多步间的误差传递和积累对于问答的准确度也有很大影响。因此,基于上述原因,随着近些年深度学习技术的飞速发展,很多研究者在分布式表示的基础上开始注重研究基于深度学习的知识图谱问答方法。

8.2.4　基于深度学习的知识图谱问答方法

近年来,深度学习技术飞速发展,在很多领域(图像、视频、语音等)都取得了突破,在自然语言处理领域同样也具有广泛的应用。其优势在于通过学习能够捕获文本(词、短语、句子、段落以及篇章)的语义信息,把目标文本投射到低维的语义空间中,这使得传统自然语言处理过程中很多"语义鸿沟"的现象通过低维空间中向量间数值计算得以一定程度的改善或解决。也有越来越多的研究者开始研究深度学习技术在知识图谱问答任务中的应用。与传统基于符号表示语义解析的知识图谱问答方法相比,基于深度学习的知识图谱问答方法更具有鲁棒性,其在效果上已经逐步赶上甚至超过传统方法。

目前来看,基于深度学习的知识图谱问答方法大致可以分为两类。第 1 类方法是仍然沿用传统方法的处理框架,深度学习被用来改善传统方法处理中的某一关键环节,如关系抽取、实体链接等;第 2 类方法是直接构建端到端(end to end)的深度学习知识图谱问答模型,利用深度神经网络直接学习用户问题到知识图谱中对应答案的映射。下面分别对两类方法进行介绍。

1. 深度学习对传统知识图谱问答方法的改进

随着将深度学习引入系统数值计算,深度学习的方法也对知识库问答方法中的关键环节进行了改进优化,从而使得整体知识库问答系统性能得到提升。

Yih 等[21]面对用户问句,通过构建生成阶段式查询图来进行语义解析。在面对大规模知识图谱问答时,已有语义解析方法常存在几个问题:① 自然语言表达的多样性。例如表达同一个意思,会有很多不同的文本表达方式,语义解析的最大难点是需要将这些多样化的文本表达与知识库中预定义的谓词、实体进行匹配;② 大规模知识图谱带来的语义组合爆炸问题,使得语义解析存在很大的搜索空间。生成阶段式查询图来进行语义解析的基本思想是,通过重组知识库的子图,生成可以直接匹配到以 λ 算子为逻辑形式的查询图,将搜索问题转化为阶段式状态动作来进行图生成。在自然语言到知识图谱中语义单元的匹配方面,Yih 等通过构建深度卷积网络来进行关系的匹配,实体的匹配则通过实体链接完成。通过阶段式搜索动作来逐步控制生成解析的表示,并逐步实例化。最后进行组合时,将子图进行组合。生成的查询图如图 8 - 6 所示。具体地,在阶段查询图生成过程中,首先通过实体识别以及实体链接获得问句中的主题实体,然后利用深度卷积网络识别核心推理链(关系链),并通过 Softmax 函数给出当

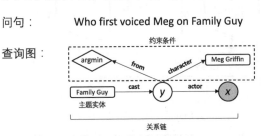

图 8 - 6 查询图的生成示例

前文本属于某种语义关系可能的概率。最后利用约束条件增强，通过学习一个回报函数来判断一个生成的查询图是否是一个正确的语义解析。

Xu 等[22]针对知识图谱中缺少最高级、隐式词语义的问题，将维基百科中的非结构化文本也一起引入了知识图谱问答系统中。这种方式可以引入额外的文本证据信息，辅助知识图谱问答，从而缓解了数据稀疏问题。系统结构如图 8-7 所示。研究者通过改进构建了一个基于深度网络的关系抽取器，从 Freebase 中检索候选答案，同时从维基百科为结构化文本中抽取额外的文本证据，进行答案验证。这一方法首先识别问句中的主题实体，并通过实体链接获得 Freebase 中与之相对应的实体；其次，该方法利用关系抽取器来预测问句中可能

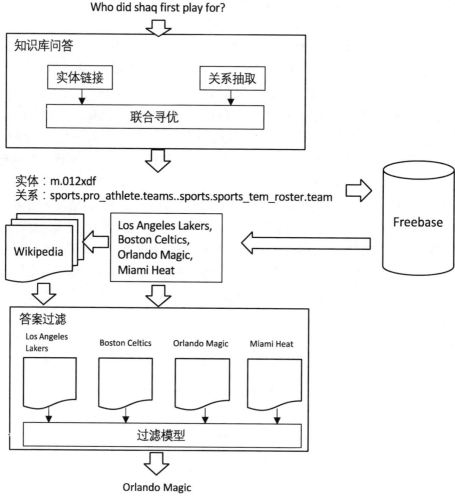

图 8-7 利用文本特征辅助知识图谱问答[22]

的 Freebase 关系;最后通过一个联合推断模型(SVM 排序分类器)给出系统认为的最优的实体-关系组合。特别地,该方法把问句中主题实体的维基百科页面非结构化文本纳入验证模型中,以此来过滤错误答案,在 WebQuestions 数据集上取得了很好的效果。在该模型中,作者利用卷积神经网络(convolutional neural networks,CNN)改进问句中关系的识别。具体地,作者采用了一个多通道的 CNN,来建模自然语言问句的词义信息和句法信息。在这个过程中,作者采用问句中疑问词到实体指称项的最短依存路径来建模句法信息,与词义信息一起,经过 CNN,输出对应的语义关系。

Yu 等[23]也通过深度神经网络对知识图谱问答系统中关系抽取模块进行改进。该方法主要针对简单关系问题(该类问题中往往只包含一个语义关系,可以利用知识图谱中的一个事实三元组来回答问题)。其中两个最核心的问题就是实体链接和关系检测。实体链接用来将问句中的 n-grams 链接到知识库中的实体,关系检测用来识别自然语言问句指向的是知识库中的哪个关系。具体地,该方法认为需要同时建模关系的表示和实体表示,并使用一个深度的双向 LSTM 网络来匹配不同级别的关系信息,提出用于序列匹配的一个残差学习方法。

Hao 等[24]同样也利用了深度神经网络关系抽取模块来对候选实体进行增强排序,并利用了一个深度联合选择模型对候选实体和关系进行选择,该方法在 SimpleQuestions 数据集上取得了很好的效果。

Yin 等[25]利用深度神经网络构建了实体链接器,识别和链接问句中的实体。该方法将问句中实体指称项的检测看作一个序列标注任务,核心思想是训练一个深度学习模型来预测问句中可能匹配到答案的主题实体。在对问句进行实体指称项检测之后,将问句转化为一个实体指称项和问句模板的二元组,通过一个基于关注机制的多粒度卷积神经网络,进行事实三元组的选择。在该模型中,作者采用的基于关注机制的卷积神经网络。不同于传统卷积神经网络中采用的最大池化(max pooling)操作,该方法基于知识库候选关系对问句的特征图进行关注。进而根据关注值来选取原特征图中最应该被提取的元素位置,从而完成关注池化(attentive pooling)操作。该方法在 SimpleQuestions 数据集上取得较大的性能提升,是目前基于深度学习的知识图谱问答中的 state-of-the-art 方法。

Dai 等[26]通过构造双层双向 GRU 的网络构建主语网络和谓词网络,并基于深度网络的序列标注模型以进行关注减枝,减小候选主语的搜索空间,性能得到了优化提升。

2. 端到端的知识库问答方法

上述方法虽然已经利用深度学习技术从不同角度对于已有知识图谱问答模

型进行一定程度的改进,但是总体框架仍然是基于传统语义解析的框架。当面向大规模知识图谱问答任务时,仍然受限于词典资源、多步误差积累等问题的制约。因此,很多研究者着手研究基于深度学习的端到端(end-to-end)的知识图谱问答方法,如图 8-8 所示。这一类方法的基本假设是把知识库问答看作一个语义匹配的过程。通过深度神经网络,能够将用户的自然语言问题转换为一个低维空间中的数值向量(分布式语义表示),同时知识图谱中的实体、概念、类别以及关系也能够通过表示学习表示成为同一语义空间的数值向量。那么知识图谱问答任务就可以看成问句语义向量与知识图谱中实体、关系的语义向量相似度计算的过程。这一类方法绕过了棘手的问句的语义解析,将传统方法中的多步处理转化为一个语义相似度计算的问题,整个过程可学习,方法可扩展性强,更适合在大规模场景下的知识图谱问答。

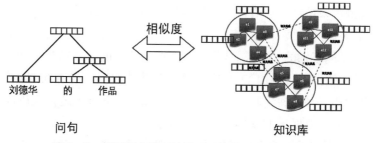

图 8-8　基于深度学习的端到端的知识库问答示意图

　　目前,基于深度学习的端到端知识图谱问答方法的基本过程如下: ① 候选生成;② 答案排序。一般地,该类方法首先识别问句中的主题实体,并将该实体与知识图谱中对应的实体进行链接。其次,在知识图谱中,链接后的实体周围一定范围内的上下文实体被看作是答案候选,系统需要计算每个候选与问句的语义相似度或者关联度,从而对于候选进行排序,排序最高的候选作为答案输出,具体过程如图 8-9 所示。

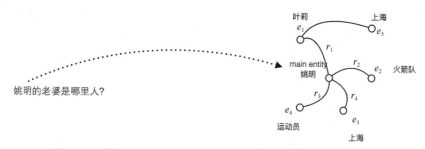

图 8-9　基于深度学习的端到端知识图谱问答方法的基本过程

Bordes 等[27]首先将基于词向量(word embedding)的表示学习方法应用于知识库问答。他们将问句以及知识库中的三元组都转换为低维空间中的向量,然后计算余弦相似度找出问句最有可能对应的答案三元组。具体分为 3 个步骤。

(1) 问句的向量表示为 $f(\boldsymbol{q}) = \boldsymbol{V}^{\mathrm{T}}\phi(\boldsymbol{q})$,$\boldsymbol{V}$ 是词向量表示矩阵,$\phi(\boldsymbol{q})$ 表示哪些词在问句中出现过,即问句中所有的词的向量直接相加。

(2) 三元组的实体和关系的向量相加得到一个答案向量,表示为 $g(\boldsymbol{t}) = \boldsymbol{W}^{\mathrm{T}}\psi(\boldsymbol{t})$,其中,$\boldsymbol{W}$ 为知识库中实体和关系的向量表示矩阵;$\psi(\boldsymbol{t})$ 表示哪些实体和关系在三元组中出现了。

(3) 最后计算这两个向量的相似度 $S(\boldsymbol{q},\ \boldsymbol{t}) = f(\boldsymbol{q})^{\mathrm{T}}g(\boldsymbol{t})$。

这种方法需要获得大量的问句-答案三元组对来训练,以得到向量词典 $\boldsymbol{V}$ 和 $\boldsymbol{W}$。为了获得充足的训练语料,其利用一系列人工设定的模板对已有的 Reberb[28]三元组进行扩展,生成自然语言问句,以弱监督的方式获取大量的训练数据。例如,已有三元组$(s,\ p,\ o)$,可以将 o 设为答案,得到问句“What does sp?”。而获取负样本的方法是随机破坏已有问句-答案三元组对中的三元组的元素。训练目标是使得正样本的相似度得分大于负样本的得分加上一个间隔 0.1,即

$$\forall i,\ \forall t' \neq t_i, f(\boldsymbol{q}_i)^{\mathrm{T}}g(\boldsymbol{t}_i) > 0.1 + f(\boldsymbol{q}_i)^{\mathrm{T}}g(\boldsymbol{t}') \tag{8-1}$$

所以训练的损失函数为

$$L = [0.1 - f(\boldsymbol{q}_i)^{\mathrm{T}}g(\boldsymbol{t}_i) + f(\boldsymbol{q}_i)^{\mathrm{T}}g(\boldsymbol{t}')]_+ \tag{8-2}$$

该方法采用随即梯度下降法进行训练,每一步更新 $\boldsymbol{V}$ 和 $\boldsymbol{W}$。与此同时,利用 paraphrasing 的语料进行多任务训练,使得相似问句的向量更加相似,以达到更好的训练效果。这项工作在 Reverb 数据集上取得了不错的效果,F1 值达到 73%。

然而,这一方法对于问句和知识库的语义分析十分粗糙,仅仅是基于词、实体、关系的语义表示的简单求和。Bordes 等之后对其进行了改进[29],其基本假设是:在答案端加入更多信息,会提升问答的效果。答案的表示可以分成 3 种: ① 答案实体的向量表示;② 答案的路径向量表示;③ 与答案直接相关的实体和关系的向量表示,这被称为子图向量表示(subgraph embedding),如图 8-10 所示。

同样地,问句和答案的相似度表示为

$$S(\boldsymbol{q},\ \boldsymbol{a}) = f(\boldsymbol{q})^{\mathrm{T}}g(\boldsymbol{a}) \tag{8-3}$$

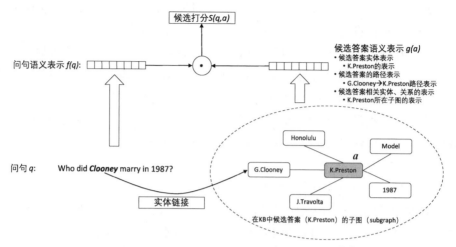

图 8‑10 基于子图相似度计算的知识问答方法[29]

其中,问句表示为 $f(\boldsymbol{q})=\boldsymbol{W}^{\mathrm{T}}\phi(\boldsymbol{q})$,与前面的工作一样;答案表示为 $g(\boldsymbol{a})=\boldsymbol{W}^{\mathrm{T}}\varphi(\boldsymbol{a})$。$\varphi(\boldsymbol{a})$ 可以为上述的三种不同的表示方式。$\boldsymbol{W}$ 是向量表示矩阵,自然语言的词汇以及知识库中的实体和关系都在这个表中。这项工作的训练数据获取方式以及训练方法与 Bordes 等的研究[27]一样,不同的是三元组是从 Freebase 中得到的。在 WebQuestions 上的实验结果表明,这种 subgraph embedding 的方法是有效的。

Bordes 等[27, 29]的上述工作没有区分候选答案周围不同类型的上下文,实际上,候选答案的类型、候选答案与实体之间的路径与其他上下文对答案的预测能力是不一样的。为了对其进行区别建模和对问句得到更好的组合语义,Dong 等[30]在建模问句与答案端的相似性度量表示时,采用的思想与 Bordes 的子图向量模型相似,在答案端引入了更多的信息。具体地,采用了答案类型,得到答案的路径,以及答案周围的实体和关系这 3 种特征向量,分别和问句向量做相似度计算,最终的相似度为这 3 种相似度之和。

$$S(\boldsymbol{q},\boldsymbol{a})=f_1(\boldsymbol{q})^{\mathrm{T}}g_1(\boldsymbol{a})+f_2(\boldsymbol{q})^{\mathrm{T}}g_2(\boldsymbol{a})+f_3(\boldsymbol{q})^{\mathrm{T}}g_3(\boldsymbol{a}) \qquad (8\text{-}4)$$

其中,$f_1(\boldsymbol{q})^{\mathrm{T}}g_1(\boldsymbol{a})$ 表示基于得到答案路径的相似度;$f_2(\boldsymbol{q})^{\mathrm{T}}g_2(\boldsymbol{a})$ 表示基于答案周围实体和关系的相似度;$f_3(\boldsymbol{q})^{\mathrm{T}}g_3(\boldsymbol{a})$ 表示基于答案类型的相似度。该方法在问句端的处理上使用了 3 个不同参数的 CNN 模型,称为多列卷积神经网络(multi-column convolutional neural networks,MCNN),如图 8‑11 所示。

训练方面,仍然采用基于排序的方法,损失函数为

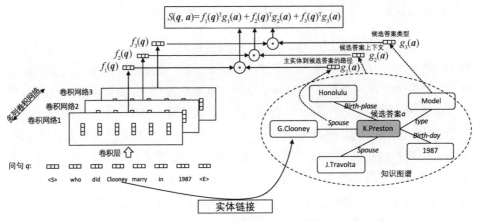

图 8-11 基于多列 CNN 的知识图谱问答模型框架图[14]

$$l(q, a, a') = [m - S(q, a) + S(q, a')]_+ \qquad (8-5)$$

这项工作在 WebQuestions 上取得了比 Berant[31]、Yao[32]、Bordes[29] 等更好的效果,F1 值为 40.8%。

除此之外,Hao 等[33] 提出了交叉关注机制,结合知识库全局知识进行问句与知识库答案端的深度匹配。研究者提出,之前的工作鲜有强调问句端的深度表示,在问句与答案端匹配的过程中,之前的工作在问句端的表示是不变的,而这显然是不够灵活合理的。研究者提出了一种端到端的神经网络模型,利用交叉关注机制,根据不同的答案方面动态地进行问句表示,同时根据问句对答案不同方面的不同关注,对问句答案得分进行差异化权重表示。另外,研究者还利用知识库的全局知识,丰富了答案端的表征信息,这样知识库的全局结构信息就可以被充分捕捉,同时还可以缓解之前模型训练集词表溢出的问题,让交叉关注模型可以更好地进行问句答案表示。该工作在 WebQuestions 数据集上取得了较好的效果。Lukovnikov 等[34] 将知识图谱问答分为如下的子任务:① 将自然语言问句切割为主语指称项和谓词指称项;② 将对应的子序列分别映射匹配到候选主语和谓词上,并提出了一个嵌套式的问句表示模型学习问句的语义表示。具体地,每个词的分布式语义表示由字符级编码和词级编码(预训练)构成,句子词序列的分布式语义表示由循环神经网络编码器在新生成的词的分布式语义表示上进行编码。对于候选主语,分别使用知识库的实体名称信息和类别信息,对名称信息采用字符级别编码,对类别信息采用词级别编码。对于候选谓词,使用词级别句子编码,最终让系统抉择给出答案。该工作在 SimpleQuestions 数据集上取得了不错的效果。

8.2.5　小结

以上主要介绍了知识图谱问答的任务、数据集以及主流方法。目前已有的知识图谱问答方法主要包括如下两类：① 传统基于语义解析的知识图谱问答方法；② 基于深度学习的知识图谱问答方法（包括深度学习对传统知识图谱问答方法的改进、基于深度学习的"端到端"知识图谱问答方法）。由于受到基于符号表示所引起的语义鸿沟的影响，传统基于语义解析的知识图谱问答方法遇到技术瓶颈。现在越来越多的研究者开始关注基于深度学习的技术路线，其最大优势在于通过学习将不同符号表示的语义都映射在同一语义空间中，传统基于符号匹配的问答过程转换为数值语义空间中的向量计算，这在一定程度上能够解决语义鸿沟问题。图 8-12 给出了三类方法在 WebQuestions 数据集上的性能（F1 值）比较。从图中我们可以看出，目前最好的方法是利用深度学习对传统知识图谱问答方法进行改进，其主要框架仍然是传统基于语义解析的知识图谱问答框架，利用深度学习，并借助大量的词典、资源，能够达到最好的问答效果。基于深度学习的"端到端"知识库问答方法，问答过程完全依赖于学习，利用学习得到的向量间的数值运算代替传统的问答过程，由于缺乏已有知识的约束和指导，因此目前还不能达到最好的效果。但是我们需要看到，这一类方法没有对自然语言问句进行显式语义解析，但是由于其不再需要人工涉及规则和特征，对于自然语言处理工具依赖程度低，所以有更好的迁移性，更适合于大规模、开放域环境下的知识图谱问答应用，也是近些年研究者们关注的重点。

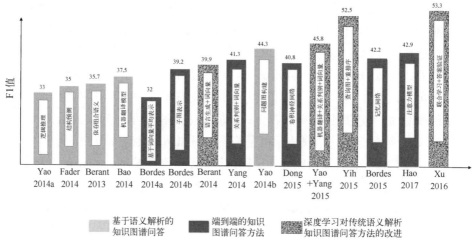

图 8-12　已有三类知识图谱方法在 WebQuestions 数据集上的效果（F1 值）比较

8.3　机器阅读理解

机器阅读理解(machine reading comprehension)是近年来新兴的一个问答任务,要求机器在"阅读"完一篇给定的文档后能够回答相应的问题。这一任务通过问答考察机器深层次的自然语言理解能力,要求系统不仅能够处理一些基本的语言学信息,如句法、词法等,更要在这些浅层次的信息之上强调对文本深层次语义的处理。与知识图谱问答不一样,机器阅读理解的信息来源被限定为一篇无结构化的文档,并且阅读理解中的答案通常不是简简单单的一个实体或者名词,而通常都是一个短语或者一句话甚至多句话。因此,相对于传统的问答任务,机器阅读理解难度更高。

8.3.1　任务定义

类比人在进行阅读理解的类型,目前,机器阅读理解分为以下几种类型:

(1) 多项选择。又称为选择题,是一种以结构主义语言学为理论依据的测试方法。选择型机器阅读理解任务中有 3 个核心的组成部分,即文档 D、问题 q 和候选项 a。其中文档通常为给定的包含有若干句话的文本,对于每个问题,会提供多个候选答案选项,通常情况下只有一个选项是正确答案。系统被要求在阅读完给定文档后,根据所给问题,从候选选项中选择出正确答案。一个选择型的机器阅读理解问题如图 8-13 所示。

(2) 完形填空。完形填空型机器阅读理解通常给定一段文本,然后从文本中去掉一个词或者一句话。系统需要从候选词语或者候选句子中挑选出正确的答案将这个空档填上。这种测试方式由语言学家于 1953 年提出[35],它主张通过一次测试全面地评价被测对象的总体语言水平。其考察的不仅仅是语言建模能力,更是深层次的推理能力。文本中省略的往往是实体或者名词,需要系统理解整个文章的含义后进行作答。一个完形填空类型的机器阅读理解如图 8-14 所示。

(3) 开放式问题。又称为短文本生成型问题,即被测试对象在阅读完文章后根据指定问题直接生成答案。与上面两种类型的阅读理解不同,在给定问题后这种类型的机器阅读理解没有候选答案,需要从文档中抽取出答案(抽取式)或者直接根据文档生成答案(生成式)。其中,抽取式的机器阅读理解任务占很大的比重,在这种形式的开放式问题中,答案被限定为文本的一部分。因此大部

One night I was at my friend's house where he threw a party. We were enjoying our dinner at night when all of a sudden we heard a knock on the door. I opened the door and saw this guy who had scar on his face. (......)As soon as I saw him I ran inside the house and called the cops. The cops came and the guy ran away as soon as he heard the cop car coming. We never found out what happened to that guy after that day.

1: What was the strange guy doing with the friend?
A) enjoying a meal
B) talking about his job
C) talking to him
D) trying to beat him

2: Why did the strange guy run away?
A) because he heard the cop car
B) because he saw his friend
C) because he didn't like the dinner
D) because it was getting late

图 8 - 13   选择型的机器阅读理解问题[36]

背景文档:
Preston had been the last person to wear those chains, and I knew what I'd see and feel if they were slipped onto my skin-the Reaper's unending hatred of me. I'd felt enough of that emotion already in the amphitheater. I didn't want to feel anymore. "Don't put those on me," I whispered. "Please."

目标句子:
Sergei looked at me, surprised by my low, raspy please, but he put down the_____.

答案: chains

图 8 - 14   完形填空型的机器阅读理解[37]

分方法都是用两个分类器分别在文档中判断答案的开头和结尾,并将开头和结尾之间的片段作为答案输出。一个典型的开放式机器阅读理解问题如图 8 - 15 所示。

背景文档:
In meteorology, precipitation is any product of the condensation of atmospheric water vapor that falls under gravity. The main forms of precipitation include drizzle, rain, sleet, snow, graupel and hail... Precipitation forms as smaller droplets coalesce via collision with other rain drops or ice crystals within a cloud. Short, in- tense periods of rain in scattered locations are called "showers".

问题:
What causes precipitation to fall?

答案: gravity

图 8 - 15   开放式的机器阅读理解问题[38]

(1)～(3)这 3 种类型的机器阅读理解虽然形式不同,且考察的阅读理解能力也不尽相同[39],但其核心都在于理解给定的文档,从文档中归纳出线索,并进行总结,形成答案。

8.3.2 机器阅读理解公开评测数据集

在自然语言处理领域,继微软的研究人员在 2013 年的 EMNLP 会议上公布了 MCTest 数据集[36]之后,各种各样的机器阅读理解数据陆续发布出来。按照上述机器阅读理解的题型,这些公开评测数据主要分为 3 类,即开放式问题、选择题以及填空题,具体如表 8-4 所示。

表 8-4 现有机器阅读理解公开评测数据

数据名称	数据类型	文 体	训练集大小	测试集大小	发布年份	特 点
MCTest[36]	选择题	记叙文	1 480 个	840 个	2013	问题被限定为 7 岁儿童可以回答的
RACE[40]	选择题	多种文体（阅读理解考题）	88 KB	5 KB	2017	文章及问题都来自中国初、高中英语考试题
ARC[41]	选择题	说明文（自然科学）	14 MB	7 787 个	2018	难度较大,针对 3～9 年级学生的问题,训练集未标注
MCScript[42]	选择题	记叙文（来自 InScript）	9 731 个	2 797 个	2018	人工构造的问题,需要常识来回答
CNN/Daily Mail[43]	填空题	记叙文	1.2 MB	56 KB	2015	文章都是新闻报道
CBT[44]	填空题	记叙文	669 KB	10 KB	2016	文章都来自儿童书籍
LAMBDA[37]	填空题	记叙文	2 KB	5 KB	2016	人工筛选,质量高
SCT[45]	填空题	记叙文	100 KB	1 872 个	2016	训练集未标注
Quasar-S[46]	填空题	说明文	31 KB	3 KB	2017	问题句子都来自各种软件的定义
Who-Did-What[47]	填空题	记叙文	127 786 KB	10 000 KB	2017	通过搜索引擎自动构建

（续表）

数据名称	数据类型	文 体	训练集大小	测试集大小	发布年份	特　　点
CliCR[48]	填空题	说明文（临床报告）	91 KB	7 KB	2018	特定领域数据集
CLOTH[49]	填空题	多种文体（完形填空考题）	76 850 KB	11 516 KB	2018	真实的中国学生英语考试题
bAbi[50]	短文本生成	记叙文	20 KB	20 KB	2015	答案都是一个单词或几个单词组成的列表
SQuAD[38]	短文本生成	说明文	87 KB	10 KB	2016	文章来自维基百科的文档，人工标注问题
MSMARCO[51]	短文本生成	多种文体（网络文本）	100 KB	100 KB	2016	开放域，文章根据Bing真实场景的问题检索抽取
NEWSQA[52]	短文本生成	记叙文	108 KB	6 KB	2016	文章来自CNN新闻
TriviaQA[53]	短文本生成	多种文体（网络文本/维基）	582 KB	73 KB	2017	开放域，问题及答案都是一些冷知识
Quasar-T[46]	短文本生成	多种文体（ClueWeb09）	37 KB	3 KB	2017	开放域，答案大多是名词短语
SearchQA[54]	短文本生成	多种文体（网络文本）	100 KB	27 KB	2017	开放域，借助Google搜索引擎抽取文章
Dureader[55]	短文本生成	多种文体（网络文本）	202 KB	10 KB	2017	开放域，中文数据集，考虑观点型问题
Narrative QA[56]	短文本生成	记叙文（书籍或剧本）	33 KB	11 KB	2017	开放域，文章信息自包含，无须外部知识

此外，根据评测数据集的构造方式可以大致将已有机器阅读理解的公开评测数据集分为两类。

（1）人工构造，即数据是由人标注出来的，而这其中又分为两类。① 专家构造,即数据是由具有相关领域知识的专家,通过经验构造出来的。这些数据的特点的是质量非常高,难度分布平衡,对推理能力的各个方面都有考察。但是,其缺点是由于专家构造成本较大,因此规模一般很小。② 众包构造,即数据由网上众包平台的志愿者构造。这些人工标注的数据相较于专家构造的数据规模更大。但是,由于在众包过程中涉及利益因素,因此数据的质量相对较低,问题往往是原文中句子的句法变化后的表达。

(2) 自动构造,即数据是依靠对已有数据的处理自动化生成的,这种方法可以产生大量的数据。例如,CNN/Daily Mail[43]便是由新闻语料构成的。可以将新闻当作文档,并将新闻标题去掉一个名词当作问题。还有一些使用一些句法、句式规则自动产生数据,如 bAbi[50]数据集便是针对 20 种问答类型设计出的规则而自动生成的。

8.3.3 传统基于特征工程的机器阅读理解方法

与其他的自然语言处理任务一样,在机器阅读理解研究的开始阶段,大部分工作都集中在特征工程方法上。这些特征工程方法大多数使用现有的语言学工具,对问题和文档进行特征抽取,然后将这些特征组合在一起,与答案的特征做对比,得到正确选项。这些特征工程方法有:① 词项匹配方法;② 篇章关系方法;③ 基于事件关系的方法等。下面分别进行简要介绍。

1. 词项匹配方法

词项匹配方法旨在根据问题和文档之间词项的重合度来判断文档中的答案。这种方法最早可以追溯到 1999 年。Hirschman 等[57]曾提出了一种文本理解模型,它可以让系统在阅读完一小篇文档之后回答简单的问题。这个模型基于词袋(bag-of-words)特征,并且依靠命名实体、词干信息等构建一套模板匹配的规则系统,用以从文档中检索出问题的答案句。对于某一个具体的问题 q,首先得到这个问题的词袋表示:$q = \mathrm{BOW}(q)$,其中的 BOW 便是问题的词袋表示,其大小是词表的维度。接着,对文档中的每一个句子也得到其词袋表示 $\mathrm{BOW}(d)$,最后,预测的答案句子为

$$a = \underset{d}{\arg\max}\ \cos(\mathrm{BOW}(q),\ \mathrm{BOW}(d)) \tag{8-6}$$

即找到文档中与问题重合度最高的句子作为答案输出。当然,我们不仅可以使用词语的词袋模型的表示,还可以使用词干(stemming)和实体的词袋作为辅助特征来判断相似度。

2013 年,微软研究院的研究人员提出了 MCTest[36],机器阅读理解的研究

才逐步受到大家的重视。针对这个数据，Richardson 等[36] 提出了一种基于词匹配的方法。它依靠滑动窗口，逐一匹配问题和文档中的句子来计算重合度，最后用匹配概率最大的窗口单元回答问题。假设文档中的词的表示为 P_i，问题中的词语集合为 Q。4 个答案的词的集合为 $A_{1,\cdots,4}$，则最后 4 个答案的得分为

$$S = A_i \bigcup Q$$

$$sw_i = \max_{j=1,\cdots,|P|} \sum_{w=1,\cdots,|S|} \begin{cases} \log\left(1 + \dfrac{1}{\sum_i \mathrm{I\!I}\,(s_{j+w} = P_i)}\right), & 若\ s_{j+w} \in S \\ 0, & 其他 \end{cases}$$

$$(8-7)$$

其中，$\mathrm{I\!I}\,(s_{j+w} = P_i)$ 表示问题和答案组合的第 $j+w$ 词与滑动窗口中的第 i 个词语一致。最后，选取得分最高的那个答案当作输出。

2. 篇章关系方法

词项匹配方法往往只能根据词语的表面信息来做出推断，而忽略了句子之间的关系。针对这个问题，Narasimhan 等[58] 提出了一种针对文档中句子之间的篇章关系进行建模的方法。设问题为 q，文档中的某两句话为 p_1 和 p_2，这两个文档之间可能存在的隐含篇章关系设为 r，则最终预测答案的概率可以表示为

$$P(a, r, p_1, p_2 \mid q) = P(p_1 \mid q) \cdot P(r \mid q) \cdot P(p_2 \mid p_1, r, q) \cdot \\ P(a \mid p_2, p_1, r, q)$$

$$(8-8)$$

其中，

$$P(r \mid q) \propto \exp^{\theta_1 \cdot \phi_1(q, r)}$$
$$P(p_2 \mid p_1, r, q) \propto \exp^{\theta_2 \cdot \phi_2(q, r, p_1, p_2)}$$
$$P(a \mid p_1, p_2, r, q) \propto \exp^{\theta_3 \cdot \phi_3(a, q, r, p_1, p_2)}$$

$$(8-9)$$

即在确定答案的过程中，首先根据问题找到第一个句子，然后根据这个问题确定句子中的篇章关系，再根据篇章关系和第一个句子得到第二个句子，最后根据问题、第一个句子、第二个句子，以及篇章关系来得到最后的答案。其中的各个概率也是由特征确定的。

Narasimhan 等[58] 定义了以下 4 种篇章关系。

(1) 因果关系，即第一句话是第二句话的原因。

(2) 时序关系，两个句子之间存在着时序上的关系，如先后、同时进行等关系。

（3）阐述关系，即后一句话是对前一句话的阐述。

（4）其他，除了以上三种之外的关系，包括没有关系。

而定义这些关系的特征为句子中是否出现了一些指定的特征词（见表 8-5）。

表 8-5　篇章关系特征词[58]

篇章关系	特 征 词
因果	because, why, due, so
时序	when, between, soon, before, after during, then, finally, now, nowadays, first
阐述	how, by, using

3. 基于事件关系的方法

在 MCTest 数据发布之后，机器阅读理解的研究逐渐受到大家的重视。在 2014 年的 EMNLP 会议上，获得最佳论文的是来自斯坦福大学的一篇机器阅读理解工作[59]。在该研究中，作者构造了一系列与生物过程相关的文档，并且根据文档构造出相应问题，每个问题给出若干候选项。作者使用了一种基于事件的推理技术。首先以动词为中心进行事件抽取，然后根据这个动词进行语义角色标注获得这个事件的元素。接着从篇章的角度对各个事件进行关系建模和关系限制（如光合作用与呼吸作用之间不存在因果关系等）。与此同时，对问题也进行基于事件的结构化处理，依靠模板匹配，正则表达式等方法将问句中的实体以及事件映射到文章中的事件以及实体上。最后，通过问句与文章之间的匹配程度，就可以得到正确答案。这个过程如图 8-16 所示。

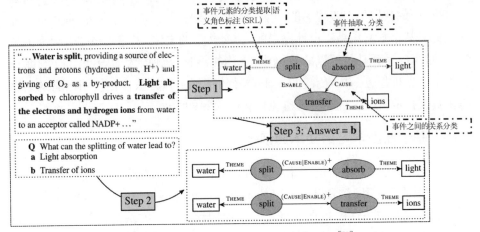

图 8-16　基于事件关系的阅读理解模型[59]

4. 其他一些基于特征工程的方法

除了上述的 3 种特征工程方法外,还有一些其他的基于语言学特征的方法。卡耐基梅隆大学的研究人员利用文本蕴含关系对文档-答案之间的概率进行建模[60]。这种方法将答案和问题组成陈述句,然后判断背景文档蕴含这个陈述句的概率,用以确定答案。其他一些基于词汇级或者句法级信息的特征工程方法在 MCTest 也都取得了非常不错的效果[61-63]。Mostafazadeh 等[45]在 2016 年提出了一个基于常识的完形填空型机器阅读理解数据集 SCT,这个数据中要求系统在给定一个故事的背景之后,从两个候选句子中挑选出一句话作为故事的结尾。他们尝试使用脚本学习对文档进行建模,由于在 SCT 数据集句子长度相对较短,作者首先抽取出句子中的事件,然后形成篇章级别的事件链。Lin 等[64]试图使用异构知识,如事件叙述链中事件之间的关联程度、情感极性等对背景文档进行建模。Schwartz 等[65]尝试对文档的写作风格进行建模,依靠一些词性、词频信息对句子进行建模,用以判断正确和错误的结论句子之间的风格差别。

5. 传统机器阅读理解方法的优缺点

上述基于特征工程的方法通常都是基于符号表示的,依靠已有的自然语言处理工具对从文档、问题以及候选答案中抽取有效的特征表示,进而通过符号间的匹配,采用检索、匹配甚至是推理等手段获取正确答案,问答过程清晰、明确。

但是,传统基于特征工程的机器阅读理解方法同样存在着很多问题:① 这种人工构造的特征还主要停留在词法、句法层面。大部分方法都依靠现有的语言学工具,抽取出文档中的词性、依存句法等信息。问题和答案匹配仅仅在句法层面进行计算,并未对深层次的语义信息进行建模,因而在一些难度较大(需要深度推理)的数据集上表现一般[38]。② 在大部分基于符号的方法中,其特征往往是针对某个数据集精心设计出来的,会对文档的文体、表达风格产生很强的依赖性,很难应用到其他领域的数据中,因而扩展性受到极大的限制。③ 与其他自然语言处理任务一样,传统的基于符号的特征工程方法往往使用已有的语言学工具来提取特征。因而不可避免地会引入额外的误差。

8.3.4　基于深度学习的文本阅读理解方法

近些年,随着人工智能技术的发展,深度学习技术在很多自然语言处理任务中都得到了应用,并取得了不错的效果。在机器阅读理解领域,深度学习模型也逐步成为被关注的热点模型之一。使用深度学习方法的机器阅读理解过程可以大致包含如下关键步骤:① 通过深度神经网络,学习问题的向量化语义表示;② 利用深度神经网络(有些方法会利用关注机制)对文档进行表示,将问题的语义表示与文档的语义表示相结合;③ 对候选答案也用深度神经网络学习其表示;④ 基于习得的语义表示,计算问题约束下的文档和候选答案间的语义相似度或相关度。相似度最大的候选答案即为正确答案,整个过程如图8-17所示。

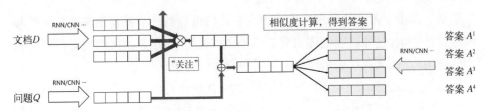

图8-17 深度学习方法处理机器阅读理解问题的一般过程

那么给定一篇文档 d 和一个问题 q,得到一个答案 a 的概率为

$$P(a \mid d, q) \propto Score(W(a), g(d, q)) \tag{8-10}$$

式中,$W(a)$ 是答案 a 的向量化语义表示;$g(d, q)$ 指的是在给定问题 q 条件下,文档 d 的向量化语义表示,也可以认为是问题 q 和文档 d 的联合语义表示。其中的核心问题在于如何得到 $W(a)$ 和 $g(d, q)$,如何设计有效的学习模型得到 Score 函数,以及如何训练该模型。在这种深度学习的大框架下,很多经典的深度神经网络都被用来学习 d、q、a 的向量表示以及 $W(a)$ 和 $g(d, q)$,如 CNN、递归神经网络(recursive neural networks)以及循环神经网络(recurrent neural networks, RNN)。其中循环神经网络大多采用长短时记忆模型(long-short term memory, LSTM)[66]或者门控循环单元(gated recurrent unit, GRU)[67]。

除此之外,针对大规模问答数据集 bAbi,Weston 等[50]提出了"记忆网络"模型(memory networks)。这种模型可以动态地将文档进行表示成为"记忆单元",并且在随后的推理过程中利用这些记忆单元计算相似度。Sukhbaatar等[68]提出了端到端的记忆网络,不需要建模中间过程,而直接用向量操作计算文档表示。Kumar 等[69]更进一步,将文档的表示和问题的表示依靠门控循环单元(GRU)[67]不断地、动态地建模,用以完成推理。

从 2014 年开始,学界开始尝试在选择题形式的 MCTest 上使用深度神经网络。Kapashi 等[70]利用记忆网络对文档以及问题和答案进行建模。但是由于 MCTest 相对较小的规模,这种方法很快陷入过拟合,并没有取得可观的效果。Yin 等[71]使用卷积神经网络对 MCTest 的文档进行建模,并且自底向上,逐级地依靠问题对文档进行"关注",得到词-句子-文档的表示。同时依靠高速公路网络(highway-networks)[72]将不同层级的表示组合起来,完成推理。最终在 MCTest 上取得了比 Kapashi 等的研究[70]要好很多的结果。各种不同的基于深度学习模型的机器阅读理解方法的差别主要在于:① 如何交互式地对文档和问题进行表示;② 如何构造损失函数对模型进行训练。

1. 交互式地对文档和问题进行表示

基于深度学习的阅读理解方法中一个比较重要的环节就是动态地对文档和问题进行表示,这种过程也称为交互式"关注"过程,即在表示文档的时候同时利用问题的信息,或者在表示问题的时候利用文档的信息。

在对文档进行表示之后,可以得到文档中每个词语的隐含表示 y_t,问题中每个词语的隐含表示 h_i。那么,可以根据 y_t 来确定问题中每个词语的权重

$$\alpha_{ti} \propto m(y_t, h_i)$$
$$\hat{h}_t = \sum_i \alpha_{ti} h_i \qquad (8-11)$$

式中,$\hat{h}_t$ 可以视为文档中第 t 个词语对问题的关注性表示;m 是一个关注函数,用以确定 y_t 和 h_i 的关注值,如点积操作或者双线性操作等。

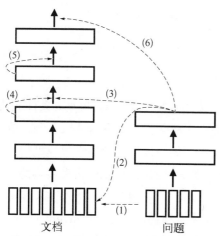

注:(1)~(6)在文本表示不同过程中的作用。虚线即代表关注机制发生的过程。其中(4)和(5)又称为"自我关注"。

图 8-18　应用于 SQuAD 的深度模型的不同关注机制

2016 年,SQuAD 数据集被提出之后,各种新的针对机器阅读理解的深度学习模型不断被提出。虽然名称各异、出发点不同,但这些模型之间的差别主要在于"关注"机制应用在神经网络的位置的不同。图 8-18 和表 8-6 就当前一些主流的应用于 SQuAD 的深度学习模型进行简要总结。

表 8-6　主流的深度学习模型及其使用的关注机制

模　型	关　注　机　制					
	(1)	(2)	(3)	(4)	(5)	(6)
Match-LSTM[73]			✓			
DCN[74]			✓	✓		
FastQA[75]	✓					

（续表）

模　型	关　注　机　制					
	(1)	(2)	(3)	(4)	(5)	(6)
FastQAExt[75]	✓		✓		✓	
BiDAF[76]			✓	✓		
RasoR[77]	✓	✓				
DrQA[78]	✓					✓
MPCM[79]	✓		✓			
MnemonicReader[80]	✓		✓		✓	
R-net[81]			✓			
FusionNet[82]	✓	✓	✓	✓	✓	
SAN[83]			✓	✓	✓	✓

部分结果来源于文献[82]。

2. 损失函数的设计

因为机器阅读理解任务可能的形式有选择题、填空题以及短文本生成，因此损失函数（或训练目标）的设计也不尽相同。

对于选择题机器阅读理解来说，由于系统已经提供了正确答案，因此，可以直接对 4 个答案的概率进行建模

$$P(a \mid q, d) = \frac{e(a, q, d)}{\sum_{a'} e(a', q, d)} \qquad (8-12)$$

最后优化的就是标准答案 a^* 的对数似然概率

$$\text{loss} = -\log P(a^* \mid q, d) \qquad (8-13)$$

对于填空题机器阅读理解来说，因为往往答案是一个词语，因此预测的范围通常是整个词表。但是，通常可以根据一些启发式的规则降低预测的范围。例如，在 CNN/DailyMail 这个数据集[43]中，由于最后预测的答案是原文中的一个实体，因此可以只对文档中的词语进行预测，求得概率最大的一个。CBT[44]数据已经给出了 20 个候选答案，因此可以像选择题类型的处理形式一样从中选出概率最大的那个。

而对于开放式问题，则有以下不同的处理手段。

（1）如果答案可以直接从文档中抽取出来，那么可以直接对文档中的词语进行预测，判断其为答案的开头或者结尾的概率，最后将它们的误差结合在一起

得到最终的优化目标

$$\text{loss} = -\log P(a_{\text{start}}^{*} \mid q, d) - \log P(a_{\text{end}}^{*} \mid q, d) \qquad (8-14)$$

式中，a_{start} 和 a_{end} 分别是正确答案开头和结尾在原文中的位置。

（2）如果答案无法直接从原文中得到，则需要以生成的方法来产生答案，在这种情况下损失函数与以往的序列模型，如语言模型或者神经网络机器翻译一样，是为标准答案的负对数极大似然

$$\text{loss} = -\sum_{i} \log p(a_i \mid d, q, a_{<i}) \qquad (8-15)$$

式中，$a_{<i}$ 是答案中第 i 个词之前的所有的词。

8.3.5　基于深度学习阅读理解方法的优缺点

基于深度学习的阅读理解方法依靠深度神经网络对文本进行建模，由于是向量化的表示，因而可以直接利用几何操作计算相似度而确定关系。在确定输入和输出之后，系统可以通过反向传播算法自动优化训练，因而这种端到端的"黑盒模型"相比于需要构建特征的特征工程方法来说更加方便简单。另外，这种处理方法将推理认知过程建模到人工神经网络的各个"链接"之中，从而可能隐含地学习到词法、句法以及语义信息。因此在数据规模充足的时候，该方法往往能取得很好的性能。

然而，深度学习的机器阅读理解方法也存在很多问题：① 基于深度神经网络的方法往往是"数据饥渴"的，即需要海量的数据支撑才能得到很好的训练。② 这类模型往往有非常多的超参数需要确定，因而训练过程复杂，优化困难。③ 虽然基于"关注"机制的机器阅读理解模型层出不穷，但是各种"关注"机制并没有很好的理论解释，最后的衡量标准通常仅仅是使用消融实验（ablation study），即去掉模型中的某一部分来确定对应机制的有效性。虽然模型复杂，"关注"设计精巧，但是实际上简单的模型往往可以取得可匹敌的效果[75]。因而，基于深度学习方法的机器阅读理解模型具体起作用的部分还未被充分研究。④ 抗干扰能力差。虽然现有的系统在集内测试中表现良好，但是当在测试数据中加入对抗样本的时候，几乎所有的模型效果都会显著地降低[84]。这些对抗样本仅仅是在文档中加入与问题非常相似（但不能回答问题）的陈述句，对人类的表现几乎没有影响，但是却对模型产生了极大的干扰。正如有研究[75]用简单的匹配模型在 SQuAD 中就可以达到非常好的效果一样，似乎大多数深度学习模型仅仅是学习到了"语言的能力"，而对"理解"的能力还没有很好的建模[84]。

8.3.6 小结

基于阅读理解的问答是现在问答系统的一个主要研究方向。阅读理解旨在给定一篇或多篇无结构化的文档后回答所给定的问题。现今的阅读理解方法大多数使用基于深度学习的框架来对问题、文档以及答案进行建模。正如 8.2 节所说，这些方法的可解释性差，并且由数据中学习到的主要是表层的词匹配信息，模型是否真正理解文档还存在质疑[84]。值得一提的是，最近的几项关于依靠深度学习的机器阅读理解方法的研究表明，当系统输入的信息中包含有更多语言学信息的时候，机器阅读理解模型在这些对抗样本的表现往往会得到很大的提升。Bhuwan 等[85] 发现在训练机器阅读理解模型的时候，若词初始化为Glove[86] 词向量，则比无意义的随机初始化词向量的效果好很多；Salant 等[87]发现，如果输入除了词向量外还有这个词在语言模型的隐含表示，那么系统的性能就会大幅度地提升；McCann 等[88] 发现如果将神经网络机器翻译中的每个词的隐含表示输入词向量中，那么系统的结果将会更进一步提高。这些研究都说明，对于基于深度学习的机器阅读理解模型，如果输入包含更多的语义信息，那么后面模型的推理能力会更强。从人类的阅读理解的角度来说，如果我们语言层面的能力(如词义、句法、语言连贯性等)增强之后，则大脑"认知资源"会解放出来去完成更高级的推理。因而有理由相信，当我们能够将更多的语言或者认知信息(如词典、先验图式等)融入输入中去，那么现有基于深度学习的系统的表现有可能会进一步增强。

8.4 总结

本章主要介绍了近几年受到重点关注的两类问答任务：① 面向知识图谱的问答；② 机器阅读理解，内容包括了各自的任务设定、评测数据集、主流方法等。特别是对于基于深度学习的知识图谱问答方法以及基于深度学习的机器阅读理解模型进行了详细的介绍。传统基于符号表示的问答方法受限于符号表示中的语义鸿沟问题，因此在问答性能上很难突破；同时，基于 Pipeline 的问答过程也使得已有问答方法容易产生错误的积累与传递。因此近几年越来越多的研究者开始关注基于深度学习的问答方法，特别是基于深度学习的"端到端"问答方法，已经逐步成为最优方法(state of the arts)。即便如此，基于深度学习的问答方法仍然停留在简单的数值运算中，还很难对于问答过程中所需的知识信息进行建模,整体问答缺乏可解释性。由于将传统基于符号表示的显式问答与推理转换为学习得到的语义空间中的相似度计算,因此模型的抗干扰能力差,很难真正表达问句、知识图谱的深度语义信息。除此之外,如何在深度学习框架下,对于问答过程进行显式建模,探讨问答的可解释性问题,研究基于问答的深度推理模型,这些都是未来可能的挑战,值得研究界持续关注。

参考文献

[1] Etzioni O. Search needs a shake-up[J]. Nature, 2011, 476(7358): 25 - 26.

[2] Turing A M. Computing machinery and intelligence[J]. Mind, 1950, 59 (236): 433 - 460.

[3] Green B F, Wolf A K, Chomsky C, et al. Baseball: an automatic question-answerer [C]//Proceedings of the Western Joint IRE-AIEE-ACM Computer Conference, 1961, Los Angeles, California. New York: Association for Computing Machinery, 1961: 219 - 224.

[4] Woods W A. Lunar rocks in natural English: explorations in natural language question answering[M]//Zampolli A. Linguistic Structures Processing. Amsterdam: North Holland Publishing Company, 1977: 521 - 569.

[5] Zelle J M, Mooney R J. Learning semantic grammars with constructive inductive logic programming [C]//Proceedings of the 11th National Conference on Artificial Intelligence. Menlo Park, California: AAAI Press, 1993: 817 - 822.

[6] Mooney R J. Learning for semantic parsing[C]//Proceedings of the 8th International Conference on Computational Linguistics and Intelligent Text Processing. Berlin: Springer, 2007: 311 - 324.

[7] Carpenter B. Type-logical Semantics[M]. Cambridge, MA, USA: MIT Press, 1998.

[8] Liang P, Jordan M I, Klein D. Learning dependency-based compositional semantics [J]. Computational Linguistics, 2013, 39(2): 389 - 446.

[9] Steedman M. Surface structure and interpretation[J]. Linguistic Inquiry Monographs, 1996, 43(3): 271 - 276.

[10] Steedman M. The Syntactic Process[M]. Cambridge, MA, USA: MIT Press, 2000.

[11] Zettlemoyer L S, Collins M. Learning to map sentences to logical form: structured classification with probabilistic categorial grammars[J/OL]. arXiv: Computation and Language, [2012 - 6 - 4]. arXiv preprint arXiv: 1207. 1420.

[12] Kwiatkowski T, Zettlemoyer L, Goldwater S, et al. Lexical generalization in CCG grammar induction for semantic parsing[C]//Proceeding of the 2011 Conference on Empirical Methods in Natural Language Processing, July 27 - 31, 2011, Edinburgh,

Scotland, UK. Stroudsburg, PA, USA: Association for Computational Linguistics, 2011: 1512 - 1523.

[13] Wong Y W, Mooney R J. Learning for semantic parsing with statistical machine translation[C]//Proceedings of the Main Conference on Human Language Technology Conference of the North American Chapter of the Association of Computational Linguistics, June, 2006, New York, USA. Stroudsburg, PA, USA: Association for Computational Linguistics, 2006: 439 - 446.

[14] Zettlemoyer L, Collins M. Learning context-dependent mappings from sentences to logical form[C]//Proceedings of the Joint Conference of the 47th Annual Meeting of the ACL and the 4th International Joint Conference on Natural Language Processing of the AFNLP, August, 2009, Suntec, Singapore. Stroudsburg, PA, USA: Association for Computational Linguistics, 2009: 976 - 984.

[15] Zettlemoyer L, Collins M. Online learning of relaxed ccg grammars for parsing to logical form[C]//Proceedings of the 2007 Joint Conference on Empirical Methods in Natural Language Processing and Computational Natural Language Learning, June 28 - 30, 2007, Prague, Czech Republic. Stroudsburg, PA, USA: Association for Computational Linguistics, 2007: 678 - 687.

[16] Zettlemoyer L, Collins M. Learning to map sentences to logical form: structured classification with probabilistic categorial grammars[C]//Proceedings of the Twenty-First Conference on Uncertainty in Artificial Intelligence. Arlington, Virginia, USA: AUAI Press, 2005: 658 - 666.

[17] Zhang Y, He S, Liu K, et al. A joint model for question answering over multiple knowledge bases[C]//Proceedings of the Thirtieth AAAI Conference on Artificial Intelligence. Menlo Park, California: AAAI Press, 2016: 3094 - 3100.

[18] He S, Liu K, Zhang Y, et al. Question answering over linked data using first-order logic[C]//Proceedings of the 2014 Conference on Empirical Methods in Natural Language Processing, October 25 - 29, 2014, Doha, Qatar. Stroudsburg, PA, USA: Association for Computational Linguistics, 2014: 1092 - 1103.

[19] Yang M, Duan N, Zhou M, et al. Joint relational embeddings for knowledge-based question answering[C]//Proceedings of the 2014 Conference on Empirical Methods in Natural Language Processing, October 25 - 29, 2014, Doha, Qatar. Stroudsburg, PA, USA: Association for Computational Linguistics, 2014: 645 - 650.

[20] Bao J, Duan N, Zhou M, et al. Knowledge-based question answering as machine translation[C]//Proceedings of the 52nd Annual Meeting of the Association for Computational Linguistics (Volume 1: Long Papers). Stroudsburg, PA, USA: Association for Computational Linguistics, 2014: 967 - 976.

［21］ Yih W, Chang M, He X, et al. Semantic parsing via staged query graph generation: question answering with knowledge base［C］//Proceedings of the 53rd Annual Meeting of the Association for Computational Linguistics and the 7th International Joint Conference on Natural Language Processing (Volume 1: Long Papers), July 26 - 31, 2015, Beijing, China. Stroudsburg, PA, USA: Association for Computational Linguistics, 2015: 1321 - 1331.

［22］ Xu K, Reddy S, Feng Y, et al. Question answering on freebase via relation extraction and textual evidence［C］//Proceedings of the 54th Annual Meeting of the Association for Computational Linguistics (Volume 1: Long Papers), August 7 - 12, Berlin, Germany. Stroudsburg, PA, USA: Association for Computational Linguistics, 2016: 2326 - 2336.

［23］ Yu M, Yin W, Hasan K S, et al. Improved neural relation detection for knowledge base question answering［C］//Proceedings of the 55th Annual Meeting of the Association for Computational Linguistics (Volume 1: Long Papers), July, 2017, Vancouver, Canada. Stroudsburg, PA, USA: Association for Computational Linguistics, 2017: 571 - 581.

［24］ Hao Y, Liu H, He S, et al. Pattern-revising enhanced simple question answering over knowledge bases［C］//Proceedings of the 27th International Conference on Computational Linguistics, August, 2018, Santa Fe, New Mexico, USA. Stroudsburg, PA, USA: Association for Computational Linguistics, 2018: 3272 - 3282.

［25］ Yin W, Yu M, Xiang B, et al. Simple question answering by attentive convolutional neural network［C］//Proceedings of COLING 2016, the 26th International Conference on Computational Linguistics: Technical Papers, December 11 - 17, Osaka, Japan. Stroudsburg, PA, USA: Association for Computational Linguistics, 2016: 1746 - 1756.

［26］ Dai Z, Li L, Xu W, et al. CFO: Conditional focused neural question answering with large-scale knowledge bases［C］//Proceedings of the 54th Annual Meeting of the Association for Computational Linguistics (Volume 1: Long Papers), August 7 - 12, Berlin, Germany. Stroudsburg, PA, USA: Association for Computational Linguistics, 2016: 800 - 810.

［27］ Bordes A, Weston J, Usunier N, et al. Open question answering with weakly supervised embedding models［C］//Proceedings of the 2014 Joint European Conference on Machine Learning and Knowledge Discovery in Databases, September 15 - 19, 2014, Nancy, France. Berlin: Springer, 2014: 165 - 180.

［28］ Fader A, Soderland S, Etzioni O, et al. Identifying relations for open information extraction[C]//Proceeding of the 2011 Conference on Empirical Methods in Natural Language Processing, July 27 – 31, 2011, Edinburgh, Scotland, UK. Stroudsburg, PA, USA: Association for Computational Linguistics, 2011: 1535 – 1545.

[29] Bordes A, Chopra S, Weston J, et al. Question answering with subgraph embeddings [C]//Proceedings of the 2014 Conference on Empirical Methods in Natural Language Processing, October 25 – 29, 2014, Doha, Qatar. Stroudsburg, PA, USA: Association for Computational Linguistics, 2014: 615 – 620.

[30] Dong L, Wei F, Zhou M, et al. Question answering over freebase with multi-column convolutional neural networks[C]//Proceedings of the 53rd Annual Meeting of the Association for Computational Linguistics and the 7th International Joint Conference on Natural Language Processing (Volume 1: Long Papers)), July 26 – 31, 2015, Beijing, China. Stroudsburg, PA, USA: Association for Computational Linguistics, 2015: 260 – 269.

[31] Berant J, Liang P. Semantic parsing via paraphrasing[C]//Proceedings of the 52nd Annual Meeting of the Association for Computational Linguistics (Volume 1: Long Papers). Stroudsburg, PA, USA: Association for Computational Linguistics, 2014: 1415 – 1425.

[32] Yao X, Van Durme B. Information extraction over structured data: question answering with freebase[C]//Proceedings of the 52nd Annual Meeting of the Association for Computational Linguistics (Volume 1: Long Papers). Stroudsburg, PA, USA: Association for Computational Linguistics, 2014: 956 – 966.

[33] Hao Y, Zhang Y, Liu K, et al. An end-to-end model for question answering over knowledge base with cross-attention combining global knowledge[C]//Proceedings of the 55th Annual Meeting of the Association for Computational Linguistics (Volume 1: Long Papers). Stroudsburg, PA, USA: Association for Computational Linguistics, 2017: 221 – 231.

[34] Lukovnikov D, Fischer A, Lehmann J, et al. Neural network-based question answering over knowledge graphs on word and character level[C]//Proceedings of the 26th International Conference on World Wide Web. International World Wide Web Conferences Steering Committee, Republic and Canton of Geneva, Switzerland, 2017: 1211 – 1220.

[35] Taylor W L. "Cloze Procedure": a new tool for measuring readability[J]. The Journalism Quarterly, 1953, 30(4): 415 – 433.

[36] Richardson M, Burges C J, Renshaw E L, et al. Mctest: a challenge dataset for the open-domain machine comprehension of text[C]//Proceedings of the 2013 Conference on Empirical Methods in Natural Language Processing, October 18 – 21, 2013, Grand

Hyatt Seattle, Seattle, Washington, USA. Stroudsburg, PA, USA: Association for Computational Linguistics, 2013: 193 – 203.

[37] Paperno D, Kruszewski G, Lazaridou A, et al. The LAMBADA dataset: word prediction requiring a broad discourse context[C]//Proceedings of the 54th Annual Meeting of the Association for Computational Linguistics (Volume 1: Long Papers), August 7 – 12, Berlin, Germany. Stroudsburg, PA, USA: Association for Computational Linguistics, 2016: 1525 – 1534.

[38] Rajpurkar P, Zhang J, Lopyrev K, et al. Squad: 100, 000+ questions for machine comprehension of text[C]//Proceedings of the 2016 Conference on Empirical Methods in Natural Language Processing, November 1 – 5, 2016, Austin, Texas. Stroudsburg, PA, USA: Association for Computational Linguistics, 2016: 2383 – 2392.

[39] Campbell J. Cognitive processes elicited by multiple-choice and constructed-response questions on an assessment of reading comprehension[D]. Pennsylvania: Temple University, 2000.

[40] Lai G, Xie Q, Liu H, et al. Race: large-scale reading comprehension dataset from examinations[C]//Proceedings of the 2017 Conference on Empirical Methods in Natural Language Processing, September 7 – 11, 2017, Copenhagen, Denmark. Stroudsburg, PA, USA: Association for Computational Linguistics, 2017: 785 – 794.

[41] Clark P, Cowhey I, Etzioni O, et al. Think you have solved question answering? Try ARC, the AI2 reasoning challenge[J/OL]. arXiv: Artificial Intelligence, [2018 – 5 – 14]. arXiv preprint arXiv: 1803.05457.

[42] Ostermann S, Modi A, Roth M, et al. Mcscript: a novel dataset for assessing machine comprehension using script knowledge[C]//Proceedings of the Eleventh International Conference on Language Resources and Evaluation, May, 2018, Miyazaki, Japan. Paris: European Language Resources Association, 2018: 3567 – 3574.

[43] Hermann K M, Kociský T, Grefenstette E, et al. Teaching machines to read and comprehend [C]//Proceedings of the 28th International Conference on Neural Information Processing Systems. Cambridge, MA, USA: MIT Press, 2015: 1693 – 1701.

[44] Hill F, Bordes A, Chopra S, et al. The goldilocks principle: Reading children's books with explicit memory representations[J/OL]. arXiv: Computation and Language, [2015 – 11 – 7]. arXiv preprint arXiv: 1511.02301.

[45] Mostafazadeh N, Chambers N, He X, et al. A corpus and cloze evaluation for deeper understanding of commonsense stories [C]//Proceedings of Human Language Technologies: the 2016 Annual Conference of the North American Chapter of the Association for Computational Linguistics, June 12 – 17, 2016, San Diego California,

USA. Stroudsburg, PA, USA: Association for Computational Linguistics, 2016: 839 – 849.

[46] Dhingra B, Mazaitis K, Cohen W W, et al. Quasar: datasets for question answering by search and reading[J/OL]. arXiv: Computation and Language, [2017 – 8 – 9]. arXiv preprint arXiv: 1707. 03904.

[47] Onishi T, Wang H, Bansal M, et al. Who did what: a large-scale person-centered cloze dataset[C]//Proceedings of the 2016 Conference on Empirical Methods in Natural Language Processing, November 1 – 5, 2016, Austin, Texas. Stroudsburg, PA, USA: Association for Computational Linguistics, 2016: 2230 – 2235.

[48] Šuster S, Daelemans W. CLICR: a dataset of clinical case reports for machine reading comprehension[C]//Proceedings of the 2018 Conference of the North American Chapter of the Association for Computational Linguistics: Human Language Technologies, Volume 2 (Short Papers), June, 2018, New Orleans, Louisiana. Stroudsburg, PA, USA: Association for Computational Linguistics, 2018: 1551 – 1563.

[49] Xie Q, Lai G, Dai Z, et al. Large-scale cloze test dataset designed by teachers[C]// Proceedings of the 2018 Conference on Empirical Methods in Natural Language Processing, October 31-November 4, 2018, Brussels, Belgium. Stroudsburg, PA, USA: Association for Computational Linguistics, 2018: 2344 – 2356.

[50] Weston J, Bordes A, Chopra S, et al. Towards AI-complete question answering: a set of prerequisite toy tasks[J/OL]. arXiv: Artificial Intelligence, [2015 – 7 – 2]. arXiv preprint arXiv: 1502. 05698.

[51] Nguyen T, Rosenberg M, Song X, et al. MS MARCO: a human generated machine reading comprehension dataset[J/OL]. arXiv: Computer Science, [2018 – 10 – 31]. arXiv preprint arXiv: 1611. 09268.

[52] Trischler A, Wang T, Yuan X, et al. NewsQA: a machine comprehension dataset [C]//Proceedings of the 2nd Workshop on Representation Learning for NLP, August, 2017, Vancouver, Canada. Stroudsburg, PA, USA: Association for Computational Linguistics, 2017: 191 – 200.

[53] Joshi M, Choi E, Weld D S, et al. TriviaQA: a large scale distantly supervised challenge dataset for reading comprehension[C]//Proceedings of the 55th Annual Meeting of the Association for Computational Linguistics (Volume 1: Long Papers). Stroudsburg, PA, USA: Association for Computational Linguistics, 2017: 1601 – 1611.

[54] Dunn M, Sagun L, Higgins M, et al. Searchqa: A new Q&A dataset augmented with context from a search engine[J/OL]. arXiv: Computation and Language, [2017 – 6 –

11]. arXiv preprint arXiv: 1704. 05179.

[55] He W, Liu K, Liu J, et al. Dureader: a Chinese machine reading comprehension dataset from real-world applications[C]//Proceedings of the Workshop on Machine Reading for Question Answering, July, 2018, Melbourne, Australia. Stroudsburg, PA, USA: Association for Computational Linguistics, 2018: 37 - 46.

[56] Kočiský T, Schwarz J, Blunsom P, et al. The narrativeQA reading comprehension challenge[J]. Transactions of the Association for Computational Linguistics, 2018(6): 317 - 328.

[57] Hirschman L, Light M, Breck E, et al. Deep read: a reading comprehension system [C]//Proceedings of the 37th Annual Meeting of the Association for Computational Linguistics, June, 1999, College Park, Maryland, USA. Stroudsburg, PA, USA: Association for Computational Linguistics, 1999: 325 - 332.

[58] Narasimhan K, Barzilay R. Machine comprehension with discourse relations[C]// Proceedings of the 53rd Annual Meeting of the Association for Computational Linguistics and the 7th International Joint Conference on Natural Language Processing (Volume 1: Long Papers)), July 26 - 31, 2015, Beijing, China. Stroudsburg, PA, USA: Association for Computational Linguistics, 2015: 1253 - 1262.

[59] Berant J, Srikumar V, Chen P, et al. Modeling biological processes for reading comprehension[C]//Proceedings of the 2014 Conference on Empirical Methods in Natural Language Processing, October 25 - 29, 2014, Doha, Qatar. Stroudsburg, PA, USA: Association for Computational Linguistics, 2014: 1499 - 1510.

[60] Sachan M, Dubey K A, Xing E P, et al. Learning answer-entailing structures for machine comprehension [C]//Proceedings of the 53rd Annual Meeting of the Association for Computational Linguistics and the 7th International Joint Conference on Natural Language Processing (Volume 1: Long Papers)), July 26 - 31, 2015, Beijing, China. Stroudsburg, PA, USA: Association for Computational Linguistics, 2015: 239 - 249.

[61] Wang H, Bansal M, Gimpel K, et al. Machine comprehension with syntax, frames, and semantics[C]//Proceedings of the 53rd Annual Meeting of the Association for Computational Linguistics and the 7th International Joint Conference on Natural Language Processing (Volume 2: Short Papers), July 26 - 31, 2015, Beijing, China. Stroudsburg, PA, USA: Association for Computational Linguistics, 2015: 700 - 706.

[62] Smith E, Greco N, Bosnjak M, et al. A strong lexical matching method for the machine comprehension test[C]//Proceedings of the 2015 Conference on Empirical Methods in Natural Language Processing, September 17 - 21, 2015, Lisbon, Portugal. Stroudsburg, PA, USA: Association for Computational Linguistics, 2015:

1693 – 1698.

[63] Trischler A, Ye Z, Yuan X, et al. A parallel-hierarchical model for machine comprehension on sparse data[C]//Proceedings of the 54th Annual Meeting of the Association for Computational Linguistics (Volume 1: Long Papers), August 7 – 12, Berlin, Germany. Stroudsburg, PA, USA: Association for Computational Linguistics, 2016: 432 – 441.

[64] Lin H, Sun L, Han X, et al. Reasoning with heterogeneous knowledge for commonsense machine comprehension[C]//Proceedings of the 2017 Conference on Empirical Methods in Natural Language Processing, September 7 – 11, 2017, Copenhagen, Denmark. Stroudsburg, PA, USA: Association for Computational Linguistics, 2017: 2032 – 2043.

[65] Schwartz R, Sap M, Konstas I, et al. The effect of different writing tasks on linguistic style: a case study of the ROC story cloze task[C]//Proceedings of the 21st Conference on Computational Natural Language Learning, August 3 – 4, 2017, Vancouver, Canada. Stroudsburg, PA, USA: Association for Computational Linguistics, 2017: 15 – 25.

[66] Hochreiter S, Schmidhuber J. Long short-term memory[J]. Neural Computation, 1997, 9(8): 1735 – 1780.

[67] Cho K, van Merrienboer B, Gulcehre C, et al. Learning phrase representations using RNN encoder-decoder for statistical machine translation[J/OL]. arXiv: Computation and Language, [2014 – 6 – 3]. arXiv preprint arXiv: 1406. 1078.

[68] Sukhbaatar S, Szlam A, Weston J, et al. End-to-end memory networks[C]//Proceedings of the 28th International Conference on Neural Information Processing Systems. Cambridge, MA, USA: MIT Press, 2015: 2440 – 2448.

[69] Kumar A, Irsoy O, Ondruska P, et al. Ask me anything: dynamic memory networks for natural language processing[C]//Proceedings of the 33rd International Conference on Machine Learning. Stroudsburg, PA, USA: International Machine Learning Society, 2016: 1378 – 1387.

[70] Kapashi D, Shah P. Answering reading comprehension using memory networks[R]. Standford: Department of Computer Science Standford University, 2016.

[71] Yin W, Ebert S, Schutze H, et al. Attention-based convolutional neural network for machine comprehension[C]//Proceedings of the Workshop on Human-Computer Question Answering, June, 2016, San Diego, California. Stroudsburg, PA, USA: Association for Computational Linguistics, 2016: 15 – 21.

[72] Srivastava R K, Greff K, Schmidhuber J. Highway networks[J/OL]. arXiv: Computer Science, [2015 – 5 – 3]. arXiv preprint arXiv: 1505. 00387.

[73] Wang S, Jiang J. Machine comprehension using match-LSTM and answer pointer[J/OL]. arXiv: Computation and Language, [2016 - 8 - 29]. arXiv preprint arXiv: 1608. 07905.

[74] Xiong C, Zhong V, Socher R, et al. Dynamic coattention networks for question answering[J/OL]. arXiv: Computation and Language, [2016 - 11 - 15]. arXiv preprint arXiv: 1611. 01604.

[75] Weissenborn D, Wiese G, Seiffe L, et al. Making neural QA as simple as possible but not simpler [C]//Proceedings of the 21st Conference on Computational Natural Language Learning, August, 2017, Vancouver, Canada. Stroudsburg, PA, USA: Association for Computational Linguistics, 2017: 271 - 280.

[76] Seo M, Kembhavi A, Farhadi A, et al. Bidirectional attention flow for machine comprehension[J/OL]. arXiv: Computation and Language, [2016 - 11 - 5]. arXiv preprint arXiv: 1611. 01603.

[77] Lee K, Kwiatkowksi T, Parikh A P, et al. Learning recurrent span representations for extractive question answering[J/OL]. arXiv: Computation and Language, [2017 - 5 - 17]. arXiv preprint arXiv: 1611. 01436.

[78] Chen D, Fisch A, Weston J, et al. Reading Wikipedia to answer open-domain questions[C]//Proceedings of the 55th Annual Meeting of the Association for Computational Linguistics (Volume 1: Long Papers). Stroudsburg, PA, USA: Association for Computational Linguistics, 2017: 1870 - 1879.

[79] Wang Z, Mi H, Hamza W, et al. Multi-perspective context matching for machine comprehension[J/OL]. arXiv: Computation and Language, [2016 - 12 - 13]. arXiv preprint arXiv: 1612. 04211.

[80] Hu M, Peng Y, Qiu X, et al. Reinforced mnemonic reader for machine comprehension [J/OL]. arXiv: Computation and Language, [2018 - 6 - 6]. arXiv preprint arXiv: 1705. 02798.

[81] Wang W, Yang N, Wei F, et al. Gated self-matching networks for reading comprehension and question answering[C]//Proceedings of the 55th Annual Meeting of the Association for Computational Linguistics (Volume 1: Long Papers), July, 2017, Vancouver, Canada. Stroudsburg, PA, USA: Association for Computational Linguistics, 2017: 189 - 198.

[82] Huang H, Zhu C, Shen Y, et al. Fusionnet: fusing via fully-aware attention with application to machine comprehension[J/OL]. arXiv: Computation and Language, [2018 - 2 - 4]. arXiv preprint arXiv: 1711. 07341.

[83] Liu X, Shen Y, Duh K, et al. Stochastic answer networks for machine reading comprehension[C]//Proceedings of the 56th Annual Meeting of the Association for

Computational Linguistics (Volume 1: Long Papers), July, 2018, Melbourne, Australia. Stroudsburg, PA, USA: Association for Computational Linguistics, 2018: 1694 - 1704.

[84] Jia R, Liang P. Adversarial examples for evaluating reading comprehension systems [C]//Proceedings of the 2017 Conference on Empirical Methods in Natural Language Processing, September 7 - 11, 2017, Copenhagen, Denmark. Stroudsburg, PA, USA: Association for Computational Linguistics, 2017: 2021 - 2031.

[85] Dhingra B, Liu H, Salakhutdinov R, et al. A comparative study of word embeddings for reading comprehension[J/OL]. arXiv: Computation and Language, [2017 - 5 - 2]. arXiv preprint arXiv: 1703. 00993.

[86] Pennington J, Socher R, Manning C D, et al. Glove: global vectors for word representation[C]//Proceedings of the 2014 Conference on Empirical Methods in Natural Language Processing, October 25 - 29, 2014, Doha, Qatar. Stroudsburg, PA, USA: Association for Computational Linguistics, 2014: 1532 - 1543.

[87] Salant S, Berant J. Contextualized word representations for reading comprehension [C]//Proceedings of the 2018 Conference of the North American Chapter of the Association for Computational Linguistics: Human Language Technologies, Volume 2 (Short Papers), June, 2018, New Orleans, Louisiana. Stroudsburg, PA, USA: Association for Computational Linguistics, 2018: 554 - 559.

[88] McCann B, Bradbury J, Xiong C, et al. Learned in translation: contextualized word vectors[C]//Proceedings of the 31st International Conference on Neural Information Processing Systems. New York: Curran Associates Inc. , 2017: 6297 - 6308.

9

机器翻译

苏劲松　黄书剑　肖桐　刘洋

苏劲松,厦门大学信息学院软件工程系,电子邮箱：jssu@xmu. edu. cn
黄书剑,南京大学计算机科学与技术系,电子邮箱：huangsj@nju. edu. cn
肖桐,东北大学计算机科学与工程学院,电子邮箱：xiaotong@mail. neu. edu. cn
刘洋,清华大学计算机科学与技术系,电子邮箱：liuyang2011@tsinghua. edu. cn

9.1 机器翻译的定义

机器翻译,又称为自动翻译,旨在研究如何利用计算机将一种自然语言(源语言)转换成另一种自然语言(目标语言)。作为语言学、计算机科学、数学等多个学科的交叉研究领域,机器翻译相关研究的发展与计算机技术、信息论、语言学等各学科的发展紧密相关,具有十分重要的科学研究价值。同时,随着全球化进程的进一步加速和互联网的飞速发展,打破不同国家和民族之间信息传递所面临的语言壁垒,对于促进政治、经济、文化交流等方面的长足发展有着重要的意义,也是机器翻译技术实用价值的体现。

与人工翻译的过程类似,机器翻译的过程同样有两个阶段的任务: ① 理解源语言文本的文意;② 以源语言文本为基础,使用目标语言文法来生成目标语言文本。早期基于规则的机器翻译方法主要依赖于人类专家通过观察不同自然语言之间的转换规律所得到的规则来作为翻译知识,以此完成翻译过程。但这种方法存在翻译知识难以获取、开发周期长、人工成本高等问题。互联网技术的日新月异和大数据时代的到来将机器翻译带入了以数据为中心的阶段。这种基于语料库的方法旨在使用多语言文本数据所提供的关于源语言和目标语言的文法结构、词汇辨识、固定搭配等知识,通过自动训练的数学模型来建模自然语言间的翻译过程。

与人工翻译相比,由于自然语言是随文化演变而来的语言,其具有流动性、灵活性和固有的歧义性,因此,基于语料库建模翻译过程得到的翻译结果受到语料库领域、语料库质量,以及源语言和目标语言之间的词汇、文法结构、语系甚至文化上的差异(如英语与荷兰语同为印欧语系日耳曼语族,这两种语言间的机器翻译结果通常比汉语与英语之间的机器翻译结果好)等因素的影响,译文的忠实度和流利度都略逊色于人工翻译的结果。但由于其翻译速度快、翻译准确率能达到一定程度,通过简单的人工校对就能得到比较令人满意的翻译结果等优点,因此机器翻译技术仍为大众所青睐,拥有十分广阔的发展空间,亟待进一步的深入研究。

9.2 机器翻译的研究意义与挑战

机器翻译作为自然语言研究领域的一个重要分支,是当前的研究热点之一,

为广大研究人员所关注,原因如下:

(1) 机器翻译所具有的科研价值。

机器翻译作为涉及计算机技术、信息论、语言学、数学等学科和技术的综合性研究课题,其研究和发展与各学科息息相关。这些学科的发展将推动机器翻译的进步;反之,机器翻译性能的提升也能在一定程度上促进相关学科的进一步深入研究,同时带动计算手段的创新。

(2) 机器翻译所具有的实用价值。

克服人类交流过程中的语言障碍,让使用不同语言的人之间可以自由地交流,是人类长久以来的梦想。随着经济全球化时代的到来,如何克服语言障碍已经成为国际社会共同面对的问题。日益激增的多语种政治、经济、文化等信息,仅依靠代价高昂且周期较长的人工翻译是无法完成的。互联网的高速发展也扩大了对于机器翻译的需求。机器翻译可以为人工翻译减轻负担,提高翻译效率,在部分场景和任务下可替代人工,有极其广阔的应用前景。现在,谷歌、微软必应、百度、网易有道等互联网公司都有各自的机器翻译产品,这些产品已经普遍应用于人们的日常生活(如教育学习、购物、旅游等)中。

同时,由于自然语言的流动性、灵活性和固有的歧义性,使得机器翻译成为最具挑战性的人工智能任务之一。其所面临的挑战主要有以下几个方面:

1. 低资源的机器翻译

少数语言对之间缺乏大量平行语料,甚至没有平行语料可用于构建翻译模型,这将导致建模效果差甚至无法建模的情况。

由于自然语言中的一些词或短语具有领域限制性,缺乏特定领域的数据参与翻译建模将导致相应领域中内容翻译效果较差。

2. 自然语言中关于歧义的处理

自然语言由于其固有的歧义性,需要背景知识的支撑才能完成消除歧义的任务,此时需要借助句中其他词提供的上下文信息或所属句群中其他句子提供的上下文信息。

3. 深层次语言知识的应用

深层次语言知识的应用包括平仄、韵律等语音知识,分词、构词方式、曲折变化等词级别知识,句法知识,语义偏向、语义角色、情境、情感偏向等语义级别知识,指代消歧等篇章级别知识等。

4. 形态学信息复杂的语言建模

在诸如德语等具有丰富形态学信息的语言中,词的变化形式可能从几十种到几千种不等。同时,词的时态、人称、单复数、阴性和阳性、否定、疑问等变化也要由机器翻译模型建模完成。

5. 针对特定语言现象的自动评价指标的缺乏

相较于针对译文整体忠实度和流利度进行评价的综合性指标,例如 BLEU (bilingual evaluation understudy),针对特定语言现象提出对应的自动评价指标,能更有效地指导学者们解决机器翻译方法中的相应问题。

9.3 模型与方法

9.3.1 基于统计的机器翻译

在过去近三十年中,随着语料库语言学及统计学习方法的进步,基于统计模型的机器翻译理论及方法成为机器翻译研究中的热点之一,这种方法也称为统计机器翻译(statistical machine translation)。相比早期基于人工书写规则及翻译模板的方法,统计机器翻译具有翻译质量高、系统健壮性强、人工干预少、系统搭建容易等特点,因此受到研究界和产业界的青睐。统计机器翻译的核心思想是:对于一个输入的待翻译句子,给每个潜在的翻译结果都赋予一定的概率,并选择概率最大的翻译作为最终的译文。通常把 $P(t|s)$ 称为 t 作为输入句子 s 的译文的可能性或翻译概率,于是翻译问题也就被转化为:对于已知的 s,找到翻译概率最大的目标语句子 $\hat{t}$,则有

$$\hat{t} = \operatorname*{argmax}_{t} P(t \mid s)$$

不过,语言间的翻译现象是异常复杂的,往往不能枚举所有的目标语句子 t。此外,如何得到 $P(t|s)$ 也是统计机器翻译必须解决的问题。一般来说,统计机器翻译包含以下 3 个基本问题:

(1) 翻译模型问题,即如何计算 $P(t|s)$。

(2) 模型训练问题,即如何估算 $P(t|s)$ 需要的参数。

(3) 解码问题,即如何高效地在整个翻译候选集合里找到最优的翻译结果。

对于这 3 个问题,学术界已经提出了很多解决方案。比如,对于模型训练问题,即问题(2),现在常用的做法是利用极大似然估计、最小错误率训练等参数学习及调优方法直接从训练数据上得到结果;对于解码问题,即问题(3),可以利用在语音识别中已经非常成熟的搜索技术对其进行求解;对于翻译建模问题,即问

题(1),研究人员也做了非常深入的尝试,这也推动了统计机器翻译衍生出两种不同的模型框架:基于词和短语的模型与基于句法的模型。

1. 基于词和短语的模型

基于词和短语的统计机器翻译模型通常也称为基于表层词串的模型[1]。它们均不需要对源语言或目标语言进行深入的分析,而是直接利用词串的对应关系来进行翻译。这方面研究的开创性工作有 IBM Waston 研究中心 Brown 等提出的统计机器翻译噪声信道模型以及 AT&T Bell 实验室 Gale 和 Church 提出的统计句子对齐模型[2-3]。特别是,Brown 等设计了 5 个基于单词的统计机器翻译模型,这对后人研究工作产生了非常深远的影响。IBM 模型的价值一方面体现在它首次把机器翻译用形式化的数学模型描述出来,并给出了模型参数的估计方法;另一方面,它提供了一个基于单词的对齐模型,通过训练可以自动地获得词对齐信息。在这个模型的基础上,许多研究者陆续开展了有意义的工作,比如对 IBM 模型的解码算法的设计等。

虽然 IBM 模型用较为完善的数学模型对翻译问题进行了描述,但它仍存在一些明显的缺陷,包括① 以词作为基本翻译单元,很难考虑上下文信息;② 调序能力十分有限,基于词的翻译模型无论是对局部调序还是对全局调序都不能很好地处理;③ 模型复杂度高,训练和解码都要消耗大量的运算时间。鉴于以上这些问题,基于词的翻译逐渐淡出了机器翻译研究者的视野。取代它的是一类新的翻译模型——基于短语的翻译模型。

基于短语的翻译模型[4-5]中的基本翻译单元是短语,不过这里的短语并没有语言学意义,它只是表示一个连续的词串。相较于基于词的翻译模型,基于短语的翻译模型可以更好地利用局部的上下文信息,这样就能在一定程度上解决翻译局部依赖问题。研究人员在基于短语的翻译模型方面开展了大量的工作。Och 和 Ney[5] 提出了对齐翻译模板的概念,并使用了基于相对频度的参数估计方法,从而极大地降低了参数估计的复杂度。此外,他们也首次使用了束搜索来替代传统的 A* 启发式搜索。这两项成果都已广泛地应用到了现在的统计机器翻译系统中。Koehn 等[4] 对基于短语的翻译模型中的翻译概率特征进行扩展,提出了词汇化特征,并利用这个技术开发了基于短语的开源统计机器翻译系统 Phraraoh 和 Moses,这对统计机器翻译的发展起到了巨大的推动作用。

在同一时期,Och 和 Ney[6] 提出了基于线性对数模型的统计机器翻译数学模型。这个模型的最大优点在于它可以把各种各样不同的翻译知识(特征)结合到一起共同发挥作用。进一步,Och[7] 又提出了面向统计机器翻译的最小错误率训练方法,该方法通过调整不同特征的权重最小化机器翻译输出的错误率。

现在几乎所有的统计机器翻译系统仍然都在使用线性对数模型＋最小错误率训练作为"标配"方法。

这些研究成果解决了基于短语的翻译建模和数学建模问题。之后研究者们又把焦点转向了短语调序的问题上。比如：Och[8]提出了基于跳转长度的短语调序模型；Zens 等[9]对调序问题中调序限制进行了研究；Tillman[10]以及 Galley 和 Manning[11]将短语定义为块，并利用块的相对方向来对调序进行建模。Xiong 等[12]把短语调序问题转化成了二值分类问题，并利用最大熵模型对其进行建模。

虽然基于短语的翻译模型取得了成功，但它仍有许多无法回避的问题[13]，例如：① 只允许短语所对应的子串完全匹配，不允许非连续短语；② 没有能力处理全局调序问题；③ 基于短语的翻译模型并不符合人类对语言的认知（如理解、生成等），而是简单地把翻译问题看作是字符串的转化过程。很多人认为，如果不引入句法信息，那么基于短语的模型很难真正处理这些问题。因此一些研究者尝试利用句法信息进行前处理或者重排序（re-ranking）来改善基于短语的统计机器翻译系统的性能。为了解决基于词和短语的翻译模型中存在的问题，基于句法的翻译模型越来越受到人们的关注，如何构建基于句法的翻译模型也逐渐成为统计机器翻译研究领域的前沿问题。

2. 基于句法的模型

基于句法的翻译模型主要是利用句法分析来指导翻译。由于句法树可以更加全面、深入地表示句子的结构信息，因此它可以提供更多的依据来进行结构上的翻译和调序。此外，句法信息也可以提供语言的形态学信息，比如在汉英翻译中，可以利用目标语句法树的信息对翻译结果（如英语）中的时态、语态等信息进行更好的生成。更重要的是，从理论上来说，基于句法的翻译模型要比基于词或短语的翻译模型更有效地处理长距离依赖等翻译问题。

基于句法的翻译模型通常分为两类：基于形式化文法的模型和语言学上基于句法的模型。基于形式化文法的模型的典型代表包括 Wu[14]提出的基于反向转录文法的模型和 Chiang[15]提出的基于层次短语的模型。而语言学上基于句法的模型包括句法树到串的模型，串到句法树的模型，句法树到句法树的模型等[16-19]。通常基于形式化文法的模型并不需要句法分析技术的支持，这类模型只是把翻译过程描述为一系列不需要语言学句法信息指导的形式化文法的生成过程。而语言学上基于句法的模型则需要目标语言或者源语言的句法分析的支持，以得到更丰富的信息来提高模型的能力。

Wu 提出的反向转录语法（inversion transduction grammar，ITG）是最早的

基于形式化文法的模型之一。在 Wu 的研究[14]中,同步文法的概念被引入统计机器翻译中,翻译过程也被看作是对目标语言和源语言的同步分析过程。Chiang 在 2005 年提出了基于同步上下文无关文法(synchronous context-free grammar, SCFG)的层次短语模型。相较于传统的基于短语的模型和 ITG,层次短语模型拥有很多优点:① 它并不依赖任何语言学知识,完全可以以很低的代价从词对齐的平行语料自动得到同步文法;② 层次短语模型中非终结符的使用也使文法的泛化能力大大增强;③ 层次短语模型可以兼容所有的短语,因此它也在一定程度上具有基于短语的翻译模型的优势。配合立方剪枝技术[20],层次短语系统可以达到与短语系统可比的翻译速度。实际上,层次短语模型的成功在于它在纯句法模型和基于短语的模型中间找到了一个很好的过渡点,这样也就能在一定程度上同时发挥基于短语的模型和基于句法的模型的优势。

虽然以层次短语模型为代表的基于形式文法的翻译模型取得了很大成功,不过它们的问题也很明显。首先,这些模型没有利用丰富的语言学知识(如句法树),这使得它未能完全处理一些基于短语的模型存在的问题,如句法结构长距离依赖问题;其次,这类模型中使用的非终结符没有任何语言学意义,这也就忽略了在句法树中每个非终结符所对应的句法功能等信息。针对这些问题,也有一些改进工作,例如,一方面有研究者尝试利用一些语言学的信息来约束层次短语模型[21],以得到更符合句法结构的翻译结果。另一方面语言学上基于句法的模型相比基于形式文法的翻译模型可以更好地利用语言学知识,例如,它们可以自动地从经过句法分析的双语对齐语料中学习翻译规则;另外,语言学上基于句法的模型中使用的非终结符具有语言学上的意义,这也就大大提高了模型的表示能力。

在语言学上基于句法的模型研究方面,Yamada 和 Knight[22]提出了一种串到树的翻译模型。它利用基于噪声信道模型,把一个语言的句法树(目标语言)通过一系列变换操作,转化为另一种语言的词串(待翻译源语言)。不过由于理论和技术还不成熟,这个模型在当时并没有在性能上体现出绝对优势。实际上,早期的语言学上基于句法的模型并没有取得很大的成功,特别是与当时已经相对成熟的基于短语的模型相比,语言学上基于句法的模型一直处于劣势。针对这个问题,部分研究者[23]认为问题原因还是在于:目标语言和源语言之间的非同构性使得基于同步推导的模型受到了限制,而且模型的复杂度增加使得搜索的压力增大;加上由于句法分析和其他相关的分析技术并不完美、翻译规则中存在大量的噪声,这些导致语言学上基于句法的模型的优势不能得到充分发挥。

真正做出突破性贡献的是 ISI[①] 的研究者们。2004 年,Galley 等[24]就已经开始进行从经过词语对齐和目标语端经过句法分析的双语语料库上抽取树到串转换规则方面的理论研究。之后,Knight 团队深入完整地论述了概率化树转录机理论。虽然这两项研究并没有马上直接应用到当时的翻译系统上,但是它们为后面的基于句法的模型进一步发展提供了坚实的理论基础。突破出现在 Galley 等于 2006 年进行[18]的研究中,他们直接提出了一整套的基于目标语句法分析的翻译规则(称为 GHKM 规则)获取方法,并利用抽取得到的串到树翻译规则进行解码。实验结果显示这个系统性能已经非常接近当时性能最好的基于短语的翻译系统。紧接着,Galley 等[25]又提出了 SPMT 模型。SPMT 模型的优点在于它可以弥补 Galley 等提出的模型中对一些包含完整短语的结构不能有效翻译的问题,它使得翻译规则得到了补充和深化。更具历史意义的是,Marcu 等在大规模数据上证明基于句法的系统可以超过当时最好的基于短语的翻译系统的性能,这也标志着基于句法的统计机器翻译系统真正取得了领先。此后,ISI 研究者们不断完善系统,系统性能不断提高。特别是在 NIST2009 机器翻译汉英翻译评测任务中,ISI 的基于句法的系统取得了第 1 名的成绩,这也进一步体现了基于句法的翻译模型在理论和实际应用中的意义。

在 ISI 取得成功的同时,一些基于句法的翻译模型的底层问题也逐渐受到重视,比如句法树和文法的形式对基于句法系统性能的影响。Wang 等[26]以及 Huang 和 Knight[27]分别利用二叉化和对树节点重新标记技术对串到句法树系统进行改进。此外,也有研究者对基于句法树的翻译规则在解码之前进行二叉化的问题进行探讨,并进一步改进了系统性能[28-29]。

值得一提的是,在 ISI 研发串到树系统的同一时期,我国学者也在基于句法的翻译模型方面做出了十分有意义的创新工作。比如,Liu 等也尝试了直接利用对齐模板来对句法树到串的翻译过程进行描述[17]。在他们的研究中,对齐模板是描述源语言句法树和目标语言串之间的对齐关系的三元组,或翻译规则。Liu 等的研究与 Galley 等[18, 24, 30]的研究在本质上是一致的,区别在于 Liu 等在获取规则时候利用的是源语言句法树信息,而 Galley 等利用的是目标语言句法树信息。

不论是树到串还是串到树模型,系统都需要外部的句法分析器来指导翻译规则的学习,部分系统还需要句法树来指导解码过程。由于目前句法分析技术尚不完美,句法分析结果中还有大量的错误存在。在对句法分析性能相对较差

---

① ISI: Information Sciences Institute,美国南加州大学信息科学研究所。

的语言(如汉语)上这个问题暴露得很明显。在 Liu 等工作的基础上,Mi 等[30]与 Mi 和 Huang[31] 又提出了基于句法树森林的翻译模型。他们使用了压缩森林等紧凑的数据结构有效地将句法树森林表示出来,然后直接在句法树森林上进行翻译规则的抽取和匹配,并取得翻译质量的显著提升。

除了基于短语结构分析的句法翻译模型外,还有一些研究直接利用依存分析技术来改善基于句法的统计机器翻译系统,比如 Shen 等[32]在层次短语模型的基础上利用目标语言句法树取得了非常好的效果;Xie 等[33]提出了一种源语言依存结构树到目标语串的翻译模型,也取得了翻译性能的提升。这些工作都为基于句法的机器翻译提供了新的思路。

3. 其他问题

除了基于短语和基于句法的模型外,还有很多问题受到了统计机器翻译研究领域的关注,包括以下几个问题:

(1) 对齐及翻译规则抽取。对双语平行句子中的单词、短语、句法单元进行自动对应,并利用对齐信息获取翻译规则。

(2) 系统融合。融合多个机器翻译系统的模型、输出,得到更好的译文。

(3) 统计机器翻译中语义信息的使用。在统计机器翻译中使用词义消歧、抽象语义表示等信息。

(4) 词法及形态学信息的建模。在机器翻译中更好地利用词及形态学变化信息。

(5) 解码及剪枝。研究高效的解码方法及剪枝技术。

(6) 翻译模型训练及调优。使用机器学习相关技术更好地学习模型参数(包括特征值和特征权重)。

可以说从 20 世纪末至今,统计机器翻译是最受关注的翻译框架之一,并得到了广泛的应用。但是统计机器翻译也存在一些问题仍未解决:① 统计机器翻译对翻译过程进行了假设(如翻译的隐式结构),这些假设可能并不适合机器翻译;② 统计机器翻译需要一个大规模的离散化的双语对应表和语言模型,这种离散空间模型的表示能力有限,同时占用极大的存储空间;③ 统计机器翻译使用语言学先验知识的程度仍然有限,包括语义等信息还不能很好地在该框架下表示和使用。这些问题仍然激发着机器翻译研究者对相关理论方法的进一步深入探索。

9.3.2 利用深度学习技术改进统计机器翻译

随着深度学习技术在语音、图像等领域不断取得进展,统计机器翻译的研究人员也逐步开始利用深度学习技术来提高翻译系统的性能。这样的研究主要基于以下两大变革。

一方面,在长期以来的统计机器翻译研究中,对翻译模型、语言模型等概率模型的建模大多是基于字、词或者短语的符号表示进行,并通过极大似然估计进行模型的参数学习。在这样的模型中,不同的字、词或者短语被认为是不同的符号,而完全忽略了这些符号之间的形态学关系,以及句法、语义等更深层的联系,使得参数估计的效果并不理想。深度学习带来的词向量表示的研究给上述问题的解决带来了新的思路。通过将字、词和短语的符号表示转换成连续实数值构成的向量表示,不同符号之间的关联可以在一定程度上通过计算向量之间的距离进行刻画。这使得翻译模型、语言模型等统计机器翻译子模型的建模效果得到了改善。

另一方面,传统的统计机器翻译模型采用对数线性模型对翻译过程进行建模,通过最小错误率训练对翻译过程中涉及的不同翻译子模型进行重要性控制。这样的建模方式简洁而有效,但也在一定程度上忽略了子模型之间可能存在的复杂的内在联系。因此,通过神经网络来对翻译过程进行建模和参数训练,从而对不同子模型之间的复杂关系进行刻画和描述,也是利用深度学习技术来改进统计机器翻译的一个重要内容。

在上述研究发展趋势下,利用深度学习技术改进统计机器翻译的实践往往是在统计机器翻译系统的基本框架下,利用神经网络技术来改进其中的一个或多个关键模块,如语言模型、翻译模型、调序模型等;或者利用神经网络进行参数训练等。下面将对上述发展逐一进行介绍。

1. 基于神经网络的语言模型

语言模型对一个单词序列(句子)的概率进行建模,一般用于衡量句子的流利程度。语言模型的建模和训练对机器翻译译文的生成有非常重要的影响,是统计机器翻译的核心模块之一。给定一个句子 $s = \langle w_1, w_2, \cdots, w_k \rangle$,语言模型就是计算这个句子的概率

$$P(S) = P(w_1, w_2, \cdots, w_k) = P(w_1)P(w_2 \mid w_1), \cdots,$$
$$P(w_k \mid w_1, w_2, \cdots w_{k-1}) \tag{9-1}$$

传统的 n 元语言模型也称为 $n-1$ 阶马尔可夫模型,即假设当前词的出现仅与其前面 $n-1$ 个词有关,并通过极大似然估计方法来学习模型的参数。这种方法直接使用词的符号表示,面临严重的数据稀疏问题:对于未在语料库中出现的 n 元词序列(n-gram)或在语料库中出现次数较少的 n 元词序列的概率难以进行

有效的估计。虽然研究人员开发并采用了一系列的回退和平滑技术试图缓解这一问题，但这些方法并不能对低频现象进行建模，因此语言模型的参数估计始终存在问题。

随着神经网络语言模型的提出和发展，使用向量表示代替符号表示进行语言模型建模成为趋势，这从一定程度上缓解了上述参数估计问题。但是，由于每一个语言模型查询的结果都需要由神经网络模型计算得到，神经网络语言模型的计算开销要相对增加。因此早期的研究都使用神经网络语言模型作为一种重排序的模型，从而避免在解码过程中对翻译结果进行搜索式的大规模计算开销。随着计算设备的发展和一些近似技术的出现，神经网络语言模型才逐步成为一种可以在解码过程中直接使用的技术。下文将从神经网络语言模型的发展、使用神经网络语言模型进行机器翻译重排序、使用神经网络语言模型进行机器翻译解码这 3 个方面介绍相关技术的发展。

使用神经网络训练语言模型的思想最早由 Xu 和 Rudnicky[34] 提出，他们提出了一种用神经网络构建二元语言模型（即 $p(w_t \mid w_{t-1})$）的方法。在这一模型中，每个词被表示成分布式的向量（distributed representation），因此词与词之间的关系可以通过向量运算来进行描述；此外，语言模型概率由单词的向量表示作为输入，通过固定的网络参数计算得到，这使得不同单词的语言模型概率有了统一的计算过程，从而在一定程度上建立起了不同词语之间的隐式关联。这些改进对于语言模型的建模来说是一个巨大的进步。Xu 和 Rudnicky 的模型结构非常简单：输入仅包含一个词，且没有使用隐层，这样的模型在当时的计算条件下可以进行训练，但极大地限制了语言模型的建模效果。

在这项工作的基础上，一些研究着力于通过改变网络结构增强神经网络对语言模型的建模能力。2003 年，Bengio 提出了神经概率语言模型（neural probabilistic language model，NPLM）[35]，使用了一个隐藏层增强了网络的建模能力。该模型采用类似 n 元语言模型的机制，根据前 $n-1$ 个词预测下一个词 w_n 的概率：$p(w_n \mid w_1, \cdots, w_{n-1})$。

2007 年，Mnih 和 Hinton 提出了 3 种基于神经网络的语言模型，他们尝试了用受限玻耳兹曼机（restricted Boltzmann machine，RBM）模型，通过一系列二元取值的隐层变量来建模语言模型的条件分布；通过在上述模型中加入之前时间点的信息来建模更长的上下文（temporal factored RBM）；以及使用对数双线性语言（log-bilinear language，LBL）模型而不是额外隐变量来建模条件概率的方法，取得了一定的进展[36]。在 LBL 模型的基础上，Mnih 和 Hinton 又提出层次化的对数双线性语言（hierarchical log-bilinear language，HLBL）模型，在预测词的时候引入层级结构,进一步降低了模型训练复杂度,提高了模型的可用性。Mikolov 等在 2010 年提出了一种可以对所有历史信息进行建模的神经网络,称为循环神经网络(recurrent neural network,RNN)[37],为建模历史信息提供了一种新的思路。

上述研究主要关注语言模型的建模能力,大多以语言模型的困惑度(perplexity)为评价指标,或在语音识别任务中进行了一些尝试,并不涉及模型在机器翻译中的应用。

2. 基于神经网络语言模型的译文重排序

神经网络语言模型的计算涉及一定规模的矩阵运算,其计算开销相对传统基于统计的语言模型较大。因此,早期在机器翻译中使用神经网络语言模型的尝试往往集中于对机器翻译的搜索结果进行重排序。Schwenk 等在统计机器翻译中首先使用一个 3 元统计语言模型进行解码,再使用 NPLM[35]对结果进行重排序,取得了翻译性能上的提高[38]。类似地,Le 等使用 LBL 模型来对统计机器翻译的结果进行重排序,并比较了不同迭代训练策略对语言模型结果的影响[39]。

为了进一步提高语言模型的计算效率,Le 等[40]提出了一种结构化输出层的神经网络语言模型(structured output layer neural network language,SOUL),将网络的输出层设计为一个多层次的词语概率分布,而不是直接计算在所有词语上的概率分布。这里的多层次分布可以由词聚类的结果来确定。Schwenk 提出了一种基于英伟达图形处理单元(graphical processing units,GPUs)的 NPLM 实现,能够训练大规模神经网络语言模型,并用于机器翻译的重排序任务[41]。Mikolov[42]进行了在统计机器翻译系统中使用 RNN 语言模型进行重排序的实验,也进一步提高了翻译质量。

3. 基于神经网络语言模型的解码方法

在统计机器翻译中使用神经网络语言模型进行翻译重排序能够在一定程度上提高机器翻译性能,但这样的提高取决于原先机器翻译系统生成的翻译候选,如果能够直接在候选生成的过程中(也就是解码过程中)使用神经网络语言模型,也许能得到进一步的性能提升。与之相对的,是神经网络语言模型相对较高的计算开销。因此,如何减少计算开销以使得神经网络语言模型可以在解码过程中使用,也是研究人员积极探索的方向。

Niehues 和 Waibel[43]在机器翻译中引入基于 RBM 的神经网络语言模型,由于 RBM 的概率计算相对高效,因此有可能被加入翻译解码过程中。为了降低使该模型的训练开销,论文仅在小规模领域相关的数据上进行了 RBM 的训练。

Vaswani 等[44]使用噪声-对比估计（noise-contrastive estimation，NCE）来降低 NPLM[35]的训练复杂度,使得神经网络语言模型可以相对高效地在大规模数据上进行训练。他们将上述语言模型的训练结果作为特征加入统计机器翻译的解码过程中,并在多个语言对的翻译任务上取得了翻译性能的提高[45]。

Baltescu 和 Blunsom[46]系统地比较了 NPLM 和 KenLM（一个开源的 n-gram 统计语言模型工具）加入 SMT 系统解码过程中对性能的影响,并比较了各种降低 NPLM 训练复杂度的方式,如使用 NCE 采样训练、使用 SGD 训练极大似然目标函数、使用聚类或其他方式得到的词类等。他们通过实验发现,NCE方法与使用 MLE 作为训练目标用 SGD 训练的方法效果相差不大,但是 NCE方法在文章数据集中只需训练 1.2 天,而 SGD 需要 9.1 天。在内存受限的情况下（较小训练数据）,NPLM 会优于 KenLM;而在内存不受限时（能使用更多的训练数据）,KenLM 会优于 NPLM。

Zhao 等比较了在统计机器翻译中在对数线性模型中加入 NPLM 和 RNN语言模型特征进行解码的情况,其实验表明,单独使用神经网络语言模型进行解码并不能够达到与传统语言模型相当的翻译质量,但将其作为特征加入统计机器翻译中往往能够取得较大的提高[47]。

Auli 和 Gao[48]提出了一种不使用 Softmax 层的方法,通过避免在目标语言词表上的 Softmax 操作,高效地在解码过程中使用 RNN 语言模型。相应地,他们使用一种 expected BLEU 作为训练目标代替原有的交叉熵的训练方式,以训练上述神经网络参数,并取得了翻译质量的提高。

Botha 和 Blunsom[49]提出一种引入词的形态学变化的 LBL 语言模型,直接加入统计机器翻译系统解码过程中,在英语到捷克语、法语、俄语、西班牙语、德语等形态学变化丰富的语言对上也获得了翻译质量的提升。

4. 基于神经网络的短语评价模型

统计机器翻译中的翻译模型定义了源端和目标端语言中翻译单元之间互为翻译的概率,是传统统计机器翻译中最重要的组成部分之一。与语言模型类似,传统的翻译模型以源语言、目标语言的符号表示为基础,通过在双语语料上对上述符号对应关系进行相对频次统计进行概率估计。基于向量的表示方法的引入,缓解了原先基于符号表示的翻译模型的数据稀疏问题,为翻译模型的改进提供了一种可能性。在此基础上,基于神经网络的翻译模型也有能力将更多的上下文信息加入翻译模型之中,以增强模型的表达能力,从而加强模型在特定上下文情况下的翻译选择。

早期的对翻译模型的改进在于利用词或短语的表示为翻译模型增加新的特征。这类方法并不能产生新的短语，往往侧重于设计专门的双语表示的学习方法，并根据词或短语表示为现有短语计算源端和目标端的匹配得分。这样的得分或者用于对现有统计机器翻译系统的 n-best 解码结果进行重排序，或者用于加入对数线性模型作为一个新的特征。

2013 年，Zou 等[50]提出了一种首先使用大规模单语语料来预训练词向量，再通过双语对齐来约束双语词向量学习的方法。该方法学习得到的双语向量表示可以通过余弦距离等方法计算语义关系。Zou 等用词向量的均值作为短语的向量表示，并将双语的短语表示的余弦距离作为特征加入统计机器翻译系统中。Gao 等[51]提出了一种将短语的源端和目标端表示为 bag-of-words 并通过一个前馈神经网络映射到同一个低维空间的方法。这个低维空间中的向量距离被用来衡量短语的质量。前馈神经网络的参数可以采用期望 BLEU 作为优化目标与对数线性模型一同训练得到。

Zhang 等[52-53]进一步提出使用双语约束的递归自动编码器来对短语的表示进行自动学习，使双语表示之间的对应关系得到进一步加强。值得注意的是，该方法学习了短语的一种组合关系，使得短语的表示可以通过给定的神经网络（如一个递归神经网络）进行学习。Su 等[54]在此基础上提出了一种利用短语以及短语内部的结构关系来增强双语表示的一致性的方法。Passban 等[55]也提出了一种利用卷积神经网络学习双语词向量，并用于扩充短语表的尝试。

5. 基于神经网络的短语生成模型

一部分研究工作关注对生成翻译的过程进行建模，这些模型采用前馈神经网络、循环神经网络或卷积神经网络等结构对源语言的短语或句子进行建模，并通过一个独立的前馈神经网络或循环神经网络进行目标语言句子的生成。尽管这些方法大多只用于对现有统计机器翻译系统的翻译结果进行重排序，但这些研究已经具有直接生成翻译结果的潜力。例如，Schwenk[41]提出了一种基于神经网络的短语翻译模型，通过将每个源端词和目标端词都表示为一个连续的、稠密的实值向量来缓解传统方法面临的数据稀疏问题。一个源端短语 $s = \{s_1, s_2, \cdots, s_p\}$ 到目标端短语 $t = \{t_1, t_2, \cdots, t_q\}$ 翻译概率可以表示为

$$p(t \mid s) \simeq \prod_{k=1}^{q} p(t_k \mid s_1, s_2, \cdots, s_p) \qquad (9-2)$$

与在语言模型方面的工作类似，该方法采用一个前馈神经网络来进行概率建模，固定窗口的源端和目标端的上下文作为输入，决定一个当前目标端词

语的概率分布。除了用于对现有短语进行打分之外,该模型还能够根据概率生成可能的短语,甚至生成训练集中没有出现过的短语。

Kalchbrenner 和 Blunsom[56]提出了一个完全利用分布式表示和神经网络,而不依赖词对齐和短语翻译表的机器翻译模型(recurrent continuous translation model,RCTM)。该模型利用卷积神经网络从源端的词分布式表示中学习源端的句子表示,并在目标端利用一个条件循环神经网络来生成翻译。

Cho 等[57]则提出在源端和目标端都分别使用循环神经网络来进行编码器(encoder)和解码器(decoder)的建模。此外,他们还提出了一种称为"门控循环单元"(gated recurrent unit,GRU)的机制来对在循环神经网络中传递的信息进行控制。

6. 基于神经网络的 n 元翻译模型

传统的统计机器翻译通过组合若干的翻译规则(短语、层次短语、句法规则等)得到整个句子的翻译,但这些翻译规则往往被视为相互独立的,它们之间的关系并没有得到有效的建模。2006 年,Mariòo 等[58]提出了 n-gram 翻译模型,将短语翻译系统中的最小短语序列作为建模对象,在一定程度上描述了短语之间的依赖关系。为了高效地建模,该方法及其后续工作要求其建模单元为根据词对齐不能再进行分解的短语,也称为最小翻译单元(minimum translation unit,MTU)。由于数据稀疏问题,n-gram 翻译模型必须通过一系列独立性假设将短语序列分解成更小的词或者词对序列,才能进行概率估计。翻译规则的向量表示为更好地建模 n-gram 翻译模型创造了可能性。

2012 年,Le 等[59]在基于 n-gram 翻译模型的机器翻译系统上通过多层前馈网络建模翻译模型,缓解数据稀疏问题,并且尝试建模更大范围的上下文。进一步地,Wu 等[60]和 Hu 等[61]分别提出了一种利用 RNN 对不限长度的历史序列进行建模的方法,以增强对更长依赖关系的建模效果。

Yu 和 Zhu[62]分别在短语和层次短语系统中尝试了利用 RNN 直接对强制解码的翻译单元序列进行建模的方法。Zhang 等[63]则在基于句法的系统中进行了类似的研究。Guta 等[64]则对基于词和基于 MTU 的 n-gram 翻译模型进行了一些实验比较。

7. 包含丰富上下文的翻译模型

由于基于符号的统计方法面临的数据稀疏问题,大多数统计机器翻译模型(如基于短语的翻译模型、基于层次短语的翻译模型等)都只根据翻译单元的源端和目标端对翻译概率进行估计。翻译模型的建模除了依赖于翻译单元的源端和目标端以外,还依赖于更多的上下文信息。翻译单元的连续向量表示极大地缓解了数据稀疏问题,为建模更多的上下文信息提供了可能性。2013 年,Auli 等[65]提出在 RNN 语言模型中加入整个源端句子的表示作为辅助信息,从而联合建模语言模型和翻译模型的方法。Devlin 等[66]提出了一种称为神经网络联合模型(neural network joint model,NNJM)的方法,用一个前馈神经网络对以当前待翻译词为中心的固定窗口中的源端的上下文信息和目标端的前序词语信息进行建模,并用于预测当前单词,显著提高了翻译质量。

通过自正则化(self-normalization)以及网络参数预计算等技巧,Devlin 等使得该模型能够高效地参与到解码过程中。在此基础上,Setiawan 等[67]进一步设置了以不同的单词为中心的上下文信息建模,并提出一种基于张量网络的方法进行建模。

Meng 等[68]则提出了一种利用卷积神经网络对给定窗口中的源端上下文进行建模的方法,在卷积过程中还可以加入目标端信息作为额外的输入,以使得卷积的结果与当前待翻译的词具有更强的相关性。

Sundermeyer 等[69]提出了一种利用双向循环神经网络进行上下文建模的方法,并设计了在词语和短语两种不同级别使用该方法的策略。

Hu 等[70]提出了一种利用两个 CNN 分别对源端和目标端的短语以及其上下文信息进行建模的方法,建模的结果通过一个多层神经网络得到匹配得分,用于衡量短语质量。

8. 基于神经网络的调序模型

基于短语的翻译系统使用调序模型来控制短语翻译的顺序。由于数据稀疏,传统调序模型往往只利用当前短语本身作为判断调序类型的依据。Li 等[71]提出使用递归自动编码器对短语进行表示,并以此为基础训练最大熵调序模型的方法。类似的策略还可以用在词汇化调序模型上,在短语向量表示的基础上同时使用当前短语和前一短语作为判断调序类型的依据[72]。针对同样的调序建模问题,Cui 等[73]提出了一种通过 LSTM 建模单词序列并预测调序类型的方法。

调序决策还可以使用在包含句法信息的翻译系统中。如 Miceli-Barone 和 Attardi[74]提出了一种基于依存关系进行句法预调序的方法,并利用 RNN 对句法结构中的父节点等信息进行建模。Hadiwinoto 和 Ng[75]则利用神经网络的训练分类器在解码过程中进行基于依存关系的调序决策。

9. 基于神经网络的参数训练

由于统计机器翻译用翻译模型、调序模型、语言模型等多个模型来对翻译质量进行描述,因此如何将这些模型的评估结果结合起来是一个重要的问题。有研究提出将对数线性模型用于统计机器翻译建模。该方法因其易于拓展的特性和优秀的性能,迅速成为统计翻译模型建模翻译过程的主流方法。给定一个源端句子 f,定义目标端译文 e 的得分为

$$Pr(e \mid f) = p\lambda_1^M(e \mid f) = \frac{\exp\left[\sum_{m=1}^M \lambda_m h_m(e \mid f)\right]}{\sum_{e^\mathrm{T}} \exp\left[\sum_{m=1}^M \lambda_m h_m(e^\mathrm{T} \mid f)\right]} \quad (9-3)$$

式中,$h_m(e \mid f)$ 是第 m 个子模型(特征函数);λ_m 是与之对应的模型权重。

由于式(9-3)中的规范化项对于相同源端句子的所有译文都是相同的,所以对于每个翻译候选的得分 s,最终表达为所有特征的线性组合,如式(9-4)所示

$$s(e) = \sum_{m=1}^M \lambda_m h_m(e \mid f) \quad (9-4)$$

从式(9-4)中可以看出,对数线性模型期望通过一个线性决策(特征的线性组合)判别翻译质量的优劣。这样的线性决策规则假设所有特征与模型得分呈线性关系,这使得模型在机器翻译这样的复杂问题中仍然可以进行有效的参数搜索,但该假设也会产生一些潜在的问题:① 线性假设限制了每个特征和其他特征之间的组合和关联;② 线性模型的表达能力不足以刻画特征中包含的潜在信息,可能导致对训练数据的欠拟合。因为多层神经网络具有较强的表达能力,因此,使用神经网络对子模型的组合进行建模,为解决参数组合问题提供了一种新的可能。

考虑到神经网络的计算开销问题,将神经网络直接用于建模子模型之间的组合关系存在一定的困难。Liu 等[76]在 2013 年提出了一种采用 additive neural networks (AddNN)模型用于翻译过程建模的方法。该方法将翻译过程建模分为两个部分:对于非局部特征建模仍然采用线性模型;对局部特征进行编码则采用非线性模型(即神经网络)。与对数线性模型相比,该模型可以通过神经网络的隐层部分更深度地刻画和利用特征的潜在信息,使模型具有更强的表达能力。

Liu 等[77]提出了 recursive recurrent neural network (R²NN)模型取代对数线性模型直接建模翻译过程。该模型结合了递归神经网络和循环神经网络的特点,利用递归神经网络在自底向上地生成翻译的过程中学习并利用语言的结构化信息,同时使用循环神经网络弥补递归神经网络仅仅依赖于子节点无法利用

全局信息(如语言模型和调序模型)的缺陷。这使得在预测翻译的过程中不仅能够利用传统的翻译系统中的全局特征,还能利用到递归网络生成的结构表示,提升了翻译的性能。

Huang 等[78]提出了一种直接基于神经网络的非线性框架建模翻译过程的方法。直接采用单隐层的前馈神经网络(非线性决策规则)取代原来的对数线性模型(线性决策规则),通过引入非线性,加强了模型对翻译候选的判别能力,并通过基于采样方法的非线性学习框架对神经网络的参数进行学习。为提高模型效率,该方法进一步引入先验知识来约束神经网络结构,根据特征的分布信息对不同特征进行分组,并以分组来约束参数的组合方式,在取得翻译质量提高的同时兼顾了性能方面的问题。

基于神经网络的特征子模型通过增强特征自身的表示能力,从而缓解对数线性模型表达能力的欠缺,被证明是提升统计翻译系统性能的有效手段。然而,当前的特征子模型学习总是孤立于对数线性模型进行训练,并且通常使用一个与翻译系统实际性能衡量标准(如 BLEU 值)不同的训练指标。这可能会导致整个模型的参数学习无法达到最优。DO 等[79]针对该问题,提出了一种交替训练的框架联合学习对数线性模型和基于 n-gram 的神经网络翻译子模型:首先固定对数线性模型的参数,在训练语料上训练神经网络的参数,再固定神经网络参数,在开发集合上训练对数线性模型参数。并且在训练目标中直接关联了句子级别的 BLEU 使得模型的学习能够直接考虑翻译的评价标准。该方法在 n-best 重排序任务的训练和自适应两个场景下都取得了一定的性能提升。Auli 和 Gao[48]以及 Gao 等[51]分别针对基于循环神经网络的语言模型和连续空间的短语翻译模型,设计了类似的训练方法联合训练基于神经网络的特征子模型和对数线性模型。该方法首先利用预训练的基线系统生成训练集合上的 n-best 翻译候选,然后固定对数线性模型参数在 n-best 候选上通过优化 BLEU 值的期望训练神经网络模型,最后固定神经网络模型参数,重新学习对数线性模型参数。该方法在训练神经网络模型的同时兼顾了对数线性模型的其他特征子模型参数学习,并且直接利用翻译评价指标优化神经网络,使得整体翻译模型参数能够得到更好的学习,增强了翻译系统的性能。

近年来,神经网络模型在表示学习的任务上取得了显著的成果。针对对数线性模型对于特征潜在能力的解释和表达能力的不足的问题,研究者们将目光聚焦于利用额外的神经网络模型学习新的特征子模型或者重新表达特征子模型。Maskey 和 Zhou[80]通过深度置信网络(deep belief network,DBN)无监督地对翻译规则中的 4 个特征(双向翻译概率和双向词汇化翻译概率)重新进行表示学习,使得学习获得的特征更具有表示能力。Lu 等[81]在此基础上提出了基于半监督的深度自编码器特征学习方法。首先拓展了需要重新表达的特征类型。其次针对 DBN 无监督学习过程中没有目标函数而仅依赖于经验参数导致性能提升有限以及不稳定的问题,在 DBN 的基础上采用深度自编码网络以输入特征为指导半监督地进行特征的表示学习,使得该方法能够学习到更有表达能力和更抽象的特征。实验证明,与 DBN 学习的特征相比,该方法学得的特征在机器翻译模型中更加有效和稳定。Zhao 等[82]针对统计机器翻译系统中的稀疏特征存在的信息重合以及训练过程中缺乏足够的训练样本的问题,提出了采用深度自编码器框架对稀疏特征进行重新表达的模型。该框架通过将所有离散和信息重合的稀疏特征映射到低维的连续空间中,使得稀疏特征向量中编码的信息成为一个稠密的向量,进而能够在训练过程中利用更多训练样本并避免数据的过拟合问题。

9.3.3 其他相关工作

其他在统计机器翻译中利用神经网络和深度学习技术的工作还包括在形态丰富语言生成、资源稀缺情况下的翻译、领域自适应问题等方面。例如 Tran 等[83]将词根词缀也表示为向量的形式,并通过上下文信息对词根词缀进行预测,以提高在形态丰富语言上的翻译能力。Zhao 等[84]利用在连续空间表示中短语之间的相似性关系,根据已知短语的翻译生成距离相近的未知短语的翻译。Wang 等[85]提出了一种学习层次短语翻译系统中非终结符表示的方法,通过约束非终结符与其表示的内容之间的语义距离来对层次短语规则的应用进行约束。Duh 等[86]提出一种利用循环神经网络训练语言模型并进行相关数据选择以提高专门领域的翻译效果的方法。

9.3.4 端到端神经机器翻译

端到端神经机器翻译于 2013 年由英国牛津大学的 Kalchbrenner 和 Blunsom[56]提出,该模型采用编码器-解码器框架实现序列到序列的翻译转换:给定一个源语言句子,首先使用编码器将其映射为一个连续、稠密的向量序列,然后使用解码器基于该向量序列来生成相应的目标语言句子。当前模型中编码器采用卷积神经网络(CNN)[87],解码器采用循环神经网络[57, 88](RNN)。然而,端到端神经机器翻译最初并没有获得理想的翻译性能,一个重要的原因在于训练循环神经网络时面临严重的"梯度消失"和"梯度爆炸"问题[89-90]。

对此,谷歌公司的 Sutskever 等[69]将长短时记忆(long short-term memory,

LSTM)引入端到端神经机器翻译。长短时记忆通过引入门机制(gating)解决了循环神经网络的"梯度消失"和"梯度爆炸"问题,能够较好地捕获长距离上下文信息。与 Kalchbrenner 等[56] 提出的翻译系统不同,无论是编码器还是解码器,Sutskever 等的模型均采用了循环神经网络。这种框架构成的神经机器翻译系统的性能得到了大幅度提升,获得了与传统的统计机器翻译不相上下,甚至更高的翻译性能。该模型的优势在于,当生成目标语言词时,解码器不但会考虑源语言句子的全局信息,还考虑已经生成的部分译文。如图 9-1 所示,以中英翻译为例,给定源语言中文句子"泰国总理抵沪访问</s>",其中"</s>"为句尾结束标记。通过编码器编码得到源语言句子的向量表示后,作为解码器的输入信息进行解码,以生成对应的英文翻译"Thai prime minister visits Shanghai </s>"。解码过程在解码器生成句尾结束标记"</s>"后结束。其中,解码过程中每生成一个新的英文词,其都将作为下一个英文词生成的上下文信息。

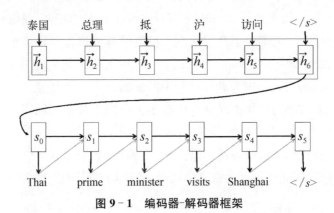

图 9-1 编码器-解码器框架

端到端神经机器翻译发展至此,相较于传统的统计机器翻译,它具有以下显著的优点。

1. 自动学习数据表示

传统的统计机器翻译需要人类专家设计隐式结构,并在此基础上设计相应特征和建模相应的翻译过程。而现有神经机器翻译通过神经网络,可以直接将输入句子中包含的语义、语法等信息压缩到生成的向量表示中,无须人工的干预。同时,这种向量表示使得同义但不同句法的句子在向量空间中进行聚集,而不同语义但相同句法的句子进行分离。

2. 长距离上下文信息建模

传统的统计机器翻译面临的一大挑战在于如何对翻译得到的译文进行顺序调整,使之成为通顺合理的自然语言句子。然而,统计机器翻译却无法很好地处理该难题：一方面，它在指数级别的结构空间中利用局部特征和动态规划进行了近似搜索处理，建模能力有限；另一方面，它采用手工构造特征的离散数据表示方法造成了严重的数据稀疏问题，难以捕捉建模长距离上下文依赖现象，容易导致单个词翻译准确而整句不通顺、不合理的情况。相比之下，神经机器翻译通过神经网络学习到的稠密、紧凑的句子向量表示较好地解决了数据稀疏问题，同时，通过采用长短时记忆网络等网络模型来建模长距离上下文信息，大大提升了译文的流利度。

　　然而，上述神经机器翻译框架存在一个严重的问题，即在编码器端，任意长度的源语言句子均被映射为一个固定维度的向量，对于较短的源语言句子而言，过大的向量维度造成了存储空间和训练时间上的浪费，对于较长的源语言句子而言，过小的向量维度则不足以充分包含源语言句子中蕴含的完整语义、语法等信息，从而导致长句子的翻译质量明显下降。为解决上述问题，Bengio 研究组的 Bahdanau 等[91]以上述框架为基础，进一步引入注意力机制，显著提高了神经机器翻译的性能，从而确定了基于注意力机制的神经机器翻译模型在本领域的主流地位。该模型具体做法是：为源语言句子中的每个词生成包含源语言句子全局信息的向量表示，以作为翻译过程中的源语言上下文信息。不同于传统模型，基于注意力机制的神经机器翻译模型不再局限于只使用源语言句子的单一向量表示，而是在生成目标语言词的过程中，动态地计算所需要的源语言上下文信息，从而解决长距离依赖问题。以图 9‑2 为例，基于注意力机制的神经机器翻译模型使用双向循环神经网络来生成源语言句子"泰国总理抵沪访问$\langle /s \rangle$"中

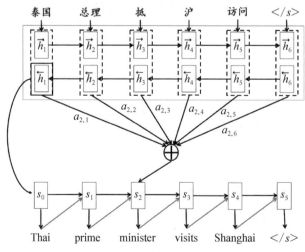

图 9‑2　基于注意力机制的神经机器翻译

的词向量表示序列。这个向量由正向和反向循环神经网络中每个词对应的隐层状态拼接得到。其中,正向循环神经网络自左向右进行建模,生成的词向量包含其左侧的历史信息;而反向循环神经网络自右向左进行建模,生成的词向量包含其右侧的未来信息。在解码端生成目标语言词的过程中,注意力机制将动态寻找与之最为相关的源语言词,生成表示源语言上下文信息的向量。

虽然神经机器翻译取得了不错的翻译效果,但之前的研究均以英法翻译为研究对象。因此,随之而来的一个很自然的问题是神经机器翻译是否在别的语言对和大规模语料上也行之有效? 为此,2016 年,Google 公司的 Wu 等[92]针对 6 种语言对的翻译任务,对比了基于短语的统计机器翻译模型和神经机器翻译模型的翻译性能,发现神经机器翻译在大规模训练语料上,其人工评测结果仍然能够获得稳定而且显著的提升。至此,神经机器翻译代替统计机器翻译成为谷歌、百度等商业翻译系统的核心技术,获得了广泛的关注和研究。值得一提的是,从 2016 年开始,不仅仅是在工业界,神经机器翻译在学术界也成为炙手可热的热门研究方向。接下来,我们将从以下几个方面简述该领域在近两年取得的重要研究进展。

1. 注意力机制的改进研究

如前所述,相比于以前的翻译模型,端到端基于注意力机制的神经机器翻译的一大优势在于引入注意力机制来动态捕捉源语言的上下文信息。然而,由于缺少监督信息,注意力机制无法非常准确地捕捉影响当前译文生成的源语言上下文信息,从而导致了"过翻译(无须多次翻译的源语言词被多次翻译)"和"欠翻译(源语言句子中的词未被翻译)"现象[93]。因此,如何通过完善注意力机制来进一步提高神经机器翻译性能备受研究者关注。

在注意力机制建模过程中,其所产生的注意权重分布可以看作目标语言词和源语言词的一种对齐信息。因此,许多研究者借鉴传统统计机器翻译的对齐模型研究成果来改善注意力机制模型。在这方面,Luong 等[94]提出了两种简单且高效的注意力机制,分别是全局注意力机制和局部注意力机制。其中,全局注意力机制的作用范围为整个源语言句子词的隐层状态,而局部注意力机制认为当前目标语言词的位置与其所对齐的源语言词的位置应该较为接近,所以该机制根据位置信息计算各个源语言词隐层状态的权重,并通过阈值确定作用范围的中心位置,从而进一步确定作用区间。Mi 等[95]引入人工对齐信息来优化注意力机制建模。具体而言,文章作者在目标函数中最小化人工标注的对齐信息与注意力机制的权重分布差异,以此优化注意力机制模型训练。类似地,Liu 等[96]则引入统计机器翻译对齐工具 GIZA++[97]得到的词对齐信息作为注意力机制训练的监督信息。Tu 等[93]借鉴统计机器翻译的翻译"覆盖率(coverage)"概念,为源语言句子引入一个覆盖向量以记录历史翻译信息。该覆盖率向量作为注意力模型的输入,在生成每个目标语言单词后都进行更新,以优化后续解码过程中源语言词隐层状态的权重计算,使得翻译模型能更多考虑未翻译的源语言词对应的隐状态。考虑到翻译过程中不同源语言词被翻译的次数可能不同(翻译繁殖率),为了建模这种复杂的翻译现象,Mi 等[98]为每个源语言词分别引入一个用于记录翻译信息的覆盖嵌入向量。相应地,这些向量构成了源语言句子的覆盖嵌入矩阵。此外,文章作者在目标函数中加入覆盖嵌入矩阵的覆盖率,确保翻译结束时所有源语言词都能被充分翻译。

词调序模型是传统统计机器翻译非常重要的组件,而神经机器翻译利用注意力机制自动从训练数据中学习词调序知识,显式的词调序知识的缺少也可能导致注意力机制模型产生错误。对此,Zhang 等[99]将统计机器翻译模型得到的词调序知识融入注意力机制模型中来指导其注意权重向量的生成,从而提高翻译系统性能。

不同语言(如英语和德语)之间存在错综复杂的结构差异。在神经机器翻译系统中,仅利用单向注意力机制无法准确建模双语之间的对齐信息。Cheng 等[100]发现由从源语言到目标语言的翻译模型和从目标语言到源语言的翻译模型计算得到的注意权重分布向量均存在差异并且可以相互弥补。因此,Cheng 等提出对两个方向的翻译模型进行联合训练,并在目标函数中加入一致性约束来减少两个翻译模型注意力机制权重矩阵的差异,以同时优化两个翻译模型的注意力机制模型。

此外,与注意力机制非常相关的技术还有 Graves 等[101]于 2014 年提出的神经图灵机(neural Turing machine)和 Weston 等[102]提出的记忆网络(memory network)。如果将循环神经网络中的记忆单元比作用于存储短期处理的信息的"内存",那么神经图灵机和记忆网络则是通过引入一个"外部存储器(external memory)"来存储长期的记忆信息,并使用注意力机制对其进行信息的"读写"。神经图灵机在机器翻译中的第一个成功应用的人是 Wang 等[103],其引入一个额外的记忆模块,可以让模型在每一时刻解码时既能从中读取信息又能向其写入信息,相当于解码器中隐层状态的扩展,更好地捕捉重要的信息。而 Yang 和 Abel[104]则赋予外部记忆模块具体的作用意义,将其用于存储特定的知识——统计机器翻译模型学习得到的双语词典,在翻译时翻译模型通过注意力机制同时考虑源语言句子和外部记忆部分,可以有效地解决未登录词的翻译问题。受到神经图灵机的启发,Meng 等[105]提出交互式注意力机制。该机制在解码过程中,解码器的隐层状态与源语言各个词的隐层状态组成的记忆进行动态交互,不断地对源语言信息进行"读写",以保留历史注意力信息,从而更好地指导下一时刻的注意力机制。虽然神经图灵机和记忆网络在上述工作中有着较为成功的应用,但外部记忆模块在带来大量计算代价的同时,能否提供与注意力机制不同的有用信息还是未知解。本章作者相信未来还会有更多外部记忆与神经机器翻译的研究工作。

2. 模型架构的改进

神经机器翻译模型不需要人为制订学习规则和设计特征,因此网络架构的设计变得尤为重要。在模型架构方面,研究者提出了许多新的神经机器翻译架构。例如,Ishiwatari 等[106]提出了基于组块的层次化解码器,将译文切分为多个独立的组块,翻译时逐块生成翻译。在具体实验中,文章作者所设计的解码器由组块解码器和词解码器构成,分别用于建模组块间的全局依赖信息和组块内的局部依赖信息,而组块解码器和词解码器的隐层状态互相影响,更容易捕获长距离的依赖信息和建模复杂的句子结构。Tu 等[107]为了解决译文忠实度不高的问题,提出了"编码器-解码器-重构器"的模型架构。其中,重构器用于将解码器生成的译文再翻译回原文,通过最小化重构误差来确保源语言的信息尽可能完整地传递到译文中,使译文更加忠实于原文。Tu 等[108]观察到源语言上下文信息对于译文选择准确度有直接影响,而目标语言上下文信息对译文流利度起着关键作用,因此 Tu 提出采用门控机制在每一时刻动态选择由哪种上下文(源语言上下文还是目标语言上下文)产生作用,以同时提高神经机器翻译译文的选择度和流利度。Zhang 等[109]指出虽然神经机器翻译模型能够隐式地学习源语言句子和目标语言句子的语义表示,但是这非常依赖于注意力机制学习到的语义对齐准确性。因此,注意力机制的语义对齐错误将使得翻译模型无法准确捕获到源语言上下文信息,进而导致错误翻译的产生。对此,本章作者将变分自编码器(variation auto encoder)与神经机器翻译模型相结合,引入连续隐变量来显式地建模双语句对所蕴含的潜在语义信息,并将该隐变量与原来翻译模型的语义信息相结合来共同指导译文的生成。Su 等[110]指出神经机器翻译在建模源语言句子语义表示时非常依赖词嵌入表示,然而像中文这种没有自然分隔符的语言,很难找到最优的分词方式,而使用唯一的分词方式可能会将分词错误传播给神经机器翻译编码器。为了解决这个问题,本章作者设计了一种基于词图拓扑结构的编码器。首先,使用词图能够同时编码源语言句子的多种分词的结果,然后基于词图来进行循环神经网络语义建模:新的隐层状态基于词图上所有前序路径的输入和隐层状态生成,这样的建模方式既减少了分词错误的传播,又使得翻译模型源语言句子的语义建模更加灵活。Liu 等[111] 指出循环神经网络作为解码器存在着不平衡输出的问题。具体来说,由于当前时刻的译文选择依赖于前一时刻的译文选择的准确性,译文序列前缀错误会产生错误传播,导致后续译文产生大量错误。于是本章作者提出引入从左到右和从右到左的双向解码器来解决这个问题。具体而言,本章作者同时使用两个方向解码器对生成的候选译文进行打分,结合两个解码器的分数来挑选最终译文。神经机器翻译的解码过程可以看作是离散优化问题,通常使用贪婪搜索或者柱状搜索来选择最终译文。这种方法主要存在两个缺点:① 顺序解码无法充分捕捉目标语言词之间的内部依赖;② 带有全局特征约束的模型无法有效使用上述搜索方法。为解决这两个问题,Hoang 等[112] 将解码过程转换为连续优化过程,主要思想是将每个候选译文词的 one-hot 编码转换为根据某种规则进行初始化的概率分布,与模型生成的概率分布相结合,并采用指数梯度和随机梯度下降算法进行优化,以得到具有全局最优性质的目标语言词的概率分布。

神经网络翻译模型的主流架构大多基于循环神经网络,然而有研究者指出循环神经网络对文本序列的建模本身也存在着缺点和不足。因此,研究人员开始尝试用其他神经网络来构建神经机器翻译模型,取得了非常好的效果。Wang 等[113] 从循环神经网络的基本单元出发,指出深层的循环神经网络由于其非线性的循环激活单元,会经常遭遇严重的梯度传播问题,进而造成模型难以优化。因此,他们针对基于深层循环神经网络的翻译模型,提出了一种线性关联单元(linear associative unit)。不同于长短时记忆循环神经网络单元和门控循环单元,线性关联单元对当前时刻计算单元的输入信息和输出状态直接建立线性关联连接,能有效地降低信息流通的损失。Gehring 等[114] 则从整体网络结构上出发,分析循环神经网络作为编码器存在以下缺点:① 时序依赖限制了编码的并行性;② 非线性变换的次数取决于文本序列的长度。具体地说,循环神经网络建模句子的时序特征时,前面的源语言词信息不断地堆叠到后面的单词的语义信息建模中,这种建模方式使得后期信息杂糅在一起不易区分。同时,前面信息随着后向传播距离的变长,模型信息损失变多。虽然注意力机制可以在一定程度上捕获每个源语言词的隐层状态信息,但每个隐层状态仍然夹杂了序列前面单词的语义信息。相比之下,卷积神经网络利用卷积核来建模时序依赖关系,通过堆叠卷积层来扩大每层编码器所覆盖单词的范围。由于没有时序依赖,可以对整个源语言句子并行地进行编码,加速模型训练。综合以上优点,文章作者提出一种基于卷积神经网络层的编码器,在取得更好翻译效果的同时大大提升了翻译模型的训练速度。Gehring 等[115] 则进一步设计了一个完全基于卷积神经网络的翻译模型。该模型充分利用了 GPU 的特性，使得模型训练可以完全并行化。特别地，该模型无论是编码器还是解码器，非线性变换的次数都固定而且独立于文本序列的长度，因此模型优化变得更加容易。此外，多层卷积神经网络可以充分地建模源语言的层次化结构。在翻译任务上，该模型的表现一举超过了基于长短时记忆循环神经网络的谷歌神经机器翻译 Wu 等[92]。进一步讲，谷歌公司的最新研究[116]完全脱离了循环神经网络和卷积神经网络，在编码器和解码器间仅仅采用注意力模型连接，该研究提出了两种注意力机制：多槽注意力机制（multi-head attention）和自注意力机制（self-attention）。多槽注意力机制将注意力模型的输入按相同大小进行分组并映射到不同的语义空间，再分别进行注意力机制，最后将各个组计算的上下文向量拼接作为最终上下文向量；而自注意力机制建模的是词对之间的关系，直接捕捉词与词的语义组合关系。融合上述注意力机制的模型在训练速度上超过了基于循环神经网络和卷积神经网络的模型，并且在英德、英法语言之间的翻译任务上达到了目前的最佳结果。

3. 先验约束和外部知识的引入

神经机器翻译模型是数据驱动的学习方法，能自动从训练数据中提炼知识，学习文本语义和语法结构。但是它并没有将数据之外的先验知识融入神经网络的建模学习中，因此存在明显的缺陷：① 神经网络用连续的向量来表示学习到的文本语义和语法结构等信息，尽管这些向量表示被证明隐式地蕴含了翻译规则，但是这些向量却很难从语言学的角度来解释，这使得研究人员对模型的分析和调试变得十分困难；② 先验知识通常表示为离散的符号，比如双语词典或者翻译规则，如何将其转化为连续的向量表示也是一个难题。因而，如何将人类先验知识与数据驱动的神经网络方法相结合成为神经机器翻译的另外一个重要研究方向。

在这方面，早期的研究主要致力于修改模型架构或者修改目标函数。例如，Cohn 等[117]在目标函数中加入额外的约束项来控制词的翻译繁殖率。Arthur 等[118]则引入双语词典以改善低频词的翻译，利用注意力机制决定当前目标语言词是由模型生成还是由双语词典提供。尽管这些工作取得了一定的进展，但是都只能加入有限的先验知识，神经机器翻译对先验知识的使用仍不充分。为此，Zhang 等[99]提出了一个引入先验知识的神经机器翻译通用框架：将先验知识表示为对数线性模型特征，然后通过后验正则化技术来最小化模型学习到的译文分布和编码先验知识的译文分布的 KL 散度，以此来优化神经机器翻译训练。这一框架简洁有效，不但在翻译任务上取得了显著的效果，而且可以应用于任何自然语言处理的其他神经网络模型中。

上述工作所融入的先验知识是专业的、针对翻译任务的,实际上还有更多的广义先验知识,比如丰富的外部知识库和语言学知识等。Shi 等[119]指出神经机器翻译模型没有明确定义源语言句子中的主要信息,这可能导致主要信息翻译的丢失。对此,引入外部知识库作为连接两种语言语义空间的桥梁,翻译过程转变为首先从源语言句子中抽取主要信息,并将其编码成向量表示,然后基于这个向量表示来生成译文,从而保证源语言句子中的实词能够被正确翻译。Zhang 等[120]提出在神经机器翻译系统中引入主题信息来捕捉篇章级别的上下文。在编码阶段,利用 LDA 主题模型工具来获取生成每个源语言词的主题信息,在解码阶段,同样利用 LDA 主题模型工具来获取上一时刻目标语言译文词的主题信息,并与源语言词的主题信息进行协同作用,以改进翻译系统的译文选择。

Shi 等[121]证实基于循环神经网络的编码器能够自动学习到源语言句子的句法信息。然而不可否认的是,神经机器翻译生成的译文仍然会明显地违背语法规则,尤其是远距离的语法限制。如何将语言学先验知识融入翻译模型,从而学习到精确的语法规则仍是一个不容忽视的挑战。在这方面,研究者们从 2016 年开始将更多的注意力转移到了融入句法信息的神经机器翻译研究,这种建模方式有两个好处:① 句法信息可以帮助编码器学到源语言句子,特别是长句子更好的语义表示;② 可以使模型学习到更深层次的结构信息,这对于结构差异较大的语言对的翻译过程能提供更为充分的信息。就目前的研究而言,神经机器翻译融入句法信息的方式主要有两种,即融入源语言句法信息和融入目标语言句法信息,下面就这两种方式展开进一步介绍。

1. 融入源语言句法信息的神经机器翻译研究

在这方面,最为自然的选择是将句法树形结构作为编码器的基本结构,然后采用树形循环神经网络来编码源语言句子。Eriguchi 等[122]在原本序列编码器的基础上增加基于树形循环神经网络的编码器,既按照句子顺序编码,又按照句法结构递归地自下而上编码,而在解码时的注意力机制不仅作用于源语言词的隐层状态,还作用于源语言句法短语的隐层状态。该模型在英日翻译任务上取得显著效果。不同于该工作,后续研究都选择首先将句法树先转换为序列表示,然后再用序列循环神经网络进行编码。Eriguchi 等[123]在多任务框架下同时训练翻译模型和语法生成模型,编码器将源语言句子编码成向量后,解码器负责生成译文。此外,还引入循环神经网络语法生成器[124]作为另一个解码器,负责生成解析源语言树时的动作序列,最后在训练过程中通过最大化译文和动作序列的对数似然来进行训练。这种方法的好处是仅在训练时隐式地融入句法先验知识到模型中,而在测试时不再需要。Li 等[125]则将源语言句子的句法成分树转换为句法标签序列,在不改变序列到序列模型框架的前提下,提出 3 种编码器模型以融入源语言句法信息: ① 平行编码器,包括词循环神经网络和标签循环神经网络,两个神经网络单独地对词序列和标签序列进行编码,每个词向量表示由两个神经网络的隐层状态拼接而成;② 层次化编码器,底层编码器编码标签序列,其输出和词序列作为顶层编码器的输入;③ 混合编码器,将句法树按照深度优先搜索的顺序转换成一个词和标签的混合序列,解码时仅使用词对应的向量表示。上述 3 种模型都取得了较好的效果。Chen 等[126]将源语言句法信息同时融入了编码器和解码器中,首先将编码器改进成自下而上和自上而下的双向树形编码器,以此来编码完整的序列上下文和句法上下文;其次在解码器端,Chen 等发现仅使用提出的编码器仍会出现两个问题:一是源语言的词组经常被翻译为不连续的词,二是由于树形编码器中非叶子节点的语义信息要比叶子节点丰富,注意力模型倾向于给信息量多的非叶子节点赋予较大的注意力权重,这导致了"过翻译"问题。对此,Chen 等提出将词覆盖率模型扩展为树节点覆盖率模型,为每一个节点设置一个覆盖率向量,并且当前节点的覆盖率依赖于其子节点的覆盖率。使用这种建模方式,注意力机制会更加关注词组信息,保证词组译文的连续性。另外,当子节点被用来生成一个翻译时,父节点的覆盖率向量引导解码器不再使用父节点的冗余信息,避免"过翻译"问题。

2. 融入目标语言句法信息的神经机器翻译研究

该类方法的好处在于解码过程可以直接利用目标语言句法信息改善译文生成。Stahlberg 等[127]利用目标语言句法信息来改进解码器的柱状搜索。具体而言,就是在预测概率中加入基于句法的统计机器翻译模型产生的翻译推断概率,以扩展搜索空间。但是这种做法将翻译模型分离成了两个单独的子模型,在生成译文时还需要统计机器翻译模型的预测信息,存在明显不足。因此,后续研究则注重在一个模型中同时建模和利用句法信息。最简单直接的做法如 Aharoni 和 Goldberg[128]的研究,文章作者将带有句法成分树的目标语言句子转换成一个线性化的词汇序列,序列中既包含源语言的词汇,又包含句法成分树中的词汇,在传统基于注意力机制的序列到序列模型上进行直接训练。该工作并没有修改模型框架,也没有修改目标函数,对句法信息利用并不充分。进一步讲,Zhou 等[129]在解码器端引入额外的组块(短语)层,用于自动学习由词到组块的构成,使得译文从组块到词层次化的生成,并在组块层引入句法标签以学习到准确的组块表示。而 Wu 等[130]则在解码器端引入了一个额外解码器来解析生成译文的依存结构序列信息,这使得已生成译文的依存结构上的嵌入表示信息可以作为额外的上下文信息来指导后续译文的生成。

3. 解决词汇表规模受限问题

神经机器翻译解码时需要在整个目标语言词汇表上进行归一化来计算生成译文的概率分布。一般来说,一种语言大体上有十几万甚至几十万个词汇,如果要对所有词汇进行归一化的话,将带来严重的计算效率和计算资源问题。为了降低模型在时间和空间上的开销,神经机器翻译往往限制源语言和目标语言的词汇表,词表只保留其中的高频词(3 万~8 万),而其他所有低频词视为未登录词,统一使用符号"UNK"进行表示。未登录词的存在破坏了句子结构和语义的完整性,使得模型准确建模源语言句子完整的语义信息,同时也严重影响生成译文的流利度。

为解决词汇表规模的受限问题,许多研究人员尝试用替换和采样方法来处理未登录词。Luong 等[131]提出在目标语言句子中插入特殊的定位符号标记未登录词,在神经机器翻译模型翻译结束后,借助传统统计机器翻译中的词对齐信息来定位目标语言中未登录词所对应的源语言单词,以查询双语词典的方式对未登录词进行替换。Li 等[132]进一步提出了一种"替换-翻译-恢复"的方法。首先分别使用单语语料和双语平行语料训练出语义相似度模型和对齐的双语词表;在训练阶段,根据相似度模型将源语言中的未登录词替换成语义相近的高频词;而在解码阶段,首先将替换未登录词后的源语言句子输入到神经机器翻译模型中翻译出译文,若译文中的单词所对齐的源语言是替换后的词,并且替换前的词在双语词表中,则将其恢复成替换前的源语言词在双语词表中的对应目标语言词。Gülcehre 等[133]观察到译文中的低频词和未登录词可以直接从原文中拷贝,如命名实体等。针对这一现象,本章作者为神经机器翻译引入指针的概念并设计了一种高效的拷贝机制:在解码阶段引入神经网络来建模当前译文是从目标语言词语表中选择还是从源语言句子的词中直接拷贝。Jean 等[134]提出了一种基于重要性采样的方法。将训练语料切分成若干子集,在每一个子集训练前构建一个子集词典,这个子集词典仅在这部分语料训练时使用,用于近似计算梯度。在解码时,为每个源句子构建一个候选目标语言词典,该词典由两部分组成:目标语言的 K 个高频词及由词对齐模型得到的源语言词最高翻译概率的 K' 个目标语言词。该方法在不显著增加模型训练复杂度的同时,使用了大规模的目标语言词典。

另外,一部分研究人员指出替换和采样方法流程复杂,既不能有效地解决词汇表规模受限的问题,又不能建模新词语义表示。为此,研究人员采用不同思路,关注如何用细粒度意义文本单元(如字母、字、语素、子词等)来解决词汇表规模的受限问题。Costa-jussà 和 Fonollosa[135]在编码器端采用字母级别编码,利用卷积神经网络和高速网络层将字母嵌入表示编码组成词嵌入表示,再基于词嵌入表示进行翻译。Luong 和 Manning[136]的分析基于词模型能快速训练并提供高频词的高质量翻译,而字母模型具有更高的灵活性,能够解决未登录词的问题。因此,Luong 和 Manning 结合两个模型的优点,提出了词-字母混合模型,即在编码器端,当词级别的编码器遇到未登录词时转换到字母级别的编码器,生成未登录词的词表示;而在解码器端,词级别的解码器负责生成词,当遇到未登录词时则用字母级别解码器生成字母序列。然而,这类方法无法回避的一个问题是将词转换为字母序列会增加文本序列的长度,从而增加训练的难度。这两个工作建立在字符级别的翻译模型上,但仍然依赖于分词结果的好坏,而像中文这种没有明确分词边界的语言,不依赖于词切分的基于字符级别的工作更加具有吸引力。Yang 等[137]提出利用行卷积操作建模当前源语言字符的上下文信息——词级别的信息,与字符的嵌入表示共同组成当前字符的表示向量,进入双向循环神经网络编码器建模整个句子的语义表示。Yang 等在中英翻译实验上证明了该模型的有效性。Chung 等[138]则在解码器端采用字母级编码,设计了一种双时间尺度的循环神经网络解码器,这种方法的优点是不依赖于词的显式切分,可以直接在完整的字母序列上学习词嵌入表示,有效缓解目标语言的词汇量受限问题。进一步讲,Sennrich 等[139]发现不同语言中的某些词类存在相同的片段,比如命名实体、同根词、外来词和形态复杂的词。以此为出发点,采用词与字母的中间单元——子词(subword)作为模型建模的基本单位:首先利用字节对编码(byte pair encoding)技术自动发现训练语料中的子词单元,然后以子词单元为基础,对源语言和目标语言句子进行编码构建神经机器翻译模型。Oda 等[140]受二进制整数表示法的启发,采用二进制编码来对每个目标词的语义进行表示,以此来实现对目标词汇表的规模压缩。采用这种编码方式的好处在于省略对目标语言词汇表归一化的操作,减少了计算时间和内存的需求。特别地,为了不影响模型的性能,对高频词采用常规预测,而对低频词采用二进制编码预测,并且引入纠错码来增强二进制编码预测的鲁棒性。

上述方法有效地解决了神经机器翻译词汇表规模受限的问题,但仍需在更多包含黏着语、孤立语和屈折语的语言上进一步验证方法的有效性。

4. 低资源语言翻译

端到端神经机器翻译模型的编码器和解码器相互连接,共同训练,无法直接利用丰富的单语语料。另外由于神经网络的参数规模庞大,翻译模型的性能高度依赖于平行语料的规模、质量及领域相关度。然而,人工构建平行语料库需要耗费大量的时间。除了几个资源丰富的语言对(如中英、英法)外,世界上绝大多数语言对都缺乏大规模、高质量、覆盖率高的平行语料。此外,所能获取的平行语料通常来自互联网上的政府文献和时政新闻,对于绝大多数领域而言,符合目标领域的平行语料依然严重缺乏。可见,数据资源的匮乏严重阻碍了神经机器翻译的大范围应用。

因此,研究人员开始研究如何利用单语语料来解决资源匮乏,甚至在零资源语料条件下构建神经机器翻译模型的难题。早期,有的研究人员提出利用单语语料训练神经网络语言模型,并将语言模型融入平行语料训练得到的神经机器翻译模型。Gülçehre 等[141] 提出了两种不同程度的融合方式:① 浅层融合,融合语言模型的语言分数和神经机器翻译模型的译文概率分布以更好选择候选译文;② 深层融合,翻译系统的输出层同时参考语言模型和神经机器翻译模型当前的隐层状态来计算译文概率分布。此外,更多研究人员选择通过构造伪平行数据来扩大平行语料库规模。受统计机器翻译利用目标语言单语语料研究的启发,Sennrich 等[142] 提出了两种利用目标语言单语数据的方法:一是为单语数据搭配一个空语句作为平行语料。在训练伪平行数据时,固定编码器和注意力机制的参数,只更新解码器的参数。二是利用已有平行语料训练得到的目标语言到源语言翻译系统,对目标语言单语语料进行翻译,获得其对应的源语言句子,然后构造伪平行语料并加入训练语料中,共同训练源语言到目标语言的神经机器翻译模型。Wang 等[143] 则提出首先计算资源丰富领域的平行句对与资源匮乏领域的平行句对的语义相似度,然后在资源丰富的平行语料中挑选与资源匮乏领域语义相近的平行句对,以扩充后者语料库的规模。Fadaee 等[144] 受到计算机视觉中扩充训练数据的工作启发,提出了一种面向自然语言处理的数据扩充方法:通过利用低频词替换平行句对中语义相似的高频词,从而使模型更充分地训练低频词的语义信息。Zhang 和 Zong[63] 认为目前大多数工作都使用目标语言单语数据来改进解码器端,而源语言单语数据没有得到充分的利用。对此,他们提出了两种方法以充分利用源语言单语数据:① 采用自学习算法(self learning)来合成大规模平行数据;② 采用多任务学习框架,引入两个解码器同时预测源语言句子的译文和重排序。

上述这些方法虽然取得了一定效果,但是仍然存在一定缺陷:一方面,无法保证所构造的伪平行语料的质量;另一方面,单纯地引入单语数据所训练的语言模型只能改善产生译文的流利度,并不能从本质上提高神经机器翻译模型的翻译性能。为了摆脱对双语平行语料的依赖,He 等[145] 提出对偶学习机制,即让非平行的源语言和目标语言单语语料分别训练得到的语言模型(后简称 A 和 B)使用信道(两个方向的弱神经机器翻译模型)进行"对话":A 说出一句话,通过语言 A 到语言 B 的神经机器翻译模型翻译成 B 语言,由 B 进行打分;再通过语言 B 到语言 A 的神经机器翻译模型翻译成 A 语言,由 A 对其打分,将两个语言模型的打分作为奖励,并利用增强学习更新两个翻译模型的参数,最终达到收敛。无独有偶,Cheng 等[146]将自动编码器(auto encoder)的思想引入神经机器翻译,提出了基于双语语料库和单语语料库的神经机器翻译半监督学习方法。该方法同时训练源语言到目标语言的翻译模型,以及目标语言到源语言的翻译模型,目标函数由两个翻译模型的极大似然、源语言重构误差和目标语言的重构误差构成,也取得了非常好的效果。

此外,这方面的相关研究还涉及另一种情况,即源语言和目标语言平行语料较少,但是两者与第三种语言的平行语料比较丰富。针对这种情况,研究者开展了基于枢轴语言的神经机器翻译研究。Cheng 等[147]首先将源语言句子翻译成枢轴语言句子,然后再将其翻译成目标语言句子。在这一过程中,源语言到枢轴语言的神经机器翻译和枢轴语言到目标语言的神经机器翻译分别通过优化各自的目标函数来训练得到。显然,两个独立的训练步骤不仅增加了计算复杂度,还存在传播翻译误差的缺陷。为了解决该问题,Zheng 等[148]进一步提出最大化期望似然估计,通过使用已训练好且参数固定的枢轴语言到源语言翻译模型来指导源语言到目标语言翻译模型的训练,训练过程中最大化源语言到目标语言翻译模型的期望似然来更新模型参数。进一步讲,Cheng 等[149]基于句子级别和词级别提出两种假设:① 源语言句子生成目标语言句子的概率分布应该接近于其对应的枢轴语言句子生成目标语言句子的概率分布;② 在给定已生成的部分译文的情况下,给定源语言句子生成当前目标语言词的概率分布应该接近于给定其对应的枢轴语言句子生成当前目标语言词的概率分布。基于上述两种假设,Cheng 等固定枢轴语言到目标语言的神经机器翻译模型,然后指导源语言到目标语言的神经机器翻译模型的训练过程。

值得注意的是,随着多模态研究的兴起,许多研究者也开始关注基于多模态(包括多语言)的神经机器翻译研究。Dong 等[79]将多任务学习(multi-task learning)的框架引入神经机器翻译学习,同时使用一种源语言和多种不同目标语言的平行语料,通过共享编码器参数来联合训练不同语言对的神经机器翻译模型,取得了很好的效果。Firat 等[150]提出了一种多语言、多模式的训练方法,通过共享注意力机制的参数实现零资源语言对的翻译,并使用伪数据来微调零资源语言对的注意力机制参数。而 Johnson 等[151]和 Ha 等[152]则在多语言场景中开发了一个可翻译多个语言对的通用神经机器翻译模型,使用多种语言的平行语料库来训练一个单一的模型,从而实现零资源语言对的翻译模型构建。此外,研究人员还关注如何建立简单高效的集成算法(ensemble),让不同规模资源语言对训练得到的翻译模型互相帮助以改善低资源语言对的翻译效果。Ondrej Bojar[153]首先提出了一种简单直接的集成方式。该方法采用多个不同初始化参数来训练同一语言对的多个翻译模型,而在解码过程中将这些模型的预测概率进行相加以计算当前目标语言词的概率分布。这种集成方式并没有考虑不同翻译模型的性能差异。进一步讲,Garmash 和 Monz[154]提出两种多源语言的翻译模型的加权集成方式:① 全局加权集成,即为系统分配一个权重向量,每个维度对应一个翻译模型的权重,作为参数进行训练优化;② 基于上下文信息的集成,即利用神经网络根据每个翻译模型的当前隐层状态动态地计算权重。实验结果已表明上述方法的有效性。

另外,Zoph 等[155]将迁移学习引入低资源语言的神经机器翻译研究。首先利用资源丰富语言对训练得到父模型(the parent model),再利用父模型的参数初始化资源匮乏语言对翻译子模型(the child model)的参数并约束其训练过程。Chu 等[156]为防止训练过拟合,同时使用资源丰富和资源匮乏语言对的平行语料对资源丰富语言对的翻译模型进行微调。Calixto 等[157]认为文本以外的其他媒介信息,如图像,也可以为翻译模型提供有用的信息,为此其设计了一种双注意力机制的多模态神经机器翻译模型。具体做法是用卷积神经网络提取出源语言和目标语言共同描述的图像的视觉特征,然后在解码过程中使用额外的注意力模型来生成视觉上下文,与源语言上下文共同指导目标译文的生成。

尽管上述研究实验结果表明了将资源丰富领域的翻译知识迁移到资源匮乏领域能够显著提升该领域神经机器翻译的效果,但是由于向量表示缺乏可解释性,这种知识迁移的内在机制仍值得我们进一步深入研究。

5. 训练方法

神经机器翻译的训练方法研究也是近年来研究者们重点关注的研究问题之一。

神经机器翻译在训练过程中普遍以极大似然估计作为目标函数,但其存在两个主要的问题:① 训练阶段与测试阶段存在不一致。在训练阶段,解码器在生成当前目标语言词时以观测数据作为上下文信息;而在测试阶段,解码器则基于先前预测产生的目标语言词作为上下文信息,这样模型预测可能存在误差,这种误差在后续解码过程中会产生错误传播。② 词级别损失函数问题。模型训练的损失函数是建立在词级别上的,如普遍使用的交叉熵,这类函数以最大化观测数据目标语言词的预测概率作为训练准则,却没有考虑到当前目标语言词和上下文的依赖关系。相比之下,机器翻译的评价指标(如 BLEU)通常是定义在句子或篇章级别上的,计算生成译文与参考译本的 n 元(n-gram)共现率,这种指标由于其不可微的性质无法直接作为目标函数进行优化。Marc'Aurelio 等[158]在总结以上问题的同时,进一步提出混合增量式交叉熵增强学习算法,将机器翻译的评价指标融入模型训练过程。Wiseman 和 Rush[159]将测试阶段柱状搜索与训练过程紧密结合,扩展了端到端的训练方式,避免了传统方式局部训练(local training)的错误传播,消除了神经机器翻译的训练阶段与测试阶段的不一致性。Shen 等[160]提出最小风险训练(minimum risk training)方法,将最小错误率训练方法[161]推广到神经机器翻译。不同于基于最大条件似然的传统训练方法,该方法以最小化训练数据期望损失函数(即风险)为目标函数,将模型预测引入训练过程,通过降低模型在训练集上损失的期望值来缓解神经机器翻译训练与测试不一致的问题。总体而言,该训练算法的优点如下:① 将评测指标作为损失函数,缓解训练与测试评测指标不一致的问题;② 训练方法与评测指标和模型架构无关,可以使用任意句子级别的损失函数,不必是可微的,可应用于任何端到端的神经机器翻译模型,具有很好的通用性。

此外,端到端神经机器翻译以神经网络作为基础,其参数庞大,训练和测试速度都较慢。特别是深层循环神经网络模型,多层的非线性变换阻碍了梯度的反向传播,导致模型训练难以收敛。因此,近年来许多研究人员开始致力于加快模型训练速度的研究。Kim 和 Rush[162]在神经机器翻译模型中引入知识蒸馏。该方法已经广泛应用于其他领域,具体做法是用一个训练好的、参数规模较大的模型来指导一个参数规模较小的模型,通过缩小两个模型生成译文的概率分布的差异来优化后者的参数训练。实验结果表明,压缩后的模型大大减少了参数的数量,速度提高为原来模型的 10 倍。Shi 和 Knight[163]提出使用局部敏感哈希算法和利用词对齐信息来缩小目标语言词汇表。其中,后者在不损失精度的情况下将解码速度提升了 2 倍。实验结果表明,上述方法都具有非常好的效果。

6. 神经机器翻译和统计机器翻译的结合

从前述可以看出,神经机器翻译在带来显著提高翻译性能的同时,还存在许多统计机器翻译中未出现的问题,如词汇表受限问题。总体而言,神经机器翻译虽然能生成更为流利通顺的译文,但由于词汇表的限制,也存在着译文选择不够准确的缺陷。相比之下,统计机器翻译基于对齐平行语料学习翻译知识,能够在翻译过程中较为准确地选择译文。很明显,如果能将统计机器翻译模型知识融入神经机器翻译,将有望改善神经机器翻译的译文选择,进一步提高神经机器翻译系统的性能。

基于上述出发点,He 等[164]提出用对数线性模型将统计机器翻译中的译文词惩罚特征、翻译模型特征和 n 元语言模型融合到神经机器翻译模型中。其中，词惩罚特征用来控制译文的长度；翻译模型为基于短语的统计机器翻译模型，可以用来解决词汇表受限问题；n 元语言模型不但可以改善局部流利度，而且模型可在目标语言的单语语料上进行训练，在一定程度上缓解了低资源语言翻译问题。He 等将这些特征加入神经机器翻译模型的解码过程中，从中选出结合这些额外特征后得分最高的候选译文。Wang 等[165] 则在每一个解码阶段都考虑统计机器翻译模型的预测概率，首先使用神经机器翻译模型的解码信息（已经生成的部分译文和注意力历史信息）作为额外特征，让统计机器翻译模型产生候选译文词表和对应的概率分布，再利用门控机制将其与神经机器翻译模型的译文概率分布相结合，以此来选择生成最终译文。Niehues 等[166] 首先使用统计机器翻译模型对源语言句子进行翻译，然后采用 2 种方式对译文进行进一步修改：① 直接作为神经机器翻译的输入；② 与源语言句子进行拼接后作为输入进行编码，最后使用编码器-解码器框架来产生最终的目标语言译文。Zhou 等[167] 借用多输入神经机器翻译的框架[168] 来结合统计机器翻译模型和神经机器翻译模型。多输入神经机器翻译将多种不同语言的源语言句子用各自的编码器进行编码，再用解码器端的注意力机制进行整合。本章作者将对经过预训练的神经机器翻译模型和统计机器翻译模型产生的译文作为多个输入，再使用一个解码器生成最终的目标译文。在这个过程中，解码器引入不同的注意力机制来捕捉不同来源的译文语义信息，取得了非常明显的效果提升。

7. 神经机器翻译的可视化和理解研究

神经机器翻译的一大特点是自动学习各种翻译知识。然而由于神经网络的内部信息以实数向量或矩阵的形式呈现，缺乏合理的语言学解释，因而，神经机器翻译研究随之面临一个研究难题：可解释性问题（explain-ability problem）。在对模型参数进行初始化或引入语言学先验知识时，神经网络的黑箱性质使得研究人员对神经机器翻译的分析和调试变得尤为困难，可见了解神经网络对提高神经机器翻译性能具有重要意义。

针对上述难题，Shi 等[121] 从句法分析的角度出发，探索编码器能否学到源语言句法信息，以及哪些句法信息能被学习。Shi 等抽取出编码器中不同层的句子级别和词级别的向量表示，分别用来预测源语言句子和词的句法标签，发现编码器在较高层网络中能学习到全局的句法信息，而在较低层网络中能学习到局部的句法信息。此外，Shi 等还用源语言句子向量表示来生成完整的句法树，发现虽然向量编码了足够多的句法信息，但对句法细节的建模仍有很多不足。Belinkov 等[169] 进行了更高细粒度的研究，主要关注神经机器翻译模型是如何学习词结构的：将翻译模型学习到的词向量表示用于词性分类和形态学标记任务中，以评估学习到的词向量表示的质量。研究发现：① 基于字母的句子语义表示比基于词的句子语义表示更适合词形态的学习，尤其是低频词和新词；② 浅层神经网络侧重于捕获词的形态和结构，而深层模型更注重于捕获词的语义信息；③ 基于注意力机制的解码器并没有学到太多关于形态学的信息。

上述研究从语言学上对神经机器翻译模型学习到的信息进行了探索，但是仍然没有对翻译过程进行分析与可视化。在传统的统计机器翻译中，翻译过程可以被视为一系列翻译规则的应用，这些规则都可以从语言学的角度进行解释。受计算机视觉中解释和可视化神经网络模型的工作启发，Ding 等[170] 使用计算机视觉中的基于层级相关反馈技术，通过计算任意两个神经元之间的关联强度，首次将神经机器翻译模型可视化，相比于将注意力机制可视化，这为解释目标语言词的生成提供了更多的观察信息。通过可视化和分析神经机器翻译模型的解码过程，Ding 等总结了 4 点发现：① 尽管注意力机制对理解源语言词和目标语言词的对齐信息很有帮助，但仅用注意力机制不足以建模目标语言词生成的深层机制；② 当前时刻的上下文信息向量、隐层状态和目标语言词嵌入表示与源语言上下文和目标语言上下文中每个词的关联程度不同；③ 目标语言上下文对译文生成也起到了关键作用，如何权衡使用源语言和目标语言上下文信息对生成正确的译文非常重要；④ 过早地生成句子结束符会导致词的遗漏、不相关翻译等问题。基于这些分析，Ding 等希望在未来工作中可以显式地控制关联强度来调试神经机器翻译模型。综上所述，神经机器翻译的可视化和理解研究对于进一步提高神经机器翻译具有非常重要的意义。

9.4 机器翻译的数据集与应用

9.4.1 机器翻译的常用数据集与评测

1. 机器翻译的评测及意义

随着机器翻译技术的不断发展，众多相关企业以及学术研究机构纷纷推出各自的机器翻译系统。为了构建一个良好的沟通与交流平台，并进一步促进相关技术的革新，机器翻译评测应运而生。评测主要通过在指定数据集上对比不同系统的翻译质量，对不同系统进行综合评估。方式通常为定时发放相关数据集，定时对测试集翻译结果进行回收，最后通过人工或自动评价的方法对结果进行打分,并由各参与评测方对各自系统使用的相关技术进行说明。

机器翻译评测由第三方组织进行,通过多语言在多领域上对系统翻译质量进行评价,为业内提供公平透明的竞赛环境。一方面激励各科研机构不断对自身技术进行创新,另一方面也帮助大家相互了解,博采众长,有助于行业的良性发展。

2. 常用的评价方法

面对众多的机器翻译系统,如何高效准确地对其性能进行评价也是十分重要的一点。在评测领域中更是如此,评价方法作为评判系统孰优孰劣的方式,成为学界以及产业界评价研发系统的一个重要指标。评价方式主要分为两种:人工评价和自动评价。

人工评价主要依赖相关语言从业人员对机器翻译系统的翻译结果进行人工审阅得到。评判的角度主要分为"忠实度"和"流畅度",两者分别对应近代著名翻译家严复先生在《天演论》中所提到的"信、达、雅"的前两个指标。忠实度讲究译文忠实于原文,而流畅度关注译文句子的流畅程度,是否符合上下文的语义环境等。人工评价的优势在于准确,能够准确对译文结果进行评价,缺点在于需要专业人员参与,时间周期长,另外不同评价人员对译文的判断结果可能不同。

自动评价方法通过对比翻译结果和参考译文的差异性对翻译性能进行评价,主流的方法可以分为 3 类:基于 n 元语法匹配的方式(BLEU、NIST 等)、基于编辑距离的方式(WER、PER、TER 等)、基于词对齐的方式(METEOR 等)。由于每种方法在不同语系、不同类型(句子级和系统级)的评价中有各自的倾向性,因此在实际评测中常常采用多种评价指标组合的方式进行,如在 CWMT2017 中采用了 BLEU-SBP、BLEU-NIST、TER、METEOR、NIST、GTM、mWER、mPER 以及 ICT 这 9 种方式对参赛系统进行评价,保证结果的准确性。

3. 数据集及机器翻译相关评测简介

机器翻译相关评测主要有两种组织形式,一种是由政府及国家相关机构组织,权威性强,如由美国国家标准技术研究所组织的 NIST 评测、日本国家科学咨询系统中心主办的 NACSIS Test Collections for IR (NTCIR) PatentMT、日本科学振兴机构(Japan Science and Technology Agency,JST)等组织联合举办的 Workshop on Asian Translation (WAT)以及国内由中文信息学会主办的全国机器翻译研讨会(China Workshop on Machine Translation,CWMT)机器翻译评测;另一种为由相关学术机构组织,具有领域针对性的特点,如倾向新闻领域的 Workshop on Statistical Machine Translation (WMT)以及面向口语的 the

International Workshop on Spoken Language Translation（IWSLT）。下面分别进行详细介绍。

NIST 机器翻译评测开始于 2001 年，由美国国家标准技术研究所主办，作为美国国防高级计划署（DARPA）的"TIDES 计划"中的重要组成部分，为机器翻译的技术对比以及沟通交流提供了良好的平台。其宗旨在于吸引更多的研究人员关注到机器翻译技术的核心问题，为大家提供良好的参与平台。NIST 评测主要评价由阿拉伯语和汉语译为英语的翻译效果，评价方法一般采用人工评价与自动评价相结合的方式，在 NIST 2015 中，人工评价指标包括"完全可用""少量修改后可用""句义可懂，但缺乏细节""不可读或与原文句义不相关""句义存在误导"，分别为 3、2、1、0、−1 分。自动评价也使用多种方式，包括 BLEU、METEOR、TER 以及 HyTER。此外，NIST 从 2016 年起开始对稀缺语言资源技术进行评估，其中机器翻译作为其重要组成部分共同参与评测，评测指标主要为 BLEU。除对机器翻译系统进行评测之外，NIST 在 2008 年和 2010 年对于机器翻译的自动评价方法（MetricsMaTr）也进行了评估，以鼓励更多的研究人员对现有的评价方法进行改进或提出更加贴合人工评价的方法。同时，NIST 评测所提供的数据集由于其认可度、数据质量较高等特点受到众多科研人员的喜爱，如 MT04、MT06 等平行语料经常被科研人员在实验中使用。更多 NIST 的机器翻译评测相关信息可参考其官网：https://www. nist. gov/programs-projects/machine-translation。

NTCIR 计划由日本国家科学咨询系统中心策划主办，旨在建立一个用在自然语言处理以及信息检索相关任务上的日文标准测试集。从 1999 年至今，NTCIR 评测任务已举办多届，每届可能涉及不同的评测任务。在 NTCIR-9 的和 NTCIR-10 中开设的 Patent Machine Translation（PatentMT）任务主要针对专利领域进行翻译测试，其目的在于促进机器翻译在专利领域的发展和应用。在两届 PatentMT 中评测的语言方向包括中到英、日到英、英到日，中到英提供针对 100 万个专利描述的平行句对，日英互译提供了 300 万个平行句对，参与者可选择某个或某些语言方向参与评测。在 NTCIR-9 中，评测方式采取人工评价与自动评价相结合，以人工评价为主导。人工评价主要根据忠实度和流畅度进行评估，自动评价采用 BLEU、NIST 的方式进行。NTCIR-10 评价方式在此基础上增加了专利审查评估、时间评估以及多语种评估，分别考察机器翻译系统在专利领域翻译的实用性、耗时情况以及不同语种的翻译效果等。更多 NTCIR 评测相关信息可参考官网：http://research. nii. ac. jp/ntcir/index-en. html。

另一个日本举办的机器翻译评测 WAT 是最近几年开始的，至今已成功举办了 3 届,由日本科学振兴机构(JST)、情报通信研究机构(NICT)等多家机构共同组织,旨在为亚洲各国之间的交流融合提供便利。语言方向主要包括亚洲主流语言(汉语、韩语以及印地语等)以及英语对日语的翻译,领域丰富多样,包括学术论文、专利、新闻、食谱等。评价方式包括自动评价(BLEU、RIBES 以及 AM-FM 等)以及人工评价,其特点在于对于测试语料以段落为单位进行评价,考察其上下文关联的翻译效果。更多 WAT 的机器翻译评测相关信息可参考其官网:http://lotus.kuee.kyoto-u.ac.jp/WAT/。

CWMT 是国内机器翻译领域顶级研讨会,兴起于 2005 年,至今已连续成功召开了 12 届,共组织 6 次机器翻译评测、1 次开源系统模块开发以及 2 次战略研讨,对国内机器翻译相关技术的发展产生了深远影响。该评测主要针对汉语、英语以及国内的少数民族语言(蒙古语、藏语、维吾尔语等)进行评测,领域包括新闻、口语、政府文件等,不同语言方向对应的领域也有所不同。每一届的评价方式略有不同,主要采用自动评价的方式,CWMT 2013 则针对某些领域增设人工评价。自动评价的指标一般包括 BLEU-SBP、BLEU-NIST、TER、METEOR、NIST、GTM、mWER、mPER 以及 ICT 等,其中以 BLEU-SBP 为主,汉语为目标语的翻译采用基于字符的评价方式,面向英语的翻译基于词进行评价。每年该评测吸引国内外 15~20 家企业及科研机构参赛,包括日本 NICT-ATR 研究所、微软亚洲研究院、韩国 SYSTRAN 公司等,业内认可度颇高。更多 CWMT 的机器翻译评测相关信息可参考官网:http://www.ai-ia.ac.cn/cwmt2015/evaluation.html(链接为 CWMT 2015)。

WMT 由 Special Interest Group for Machine Translation (SIGMT)主办,自 2006 年起每年举办一次,是一个针对机器翻译多种任务的综合性会议,包括多领域翻译评测任务、评价任务(如自动评价标准评测、翻译质量评估评测等)以及其他技术相关任务(如文档对齐评测等)。其翻译评测任务涉及的语言范围较广,包括英语、德语、芬兰语、捷克语、罗马尼亚语等十多种语言,翻译方向一般以英语为核心,探索英语与其他欧洲语言翻译的性能,领域包括新闻、信息技术、生物医学。WMT 在评价方面类似于其他评测,也采用人工评价与自动评价相结合的方式,自动评价的指标一般为 NIST、BLEU 以及 TER 等。此外 WMT 公开的评测数据集也经常被研究欧洲语系的机器翻译相关人员所使用。更多 WMT 的机器翻译评测相关信息可参考其官网:http://www.sigmt.org/。

另一个在国际舞台备受瞩目的机器翻译评测就是从 2004 年开始的 IWSLT,它主要关注口语相关的机器翻译任务,使用材料主要包括 TED talks 的多语言字幕以及 QED 教育讲座影片字幕等,语言涉及英语、法语、德语、捷克语、汉语、阿拉伯语等众多语言。此外在 IWSLT2016 中还加入了对于日常对话的翻译评测,尝试将微软 Skype 中的一种语言的对话翻译成其他语种。评价方式一般采用自动评价的模式,评价标准与 WMT 类似,一般为 NIST、BLEU 以及 TER。另外,IWSLT 除了对文本到文本的翻译评测外,还有对语音自动识别以及语音转换为另一种语言的文本的评测。更多 IWSLT 的机器翻译评测相关信息可参考官网:https://workshop2016.iwslt.org/(链接为IWSLT 2016)。

以上机器翻译评测各自有不同的特点,NIST 最近几年更加关注稀缺资源翻译相关问题;NTCIR 在评估方式上纳入了时间、多语种评估等手段;WAT 倾向于评测亚洲相关语言的翻译;CWMT 以汉语为核心,并支持国内许多少数民族语言;WMT 面向欧洲语系,语种范围广,评测类型丰富;IWSLT 针对语音对话的翻译相关问题进行评测。

9.4.2 开源工具和商用系统

开源工具的出现降低了机器翻译研究的准入门槛,可以让研究者在开源工具的基础上进行研究,能更快速、更高效地应用于自己所要研究的问题,而不必花大量时间用于重复开发。此外,商用机器翻译系统可以为企业和个人提供高质量、高稳定性的翻译以及人性化的服务,例如语音翻译,甚至是拍照翻译。在此列举几个典型的开源工具以及商用系统。

1. 开源工具

1) 统计机器翻译

(1) Moses。Moses 是(主要)由爱丁堡大学的 SMT 组开发的,具有开拓性的 SMT 系统,最新的 Moses 系统支持很多的功能,例如,它既支持基于短语的模型,支持基于句法的模型。Moses 提供因子翻译模型(factored translation model),该模型可以在不同的层次中使用不同的信息。此外,它允许将混淆网络和字格(word lattices)作为输入,可缓解系统的 1 - best 输出中的错误。Moses 还提供了很多有用的脚本和工具来支持其他的功能,可参见 http://www.statmt.org/moses/。

(2) NiuTrans。NiuTrans 是由东北大学自然语言处理实验室自主研发的 SMT 系统,该系统可支持基于短语的模型、基于层次结构的模型以及基于句法树结构的模型。由于使用 C++语言开发,所以该系统运行时间快,所占存储空间少且易于上手。系统中内嵌有 n 语言模型,故无须使用其他的系统即可对语言进行建模,可参见 http://www.niutrans.com/。

（3）Joshua。Joshua 是另一种先进的开源 SMT 系统，由约翰霍普金斯大学的语言和语音处理中心开发。由于 Joshua 是由 Java 语言开发，所以它在不同的平台上运行或开发时具有良好的可扩展性和可移植性。此外，Java 的使用为其提供了一种简单的方法（相对 C/C++语言）来实验新的方法策略，以得到更好的效果，可参见 http://joshua. sourceforge. net/Joshua/Welcome. html。

（4）SilkRoad。SilkRoad 是由中国 5 所大学（CAS-ICT、CAS-IA、CAS-IS、XMU 和 HIT）联合开发的、基于短语的 SMT 系统。该系统是亚洲地区第一个开源的 SMT 系统，其主旨为支持中文-外文的翻译。它包含几个有效部件，比如分词模块（可以让使用者更容易地搭建中文-外文的机器翻译系统）。此外，SilkRoad 还支持多解码器和规则提取，并为不同组合的子系统提供不同的实验选择，可参见 http://www. nlp. org. cn/project/project. php？ projid=14。

（5）SAMT。SAMT 是由卡内基梅隆大学 MT 小组开发的语法增强的 SAMT 系统（syntax-augmented SMT system）。SAMT 在解码的时候使用目标树来生成翻译规则，而不严格遵守目标语言的语法。SAMT 的一个亮点是它提供了一种简单且高效的方式，将句法信息引入 SMT 建模中，在一些语言对翻译任务中甚至超过了基于层次短语的系统。由于 SAMT 在 hadoop 中实现，它可受益于跨计算机群的大数据集的分布式处理，可参见 http://www. cs. cmu. edu/zollmann/samt/。

（6）cdec。cdec 是一个强大的解码器，由 Chris Dyer 和他的合作者们一起开发。cdec 的主要的功能是它使用了翻译模型的一个统一的内部表示，并为实验结构预测问题的各种模型和算法提供了框架。所以，cdec 也可以在 SMT 中作为一个对齐器或者一个更通用的学习框架。此外，cdec 由于高效的使用 C++语言编写，所以非常快，可参见 http://cdec-decoder. org/index. php？ title＝MainPage。

（7）Phrasal。Phrasal 是由斯坦福大学自然语言处理小组开发的系统。除了传统的基于短语的模型，Phrasal 还支持了基于非层次短语的模型，这种模型将基于短语的翻译延伸到短语中断翻译（phrasal discontinues translation）。通过这种方式，它可以在未见的数据集上得到更好的泛化，甚至可以处理在层次结构模型中丢失的信息，可参见 http://nlp. stanford. edu/phrasal/。

（8）Jane。Jane 是另一个由 C++语言开发的基于短语和基于层次短语的模型。它是由亚琛工业大学的人类语言技术与模式识别小组开发的。Jane 提供了很多非常有趣的功能并在一些任务取得很好的成果，可参见 http://wwwi6. informatik. rwth-aachen. de/jane/。

2）神经机器翻译

（1）Transformer。Transformer 是由谷歌推出的、基于 TensorFlow 框架的 NMT 系统。该系统与之前的使用循环神经网络或卷积神经网络结构不同，而是使用 self-attention 机制以及最简单的前馈神经网络构成的。得益于 Transformer 的网络结构，可使得系统可以在多个 GPU 上并行运行，大大加快了训练的速度。该系统由于没有循环等复杂的运算，故训练和解码都比循环神经网络快。此外，目前该系统的翻译效果比循环神经网络结构的神经机器翻译系统更好一点，可参见 https://github. com/tensorflow/tensor2tensor。

（2）OpenNMT。OpenNMT 系统是由 Harvard NLP（哈佛大学自然语言处理研究组）开发的、基于 Torch 框架的神经机器翻译系统。OpenNMT 系统使用 Lua 语言编写，设计简单易用，易于扩展，同时保持效率和翻译精度。其接口简单通用，只需源/目标文件。可以在 GPU 上快速高性能训练，且优化了内存。此外，OpenNMT 可扩展到其他序列生成任务，例如总结和图像对文本等，可参见 https：//github. com/OpenNMT/OpenNMT。

（3）Nematus。Nematus 是由英国爱丁堡大学开发的、基于 Theano 框架的 NMT 系统，该系统使用 GRU 作为隐层单元，支持多层（Encoder 端和 Decoder 端的层数可不相同）。Nematus 编码端有正向和反向的编码方式，可以同时提取源语句子中的上下文信息。该系统的一个优点是，它可以支持输入端有多个特征的输入（如词的词性等）。Nematus 是一个功能相对完善、翻译效果好，且相对容易入手的一套系统，可参见 https://github. com/EdinburghNLP/nematus。

（4）GroundHog。GroundHog 是基于 Theano 框架的、由蒙特利尔大学 LISA 实验室使用 Python 语言编写的一个框架，旨在提供灵活而高效的方式来实现复杂的循环神经网络模型。它提供了像 DT-RNN、DOT-RNN、有门控机制的隐层单元以及 LSTM 等循环层。使用 GroundHog 可以构造多种网络模型（如 NMT、LM 等）。Bahdanau 等在此框架上又编写了 GroundHog 神经机器翻译系统。该系统被当作很多论文的基线系统，在学术界得到了广泛的认可，可参见 https://github. com/lisa-groundhog/GroundHog。

（5）Zoph。Zoph 是由 Information Sciences Institute 的 Barret Zoph 等使用 C++语言开发的系统。Zoph 在多个 GPU 上既可以训练序列模型（如语言模型），也可以训练序列到序列的模型（如神经机器翻译模型），且可通过参数调整网络的层数。当训练 NMT 系统时，Zoph 也支持了多源输入，即在输入源语句子时可同时输入其一种译文。该系统由于使用 C++语言，所以有运行速度快的特点,可参见 https://github.com/isi-nlp/Zoph_RNN。

(6) Fairseq。Fairseq 是由 Facebook 的 AI 研究小组开发的,基于 Torch 框架的 NMT 系统。该系统使用 Lua 脚本语言编写,是由卷积神经网络结构构成的模型。与之前使用循环神经网络构成的系统不同,该系统由于使用卷积神经网络,故训练速度上比使用循环神经网络结构的系统更快。可参见 https://github.com/facebookresearch/fairseq。

(7) 斯坦福 NMT 开源代码库。斯坦福大学自然语言处理组(Stanford NLP)发布了一篇文章,总结了该研究组在神经机器翻译上的研究信息,同时他们实现了当前最佳结果的代码库。斯坦福 NMT 开源代码库包括了 3 种 NMT 系统,分别为基于字词混合的 hybrid NMT、基于注意力机制的 attention-based NMT 以及通过剪枝方式压缩模型的 pruning NMT。可参见 https://nlp.stanford.edu/projects/nmt/。

(8) THUMT。THUMT 由清华大学自然语言处理与社会人文计算实验室开发,分为 TensorFlow 和 Theano 两个版本,支持目前主流的神经机器翻译模型,同时实现了最大似然估计和最小风险训练两种训练方法,支持基于层级相关反馈的可视化分析。可参见 http://thumt.thunlp.org/。

2. 商用系统

(1) Google 翻译。Google 神经机器翻译(GNMT)是 Google 开发的神经机器翻译系统,于 2016 年 11 月推出。GNMT 通过应用基于实例(EBMT)机器翻译方法来改进翻译质量,系统会从数百万个实例中学习。此外,GNMT 系统已经实现 Zero-Shot 翻译。Zero-Shot 翻译是指对不存在显式训练或者映射的语言对之间短语的翻译。当引入枢轴语言对以前未进行直接互译训练的语言对进行翻译时,模型也具有很好的翻译效果。可参见 https://translate.google.cn/。

(2) 百度翻译。百度机器翻译系统是由百度公司研发的在线机器翻译系统,该系统于 2011 年 6 月 30 日上线,支持 27 种语言的互译。该系统通过将句法分析技术融入翻译系统,利用句法特征有效地解决了翻译过程中句子长距离调序的问题。同时,将最先进的搜索技术与翻译技术相结合,可从海量的互联网网页中获取高质量的翻译知识。可参见 http://fanyi.baidu.com/。

(3) 微软翻译。该机器翻译系统是由微软推出的机器翻译服务,并支持语音翻译功能。微软也将其内嵌至众多微软的产品中,例如 Skype、小娜等。目前微软机器翻译系统支持 50 多种语言的文本翻译、9 种语言的对话模式实时语音翻译以及 18 种语言的语音识别和输出。可参见 https://www.bing.com/

translator/。

（4）SysTran。该翻译系统是最早的用于商用的机器翻译系统，具有 40 多年的历史。SysTran 公司推出了市场上的第一款混合机器翻译引擎，使软件自动地从现有和经过验证的翻译中学习。此外，其自学习技术允许用户自己训练特定领域的翻译模型，使得用户在低成本的情况下得到高质量的翻译。可参见 http://www.systransoft.com/。

（5）小牛翻译。小牛翻译是由沈阳雅译网络技术有限公司推出的一款机器翻译系统。该系统是国内自主研发支持语言最多的机器翻译系统，支持以中文为核心与英日韩德法泰等共计 42 种语言，且中文与英日韩等的双向机器翻译性能达到国际领先水平。此外，也是业内唯一支持 7 种少数民族语言的系统，全面支持"维哈藏蒙朝彝壮"与中文双向互译，且性能最好。其他还有用户可纠错，强大的私人定制能力等优势。在第三方评测中多次获得过第 1 和第 2 名的好成绩。可参见 http://www.yatrans.com/。

（6）有道翻译。有道翻译是网易公司开发的一款翻译系统，其最大特色在于翻译引擎是基于搜索引擎。有道翻译背靠其强大的搜索引擎、后台数据和"网页萃取"技术，可从数十亿海量网页中提炼出传统词典无法收录的各类新型词汇和英文的缩写。有道翻译以中文为中心语言，直接完成中文与其他语种的互译，减少了翻译的误差。可参见 http://fanyi.youdao.com/。

（7）SDLBeGlobal。该翻译系统是由全球语言服务技术提供商 SDL 公司推出的面向几个垂直领域的机器翻译引擎，利用为企业而设的业内领先的机器翻译工具，涵盖了全球 100 多个语言对。此外，将经过专业训练的机器翻译引擎应用于各类垂直行业中，例如 IT、汽车、旅游、生命科学及消费者电子产品等，并定期加入新语言对及垂直行业。可参见 http://www.sdl.com/cn/software-and-services/translation-software/machine-translation/beglobal/。

（8）KantanMT。该系统是由爱尔兰 Xccelerator 机器翻译有限公司推出的、为用户定制的机器翻译引擎。使用定制的 KantanMT 引擎可以在更短的时间内翻译更多的内容。此外，在 KantanMT 引擎内使用 KantanTotalRecall 技术使得引擎在性能和精确度上都有提高。所谓 KantanTotalRecall 就是将翻译记忆和机器翻译进行结合——利用传统翻译记忆库的准确性与先进的机器翻译技术的灵活性相结合。这样可使机器翻译引擎模仿用户的翻译风格以及专业术语。可参见 https://kantanmt.com/。

此外，国内还有搜狗翻译、新译翻译、艾特曼翻译，OmniscienTechnologies 公司推出的翻译引擎等也受到了广泛关注。

9.5 总结与展望

机器翻译研究利用计算机实现不同自然语言之间的自动转换,是人工智能和自然语言处理的前沿方向之一,具有重要的学术意义和应用价值。在学术意义方面,机器翻译作为自然语言处理最复杂的任务,需要针对自然语言的结构映射所面临的结构复杂、歧义性高、映射空间大等挑战,解决序列到序列学习过程中的表示、分析、转换和生成问题,对于探索人类语言认知和理解的本质具有重要意义。在应用价值方面,在我国构建全方位开放新格局的背景下,机器翻译作为解决"语言屏障"问题最重要的关键技术,不仅有利于促进对外经济贸易和文化交流,还为信息安全、反恐维稳等国家重大战略需求提供重要技术支撑。

机器翻译历经了理性主义方法占主导地位(1950—1990 年)和经验主义方法占主导地位(1990 年至今)两个时期。目前,基于深度学习的方法是机器翻译的主流方法,其主要优点在于能够从数据中自动学习特征表示,因此在机器翻译学术界和工业界得到了广泛研究和应用。然而,尽管深度学习技术使得机器翻译系统的性能得到了显著提升,机器翻译在模型设计、可解释性、训练复杂度、先验知识融合和低资源语言翻译等方面仍然面临诸多挑战。我们相信,机器翻译在未来会不断向前发展,通过高质量的机器翻译服务造福于社会大众。

参考文献

［1］ Lopez A. Statistical machine translation[J]. ACM Computing Surveys 2008, 40(2): 1 - 49.

［2］ Brown P E, Pietra S D A, Pietra V D J, et al. The mathematics of statistical machine translation: parameter estimation[J]. Computational Linguistics, 1993, 19: 263 - 311.

［3］ Gale W A, Church K W. A program for aligning sentences in bilingual corpora[J]. Computational Linguistics, 1993, 19(1): 75 - 102.

［4］ Koehn P, Och F J, Marcu D, et al. Statistical phrase-based translation [C]// Proceedings of Human Language Technologies: the 2003 Annual Conference of the North American Chapter of the Association for Computational Linguistics, May 27-June 1, 2003, Edmonton, Canada. Stroudsburg, PA, USA: Association for Computational Linguistics, 2003: 48 - 54.

［5］ Och F J, Ney H. The alignment template approach to statistical machine translation

[J]. Computational Linguistics, 2004, 30(4): 417 - 449.

[6] Och F J, Ney H. Discriminative training and maximum entropy models for statistical machine translation[C]//Proceedings of the 40th Annual Meeting of the Association for Computational Linguistics, July, 2002, Philadelphia, Pennsylvania, USA. Stroudsburg, PA, USA: Association for Computational Linguistics, 2002: 295 - 302.

[7] Och F J. Minimum Error Rate Training in Statistical Machine Translation. In Proceedings of the 41st Annual Meeting of the Association for Computational Linguistics (ACL), pages 160 - 167, Sapporo, Japan, July 2003.

[8] Och F J. Statistical machine translation: From single word models to alignment templates[D]. Aachen, Germany: RWTH Aachen, 2002.

[9] Zens R, Ney H, Watanabe T, et al. Reordering constraints for phrase-based statistical machine translation [C]//Proceedings of the 20th International Conference on Computational Linguistics, Aug 23 - 27, 2004, Geneva, Switzerland. Stroudsburg, PA, USA: Association for Computational Linguistics, 2004: 205 - 211.

[10] Tillmann C. A unigram orientation model for statistical machine translation[C]// Proceedings of the Human Language Technology Conference of the North American Chapter of the Association for Computational Linguistics, May 2-May 7, Boston, Massachusetts, USA. Stroudsburg, PA, USA: Association for Computational Linguistics, 2004: 101 - 104.

[11] Galley M, Manning C D. A simple and effective hierarchical phrase reordering model. In Proceedings of the 2008 Conference on Empirical Methods in Natural Language Processing, pages 848 - 856, Honolulu, Hawaii, October 2008. Association for Computational Linguistics.

[12] Xiong D, Liu Q, Lin S, et al. Maximum entropy based phrase reordering model for statistical machine translation[C]//Proceedings of the 21st International Conference on Computational Linguistics and 44th Annual Meeting of the Association for Computational Linguistics, July, 2006, Sydney. Stroudsburg, PA, USA: Association for Computational Linguistics, 2006: 521 - 528.

[13] Quirk C, Menezes A. Do we need phrases? challenging the conventional wisdom in statistical machine translation[C]//Proceedings of the Human Language Technology Conference of the North American Chapter of the ACL, June, 2006, New York, USA. Stroudsburg, PA, USA: Association for Computational Linguistics, 2006: 9 - 16.

[14] Wu D. Stochastic inversion transduction grammars and bilingual parsing of parallel corpora[J]. Computational Linguistics, 1997, 23(3): 377 - 403.

[15] Chiang D. A hierarchical phrase-based model for statistical machine translation[C]//

Proceedings of the 43rd Annual Meeting of the Association for Computational Linguistics, June, 2005, Ann Arbor, Michigan. Stroudsburg, PA, USA: Association for Computational Linguistics, 2005: 263 - 270.

[16] Eisner J. Learning non-isomorphic tree mappings for machine translation[C]// Proceedings of the 41st Annual Meeting of the Association for Computational Linguistics, Sapporo, Japan. Stroudsburg, PA, USA: Association for Computational Linguistics, 2003: 205 - 208.

[17] Liu Y, Liu Q, Lin S, et al. Tree-to-string alignment template for statistical machine translation[C]//Proceedings of the 21st International Conference on Computational Linguistics and 44th Annual Meeting of the Association for Computational Linguistics, July, 2006, Sydney. Stroudsburg, PA, USA: Association for Computational Linguistics, 2006: 609 - 616.

[18] Galley M, Graehl J, Knight K, et al. Scalable Inference and Training of Context-Rich Syntactic Translation Models[C]//Proceedings of the 21st International Conference on Computational Linguistics and 44th Annual Meeting of the Association for Computational Linguistics, July, 2006, Sydney. Stroudsburg, PA, USA: Association for Computational Linguistics, 2006: 961 - 968.

[19] Zhang M, Jiang H, Aw A, et al. A tree sequence alignment-based tree-to-tree translation model[C]//Proceedings of ACL - 08: HLT, June, 2008, Columbus, Ohio. Stroudsburg, PA, USA: Association for Computational Linguistics, 2008, 559 - 567.

[20] Chiang D. Hierarchical phrase-based translation[J]. Computational Linguistics, 2007, 33(2): 201 - 228.

[21] Marton Y, Resnik P. Soft Syntactic Constraints for Hierarchical Phrased-Based Translation[C]//Proceedings of the 46th Annual Meeting of the Association for Computational Linguistics: Human Language Technologies, June 15 - 20, 2008, The Ohio State University, Columbus, Ohio, USA. Stroudsburg, PA, USA: Association for Computational Linguistics, 2008: 1003 - 1011.

[22] Yamada K, Knight K. A syntax-based statistical translation model[C]//Proceedings of 39th Annual Meeting of the Association for Computational Linguistics, July, 2001, Toulouse, France. Stroudsburg, PA, USA: Association for Computational Linguistics, 2001: 523 - 530

[23] Ding Y, Palmer M. Machine translation using probabilistic synchronous dependency insertion grammars[C]//Proceedings of the 43rd Annual Meeting of the Association for Computational Linguistics, June, 2005, Ann Arbor, Michigan. Stroudsburg, PA, USA: Association for Computational Linguistics, 2005: 541 - 548.

[24] Galley M, Hopkins M, Knight K, et al. What's in a translation rule? [C]// Proceedings of the Human Language Technology Conference of the North American Chapter of the Association for Computational Linguistics, May 2-May 7, Boston, Massachusetts, USA. Stroudsburg, PA, USA: Association for Computational Linguistics, 2004: 273 – 280.

[25] Galley M, Graehl J, Knight K, et al. Scalable inference and training of context-rich syntactic translation models [C]//Proceedings of 44th Annual Meeting of the Association for Computational Linguistics, 2006.

[26] Wang W, Knight K, Marcu D, et al. Binarizing syntax trees to improve syntax-based machine translation accuracy [C]//Proceedings of the 2007 Joint Conference on Empirical Methods in Natural Language Processing and Computational Natural Language Learning, June 28 – 30, 2007, Prague, Czech Republic. Stroudsburg, PA, USA: Association for Computational Linguistics, 2007: 746 – 754.

[27] Huang B, Knight K. Relabeling syntax trees to improve syntax-based machine translation quality[C]//Proceedings of the Human Language Technology Conference of the NAACL, Companion Volume: Short Papers. Stroudsburg, PA, USA: Association for Computational Linguistics, 2006: 240 – 247.

[28] Zhang H, Huang L, Gildea D, et al. Synchronous binarization for machine translation [C]//Proceedings of the Human Language Technology Conference of the North American Chapter of the ACL, June, 2006, New York, USA. Stroudsburg, PA, USA: Association for Computational Linguistics, 2006: 256 – 263.

[29] Xiao T, Li M, Zhang D, et al. Better synchronous binarization for machine translation [C]//Proceedings of the 2009 Conference on Empirical Methods in Natural Language Processing-Volume 1, August, 2009. Stroudsburg, PA, USA: Association for Computational Linguistics, 2009: 362 – 370.

[30] Mi H, Huang L, Liu Q, et al. Forest-based translation[C]//Proceedings of the 46th Annual Meeting of the Association for Computational Linguistics: Human Language Technologies, June 15 – 20, 2008, The Ohio State University, Columbus, Ohio, USA. Stroudsburg, PA, USA: Association for Computational Linguistics, 2008: 192 – 199.

[31] Mi H, Huang L. Forest-based translation rule extraction[C]//Proceedings of the 2008 Conference on Empirical Methods in Natural Language Processing, October, 2008, Honolulu, Hawaii. Stroudsburg, PA, USA: Association for Computational Linguistics, 2008: 206 – 214.

[32] Shen L, Xu J, Weischedel R, et al. A new string-to-dependency machine translation algorithm with a target dependency language model[C]//Proceedings of the 46th

Annual Meeting of the Association for Computational Linguistics: Human Language Technologies, June 15 - 20, 2008, The Ohio State University, Columbus, Ohio, USA. Stroudsburg, PA, USA: Association for Computational Linguistics, 2008: 577 - 585.

[33] Xie J, Mi H, Liu Q, et al. A novel dependency-to-string model for statistical machine translation[C]//Proceedings of the 2011 Conference on Empirical Methods in Natural Language Processing, July 27 - 31, 2011, Edinburgh, Scotland, UK. Stroudsburg, PA, USA: Association for Computational Linguistics, 2011: 216 - 226.

[34] Xu W, Rudnicky A I. Can artificial neural networks learn language models? [C]// Proceedings of the Sixth International Conference on Spoken Language Processing , October 16 - 20, 2000, Beijing, China. 2000: 202 - 205.

[35] Bengio Y, Ducharme R, Vincent P, et al. A neural probabilistic language model[J]. Journal of Machine Learning Research, 2003, 3(6): 1137 - 1155.

[36] Mnih A, Hinton G E. Three new graphical models for statistical language modelling [C]//Proceedings of the 24th Annual International Conference on Machine Learning, June, 2007, Corvalis, Oregon, USA. New York: Association for Computing Machinery, 2007: 641 - 648.

[37] Mikolov T, Karafiat M, Burget L, et al. Recurrent neural network based language model[C]//Proceedings of the Eleventh Annual Conference of the International Speech Communication Association, September 26 - 30, 2010, Makuhari, Chiba, Japan. Baixas, France: International Speech Communication Association, 2010: 1045 - 1048.

[38] Schwenk H, Dechelotte D, Gauvain J, et al. Continuous space language models for statistical machine translation [C]//Proceedings of the COLING/ACL 2006 Main Conference Poster Sessions, July, 2006, Sydney, Australia. Stroudsburg, PA, USA: Association for Computational Linguistics, 2006: 723 - 730.

[39] Le H S, Allauzen A, Wisniewski G, et al. Training continuous space language models: Some practical issues[C]//Proceedings of the 2010 Conference on Empirical Methods in Natural Language Processing, October 9 - 11, 2010, MIT, Massachusetts, USA. Stroudsburg, PA, USA: Association for Computational Linguistics, 2010: 778 - 788.

[40] Le H S, Oparin I, Allauzen A, et al. Structured output layer neural network language model[C]//Proceedings of the 2011 IEEE International Conference on Acoustics, Speech, and Signal Processing, May 22 - 27, 2011, Prague Congress Center, Prague, Czech Republic. IEEE, 2011: 5524 - 5527.

[41] Schwenk H. Continuous space translation models for phrase-based statistical machine translation[C]//Proceedings of COLING 2012: Posters, December, 2012, Mumbai,

India. [s. l.] ：The COLING 2012 Organizing Committee, 2012：1071 - 1080.

[42] Mikolov T. Statistical language models based on neural networks[D]. Brno, Czech Republic：Brno University of Technology, 2012.

[43] Niehues J, Waibel A. Continuous space language models using restricted boltzmann machines[C]//Proceedings of the 9th International Workshop on Spoken Language Translation, December 6 - 7, 2012, Hong Kong. [s. l.]：[s. n.] , 2012：164 - 170.

[44] Gutmann M U, Hyvarinen A. Noise-contrastive estimation：A new estimation principle for unnormalized statistical models[C]//Proceedings of the 13th International Conference on Artificial Intelligence and Statistics, May 13 - 15, 2010, Sardinia, Italy. JMLR Workshop and Conference Proceedings 9：297 - 304, 2010.

[45] Vaswani A, Zhao Y, Fossum V, et al. Decoding with large-scale neural language models improves translation[C]//Proceedings of the 2013 Conference on Empirical Methods in Natural Language Processing, October 18 - 21, 2013, Grand Hyatt Seattle, Seattle, Washington, USA. Stroudsburg, PA, USA：Association for Computational Linguistics, 2013：1387 - 1392.

[46] Baltescu P, Blunsom P. Pragmatic neural language modelling in machine translation [C]//Proceedings of the 2015 Conference of the North American Chapter of the Association for Computational Linguistics：Human Language Technologiess, May-June, 2015, Denver, Colorado. Stroudsburg, PA, USA：Association for Computational Linguistics, 2015：820 - 829.

[47] Zhao Y, Huang S, Chen H, et al. An investigation on statistical machine translation with neural language models[M]//Sun M, Liu Y, Zhao J. Chinese Computational Linguistics and Natural Language Processing Based on Naturally Annotated Big Data. Cham, Switzerland：Springer International Publishing, 2014：175 - 186.

[48] Auli M, Gao J. Decoder integration and expected bleu training for recurrent neural network language models [C]//Proceedings of the 52nd Annual Meeting of the Association for Computational Linguistics (Volume 2：Short Papers), June 23 - 25, 2014, Baltimore, Maryland. Stroudsburg, PA, USA：Association for Computational Linguistics, 2014：136 - 142.

[49] Botha J A, Blunsom P. Compositional morphology for word representations and language modelling[C]//Proceedings of the 31st International Conference on Machine Learning, June 21 - 26, 2014, Beijing, China. Stroudsburg, PA, USA：International Machine Learning Society, 2014：1899 - 1907.

[50] Zou W Y, Socher R, Cer D, et al. Bilingual word embeddings for phrase-based machine translation[C]//Proceedings of the 2013 Conference on Empirical Methods in Natural Language Processing, October 18 - 21, 2013, Grand Hyatt Seattle, Seattle,

Washington, USA. Stroudsburg, PA, USA: Association for Computational Linguistics, 2013: 1393 - 1398.

[51] Gao J, He X, Yih W, et al. Learning continuous phrase representations for translation modeling[C]//Proceedings of the 52nd Annual Meeting of the Association for Computational Linguistics (Volume 1: Long Papers), June 23 - 25, 2014, Baltimore, Maryland, USA. Stroudsburg, PA, USA: Association for Computational Linguistics, 2014: 699 - 709.

[52] Zhang J, Liu S, Li M, et al. Mind the gap: Machine translation by minimizing the semantic gap in embedding space[C]//Proceedings of the Twenty-Eighth AAAI Conference on Artificial Intelligence. Menlo Park, California: AAAI Press, 2014: 1657 - 1663.

[53] Zhang J, Liu S, Li M, et al. Bilingually-constrained phrase embeddings for machine translation[C]//Proceedings of the 52nd Annual Meeting of the Association for Computational Linguistics (Volume 1: Long Papers), June 23 - 25, 2014, Baltimore, Maryland, USA. Stroudsburg, PA, USA: Association for Computational Linguistics, 2014: 111 - 121.

[54] Su J, Xiong D, Zhang B, et al. Bilingual correspondence recursive autoencoder for statistical machine translation[C]//Proceedings of the 2015 Conference on Empirical Methods in Natural Language Processing, September 17 - 21, 2015, Lisbon, Portugal. Stroudsburg, PA, USA: Association for Computational Linguistics, 2015: 1248 - 1258.

[55] Passban P, Liu Q, Way A, et al. Enriching phrase tables for statistical machine translation using mixed embeddings[C]//Proceedings of COLING 2016, the 26th International Conference on Computational Linguistics: Technical Papers, December 11 - 17, Osaka, Japan. Stroudsburg, PA, USA: Association for Computational Linguistics, 2016: 2582 - 2591.

[56] Kalchbrenner N, Blunsom P. Recurrent continuous translation models[C]//Proceedings of the 2013 Conference on Empirical Methods in Natural Language Processing, October 18 - 21, 2013, Grand Hyatt Seattle, Seattle, Washington, USA. Stroudsburg, PA, USA: Association for Computational Linguistics, 2013: 1700 - 1709.

[57] Cho K, van Merrienboer B, Gulcehre C, et al. Learning phrase representations using rnn encoder-decoder for statistical machine translation[C]//Proceedings of the 2014 Conference on Empirical Methods in Natural Language Processing, October 25 - 29, 2014, Doha, Qatar. Stroudsburg, PA, USA : Association for Computational Linguistics, 2014: 1724 - 1734.

[58] Marioo J B, Banchs R E, Crego J M, et al. N-gram-based machine translation[J]. Computational Linguistics, 2006, 32(4): 527 – 549.

[59] Le H S, Allauzen A, Yvon F, et al. Continuous space translation models with neural networks[C]//Proceedings of the 2012 Conference of the North American Chapter of the Association for Computational Linguistics: Human Language Technologies, June 3 – 8, 2012, Montréal, Canada. Stroudsburg, PA, USA: Association for Computational Linguistics, 2012: 39 – 48.

[60] Wu Y, Watanabe T, Hori C, et al. Recurrent neural network-based tuple sequence model for machine translation [C]//Proceedings of COLING 2014, the 25th International Conference on Computational Linguistics: Technical Papers, August, 2014, Dublin, Ireland. Dublin, Ireland: Dublin City University and Association for Computational Linguistics, 2014: 1908 – 1917.

[61] Hu Y, Auli M, Gao Q, et al. Minimum translation modeling with recurrent neural networks[C]//Proceedings of the 14th Conference of the European Chapter of the Association for Computational Linguistics, April, 2014, Gothenburg, Sweden. Stroudsburg, PA, USA: Association for Computational Linguistics, 2014: 20 – 29.

[62] Yu H, Zhu X. Recurrent neural network based rule sequence model for statistical machine translation[C]//Proceedings of the 53rd Annual Meeting of the Association for Computational Linguistics and the 7th International Joint Conference on Natural Language Processing (Volume 1: Long Papers), July 26 – 31, 2015, Beijing, China. Stroudsburg, PA, USA: Association for Computational Linguistics, 2015: 132 – 138.

[63] Zhang J, Zong C. Exploiting source-side monolingual data in neural machine translation[C]//Proceedings of the 2016 Conference on Empirical Methods in Natural Language Processing, November 1 – 5, 2016, Austin, Texas. Stroudsburg, PA, USA: Association for Computational Linguistics, 2016: 1535 – 1545.

[64] Guta A, Alkhouli T, Peter J, et al. A comparison between count and neural network models based on joint translation and reordering sequences[C]//Proceedings of the 2015 Conference on Empirical Methods in Natural Language Processing, September 17 – 21, 2015, Lisbon, Portugal. Stroudsburg, PA, USA: Association for Computational Linguistics, 2015: 1401 – 1411.

[65] Auli M, Galley M, Quirk C, et al. Joint language and translation modeling with recurrent neural networks [C]//Proceedings of the 2013 Conference on Empirical Methods in Natural Language Processing, October 18 – 21, 2013, Grand Hyatt Seattle, Seattle, Washington, USA. Stroudsburg, PA, USA: Association for Computational Linguistics, 2013: 1044 – 1054.

[66] Devlin J, Zbib R, Huang Z, et al. Fast and robust neural network joint models for

statistical machine translation[C]//Proceedings of the 52nd Annual Meeting of the Association for Computational Linguistics (Volume 1: Long Papers), June 23 – 25, 2014, Baltimore, Maryland, USA. Stroudsburg, PA, USA: Association for Computational Linguistics, 2014: 1370 – 1380.

[67] Setiawan H, Huang Z, Devlin J, et al. Statistical machine translation features with multitask tensor networks [C]//Proceedings of the 53rd Annual Meeting of the Association for Computational Linguistics and the 7th International Joint Conference on Natural Language Processing (Volume 1: Long Papers), July 26 – 31, 2015, Beijing, China. Stroudsburg, PA, USA: Association for Computational Linguistics, 2015: 31 – 41.

[68] Meng F, Lu Z, Wang M, et al. Encoding source language with convolutional neural network for machine translation[C]//Proceedings of the 53rd Annual Meeting of the Association for Computational Linguistics and the 7th International Joint Conference on Natural Language Processing (Volume 1: Long Papers), July 26 – 31, 2015, Beijing, China. Stroudsburg, PA, USA: Association for Computational Linguistics, 2015: 20 – 30.

[69] Sutskever I, Vinyals O, Le Q V, et al. Sequence to sequence learning with neural networks[C]//Proceedings of the 27th International Conference on Neural Information Processing Systems – Volume 2. Cambridge, MA, USA: MIT Press, 2014: 3104 – 3112.

[70] Hu B, Tu Z, Lu Z, et al. Context-dependent translation selection using convolutional neural network[C]//Proceedings of the 53rd Annual Meeting of the Association for Computational Linguistics and the 7th International Joint Conference on Natural Language Processing (Volume 2: Short Papers), July 26 – 31, 2015, Beijing, China. Stroudsburg, PA, USA: Association for Computational Linguistics, 2015: 536 – 541.

[71] Li P, Liu Y, Sun M, et al. Recursive autoencoders for ITG-based translation[C]//Proceedings of the 2013 Conference on Empirical Methods in Natural Language Processing, October 18 – 21, 2013, Grand Hyatt Seattle, Seattle, Washington, USA. Stroudsburg, PA, USA: Association for Computational Linguistics, 2013: 567 – 577.

[72] Li P, Liu Y, Sun M, et al. A neural reordering model for phrase-based translation [C]//Proceedings of COLING 2014, the 25th International Conference on Computational Linguistics: Technical Papers, August, 2014, Dublin, Ireland. Dublin, Ireland: Dublin City University and Association for Computational Linguistics, 2014: 1897 – 1907.

[73] Cui Y, Wang S, Li J, et al. Lstm neural reordering feature for statistical machine translation[C]//Proceedings of the 2016 Conference of the North American Chapter of

the Association for Computational Linguistics: Human Language Technologies, June, 2016, San Diego, California. Stroudsburg, PA, USA: Association for Computational Linguistics, 2016: 977 - 982.

[74] Antonio Valerio, Miceli-Barone and Giuseppe Attardi. Non-projective dependency-basedpre-reordering with recurrent neural network for machine translation. In The 53rd AnnualMeeting of the Association for Computational Linguistics and The 7th International Joint Conference of the Asian Federation of Natural Language Processing, 2015.

[75] Hadiwinoto C, Ng H T. A dependency-based neural reordering model for statistical machine translation[C]//Proceedings of the 26th International Conference on Artificial Intelligence. Menlo Park, California: AAAI Press, 2017: 109 - 115.

[76] Liu L, Watanabe T, Sumita E, et al. Additive neural networks for statistical machine translation[C]//Proceedings of the 51st Annual Meeting of the Association for Computational Linguistics (Volume 1: Long Papers), August, 2013, Sofia, Bulgaria. Stroudsburg, PA, USA: Association for Computational Linguistics, 2013: 791 - 801.

[77] Liu S, Yang N, Li M, et al. A recursive recurrent neural network for statistical machine translation[C]//Proceedings of the 52nd Annual Meeting of the Association for Computational Linguistics (Volume 1: Long Papers), June 23 - 25, 2014, Baltimore, Maryland, USA. Stroudsburg, PA, USA: Association for Computational Linguistics, 2014: 1491 - 1500.

[78] Huang S, Chen H, Dai X, et al. Non-linear learning for statistical machine translation [C]//Proceedings of the 53rd Annual Meeting of the Association for Computational Linguistics and the 7th International Joint Conference on Natural Language Processing (Volume 1: Long Papers), July 26 - 31, 2015, Beijing, China. Stroudsburg, PA, USA: Association for Computational Linguistics, 2015: 825 - 835.

[79] Dong D, Wu H, He W, et al. Multi-task learning for multiple language translation [C]//Proceedings of the 53rd Annual Meeting of the Association for Computational Linguistics and the 7th International Joint Conference on Natural Language Processing (Volume 1: Long Papers), July 26 - 31, 2015, Beijing, China. Stroudsburg, PA, USA: Association for Computational Linguistics, 2015: 1723 - 1732.

[80] Maskey S, Zhou B. Unsupervised deep belief features for speech translation[C]// Proceedings of the 13th Annual Conference of the International Speech Communication Association, September 9 - 13, 2012, Portland, OR, USA. Baixas, France: International Speech Communication Association, 2012: 2358 - 2361.

[81] Lu S, Chen Z, Xu B, et al. Learning new semi-supervised deep auto-encoder features for statistical machine translation[C]//Proceedings of the 52nd Annual Meeting of the

Association for Computational Linguistics (Volume 1: Long Papers), June 23 - 25, 2014, Baltimore, Maryland, USA. Stroudsburg, PA, USA: Association for Computational Linguistics, 2014: 122 - 132.

[82] Zhao B, Tam Y, Zheng J, et al. An autoencoder with bilingual sparse features for improved statistical machine translation [C]//Proceedings of the 2014 IEEE International Conference on Acoustics, Speech and Signal Processing. Piscataway[ul]: IEEE, 2014: 7103 - 7107.

[83] Tran K, Bisazza A, Monz C, et al. Word translation prediction for morphologically rich languages with bilingual neural networks[C]//Proceedings of the 2014 Conference on Empirical Methods in Natural Language Processing, October 25 - 29, 2014, Doha, Qatar. Stroudsburg, PA, USA : Association for Computational Linguistics, 2014: 1676 - 1688.

[84] Zhao K, Hassan H, Auli M, et al. Learning translation models from monolingual continuous representations [C]//Proceedings of the 2015 Conference of the North American Chapter of the Association for Computational Linguistics: Human Language Technologiess, May-June, 2015, Denver, Colorado. Stroudsburg, PA, USA: Association for Computational Linguistics, 2015: 1527 - 1536.

[85] Wang X, Xiong D, Zhang M, et al. Learning semantic representations for nonterminals in hierarchical phrase-based translation [C]//Proceedings of the 2015 Conference on Empirical Methods in Natural Language Processing, September 17 - 21, 2015, Lisbon, Portugal. Stroudsburg, PA, USA: Association for Computational Linguistics, 2015: 1391 - 1400.

[86] Duh K, Neubig G, Sudoh K, et al. Adaptation data selection using neural language models: Experiments in machine translation [C]//Proceedings of the 51st Annual Meeting of the Association for Computational Linguistics (Volume 1: Long Papers), August, 2013, Sofia, Bulgaria. Stroudsburg, PA, USA: Association for Computational Linguistics, 2013: 678 - 683.

[87] Lecun Y, Bengio Y. Convolutional networks for images,speech, and time-series[M]// The Handbook of Brain Theory and Neural Networks. Cambridge, MA, USA: MIT Press, 1995: 255 - 258.

[88] Hochreiter S, Schmidhuber J. Long short-term memory[J]. Neural Computation, 1997, 9(8): 1735 - 1780.

[89] Bengio Y, Simard P Y, Frasconi P, et al. Learning long-term dependencies with gradient descent is difficult[J]. IEEE Transactions on Neural Networks, 1994, 5(2): 157 - 166.

[90] Hochreiter J. Untersuchungen zu dynamischen neuronalen Netzen[D]. München:

Technische Universität München, 1991.

[91] Bahdanau D, Cho K, Bengio Y. Neural machine translation by jointly learning to align and translate [C]//Proceedings of the 3rd International Conference on Learning Representations. New York: Association for Computing Machinery, 2015.

[92] Wu Y , Schuster M , Chen Z , et al. Google's neural machine translation system: Bridging the gap between human and machine translation[J]. arXiv: Computation and Language, 2016. arXiv preprint arXiv: 1609. 08144.

[93] Tu Z, Lu Z, Liu Y, et al. Modeling coverage for neural machine translation[C]// Proceedings of the 54th Annual Meeting of the Association for Computational Linguistics (Volume 1: Long Papers), August 7 – 12, Berlin, Germany. Stroudsburg, PA, USA: Association for Computational Linguistics, 2016: 76 – 85.

[94] Luong M, Pham H, Manning C D, et al. Effective approaches to attention-based neural machine translation[C]//Proceedings of the 2015 Conference on Empirical Methods in Natural Language Processing, September 17 – 21, 2015, Lisbon, Portugal. Stroudsburg, PA, USA: Association for Computational Linguistics, 2015: 1412 – 1421.

[95] Mi H, Wang Z, Ittycheriah A, et al. Supervised attentions for neural machine translation[C]//Proceedings of the 2016 Conference on Empirical Methods in Natural Language Processing, November 1 – 5, 2016, Austin, Texas. Stroudsburg, PA, USA: Association for Computational Linguistics, 2016: 2283 – 2288.

[96] Liu L, Utiyama M, Finch A, et al. Neural machine translation with supervised attention[C]//Proceedings of COLING 2016, the 26th International Conference on Computational Linguistics: Technical Papers, December 11 – 17, Osaka, Japan. Stroudsburg, PA, USA: Association for Computational Linguistics, 2016: 3093 – 3102.

[97] Och F J, Ney H. Improved statistical alignment models[C]//Proceedings of the 38th Annual Meeting of the Association for Computational Linguistics, October, 2000, Hongkong. Stroudsburg, PA, USA: Association for Computational Linguistics, 2000: 440 – 447.

[98] Mi H, Sankaran B, Wang Z, et al. Coverage embedding models for neural machine translation[C]//Proceedings of the 2016 Conference on Empirical Methods in Natural Language Processing, November 1 – 5, 2016, Austin, Texas. Stroudsburg, PA, USA: Association for Computational Linguistics, 2016: 955 – 960.

[99] Zhang J, Wang M, Liu Q, et al. Incorporating word reordering knowledge into attention-based neural machine translation [C]//Proceedings of the 55th Annual Meeting of the Association for Computational Linguistics (Volume 1: Long Papers),

July，2017，Vancouver，Canada. Stroudsburg，PA，USA：Association for Computational Linguistics，2017：1524 - 1534.

[100] Cheng Y，Shen S，He Z，et al. Agreement-based joint training for bidirectional attention-based neural machine translation[C]//Proceedings of the 25th International Joint Conference on Artificial Intelligence. Menlo Park，California：AAAI Press，2016：2761 - 2767.

[101] Graves A，Wayne G，Danihelka I，et al. Neural turing machines[J]. arXiv：Neural and Evolutionary Computing，2014. arXiv preprint arXiv：1410.5401.

[102] Weston J，Chopra S，Bordes A，et al. Memory networks[C]//Proceedings of the 3rd International Conference on Learning Representations. New York：Association for Computing Machinery，2015.

[103] Wang M，Lu Z，Li H，et al. Memory-enhanced decoder for neural machine translation[C]//Proceedings of the 2016 Conference on Empirical Methods in Natural Language Processing，November 1 - 5，2016，Austin，Texas. Stroudsburg，PA，USA：Association for Computational Linguistics，2016：278 - 286.

[104] Yang Feng，Shiyue Zhang，Andi Zhang，Dong Wang and Andrew Abel. Memory-augmented neural machine translation. In the Proceedings of the 2017 Conference on Empirical Methods in Natural Language Processing，2017.

[105] Meng F，Lu Z，Li H，et al. Interactive attention for neura machine translation[C]// Proceedings of COLING 2016，the 26th International Conference on Computational Linguistics：Technical Papers，December 11 - 17，Osaka，Japan. Stroudsburg，PA，USA：Association for Computational Linguistics，2016：2174 - 2185.

[106] Ishiwatari S，Yao J，Liu S，et al. Chunk-based decoder for neural machine translation [C]//Proceedings of the 55th Annual Meeting of the Association for Computational Linguistics（Volume 1：Long Papers），July，2017，Vancouver，Canada. Stroudsburg，PA，USA：Association for Computational Linguistics，2017：1901 - 1912.

[107] Tu Zhaopeng，Liu Yang，Shang Lifeng，Liu Xiaohua and Li Hang. Neural Machine Translation with Reconstruction. In the Proceedings of the Thirty-First {AAAI} Conference on Artificial Intelligence，2017：3097 - 3103.

[108] Tu Z，Liu Y，Lu Z，et al. Context gates for neural machine translation[J]. Transactions of the Association for Computational Linguistics，2017，5(1)：87 - 99.

[109] Zhang B，Xiong D，Su J，et al. Variational neural machine translation[C]// Proceedings of the 2016 Conference on Empirical Methods in Natural Language Processing，November 1 - 5，2016，Austin，Texas. Stroudsburg，PA，USA：Association for Computational Linguistics，2016：521 - 530.

[110] Su Jinsong, Tan Zhixing, Xiong Deyi, Ji Rongrong, Shi Xiaodong and Liu Yang. Lattice-Based Recurrent Neural Network Encoders for Neural Machine Translation. In the Proceedings of the Thirty-First {AAAI} Conference on Artificial Intelligence, 2017.

[111] Liu L, Finch A, Utiyama M, et al. Agreement on target-bidirectional LSTMs for sequence-to-sequence learning[C]//Proceedings of the 25th International Conference on Artificial Intelligence. Menlo Park, California: AAAI Press, 2016: 2630 – 2637.

[112] Hoang C D V, Haffari G, Cohn T, et al. Towards decoding as continuous optimization in neural machine translation[C]//Proceedings of the 2017 Conference on Empirical Methods in Natural Language Processing, September 7 – 11, 2017, Copenhagen, Denmark. Stroudsburg, PA, USA: Association for Computational Linguistics, 2017: 146 – 156.

[113] Wang M, Lu Z, Zhou J, et al. Deep neural machine translation with linear associative unit [C]//Proceedings of the 55th Annual Meeting of the Association for Computational Linguistics (Volume 1: Long Papers), July, 2017, Vancouver, Canada. Stroudsburg, PA, USA: Association for Computational Linguistics, 2017: 136 – 145.

[114] Gehring J, Auli M, Grangier D, et al. A convolutional encoder model for neural machine translation[C]//Proceedings of the 55th Annual Meeting of the Association for Computational Linguistics (Volume 1: Long Papers), July, 2017, Vancouver, Canada. Stroudsburg, PA, USA: Association for Computational Linguistics, 2017: 123 – 135.

[115] Gehring J, Auli M, Grangier D, et al. Convolutional sequence to sequence learning [C]//Proceedings of the 34th International Conference on Machine Learning – Volume 70. Stroudsburg, PA, USA: International Machine Learning Society, 2017: 1243 – 1252.

[116] Vaswani A, Shazeer N, Parmar N, et al. Attention is all you need[C]//Proceedings of the 31st International Conference on Neural Information Processing Systems. New York: Curran Associates Inc. , 2017: 5998 – 6008.

[117] Cohn T, Hoang C D, Vymolova E, et al. Incorporating structural alignment biases into an attentional neural translation model[C]//Proceedings of the 2016 Conference of the North American Chapter of the Association for Computational Linguistics: Human Language Technologies, June, 2016, San Diego, California. Stroudsburg, PA, USA: Association for Computational Linguistics, 2016: 876 – 885.

[118] Arthur P, Neubig G, Nakamura S, et al. Incorporating discrete translation lexicons into neural machine translation[C]//Proceedings of the 2016 Conference on Empirical

Methods in Natural Language Processing, November 1 – 5, 2016, Austin, Texas. Stroudsburg, PA, USA: Association for Computational Linguistics, 2016: 1557 – 1567.

[119] Shi C, Liu S, Ren S, et al. Knowledge-based semantic embedding for machine translation[C]//Proceedings of the 54th Annual Meeting of the Association for Computational Linguistics (Volume 1: Long Papers), August 7 – 12, Berlin, Germany. Stroudsburg, PA, USA: Association for Computational Linguistics, 2016: 2245 – 2254.

[120] Zhang J, Li L, Way A, et al. Topic-informed neural machine translation[C]// Proceedings of COLING 2016, the 26th International Conference on Computational Linguistics: Technical Papers, December 11 – 17, Osaka, Japan. Stroudsburg, PA, USA: Association for Computational Linguistics, 2016: 1807 – 1817.

[121] Shi X, Padhi I, Knight K, et al. Does string-based neural mt learn source syntax? [C]//Proceedings of the 2016 Conference on Empirical Methods in Natural Language Processing, November 1 – 5, 2016, Austin, Texas. Stroudsburg, PA, USA: Association for Computational Linguistics, 2016: 1526 – 1534.

[122] Eriguchi A, Hashimoto K, Tsuruoka Y, et al. Tree-to-sequence attentional neural machine translation[C]//Proceedings of the 54th Annual Meeting of the Association for Computational Linguistics (Volume 1: Long Papers), August 7 – 12, Berlin, Germany. Stroudsburg, PA, USA: Association for Computational Linguistics, 2016: 823 – 833.

[123] Eriguchi A, Tsuruoka Y, Cho K, et al. Learning to parse and translate improves neural machine translation[C]//Proceedings of the 55th Annual Meeting of the Association for Computational Linguistics (Volume 1: Long Papers), July, 2017, Vancouver, Canada. Stroudsburg, PA, USA: Association for Computational Linguistics, 2017: 72 – 78.

[124] Dyer C, Kuncoro A, Ballesteros M, et al. Recurrent neural network grammars[C]// Proceedings of the 2016 Conference of the North American Chapter of the Association for Computational Linguistics: Human Language Technologies, June, 2016, San Diego, California. Stroudsburg, PA, USA: Association for Computational Linguistics, 2016: 199 – 209.

[125] Li J, Xiong D, Tu Z, et al. Modeling source syntax for neural machine translation [C]//Proceedings of the 55th Annual Meeting of the Association for Computational Linguistics (Volume 1: Long Papers), July, 2017, Vancouver, Canada. Stroudsburg, PA, USA: Association for Computational Linguistics, 2017: 688 – 697.

[126] Chen H, Huang S, Chiang D, et al. Improved neural machine translation with a syntax-aware encoder and decoder[C]//Proceedings of the 55th Annual Meeting of the Association for Computational Linguistics (Volume 1: Long Papers), July, 2017, Vancouver, Canada. Stroudsburg, PA, USA: Association for Computational Linguistics, 2017: 1936 - 1945.

[127] Stahlberg F, Hasler E, Waite A, et al. Syntactically guided neural machine translation[C]//Proceedings of the 54th Annual Meeting of the Association for Computational Linguistics (Volume 2: Short Papers), August 7 - 12, 2016, Berlin, Germany. Stroudsburg, PA, USA: Association for Computational Linguistics, 2016: 299 - 305.

[128] Aharoni R, Goldberg Y. Towards string-to-tree neural machine translation[C]// Proceedings of the 55th Annual Meeting of the Association for Computational Linguistics (Volume 2: Short Papers), July 30-August 4, 2017, Vancouver, Canada. Stroudsburg, PA, USA: Association for Computational Linguistics, 2017: 132 - 140.

[129] Zhou H, Tu Z, Huang S, et al. Chunk based bi-scale decoder for neural machine translation[C]//Proceedings of the 55th Annual Meeting of the Association for Computational Linguistics (Volume 2: Short Papers), July 30-August 4, 2017, Vancouver, Canada. Stroudsburg, PA, USA: Association for Computational Linguistics, 2017: 580 - 586.

[130] Wu S, Zhang D, Yang N, et al. Sequence-to-dependency neural machine translation [C]//Proceedings of the 55th Annual Meeting of the Association for Computational Linguistics (Volume 1: Long Papers), July, 2017, Vancouver, Canada. Stroudsburg, PA, USA: Association for Computational Linguistics, 2017: 698 - 707.

[131] Luong T, Sutskever I, Le Q V, et al. Addressing the rare word problem in neural machine translation[C]//Proceedings of the 53rd Annual Meeting of the Association for Computational Linguistics and the 7th International Joint Conference on Natural Language Processing (Volume 1: Long Papers), July 26 - 31, 2015, Beijing, China. Stroudsburg, PA, USA: Association for Computational Linguistics, 2015: 11 - 19.

[132] Li X, Zhang J, Zong C, et al. Towards zero unknown word in neural machine translation[C]//Proceedings of the 25th International Joint Conference on Artificial Intelligence. Menlo Park, California: AAAI Press, 2016: 2852 - 2858.

[133] Gulcehre C, Ahn S, Nallapati R, et al. (2016). Pointing the unknown words[C]// Proceedings of the 54th Annual Meeting of the Association for Computational Linguistics (Volume 1: Long Papers), August 7 - 12, Berlin, Germany.

Stroudsburg, PA, USA: Association for Computational Linguistics, 2016: 140 - 149.

[134] Jean S, Cho K, Memisevic R, et al. On using very large target vocabulary for neural machine translation[C]//Proceedings of the 53rd Annual Meeting of the Association for Computational Linguistics and the 7th International Joint Conference on Natural Language Processing (Volume 1: Long Papers), July 26 - 31, 2015, Beijing, China. Stroudsburg, PA, USA: Association for Computational Linguistics, 2015: 1 - 10.

[135] Costa-jussà M R, Fonollosa J A R. Character-based neural machine translation[C]// Proceedings of the 54th Annual Meeting of the Association for Computational Linguistics (Volume 2: Short Papers), August 7 - 12, 2016, Berlin, Germany. Stroudsburg, PA, USA: Association for Computational Linguistics, 2016: 357 - 361.

[136] Luong M, Manning C D. Achieving open vocabulary neural machine translation with hybrid word-character models[C]//Proceedings of the 54th Annual Meeting of the Association for Computational Linguistics (Volume 1: Long Papers), August 7 - 12, Berlin, Germany. Stroudsburg, PA, USA: Association for Computational Linguistics, 2016: 1054 - 1063.

[137] Yang Z, Chen W, Wang F, et al. A character-aware encoder for neural machine translation[C]//Proceedings of COLING 2016, the 26th International Conference on Computational Linguistics: Technical Papers, December 11 - 17, Osaka, Japan. Stroudsburg, PA, USA: Association for Computational Linguistics, 2016: 3063 - 3070.

[138] Chung J, Cho K, Bengio Y. A character-level decoder without explicit segmentation for neural machine translation[C]//Proceedings of the 54th Annual Meeting of the Association for Computational Linguistics (Volume 1: Long Papers), August 7 - 12, Berlin, Germany. Stroudsburg, PA, USA: Association for Computational Linguistics, 2016: 1693 - 1703.

[139] Sennrich R, Haddow B, Birch A, et al. Neural machine translation of rare words with subword units[C]//Proceedings of the 54th Annual Meeting of the Association for Computational Linguistics (Volume 1: Long Papers), August 7 - 12, Berlin, Germany. Stroudsburg, PA, USA: Association for Computational Linguistics, 2016: 1715 - 1725.

[140] Oda Y, Arthur P, Neubig G, et al. Neural machine translation via binary code prediction[C]//Proceedings of the 55th Annual Meeting of the Association for Computational Linguistics (Volume 1: Long Papers), July, 2017, Vancouver, Canada. Stroudsburg, PA, USA: Association for Computational Linguistics, 2017:

850 – 860.

[141] Gulcehre C, Firat O, Xu K, et al. On using monolingual corpora in neural machine translation[J]. arXiv: Computation and Language, 2015. arXiv preprint arXiv: 1503. 03535.

[142] Sennrich R, Haddow B, Birch A, et al. Improving neural machine translation models with monolingual data [C]//Proceedings of the 54th Annual Meeting of the Association for Computational Linguistics (Volume 1: Long Papers), August 7 – 12, Berlin, Germany. Stroudsburg, PA, USA: Association for Computational Linguistics, 2016: 86 – 96.

[143] Wang R, Finch A, Utiyama M, et al. Sentence embedding for neural machine translation domain adaptation[C]//Proceedings of the 55th Annual Meeting of the Association for Computational Linguistics (Volume 2: Short Papers), July 30-August 4, 2017, Vancouver, Canada. Stroudsburg, PA, USA: Association for Computational Linguistics, 2017: 560 – 566.

[144] Fadaee M, Bisazza A, Monz C, et al. Data augmentation for low-resource neural machine translation[C]//Proceedings of the 55th Annual Meeting of the Association for Computational Linguistics (Volume 2: Short Papers), July 30 – August 4, 2017, Vancouver, Canada. Stroudsburg, PA, USA: Association for Computational Linguistics, 2017: 567 – 573.

[145] He D, Xia Y, Qin T, et al. Dual learning for machine translation[C]//Proceedings of the 30th International Conference on Neural Information Processing Systems. New York: Curran Associates Inc. , 2016: 820 – 828.

[146] Cheng Y, Xu W, He Z, et al. Semi-supervised learning for neural machine translation[C]//Proceedings of the 54th Annual Meeting of the Association for Computational Linguistics (Volume 1: Long Papers), August 7 – 12, Berlin, Germany. Stroudsburg, PA, USA: Association for Computational Linguistics, 2016: 1965 – 1974.

[147] Cheng Y, Liu Y, Yang Q, et al. Neural machine translation with pivot languages[J]. arXiv: Computation and Language, 2016. arXiv preprint arXiv: 1611. 04928.

[148] Zheng H, Cheng Y, Liu Y, et al. Maximum expected likelihood estimation for zero-resource neural machine translation [C]//Proceedings of the 26th International Conference on Artificial Intelligence. Menlo Park, California: AAAI Press, 2017: 4251 – 4257.

[149] Chen Y, Liu Y, Cheng Y, et al. A teacher-student framework for zero-resource neural machine translation [C]//Proceedings of the 55th Annual Meeting of the Association for Computational Linguistics (Volume 1: Long Papers), July, 2017,

Vancouver, Canada. Stroudsburg, PA, USA: Association for Computational Linguistics, 2017: 1925 – 1935.

[150] Firat O, Sankaran B, Alonaizan Y, et al. Zero-resource translation with multi-lingual neural machine translation[C]//Proceedings of the 2016 Conference on Empirical Methods in Natural Language Processing, November 1 – 5, 2016, Austin, Texas. Stroudsburg, PA, USA: Association for Computational Linguistics, 2016: 268 – 277.

[151] Johnson M, Schuster M, Le Q V, et al. Google's multilingual neural machine translation system: Enabling zero-shot translation [J]. Transactions of the Association for Computational Linguistics, 2017, 5(1): 339 – 351.

[152] Ha T, Niehues J, Waibel A, et al. Toward multilingual neural machine translation with universal encoder and decoder[J]. arXiv: Computation and Language, 2016. arXiv preprint arXiv: 1611.04798.

[153] Ondrej Bojar, Christian Buck, Christian Federmann, Barry Haddow, Philipp Koehn, Johannes Leveling, Christof Monz, Pavel Pecina, Matt Post, Herve Saint-Amand, et al. 2014. Findings of the 2014 workshop on statisticalmachine translation. In Proceedings of the Ninth Workshop on Statistical Machine Translation, pages 12 – 58. Association for Computational Linguistics Baltimore, MD, USA.

[154] Garmash E, Monz C. Ensemble learning for multi-source neural machine translation [C]//Proceedings of COLING 2016, the 26th International Conference on Computational Linguistics: Technical Papers, December 11 – 17, Osaka, Japan. Stroudsburg, PA, USA: Association for Computational Linguistics, 2016: 1409 – 1418.

[155] Zoph B, Yuret D, May J, et al. Transfer learning for low-resource neural machine translation[C]//Proceedings of the 2016 Conference on Empirical Methods in Natural Language Processing, November 1 – 5, 2016, Austin, Texas. Stroudsburg, PA, USA: Association for Computational Linguistics, 2016: 1568 – 1575.

[156] Chu C, Dabre R, Kurohashi S. An empirical comparison of domain adaptation methods for neural machine translation[C]//Proceedings of the 55th Annual Meeting of the Association for Computational Linguistics (Volume 2: Short Papers), July 30-August 4, 2017, Vancouver, Canada. Stroudsburg, PA, USA: Association for Computational Linguistics, 2017: 385 – 391.

[157] Calixto I, Liu Q, Campbell N, et al. Doubly-attentive decoder for multi-modal neural machine translation[C]//Proceedings of the 55th Annual Meeting of the Association for Computational Linguistics (Volume 1: Long Papers), July, 2017, Vancouver, Canada. Stroudsburg, PA, USA: Association for Computational Linguistics, 2017:

1913 – 1924.

[158] Marc'Aurelio Ranzato, Sumit Chopra, Michael Auli, Wojciech Zaremba. Sequence Level Training with Recurrent Neural Networks. ICLR (Poster) 2016.

[159] Wiseman S, Rush A M. Sequence-to-sequence learning as beam-search optimization [C]//Proceedings of the 2016 Conference on Empirical Methods in Natural Language Processing, November 1 – 5, 2016, Austin, Texas. Stroudsburg, PA, USA: Association for Computational Linguistics, 2016: 1296 – 1306.

[160] Shen S, Cheng Y, He Z, et al. Minimum risk training for neural machine translation [C]//Proceedings of the 54th Annual Meeting of the Association for Computational Linguistics (Volume 1: Long Papers), August 7 – 12, Berlin, Germany. Stroudsburg, PA, USA: Association for Computational Linguistics, 2016: 1683 – 1692.

[161] Och F J. Minimum error rate training in statistical machine translation [C]// Proceedings of the 41st Annual Meeting of the Association for Computational Linguistics, Sapporo, Japan. Stroudsburg, PA, USA: Association for Computational Linguistics, 2003: 160 – 167.

[162] Kim Y, Rush A M. Sequence-level knowledge distillation[C]//Proceedings of the 2016 Conference on Empirical Methods in Natural Language Processing, November 1 – 5, 2016, Austin, Texas. Stroudsburg, PA, USA: Association for Computational Linguistics, 2016: 1317 – 1327.

[163] Shi X, Knight K. Speeding up neural machine translation decoding by shrinking run-time vocabulary[C]//Proceedings of the 55th Annual Meeting of the Association for Computational Linguistics (Volume 2: Short Papers), July 30-August 4, 2017, Vancouver, Canada. Stroudsburg, PA, USA: Association for Computational Linguistics, 2017: 574 – 579.

[164] He W, He Z, Wu H, et al. Improved neural machine translation with smt features [C]//Proceedings of the 25th International Conference on Artificial Intelligence. Menlo Park, California: AAAI Press, 2016: 151 – 157.

[165] Wang X, Lu Z, Tu Z, et al. Neural machine translation advised by statistical machine translation[C]//Proceedings of the 26th International Conference on Artificial Intelligence. Menlo Park, California: AAAI Press, 2017: 3330 – 3336.

[166] Niehues J, Cho E, Ha T, et al. Pre-translation for neural machine translation[C]// Proceedings of COLING 2016, the 26th International Conference on Computational Linguistics: Technical Papers, December 11 – 17, Osaka, Japan. Stroudsburg, PA, USA: Association for Computational Linguistics, 2016: 1828 – 1836.

[167] Zhou L, Hu W, Zhang J, et al. Neural system combination for machine translation

[C]//Proceedings of the 55th Annual Meeting of the Association for Computational Linguistics (Volume 2: Short Papers), July 30-August 4, 2017, Vancouver, Canada. Stroudsburg, PA, USA: Association for Computational Linguistics, 2017: 378 – 384.

[168] Zoph B, Knight K. Multi-source neural translation[C]//Proceedings of the 2016 Conference of the North American Chapter of the Association for Computational Linguistics: Human Language Technologies, June, 2016, San Diego, California. Stroudsburg, PA, USA: Association for Computational Linguistics, 2016: 30 – 34.

[169] Belinkov Y, Durrani N, Dalvi F, et al. What do neural machine translation models learn about morphology? [C]//Proceedings of the 55th Annual Meeting of the Association for Computational Linguistics (Volume 1: Long Papers), July, 2017, Vancouver, Canada. Stroudsburg, PA, USA: Association for Computational Linguistics, 2017: 861 – 872.

[170] Ding Y, Liu Y, Luan H, et al. Visualizing and understanding neural machine translation[C]//Proceedings of the 55th Annual Meeting of the Association for Computational Linguistics (Volume 1: Long Papers), July, 2017, Vancouver, Canada. Stroudsburg, PA, USA: Association for Computational Linguistics, 2017: 1150 – 1159.

10 深度学习在社会计算中的应用与进展

赵鑫　丁效

赵鑫,中国人民大学高瓴人工智能学院,电子邮箱: batmanfly@gmail.com
丁效,哈尔滨工业大学计算学部,电子邮箱: xding@ir. hit. edu. cn

10.1　引言

　　人类行为在本质上是具有社会性的，这体现在人类生活的方方面面。例如，与家人交流谈心，从商店购买商品，和朋友观看电影。通过这些社会行为，个体会受到周围其他人的影响，同时也影响着其他人。社会行为不只是现代社会发展或技术进步的产物，而是人类社会演进过程中的重要特征。早在石器时代，个体聚集在一起而组成部落，这样的部落可以被看作一种社区。部落内的人共享经验，并与部落内外的人交换物品。经过连续几代，人类制定出关于个人、组织、社会的规则和条例，以指导他们的行为。

　　近年来，互联网技术的迅猛发展进一步拓展了"社区"和"社会行为"的定义与范围，其催生的各种在线社交媒体服务不仅包括像脸书（Facebook）、推特（Twitter）和新浪微博这样流行的社交网络，还包括所有由互联网技术驱动并且具有社交功能或者共享机制的在线服务。在线社交媒体极大地影响和改变了人们的生活方式，使得社交行为从"线下"走到"线上"，促进了两种社交模式相辅相成。为了更好地理解用户的社会行为和改善在线社交服务，本章将对社会计算这一主题进行深入的讨论与分析。

　　社会计算针对具有社交性的信息采集、表示、处理、使用和传播，这些信息分布在诸如团体、社区、组织和市场这样的社会集合中。与传统互联网数据不同，社交信息不是"匿名的"，而是与某些个体相关联，更进一步，个体之间也存在关联，从而形成一个信息与个体互联的社交大环境。换言之，社会计算是理解个体在社会环境中活动的学科。作为一个跨学科的新兴学科领域，社会计算得到了多个学科领域的支撑与推动，对其的定义与解释也有多种。

　　本章主要关心人工智能技术在社会计算中的应用，定位在社交媒体中，从用户个体出发研究如何构建用户画像、理解用户意图和推断用户行为，进一步分析用户之间的交互关系，最后介绍群体模式以及规律的精准预测。按照个体→关系→群体的顺序逐步推进介绍。

　　社交媒体平台在本质上是一个资源共享平台，这些信息资源可以是推文、电影、歌曲、产品、朋友等。在线社交媒体服务的出现带来了史无前例的信息资源爆炸。在传统网站中，用户只扮演信息消费者的角色，而在线社交媒体却能使用户通过与系统交互而生产信息。例如，通过维基百科联合构建知识体系，通过新浪微博分享信息，通过豆瓣评价电影，通过 YouTube 分享电影，通过知乎分享知识等。社会媒体中所产生的社会协作与社会联系,使得社交用户通过各种连接机制高度互联。反过来讲,丰富的用户连接关系又显著增强了在线社交媒体的协作和交互环境。

面对飞速增长的信息资源、丰富的社会关系和复杂的信息需求,社会计算与社交媒体用户的行为、意图及兴趣密切相关。社会计算的最终目标是设计系统来理解个体、团体、社区和组织的社会行为,从而更好地满足用户对于信息资源的需求,改进用户对于社交媒体的使用体验。为了实现这一目标,本章重点关注社会3个方面的内容。

(1) 对用户个体的深入理解。用户是社交媒体中的核心元素,也是社交媒体上的内容生成者,对于个体用户的理解尤其重要。不同于离线的社交环境,很多时候无法获取社交用户的真实身份和背景信息,因此必须通过用户所生成的社交内容以及发生的社会行为进行推理学习。特别地,构建用户画像(知道用户是"谁")、理解用户意图(知道用户想要什么)、推断用户行为(知道用户要做什么)是本章重点考虑的研究问题。

(2) 对社交关系的有效建模。如前所述,社交媒体很重要的一个特征就是用户间的链接关系和关联协作。社交关系在性质上复杂多样,一个关键基础问题就是如何设计有效的网络表示学习方法,从而找到一种通用的网络表示途径,可以描述多种类型的用户关系和支持一系列的计算任务。在第一个研究内容基础上,研究社交关系对于用户个体的理解进一步加深。

(3) 对群体模式以及规律的精准预测。社会媒体用户之间的互动会产生出大量的信息流,而人们之间实质上是通过信息流进行交互和协作的。在社会媒体中,用户通过转发、评论、点赞等行为与其他用户进行交流互动,深入探讨国际时事、民生科技等各个方面的内容,这些探讨可以激发很多创新性的想法,生成高质量的信息流,最终形成群体智慧。如果能够适当地挖掘、分析和利用社会媒体上的群体智慧,对于预测人们广泛参与的事件的未来走势将会非常有帮助。本章将在充分挖掘社会媒体用户生成内容基础上进一步探讨对群体模式以及规律的精准预测技术。

传统的自然语言处理(natural language processing,NLP)、信息检索(information retrieval,IR)和机器学习(machine learning,ML)技术在一定程度上可以应用于社会计算。但是这些技术难以充分应对社交媒体数据带来的挑战。第一,传统的稀疏表示方法难以刻画高维度、大规模的社交媒体数据,也无法捕捉用户生成内容中的深层语义信息。例如,常用的"词袋模型"无法很好地学习到人类语言中存在的多义词和同义词。第二,传统的数据表示模型无法刻画社交媒体数据的复杂性质。例如,矩阵分解在本质上是一个线性分解模型,不能捕捉数据中的非线性模式。虽然传统的非线性模型在数据建模方面具有更高的能力,但这些模型通常是浅层模型或难以进行学习求解,不能有效地解决社交媒体中的复杂任务。第三,传统技术不能灵活地扩展到有效处理各种社交媒体数据的程度。社交媒体数据为社交计算带来了新的挑战。例如,用户生成的内容是了解用户观点的丰富资源和快速渠道,许多社交媒体平台已经添加了新闻传播机制,如微博的转发功能。传统技术可能无法很好地适用于社交媒体中的这些新功能和新特征。

幸运的是,深度学习的复兴和快速进展,为传统技术在社会计算中所面临的困难带来了新的机遇和解决方案。深度学习使用分布式表示方法,不但可以更好地刻画数据,而且能够从大规模未标记的数据中学习这些表示。基于神经系统中的信息处理和通信模式,深度学习试图利用灵活的深层非线性结构来构建更强大的数据模型。深度学习算法对输入进行多层次的转换,这是传统方法无法实现和完成的。深度学习的另一个重要特征是,它通常是以端到端(end-to-end)的方式进行设计和训练的,这种方法大大减少了由多个单独模型拼接带来的累积误差。除了强大的数据建模能力,深度学习也是一个快速增长的领域,每隔几周就会出现新的结构、变体或算法,这为科研工作者提供了一种灵活的数据建模方式(如序列模型和树结构模型)。

基于上述讨论,本章将深度学习作为研究社会计算的主要技术手段与工具方法。核心目的就是打造更好的社交媒体服务,从而改进用户体验,借助科技推动社会进步。

本章主要围绕前述的 3 个方面回顾深度学习在社会计算领域的重大进展,即对用户个体的深入理解、对社交关系的有效建模以及对群体模式以及规律的精准预测。具体来说,10.2 节~10.6 节分别介绍用户画像、用户意图、用户行为以及用户关系,10.7 节介绍相关数据集合以及评测方法,10.8 节进行总结。

10.2 用户画像

10.2.1 任务定义

用户画像(user profiling)指在应用系统中,利用用户的相关数据(如文本、图片、社交行为等)来构建未知的用户属性特征等重要信息。用户画像具有广泛的应用领域,本节主要聚焦回顾和总结其在推荐系统中的构建与应用。特别地,将主要关注基于社交媒体平台建立的应用系统,即社交媒体服务。用户信息纷繁复杂,而且存在缺失或者虚假信息的情况,这使得挖掘用户的属性信息具有一定的挑战性。在上述背景下,用户画像旨在为社交用户构建一个可量化的信息表示,包括简单的属性特征(如年龄、性别等)以及复杂的模式特征(如网络隐含表示等),从而应用到广泛的社交媒体应用系统中,以改进用户体验以及系统服务。

10.2.2 用户画像的构建方法

用户画像的定义往往依赖于具体的数据源以及任务目标,因此很难有统一的呈现方式。围绕着这些不同的定义以及具体的任务,学术界和工业界提出了很多的技术手段来构建用户画像。在此,本文将这些方法主要分为两大类:第 1 类为显式的用户特征抽取或者简单加工,易于理解;第 2 类为用户特征的隐含表示以及学习,易于后续的量化计算。同时,在推荐系统中,与用户画像相对应,这里会进一步介绍受众画像的构建方法。

1. 显式用户画像的构建方法

显式用户画像指对应的画像表示中的特征或者维度都相对容易解释,易于直观理解。

1) 用户属性特征的直接抽取与加工

对于用户属性特征的直接抽取与加工,首先考虑简单的社交信息特征抽取。很多社交网站要求用户在注册时填写一些公开的身份信息。以新浪微博为例,用户可以填写年龄、性别、省份、教育和职业信息。这些信息可以直接作为用户画像的信息输入和呈现形式。Zhao 等[1-2]利用微博用户注册的属性信息进行用户画像构建,包括性别、年龄、职业、兴趣等。在构建过程中,对于部分连续或者多取值的属性进行区间离散化,以此减少表示维度。例如,将年龄按照少年、青壮年和老年进行分段。

除了简单的特征抽取外,还可以对获取的社交信息进行初步加工。从自然语言角度来看用户画像问题,具有不同属性特征的用户其用词或者主题分布也不同。常用的用户画像技术是利用用户发表的文本信息为用户打标签。其中,TextRank[3]是一种面向文本的传统标签抽取技术。它利用标签词汇的共现信息构建语义图,然后使用 PageRank 算法进行排序,选择具有代表性的标签。基于 TextRank,Zhao 等[4]针对微博用户设计了一种基于主题的标签抽取方法。

通过融入主题信息,使得抽取算法能够更好地进行以话题为导向的标签抽取。在研究[5]中,Zhao 等进一步拓展了之前研究[1]中的工作,对于文本信息使用了分布式表示学习和主题模型的方法进行初级加工表示。这些表示方法可以捕捉隐含的语义信息,克服传统标签表示中的数据稀疏问题。

在信息抽取过程中,还可以融入任务信息,加强用户画像的可用性。例如,Xiao 等[6]利用微博中用户的权威度(如 PageRank 值)和文本的相关度(与知乎提问的语义相似性)来改进对知乎网上最佳答案的预测。基本的假设如下:给定一个问题,如果一个知乎用户在新浪微博中的权威度越高,那么他的答案就越有可能成为最佳答案;如果一个知乎用户所发表的新浪微博内容与问题相关度越高,那么他的答案就越有可能成为最佳答案。对于原始的用户文本信息以及网络结构信息进行初步加工学习,就可以使应用系统更符合任务目标。

2) 用户属性特征的补全与推断

在社交媒体网站上,用户属性信息经常存在缺失现象,如用户隐藏了年龄。这个问题影响上述直接抽取方法的准确性以及适用性。为了解决此问题,可以通过用户自身的多种数据进行推断。例如,可以根据用户使用表情符号的数量和样式帮助预测用户的年龄和性别。较为深层次的推断包括建立复杂的学习模型,补全属性信息,如轨迹数据[7]、移动数据[8]。还可以通过社交媒体网站中的其他交互链接关系,例如微博中的关注、转发和点名关系,利用图正则化技术或者标签传播算法对属性信息进行关联建模,从而进行属性信息的全局推理。

此外还可以考虑在数据层面上丰富信息来源。例如,一些用户会在微博上公布自己的学校、博客、学术主页等链接。如果能够将同一个用户在不同社交网络上的账号进行统一关联(称为跨网站的实体链指),那么就可以整合这些网站上的用户信息,更好地补全用户属性信息。其中的关键技术是如何设计有效的算法来链接同一个用户的多个社交网络账号。Liu 等[9]利用用户社交账号的昵称以及语言学模式进行用户链指,Yuan 等[10]利用用户的自关联行为构建图算法进行用户链指。

2. 隐含用户画像的构建方法

与显式用户画像相对应,隐含用户画像主要是为了构建用户信息的量化表示来作为下游应用的输入,而画像表示中的特征或者维度往往都是隐含的、难以直观解释的。

1) 基于主题模型的用户画像构建

基于主题模型的用户画像构建方法假设用户的画像属性(如地域、职业、年龄等)与其在社交媒体发布文本内容的主题是有较强关联性的。例如,程序员更多提及的主题可能包括编程语言、开发工具等,而医生更多地在讨论医院、药品等。通过从用户所发表的文本数据中抽取隐含的主题信息,进而将用户兴趣刻画为主题集合上的概率分布,作为用户画像的量化表示。可以使用多种主题模型用于用户画像构建,这些方法主要是在 LDA(latent dirichlet allocation)模型[11]上进行改进与扩展,陆续出现了 ATM[12]、ARTM[13]、APTM[14]、AITM[15]、LITM[16]、Topic-link LDA[17]等多种模型。ATM(author-topic model)是从作者的角度考虑文本中主题的生成。针对学术文章的语料数据集,ATM 对于每个作者不再限定该作者只能对应一个主题,而是对应于一个主题分布,所有作者共享一个主题集合。ARTM(author-recipient-topic model)是在 ATM 基础上提出来的,其着重考虑信息传递过程中发送者和接收者之间的角色关系,比较典型的有电子邮件收发者之间的关系,通过增加对接收者信息的考虑而进行用户建模。APTM(author-persona-topic model)从角色的生成方式对 ARTM 进行扩展。在 ATM 和 ARTM 基础上,可以进一步考虑用户兴趣与主题的关系,例如 AITM(author interest topic model)和 LITM(latent-interest-topic model)。Liu 等[17]认为用户在社交媒体上发布的文本主题与其社交关系有着较强的内在联系,因此将主题模型及用户的社交网络关系联合建模学习。基于主题的用户画像表示,能够有效地描述用户兴趣的多样性,而且主题数量远远小于标签(如关键字)的数量,从而形成一个用户信息的隐含低维表示,减少了所需要的存储空间和应用复杂度。此外,基于主题的用户模型可以将用户和各种资源(如文本)通过主题进行关联,充分利用挖掘数据信息中的用户特征。

2)基于深度学习的用户画像构建

近年来,深度学习方法使很多任务的完成效果得到了提升。其中很重要的原因就是引入了分布式表示的思想,以及对于深度模型的有效(效果和速度上)训练方法。利用分布式表示学习方法刻画用户社交关系网络,对于构建用户画像起着至关重要的作用。Perozzi 等[18]提出了 DeepWalk 方法,通过在网络中随机游走的方式产生若干随机序列化路径,然后通过 Skip-gram 模型对节点的隐含向量进行更新,从而学习到节点的低维表示。给定一个用户的社交关系网络,可以使用 DeepWalk 算法得到用户的分布式表示。这种低维的隐含向量可以作为用户画像的量化表示。

DeepWalk 是一种较为通用的图结构分布式表示学习方法,它可以产生一般化的用户分布式表示,从而用于多种任务。然而,这种方法没有利用任何有标记的数据,其结果是产生的向量不具有任务针对性。为了提升用户画像构建的效果,有研究[19]在 DeepWalk 得到的随机游走路径中引入用户的标记信息,然后在新的路径中学习用户的分布式表示。如原路径：user_1→user_2→user_3→…→user_n，引入有监督信息（label）以后路径变：user_1→label_1→user_2→label_2→user_3→label_3→…→user_n→label_n，从而使得 DeepWalk 学习出来的用户分布式表示更适用于特定任务。

对于用户画像的构建任务，如何将用户的其他信息（如文本特征）和社交网络结构信息融合使用，是最近用户画像领域的研究热点。比较直接的一种联合学习方法是对于每种信息分别学习出表示向量，然后进行组合形成一个新的用户向量[19]。然而这种方法并没有充分挖掘文本数据以及社交网络之间的关联关系。Miura 等[20]在学习用户的文本分布式表示和关系分布式表示的基础上，提出了基于注意力机制的神经网络模型，该模型可以将两者进行融合。Sun 等[21]则是在 DeepWalk 框架基础上，将文本信息看成一种特殊的网络节点，将用户文本信息和社交网络信息映射到统一的向量空间，并且在模型训练过程中联合训练两者的分布式表示。通过这种方式使得网络结构的损失能同时反向传播到文本和网络节点上，从而学习出文本和网络结构的联合表示。

3. 受众画像的构建方法

除了用户画像以外，还可以考虑对物品建立受众画像。例如，一款产品的受众特征可以刻画为"单身未婚女性、年龄 18～24 岁、大学文化程度"。产品受众指的是一个产品潜在的购买人群的整体属性特征。产品受众群体属性特征提供了一款产品的候选受众的典型个人特征，对于产品销售和推广具有重要意义。图 10-1 展示了一款产品在年龄和兴趣两个维度受众用户的属性分布。

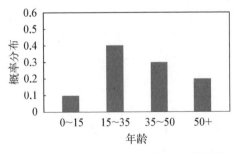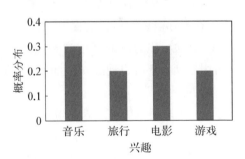

图 10-1 产品受众用户属性分布示意图

在研究[1-2]中，主要利用以下两种社交数据进行产品受众特征的学习。

（1）利用电商平台的评论信息。用户有时候会在产品评论中显式地提及与受众属性相关的信息。例如，"这款手机不错，给儿子买一个"。暗示当前的产品适合该评论者的儿子，也就是他的儿子是该产品的一个潜在受众，同时也可以推断"年轻""男士"是受众的两个特征。

（2）利用微博平台的关注信息。在微博中,用户可以自由地表达自己对于某款产品或者品牌的情感。如果情感取向为"正"（褒）,就可以把当前用户当作一个潜在的产品受众。搜集这样的正向情感用户,聚合他们的个人属性信息,可以推断该产品的受众特征。通过用户行为来捕捉用户对于某一产品的正向情感,包括关注关系（following）和提及关系（mentioning）。如果一个用户对某一产品感兴趣或者已经使用过该产品,则他很有可能通过发表状态文本的形式来表达自己对于该产品的情感取向。给定一款产品,可以使用产品名来检索得到所有包含该产品名字的微博,然后使用基于机器学习的方法来判定微博文本中的用户情感取向,将具有正向情感的用户当作该产品的受众。

通过上述方法对受众属性信息进行统计,然后以概率形式表示。具体的构建过程如下:首先将属性维度离散化;然后根据收集到的受众属性信息,对不同维度进行数量更新,统计结束时将数量归一化成概率;最后得到的概率分布就是受众画像的表示。每个属性对应一个概率分布。通过受众属性的分布特征可以很好地了解一款产品对应受众各种属性信息的分布情况。

10.2.3　用户画像在推荐系统中的应用

本节分别从两个角度介绍用户画像在推荐系统中的应用。首先,从模型的角度介绍如何将用户画像融入推荐模型中;其次,从工业实践中的角度介绍用户画像的一些真实应用场景。

1. 用户画像在推荐模型构建中的应用

在推荐模型的构建过程中,用户画像首先可以作为量化特征直接用于推荐模型;其次可以通过刻画用户和物品之间的异质关联关系来完成推荐任务;最后,用户画像还可以通过映射变换转化合适的数据形式,使之能够完成跨网站的推荐任务。

1) 用户画像信息的直接应用

最早的推荐任务只关心用户、物品和反馈（如评价）3 个方面的信息,因此可以使用一个二维矩阵来刻画推荐任务的输入,分别对应一个矩阵中的行、列、值。常见的推荐算法包括基于近邻的协同过滤算法、矩阵分解等。近些年,矩阵分解算法得到了广泛应用,具有很好的实践效果,并进一步丰富了可供推荐算法使用的信息。例如,在新闻推荐中可以获取新闻的属性信息（如文本内容、关键词、时间等）,同时可以获取用户的属性信息以及点击、收藏和浏览行为等。

因子分解机(factorization machine，FM)[22]是一种基于矩阵分解拓展而来的推荐模型，可以用于解决回归预测问题或者排序学习问题。因子分解机将特征信息进行统一编码表示(包括用户和待推荐的物品)，每一个特征维度对应一个低维的隐含因子表示。最后的学习任务可以由二阶特征的交互项线性组合得来，在数学上使用两个特征所对应的隐含因子的点积来刻画特征的交互。相比传统的矩阵分解算法，因子分解机由于刻画了特征之间的二阶交互，可以在很大程度上缓解数据稀疏对目标任务的影响。SVDFeature[23]和因子分解机具有相似的思想，都是使用隐含因子来刻画特征，使用隐含因子之间的点积来刻画特征间的交互关系。不同的是，SVDFeature 的交互有了限制，只有用户的特征和物品的特征才能进行交互，而同属于用户或者物品的特征不能进行交互。

在基于特征的矩阵分解模型中，可以直接引入用户画像信息。在使用过程中，需要对用户画像信息进行有效特征编码，使之适用于因子分解机等基于特征的推荐模型。因子分解机的输入与传统分类回归任务的输入形式较为相似(如LibSVM)，因此在预处理中可能还涉及特征表示的归一化等步骤。由于此类方法只能刻画矩阵的线性分解关系，使用离散化的用户属性信息(如年龄、性别等)直接抽取得到的特征效果会更好。Zhao 等在 SVDFeature 的推荐框架中引入了受众称呼(demographic mention)以及受众类别分布，在一定程度上可以解决面向受众的推荐任务，如被推荐者需要给母亲买一款手机[24]。

2) 异质用户画像信息的建模与应用

在社会化推荐系统中，用户或者物品都关联着复杂的异质信息。因此，如何刻画推荐系统中的多源异质信息也是近年来的一个研究热点。作为一个典型方法，异质信息网络[25]提供了一种通用的异质信息表示方式，可以刻画出多种类型的节点和多种类型的关系(也就是边)。在异质信息网络中，节点间的关系较为复杂，节点间的邻近性往往不能通过简单的连接关系反映出来，而需要通过它们之间的关系路径所对应的语义来刻画，通常使用元路径(meta-path)[26]来计算异质结构所对应的关联性。元路径是指由节点和节点间关系组成的序列，可以用来衡量路径首尾两个节点的相似性。例如，"U→M→A→M→U"表述了两位用户看了由同一位演员饰演的两部电影(其中 U→User，M→Movie，A→Actor)。基于异质信息网络，推荐任务可以归结为求解网络中的两个实体节点间语义关联性的问题。

异质信息网络可以用来刻画多种用户画像的信息，如年龄、性别等。关键点就是将属性信息映射为具有类型的实体，建立起异质信息的关联网络。给定一个异质信息网络,可以选择一些具有特殊语义的元路径,然后基于给定的元路径对实体关联性进行计算。得到了实体间的关联性后,可以直接将关联强度分数用于推荐[27],也可以进一步将该分数作为目标数值进行矩阵分解[28],从而获得用户与物品的隐含低维表示,加强推荐效果。

3) 用户画像信息的跨网站应用

在实际情况中,往往希望构建的用户画像可以应用到多个系统服务中,因此需要考虑用户画像信息的跨网站使用。Zhao 等对此提出了使用社交属性特征来进行电子商务网站中的产品推荐[1-2],主要想法是将用户和产品表示在相同的属性信息维度上,从而完成相关性的计算并用于推荐。首先从公开的社交账号信息中提取用户的个人属性信息,然后从社交媒体网站中学习产品受众聚合的属性信息,即产品受众画像。经过这两个步骤,可以将用户和产品表示在相同的属性维度上。基于这些特征,可以使用基于机器学习的排序算法(learning to rank)实现精准的产品推荐。学习排序算法是在学习阶段给定一些查询和相关文档,试图构建一个排序函数使训练数据的损失最小化。在检索(测试)阶段,给定一个查询,系统会返回一个候选文档的排序列表,该列表是按照相关度分数递减得到的。为了将学习排序的方法应用到产品推荐任务上,需要进行对应的类比:用户可以看作查询,待推荐产品可以看作候选文档。

另外一种方式就是借鉴迁移学习中的思想,对于构建的用户画像信息进行变换,使之可以转变为对于推荐系统有用的信息表示。Zhao 等首先分别在社交平台和电商平台上进行用户的信息表示,然后建立起一个映射函数,使得社交平台的用户画像信息可以被映射为电商平台的用户表示[5]。一旦映射函数建立起来,就可以通过用户的社交画像拟为其在电商平台的表示,进而完成推荐任务,可以在一定程度上缓解冷启动问题。与之类似,有关研究[29]提出了如何解决音乐推荐系统中的冷启动问题,其基本思想是从音乐的音频数据中提取相关特征,然后将这些音乐自身的数据特征映射为在推荐中矩阵分解学习得到的隐含向量。虽然该工作主要针对物品端进行研究,但同样的思路可以应用在用户画像中。

2. 用户画像在工业实践中的应用

工业界对于用户画像的应用非常广泛。首先是在精准营销上的应用,精准营销是用户画像在工业实践中最直接和有价值的应用,也是各大互联网公司广告部门最注重的工作内容。当给用户打上各种"标签"之后,广告主(即店铺、商家)就可以通过标签圈定他们想要触达的用户,进行精准的广告投放。其次,用户画像还可以助力产品开发与推广。一个产品想要得到广泛的应用,受众分析必不可少,特别是在产品早期的设计与推广过程中,可以通过用户画像的方式来研究目标受众,通过对于用户画像的分析及可视化技术可以直观地理解潜在用户,从而透彻地了解产品受众的需求,更有针对性地完成产品设计与推广。此外,用户画像在行业报告与用户消费研究中也起到重要作用。通过对用户画像的分析可以了解行业动态,比如不同年龄段人群的消费偏好趋势分析、不同行业用户青睐品牌分析、不同地域品类消费差异分析等。这些对于行业趋势的洞察与分析可以指导平台进行更好的运营,也能给相关公司(中小企业、店铺、媒体等)提供垂直领域的深入探究。

前面介绍了多种用户画像的构建方法。在真实应用中,往往会同时采取可解释性与应用效果的折中方法。因此,基于人口统计学以及兴趣标签的直接提取方法是工业界较为常用的用户画像构建方式。还有一些公司会进行大规模主题的挖掘,得到具有较高细粒度的、层次化的、隐含的主题后,再进一步对主题打标签加强可解释性。目前为止,在公开的工业界报道中,基于深度学习的用户画像构建方法的应用还较少,特别是利用复杂的神经网络模型的方法,通常都是采用浅层的简单神经网络模型抽取数据表示,进而当作特征进行应用。

10.2.4　小结

本节介绍基于社会媒体的用户画像构建方法,从显式用户画像构建方法分析到隐含用户画像构建方法,重点梳理了深度学习在用户画像中的最新研究进展,随后介绍了受众画像的构建方法。最后本节介绍了用户画像在推荐系统中的理论应用和工业实践中的应用。随着信息技术的不断发展,用户画像所面临的推荐场景不再局限于单一用户信息领域和单一物品信息领域。例如,同一个用户可能同时拥有多个社交账号,可能需要对其推荐多种类型的物品,从而实现信息的跨网站应用。在这种情况下,对跨平台的用户信息进行融合与聚合尤为重要。之前的工作实际上已经在这方面初露端倪,传统学习模型以及最新的深度学习模型在异构信息融合上已经发挥了一定的效果。然而异质信息的融合与利用仍然是一个研究难点,已有的方法很难通用到多个领域。这一方向亟待在模型技术上取得突破。如何在用户画像构建过程中同时兼顾保护用户隐私也是未来的一个研究热点,其中需要解决的主要问题是如何在已有的机器学习算法中融入隐私保护技术,以及如何在不同级别的应用中使用不同等级的用户画像信息。为了更好地解决这一课题,需要数据挖掘与信息安全两个学科进行有效结合,甚至需要一定的硬件隐私保护技术的支持。

10.3 用户意图

10.3.1 任务定义

用户意图挖掘的相关研究工作虽然刚刚兴起,但是正在渐渐地吸引学术界和工业界的广泛关注。该项工作可以认为是计算机科学、心理学和管理学科的多学科交叉领域。马斯洛夫[30]认为人类的行为是受需求驱动的,当较低层次的需求得到满足以后,人们就会追寻较高层次的需求,而这一追寻过程驱使着人们产生不同的行为。当现有需求一旦被满足以后就不会再驱使人们产生新的行为,直到人们产生出更高层次的需求为止。然而,人们的需求往往是无意识产生的,这种无意识的需求比有意识引导出来的需求更有价值。马斯洛夫理论对行为科学的发展产生了重要影响,并且我们将其视为用户意图挖掘的重要理论基石。然而,心理学的研究始终缺乏量化手段和大规模的实验数据[31]。

为了解决这一问题,国际上的学者们将关注点放在了识别在线用户商业意图这一研究课题上来,这样就可以充分利用互联网大数据。基于搜索引擎查询日志的用户意图挖掘,尤其是商业意图挖掘已经成为一个重要且受到广泛研究的课题。Dai 等[32]首次提出了识别含有商业意图的搜索查询词这一研究任务。但是,由于搜索引擎的查询词较短,其自身所能包含的信息量有限,很多学者尝试着利用搜索引擎日志[33]、用户的点击行为数据[34]以及用户的鼠标移动行为轨迹数据[35]来帮助扩展和丰富搜索引擎查询词的语义信息。

然而,这种做法一方面可扩展的信息量仍然有限并很难利用用户的好友关系帮助进行协同过滤,另一方面有可能会带来更多的噪声信息。相对而言,在社会媒体中我们可能会获得更加丰富的用户文本信息。近年来,微博已经发展成为最受大众欢迎的社会媒体平台之一,越来越多的用户愿意在微博上发表个人的意图和观点。因此,在社会媒体上我们可以用更小的代价收集到更加丰富的用户意图信息。Yang 等[36]利用众包技术手段基于社会媒体数据识别个人的基本需求信息。Wang 等[37]基于社会媒体主要识别趋势驱动的商业意图信息,例如 PM2.5 指数爆表可能会促使防雾霾口罩脱销。Hollerit 等[38]识别一条微博文本是否具有商业意图并将购买者与供应商建立起有效的连接。

除了以上介绍的基于社会媒体的用户意图识别工作外,推荐系统也可以被认为是挖掘用户商业意图的一个研究手段[39]。Zimdars 等[40]以及 Mobasher

等[41]先后提出了基于序列模板的方法向用户推荐其可能感兴趣的商品。Shani等[42]提出了基于马尔可夫决策过程和马尔可夫链的推荐系统。Rendle 等[43]提出基于矩阵分解的推荐方法,大大降低了推荐算法的特征维度并提高了推荐精度。本节提出的方法与推荐系统最大的不同在于,推荐系统更多是根据用户历史购买记录以及浏览记录,或者用户的好友历史购买记录及浏览记录向用户推荐他可能感兴趣的产品,因此它推荐给用户的商品可能是与用户"最相关"而不一定是其"最需要"的商品。例如用户刚刚购买完一辆自行车,自行车肯定是与他最相关的产品,但并不是他最需要的产品。而本节从语言学的角度出发,重点分析和研究用户的文本信息,并会根据用户文字表达出的购买意愿推荐给用户最能够满足其需求的产品。当然,本文的研究也可以与推荐系统算法研究进行整合,进一步提高对用户消费意图的分析精度,并推荐给用户更能够满足其需求的产品。

本节将重点介绍基于社会媒体的消费意图挖掘工作。消费意图是指消费者通过显式或隐式的方式表达对于某一产品或服务的购买意愿。社会媒体用户众多,发布内容丰富且数据量巨大。从这些大规模的数据当中,我们发现用户在社会媒体中倾向于表达其现实生活中的需求,以寻求他人的帮助或建议。而这些需求当中又有很大一部分内容表达了用户在消费需求方面的意图,例如:

(1)"体感游戏还不错,考虑入手。"

(2)"好想看《战狼 2》啊。"

(3)"我儿子一岁了,医生说有点缺钙,需要给孩子吃点什么呢?"

(4)"天气转冷,换衣的季节到了,今年流行什么款式和颜色?"

以上 4 条为具有消费意图的微博文本举例。第(1)条表明用户想买体感游戏机;第(2)条表明用户想去看电影《战狼 2》;第(3)条表明用户要给儿子买些补钙产品;第(4)条表明用户想要购买冬装。消费意图是人脑为满足消费需要而产生的思维活动,在一定范围内具有"主观性",即与产生消费意图的用户感受有关,这就增加了进行消费意图分析等客观科学实验的困难。如果能够很好地挖掘出社会媒体用户对于某一产品的购买意愿,那么对于预测该产品的销量将会具有重要意义。

消费意图可以划分成"显式消费意图"和"隐式消费意图"两大类。显式消费意图是指在用户所发布的某一文本当中显式地指出想要购买的商品,例如第(1)和第(2)两个举例。而隐式消费意图是指用户不会在所发布的某一文本当中显式地指出想要购买的商品,需要阅读者通过对文本语义的理解和进一步推理才能够猜测到用户想要购买的商品,例如第(3)和第(4)两个举例,根据"孩子缺钙",可以推理出用户可能要买钙片类产品为孩子补钙;根据"天气转冷,需要换衣"且当前季节为冬季,可以推理出用户可能需要购买如羽绒服等类似的冬季服装用于御寒。

对于显式消费意图,很多学者通过模式匹配的方法进行识别。例如,在识别观影意图时,基于依存句法分析结果构建模板,识别显式地带有某部电影观影意图的微博,其准确率可以达到 80% 左右[44]。而隐式消费意图的识别则困难得多,其中的难点如下:① 如何理解用户的语义文本,进而理解用户的消费意图。这实际上就需要我们能够很好地理解和整合词汇级的语义特征以及句子级的语义特征。例如:要想识别出"我儿子一岁了,医生说有点缺钙,需要给孩子吃点什么呢?"这句话含有消费意图,需要理解关键词"儿子""缺钙"以及整个句子的含义。② 用户消费意图的发掘任务是与领域相关的,因此构建的模型需要具有领域自适应能力。③ 如何能够准确地找到满足用户消费意图的产品并推荐给用户。

显式消费意图和隐式消费意图的主要研究问题如图 10-2 所示。给定一条微博文本,显式消费意图挖掘与隐式消费意图挖掘相同的研究问题,第 1 步都是要判断该条文本是否具有消费意图。例如,显式消费意图识别上文中的例子(2)具有消费意图。隐式消费意图识别上文中的例子(3)具有消费意图。接下来,显式消费意图挖掘与隐式消费意图挖掘的研究点各有侧重。显式消费意图挖掘第2 步是要抽取出文本中的触发词,如例子(2)中的"想看",然后抽取出消费对象"《战狼2》"。而隐式消费意图第 2 步是要抽取出文本中的需求词,在本论文中对需求词的定义是:需求词是用户带有消费意图的文本中最能够体现其消费意图的一个词或一个词组,带有用户隐式消费意图的文本至少会包含有一个需求词,如例子(3)中的"缺钙",根据该需求词我们可以推测用户可能会需要补钙类

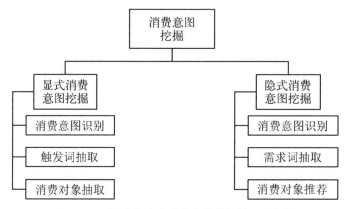

图 10-2 显式和隐式消费意图挖掘的研究问题

的产品。随后根据该需求词推荐可能的消费对象,在本论文中对消费对象的定义是:能够满足用户特定消费需求的产品,如"钙片""虾皮"等可以满足用户补钙的需求,"手套"虽然也是产品,但是其无法满足用户补钙的需求,因此它不能成为需求词"缺钙"对应的消费对象。

10.3.2 显式用户意图挖掘

本节针对显式意图进一步介绍两种不同的用户意图。

1. 个体意图检测

个体意图检测,即特定用户自身所表达的消费意图。例如,一名新浪微博用户发表了一条微博"我想要换个新手机,求推荐"。该用户直接表达了消费意图,这种通过社交网站所表达的消费意图还没有被大型电子商务网站所重视。目前,一些小型企业(特别是创业公司)开始利用这些具有消费意图的微博进行产品的定向推广。Zhao 等[1]在 KDD 2014 年的论文中首次提出使用微博数据进行用户的消费意图检测,并且将用户意图检测任务刻画为一个二分类问题,即有商业意图和无商业意图;进一步讲,为了解决这个二分类问题,使用微博的文本特征以及微博用户的人口统计学属性信息。尽管具有商业意图的社交文本比例相对较低,但是由于社交网站中的文本数量巨大,因此即使比例很小,最后的绝对数字仍然是一个很大的数字,值得电商平台思考去进一步挖掘与利用。Wang 等[45]对于上述问题进行了一个泛化,不再是简单考虑二分类问题,而是利用 Twitter 中的状态文本建立了一个消费意图体系。该分类体系主要是基于国外团购网站 Groupon 的分类体系进行修改得到的。在该研究中,Wang 等对于数千条微博进行了人工标注以及分类,最后得到一个类别体系,如表 10-1 所示。

表 10-1 Twitter 中消费意图体系与比例

意向类别	数 量	例 子
食物	245 条 (11.50%)	hungry … i need a salad …… four more days to the BEYONCE CONCERT …
出行	187 条 (8.78%)	I need a vacation really bad. I need a trip to Disneyland!
事业与教育	159 条 (7.46%)	this makes me want to be a lawyer RT © someuser new favorite line from an …
商品和服务	251 条 (11.78%)	mhmmm, i wannna a new phoneeee. … i have to go to the hospital. …

（续表）

意向类别	数 量	例 子
事件和活动	321 条 (15.07%)	on my way to go swimming with the twoon © someuser; i love her so muchhhhh!
琐事	436 条 (20.47%)	I'm so happy that I get to take a shower with myself. : D
没有意向	531 条 (24.92%)	So sad that Ronaldo will be leaving these shores … http://URL

在微博中,获得有标注的用户意图数据非常困难。研究人员设计了一个基于图正则化的半监督标注算法[45],可以有效利用意图关键词以及微博之间的语义关系来缓解有标注数据的稀疏性。

2. 群体意图检测

上述主要介绍了基于个体的消费意图检测。对比个体意图检测,群体意图检测主要关心一个群体中的用户所表达出的整体意图模式。以图10-3为例,在"大黄鸭"事件之后,淘宝搜索引擎很快就已经生成了一些相关的定制查询,这些查询是人们集中所关心的一些购买产品。这一个例子说明了群体消费意图很有可能是由于特定事件或者话题所引起的。再举一个例子,如"北京雾霾"这一事件带来的群体性消费意图,可能是口罩、空气净化器、绿植等霾相关产品的热销。

图 10-3 "大黄鸭"热点话题之后激发的购物热潮
（图片来源 http://news.youth.cn/gn/201310/t20131002_3970792.htm）

针对热点事件/话题对于群体性消费趋势的影响,Wang 等[37]给出了量化的统计与验证。具体方法如下:对于新浪排行榜某一时间段内的上榜话题,人工检测是否在淘宝中存在了对应产品,如果存在的话,就说明该话题催生了群体性消费意图。统计中考虑了 5 个类别(商业、人物、体育、国内以及电影),如图 10‑4 所示,最后得到的结论为国内类别内部的话题更有可能催生更多数量的群体购买意图(绝对数量),电影类别内部的话题所催生的购买意图比例最高(相对比例)。那么给定一个热门话题,如何提前预知哪些产品会成为相关热销产品呢? Wang 等[37]继续提出了一个新颖的思路,首先将热点话题作为查询去检索相关微博,然后识别检索得到的微博所包含的产品名字(如"又有雾霾了,赶快买口罩"),最后利用产品间的关联性加强相关度的判断,取得了不错的效果。这种解决方法巧妙地利用了群体智慧以及社交平台的及时性。

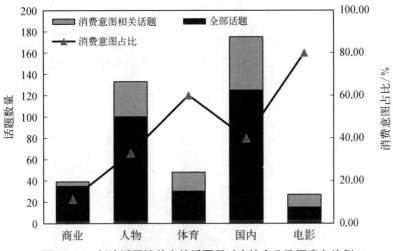

图 10‑4　新浪话题榜单中的话题所对应的商业购买意向比例

10.3.3　隐式用户意图挖掘

隐式意图是指用户在社交文本中没有显式地提及任何商品名称,也没有直接提及任何购买行为,但是具有一定的购买暗示性与潜在性。例如,"刚生下来的小孩总喜欢尿床,太让人崩溃了"这条微博说明该用户为一个新生儿的父母,尽管没有流露出任何购买意图,但是可以推断得知,他们可能具有购买婴儿纸尿裤产品的倾向。目前来说,捕捉这种隐式的话题与产品之间的关联非常具有挑战性,需要深层次的推理机制和算法,同时需要特定领域的知识图谱或者先验知识的支持。对于研究者来说,更大的挑战是很难进行精准的量化评测。例如,在上面的例子中,我们无法得知该新生儿的家长在真实生活中是否购买了纸尿裤,从而无法断定这条微博是否一定具有商业意图。

10.3.4　用户意图挖掘中的领域移植问题

本节主要介绍如何通过分析社会媒体用户发布的文本信息进而挖掘出用户的消费意图。这项任务有两大难点：一是如何理解用户的语义文本，进而理解用户的消费意图。这实际上就需要我们能够很好地理解和整合词汇级的语义特征以及句子级的语义特征。例如要想识别出"我老婆怀孕了"这句话含有的消费意图，我们就需要理解关键词"老婆""怀孕"以及整个句子的含义。二是用户消费意图发掘任务是与领域相关的，因此我们的模型需要具有领域自适应能力。

为了解决以上难点，Ding 等[46]提出了基于领域自适应卷积神经网络的社会媒体用户消费意图挖掘方法。卷积神经网络在解决该任务上有以下两方面的优势：

（1）卷积神经网络中的卷积层可以以滑动窗口的方式捕捉词汇级语义特征，而 max pooling 层则可以很好地将词汇级特征整合成句子级语义特征。

（2）卷积神经网络可以学习不同层次的特征表示，而一些特征表示则可以在不同领域间进行迁移[47]，如图 10 − 5 所示。

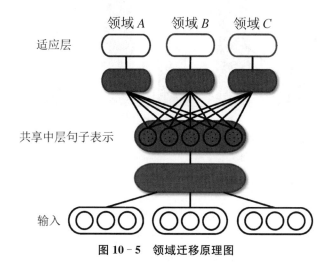

图 10 − 5　领域迁移原理图

基于以上优势，Ding 等[46]提出了领域自适应的消费意图挖掘模型（domain adaptive consumption intention mining model，CIMM），其架构如图 10 − 6 所示。

CIMM 包含一个词表示层，用来将每一个词转换成低维、稠密、连续的词向量；一个卷积层，用来抽取局部的词汇级特征；一个 max pooling 层，用来抽取全局的句子级特征；两个 sigmoid 层，用来将特征映射到非线性空间上；一个适应

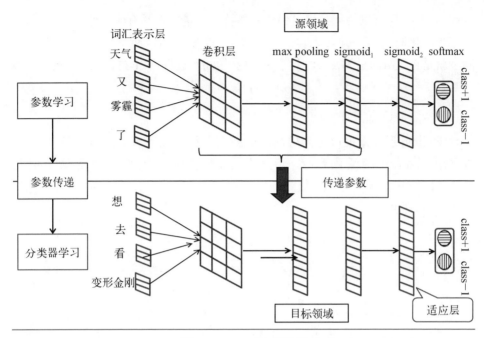

图 10 - 6 CIMM 架构图

层,用来将不同领域之间的句子表示进行迁移。下面将详细介绍每一个功能层。

1. 词表示层

基于现有的词表示学习算法 C&W 模型[48],利用大规模的新闻微博无标注语料训练初始的词表示。给定一个句子,首先将其拆分成若干个 n-gram。给定一个 n-gram"天气 又 雾霾 了",C&W 将其中心词替换成词表 Δ 中任意一个词 w^r,并且生成一个新的 n-gram"天气 又 w^r 了"。训练目标就是优化下面这个损失函数为

$$\mathrm{loss}(w, w^r) = \max[0, 1 - f(w) + f(w^r)]$$

式中,w 是原始的 n-gram,w^r 是替换后的 n-gram,$f(w)$ 是输入 n-gram 的语言模型分数。由此,任意一个词都可以学得它的词表示向量: $w = (w_1, w_2, \cdots, w_d)$。

2. 卷基层

卷积操作可以看作是基于滑动窗口的特征抽取。它主要是用来捕捉词的上下文信息。例如在一个次序列中的第 i 个词 w_i,我们首先获取它的上下文窗口,然后再映射成局部的上下文特征向量。在卷积层上面,我们又加了一层 max pooling 层,用来将局部的上下文特征向量映射成固定长度的全局特征向量。

max pooling 层可以使得我们仅保留具备特征向量中最具有代表性的特征。

形式化地，给定一个输入句子 $S \in \mathbf{R}^s$，并且 $S = (w_1, w_2, \cdots, w_S)$，卷积层实际上就是将权重向量 $M \in \mathbf{R}^m$ 句子 S 中的 n-gram 进行点积，进而获得新的序列 Q

$$Q_j = M^{\mathrm{T}} S_{j-n+1:j}$$

3. Sigmoid 层

Sigmoid 层用来抽取更高层次的非线性特征。在所有 Sigmoid 层中，我们都是用 Sigmoid 激活函数 σ。形式化地，假定输出层神经元的输出值是 $y_{cls}(cls \in \{-1, +1\})$，输入值是 net_{cls}，并且 y_2 是最后一层 Sigmoid 层神经元的输出向量，那么

$$y_{cls} = f(net_{cls} = \sigma(w_{cls} \cdot y_2)$$

其中，

$$\sigma = f(x) = \frac{1}{1 + e^{-x}}$$

并且 w_{cls} 是输出层神经元 cls 与第二层 Sigmoid 层神经元之间的权重向量。

4. Softmax 层

在消费意图挖掘任务中一共有两个输出，即该句子是否具有消费意图。因此我们设计 CIMM 最上层输出维度为二，并且增加一个 Softmax 层。Softmax 之所以适用于本问题场景，是因为它的输出可以解释成条件概率，并且这个条件概率对后续的意图词抽取工作非常有帮助。

5. 适应层

本节提出的领域自适应 CIMM 模型最核心的想法在于其中的卷积神经网络可以看成是中层的句子级表示的抽取器，它可以在源领域进行训练并应用在目标领域上。对于源领域，本节使用以上介绍的神经网络架构，而对于目标领域，本文则把最上层的 $Sigmoid_2$ 去掉，换之以适应层。这个适应层与第一层 Sigmoid 层 $Sigmoid_1$ 是全连接的，并且利用 $Sigmoid_1$ 的输出 y_1 作为输入。这里需要注意的是 y_1 是由全连接的 Sigmoid 层生成，其可能捕捉到了中层的句子级表示。适应层则为 $y_2 = \sigma(w_2 \cdot y_1 + b_2)$，其中 w_2、b_2 是可训练的参数。

首先，卷积层和 $Sigmoid_1$ 层的参数都在源领域进行训练，然后它们被迁移到目标领域，并固定下来。本节仅仅利用目标领域的训练语料去训练适应层的参数即可，这样一来，目标领域就可以大大减少对训练语料的需求。

6. CIMM 模型训练

Ding 等[46] 提出算法的训练过程在训练语料上进行多轮迭代，这里所用的训

练语料是指标注好是否具有消费意图的句子。CIMM 模型训练过程如图 10 - 7
所示。

```
   Input：(s, l)a set of labeled sentences；the model CIMM
   Output：updated model CIMM′
1  S←[s₁, s₂, …, sₘ]//unlabeled sentence
2  R←[(s₁, l₁), …, (sₘ, lₘ)]
3  while S ≠[ ] do
4     (s̄, l̄) ← argmax₍ₛ, ₗ₎∈₍ₛ×L/R₎CIMM(s, l)
5     (ŝ, l̂) ← argmax₍ₛ, ₗ₎∈RCIMM(s, l)
6     loss←max(0, 1+CIMM(s̄, l̄)−CIMM(ŝ, l̂))
7     if loss＞0 then
8        ē ← BackPropErr(⟨s̄⟩, 1+CIMM(s̄, l̄))
9        ê ← BackPropErr(⟨s̄⟩, −CIMM(s̄, l̄))
10       Update(⟨s̄⟩, ē)
11       Update(⟨ŝ⟩, ê)
12    end
13    else
14       S ← S/|ŝ|, R ← R/(ŝ, l̂)
15    end
16 end
17 return CIMM
```

图 10 - 7 CIMM 模型训练过程示意

对于每一次迭代,算法都要基于标注的句子对$(\bar{s}, \bar{l})$和$(\hat{s}, \hat{l})$重新计算一
次 margin loss。实例$(\bar{s}, \bar{l})$表示该实例与标准标注结果具有最高不一致性模
型输出结果,而实例$(\hat{s}, \hat{l})$表示该实例与标准标注结果具有最高一致性模型输
出结果。如果 loss 为 0,算法则继续处理下一个未标注的句了,否则模型中的参
数要根据反向传播算法[49]进行更新。

10.3.5 小结

基于社会媒体的用户意图检测方法并不是为了完全取代由心理学家提出的
传统用户需求检测方法,而是期待能与心理学方法进行优势互补,进而更好地理
解用户真实的意图,尤其是消费意图。这一工作的科学意义不仅体现在可以推
进心理学的相关研究进展,还会对个性化推荐和个性化广告的商业应用产生重
要影响。

10.4　用户行为

在社交媒体中,用户通过各种社交行为与其他资源进行交互。例如,用户在线浏览网页、在线观看电影、在线购物等行为。通过深入分析用户的交互行为,可以理解用户的意图、需求和兴趣。进而,通过对于用户行为的建模,实现对未来行为的有效预测,更好地满足用户的个性化需求。

通常,使用 u 表示一个用户,i 表示一个资源,$C_{u,i}$ 表示 u 和 i 交互时的背景信息(如时间、地点、物品内容、用户属性等),$y_{u,i}$ 表示 u 和 i 交互的结果/形式/行为等。用户社交行为可以分为两类:一类是显式的用户反馈(explicit feedback),即用户对于交互对象给出的显式反馈信息(如在线购物网站中的五星评价方式等),在这种情况下 $y_{u,i}$ 取值为某一区间内的数值;另一类是隐式的用户反馈(implicit feedback),即用户在交互行为中所产生的隐式偏好信息(如用户是否查看了某物品的信息、是否点击某一页面等),在这种情况下,$y_{u,i}$ 取值为二元数值。通过以上的定义,就可以将用户一次交互行为刻画为用户、物品、背景信息和反馈信息的四元组,即 $\langle u, i, C_{u,i}, y_{u,i} \rangle$。对用户行为建模,目标是能够构建一个学习函数 $f(u, i, C_{u,i}) \rightarrow y_{u,i}$,可以有效估计 $y_{u,i}$ 的数值。进一步地,可以使用该学习函数对物品集合 I 中的资源进行有效选择推荐,更好地满足用户需求,提高社交媒体的服务质量。

本节试图以推荐系统的角度对于用户行为进行分析,构建有效的个体行为预测模型。首先介绍传统的协同过滤算法,然后依次介绍独立交互的神经网络交互模型、序列交互的神经网络交互模型和融入背景信息的神经网络交互模型。

10.4.1　传统协同过滤推荐算法

传统的协同过滤算法分为基于内存(memory-based)和基于模型(model-based)的协同过滤算法。

基于内存的协同过滤包括两种典型的算法为 User-KNN 和 Item-KNN[50],其基本思想就是利用用户的历史交互数据来计算用户之间(或者物品之间)的相似度,从而进行推荐。常规的计算方式需要遍历候选集合中的全部物品,计算复杂度通常很高。在实践中,可以采用近似方式来搜索最为相似的前 K 个邻居。

在基于模型的协同过滤算法中,矩阵分解算法是较为通用的一类方法。矩阵分解使用隐含向量来刻画用户偏好和物品特征,通过分解用户-物品偏好矩阵

得到这两种特征的低维向量表示。由于其灵活的可拓展性,后续有很多相关工作对其进行改进和变形,如 svd++模型[51]。svd++模型考虑了用户本身和物品本身特性对评分造成的影响,使用 $b_{ui}=\mu+b_u+b_i$ 一项来刻画所有偏置信息,其中 μ 为总体评分均值偏置,b_u 为用户偏置项,b_i 为物品偏置项。使用 $r_{ui}=b_{ui}+\boldsymbol{q}_i^{\mathrm{T}}\cdot\boldsymbol{p}_u$ 来拟合偏好矩阵中的对应项 r_{ui};进一步加入了隐式反馈信息,将用户历史交互过的物品也加入分解,得到预测函数为 $r_{ui}=b_{ui}+\boldsymbol{q}_i^{\mathrm{T}}\cdot(\boldsymbol{p}_u+|R(u)|^{-\frac{1}{2}}\sum_{j\in R(u)}y_j)$,其中 $R(u)$ 代表用户 u 交互过的物品集合,y_j 表示物品 j 的隐含因子。svd++模型拥有良好的实践结果,模型求解复杂度较低,可以在大规模数据集合上有效部署。进一步讲,PMF 模型[52] 提出了矩阵分解的一种概率化刻画方法。模型的核心点在于假设用户对物品的评分是服从以用户物品隐含因子相似度为均值、方差为 σ_2 的高斯分布,$P(r_{ui}\mid P,Q,\sigma^2)=N(\boldsymbol{q}_i^{\mathrm{T}}\cdot\boldsymbol{p}_u,\sigma^2)$。FISM 模型[53] 提出了一种使用矩阵分解来刻画物品相似性的方法。形式化,物品 i 和 j 的相似度通过对应的隐含向量 $\boldsymbol{p}_j\cdot\boldsymbol{q}_i^{\mathrm{T}}$ 来计算,用户 u 对物品 i 的评价行为可通过如下回归函数进行预测:$r_{ui}=b_u+b_i+(n_u^+)^{-\alpha}\sum_{j\in R(u)}\boldsymbol{p}_j\cdot\boldsymbol{q}_i^{\mathrm{T}}$,其中,$\alpha$ 是可调节的控制参数。根据任务目标又可分为两种,一种是较为常见的优化均方根误差(rmse)的 FISMrmse,另一种则是考虑排序损失的 FISMauc。FISMauc 的优化与 BPR[54]类似,用正负例对比来构建目标函数优化排序结果的 AUC 曲线下的面积。

10.4.2 基于独立交互的神经网络模型

近年来,深度学习为科研工作者提供了一种非常有效的技术途径,其本质上是对数据特征进行深层次的抽象挖掘,通过大规模数据来学习有效的特征表示以及复杂映射机制,从而建立起有效的数据模型。本类模型主要利用了深度神经网络优秀的拟合能力,用以刻画复杂的交互行为,并且假设用户连续多次交互行为之间互相独立,将总体优化目标按照单次交互进行分解,从而问题可以归结为对单一交互行为进行建模。

NCF 模型[55] 提出使用多层感知机来刻画用户与物品之间的交互行为。与矩阵分解中使用隐含因子的线性内积不同,NCF 采用多层感知机,从数据中学习非线性的复杂拟合函数 $f(\cdot)$,来刻画用户和物品的交互行为。NCF 模型主要分为两个组成部分:泛化矩阵分解(GMF)和多层感知机(MLP)。通过多层感知机,可以构建一个由多层神经网络组成的映射函数 $f(\cdot)$,能够刻画复杂的交互行为;GMF 将传统的用户-物品特征向量点积进行泛化,使用单层神经网络模型来刻画矩阵分解。最后,通过拼接方式来结合 GMF 模块和 MLP 模块的学习得到的信息表示。NCF 利用多层感知机的复杂变换弥补了矩阵分解算法的不足,能够刻画复杂的交互信息,如图 10 - 8 所示。

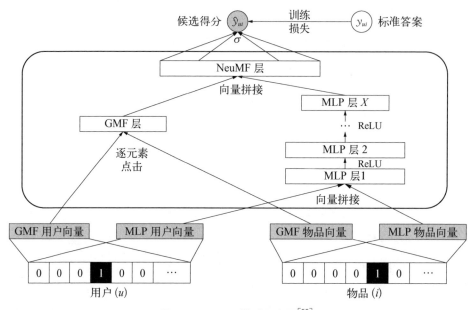

图 10 - 8　NCF 模型示意图[55]

作为上述 NCF 模型的扩展,NFM 模型[56]提出使用深层神经网络来优化经典的分解机模型(factorization machines)。传统的分解机模型使用隐含因子来刻画多种特征维度,利用特征因子间的两两交互来完成回归预测。NFM 模型结合了分解机(二阶特征交互的表示能力)与神经网络(复杂数据特征的表示能力)两者的优点,从而能够更好地适应多背景信息的预测任务。NFM 首先通过pooling 操作得到二阶交互特征的浅层表示,然后使用多层感知机来学习复杂的映射函数 f,其中多层感知机部分与 NCF 模型相似。NFM 模型示意如图 10 - 9所示。

10.4.3　基于序列化的神经网络交互模型

上述模型没有考虑同一用户多次交互行为之间的关联。从实际场景出发,用户连续产生的多次交互行为之间可能存在一定的关联,刻画行为关联可以加强模型的预测能力。这里主要关注基于序列化交互行为中的依存关联。

JNTM[57]模型使用循环神经网络模型来刻画用户的轨迹序列。在刻画移

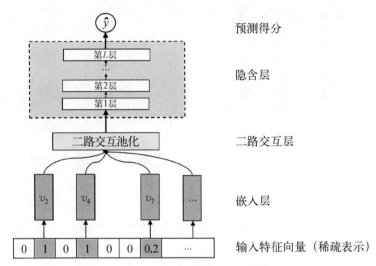

图 10 - 9　NFM 模型示意图[56]

动轨迹特征时,该模型考虑了 4 个因素的影响:① 长期轨迹偏好;② 朋友轨迹偏好;③ 序列的短期上下文(即短期访问过的地点序列);④ 序列的长期上下文(即长期访问过的地点序列)。其中前两个因素是从用户层面上来刻画移动偏好,而后两个因素主要是刻画序列中的上下文信息。本节主要讨论后两个因素的刻画。对于短期访问背景的刻画,可以直接使用 RNN 模型(循环神经网络)。RNN 模型为每个访问地点维护一个隐含状态(向量),然后根据前一时刻的状态和当前的输入来更新当前时刻对应的状态,即 $s_i = \tanh(u_{l_i} + W \cdot s_{i-1})$,其中 s_i 是状态表示,u_{l_i} 是在地点 l_i 的隐藏表示,W 为状态转移矩阵。 标准的 RNN 模型[见图 10 - 10(a)]不能有效刻画长序列数据。针对简单的循环神经网络存在长期依赖问题("消失的导数"),两个改进的模型是长短时记忆神经网络(LSTM)和基于门机制的循环单元 GRU[见图 10 - 10(b)]。因此在刻画长期的上下文背景时采用 GRU 来进行建模。

$$L(T_v) = \sum_{i=1}^{m} \log Pr[\, l_i^{(v,\,j)} \mid \underbrace{l_1^{(v,\,j)} : l_{i-1}^{(v,\,j)}}_{\text{短期背景信息}},\ \underbrace{T_v^1 : T_v^{j-1}}_{\text{长期背景信息}},\ v,\ \Phi\,]$$

相似地,有研究[58]也提出用循环神经网络来刻画短会话的用户行为序列,以充分挖掘短会话中的行为关联性,改进推荐效果。其网络输入为当前短会话的状态(当前的一次交互或者此前所有点击、购买、评论等事件组成的序列),通过循环神经网络计算得出下一个事件(点击、购买、评价等)中用户对物品的偏好表示。

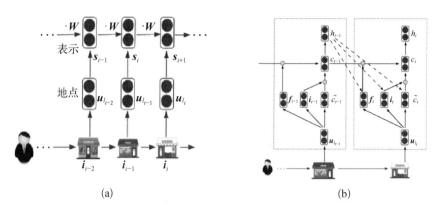

(a)　　　　　　　　　　　　　　(b)

注：f、i、c 分别为 GRU 对应的遗忘门、输入门和当前状态；$\bar{c}$ 表示候选状态。

图 10-10　标准的 RNN 模型与两个改进的模型[57]

（a）RNN 示意图　（b）GRU 模型示意图

10.4.4　融入背景信息交互的模型

在真实的交互环境中，通常会有很多的交互背景信息需要考虑，即在待预测函数 $f(u, i, C_{u,i})$ 中 $C_{u,i}$ 通常为非空，$C_{u,i}$ 可能包含对于预测交互行为有用的重要信息，因此需要设计有效的模型来充分利用背景信息。

DeepMusic 模型[29]主要解决音乐推荐系统中的冷启动问题。通常来说，冷启动问题包括两个方面：新用户和新物品，这里主要考虑新物品。传统矩阵分解的推荐算法通过将用户对物品的评分分解为两个低秩向量来进行预测，也就是 $r_{ui} = q_i^T \cdot p_u$，其中 r_{ui} 为用户 u 对于物品 i 的预测评分，q_i 和 p_u 是两个隐含向量，分别代表用户和物品的向量表示。基本想法是从音乐的音频数据中提取到相关的特征 x_i，然后将这些音乐自身的数据特征映射为通过矩阵分解学习得到的隐含向量，也就是学习一个函数 $g(\cdot)$，使之达到 $g(x_i) \rightarrow q_i$。通过学习这样的变换函数，当新音乐来到时，可以通过提取其自身的音频特征来得到其隐含向量，而不需要使用用户数据来训练 q_i。得到 q_i 的预测值之后，可以使用传统矩阵分解的方法来计算待推荐用户与新物品直接的相似性。

CKE 模型[59]引入多种异质信息来丰富物品特征，考虑了知识图谱信息、文本信息和可视化信息 3 个部分。对于结构化信息，通过 TransR 模型[60]学习得到物品在知识图谱中的嵌入表示特征；对于文本信息，通过 SDAE（stacked denoising auto-encoder）模型来得到对应的文本特征表示；对于可视化信息，通过 SCAE（stacked convolutional auto-encoder）模型得到物品相应图片的特征表示。然后，将上述 3 种物品的信息特征表示进行线性组合作为物品的统一表示。

　　除了丰富的物品特征外,还可以考虑引入用户方面的丰富社交属性特征。在研究[5]中,作者提出通过利用社交网络中的用户属性信息来解决电商网站中冷启动推荐问题。通过抽取用户在社交网络中人口属性、文本属性、网络属性和时间属性四方面的特征信息来加强用户的特征表示,可以在一定程度上缓解冷启动和数据稀疏的问题。

　　在谷歌发表的 YouTube 视频推荐工作中[61],提出的深度神经网络推荐算法分为候选生成和排序推荐两个阶段。这两个阶段采用了相似的神经网络架构,输入为多种相关特征,经过一系列非线性变换后得到最终的数据表示。两阶段均运用了丰富的背景信息来刻画用户和物品特征。在候选生成阶段,采用的特征包括用户的观看记录、查询记录、用户的人口属性和训练样例的年龄属性,在输出端采用了基于 Softmax 函数的多分类的物品预测方法;在排序推荐阶段,将第一阶段得到的候选结果进行优化排序用以推荐,此阶段使用了多种特征,其中包括用户短期内的交互行为特征(如观看过的视频等),其示意如图 10 - 11所示。

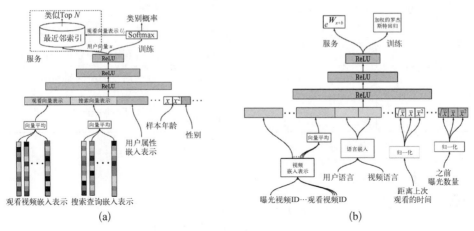

图 10 - 11　深度神经网络推荐算法[61]
(a) 候选生成阶段特征及模型示意图　(b) 排序阶段特征及模型示意图

10.4.5　小结

　　本节从推荐系统的角度对于用户的社交行为预测模型进行了简要的回顾,讨论了在不同的假设下如何构建用户物品交互模型,包括独立交互、序列交互以及基于丰富背景信息的交互。表 10 - 2 对于本节中所讨论的模型进行了一个简要汇总。

表 10 - 2　本节小结

分　类	子类别	模　型	特 点 归 纳
传统协同过滤推荐算法	基于内存的协同过滤	User-KNN 和 Item-KNN	根据相似度寻找近邻
	基于模型的协同过滤	SVD++	显式反馈矩阵分解＋隐式反馈刻画
		PMF	矩阵分解的概率化刻画
		FISM	矩阵分解刻画物品相似性
独立交互	基于神经网络模型	NCF	神经网络刻画复杂特征交互
		NFM	分解机的一种神经网络化实现
序列交互	短会话推荐	短会话推荐	循环神经网络刻画短会话序列背景信息
	移动轨迹推荐	JNTM	社交网络和移动轨迹的共同刻画
融入背景信息的交互	内容信息	DeepMusic	辅助信息解决冷启动问题
		CKE	充分利用多种异质物品信息
	用户特征	Cold	社交信息的跨网站利用
		YouTube 视频推荐	深度神经网络＋特征工程

10.5　用户关系

在社交媒体网站中,用户间存在着丰富的社交关系。例如,微博用户可以关注其他用户或者转发其他用户的微博。由关注、转发等关系组成的社交关系网络已成为近年来社会计算中的研究热点。通常来说,社交关系代表正向的、友好的、相似的正向关系,如信任、喜爱、关注等。最近也出现了关于有符号关系网络的研究。有符号关系网络刻画了多种不同性质的关系,较为常见的是包括正负两种关系。例如,在产品评价网站 Epinions 上,用户可以对其他用户标记信任和不信任两种关系。本节主要就正向关系网络展开讨论。

社交关系可以使用图结构进行刻画,包括用户节点集合 $V = \{v_1, v_2, \cdots,$

$v_N\}$ 和边集合 $E = \{(v_i, v_j) \mid v_i, v_j \in V\}$，其中 $(v_i, v_j) \in E$ 表示两个节点 v_i、v_j 之间存在关系。对于无向图来说，如果 $(v_i, v_j) \in E$，则 $(v_j, v_i) \in E$；对于有向图来说，则未必成立。还可以使用邻接矩阵 $A = \{A_{i,j}\}$ 来表示图结构，$A_{i,j} = 1$ 当且仅当 $(v_i, v_j) \in E$ 时，否则 $A_{i,j} = 0$。进一步可以从无权图拓展到有权图，可以使用 $A_{i,j}$ 来表示边 (v_i, v_j) 的权重。

10.5.1　网络表示学习

给定一个关系网络，网络表示学习旨在对于网络中的任意节点 $v_i \in V$，学习得到一个低维向量 $r_i \in R^D$，作为节点 v_i 的表示，其中 $D \ll |V|$。得到的低维向量通常称为嵌入式表示（embedding）。

在实际应用中，基于稀疏表示的方法往往难以有效存储和刻画大规模社交网络关系［如邻接矩阵需要 $O(N^2)$ 的存储空间］。网络表示学习对于社交网络中的节点在统一的隐含空间使用低维稠密向量表示，利用这种隐含表示来刻画和恢复原社交网络的拓扑结构。在传统的社交结构理论中，同质性（the homophily hypothesis）和结构相等价性（the structural equivalence hypothesis）是两个衡量网络节点相似度的基础理论。同质性是指紧密连接的两个节点具有相似的内在特征信息；结构等价性是指相似节点在网络中具有等同或者类似结构。基于这两个理论可知，满足这两个理论之一的两个节点，所对应的嵌入表示也应当较为相似。

学习所得到的低维表示，是对节点信息的高度表示与刻画，可以作为特征应用到各种任务中，如聚类（clustering）和连接预测（link prediction）等。下面介绍一些常见的网络表示学习方法。

10.5.2　面向网络结构的表示学习方法

本节主要讨论针对单纯的网络结构进行表示学习，主要分为基于随机游走的表示模型和基于邻近性的表示模型。

1. 基于随机游走的表示模型

网络表示学习的一个出发点就是能够利用低维的节点表示来重构网络结构，例如保留网络拓扑结构等关键信息。此类方法通过在图上的随机游走来构建某一节点的邻域信息（即 k 步可达的邻居），将原始的图结构转为节点序列结构，通过在网络中随机游走生成的大量节点序列，然后利用节点序列中的共现信息来重构网络结构。

DeepWalk 模型[18]是第一个基于随机游走的网络表示学习模型。主要是借鉴了自然语言处理领域里词嵌入（word embedding）的想法。在词嵌入中，目前主流的方法（如 word2vec）都是通过刻画词序列中的目标词与背景窗口内的上下文（也就是背景词）之间的关系。与词嵌入不同的是，社交网络中并没有"句子"。如果能够将图结构转换为节点序列，就可以采用类似词嵌入的方法来学习网络表示。具体来说，DeepWalk 将每个节点看作一个词，把节点序列看作句子，通过在网络中随机游走来生成节点序列。给定一个目标节点，在同一序列中一定窗口范围内的其他节点都称为它的邻居。DeepWalk 模型主要刻画邻居节点在给定目标节点下的条件概率 $P(N_v \mid v)$，其中 N_v 表示目标节点 v 的邻居集合。在生成节点"句子"后，DeepWalk 借用了 word2vec 中的 Skip-gram 算法和 hierarchical Softmax 优化方法来训练得到节点表示。

基于 DeepWalk 的工作，node2vec 模型[62] 定义了更为灵活的游走方式，通过参数控制随机游走，借以生成更适合网络表示的"句子"。在 node2vec 模型中，通过返回参数 p 和出入参数 q 来控制随机游走，返回参数 p 控制生成的"句子"中包含目标节点的概率，而出入参数 q 则控制当前的游走方式是优先选择邻近的节点游走还是选择较远的节点进行探索性地游走。通过调整这两个参数，node2vec 的游走方式实现了深度优先搜索（DFS）和广度优先搜索（BFS）的复合搜索策略，其优化方法与 DeepWalk 一致。

2. 基于邻近性的表示模型

基于邻近性的表示模型，通过节点表示的相似性来拟合节点间的相似度或者连接概率。目前典型的邻近性刻画方法主要通过节点间的路径概率来刻画：局部的邻近性通过已知的边权重来刻画，而全局的邻近性则通过若干步长内的转移概率来刻画。

作为一个代表性工作，LINE 模型[63] 引入了两种邻近性来刻画节点表示的相似度：一阶邻近性刻画直接连接的节点相似性，是对同质性的反映；二阶一致性则刻画了基于共同邻居节点的节点相似性，是对结构等价性的反映。通过对于两种邻近性的刻画，能够得到两种不同的表示向量，可以单独或者联合作为节点的表示。由于结构简单、目标函数清晰，LINE 适用于大规模网络和稀疏网络，在实际应用中取得了较好的效果。但是由于浅层模型的局限性，难以学习复杂网络中的高度非线性结构特征。

为了解决这个问题，SDNE 模型[64] 沿用了 LINE 对于邻近性的定义，使用深度神经网络模型，通过半监督的方式来加强节点表示。SDNE 模型的核心组件由多层自动编码机（auto-encoder）构成，包含多个非线性变换层。自动编码机的基本思想是使得模型的输入和输出保持一致，从而学习一个"编码"和"解码"的对称过程。编码步骤将输入映射成一个低维的向量表示(称为 code),而解码步骤通过一系列变换再将 code 恢复成原始输入。经过这样的学习过程,可以无监督地学习数据表示。SDNE 将网络节点的稀疏表示(即邻接矩阵表示)作为自动编码机的输入,从而隐式地保持了节点间的二阶邻近性,即稀疏表示相似的节点其对应的编码也会相似。为了刻画一阶相似性,又进一步借助图正则化的思想,要求有直接连接关系的节点所对应的编码也比较相似。

对于更高阶的邻近性,GraRep 模型[65]认为 k 阶邻近性与节点之间的 k 步转移概率紧密关联。首先,对邻接矩阵按行归一化得到矩阵 $\boldsymbol{A}$,在构建 k 阶邻近性时使用 $\boldsymbol{A}^k$ 来构建 k 阶邻近关系矩阵 $\boldsymbol{X}^{(k)}$,其中 $\boldsymbol{X}^{(k)}_{i,j} = \max\left(\log\left(\dfrac{\boldsymbol{A}^k_{i,j}}{\sum\limits_t \boldsymbol{A}^k_{t,j}}\right) - \log(\beta),\ 0\right)$。

然后通过奇异值分解(SVD)方法对 $\boldsymbol{X}^k$ 进行矩阵分解得到对应 k 阶邻近性的节点表示 $\boldsymbol{r}^{(k)}$。最后,将所有的 k 步关系对应的表示合并成一个向量,作为一个节点的最终表示。从数学上来说,DeepWalk 和 GraRep 具有一定的内在联系。DeepWalk 首先计算一个累加和的转移矩阵 $\boldsymbol{M} = \boldsymbol{A}^1 + \boldsymbol{A}^2 + \cdots + \boldsymbol{A}^k$,然后对 $\boldsymbol{M}$ 进行分解;而 GraRep 则是先对每个 $\boldsymbol{A}^k$ 矩阵进行分解,然后进行表示向量的聚合。

作为总结,研究[66]将大多数主流的网络表示学习模型概括为两个步骤,即构建邻近性矩阵和降维得到低维表示。之前介绍的模型 LINE、DeepWalk 和 GraRep 均可借助这种形式进行表述。以 GraRep 模型[65]为例,其模型首先计算 $1 \sim k$ 阶邻近关系矩阵,之后进行 SVD 分解降维,得到各阶对应的特征表示,再通过连接操作得到整体的节点表示。在此基础上,研究[66]提出对已有表示的更高阶一致性(邻近性)的拟合,可以优化得到的节点表示。进一步,该工作提出一种基于邻接矩阵的快速表示更新方法,并且给出了该更新方法的损失函数上界。通过实验证明,该方法可以在较短时间内对已有模型所得到的表示均有一定提升。

10.5.3　融入背景信息的网络表示学习方法

前面介绍的网络表示学习方法主要针对网络拓扑结构进行刻画。在实际应用中,社交关系通常附带很多信息,包括社区/群体、文本内容、实体关系、标签等,本节统称这些信息为背景信息。下面讨论如何在网络表示学习模型中融入这些背景信息。

1. 融入社区信息的表示模型

社区和群体是复杂网络结构中的一个普遍的组织结构特征。通常来说,同社区内的节点间的联系较为密集,并且社区内部的节点会具备一些公有属性。不同于节点间的局部相似性,社区信息反映了较大区域范围内的总体拓扑结构特征。

CNRL 模型[67]通过对网络拓扑结构和社区信息进行联合刻画,可以同时得到节点的嵌入表示和社区的嵌入表示,以及各个节点从属于各个社区的概率分布(社区检测)。CNRL 模型主要分为两个步骤:社区分配以及节点/社区的表示学习。在社区分配步骤中,当前节点 v 从属于某一社区 c 的概率可以分解为 $Pr(c \mid v, s) \propto Pr(v \mid c)Pr(c \mid s)$,其中 s 为节点 v 所在随机序列。可由基于统计的方式(计数方式)或基于嵌入表示的相似性来计算上述的条件概率,为每个节点分配一个在当前序列中所从属的社区;然后,使用节点 v 和从属的社区 c 组成的 (v, c) 对来预测对应游走序列中的上下文,通过最大化预测概率来更新节点表示和社区表示。

另一种融入社区信息的表示模型 GENE[68]借鉴了 doc2vec 模型[63]中文档与词汇的联合嵌入表示思想:在训练节点向量的同时加入社区向量的训练,将社区看作文档,将节点看作词汇,来刻画节点和社区之间的从属关系。doc2vec 模型包括两个变种,一种是 PV-DM(类似 word2vec 的 CBOW 模型,文档作为从属词汇的背景生成词汇),另外一种是 PV-DBOW(利用文档生成所有词汇)。GENE 对于 doc2vec 的两种模型进行结合,以同时获得 PV-DM 和 PV-DBOW 两种模型的优点。

2. 融入文本信息的表示模型

除了网络拓扑结构信息外,社交网络中的节点本身往往会包含丰富的文本信息,可以用来增强节点表示间的语义关联。例如,在微博上互为好友的两个人,其发表的文字信息可能具有一定的相似性。

TADW 模型[69]同时利用文本信息和网络结构来刻画网络表示。数学上,DeepWalk 模型(skip-gram+negative sampling)等价于分解一个关联矩阵 $\boldsymbol{M}$。矩阵 $\boldsymbol{M}$ 第 i 行 j 列元素可代表节点-上下文 (v_i, c_j) 之间的共现关联性:$M_{i, j} = \log\left(\dfrac{N(v_i, v_j)}{N(v_i)}\right)$,其中 $\dfrac{N(v_i, v_j)}{N(v_i)} = [\boldsymbol{e}_i(\boldsymbol{A}^1 + \cdots + \boldsymbol{A}^k)]_j/k$,$\boldsymbol{e}_i$ 为下标为 i 的元素为 1 其余为 0 的列向量,矩阵 $\boldsymbol{A}$ 是按行归一化的邻接矩阵。矩阵分解形式刻画的 DeepWalk 的一个优点是得到了随机游走序列的一个形式化目标函数,可以方便模型扩展,引入其他信息加强表示。TADW 在基于 $\boldsymbol{M}$ 矩阵的分解基础上,进一步引入文本信息来加强矩阵分解。特别地,TADW 将 $\boldsymbol{M}$ 矩阵分解为包含文本特征矩阵在内的三个矩阵乘积的形式来实现这一目的。

CANE 模型[70]也利用了文本信息来强化网络表示。其中,每个节点的嵌入表示分为结构信息嵌入和文本信息嵌入两部分。在结构信息嵌入模块,与LINE 的二阶邻近性一致;模型的重点放在了文本信息嵌入方面,刻画了文本-文本、文本-结构和结构-文本三部分的目标函数,并且提出了上下文相关的嵌入概念。在之前的工作中,同一节点的表示不会随着交互的背景(即邻居节点)改变。而在 CANE 中,节点表示会受到交互背景的影响,即上下文相关的表示。为了实现上下文相关的文本嵌入模型,CANE 采用了相互注意力机制(mutual attention),即当前节点和邻居节点在得到文本嵌入时会相互影响,从而使得相同的节点在不同上下文中得到的表示不同。在具体实现中,CANE 模型利用卷积神经网络中间的卷积结果,来计算上下文相关的注意力向量(attention vector)。借助这种注意力机制,节点的文本内容会直接影响上下文节点的文本嵌入表示,反之亦然。

3. 融入实体关系的嵌入模型

之前所讨论的关系网络没有区分边的类型。与包含同种类型的边和节点的同质网络相比,异质信息网络包含多种类型的节点和多种类型的关系(边)。在异质信息网络中,节点间的关系更为复杂,节点间的邻近性往往不能通过简单的连接关系来反映,而需要通过它们之间关系路径所对应的关联语义来刻画。因此,传统网络表示学习方法难以直接适用于异质信息网络。在异质关系网络的嵌入模型中,可以通过元路径(meta-path)的方法来计算异质结构所对应的相似性。元路径是指由节点和节点间关系组成的序列,可以用来衡量路径首尾两个节点的相似性。例如,"A → P → V → P → A"表述了两位作者在同一机构发表论文的关系(其中 A → Author, V → Venue, P → Paper)。

HINE 模型[71]是一种针对异质信息网络的嵌入模型,其基本思想是首先利用元路径的语义连接来计算节点间的相似性,一旦计算得出相似性后,就可以将异质信息网络转换为同质信息网络。HINE 在计算基于元路径的相似度时,采用了一种动态规划算法,将相似性的计算分解为子路径的相似性计算,最终节点对在异质关系网络中的相似性由多条路径的贡献之和所决定。获得了节点间的相似性,HINE 采用了类似 LINE 的一阶邻近性的刻画方法进行节点表示的学习。

Metapath2vec 模型[72]是 DeepWalk 在异质关系网络中的拓展,采用了基于元路径的随机游走来构建节点的异质近邻,并使用 Skip-Gram 模型来学习节点表示。基于元路径的随机游走,即是在随机游走过程中加入对边的关系类型的考虑,限定游走路径所经过的边类型顺序与给定元路径相同,这样生成的节点序列能够保留对应元路径的语义。在使用 Skip-Gram 模型来计算概率时,分母的负采样若面向所有节点(传统 Skip-Gram),则得到 metepath2vec 模型;若限定在当前节点的上下文类型中,则得到 metepath2vec++模型。

4. 融入特定任务信息的嵌入模型

上述网络嵌入表示模型大部分是为了学习网络节点的通用表示特征,从而可以应用在多种任务中,如聚类、链接预测。而在实际应用中,可能希望获得与任务目标关联更为紧密的网络表示。

MMDW 模型[73](max-margin DeepWalk)针对解决网络结构中的节点分类任务,通过在学习过程中利用部分节点的标签信息来学习有区分性的网络节点表示。MMDW 的输入信息为网络结构信息以及部分网络节点的类别标签,输出则是网络中的每个节点的向量表示。在学习节点表示的过程中可以同时训练最大间隔分类模型以及网络表示学习模型。其基本思想与之前的 TADW 相似,既利用 DeepWalk 的近似矩阵分解形式作为网络结构重构的损失函数,又融入基于最大间隔原理的分类损失函数,最终结合两部分损失函数作为优化目标。两部分的关联点就在于需要学习的节点表示,既用来重构网络结构,同时作为节点特征用在分类任务中,最终通过分部优化的方式来学习有区分性的网络节点表示。

LANE 模型[74]引入标签信息来强化归属网络的表示学习,其输入为归属网络结构及各节点属性、部分网络节点的分类标签,而输出则是能够同时融合这三部分信息的统一节点表示。LANE 可以分解为两个模块:归属网络嵌入模块和标签信息嵌入模块。基于同质性关系,具有相似局部性质的节点在特征空间内应当相似:在归属网络嵌入模块,通过网络结构和节点属性两方面的相似度,最小化相似节点对 (i, j) 在特征空间的差异来得到节点表示,即 $s_{ij} \cdot \| u_i - u_j \|_2^2$,其中 s_{ij} 为节点对(i, j) 的相似度。在标签信息嵌入模块,也用到了相同的思想。为解决标签信息部分缺失且混有噪声的问题,在考虑节点对标签相似度的同时,还引入了网络结构一致性进行平滑。得到网络结构、节点属性和标签信息 3 部分信息的特征表示后,将其映射到同一节点表示空间,实现 3 种信息的统一刻画。

10.5.4 小结

本节采用网络表示学习的方法来刻画社交网络,从通用的表示模型到融入背景信息的表示模型两个方面梳理了深度学习在网络表示学习中的最新研究进展。表 10-3 是对于本节所讨论的模型与方法的一个分类和汇总。

表 10 - 3　模型与方法分类汇总

任务分类	方法分类	模　型	描　述
面向网络结构的表示学习方法	基于随机游走的嵌入模型	DeepWalk	随机游走+skip-gram 模型
		Node2vec	DeepWalk+更灵活的邻居访问策略
	基于邻近性的嵌入模型	LINE	一二阶邻近性的刻画
		SDNE	一二阶邻近性的神经网络模型刻画
		GraRep	高阶一致性
		NEU	高阶邻近性的快速更新
融入背景信息的表示学习方法	融入社区信息的嵌入模型	CNRL	关联社区与节点,刻画从属关系
		GENE	社区节点加入游走序列
	融入文本信息的嵌入模型	TADW	融入文本信息的网络结构矩阵分解
		CANE	基于文本信息的上下文相关节点表示
	融入实体关系的嵌入模型	HINE	基于元路径的节点邻近性刻画
		Metapath2vec	DeepWalk 的异质关系网络拓展应用
	融入特定任务信息的嵌入模型	MMDW	DeepWalk 的近似矩阵刻画+最大边缘分类
		LANE	信息先分类单独嵌入再进行融合

10.6　社会化预测与规律分析

10.6.1　任务定义

　　社会媒体(social media)已经迅速发展成为具有重大影响力的新媒体,并为预测技术提供了新的数据源。基于社会媒体的预测技术是指通过对社会媒体数据的挖掘与分析,聚集大众的群体智慧,运用科学的知识、方法和手段,对事物未来发展趋势和状态做出科学的估计和评价。

在社会媒体环境中,广大用户相互交流、协作激发创造性思维,通过思想的碰撞与交融使得隐性知识资源得到开发和利用。如果能够有效地挖掘和分析社会媒体上的群体智慧,对于预测人们广泛参与的事件的未来走势将很有帮助。

具体而言,社会媒体对预测所起到的作用有两方面:一是社会信号的采集,例如,如果发现社会媒体上某一特定区域的人群都在发布信息说"我感冒了",那么这一区域很有可能正在传播流行性疾病,且有暴发的趋势;二是大众预测的融合,例如,美国大选期间 Twitter 和 Facebook 网上掀起预测热潮,很多网友喜欢在社会媒体上发布自己的预测结果,例如"我认为特朗普能赢得大选",而这种集体预测恰恰反映了社会媒体上的群体智慧。

准确的预测结果对于人类生活中的趋利避害,工作中的计划决策起着至关重要的作用。一项决策的结果与该决策本身之间有着时间上的滞后关系,"利"与"害"总是存在于未来的时间与空间之中,任何决策都不可避免地要依赖预测。通过对未来趋势做出提前判断,有利于适时地调整计划,以及采取措施实施调控。

人类的预测活动分为自然预测和社会预测,分别面向自然界和人类社会,两者存在较大差异,主要表现在主客体关系、规律性质、复杂程度和不确定性程度几个方面,具体如表 10 - 4 所示。

表 10 - 4 自然预测与社会预测区别

活动项目	自然预测	社会预测
主客体关系	自然的运行不因被预测而受干扰	互动反射关系(因应行为),复杂博弈关系
规律性质	承认规律,了解事实	承认规律,了解事实
复杂程度	小	大
不确定性	小	受力面多,不确定性大
举例	天气变化、地震等	电影票房、总统大选等

自然预测的客体是自然现象,自然现象对人类的预测毫无感知能力,其运行轨迹不会因为预测而受到任何干扰。而社会预测的客体本身也是人,人会对预测结果产生因应行为,所谓因应行为就是被预测的客体根据预测结果调整自己的行为,使得预测结果不准。相对而言,社会要比自然的"受力面"多得

多,因而不确定性也大得多,对其进行预测也愈加困难。社会作为一个由大量子系统组成的非线性的动态系统,在特定的情况下会对某些微小的变量极为敏感。基于社会媒体的预测主要是研究人类广泛参与并与社会发展变化有关的预测问题。

这种预测研究在许多领域都有着广泛的应用,例如金融市场的走势预测[75-77]、产品的销售情况预测[44]、政治大选结果预测[78]、自然灾害的传播预测[81]等。以往基于社会媒体的预测研究工作更多地将注意力放在相关关系的发现和使用上,通过找到一个现象的良好的关联物来帮助了解现在和预测未来,例如根据微博声量以及用户的情感分析可以预测股票的涨跌、电影票房的收入以及大选结果等。本节将站在一个全新的视角,介绍基于消费意图挖掘的预测以及基于事件抽取的预测,并通过挖掘影响预测客体未来走势的本质原因进一步提高预测精度,研究框架详如图 10 - 12 所示。

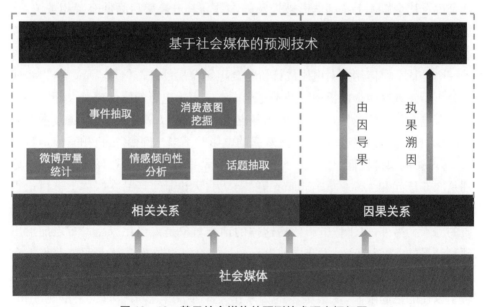

图 10 - 12 基于社会媒体的预测技术研究框架图

在图 10 - 12 中,基于社会媒体的预测技术需要相关关系和因果关系的共同支撑,相关关系可以从微博声量统计、情感倾向性分析、话题抽取等方面去考虑,也可以运用更深的自然语言处理技术,从相关事件的抽取和消费意图的挖掘上去研究。因果关系对预测的帮助包括两方面:"由因导果"和"执果溯因",前者是正向地利用因果关系进行预测,后者是在预测失效时逆向地找出失效的原因。

10.6.2 基于相关关系的预测

当一个或几个相互联系的变量取一定的数值时,与之相对应的另一变量的值虽然不确定,但它仍按某种规律在一定的范围内变化。变量间的这种相互关系称为具有不确定性的相关关系。社会媒体在很多领域的预测问题中都表现出了惊人的能力。社会媒体大数据的出现使得人们可以在很大程度上从对于因果关系的追求中解脱出来,转而将注意力放在相关关系的发现和使用上。Viktor Mayer-Schönberger 在其书 *Big Data* 中提到,通过找到一个现象的良好的关联物,相关关系可以帮助我们捕捉现在和预测未来。相关关系很有用,不只因为它能为我们提供新的视角,而且其提供的视角都很清晰。

本节以基于社会媒体的电影票房预测为例介绍基于相关关系的预测技术。该任务的一个前提假设是社会媒体的声量与电影票房的数量有着相关关系,也就是说在社会媒体上某部电影被提及的次数与其电影票房高低有着相关关系。这一假设已被美国惠普实验室[80]实验验证。在他们的研究中有两个重要的假设:一个是电影在社会媒体中被提及的次数(声量)越多,那么电影票房会越高;另一个是社会媒体用户对电影的评价越高电影票房越高。但是,Ding 等[44]经仔细分析后发现这两个前提假设并不完全成立。因为电影的媒体声量大并不一定意味着电影的口碑越好,电影口碑越好也不一定看的人就越多,口碑越差看的人就越少,真正能够做到口碑与票房双赢的电影并不多。例如《三枪拍案惊奇》《画壁》等电影的口碑较低(豆瓣评分 4.6 分),但是票房仍然有不错的收入(票房分别是 2.6 亿元和 1.6 亿元)。Ding 等[44]认为,无论某个产品在媒体上被讨论得多么热烈,评价得多么好,最终有多少人愿意购买该产品才是影响产品销量最本质的因素。另外,对于像电影票房这样的预测对象是需要在产品发布之前给出预测结果的,然而在产品发布之前没有产品的口碑数据,研究人员只能获得大众对该产品的消费意图数据(购买意愿)。因此,基于消费意图的电影票房预测打破了以往的格局限制,从最根本的因素出发来预测电影票房收入。据此,Ding 等[44]提出了基于消费意图理解的电影票房预测。

电影票房预测的主流模型可以分为线性预测模型和非线性预测模型。这两个模型都存在一个前提假设,即认为电影票房收入与预测影响因素之间存在线性或非线性关系。在首周票房预测实验中,线性回归模型实验结果要好于非线性回归模型,而在总票房预测研究中,非线性回归模型效果要优于线性回归模型。这表明电影上映前一周的数据与首周票房线性关系比较明显,这时线性回归模型的预测能力是要好于非线性回归模型的。而随着时间的推移,各种新的因素不断加入,以及一些偶然情况的发生,使得电影上映前一周的数据与总票房之间的线性关系越来越不明显,而这时线性回归模型的预测能力就要低于非线性回归模型。将线性回归模型和非线性回归模型结合是该课题未来的一项重要工作。

有研究[44]使用电影元数据特征(如电影自身属性类信息)和社会媒体文本特征作为预测模型输入,具体特征描述如下。

1. 元数据特征

元数据特征是电影自身属性相关的一些结构化信息,例如电影的院线排片数、主演知名度、影片时长等。具体的电影元数据如表 10-5 所示。

表 10-5 电影元数据

特　　征	取 值 范 围	描　　述
Number_of_screens	正整数	电影的院线排片数量
Log_Budget	正实数	电影预算经费 log 取值
Is_Sequel	布尔值	是否为续集电影
Num_of_Oscar_Winning_Actor	正整数	奥斯卡获奖者数量
Num_of_High_Gross_Actor	正整数	主演过过亿票房的演员数量
Schedule_of_the_Movie	日　　期	电影上映档期

电影的院线排片数量指电影上映后有多少个大屏幕放映该部影片,该数量可以表明电影业内人士对电影的预期收益情况,排片数越高,说明对其预期收益越看好;电影预算主要是看电影的投资成本如何,一般而言电影的投资越多,制作越精良,其收益相对也会越高;是否为续集电影意味着其上映风险会受上一部的影响,一般来讲只有第一部电影票房收益较好的电影才会考虑拍摄续集;奥斯卡获奖者数量衡量电影制作团队的制作实力,一般来讲获得奥斯卡奖越多的制作团队,其制作的电影票房越有可能较高(因其专业能力突出且经验丰富);主演过过亿票房的演员数量是衡量影片主演的票房号召力,现在越来越多的商业片都看中粉丝效应,主演的粉丝越多,其票房号召力越强越有可能带来高收益的票房;电影上映档期也是很重要的一点,在不同档期上映的电影其票房波动也比较大,一般来讲劳动节、国庆、春节等档期属于黄金档期,会吸引更多的观众去影院观看电影,从而拉高票房收益。

2. 文本特征

除电影本身的固有属性信息外,有研究[44]还深入挖掘了社会媒体文本中的信息,其中最重要的信息是用户消费意图信息。除此之外,还有研究[44]从社会媒体中抽取了电影关注度信息和用户情感倾向性信息,下面将详细介绍具体特征描述和表示。

1) 消费意图特征

消费意图特征衡量的是在电影上映前社会媒体中有多少用户表达了想要看这部电影的意愿。形式化地,给定提及某部电影名称的全部微博文本,消费意图数(CI_{rate})定义为在某一时间窗口(T_{window})内,有多少用户表达了想要看给定的电影($N_{intention}$)。其具体计算为

$$CI_{rate} = \frac{|\ N_{intention}\ |}{|\ T_{window}\ |}$$

2) 电影关注度特征

在社会媒体中,电影的关注度可以用其在社会媒体的讨论数来度量。Asur和Huberman[80]通过实验验证 Twitter 的讨论量与电影票房相关性很大,是预测电影票房的一个非常重要的因素。本文定义 $mention_{rate}$ 来度量电影关注度,具体公式为

$$mention_{rate} = \frac{|\ N_{intention}\ |}{|\ time(in\ hours)\ |}$$

式中,$|\ N_{intention}\ |$ 是指待预测电影在微博中被提及次数(即微博声量),而 $mention_{rate}$ 就是指平均每小时待预测电影在微博中被提及次数。另外,有些电影的名称具有较大的歧义性,如电影《师父》《听说》其在微博中出现很难区分出是普通短语还是一部电影的名字,这可以作为一个独立的研究点来进行。

3) 情感倾向性分析特征

有研究[44]中抽取的情感倾向性主要是指从社会媒体中抽取与电影相关的用户评价。电影在社会媒体中的提及数可以反映出其受关注程度,对于首周票房预测有很大帮助。而用户的观影评价能够更加进一步影响电影票房,尤其是通过社会媒体的病毒式传播会影响到其他用户的观影决策。该研究[44]抽取的情感共分为 3 类:褒、贬、中,定义其量化公式为

$$sent_{rate} = \frac{|\ N_{positive}\ | - |\ N_{negative}\ |}{|\ N_{total}\ |}$$

式中,$|\ N_{positive}\ |$ 是指用户对电影正面评价的数量,$|\ N_{negative}\ |$ 是指用户对电影负面评价的数量,$|\ N_{total}\ |$ 是指用户对电影的总评价数。

除了从社会媒体中无结构化的文本中抽取出消费意图、电影关注度以及用户情感倾向性之外,还可以从网票网、时光网中抽取出电影相关的结构化信息:排片数、导演、主演信息等作为特征加入预测模型当中。

10.6.3 基于因果关系的预测

对于许多预测问题来说,因果分析是十分重要且高效的手段。与相关性相比,因果的确定性更强。例如疾病预测、行为预测和政策效用预测等。对于某些事件来说,若没有过多的相关性数据可用时,因果是最有效的预测指南。例如稀有事件预测、新闻事件预测等。当基于相关性的预测失效时,因果更是预测的唯一指南。因此,当我们对于某一事物预测不准或者认识不准时,一个合理的做法是分析因果并使用因果进行再认识。

1. 因果关系概述

原因与结果是一对重要的哲学范畴。对事物间因果关系的探索自人类诞生以来就开始了。因果关系是人类在漫长的社会实践中逐步总结出来的一个关于事物联系和生灭变化的基本法则,并在历史和实践中长期得到应用与检验,得以不断完善,成为人们事实推理和认识未知的指南。本节将因果视为关系、知识和逻辑。

(1)因果是关系。作为一种语义关系,因果关系是语义理解和篇章分析的重要资源。在过去的几十年里,很多的语言学家都分析研究了因果关系,尤其是在语义和句法层面的因果构建。有了因果关系,我们能更好地理解句子语义,能够更好地理解篇章。

(2)因果是知识。因果作为一种重要的知识形式,是问答系统和决策的重要依据和资源。要回答"是什么导致肿瘤缩小?"这种问题,一个大型的因果关系知识库是必要的[81]。对于一个现象或者状况的出现,我们只有知道了导致它出现的原因,才能根据原因决定相应的对策。作为决策依据的因果是区别于相关的本质特性。

(3)因果是逻辑。作为逻辑的因果,是因果最重要的方面。我们都知道诸如物理学、行为学、社会学和生物学中许多研究的中心问题是对因果的阐述。作为科学逻辑中最重要的组成部分因果逻辑体现在两个方面,即预测逻辑和解释逻辑。

因果与相关是两个不同的重要概念,尽管在很多科学研究中因果比相关更重要,但是目前大数据侧重于相关性研究。相关性分析得到的结论有时是不可靠的,甚至是错误的,无因果关系的两个变量之间可能会表现出虚假的相关性。

很多例子可以说明虚假相关性,如张三和李四的手表上的时间具有很强的相关性,但是人为地改变张三的手表时间,不会引起李四的手表时间的变化。统计上的研究表明小学生的阅读能力与鞋的尺寸有很强的相关性[82],但是很明显它们没有因果关系,人为地改变鞋的尺寸,不会提高小学生的阅读能力。普林斯顿大学发表了一篇论文,称用 Google 搜索词来预测 Facebook 将在 2017 年丧失 80% 的用户。随后 Facebook 的数据科学家马上发表博文反驳,说 Google 搜索词并不能代表实际趋势,相关关系并不等于因果关系。2014 年哈佛大学的 David Lazer 在 *Science* 发文质疑 2009 年发表在 *Nature* 上的用 Google 搜索关键词预测美国流感的研究工作,因为 Google 在 2013 年 7 月份的预测结果超出了实际值的 2 倍。只关注相关不关注因果会出严重的问题。

相反,因果关系也可能表现出虚假的独立性。统计表明:练太极拳的人在平均寿命上等于或者低于不练太极拳的人。事实上,太极拳确实可以强身健体、延长寿命,但练太极拳的人往往是体弱多病的人,所以表现出虚假的独立性。

因此,表面相关,实质可能并无关联,更没有因果的必然性。表面不相关,可能背后有因果关系。大数据分析不能只考虑相关性,也应该考虑因果关系。

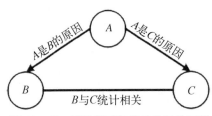

图 10 - 13 因果关系与相关关系的区别

如图 10 - 13 所示,A 代表"气温",B 代表"冰激凌销量",C 代表"游泳馆客流量"。A 是 B 和 C 的共同原因,即 A 升高会导致 B 和 C 的增加。B 与 C 统计相关性是很显然的。如果我们想提高 B"冰激凌销量"显然不能通过干预 C"游泳馆客流量"来达到,而能通过 A"气温"升高来达到。

2. 因果关系抽取

因果关系抽取是一个非常基础且重要的任务。因为抽取出的因果关系或因果知识可以用于预测、问答等任务中。在文本中进行因果抽取就要用到自然语言的处理技术和方法,如词性标注、句法分析、短语抽取等。对于因果关系抽取和检测任务来说,前人的工作所使用的线索可以粗略地分为 4 类。

(1) Lexico-syntactic 模板[83]。利用 Lexico-syntactic 模板是一个很直观的想法。对于含有因果关系触发词的因果句子中,原因和结果在句子中的词性和句法角色是有一定规律性的。基于词性和句法角色的规律性来抽取因果词对是利用 Lexico-syntactic 模板抽取因果的方法的共性。

(2) 上下文词信息[84]。在自然语言文本中,相同或相似的句法结构却对应不同的语义关系,上下文信息对于区别这种相同或相似句法结构的不同语义关系是具有重要意义的。Do 等指出丰富的上下文信息对于提高因果抽取的准确率来说是非常必要的[85]。获得含有因果提及的句子,尤其是含有显式因果提及的句子是相对容易的。

(3)词之间的关联信息[86]。我们可以使用因果关系触发词就能覆盖掉大多数的情况。但是如果从含有因果提及的句子中抽取出真正存在因果关系的词对或者事件对是比较困难的。对于这一问题,Do 等[85]认为因果提及中名词之间、动词之间、动词和名词之间的关联信息对于识别因果是非常有效的资源。因此,他们提出了一种基于分布式相似性的半指导因果事件识别算法。

(4)动词和名词的语义关系信息[87]。在自然语言中一些词语本身就蕴含着因果关系的可能性,例如英文中的 Increase X、Decrease X、Cause X、Preserve X 都很可能激发出一个原因的结果;中文中的"增加了 X""避免了 X""防止了 X"也具有同样的功能。这些词一般称为触发词。基于这种触发词模板的方法抽取因果关系的工作有很多。例如 Hashimoto 等通过把这些作为谓语动词的触发词模板人工的分为 CAUSATION、MATERIAL、NECESSITY、USE、PREVENTION 5 类来区分抽取到的因果关系的类型[88];Kozareva 使用因果关系触发词抽取文本中的名词因果对,使用这种因果对来判断一个句子是否是描述因果逻辑的句子[89];Radinsky 等利用因果关系词在大量的新闻语料中获取事件之间的因果关系[90]。

3. 由因导果

"由因导果"即因的预测逻辑。看到一个现象或者一个事件的发生,我们总想知道未来可能出现的现象或者发生的事件。对于预测未来来说,因果无疑是最有效的指南和依据。尤其是在基于相关性分析的预测失效时,分析出原因并利用原因进行预测,预测结果会更加可靠。

通过抽取大规模新闻语料中新闻事件和事件之间的因果关系,Radinsky 等[90]把这些因果事件分类关联组成事件因果关系网络,使用这个网络预测未来事件。所有的因果事件都表示成这种因果事件对的形式,其中原因事件和结果事件都尽量用六元组形式表示。通过计算因果事件对之间的相似性来预测结果事件。Hashimoto 等[91]提出了一种有指导的抽取事件因果的方法,并利用抽取到的事件因果生成未来情景,例如 illegal diesel oil(非法汽油)→emit harmful substance(排放有害物质)→ cause pollution(导致污染)→ human body is damaged(损害人体健康)。生成类似这种未来情景是通过把多个事件因果对精准匹配的方法连接起来从而生成这样的因果事件链条。从这两个典型的利用因果进行未来预测的工作,我们可以看出在预测问题上,使用的都是基于匹配方法。Radinsky 等的工作是匹配相似的因果对,Hashimoto 等的工作是去匹配原因事件或者结果事件。目前的事件表示形式无非是采用名词短语或 n 元组的形式。基于这样的事件的表示形式去做事件的匹配会遗漏掉很多事件本身的信息,导致匹配的效果不好。

利用因果来做预测的另一类问题是稀有事件(rare event)的预测。稀有事件是指一种发生概率很低的事件。例如,公路交通事故、网络欺诈行为、网络入侵行为、信用卡诈骗行为、社会话题爆发等都属于稀有事件。稀有事件的预测是一个非常复杂的问题,它需要对问题本身的深刻理解和对问题中不确定性的建模。不像那些经常或大量发生的事件能够有很多相似的事件来训练预测模型或者起到协同过滤作用,稀有事件发生的概率很低,所以即使存在类似的事件数量也很少。这对于基于相关性分析的预测算法来说无疑是致命的。基于相关性分析的预测算法,尤其是有指导的机器学习算法大都需要大量的训练数据,训练数据越大,预测效果越好。对于预测稀有事件来说,数据的稀疏性导致缺少大量的相关关系或相关事件。因此对于稀有事件的预测就需要正确的因果知识和因果分析并且充分利用可以用到的小样本数据。

4. 执果溯因

"执果溯因"即因果的解释逻辑。看到一个现象一个结果我们总想知道"为什么"。在自然语言文本中,我们对因果解释逻辑的诉求也是随处可见。以商业领域为例,在电商的网站上有大量用户对商品的评论信息,有些人对某款商品 A 持有积极的评价,也有一些人在纷纷吐槽商品 A。那么作为商品的生产商和销售商就一定很想知道,有些人喜欢商品 A 是为什么? 有些人不喜欢商品 A 又是为什么? 如果这些原因都能够从评论数据中分析得到的话,对于设计和生产来说发扬优点规避缺点对于销售商来说选择符合消费者预期的产品都具有重大意义。

在社会学和大众舆情分析领域,大众对某个社会事件或者社会问题的情感和态度是十分重要的。但是更重要的是大众持有某种情感或者态度的原因是什么。如果能自动地从文本中尤其是社会媒体文本中,挖掘出这些原因,那么这对于理解民意,以利社会安定意义重大。类似这种从文本中分析原因的需求几乎覆盖各行各业。在商业决策领域我们总是想知道产品销量提高或者降低的原因,进而做出应对,例如电影票房的涨跌和广告宣传的因果作用分析对于宣传策略的选择至关重要。在政治决策上同样如此,以美国总统大选为例,如果能分析出现任总统的某些决策、提案或者行为是人们支持该总统的原因,那么对于该位总统谋求连任或者候选人竞选的胜出都是极具指导意义的。

为了分析一个时序变量是否是另一个时序变量的因果作用,Brodersen 等[92]提出了一个基于贝叶斯网络的时间序列模型。通过预测出一个虚拟结果进而与真实结果进行对比来评价一个变量对另一个变量的因果作用。比如有一个网站,它在某一时刻 t 加入了一个广告,我们想知道的是,我们引入的那个广告究竟可以为我们带来了多大的点击量。

如图 10-14 所示,竖切的虚线代表引入广告的分界线,原始数据部分的实线和虚线分别表示真实的网站点击量曲线和不引入广告的情况下的反事实的网站点击量曲线(通过预测得到)。时间点差值部分代表的是真实曲线和反事实曲线的差值曲线。累计差值部分代表的是真实曲线和反事实曲线累计差值。通过观察累计差值的大小我们就可以得到引入广告对于网站点击量增加的因果效用。通过观察累计差值的大小我们就可以得出"引入广告是网站点击量显著增加的原因"的结论。

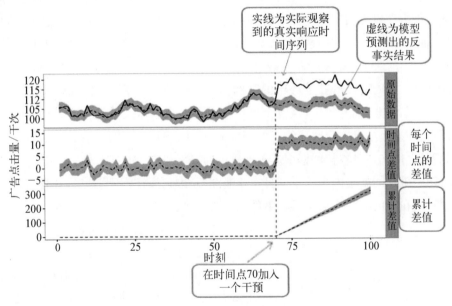

图 10-14　通过反事实结果预测推断因果效用

10.6.4　事理图谱

事件是人类社会的核心概念之一,人们的社会活动往往是事件驱动的。事件之间在时间上相继发生的演化规律和模式是一种十分有价值的知识。然而,当前无论是知识图谱还是语义网络等知识库的研究对象都不是事件。为了揭示事件的演化规律和发展逻辑,本节提出了事理图谱的概念,作为对人类行为活动的直接刻画。在图结构上,与马尔可夫逻辑网络(无向图)、贝叶斯网络(有向无环图)不同,事理图谱是一个有向有环图。现实世界中事件演化规律的复杂性决定了我们必须采用这种复杂的图结构。为了展示和验证事理图谱的研究价值和应用价值,我们从互联网非结构化数据中抽取、构建了一个出行领域事理图谱。初步结果表明,事理图谱可以为揭示和发现事件演化规律与人们的行为模式提供强有力的支持。

1. 事理图谱的定义

首先,给出事件、事件间顺承和因果关系的定义。事理图谱中的事件用抽象、泛化、语义完备的谓词短语来表示,其中含有事件触发词,以及其他必需的成分来保持该事件的语义完备性。抽象和泛化指不关注事件的具体发生时间、地点和具体施事者,语义完备指人类能够理解该短语传达出的意义,不至于过度抽象而让人产生困惑。例如,"吃火锅""看电影""去机场",是合理的事件表达;而"去某地方""做事情""吃",是不合理或不完整的事件表达。后面三个事件因为过度抽象而让人不知其具体含义是什么。事件间顺承关系指两个事件在时间上先后发生的偏序关系;在英语体系研究中一般称为时序关系(temporal relation),本文认为两者是等价的。例如,"小明吃过午饭后,付完账离开了餐馆。"吃饭、付账、离开餐馆,这三个事件构成了一个顺承关系链条。事件间因果关系指在满足顺承关系时序约束的基础上,两个事件间有很强的因果性,强调前因后果。例如,"日本核泄漏引起了严重的海洋污染"。"日本核泄漏"和"海洋污染"两个事件间就是因果关系,"日本核泄漏"是因,"海洋污染"是果,并且满足因在前,果在后的时序约束关系。事件顺承关系是比因果关系更广泛的存在。

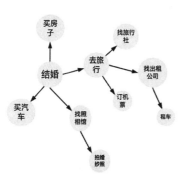

图 10-15 "结婚"场景下的树状事件演化图

事理图谱(event evolutionary graph)是一个描述事件之间顺承、因果关系的事理演化逻辑有向图。图中节点表示抽象、泛化的事件,有向边表示事件之间顺承、因果关系。边上还标注有事件间转移概率信息。图 10-15、图 10-16 和图 10-17 分别展示了事理图谱中三个不同场景下,不同图结构的局部事件演化模式图。这种常识性事件演化规律往往隐藏在人们的日常行为模式中,或者用户生成的文本数据中,而没有显式地以知识库的形式存储起来。

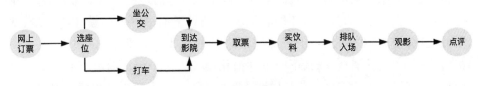

图 10-16 "看电影"场景下的链状事件演化图

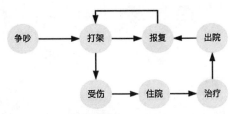

图 10-17 "打架"场景下的环状事件演化图

事理图谱旨在揭示事件间的逻辑演化规律与模式,并形成一个大型常识事理知识库,作为对人类行为活动的直接刻画。

事理图谱与传统知识图谱有本质上的不同。如表 10-6 所示,事理图谱以事件为核心研究对象,有向边只表示两种事理关系,即顺承和因果;边上标注有概率信息说明事理图谱是一种事件间相继发生可能性的刻画,不是确定性关系。而知识图谱以实体为核心研究对象,实体属性以及实体间关系种类往往成千上万。知识图谱以客观真实性为目标,某一条属性或关系要么成立,要么不成立。

表 10-6 事理图谱与知识图谱的对比

项 目	事 理 图 谱	知 识 图 谱
研究对象	事件及其关系	实体及其关系
组织形式	有向图	有向图
主要知识形式	事件间顺承、因果关系,以及转移概率信息	实体属性和关系,实体上下位信息等
知识客观性	事件间演化规律的可能性度量	追求客观真实性

基于上文相关定义,我们从互联网无结构化数据构建了一个中文出行领域事理图谱。采用的语料是知乎"旅行"话题下的 32 万篇用户问答对。构建过程包括事件抽取、事件间顺承和因果关系识别、事件转移概率计算等步骤。图 10-18 所示是该事理图谱的 Demo 展示。以"跑步"作为输入事件,我们采用广度优先搜索向外扩展,形成了图 10-18 中以"跑步"为核心事件所扩展出来的

局部事理关系图。从该图中,我们至少可以发现 3 个有趣的事件演化链条。"跑步、看医生、拍片子"的分支属于"运动受伤"场景下的事件演化模式,"跑步、洗澡、睡觉"分支属于"运动休闲"场景下的事件演化模式,"跑步、(买)跑鞋、去网站"分支属于"运动消费"场景下的事件演化模式。这个例子揭示了事理图谱对事件演化规律刻画的准确性与多样性。图中边上还标有事件转移概率等信息。

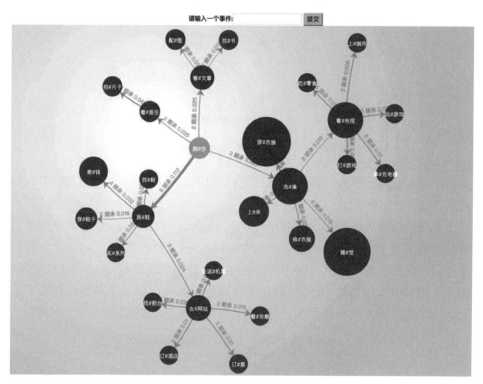

图 10 - 18   出行领域事理图谱 Demo 的展示

2. 事理图谱的理论基础与应用

理论上,事理图谱是一种概率有向图。它与概率图模型中的贝叶斯网络、马尔可夫逻辑网络既有不同又有联系。贝叶斯网络采用有向无环图来表达变量节点之间的条件依赖与独立性关系,马尔可夫随机场则采用无向图来表达变量间的相互作用关系。从这个层面上讲,事理图谱用有向有环图表达常量(事件)之间的演化关系。贝叶斯网络和马尔可夫逻辑网络的本质是研究多个随机变量的联合概率分布。而事理图谱是研究事件的链式依赖和表征事件发展方向的可能性。因此与贝叶斯网络和马尔可夫逻辑网络相比,事理图谱既有其结构特殊性,研究对象又有所不同。我们可以借鉴贝叶斯网络和马尔可夫逻辑网络中的研究成果,但研究对象的不同又对我们的理论和工具提出了新的要求。具体来说,有环特性增加了事理图谱图结构的复杂性,因此传统概率图模型上的信念传播算法就面临了挑战。事理图谱这种复杂网络中的事件链条和链式依赖的挖掘与确定性评价也是一个全新的课题。

本质上,事理图谱提供了这样一种功能:给出一个抽象事件("看电影"),它能告诉你围绕该抽象事件在时间演化顺序上先后可能发生什么样的事情("订票""选座位""打车""取票""买饮料""排队入场"等)。据此,事理图谱将至少可以在以下两方面起到重要作用。

(1)智能对话系统。如果在对话中出现了 A 事件,可以在回复中提及 A 的前提事件或后继事件,构造语义上更加智能与合理的回复。

(2)消费意图识别与推荐系统。在事理图谱中,某些事件会成为消费意图显著事件("去旅行""逛街""爬泰山"等),能够触发一系列后续消费事件。我们把这类事件节点找出来,有助于隐式消费意图的识别,进而做出合理的商品推荐。

事理图谱的应用不仅限于此。在人工智能应用中,常识推理是一种十分重要且必需的能力。作为一种常识性事件演化逻辑知识库,事理图谱的应用潜力十分巨大。

10.6.5　小结

以 Facebook、Twitter、微博为代表的社会媒体的出现,为观察大众的心理提供了空前的数据支持,从而也为预测大众的行为提供了新的手段。本节介绍了基于社会媒体的预测技术的研究进展,特别介绍了基于相关关系的预测和基于因果分析的预测这两种重要的预测方法。对用户意图的深入理解,能够为预测提供更为精准的依据,而因果关系的分析将为预测提供相关性以外的更符合逻辑的预测线索,并找出预测失准的原因,以供后续的决策。基于社会媒体的预测技术是大数据的重要应用之一,其重要的研究价值和巨大的应用价值必将激励研究者们克服重重困难,不断地探索。

10.7　数据集合以及评测

本节对于所提及的 5 个方面相关的数据以及评测方法进行汇总和简要介绍,具体如表 10-7 所示。

表 10‑7　相关数据集合与评测方法

方面	数据集合及公开评测	评测方法
用户意图	京东算法大赛-高潜用户购买意向预测，参赛者需要使用京东多个品类下商品的历史销售数据，构建算法模型，预测用户在未来 5 天内，对某个目标品类下商品的购买意向（二元分类）。http://www.datafountain.cn/projects/jdata/	利用准确率、召回率和 F 值评价 $F_{11} = 6 \times recall \times precise/(5 \times recall + precise)$ $F_{12} = 5 \times recall \times precise/(2 \times recall + 3 \times precise)$
用户画像	(1) SMP 2016"微众杯"新浪微博用户画像技术评测：推断用户的年龄（共 3 个标签：$-1979/1980-1989/1990+$）；推断用户的性别（共 2 个标签：男/女）；推断用户的地域（共 8 个标签：东北/华北/华中/华东/西北/西南/华南/境外）。http://www.cips-smp.org/smp2016/ (2) 2016 CCF 大数据与计算智能大赛——搜狗用户画像比赛：初赛时给出 2 万用户的百万级搜索词，以及经过调查得到的真实性别、年龄段、学历，作为训练集，要求对另外 2 万人群的搜索关键词进行分析，给出其性别、年龄段、学历等用户属性信息。复赛时训练集与测试集规模均将扩展至 10 万用户。http://www.datafountain.cn/ (3) 2016 CCF 大数据与计算智能大赛——国家电网客户画像比赛（95598 用户来电工单数据、停电信息数据、通话信息数据）发现停电敏感用户的行为特征，形成停电敏感用户行为画像，准确识别停电敏感用户。http://www.datafountain.cn/ (4) SMP 2017 CSDN 用户画像技术评测：CSDN 提供超过 10 万用户的内容数据（博客、帖子等）和行为数据（浏览、评论、收藏、转发、点赞/踩、关注、私信等），聚焦 CSDN 用户画像问题，具体评测任务包括用户内容主题词生成、用户兴趣标注以及用户成长预测。https://biendata.com/competition/smpcup2017 (5) 2017 开放学术精准画像大赛：学者画像信息抽取、学者兴趣标签预测、学者未来影响力预测。https://biendata.com/competition/scholar	(1) 人群属性准确度（accuracy） (2) 计算生成的主题词与给定的主题词完全相同的比例 $\frac{1}{N}\sum_{i=1}^{N} \frac{|K_i \cap K_i^*|}{|K_i|}$，其中，$N$ 为评测集样本个数，K_i 为计算生成的样本 i 的主题词集合，K_i^* 为给定的样本 i 的主题词集合 (3) 计算生成的用户兴趣与给定的用户兴趣完全相同的比例 $\frac{1}{N}\sum_{i=1}^{N} \frac{|T_i \cap T_i^*|}{|T_i|}$，其中，$N$ 为评测集样本个数，T_i 为计算生成的用户 i 的兴趣集合，T_i^* 为给定的用户 i 的兴趣集合

（续表）

方面	数据集合及公开评测	评 测 方 法
用户关系	(1) BlogCatalog[93]：博客用户关系数据集合（10 312 个节点、333 983 条边、39 个标签） (2) Flickr[93]：照片共享网站用户关系数据集合（80 513 个节点、5 899 882 条边、195 个标签） (3) YouTube[94]：视频共享网站用户关系数据集合（1 138 499 个节点、2 990 443 条边、47 个标签） (4) DBLP[93]：论文引用关系数据集合（作者引用网包括 524 061 个节点、20 580 238 条边、7 个标签；论文引用网络包括 781 109 个节点、4 191 677 条边、7 个标签） (5) 斯坦福研究组社交关系网络数据集合，包括社交网络、通信网络、引用网络、网页链接网络、道路交通网络、有符号网络等多个类别	(1) 类别/社区/属性预测：预测节点标签，通常使用 Precision、Recall 和 F_1 值 (2) 结构预测：预测链接关系，通常使用基于排序的度量指标，如 Precison @ K、Recall @ K、Mean Average Precision（MAP）、Mean Reciprocal Rank（MRR）
用户行为	(1) 亚马逊产品评论数据（142. 8 million reviews spanning May 1996-July 2014） (2) 电影评分预测数据集合 movielens（根据数据集合的大小分为 100 KB、1 MB、10 MB、20 MB 等不同子集，以及一个专门的标签推荐评测集合） (3) 音乐评分预测数据集合 Million Song（包括大概 1 000 000 首歌曲的海量相关信息） (4) 图书评分预测数据集合 Book-Crossing（包括 1. 1million ratings of 270 000 books by 90 000 users）	(1) 评分预测：通常使用预测值与真实值之间的差异作为评估手段，主要有两个度量指标：root mean squared error（RMSE）和 mean absolute error（MAE） (2) 排序打分：通常使用基于排序的度量指标，如 Precison@K、Recall @ K、Mean Average Precision（MAP）、Mean Reciprocal Rank（MRR），以及 AUC（area under curve），即 ROC 曲线下的面积
群体预测	(1) Reuters 和 Bloomberg 财经新闻数据，用于美国标普 500 股市预测（从 2006 年 10 月至 2013 年 11 月期间的财经新闻数据） (2) 电影票房预测数据：从 2005 年到 2009 年在美国市场上映的 1 700 部电影票房相关数据[95] (3) CIKM AnalytiCup 2017，短时定量降水预测，利用多普勒雷达回波外推数据，来建立一个准确的降水预报模型。http://cikm2017. org/ CIKM_AnalytiCup_details. html	(1) 预测的准确率 accuracy (2) 确定性系数 R^2 (3) 平均误差绝对值：$\mathrm{MAE} = \dfrac{1}{N} \sum\limits_{i=1}^{N} \mid \hat{y}_i - y_i \mid$，$N$ 是样本个数，$\hat{y}_i$ 为预测值，y_i 为真实值 (4) 均方根误差（RMSE）：$\mathrm{RMSE} = \sqrt{\dfrac{1}{n} \sum\limits_{i=1}^{n} (\boldsymbol{Y}_i - X_i)^2}$，$X$ 为预测向量，$\boldsymbol{Y}$ 为观测值的向量，n 为观测数据大小

注：http://jmcauley. ucsd. edu/data/amazon/
http://snap. stanford. edu/data/index. html♯socnets
https://movielens. org/
https://grouplens. org/datasets/movielens/
http://www2. informatik. uni-freiburg. de/~cziegler/BX/
https://labrosa. ee. columbia. edu/millionsong/

10.8　总结与展望

随着互联网技术的快速发展,社交媒体服务在用户的真实生活中发挥着越来越重要的作用,得到了广泛使用。随着科技不断进步,社会计算这一新兴学科不断发展,旨在打造更好的社交媒体服务,从而改进用户体验,借助科技推动社会进步。借助深度学习浪潮,涌现出了一批社会计算相关的科学研究和创新实践。本章试图对于这些工作进行梳理,以便于研究人员在后续工作中可以借助这些思路更好地开展科学研究。

社会计算学科博大而精深,本章内容无法面面俱到进行叙述和总结,因此选择了比较重要的一些核心研究方向进行介绍。本章整体的思路是采用个体→关系→群体的顺序逐步推进介绍。在个体层面,介绍了如何构建用户画像(知道用户是"谁")、理解用户意图(知道用户想要什么)和推断用户行为(知道用户要做什么)三个方面;在交互层面,介绍了如何刻画用户间的链接关系和关联协作,以网络表示学习方法为主体介绍了一系列相关工作;在群体层面,介绍了如何挖掘群体模式以及进行规律的精准预测。这些内容对已有的社会计算研究进行了一个层次化的系统汇总与归纳,以深度学习为主要技术,配合传统方法,探讨了目前社会计算中的一些重要问题的核心解决思路。

目前深度学习在社会计算中已经取得了一些初步进展,但是还有很多挑战亟待解决。首先,需要设计更为有效的深度学习模型来解决社会计算中的复杂任务,充分发挥深度学习在社会计算中的效果。目前大部分的工作所涉及的深度学习模型都是从其他领域借鉴而来的,如自然语言处理和图像视觉,如何充分针对复杂多变的社会计算任务设置以及任务目标来设计更为实用的深度学习模型是一个未来的研究难点与重点。其次,社会媒体数据相比于传统数据形式变换多样,可能包含噪声数据、不规范数据等,这都给计算模型带来了很大的挑战。如何设计有效的计算模型能够减少数据方面的干扰,有效评估数据质量,挖掘社交大数据中的知识与规律也是一个研究难点。最后,大部分社会计算任务都是以"人"为本,如何在计算模型中充分发挥"人"的群体智慧将是一个研究亮点。实际上,众包协作的工作模式以及机器学习中的主动学习技术都从不同方面阐述了这一观点。而这一点将会在智能计算时代变得更为重要。

社会计算的发展方兴未艾,恰逢这是一个百家争鸣、群雄逐鹿的时代。在可预见的未来,将有更多的优秀成果不断涌现,不断推动社会媒体的快速发展和人类社会的进步。

参考文献

[1] Zhao X W, Guo Y, He Y, et al. We know what you want to buy: a demographic-based system for product recommendation on microblogs[C]//Proceedings of the 20th ACM SIGKDD International Conference on Knowledge Discovery and Data Mining, August, 2014, New York, USA. New York: Association for Computing Machinery, 2014: 1935 - 1944.

[2] Zhao W X, Li S, He Y, et al. Exploring demographic information in social media for product recommendation[J]. Knowledge and Information Systems, 2016, 49(1): 61 - 89.

[3] Mihalcea R, Tarau P. Textrank: bringing order into text[C]//Proceedings of the 2014 Conference on Empirical Methods in Natural Language Processing, October 25 - 29, 2014, Doha, Qatar. Stroudsburg, PA, USA: Association for Computational Linguistics, 2014: 404 - 411.

[4] Zhao X, Jiang J, He J, et al. Topical keyphrase extraction from Twitter[C]// Proceedings of the 49th Annual Meeting of the Association for Computational Linguistics: Human Language Technologies, June, 2011, Portland, Oregon, USA. Stroudsburg, PA, USA: Association for Computational Linguistics, 2011: 379 - 388.

[5] Zhao W X, Li S, He Y, et al. Connecting social media to e-commerce: cold-start product recommendation using Microblogging information[J]. IEEE Transactions on Knowledge and Data Engineering, 2016, 28(5): 1147 - 1159.

[6] Xiao Y, Zhao W X, Wang K, et al. Knowledge sharing via social login: exploiting Microblogging service for warming up social question answering websites[C]// Proceedings of COLING 2014, the 25th International Conference on Computational Linguistics: Technical Papers, August, 2014, Dublin, Ireland. Dublin, Ireland: Dublin City University and Association for Computational Linguistics, 2014: 656 - 666.

[7] Zhong Y, Yuan N J, Zhong W, et al. You are where you go: inferring demographic attributes from location check-ins[C]//Proceedings of the Eighth ACM International Conference on Web Search and Data Mining, February, 2015, Shanghai, China. New York: Association for Computing Machinery, 2015: 295 - 304.

[8] Dong Y, Yang Y, Tang J, et al. Inferring user demographics and social strategies in mobile social networks[C]//Proceedings of the 20th ACM SIGKDD International Conference on Knowledge Discovery and Data Mining, August, 2014, New York, USA. New York: Association for Computing Machinery, 2014: 15 - 24.

[9] Liu J, Zhang F, Song X, et al. What's in a name?: an unsupervised approach to link users across communities[C]//Proceedings of the Sixth ACM International Conference on Web Search and Data Mining, February, 2013, Rome, Italy. New York: Association for Computing Machinery, 2013: 495 – 504.

[10] Yuan N J, Zhang F, Lian D, et al. We know how you live: exploring the spectrum of urban lifestyles[C]//Proceedings of the First ACM Conference on Online Social Networks, October, 2013, Boston, Massachusetts, USA. New York: Association for Computing Machinery, 2013: 3 – 14.

[11] Blei D M, Ng A Y, Jordan M I, et al. Latent dirichlet allocation[J]. Journal of Machine Learning Research, 2003, 3: 993 – 1022.

[12] Steyvers M, Smyth P, Rosenzvi M, et al. Probabilistic author-topic models for information discovery[C]//Proceedings of the Tenth ACM SIGKDD International Conference on Knowledge Discovery and Data Mining, August, 2004, Seattle, WA, USA. New York: Association for Computing Machinery, 2004: 306 – 315.

[13] McCallum A, Corrada-Emmanuel A, Wang X. The author-recipient-topic model for topic and role discovery in social networks, with application to Enron and academic email[R]. Technical Report, University of Massachusetts Amherset, 2005.

[14] Mimno D, Mccallum A. Expertise modeling for matching papers with reviewers[C]// Proceedings of the 13th ACM SIGKDD International Conference on Knowledge Discovery and Data Mining, August, 2007, San Jose, California, USA. New York: Association for Computing Machinery, 2007: 500 – 509.

[15] Kawamae N. Author interest topic model[C]//Proceedings of the 33th International ACM SIGIR Conference on Research and Development in Information Retrieval. New York: Association for Computing Machinery, 2010: 887 – 888.

[16] Kawamae N. Latent interest-topic model: finding the causal relationships behind dyadic data[C]//Proceedings of the 19th ACM International Conference on Information and Knowledge Management, October, 2010, Toronto, Canada. New York: Association for Computing Machinery, 2010: 649 – 658.

[17] Liu Y, Niculescumizil A, Gryc W, et al. Topic-link LDA: joint models of topic and author community[C]//Proceedings of the 26th Annual International Conference on Machine Learning, June, 2009, Montreal, Quebec, Canada. New York: Association for Computing Machinery, 2009: 665 – 672.

[18] Perozzi B, Alrfou R, Skiena S, et al. DeepWalk: online learning of social representations[C]//Proceedings of the 20th ACM SIGKDD International Conference on Knowledge Discovery and Data Mining, August, 2014, New York, USA. New York: Association for Computing Machinery, 2014: 701 – 710.

[19] 孙晓飞，赵鑫，刘挺. 用户表示方法对新浪微博中用户属性分类性能影响的研究[R]. 哈工大社会计算与信息检索研究中心，2017.

[20] Miura Y, Taniguchi M, Taniguchi T, et al. Unifying text, metadata, and user network representations with a neural network for geolocation prediction [C]// Proceedings of the 55th Annual Meeting of the Association for Computational Linguistics (Volume 1: Long Papers), July, 2017, Vancouver, Canada. Stroudsburg, PA, USA: Association for Computational Linguistics, 2017: 1260 – 1272.

[21] Sun X, Guo J, Ding X, et al. A general framework for content-enhanced network representation learning[J/OL]. arXiv: Social and Information Networks, [2016 – 10 – 11]. arXiv preprint arXiv: 1610. 02906.

[22] Rendle S. Factorization machines with libFM[J]. ACM Transactions on Intelligent Systems and Technology, 2012, 3(3): 57.

[23] Chen T, Zhang W, Lu Q, et al. SVDFeature: a toolkit for feature-based collaborative filtering[J]. Journal of Machine Learning Research, 2012, 13(1): 3619 – 3622.

[24] Zhao W X, Wang J, He Y, et al. Mining product adopter information from online reviews for improving product recommendation[J]. ACM Transactions on Knowledge Discovery From Data, 2016, 10(3): 23 – 27.

[25] Shi C, Li Y, Zhang J, et al. A survey of heterogeneous information network analysis [J]. IEEE Transactions on Knowledge and Data Engineering, 2017, 29(1): 17 – 37.

[26] Sun Y, Han J, Yan X, et al. PathSim: meta path-based top-K similarity search in heterogeneous information networks[C]//Proceedings of the VLDB Endowment, 2011, 4(11): 992 – 1003.

[27] Shi C, Zhang Z, Luo P, et al. Semantic Path based personalized recommendation on weighted heterogeneous information networks[C]//Proceedings of the 24th ACM International on Conference on Information and Knowledge Management. New York: Association for Computing Machinery, 2015: 453 – 462.

[28] Yu X, Ren X, Sun Y, et al. Personalized entity recommendation: a heterogeneous information network approach [C]//Proceedings of the 7th ACM International Conference on Web Search and Data Mining, February, 2014, New York, USA. New York: Association for Computing Machinery, 2014: 283 – 292.

[29] Den Oord A V, Dieleman S, Schrauwen B, et al. Deep content-based music recommendation[C]//Proceedings of the 26th International Conference on Neural Information Processing Systems – Volume 2. New York: Curran Associates Inc. , 2013: 2643 – 2651.

[30] Maslow A H. A theory of human motivation[J]. Psychological Review, 1943, 50(4): 370 – 396.

470 自然语言处理研究前沿

[31] Runco M A. Personality and motivation[M]. Harlow, England: Longman, 1954, 1: 987.

[32] Dai H, Zhao L, Nie Z, et al. Detecting online commercial intention (OCI)[C]// Proceedings of the 15th International Conference on World Wide Web, May, 2006, Edinburgh, Scotland. New York: Association for Computing Machinery, 2006: 829-837.

[33] Strohmaier M, Kröll M. Acquiring knowledge about human goals from Search Query Logs[J]. Information Processing and Management, 2012, 48(1): 63-82.

[34] Ashkan A, Clarke C L. Term-based commercial intent analysis[C]//Proceedings of the 32th International ACM SIGIR Conference on Research and Development in Information Retrieval. New York: Association for Computing Machinery, 2009: 800-801.

[35] Guo Q, Agichtein E. Ready to buy or just browsing?: detecting web searcher goals from interaction data[C]//Proceedings of the 33th International ACM SIGIR Conference on Research and Development in Information Retrieval. New York: Association for Computing Machinery, 2010: 130-137.

[36] Yang H, Li Y. Identifying user needs from social media[R]. IBM Research Division, San Jose, 2013: 11.

[37] Wang J, Zhao W X, Wei H, et al. Mining new business opportunities: identifying trend related products by leveraging commercial intents from Microblogs[C]// Proceedings of the 2013 Conference on Empirical Methods in Natural Language Processing, October 18-21, 2013, Grand Hyatt Seattle, Seattle, Washington, USA. Stroudsburg, PA, USA: Association for Computational Linguistics, 2013: 1337-1347.

[38] Hollerit B, Kroll M, Strohmaier M, et al. Towards linking buyers and sellers: detecting commercial Intent on twitter[C]//Proceedings of the 22nd International Conference on World Wide Web, May, 2013, Rio de Janeiro, Brazil. New York: Association for Computing Machinery, 2013: 629-632.

[39] Bai X. Predicting consumer sentiments from online text[J]. Decision Support Systems, 2011, 50(4): 732-742.

[40] Zimdars A, Chickering D M, Meek C, et al. Using temporal data for making recommendations[C]//Proceedings of the 17th Conference in Uncertainty in Artificial Intelligence. San Francisco: Morgan Kaufmann Publishers Inc., 2001: 580-588.

[41] Mobasher B, Dai H, Luo T, et al. Using sequential and non-sequential patterns in predictive web usage mining tasks[C]//Proceedings of the 2002 IEEE International Conference on Data Mining. Washington: IEEE Computer Society, 2002: 669-672.

[42] Shani G, Brafman R I, Heckerman D, et al. An MDP-based recommender system [C]//Proceedings of the Eighteenth Conference on Uncertainty in Artificial Intelligence. San Francisco: Morgan Kaufmann Publishers Inc., 2002: 453 - 460.

[43] Rendle S, Schmidtthieme L. Online-updating regularized kernel matrix factorization models for large-scale recommender systems[C]//Proceedings of the 2008 ACM conference on Recommender systems, October, 2008, Lausanne, Switzerland. New York: Association for Computing Machinery, 2008: 251 - 258.

[44] Liu T, Ding X, Chen Y, et al. Predicting movie Box-office revenues by exploiting large-scale social media content[J]. Multimedia Tools and Applications, 2014, 75(3): 1 - 20.

[45] Wang J, Cong G, Zhao W X, et al. Mining user intents in twitter: a semi-supervised approach to inferring intent categories for tweets[C]//Proceedings of the Twenty-Ninth AAAI Conference on Artificial Intelligence. Menlo Park, California: AAAI Press, 2015: 318 - 324.

[46] Ding X, Liu T, Duan J, et al. Mining user consumption intention from social media using domain adaptive convolutional neural network[C]//Proceedings of the Twenty-Ninth AAAI Conference on Artificial Intelligence. Menlo Park, California: AAAI Press, 2015: 2389 - 2395.

[47] Bengio Y, Courville A, Vincent P, et al. Representation learning: A review and new perspectives[J]. IEEE Transactions on Pattern Analysis and Machine Intelligence, 2013, 35(8): 1798 - 1828.

[48] Collobert R, Weston J, Bottou L, et al. Natural language processing (almost) from scratch[J]. Journal of Machine Learning Research, 2011, 12(1): 2493 - 2537.

[49] Rumelhart D E, McClelland J L. Learning internal representations by error propagation[M]//Parallel Distributed Processing: Explorations in the Microstructure of Cognition: Foundations. Cambridge, MA, USA: MIT Press, 1987: 318 - 362.

[50] Sarwar B M, Karypis G, Konstan J A, et al. Item-based collaborative filtering recommendation algorithms[C]//Proceedings of the 10th international conference on World Wide Web, May, 2001, Hong Kong. New York: Association for Computing Machinery, 2001: 285 - 295.

[51] Koren Y. Collaborative filtering with temporal dynamics[C]//Proceedings of the 15th ACM SIGKDD International Conference on Knowledge Discovery and Data Mining, June, 2009, Paris, France. New York: Association for Computing Machinery, 2009: 447 - 456.

[52] Mnih A, Salakhutdinov R. Probabilistic matrix factorization[C]//Proceedings of the 20th International Conference on Neural Information Processing Systems. New York:

Curran Associates Inc. , 2007: 1257 - 1264.

[53] Kabbur S, Ning X, Karypis G, et al. FISM: factored item similarity models for top-N recommender systems [C]//Proceedings of the 19th ACM SIGKDD International Conference on Knowledge Discovery and Data Mining, August, 2013, Chicago, Illinois, USA. New York: Association for Computing Machinery, 2013: 659 - 667.

[54] Rendle S, Freudenthaler C, Gantner Z, et al. BPR: Bayesian personalized ranking from implicit feedback [C]//Proceedings of the Twenty-Fifth Conference on Uncertainty in Artificial Intelligence, June, 2009, Montreal, Quebec, Canada. Arlington, Virginia, USA: AUAI Press, 2009: 452 - 461.

[55] He X, Liao L, Zhang H, et al. Neural collaborative filtering[C]//Proceedings of the 26th International Conference on World Wide Web, International World Wide Web Conferences Steering Committee, Republic and Canton of Geneva, Switzerland, 2017: 173 - 182.

[56] He X, Chua T. Neural factorization machines for sparse predictive analytics[C]// Proceedings of the 40th International ACM SIGIR Conference on Research and Development in Information Retrieval, August, 2017, Shinjuku, Tokyo, Japan. New York: Association for Computing Machinery, 2017: 355 - 364.

[57] Yang C, Sun M, Zhao W X, et al. A neural network approach to jointly modeling social networks and mobile trajectories [J]. ACM Transactions on Information Systems, 2017, 35(4): 1 - 28.

[58] Hidasi B, Karatzoglou A, Baltrunas L, et al. Session-based recommendations with recurrent neural networks[J/OL]. arXiv: Learning, [2016 - 5 - 29]. arXiv preprint arXiv: 1511. 06939.

[59] Zhang F, Yuan N J, Lian D, et al. Collaborative knowledge base embedding for recommender systems [C]//Proceedings of the 22nd ACM SIGKDD International Conference on Knowledge Discovery and Data Mining, August, 2016, San Francisco, California, USA. New York: Association for Computing Machinery, 2016: 353 - 362.

[60] Lin Y, Liu Z, Sun M, et al. Learning entity and relation embeddings for knowledge graph completion[C]//Proceedings of the 24th International Conference on Artificial Intelligence. Menlo Park, California: AAAI Press, 2015: 2181 - 2187.

[61] Covington P, Adams J, Sargin E. Deep neural networks for YouTube recommendations[C]//Proceedings of the 10th ACM Conference on Recommender Systems, September, 2016, Massachusetts, USA. New York: Association for Computing Machinery, 2016: 191 - 198.

[62] Grover A, Leskovec J. Node2vec: scalable feature learning for networks [C]// Proceedings of the 22nd ACM SIGKDD International Conference on Knowledge

Discovery And Data Mining, August, 2016, San Francisco, California, USA. New York: Association for Computing Machinery, 2016: 855 - 864.

[63] Le Q V, Mikolov T. Distributed representations of sentences and documents[C]// Proceedings of the 31st International Conference on Machine Learning, June 21 - 26, 2014, Beijing, China. Stroudsburg, PA, USA: International Machine Learning Society, 2014: 1188 - 1196.

[64] Wang D, Cui P, Zhu W, et al. Structural deep network embedding[C]//Proceedings of the 22nd ACM SIGKDD International Conference on Knowledge Discovery And Data Mining, August, 2016, San Francisco, California, USA. New York: Association for Computing Machinery, 2016: 1225 - 1234.

[65] Cao S, Lu W, Xu Q, et al. GraRep: learning graph representations with global structural information[C]//Proceedings of the 24th ACM International on Conference on Information and Knowledge Management. New York: Association for Computing Machinery, 2015: 891 - 900.

[66] Yang C, Sun M, Liu Z, et al. Fast network embedding enhancement via high order proximity approximation[C]//Proceedings of the 26th International Joint Conference on Artificial Intelligence. Menlo Park, California: AAAI Press, 2017: 3894 - 3900.

[67] Tu C, Wang H, Zeng X, et al. Community-enhanced network representation learning for network analysis[J/OL]. arXiv: Social and Information Networks, [2016 - 11 - 21]. arXiv preprint arXiv: 1611. 06645.

[68] Chen J, Zhang Q, Huang X, et al. Incorporate group information to enhance network embedding[C]//Proceedings of the 2016 ACM on Conference on Information and Knowledge Management. New York: Association for Computing Machinery, 2016: 1901 - 1904.

[69] Yang C, Liu Z, Zhao D, et al. Network representation learning with rich text information[C]//Proceedings of the 24th International Conference on Artificial Intelligence. Menlo Park, California: AAAI Press, 2015: 2111 - 2117.

[70] Tu C, Liu H, Liu Z, et al. CANE: context-aware network embedding for relation modeling[C]//Proceedings of the 55th Annual Meeting of the Association for Computational Linguistics (Volume 1: Long Papers), July, 2017, Vancouver, Canada. Stroudsburg, PA, USA: Association for Computational Linguistics, 2017: 1722 - 1731.

[71] Huang Z, Mamoulis N. Heterogeneous information network embedding for meta path based proximity[J/OL]. arXiv: Artificial Intelligence, [2017 - 1 - 19]. arXiv preprint arXiv: 1701. 05291.

[72] Dong Y, Chawla N V, Swami A, et al. Metapath2vec: scalable representation learning

for heterogeneous networks[C]//Proceedings of the 23rd ACM SIGKDD International Conference on Knowledge Discovery and Data Mining, August, 2017, Halifax, NS, Canada. New York: Association for Computing Machinery, 2017: 135-144.

[73] Tu C, Zhang W, Liu Z, et al. Max-margin deepwalk: discriminative learning of network representation[C]//Proceedings of the 25th International Joint Conference on Artificial Intelligence. Menlo Park, California: AAAI Press, 2016: 3889-3895.

[74] Huang X, Li J, Hu X, et al. Label informed attributed network embedding[C]// Proceedings of the Tenth ACM International Conference on Web Search and Data Mining, February 6-10, 2017, Cambridge, United Kingdom. New York: Association for Computing Machinery, 2017: 731-739.

[75] Ding X, Zhang Y, Liu T, et al. Using structured events to predict stock price movement: an empirical investigation[C]//Proceedings of the 2014 Conference on Empirical Methods in Natural Language Processing, October 25-29, 2014, Doha, Qatar. Stroudsburg, PA, USA: Association for Computational Linguistics, 2014: 1415-1425.

[76] Ding X, Zhang Y, Liu T, et al. Deep learning for event-driven stock prediction[C]// Proceedings of the 24th International Conference on Artificial Intelligence. Menlo Park, California: AAAI Press, 2015: 2327-2333.

[77] Ding X, Zhang Y, Liu T, et al. Knowledge-driven event embedding for stock prediction[C]//Proceedings of COLING 2016, the 26th International Conference on Computational Linguistics: Technical Papers, December 11-17, Osaka, Japan. Stroudsburg, PA, USA: Association for Computational Linguistics, 2016: 2133-2142.

[78] Williams C, Gulati G. What is a social network worth? Facebook and vote share in the 2008 presidential primaries[C]//Proceedings of the 2008 Annual Meeting of the American Political Science Association, August 28-31, 2008, Boston, MA. Washington: American Political Science Association, 2008, 1: 1-17.

[79] Sakaki T, Okazaki M, Matsuo Y, et al. Earthquake shakes Twitter users: real-time event detection by social sensors[C]//Proceedings of the 19th International Conference on World Wide Web, April, 2010, Raleigh, North Carolina, USA. New York: Association for Computing Machinery, 2010: 851-860.

[80] Asur S, Huberman B A. Predicting the future with social media[C]//Proceedings of the 2010 IEEE/WIC/ACM International Conference on Web Intelligence and Intelligent Agent Technology - Volume 1. Washington: IEEE Computer Society, 2010: 492-499.

[81] Girju R. Automatic detection of causal relations for question answering [C]//

Proceedings of the 41st Annual Meeting of the Association for Computational Linguistics, July, 2003, Sapporo, Japan. Stroudsburg, PA, USA: Association for Computational Linguistics, 2003: 76 - 83.

[82] Freedman D, Pisani R, Purves R. Statistics[M]. 4th ed. New York: WW Norton & Company, 2012.

[83] Abe S, Inui K, Matsumoto Y, et al. Two-phased event relation acquisition: coupling the relation-oriented and argument-oriented approaches[C]//Proceedings of the 22nd International Conference on Computational Linguistics-Volume 1. Stroudsburg, PA, USA: Association for Computational Linguistics, 2008: 1 - 8.

[84] Oh J, Torisawa K, Hashimoto C, et al. Why-question answering using intra-and inter-sentential causal relations [C]//Proceedings of the 51st Annual Meeting of the Association for Computational Linguistics (Volume 1: Long Papers), August, 2013, Sofia, Bulgaria. Stroudsburg, PA, USA: Association for Computational Linguistics, 2013: 1733 - 1743.

[85] Do Q, Chan Y S, Roth D, et al. Minimally supervised event causality identification [C]//Proceeding of the 2011 Conference on Empirical Methods in Natural Language Processing, July 27 - 31, 2011, Edinburgh, Scotland, UK. Stroudsburg, PA, USA: Association for Computational Linguistics, 2011: 294 - 303.

[86] Riaz M, Girju R. Another look at causality: discovering scenario-specific contingency relationships with no supervision [C]//Proceedings of the 4th IEEE International Conference on Semantic Computing, September 22 - 24, 2010, Carnegie Mellon University, Pittsburgh, PA, USA. Washington: IEEE Computer Society, 2010: 361 - 368.

[87] Hashimoto C, Torisawa K, De Saeger S, et al. Excitatory or inhibitory: a new semantic orientation extracts contradiction and causality from the web [C]// Proceedings of the 2012 Joint Conference on Empirical Methods in Natural Language Processing and Computational Natural Language Learning, July, 2012, Jeju Island, Korea. Stroudsburg, PA, USA: Association for Computational Linguistics, 2012: 619 - 630.

[88] Riaz M, Girju R. In-depth exploitation of noun and verb semantics to identify causation in verb-noun pairs[C]//Proceedings of the 15th Annual Meeting of the Special Interest Group on Discourse and Dialogue, June, 2014, Philadelphia, PA, USA. Stroudsburg, PA, USA: Association for Computer Linguistics, 2014: 161 - 170.

[89] Kozareva Z. Cause-effect relation learning[C]//Workshop Proceedings of TextGraphs-7 on Graph-based Methods for Natural Language Processing, July, 2012, Jeju, Republic of Korea. Stroudsburg, PA, USA: Association for Computational

Linguistics，2012：39 - 43.

[90] Radinsky K，Horvitz E. Mining the web to predict future events[C]//Proceedings of the Sixth ACM International Conference on Web Search and Data Mining，February，2013，Rome，Italy. New York：Association for Computing Machinery，2013：255 - 264.

[91] Hashimoto C，Torisawa K，Kloetzer J，et al. Toward future scenario generation：extracting event causality exploiting semantic relation，context，and association features [C]//Proceedings of the 52nd Annual Meeting of the Association for Computational Linguistics (Volume 1：Long Papers). Stroudsburg，PA，USA：Association for Computational Linguistics，2014：987 - 997.

[92] Brodersen K H，Gallusser F，Koehler J，et al. Inferring causal impact using Bayesian structural time-series models[J]. The Annals of Applied Statistics，2015，9 (1)：247 - 274.

[93] Tang L，Liu H. Relational learning via latent social dimensions[C]//In proccedings of the 15th ACM SIGKDD international conference on Knowledge discovery and data mining，New York，2009：817 - 826.

[94] Tang L，Liu H. Scalable learning of collective behavior based on sparse social dimensions [C]//Proceedings of the 18th ACM Conference on Information and Knowledge Management，November，2009，Hong Kong，China. New York：Association for Computing Machinery，2009：1107 - 1116.

[95] Joshi M，Das D，Gimpel K，et al. Movie reviews and revenues：an experiment in text regression[C]//Human Language Technologies：The 2010 Annual Conference of the North American Chapter of the Association for Computational Linguistics，June，2010，Los Angeles，California. Stroudsburg，PA，USA：Association for Computational Linguistics，2010：293 - 296.

索　引

CNN　　7, 20, 33, 41, 46 − 48, 50, 58, 155, 172 − 174, 197, 199, 201, 202, 223, 224, 226, 227, 245, 265, 266, 274, 317, 320, 325 − 327, 331, 333, 363, 366

LSTM　　9, 31, 32, 40, 41, 46 − 48, 58, 82 − 85, 88, 92, 104, 117, 149, 150, 172, 174 − 180, 184, 195, 202, 209, 225 − 228, 233, 235, 237, 247, 265, 266, 317, 331, 332, 344, 363, 366, 389, 405, 439

RNN　　8, 9, 31, 41, 46, 48, 71, 82, 83, 90, 148 − 150, 165, 172, 174 − 176, 179, 184, 195 − 198, 225, 226, 228, 229, 331, 343, 359, 360, 362, 363, 366, 389, 390, 439

B

编码器−解码器框架　　366, 367, 382

表示学习　　102, 122, 130 − 133, 136 − 138, 142, 145, 146, 149, 155, 185, 194, 197, 220, 259, 268, 271, 277, 283, 314, 318, 319, 365, 366, 373, 416, 419, 420, 433, 443, 445 − 449, 466

C

抽取式摘要　　190, 192, 193

词法分析　　15, 17, 19, 21, 24, 25, 49, 50, 101

词嵌入　　19, 30, 36 − 38, 41, 82, 147, 181, 184, 222, 224 − 226, 259, 371, 377, 383, 444

词向量　　6, 7, 9, 20, 32 − 34, 37, 40, 41, 46 − 50, 88, 135, 137, 143, 171 − 174, 177, 179, 180, 221, 222, 229, 235, 238, 259 − 265, 271 − 274, 319, 335, 357, 361, 369, 375, 383, 432

词性标注　　17, 19, 20, 22 − 27, 34, 42 − 48, 50, 72, 81, 101, 182, 222, 456

D

单语语料库　　379

递归神经网络　　20, 31, 41, 104, 149, 177 − 180, 194, 223, 226 − 228, 235, 331, 361, 364

多任务学习　　88, 97, 98, 181 − 187, 196, 197, 378, 379

F

讽刺检测　　218

复杂关系建模　　137, 142

G

个性化推荐　130,278,280,283,
286,435

关系抽取　24,68,103,105,122,
132,146—151,230,231,233,234,
304,314—317,456

关系路径建模　145

J

机器翻译　11,18,68,72,73,176,
181,182,193—195,198,313,334,
335,347,349—364,366—392

机器学习　17—20,27,28,31,34,
36,37,40,42,43,48,50,75,92,
103,121,158,171,181,219,228,
238—240,243,255,256,278,279,
283—286,301,356,416,422,424,
425,458,466

机器阅读理解　49,199,299,303,
323—327,329—335

结构化建模　30—32

卷积神经网络　7,10,20,41,143,
144,147,172,194,223,226,228—
230,237,274,317,320,331,332,
361—363,366,372,373,377,380,
389,390,432,434,447

K

可解释性　220,257,258,278—280,
285,335,336,380,382,392,425

M

命名实体识别　17,18,20,21,24—

26,36,38—42,49,50,72,81,153,
187,234

P

平行语料库　378,380

Q

情感分类　171,178,180,181,188,
223,225,227,228,230,237—239

情感分析　24, 25, 49, 102, 103,
129,171,180,215,217—220,222,
223,225,227,228,230—232,235,
237,238,240,241,243,283,285,
451

情感关系识别　233,234

情感原因发现　238,239,242,243

情绪识别　237,242

S

深度学习　4,11,17—20,30,33—
42,44,46,48—50,70,81,82,84,
92, 104, 131, 132, 146, 155, 159,
171, 174, 182, 186, 187, 190, 194,
200,201,220,223,228,233—235,
237, 238, 241, 243, 258, 267, 268,
274—278,286,295,314,315,317—
319,322,330—332,334—336,356,
357, 366, 392, 417, 420, 425, 437,
448,466

神经网络　4,18—20,30—32,34,
36,37,39—41,44,46,48—50,70,
71,82,84—88,90,92,97,104,124,
133—135,146,149,159,172,177—

179, 183, 186, 194, 195, 197, 198, 200, 222, 223, 225－227, 230, 233, 235, 251, 256, 258, 259, 261, 262, 265－271, 274－276, 279, 315, 317, 318, 321, 331, 332, 334, 335, 357－368, 372－378, 380－383, 389, 390, 421, 425, 434, 436－439, 441, 442, 444, 449

生成式摘要　　190, 193, 194

实体检索　　122, 155－158

实体链接　　122, 124, 132, 152－155, 315－317

W

文本表示　　5, 11, 172, 173, 178, 186, 191, 256, 275, 332

文本分类　　9, 49, 169, 171, 172, 174, 178, 179, 181－188, 197, 200, 201

问答系统　　18, 20, 24, 49, 72, 123, 124, 128, 131, 158, 301－303, 315, 335, 455

X

细粒度情感分析　　231, 234, 240

信息检索　　18, 20, 49, 73, 74, 76, 80, 96, 121, 122, 132, 182, 183, 191, 251, 253, 254, 259, 261－263, 265, 268, 269, 271, 272, 287, 314, 385, 416

循环神经网络　　8－10, 46, 71, 82,

85, 90, 104, 145, 148, 159, 172, 174－176, 184, 195, 223－226, 233, 235, 237, 268, 321, 331, 359, 361－375, 377, 381, 389, 390, 438, 439, 442

Y

意见挖掘　　219, 243

隐马尔可夫模型　　18, 19, 28, 43, 192

幽默计算　　218

预训练模型　　11, 12

Z

知识图谱　　24, 121－125, 128－132, 135－140, 142, 143, 145, 146, 151－159, 258, 267, 275, 279, 302－304, 309－312, 314－318, 322, 335, 336, 431, 440, 459, 461

知识图谱补全　　132

知识图谱问答　　302－304, 310, 314－323, 335

知识图谱应用　　122, 124

中文分词　　17, 21, 24, 26－28, 30, 34, 41, 50, 52, 187

注意力机制　　10, 11, 20, 47, 149, 152, 185, 195, 198, 237, 268, 278, 281, 368－375, 378－380, 382, 383, 390, 421, 447

自动摘要　　49, 187, 189, 198

最大熵　　18, 19, 28, 31, 43, 44, 79, 86, 92, 353, 363